基础性、拓展性通识课程系列教材

顾问◎刘沛林　总主编◎张登玉　副总主编◎罗　文　刘余香

热学与统计物理学

主　编◎王文炜　方见树　陈银花

华东师范大学出版社
·上海·

图书在版编目(CIP)数据

热学与统计物理学/王文炜,方见树,陈银花主编. —上海:华东师范大学出版社,2017
ISBN 978-7-5675-6756-6

Ⅰ.①热… Ⅱ.①王…②方…③陈… Ⅲ.①热学②统计物理学 Ⅳ.①O551②O414.2

中国版本图书馆 CIP 数据核字(2017)第 192253 号

热学与统计物理学

主　　编　王文炜　方见树　陈银花
项目编辑　皮瑞光
特约审读　季智鸿　孙　文
装帧设计　俞　越

出版发行　华东师范大学出版社
社　　址　上海市中山北路 3663 号　邮编 200062
网　　址　www.ecnupress.com.cn
电　　话　021-60821666　行政传真 021-62572105
客服电话　021-62865537　门市(邮购)电话 021-62869887
地　　址　上海市中山北路 3663 号华东师范大学校内先锋路口
网　　店　http://hdsdcbs.tmall.com

印 刷 者　广东虎彩云印刷有限公司
开　　本　787×1092　16 开
印　　张　23.75
字　　数　537 千字
版　　次　2017 年 8 月第 1 版
印　　次　2023 年 8 月第 5 次
书　　号　ISBN 978-7-5675-6756-6/O·281
定　　价　49.80 元

出 版 人　王　焰

前 言

党的二十大报告指出,“必须坚持科技是第一生产力、人才是第一资源、创新是第一动力,深入实施科教兴国战略、人才强国战略、创新驱动发展战略”,为新时代高校人才培养、科技创新和教师队伍建设等指明了方向。作为高校教师,我们将坚持以习近平新时代中国特色社会主义思想为引领、贯穿教书育人全过程,秉承为党育人、为国育才的初心使命,全面贯彻党的教育方针,落实立德树人根本任务,扎实推进教育教学改革,培养更多高素质创新人才,为全面建设社会主义现代化国家提供有力人才和科技支撑。因此,面对新时代新征程新任务新要求,必须不断创新课堂教学方式,努力打造“一流”教材。

世界高新科技的迅猛发展,为推进物理专业课程整体现代化改革的进行,有利于21世纪创新人才的培养,我们进行了物理本科专业的专业基础理论课程的综合改革,探索打破五十年一贯制的旧格局,尝试将普通物理和相应的理论物理综合成一门课程,教学融合,发现教学效果很好。在多年综合课程教学实践经验的基础上,我们编写了符合教育部物理学、应用物理、核物理三个专业大纲的系列综合教材:《力学与理论力学》、《电磁学与电动力学》、《热学与统计物理学》、《量子物理学》,为进一步推广物理专业综合课程的教学提供方便。

本教材包含了上述三个物理专业符合教育部大纲的热学和热力学与统计物理的全部内容,其中包括:温度与物态方程、分子动理学理论基础、热力学第一定律和内能、热力学第二定律和熵、分子动理论的非平衡态初级理论、均匀物质的热力学性质、物态与相变、近独立粒子的统计理论、玻耳兹曼统计理论及其应用、量子统计理论及其应用、系综理论及其应用,它们分别安排在第1到第11章。

教材中把普通物理的“热学”与理论物理的“热力学与统计物理”有机地融合在一起，使内容做到了循序渐进，避免了重复。如在第1章“温度和物态方程”中加入简单固体与液体的物态方程等热力学基本知识的讨论；将气体分子的平均自由程和碰撞频率提前到第2章“分子动力学理论基础”中；在第3章的“热力学第一定律和内能”中加入热力学中各种形式的广义功，焓改为必修；在第4章的“热力学第二定律”中加入熵、第二定律的数学表达式、熵差的计算、熵增加原理与熵的统计解释等内容，加深讨论，强化熵的教学；气体动理论里的气体分子速率和能量统计分布并入统计物理中，作为第9章“玻耳兹曼统计理论”的应用出现；等等。

本书在集体讨论的基础上由王文炜编写出教材大纲。王文炜负责全书的统稿，并编写第1、2、5、6、7、8、9章及附录，方见树编写第10、11章及绪论，陈银花编写第3、4章。在编写的过程中得到了不少师生的帮助和支持，在此对他们及参考文献中的编者一并表示衷心的感谢。

由于编写时间仓促，限于我们的水平，书中一定存在不少缺点、遗漏及错误，恳请读者不吝指正。

目录

绪　论

0.1　热学与统计物理学的研究对象与研究方法

在自然界发生的多种现象中，有一些现象如物质的热膨胀、物质的状态变化、气体被压缩温度升高、摩擦生热、蒸汽在汽缸中推动活塞做功等等，它们宏观上都是和温度有关的物质性质的变化，这些变化叫热现象。热现象在微观上都是由于构成物质的大量分子的无规则运动发生的，任何现象的发生都是由于物质的运动，我们把与热现象有关的一类物质运动叫做热运动。

研究热运动有两种方法：一种是直接通过观察和实验去总结热运动的规律性，这种方法叫热力学方法，用热力学方法得到的理论是热运动的宏观理论。用宏观理论和方法研究热运动性质和规律的科学叫热力学。另一种方法是从物质的微观结构出发，即从分子运动和分子间相互作用出发，去研究热运动的规律，这要用到统计方法。用这种方法研究大量分子的行为得到的理论叫统计物理学。宏观方法可测定物质系统的参量并可表达它们之间的关系和它们变化的规律，但不涉及系统的内部结构。微观方法从系统微观结构的原子—分子论出发，探讨大量各自依照力学规律运动着和相互作用着的个体(原子、分子)的集体行为，并确认宏观参量和宏观规律根源于这种集体行为。

综上所述，热力学与统计物理学的研究对象相同，都是热现象，但研究的方法却不同，一种是宏观方法，另一种是微观方法。

0.2　热学与统计物理学的发展简史

热现象是人类生活中最早接触到的现象之一。我国远古时代就有燧人氏钻木取火的传说，此表明人们在很久以前就已经知道了摩擦生热的现象。有史以来，人类在日常生活中几乎天天都碰到热现象，但在以前，由于社会生产力水平很低，人们在生产和生活中对热的利用，只限于取暖，煮熟食物，最多也不过利用了热来制造一些简单的金属工具。由于生产上没有对热学提出进一步的要求，所以人们也就没有对热现象进行深入的探讨。因此，一直到 18 世纪，人类对热现象还只有粗略的了解。

18 世纪初，正是西方工业革命的初期，社会生产已有很大的发展，随着生产中遇到的热现象的增多，因而提供了不少的关于热现象的知识。当时，由于生产上需要动力，则产生了利用热来获得机械功的想法，从而开始了对热现象的比较广泛的研究。1714 年，德国的华伦海特(Fahrenheit, 1686—1736)改良了水银温度计并制定了华氏温标,热学的研究从此走上实验科学的道路。到18世纪中期,英国发明家瓦特(James Watt, 1736—1819)制成了蒸汽机,人们多年来想利用热来获得机械功的愿望实现了。随着蒸汽机在生产上的广泛应用,如何提高蒸汽机的效率便成了一个迫切的问题。这不仅使得有关蒸汽机的技术问题的研究加强了,而且还促使人们对热的本质进行深入的研究。

关于热的本质问题,在古希腊时代就已出现两种对立的学说:一种认为热是一种元素,另一种则认为热是物质运动的一种表现。由于当时人们对热现象的了解甚少,因而不能科学地判断这两种学说的正确与否。当热现象的科学实验发展以后,一些学者根据片面的实验事实,将热为元素的学说发展成为热质说,其主要内容是:热是一种无重的流体,名为热质,它可透入一切物体中,不生不灭,较热的物体含有较多的热质,较冷体含有较少的热质。冷热不同的两个物体接触时,一部分热质便从较热的物体流入较冷的物体。后来发现热质说是一种错误的学说,它不能解释大家所熟悉的摩擦生热现象,它把热现象与机械运动、电磁运动之间的联系以及各种自然现象之间的相互联系分割开来,所以热质说本质上是形而上学的。

与热质说相对立的学说认为热是物质运动的一种表现。英国的培根(Francis Bacon, 1561—1626)很早就根据摩擦生热的事实提出了这种学说。但是在很长一段时间内,一直是热质说占统治地位,培根等人的学说没有受到重视。1798年,英国的伦福德(Rumford, 1753—1814)发现制造枪炮时所切下的碎屑有很高的温度,而且在持续不断工作之下这种高温碎屑不断产生。1799年,英国化学家戴维(Davy, 1778—1829)将两块冰互相摩擦而使之完全熔化。这些事实使热质说受到重大的打击,但热质说还没有因此而被粉碎。1842年,德国医生、物理学家迈尔(J. R. Meyer, 1814—1878)发表了一篇论文,提出能量守恒的学说,他认为热是一种能量,能够与机械能互相转化,并从空气的定压比热与定容比热之差算出了热和机械功的当量。在此前后,英国物理学家焦耳(Joule, 1818—1889)进行了许多实验来测定热功当量,虽然所做的实验是多种多样,但得到的结果都是一样的。焦耳的实验最后确立了能量守恒与转化定律,即热力学第一定律,它是自然现象所遵循的最普遍的规律之一。焦耳的实验彻底粉碎了热质说,并为以后分子动理论的飞速发展打下了坚实的基础。

热力学第一定律确立了热和机械功相互转化的数量关系,但对如何提高热机效率的问题仍未解决。在热力学第一定律最后确立以前,法国青年工程师卡诺(Carnat, 1796—1832)就发表了关于热机效率的定理,但由于卡诺持热质说的观点,所以卡诺定理本身虽是正确的,但卡诺的证明方法却是错误的。1848年英国物理学家开尔文(Lord Kelvin, 1824—1907)根据卡诺定理制定了绝对温标,1850年和1851年,德国物理学家和数学家克劳修斯(Clausius, 1822—1888)和开尔文又对卡诺定理进行了分析,他们得出结论,要论证卡诺定理,必须依据一个新的原理,这个原理就是热力学第二定律。按照克劳修斯的说法,热力学第二定律是:热量不能自动地从低温物体传到高温物体。热力学第一定律和第二定律是热力学理论的基本定律,这两个定律都是从研究热和机械功的相互转化问题中总结出来的。然而,热力学理论的应用远远地超出了这一问题的范围。我们知道,热力学理论不仅被广泛地应用于物理学各领域，而且也被广泛地应用在化学中。1906 年，德国化学家和物理学家能斯特(Nernst, 1864—1941)根据低温下化学反应的许多实验事实总结出一个新定律，即热力学第三定律：绝对零度是不能达到的。这个定律的建立，使热力学理论更趋完善。

平衡态热力学理论已很完美，并有了广泛的应用。但是，在自然界中处于非平衡态的热力学系统(包括物理的、化学的、生物的系统)和不可逆的热力学过程是大量存在的。因此，关于非平衡态热力学问题的研究工作显得十分重要。目前，研究非平衡态热力学问题的一种理论是：在一定条件下，把非平衡态看成是数目众多的局域平衡态的叠加，借助原有的平衡态概念来描述非平衡态热力学系统，并且根据“流”与“力”的函数关系，将非平衡态热力学划分为近平衡区(线性区)和远离平衡区(非线性区)热力学，这种理论称为广义热力学；另一种研究非平衡态热力学的理论叫理性热力学。它是以热力学第二定律为前提，从一些公理出发，在连续介质力学中加进热力学概念而建立起来的理论。非平衡态热力学领域提供了对不可逆过程宏观描述的一般纲要，涉及到广泛存在于自然界中的许多重要现象，是目前和今后都必须探究的一个研究领域。

统计物理学是作为基本科学理论发展起来的，它服务于科学实验，但又与工业生产没有直接的关系。在关于热现象的实验资料积累到相当多之后，要进一步掌握热现象的规律就必须从物质的结构来研究热现象的本质，这样就产生了热现象的微观理论——统计物理学。19 世纪中期，分子动理论开始飞速地发展。为了改进热机的设计，对热机的工作物质——气体的性质进行了广泛的研究，分子动理论便是围绕着气体性质的研究发展起来的。克劳修斯首先从分子动理论的观点导出了玻意耳定律。英国物理学家、数学家麦克斯韦(Maxwell, 1831—1879)最初应用统计概念研究分子的运动，得到了分子运动的速度分布定律。奥地利物理学家和哲学家玻耳兹曼(Boltzmann, 1844—1906)认识到统计概念有原则性的意义，他给出了热力学第二定律的统计解释，用 H 定理证明了速度分布律，并给熵以统计意义。1902 年，美国物理化学家、数学物理学家吉布斯(Gibbs, 1839—1903)把玻耳兹曼和麦克斯韦所创立的统计理论加以推广而建立了统计系综理论，至此，统计物理学已发展成为一门比较完整的学科了。

20 世纪初，随着量子力学的建立，统计物理学进入了量子统计时代。1924 年印度物理学家玻色(Bose, 1894—1974)和德国物理学家爱因斯坦(Einstein, 1879—1955)发现了第一种量子统计方法，创立了玻色统计理论；1926 年美籍意大利著名物理学家费米(Fermi, 1901—1954)和英国理论物理学家狄喇克(Dirac, 1902—1984，量子力学的奠基者之一)发现第二种量子统计方法，又建立了费米统计理论。量子统计与经典统计的研究对象相同，但在量子统计理论中，微观粒子的运动遵循量子力学规律而不是经典力学规律，系统的微观运动状态具有不连续性，需要用量子态来描述。

20 世纪 50 年代以后，统计物理学又有了很大的发展，这主要是在分子间有较强的相互作用下的平衡态和非平衡态的问题方面。在平衡态统计理论中，对于能量和粒子数固定的孤立系统，采用微正则系综；对于可以和大热源交换能量但粒子数固定的系统，采用正则系综；对于可以和大热源交换能量和粒子数的系统，则采用巨正则系综。这是三种常用的系综，各系综在相宇中的分布密度函数均已得出。

非平衡态分布函数及其演化方程的建立，不仅成为输运过程微观统计理论的基础，而且由它定义的H函数和其遵循的H定理，对于理解宏观过程的不可逆性及趋于平衡态的过程起着重要作用。熵增加原理的微观统计解释表明，统计物理理论已从平衡态向非平衡态发展，已经从对某些宏观概念和宏观规律的微观统计解释发展到对热力学第二定律这样的普遍规律作出微观统计解释。非平衡态统计物理内容广泛，是尚在迅速发展远未成熟的学科。对处于平衡态附近的非平衡态系统，主要研究其趋于平衡的弛豫时间以及与温度的依赖关系；对离平衡不太远，维持温度差、浓度差、电势差等而经历各种输运过程的系统，主要研究其各种线性输运系数，并研究其涨落现象。弛豫、输运和涨落是平衡态附近的主要非平衡过程。20世纪60年代以来，对远离平衡态的物理现象进行了广泛的研究，其中最重要的是远离平衡的突变，有序结构的出现建立了耗散结构理论，但目前尚未形成完整的理论体系，有待进一步发展和完善。

0.3 热力学与统计物理学的局限性

热力学和统计物理学的任务虽然相同，即都是研究热运动的规律，研究与热运动有关的物性及宏观物质系统的演化，但由于研究的方法不同，导致它们具有一定的局限性。

热力学是关于热运动的宏观理论。通过对热现象的观测、实验和分析，人们总结出热现象的基本规律，这就是热力学第一定律、第二定律和第三定律。这几个基本规律是无数经验的总结，适用于一切宏观物质系统。也就是说，它们具有高度的可靠性和普遍性。热力学以这几个基本规律为基础，应用数学方法，通过逻辑演绎可以得出物质各种宏观性质之间的关系、宏观过程进行的方向和限度等结论，只要其中不加上其他假设，这些结论就具有同样的可靠性和普遍性。普遍性是热力学的优点，我们可以应用热力学理论研究一切宏观物质系统。但是，由于从热力学理论得到的结论与物质的具体结构无关，根据热力学理论不可能导出具体物质的特性，在实际应用上必须结合实验观测的数据，才能得到具体的结果。此外，热力学理论不考虑物质的微观结构，把物质看作连续体，用连续函数表达物质的性质，因而不能解释系统的涨落现象。

统计物理学是关于热运动的微观理论。统计物理学从宏观物质系统是由大量微观粒子所构成这一事实出发，认为物质的宏观性质是大量微观粒子性质的集体表现，宏观物理量是微观物理量的统计平均值。由于统计物理学深入到热运动的本质，它就能够把热力学中三个相互独立的基本规律归结于一个基本的统计原理，阐明这三个定律的统计意义，还可以解释涨落现象。不仅如此，在对物质的微观结构作出某些假设之后，应用统计物理学理论还可以求得具体物质的特性，并阐明产生这些特性的微观机理。统计物理学也有它的局限性，由于统计物理学对物质的微观结构所作的往往只是简化的模型假设，所得的理论结果也就往往是近似的。当然，随着对物质结构认识的深入和理论方法的发展，统计物理学的理论结果也更加接近于实际。

第1章　温度　物态方程

1.1　热力学系统的平衡态　状态参量

1.1.1　热力学系统

1. 系统与外界

热物理研究的对象是由大量微观粒子(分子、原子或其他粒子)组成的宏观物质系统,称为**热力学系统**,简称**系统**。热力学系统的范围极其广泛,如气体、液体、各种固体、热辐射场等。与系统发生相互作用的其他物体称为**外界**。

2. 孤立系、闭系与开系

根据系统与外界相互作用的情况,可以作以下的区分:与其他物体既没有物质交换也没有能量交换的系统称为**孤立系**;与外界没有物质交换,但有能量交换的系统称为**闭系**;与外界既有物质交换,又有能量交换的系统称为**开系**。当然,由于物质的普遍联系和相互作用,孤立系统的概念实际上只是一个理想的极限概念。实际情况是,当系统与外界的相互作用十分微弱,交换的粒子数远小于系统本身的粒子数、相互作用的能量远小于系统本身的能量,在讨论中可以忽略不计时,我们就把系统看作孤立系统。以后我们会看到,这一概念在热力学和统计物理中是十分重要和有用的。

1.1.2　平衡态与非平衡态

1. 热力学平衡态

经验指出,一个不与外界进行物质和能量交换的孤立系统,不论其初始时状态如何复杂,宏观性质怎样,经过足够长的时间后,将会到达这样的状态,系统的各种宏观性质将不再随时间变化,这样的状态称为热力学平衡态。

例如,设有一封闭容器,用隔板分成 A 和 B 两部分,A 部分贮有气体,B 部分为真空(见图1.1)。当把隔板抽去后,气体就自发地从 A 部分流入到 B 部分真空容器中(这一现象称为**气体向真空的自由膨胀**,所谓"自由"是指气体向真空膨胀时不受阻碍)。在这个过程中,气体内各处的压强是不均匀的,而且随时间改变。我们称这样的系统处于**非平衡态**。只要不受到外界的影响,经过足够长时间后,气体的压强必将趋于均匀一致且不再随时间变化。在这以后,如果没有

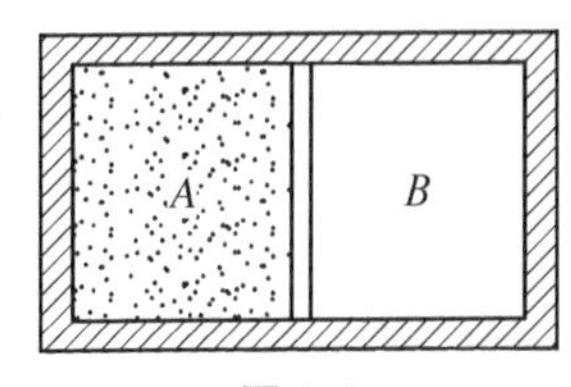

图1.1

外界影响，则容器中的气体将始终保持这一状态，不再发生宏观变化。系统已处于平衡态了。

又如，当两个冷热程度不同的物体互相接触时，热的物体变冷，冷的物体变热，直到最后两物体达到各处冷热程度均匀一致的状态为止。这时，如果没有外界影响，则两物体将始终保持这一状态，不再发生宏观变化。这时系统已处于平衡态了。

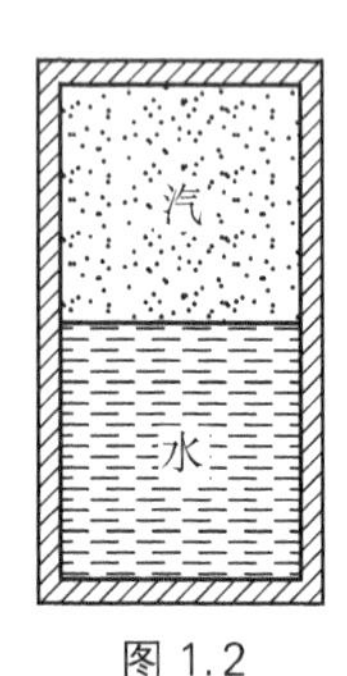

图 1.2

再如，将水装在开口的容器中，则水将不断蒸发。但如果把容器封闭(见图 1.2)，则经过一段时间，蒸发现象将停止，即水蒸气达到饱和状态。这时，如果没有外界影响，也不再发生宏观变化，系统已处于平衡态了。

类似的现象还可举出许多。以上各例虽然热现象不同，但都有一个共同的特征，即处在没有外界影响条件下的热力学系统，经过一定时间后，必将达到一个确定的状态，而不再有任何宏观变化。从这类现象中我们可以总结出平衡态的定义如下：

在不受外界影响的条件下，系统宏观性质不随时间变化的状态叫做热力学平衡态，简称平衡态。

应注意：

① 这里所说的**不受外界影响**，是指外界对系统既不做功又不传热。如果系统通过做功或传热的方式与外界交换能量，则它就不可能达到并保持在平衡态。例如，将一根均匀的金属棒的两端分别与冰水混合物及沸水相接触，这时有热流从沸水端流向冰水端，经足够长时间后，热流将达到某一稳定不变的数值，这时金属棒不同位置处的温度虽然是不同的，但也不随时间变化。整个系统(金属棒)没有均匀一致的温度，系统仍然处于非平衡态而不是平衡态。

② 上例的金属棒中各处的温度虽然不随时间变化，但不处于平衡态，这是因为金属棒中存在着热流，此时金属棒中的平衡是受外界影响形成的稳恒态，而不是系统自身的平衡态。只要把热流切断以排除外界影响，例如使金属棒不与沸水接触，金属棒各处温度就要变化。我们把在有热流或粒子流情况下，各处宏观状态不随时间变化的状态称为**稳恒态**，也称稳态或定(常)态。它是非平衡态中最简单的例子。那么是否空间各处压强、粒子数密度(单位体积内的粒子数)等不均匀的状态就一定是非平衡态呢？未必。例如密闭容器内水与其饱和蒸汽组成的系统，处于平衡态时，水与蒸汽的性质显然有很大的差别。有的系统，当它处处均匀时反而不是平衡态，例如在重力场中的等温大气，在达到平衡态时，不同高度处压强不等，低处的压强和粒子数密度要比高处的大。但对任一平行于地面的薄层气体而言，只要从上面对薄层气体的作用力加上这一层气体的重力等于从下面对薄层气体的作用力，气体就处于力学平衡状态，这时将看不到气体的流动。又如在静电场中的带电粒子气体，只有当带电粒子受到的静电力与外力数值相等、方向相反时，带电粒子才可能不移动，系统才处于平衡态，这时系统中带电粒子的空间分布可能已不均匀，因而气体压强也不均匀分布。从以上分析可知，不能单纯地把“宏观状态是否不随时间变化”或“处处是否均匀一致”看作平衡态与非平衡态的判别标准，正确的判别方法应该是看系

统是否存在热流与粒子流。因为热流和粒子流都是由系统的状态变化或系统受到的外界影响引起的。

③ 系统由其初始状态达到平衡态所经历的时间称为**弛豫时间**(详见3.1.2节)。弛豫时间的长短由趋向平衡的过程的性质确定,可能很长也可能很短。例如,在气体中压强趋于均匀是气体分子通过碰撞交换动量的结果,大约需要 1×10^{-6} s。在扩散现象中,要求分子作宏观距离的位移,浓度的均匀化在气体中仅需几分钟,而在固体中则可能需要几小时、几星期甚至更长的时间。平衡态要求系统的各种宏观性质不随时间而变化,这里所说的时间长短是相对于弛豫时间的,因此应取其中最长的弛豫时间作为系统的弛豫时间。

④ 当系统处于平衡态时,虽然它的宏观性质不随时间变化,但在微观上,组成系统的大量分子仍在不停地热运动,只是这些大量微观粒子热运动的统计平均效果不随时间变化。因此热力学平衡态是一种动态平衡,常称为**热动平衡**。

⑤ 在平衡状态之下,系统宏观物理量的数值仍会发生或大或小的**涨落**,这种涨落在适当的条件下可以观察到。不过,对于宏观的物质系统(大数粒子),在一般情况下涨落是极其微小可以忽略的。在热力学中我们将不考虑涨落,而认为平衡状态下系统的宏观物理量具有确定的数值。

⑥ 当然,在实际中并不存在完全不受外界影响,而且宏观性质绝对保持不变的系统,所以**平衡态只是一个理想概念**,它是在一定条件下对实际情况的概括和抽象。但当一实际系统所受到的外界影响很弱,系统本身状态又处于相对稳定或接近于相对稳定时,就可以近似地当作平衡态处理。以后将看到,在许多实际问题中,可以把实际状态近似地当作平衡态来处理。

需要说明的是,在自然界中平衡是相对的、特殊的、局部的与暂时的,不平衡才是绝对的、普遍的、全局的和经常的。虽然非平衡现象千姿百态、丰富多彩,但也复杂得多,无法精确地予以描述或解析,平衡态才是最简单的、最基本的,故在本教程中主要讨论平衡态及接近达到平衡态时的非平衡过程。

2. 热力学平衡条件

热流是由系统内部温度不均匀而产生的,故可把温度处处相等看做是热学平衡建立的标准。因此,系统处于平衡态的一个必要条件是要满足**热学平衡条件**,即**系统内部温度处处相等**,否则会在系统内部出现热流,导致系统内各处热状态发生变化;其次看粒子流。粒子流有两种,一种是宏观上能察觉到的成群粒子定向移动的粒子流。例如气体向真空的自由膨胀实验中,就有成群粒子的定向运动。这是由气体内部存在压强差异而使粒子群受力不平衡所致。故气体不发生宏观流动的一个条件是系统内部各部分的受力应平衡。对于一般的系统,其内部压强应处处相等。可是,对于等温大气,虽然不同高度处压强不等,但对任一平行于地面的薄层气体而言,只要从上面对薄层气体的作用力加上这一层气体的重力等于从下面对薄层气体的作用力,气体就处于力学平衡状态,这时将看不到气体的流动。所以系统处于平衡态的第二个条件是应满足**力学平衡条件**,即**系统内部各部分之间、系统与外界之间应达到力学平衡**。在通常情况(例如在没有外场等)下,力学平衡反映为压强处处相等。至于第二种粒子流,它不存在由于成群粒子定向运动所导致的粒子宏观迁移。例如，有一隔板将容器分隔为左右两部分，左边充有氧气，右边充有氮气，两边压强、温度都相等。若将隔板抽除，由于氧分子、氮分子的杂乱无章运动，氧气渐渐分散到氮气中，氮气也渐渐分散到氧气中，最后将达到氧、氮均匀混合的状态，这样的过程称之为**扩散**。在扩散的整个过程中，混合气体的压强处处相等，因而力学平衡条件始终满足，但是我们却看到了氧、氮之间的相互混合，即粒子的宏观“流动”。看来，对于非化学纯物质，仅有温度、压强这两个参量不能全部反映系统的宏观特征，还应加上化学组成这一热力学参量，扩散就是因为空间各处化学组成不均匀所致(另外，若混合气体有化学反应，化学组成也要变化)。所以，系统达到热力学平衡的第三个条件是**化学平衡条件**，即在无外场作用下系统各部分的化学组成也应是处处相同的。

此外，对于复相(“相”是指物理性质均匀的部分，如气相、液相、固相等)系统，除满足以上条件外，还必须满足**相平衡条件**。我们将在 7.5 节详细讨论这个问题。

总之，**只有在外界条件不变的情况下同时满足力学平衡条件、热学平衡条件和化学平衡条件的系统，才不会存在热流与粒子流，才能处于平衡态**。或者说，判断系统是否处于平衡态的简单方法就是看**系统中是否存在热流与粒子流**。

1.1.3 状态参量

1. 状态参量与状态函数

如何描述一个热力学系统的平衡态呢？前面已经指出，在平衡状态下，系统宏观性质不随时间变化，则描述系统各种宏观性质的物理量都具有确定的值。热力学系统所处的平衡态就是由其宏观物理量的数值确定的。一般地，要描述热力学系统的一个状态，不需要指明系统的所有这些宏观量，因为这些量并不是完全独立的。由于系统的各宏观量之间有一定的内在联系，表现为数学上存在一定的函数关系，则这些宏观量不可能全部独立地改变。我们可以根据问题的性质和考虑的方便选择其中几个相互独立的宏观量作为自变量，系统的其他宏观量又都可以表达为它们的函数。用这些自变量就足以确定系统的平衡状态，我们称这些用来**描述系统平衡态的相互独立的物理量为状态参量**。其他的宏观物理量既然可以表达为状态参量的函数，便称为**状态函数**。至于选择多少个状态参量才能把系统的平衡态完全确定下来，要根据系统的复杂程度而定。下面通过一个例子来加以说明。

我们研究一个储存在气缸中的一定质量的化学纯气体系统，如果在等压下对气体加热，气体的体积会膨胀；若使气体的体积不变，加热时气体的压强会增大。由此可见，气体系统的压强和体积是相互独立的两个物理量。实验表明，一定质量的化学纯气体系统，当它的压强 p 和体积 V 一旦确定后，系统的其他宏观物理量也就都确定了，系统的状态也就完全确定了。因此，一定质量的化学纯气体系统，可以用压强和体积**两个状态参量**来描述系统的状态。体积是描述系统的几何性质的量，称为**几何参量**；而压强是描述系统力学性质的物理量，称为**力学参量**。液体和各向同性固体也可以用压强和体积两个状态参量来描述他们的状态。

对于较复杂的系统，只用几何参量和力学参量是不能把系统的状态完全确定下来的。

假如所研究的是混合气体，例如气体含有氢、氧和水蒸气三种化学组分，则仅用体积和压强这两个参量便不足以完全描述该混合气体的状态。因为在给定的总质量和体积、压强情况下，三种气体所含的百分比不同，混合气体的某些性质便不相同，其状态也就不同。因此要确定系统的状态，还必须知道各种化学组分的数量，例如各组分的质量 M_i 或物质的量 ν_i[①]。这些参量称为**化学参量**。

假如物质系统是处在电场或磁场中的电介质或磁介质，还必须引进**电磁参量**来描述系统的状态，例如电场强度 E、电极化强度 P、磁场强度 H、磁化强度 M。

总体来说，在一般情况下，我们需用几何参量、力学参量、化学参量和电磁参量等四类参量来描述热力学系统的平衡态。这四类参量都不是热力学所特有的参量，它们的测量分别属于力学、电磁学和化学的范围。我们将会看到，热力学所研究的全部宏观物理量都可以表达为这四类参量的函数。究竟用哪几个参量才能对系统的状态描述完全，是由系统本身的性质决定的。以后我们将结合实例具体说明。

2. 简单系统与复杂系统

只要用两个状态参量就能完全确定的系统称为**简单系统**。简单系统的平衡态可以用 $p-V$ 图上的一个点表示它的状态。

3. 单相系与复相系

如果一个系统各部分的性质是完全一样的，该系统称为**均匀系**。一个均匀的部分称为一个**相**，因此**均匀系也称为单相系**。均匀系就是一个简单系统。如果整个系统不是均匀的，但可以分为若干个均匀的部分，该系统称为**复相系**。例如水和水蒸气构成一个两相系，水为一个相，水蒸气为另一个相。前面关于平衡状态的描述是对均匀系而言的。对于复相系，每一个相都要用上述四类参量来描述。不过整个复相系统要达到平衡，还要满足一定的平衡条件，各个相的参量不完全是独立的。这类问题将在第 7 章中讨论。

4. 非平衡态的描述

当系统处在非平衡状态时，要描述它就更为复杂了。我们限于讨论下述情况：整个系统虽然没有达到平衡状态，但将系统划分为若干个小部分，使每个小部分仍然是含有大量微观粒子的宏观系统，由于各小部分的弛豫时间比整个系统的弛豫时间要短得多，在各个小部分相互之间作用足够微弱的情形下，它们能够分别近似地处在**局域的平衡状态**。对于这样的系统，每个小部分可以用上述四类参量进行描述。

5. 强度量和广延量

对状态参量的另一种分类方法是把状态参量分为强度量和广延量。将一个处于平衡态的系统划分为几个子系统，原系统和子系统的值相同的宏观量称为**强度量**；原系统的值等于各子系统值之和的宏观量称为**广延量**。例如，压强 p、密度 ρ、比热 c 和温度 T 等是强

---

① 物质的量的单位叫摩尔(mol)。一物系中所包含的结构粒子数，例如分子、原子、离子、电子或其他粒子与 12×10^{-3} kg 碳-12(^{12}C)的原子数相同，则称该物质的量为 1 mol。例如，已知氢的相对分子质量为 2.02，即 2.02×10^{-3} kg 氢所含的分子数与 12×10^{-3} kg^{12}C 的原子数相同，所以 2.02×10^{-3} kg 氢为 1 mol；4.04×10^{-3} kg 氢为 2 mol。而 $M_{\mathrm{m}}=2.02\times10^{-3}$ kg/mol 则称为氢的摩尔质量。

度量，体积 V、质量 M、内能 U、热容量 C 和物质的量 υ 等是广延量。也可以简单地说，与系统总质量或物质的量(摩尔数)成正比的量为广延量，与系统质量或物质的量无关的量为强度量。

例如：将生成的两个子系统的状态参量取为 y_1、y_2，则：

强度量 $y = y_1 = y_2$；

广延量的代数和→广延量；

广延量×强度量→广延量；

广延量/质量、广延量/物质的量、广延量/体积→强度量。例如，摩尔体积 $V_m = \dfrac{V}{\upsilon}$，密度 $\rho = \dfrac{M}{V}$ 等都是强度量。

6. 常用热力学状态参量及单位

① 体积 V。气体所能达到的最大空间(几何描述)。

在国际单位制(SI)中，体积的单位是立方米(m^3)。另一常用单位是升(L)。摩尔体积 V_m 的单位是立方米/摩尔($m^3 \cdot mol^{-1}$)。

② 压强 p。作用于容器壁上单位面积的正压力(力学描述)。

在SI单位制中，压强的单位是牛顿每米的二次方($N \cdot m^{-2}$)，称为帕斯卡，中文代号“帕”，国际代号Pa。$1\ Pa = 1\ N \cdot m^{-2}$。压强还有一个常用单位是标准大气压(纬度45°海平面处，0℃时的大气压)，符号atm，$1\ atm = 101\,325\ Pa \approx 1.013 \times 10^5\ Pa$。另一常用单位是毫米汞柱(mmHg)，$1\ atm = 760\ mmHg$。

③ 气体质量 M。在SI单位制中，气体质量的单位是千克(kg)。摩尔气体质量 M_m 的单位是千克/摩尔($kg \cdot mol^{-1}$)。分子质量 m 的单位是千克(kg)。

④ 物质的量(摩尔数)υ。一物系中所包含的结构粒子数(化学描述)。在国际单位制中，物质的量的单位是摩尔(mol)。

1.2 温　　度

上节中提到的四类参量都不是热物理学所特有的，它们都不能直接表征系统的冷热程度。因此，在热物理学中还必须引进一个新的物理量来担当这个任务，这个物理量就是温度。

在生活中，通常用温度来表征物体的冷热程度。但人的冷热感觉范围是有限的，更为关键的是靠感觉判断物体的冷热程度既不精确也不完全可靠。因此表征物体冷热程度的温度，从概念的引入到定量测量，都不能建立在人们的主观感觉上，而应该建立在热学实验事实基础上。这一实验基础就是热平衡定律。

热平衡定律是热力学中的一条基本实验定律，其重要意义在于它是科学定义温度概念的基础，是用温度计测量温度的依据。后面我们将见到，在热力学和统计物理学中，温度、内能和熵是三个基本的状态函数，内能是由热力学第一定律确定的；熵是由热力学第二定律确定的；而温度则是由热平衡定律确定的。因此，热平衡定律像第一、第二定律一样也是热力学的基本实验定律，其重要性并不亚于热力学第一、第二定律。由于人们是在充分认识到热力学第一定律（1850 年）、第二定律（1851、1852 年）之后才看出这条定律的重要性，但又不能列在这两个定律之后，所以英国物理学家否勒（R. H. Fowler，1889—1944）于 1939 年将之称之为热力学第零定律。

1.2.1 热力学第零定律

1. 绝热壁与透热壁

设想有一个两端开口的气缸，其中有一个固定隔板（器壁）把它分割为两部分。如果器壁具有这样的性质，当两个物体通过器壁相互接触时，两物体的状态可以完全独立地改变，彼此互不影响，这器壁就称为**绝热壁**。非绝热的器壁称为透热壁。

图 1.3 所示是一个例子。有一两端开口的气缸，其中有一个不透气的固定隔板（器壁）把它分割为两部分。两活塞分别把一定量气体密封在左、右两部分的气缸中。可以通过移动活塞改变气体 1 的体积 V_1。如果中间的器壁是绝热的，当气体 1 的体积 V_1 发生改变时气体 2 的状态将不受任何影响[见图 1.3(a)]。如果中间的器壁是透热的，当气体 1 的体积 V_1 发生改变时气体 2 的状态也会发生改变[见图 1.3(b)]。

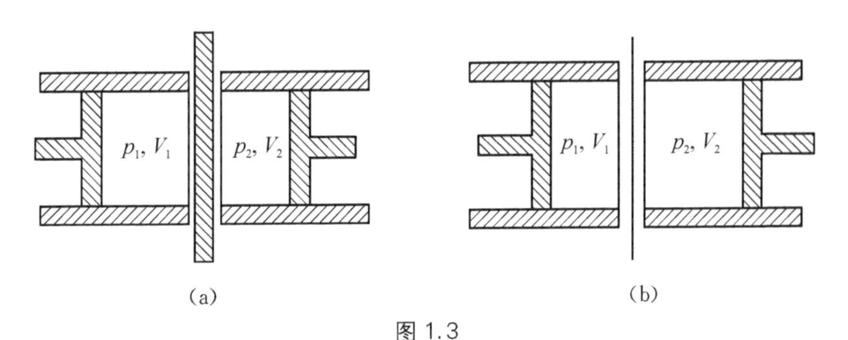

图 1.3

2. 热平衡

假设有两个热力学系统，原来各处在一定的平衡态，现使这两个系统通过透热壁互相接触（这种接触叫做**热接触**）。实验证明，一般说来，热接触后两个系统的状态都将发生变化，但经过一段时间后，两个系统的状态便不再变化，这反映出两个系统最后达到一个共同的平衡态。由于这种平衡态是两个系统通过热接触而达到的，所以叫做**热平衡**。

一种特殊的情形是热接触后两个系统的状态都不发生变化，这说明两个系统在接触前就已达到了热平衡。根据这个事实，还可把热平衡的概念用于两个相互间不发生热接触的系统。这时是指，如果使这两个系统热接触，则它们在原来状态都不发生变化的情况下就可达到热平衡。

3. 热平衡定律

现在进一步取三个热力学系统 A、B、C 做实验。如果把 A、B 物体用绝热壁隔开，但各自通过透热壁与第三个物体 C 热接触，整个装置用绝热壁包围起来。经过一段时间后，A 和 B 两物体都将与 C 达到热平衡[见图 1.4(a)、(b)]。然后将隔开 A、B 的绝热壁换成透热壁，而与物体 C 之间换成绝热壁隔开[见图 1.4(c)]。实验结果表明，A 和 B 的状态都不发生变化。这说明，A 和 B 也是处于热平衡的。这一结论可以表述为：在不受外界影响的情况下，只要 A 和 B 同时与 C 处于热平衡，即使 A 和 B 没有热接触，它们仍然处于热平衡状态，这种规律被称为**热平衡定律**，也称为**热力学第零定律**。**即若两系统各自与第三个系统处于热平衡，则他们彼此也必处于热平衡。**

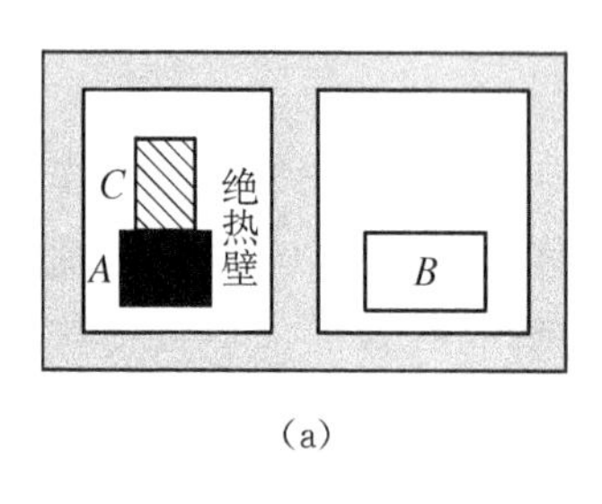

(a)

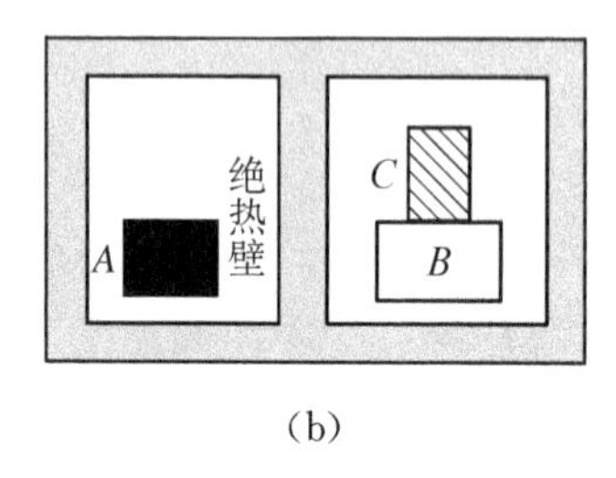

(b)

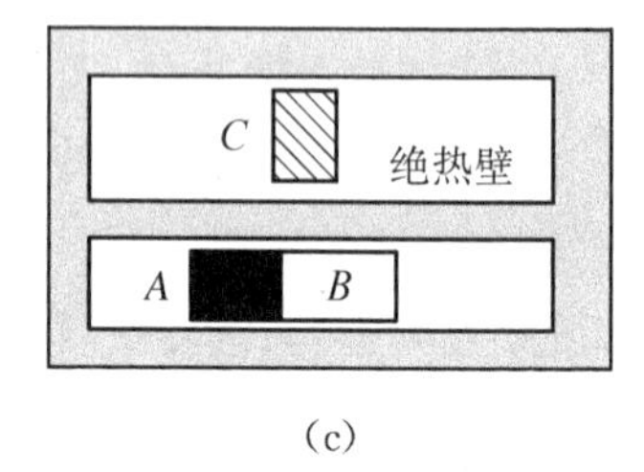

(c)

图 1.4

4. 热力学第零定律的物理意义

① 热力学第零定律为建立温度概念提供了实验基础。

② 根据热力学第零定律可以证明，处在平衡状态下的热力学系统，存在一个状态函数，对于互为热平衡的系统，该函数的数值相等。

证明：为方便起见，我们考虑简单系统。简单系统的状态可由压强 p 和体积 V 两个参量完全确定。设系统 C 处在平衡状态，体积为 V_C，压强为 p_C。以 p_A 表示系统 A 的压强。如前所述，如果 A 与 C 达到热平衡，则 A 的体积 V_A 就不是任意的。这就是说，在 V_A、p_A，V_C、p_C 四个变量之间必然存在一个函数关系

$$f_{AC}(p_A, V_A; p_C, V_C) = 0 \tag{1.2.1}$$

由式(1.2.1)原则上可以解出

$$p_C = F_{AC}(p_A, V_A; V_C) \tag{1.2.2}$$

同理，如果系统 B 与系统 C 达到热平衡，他们的状态参量也必然存在函数关系

$$f_{BC}(p_B, V_B; p_C, V_C) = 0 \tag{1.2.3}$$

或

$$p_C = F_{BC}(p_B, V_B; V_C) \tag{1.2.4}$$

如果 A、B 都与 C 达到热平衡，式(1.2.2)和式(1.2.4)应同时成立，即有

$$F_{AC}(p_A, V_A; V_C) = F_{BC}(p_B, V_B; V_C) \tag{1.2.5}$$

但根据热力学第零定律，如果 A、B 都与 C 达到热平衡，则 A、B 也必达到热平衡，亦即 A、B 的状态参量间应存在下述关系

$$f_{AB}(p_A, V_A; p_B, V_B) = 0 \tag{1.2.6}$$

式(1.2.6)是式(1.2.5)的直接结果。式(1.2.6)既然与变量 V_C 无关,式(1.2.5)中所含的变量 V_C 在等式两边应可以消去,亦即式(1.2.5)应可化简为

$$g_A(p_A, V_A) = g_B(p_B, V_B) \tag{1.2.7}$$

式(1.2.7)指出,互为热平衡的系统 A 和 B,分别存在一个状态函数 $g_A(p_A, V_A)$ 和 $g_B(p_B, V_B)$,而且两个函数的数值相等。

③ 建立了温度概念。

经验表明,两个物体达到热平衡时具有相同的冷热程度——温度,所以函数 $g(p, V)$ 应该就是系统的温度。这样我们便根据热力学第零定律证明了,处在平衡态的系统态函数温度的存在。这个定律反映出,**互为热平衡的系统之间必然具有一个数值相等的,由状态参量决定的函数,或者说具有一个共同的宏观性质**。我们**定义这个决定系统热平衡的状态函数(宏观性质)为温度**。即温度是处于热平衡的系统所具有的共同宏观性质。

④ 热力学第零定律指出了温度的特征。

温度是状态函数,是决定一系统是否与其他系统处于热平衡的宏观性质,它的特征就在于**一切互为热平衡的系统都具有相同的温度**。

⑤ 热力学第零定律为温度测量提供了理论和实验依据。

从以上分析可以看到,实验证明,当几个系统作为一个整体已达到热平衡后,如果再把它们分开,并不会改变每个系统本身的热平衡状态。这说明,热接触只是为热平衡的建立创造了条件,每个系统在热平衡时的温度仅仅决定于系统内部热运动状态。换句话说,温度反映了系统本身内部热运动状态的特征。在 2.4 节我们会看到,温度反映了组成系统的大量分子的无规则运动的剧烈程度。

1.2.2 温标

由于互为热平衡的物体具有相同温度,在判别两个物体温度是否相同时,不一定要两物体直接热接触,而可借助一"标准"的物体分别与这两个物体热接触就行了,这个"标准"的物体就是温度计。

热力学第零定律指出了利用温度计来判别温度是否相同的方法。但要定量地确定温度的数值,还必须给出温度的单位和数值表示法——温标。

1. 经验温标的建立

一切互为热平衡的物体都具有相同的温度,这是用温度计测量温度的依据。我们可以选择适当的系统为标准,用它作温度计。测量时使温度计与待测系统接触,只要经过一段时间等它们达到热平衡后,温度计的温度就等于待测系统的温度。而温度计的温度则可通过它的某一个状态参量标志出来。例如,在固定压强下液体(或气体)的体积;在固定体积下气体的压强;金属丝的电阻或低温下半导体的电阻等都随温度单调地、较显著地变化。一般说来,任何物质的任何属性,只要它随冷热程度发生单调的、显著的改变,都可被

用来计量温度。从这一意义上来理解，可有各种各样的温度计，也可有各种各样的温标，这类温标称为**经验温标**。

建立一种经验温标需要包含**三个要素**：

① 选择某种物质（叫做测温物质）的某一随温度变化属性（叫做测温属性）来标志温度。

可供选择的测温属性很多，常用的有液体的体积、一定量定容气体的压强、一定量定压气体的体积、退火后无应变的纯铂丝的电阻、热电偶（偶丝退火后）的热电动势、^{4}He 的饱和蒸汽压、黑体辐射的发射率等随温度变化的属性。

② 规定标准测温点——固定点。

若选用摄氏温标（由瑞典天文学家摄尔修斯（Celsius，1701—1744）于 1742 年建立），则把纯冰和纯水在一个标准大气压下达到平衡，而纯水中有空气溶解在内并达到饱和时的冰点的温度定为 0℃，纯水和水蒸气在蒸汽压为一个标准大气压下达到平衡时沸点的温度定为 100℃；

若选用热力学温标（热力学温标详见 1.2.2 节第 4 部分和 4.2 节），这个固定点选的是水的三相点（Triple point）（指纯冰、纯水和水蒸气平衡共存的状态）①，并严格规定它的温度为 273.16 K。

③ 规定测温属性随温度变化的函数关系——进行分度。

通常规定测温属性随温度成线性变化（摄氏温标规定 0℃到 100℃间等分为 100 小格，每一小格为 1℃）。

若选用摄氏温标，有两个固定点，设测温属性为 x，摄氏温度为 t，a、b 为待定常数，则有

$$t(x) = ax + b$$

式中待定常数 a、b 的值可由摄氏温标的两个固定点（冰点和沸点）的温度确定。

若选用热力学温标，只有一个固定点，设测温属性为 x，热力学温度为 T，A 为待定常数，则有

$$T(x) = Ax$$

式中待定常数 A 的值可由水的三相点的温度确定。

例 1 设一定容气体温度计是按摄氏温标刻度的，它在 0.101 3 MPa 下的冰点及 0.101 3 MPa下水的沸点时的压强分别为 0.040 5 MPa 和 0.055 3 MPa。试问：(1)当气体的压强为 0.010 1 MPa 时的待测温度是多少？(2)当温度计在沸腾的硫中时(0.101 3 MPa下硫的沸点为 444.5℃)，气体的压强是多少？

解：对定容气体温度计，其测温属性是利用气体的压强随温度的变化来测量温度的。设

---

① 三相点是指同一化学纯物质的气、液、固三相能同时平衡共存的唯一状态。国际上规定水的三相点温度为 273.16 K。

$$t(p) = ap + b \tag{1.2.8}$$

由题知：当 $t_1 = 0℃$ 时，$p_1 = 0.0405 \times 10^6$ Pa；当 $t_2 = 100℃$ 时，$p_2 = 0.0553 \times 10^6$ Pa。由式(1.2.8)有

$$0 = p_1 a + b \tag{1.2.9}$$

$$100 = p_2 a + b \tag{1.2.10}$$

由式(1.2.9)和式(1.2.10)解得

$$a = \frac{100}{p_2 - p_1} = \frac{100}{(0.0553 - 0.0405) \times 10^6}\ ℃/\mathrm{Pa} = 6.76 \times 10^{-3}\ ℃/\mathrm{Pa}$$

代入式(1.2.9)，得

$$b = -p_1 a = -0.0405 \times 10^6 \times 6.76 \times 10^{-3}\ ℃ = -2.74 \times 10^2\ ℃$$

① 当 $p = 0.0101 \times 10^6$ Pa 时，由式(1.2.8)得

$$t = ap + b = 6.76 \times 10^{-3} \times 0.0101 \times 10^6 - 2.74 \times 10^2\ ℃ = -205.72℃$$

② 当 $t = 444.5℃$ 时，由式(1.2.8)得

$$p = \frac{t-b}{a} = \frac{444.5-(-274)}{6.76 \times 10^{-3}}\ \mathrm{Pa} = 1.06 \times 10^5\ \mathrm{Pa}$$

2. 经验温标的缺陷

显然，采用不同的经验温标将得到温度的不同表示。而且即使采用同一种温标，选取不同的测温物质(或同一种物质的不同测温属性)用来测量同一对象的温度时，所得的结果也并不严格一致。图 1.5 给出了几种摄氏温度计在 0℃和 100℃之间做实验所得的结果。图中横坐标 t 表示氢定容温度计的读数，纵坐标 Δt 表示其他温度计读数低于横坐标的值。由图中可看出，用不同的测温物质(或同一种物质的不同测温属性)所建立的摄氏温标，除冰点和沸点按规定相同外，其他温度并不严格一致。之所以会发生这种现象，是因为不同物质或同一物质的不同属性随温度的变化关系不同。如果规定了某一物质的某种属性随温度作线性变化，从而建立了温标，则其他测温属性一般就不再与温度成严格的线性关系。

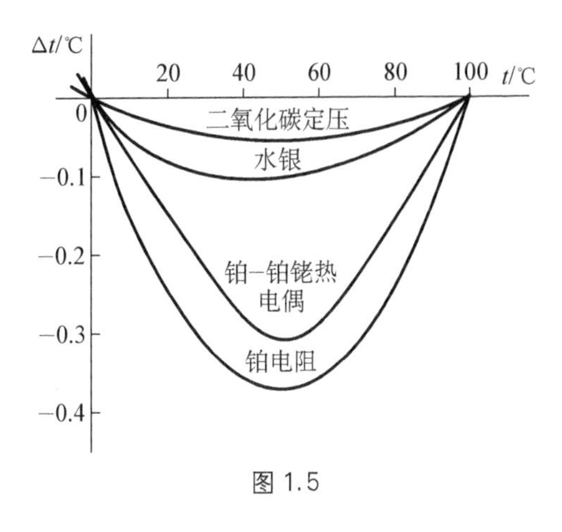

图 1.5

3. 理想气体温标

为了使温度的测量统一，显然需要建立统一的温标，以它为标准来校正其他各种温标。在温度的计量工作中实际采用理想气体温标为标准温标。这种温标是用气体温度计

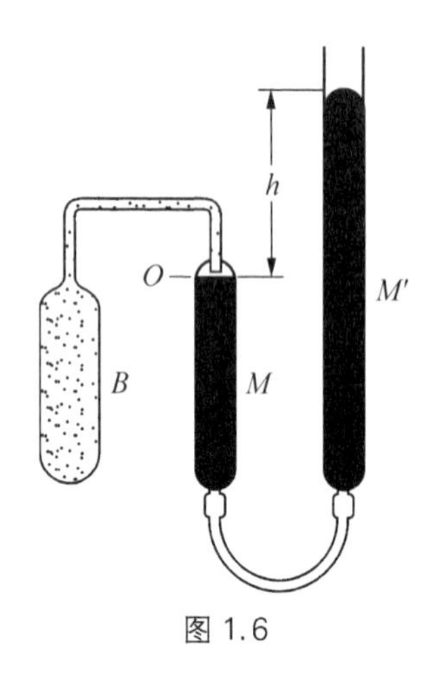

图 1.6

实现的。

(1) 定容气体温度计

气体温度计有两种，一是定容气体温度计(气体的体积保持不变，压强随温度改变)，一是定压气体温度计(气体的压强保持不变，体积随温度改变)。图 1.6 所示是定容气体温度计的示意图，测温泡 B(材料由待测温度范围和所用气体决定)内贮有一定质量的气体，经毛细管与水银压强计的左臂 M 相连。测量时，使测温泡与待测系统相接触，上下移动压强计的右臂 M'，使左臂中的水银面在不同的温度下始终固定在同一位置 O 处，以保持气体的体积不变。当待测温度不同时，气体的压强不同，这个压强可由压强计两臂水银面的高度差 h 和右臂上端的大气压强求得。这样，就可由压强随温度的改变来确定温度。实际测量时，还必须考虑到各种误差来源(如测温泡和毛细管的体积会随温度改变，毛细管中那部分气体的温度与待测温度不一致，等等)对测量结果进行修正。

定压气体温度计的结构比上述定容气体温度计复杂，操作和修正工作也麻烦得多。除在高温范围外，实际工作中一般都使用定容气体温度计。因此，定压气体温度计不在这里具体介绍。

定容气体温度计和定压气体温度计分别用气体的压强(体积保持不变)和体积(压强保持不变)作为温度的标志。现在讨论如何用这两种测温属性建立另一种温标——理想气体温标。

(2) 定容气体温标

设用 $T(p)$ 表示定容气体温度计与待测系统达到热平衡时的温度值，用 p 表示这时用温度计测得并经修正的气体压强值。规定温度 $T(p)$ 与气体的压强 p 成正比，即令

$$T(p) = Ap \tag{1.2.11}$$

式中的 A 是待定常数，它需要根据选定的固定点来确定。

1954 年以后，国际上规定只用一个固定点建立标准温标。这个固定点选的是水的三相点，并严格规定它的温度为 273.16 K。

设用 p_{tr} 表示气体在三相点时的压强，则代入式(1.2.11)可得

$$273.16\ \mathrm{K} = Ap_{tr}$$

即

$$A = \frac{273.16}{p_{tr}}\ \mathrm{K}$$

因此，式(1.2.11)可写作

$$T(p) = 273.16\ \mathrm{K}\frac{p}{p_{tr}} \tag{1.2.12}$$

利用上式就可由测得的气体压强值 p 来确定待测温度 $T(p)$。

(3) 理想气体温标的建立

定容气体温度计常用的气体有氢(H_2)、氦(He)、氮(N_2)、氧(O_2)和空气等。实验表明,用不同的气体所确定的定容温标,除根据规定对水的三相点的读数相同外,对其他温度的读数也相差很少,而且这些微小的差别在温度计所用的气体极稀薄时逐渐消失。下面用实验结果来具体说明这一点。

设想用一定容气体温度计测量水在标准状况(详见 1.3.3 节)下沸点的温度。假设最初温度计的测温泡内贮有较多的气体,它在水的三相点时的压强 p_{tr} 为 1 000 mmHg(毫米汞柱)。设用 p_{s1000} 表示这时测得的测温泡内气体在沸点时的压强值,则根据式(1.2.12)可确定沸点的温度为

$$T_1(p_s) = 273.16\ \text{K}\,\frac{p_{s1000}}{1\,000\ \text{mmHg}}$$

现在设想从测温泡内抽出一些气体,使 p_{tr} 减为 800 mmHg,这时重新测得沸点的温度为 $T_2(p_s) = 273.16\ \text{K}\,\dfrac{p_{s800}}{800\ \text{mmHg}}$,不断地从测温泡内抽出气体,使 p_{tr} 逐渐减小为 600 mmHg, 400 mmHg……依次重复测量沸点的温度,就可得到一组对应的温度值 $T_1(p_s)$, $T_2(p_s)$, $T_3(p_s)$, $T_4(p_s)$……最后取 $T(p_s)$ 为纵坐标、p_{tr} 为横坐标作图,就可得到一条直线。把这条直线外推到 $p_{tr}=0$,还可由它与纵坐标的交点确定压强 p_{tr} 趋于零时,沸点温度的极限值 $\lim\limits_{p_{tr}\to 0} T(p_s)$。图 1.7 中给出了用四种不同气体做上述实验所得的结果。从图中可看出,气体的压强 p_{tr} 越低,即测温泡内的气体越稀薄,不同气体定容温标的差别越小;当压强 p_{tr} 趋于零时,各种气体定容温标的差别完全消失,给出相同的温度值 $\lim\limits_{p_{tr}\to 0} T(p_s) = 373.15\ \text{K}$。

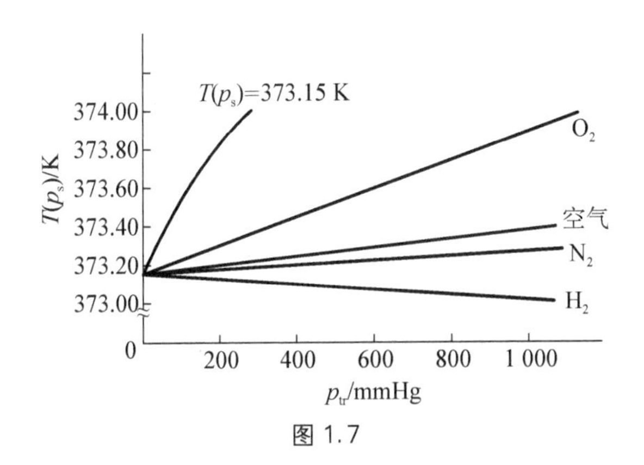

图 1.7

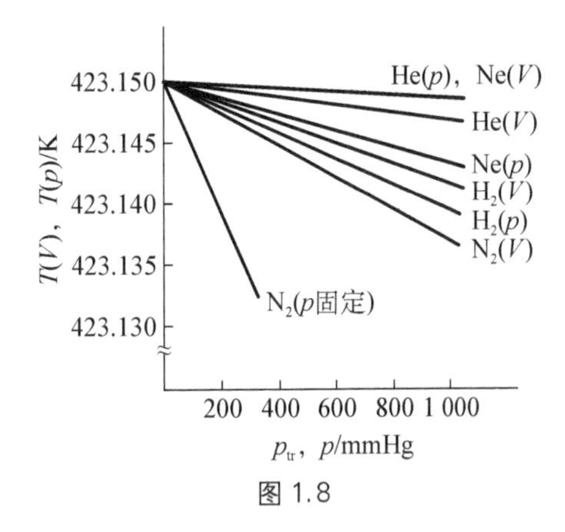

图 1.8

定压气体温度计是在保持压强不变的条件下,用气体的体积来标志温度的。与上面定义定容气体温标相似,可定义定压气体温标为

$$T(V) = 273.16\,\frac{V}{V_{tr}}\ \text{K} \tag{1.2.13}$$

式中 V_{tr} 为气体在水的三相点时的体积，V 为气体在任一待测温度 $T(V)$ 时的体积。实验表明，定压气体温标具有定容气体温标相同的特点，即用不同气体建立的温标只有微小的差别，随着测温泡内气体压强的降低这种差别逐渐消失，而且在压强趋于零时不同的温标趋于一个共同的极限值 $\lim\limits_{p\to 0} T(V)$（见图 1.8）。

（4）理想气体温标的定义

图 1.8 所示是用氢（H_2）、氦（He）、氖（Ne）、氮（N_2）等四种气体制成的八个定压和定容温度计测量同一对象所得到的图线。实验结果表明，**无论用什么气体，无论是定容还是定压，所建立的温标在气体压强趋于零时都趋于一共同的极限值。这个极限温标叫做理想气体温标**，它的定义式为

$$T = \lim_{p_{tr}\to 0} T(p) = 273.16\ \text{K} \lim_{p_{tr}\to 0} \frac{p}{p_{tr}}（体积 V 不变） \tag{1.2.14}$$

或

$$T = \lim_{p\to 0} T(V) = 273.16\ \text{K} \lim_{p\to 0} \frac{V}{V_{tr}}（压强 p 不变） \tag{1.2.15}$$

值得注意的是，理想气体温标**不依赖于任何一种气体的个性**，用不同气体时所指示的温度几乎完全一样（因为都要外推至压强为零），但它毕竟**有赖于气体的共性**。对极低的温度（气体的液化点以下）和高温（1 000℃是上限）就不适用。用这种温标所能测量的最低温度为 1 K，这时只能用氦作测温物质，因为它的液化点最低。更低的温度氦也变成了液体，就不再能用理想气体温标确定。这就是说，在理想气体的温标中，低于 1 K 的温度是没有物理意义的。

4. 热力学温标

是否可能建立一种温标，它完全不依赖于任何测温物质及其物理属性呢？在第 4 章中，我们将在热力学第二定律的基础上引入一种这样的温标。这种温标叫做**热力学温标**。它在历史上最先是由英国物理学家开尔文（Lord Kelvin, 1824—1907）引入的。用这种温标所确定的温度叫热力学温度，用 T 表示，它的单位因此也不叫“度”，而叫开尔文，简称开，用 K（Kelvin 的第一个字母）表示。根据定义，1 开等于水的三相点的热力学温度的1/273.16。

在第 4 章中，我们还将证明，在理想气体温标所能确定的温度范围内，理想气体温标和热力学温标是完全一致的。正是由于这个缘故，我们也可以用 T 表示理想气体温度，并用“开”作它的单位。实际上，我们在前面已经这样做了。

按照国际上的规定，热力学温标是最基本的温标。但是，理想气体温标仍有重要意义。热力学温标只是一种理想温标，理想气体温标由于在它所能确定的温度范围内等于热力学温标，所以它使热力学温标取得了现实意义。在温度计量工作中，在很大的温度范围内，都是用理想气体温度计来测量物体的热力学温度的。

5. 摄氏温标

摄氏温度是广泛使用的一种温度，在历史上它是由摄氏温标所定义的。1954 年第 10 届国际计量大会决定采用一个固定点——水的三相点来定义温度的单位，冰点已不再是

温标的定义固定点了。因此,“摄氏温标”这一术语也就不再继续使用。考虑到人们长期的使用习惯,仍然保留摄氏温度这一名词,但规定它是由热力学温度导出的,若以 T 表示某一状态的热力学温度,则该状态的摄氏温度 t 的定义为

$$t℃ = T/\mathrm{K} - 273.15 \tag{1.2.16}$$

这就是说,规定**热力学温度 273.15 K 为零摄氏度** ($t = 0℃$)。摄氏温度的单位仍叫摄氏度,写成℃,用摄氏度表示的温度差也可以用“开”表示。值得注意的是,在新的定义下,零摄氏度与冰点并不严格相等,但根据目前的实验结果两者在误差万分之一度内是一致的。沸点(汽点)也不严格地等于 100℃,但差别不超过百分之一度。

6. 国际实用温标

在理想气体温标所能确定的温度范围内,虽然可以用精密的气体温度计作为热力学温标的标准温度计,但气体温度计结构复杂、操作要求高,而且还需作许多复杂的修正,所以并不便于实际应用。为了克服这些困难,并且统一各国自行采用的国家级测温标准,经国际协商,1929 年国际计量大会通过了第一个**国际实用温标**(简称**国际温标**)。以后为了使之完善,国际计量大会又在 1948、1960、1968 及 1976 年作了多次修订。目前采用的是 1989 年修订的 1990 年国际温标(简称 ITS—90)。ITS—90 温标选取了从平衡氢三相点(13.803 3 K)到铜凝固点(1 357.77 K)间 16 个固定的平衡点温度。

历届国际计量大会所确定的国际温标都包含三项基本内容,又称为国际温标三要素,它们是:①定义固定点,即选择一些纯物质的三相点、凝固点和沸点作为固定点,并且给出它们的确定值。这些纯物质的相平衡温度都具有很好的重复性,它们的温度值可由各国的温度计量单位用理想气体温标尽可能准确地测定。②规定在不同的待测温度区内使用的标准测温仪器(如热电阻温度计、辐射高温计等)。③给定在不同的固定点之间标准测温仪器读数与国际温标值之间关系的内插求值公式。同时,国际温标必须做到尽可能与作为基本温标的热力学温标一致,还要使各国都能以很高的准确度复现出同样的温标,而且所规定的测温仪器应尽可能使用起来方便。

与修订前的国际温度相比,ITS—90 有以下优点:①它更接近于热力学温度。②将最低温度扩展到了 0.65 K。③在整个温度范围内,改进了连续性、精度和再现性。④在某些温度范围内,对分区重复定义的处理方便了使用。⑤消除了大多数以沸点定义的固定点。因为沸点与压强有关,而压强的精确测量又较复杂,所以采用一些三相点或凝固点取代沸点可避免测量中的困难。

我国已从 1991 年 7 月 1 日起采用 ITS—90 温标。

1.3 物 态 方 程

1.3.1 物态方程

在 1.1 节中曾经讲过,热力学系统的平衡态可以用几何参量、力学参量、化学参量和电磁参量来描述,在一定的平衡态,这四类参量都具有一定的数值。在上一节中我们又看

到，在一定的平衡态，热力学系统具有确定的温度。由此可知，温度与上述四类参量之间必然存在着一定的联系，或者说，温度一定是其他状态参量的函数。如前所述，气体、液体和各向同性的固体等简单系统，可以用压强 p 和体积 V 来描述它的平衡态，所以温度 T 就是 p 和 V 的函数，这个函数关系可写作

$$T = f(p, V)$$

或

$$F(T, p, V) = 0 \tag{1.3.1}$$

这个关系叫做简单系统的**物态方程（或状态方程）**。式(1.3.1)的具体函数关系视不同的物质而异。由于 p、V、T 之间存在这一函数关系，在实际问题中我们可以根据方便将其中两个量看作独立参量，而将第三个量看作这两个量的函数。例如

$$V = V(p, T) \text{ 或 } p = p(V, T)$$

有的系统，即使 V、p 不变，温度仍可随其他物理量而变。例如将金属丝拉伸，金属丝的温度会升高，这时虽然金属丝的压强、体积均未改变，但其长度 L 及内部应力 F 都增加，说明金属丝的温度 T 是 F、L 的函数，即

$$f(F, L, T) = 0 \tag{1.3.2}$$

式(1.3.2)称为拉伸金属丝的物态方程。除此之外，还可以存在其他各种物态方程。总之，描述平衡态系统**各热力学量之间函数关系的方程均称为物态方程**。物态方程中都显含有温度 T。

各种物质的物态方程的具体函数关系不可能由热力学理论推导出来，而要由实验测定。一些简单的物态方程也可在所假设的微观简化模型基础上，应用统计物理方法导出，这将在统计物理学部分讲述。在热力学中，物态方程常作为已知条件给出。

1.3.2 体胀系数、压强系数、压缩系数

在介绍具体物质的物态方程之前，我们先介绍几个与物态方程有关的反映系统属性的物理量（以简单系统为例）。

1. 体胀系数 α

$$\alpha = \frac{1}{V}\left(\frac{\partial V}{\partial T}\right)_p \tag{1.3.3}$$

α 也称为定压膨胀系数，其物理意义是在压强保持不变的条件下，温度升高 1 K 所引起的物体体积的相对变化。

2. 压强系数 β

$$\beta = \frac{1}{p}\left(\frac{\partial p}{\partial T}\right)_V \tag{1.3.4}$$

β 也称为定容(相对)压强系数,其物理意义是在体积保持不变的条件下,温度升高 1 K 所引起的物体压强的相对变化。

3. 压缩系数 κ_T

$$\kappa_T = -\frac{1}{V}\left(\frac{\partial V}{\partial p}\right)_T \tag{1.3.5}$$

κ_T 也称为等温压缩系数,其物理意义是在温度保持不变的条件下,增加单位压强所引起的物体体积的相对变化。κ_T 的倒数称为体积弹性模量。在温度不变时,物体的体积通常随压强的增加而减少(以后我们会看到,这是平衡稳定性的要求),式(1.3.5)中含一个负号是为了使 κ_T 取正值。

由于 p、V、T 三个变量之间存在函数关系(1.3.1),其偏导数之间将存在下述关系

$$\left(\frac{\partial V}{\partial p}\right)_T\left(\frac{\partial p}{\partial T}\right)_V\left(\frac{\partial T}{\partial V}\right)_p = -1$$

因此 α、β、κ_T 满足

$$\alpha = \kappa_T \beta p \tag{1.3.6}$$

实验中令固体或液体升温而保持其体积不变是困难的。因此其压强系数 β 通常是通过式(1.3.6)并利用实验测得的 α、κ_T 计算出来的。

如果已知物态方程,由式(1.3.3)和式(1.3.5)可以求得 α 和 κ_T;反之,通过实验测得 α 和 κ_T 也可以获得有关物态方程的信息。

例 2 证明任何一种具有两个独立参量 T, p 的物质,其物态方程可由实验测得的体胀系数 α 及等温压缩系数 κ_T,根据下述积分求得:

$$\ln V = \int (\alpha \mathrm{d}T - \kappa_T \mathrm{d}p)$$

如果 $\alpha = \dfrac{1}{T}$, $\kappa_T = \dfrac{1}{p}$, 试求物态方程。

证明:以 T, p 为自变量,物质的物态方程为

$$V = V(T,\ p)$$

其全微分为

$$\mathrm{d}V = \left(\frac{\partial V}{\partial T}\right)_p \mathrm{d}T + \left(\frac{\partial V}{\partial p}\right)_T \mathrm{d}p \tag{1.3.7}$$

式(1.3.7)除以 V,有

$$\frac{\mathrm{d}V}{V} = \frac{1}{V}\left(\frac{\partial V}{\partial T}\right)_p \mathrm{d}T + \frac{1}{V}\left(\frac{\partial V}{\partial p}\right)_T \mathrm{d}p \tag{1.3.8}$$

根据体胀系数 α 和压缩系数 κ_T 的定义,可将式(1.3.8)改写为

$$\frac{dV}{V}=\alpha dT-\kappa_T dp \tag{1.3.9}$$

式(1.3.9)是以 T, p 为自变量的完整微分,沿任一积分路线积分得

$$\ln V=\int(\alpha dT-\kappa_T dp) \tag{1.3.10}$$

如果实验测得 α 及 κ_T,由式(1.3.10)可得物质的物态方程。

解:如果 $\alpha=\frac{1}{T}$, $\kappa_T=\frac{1}{p}$, 代入式(1.3.10),有

$$\ln V=\int\left(\frac{1}{T}dT-\frac{1}{p}dp\right)$$

积分得

$$\ln V=\ln T-\ln p+\ln C$$

或

$$pV=CT \tag{1.3.11}$$

式(1.3.11)就是由所给的 $\alpha=\frac{1}{T}$, $\kappa_T=\frac{1}{p}$ 求得的物态方程,确定常数 C 需要进一步的实验数据。

1.3.3 理想气体物态方程

1. 气体实验定律

(1) 玻意耳定律

1662 年英国物理学家和化学家玻意耳(Boyle, 1627—1691)对一定质量的气体的性质进行实验研究得到下述规律:

$$pV=C \tag{1.3.12}$$

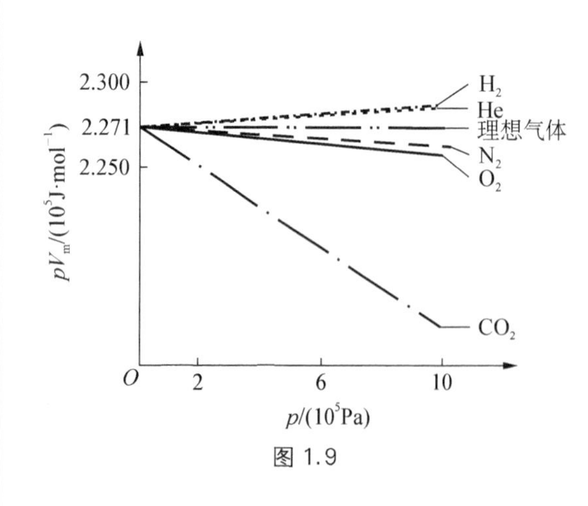

图 1.9

1679 年法国物理学家马略特(Mariotte, 1620—1684)也同样独立地建立了上述规律。以后大家一致把式(1.3.12)称为玻意耳——马略特定律,简称玻意耳定律。精确的实验表明,玻意耳定律并不完全正确。图 1.9 是对多种 1 mol 气体在不同压强下的 pV_m 的数值和 p 之间关系的实验图线。从图线可以看出,所有的气体都偏离了玻意耳定律所应该有的水平线。并且压强越大,偏离也越大,不同的气体的偏离状况又是不同的。不过它们的偏

差随着气体压强的减小而减小。在压强趋于零的极限条件下，气体是完全遵从玻意耳定律的。

(2) 盖-吕萨克定律

盖-吕萨克(Gay-Lussac，1778—1850。法国化学家、物理学家)定律认为，一定质量的气体在压强保持不变时，体积随温度呈线性变化

$$V = V_0(1+\alpha t) \tag{1.3.13}$$

式中 t 为摄氏温度，V 和 V_0 分别表示温度为 t 和 0℃时气体的体积，α 是气体体胀系数，见式(1.3.3)。实验测量出 $\alpha = 1/273.15$℃，代入式(1.3.13)，由于 $T = (273.15 + t/℃)\mathrm{K}$ 为热力学温度，则有 $V = V_0\alpha T$。对于一定质量的气体在等压条件下的两个不同的状态，有

$$\frac{V_2}{V_1} = \frac{T_2}{T_1} \tag{1.3.14}$$

(3) 查理定律

查理(Charles，1746—1823。法国物理学家、数学家和发明家)定律认为，一定质量气体保持体积不变时，压强随温度呈线性变化

$$p = p_0(1+\beta t) \tag{1.3.15}$$

式中 t 为摄氏温度，p 和 p_0 分别表示温度为 t 和 0℃时的气体压强，β 为压强系数，见式(1.3.4)。实验测量出 $\beta = 1/273.15$℃，则有 $p = p_0\beta T$。对于一定质量的气体等体条件下的两个不同的状态，有

$$\frac{p_2}{p_1} = \frac{T_2}{T_1} \tag{1.3.16}$$

和玻意耳定律一样，盖-吕萨克定律和查理定律也只在压强趋于零的极限条件下严格成立。

2. 理想气体

我们将**严格遵从玻意耳定律或盖-吕萨克定律、查理定律的气体称为理想气体**。因为上述三个实验定律都只在压强趋于零时才严格成立，所以也可以说：**只有压强趋于零时的气体才是理想气体**。在理想气体条件下，一切不同化学组成的气体在热学性质上的差异趋向消失。从微观的角度来看，理想气体是忽略了气体中分子之间相互作用的一个理想模型(详见 2.3.1 节)。当气体压强足够低时，气体足够稀薄，分子之间的平均距离足够大，其平均相互作用能量将远小于分子的平均动能，可以忽略。

3. 理想气体物态方程

(1) 理想气体物态方程的建立

为了求出一定量理想气体从(p_1，V_1，T_1)状态变化到任意的(p_2，V_2，T_2)状态之间的关系，可以设想有一个中间状态(p_1，V_2，T)，先使得气体从(p_1，V_1，T_1)过渡到(p_1，V_2，T)，这是等压过程，由盖-吕萨克定律的式(1.3.14)得到

$$\frac{V_2}{V_1}=\frac{T}{T_1}$$

然后由等体过程变化到(p_2, V_2, T_2)状态,利用查理定律的式(1.3.16)得到

$$\frac{p_2}{p_1}=\frac{T_2}{T}$$

联立上述两式,得到定量气体的任何状态有如下关系

$$\frac{p_1V_1}{T_1}=\frac{p_2V_2}{T_2}=\cdots=\frac{pV}{T}=\text{常量}$$

令 1 mol 气体的常量为 R,用 V_m 表示 1 mol 气体的体积,则得

$$pV_m=RT \tag{1.3.17}$$

(2) 阿伏伽德罗定律

1811 年意大利物理学家阿伏伽德罗(Avogadro, 1776—1856)引进分子的概念,提出了"在同温同压下相同体积的任何气体都含有相同数目的分子"的阿伏伽德罗分子假说。根据**阿伏伽德罗定律,在气体压强趋于零的极限情形下,在相同的温度和压强下,1 摩尔的任何气体所占的体积都相同**。

(3) 标准状况

标准状况下,温度为 $T_0=273.15\ \text{K}$,压强为 $p_0=1.013\times10^5\ \text{N}\cdot\text{m}^{-2}$,任何气体的摩尔体积为 $V_{m0}=22.413\,966\times10^{-3}\ \text{m}^3\cdot\text{mol}^{-1}\approx22.4\ \text{L}\cdot\text{mol}^{-1}$。

(4) 普适气体常量 R

根据阿伏伽德罗定律,在气体压强趋于零的极限情形下,式(1.3.17)中的 $R=\frac{pV_m}{T}$ 的数值对各种气体都是一样的,所以称为**普适气体常量**,并用 R 表示。在标准状况下,可得

$$R=\frac{pV_m}{T}=\frac{p_0V_{m0}}{T_0}=\frac{1.013\times10^5\times22.414\times10^{-3}}{273.15}=8.31(\text{J}\cdot\text{mol}^{-1}\cdot\text{K}^{-1})$$

如果 p_0 的单位用大气压(atm), V_{m0}的单位用升每摩尔($\text{L}\cdot\text{mol}^{-1}$),则得

$$R=8.205\,74\times10^{-2}\ \text{atm}\cdot\text{L}\cdot\text{mol}^{-1}\cdot\text{K}^{-1}\approx8.2\times10^{-2}\ \text{atm}\cdot\text{L}\cdot\text{mol}^{-1}\cdot\text{K}^{-1}$$

(5) 理想气体物态方程

以上是对气体的物质的量为 1 mol 而言的,若气体的物质的量为 ν,气体的质量为 M,气体的摩尔质量为 M_m, $\nu=M/M_m=V/V_m$, 则有

$$pV=\frac{M}{M_m}RT=\nu RT \tag{1.3.18}$$

这就是**理想气体物态方程**。

4. 理想气体物态方程的另一形式

气体物质的量 ν 还可以写成

$$\nu = \frac{N}{N_A}$$

式中 N 为系统的总分子数，$N_A = 6.022\,141\,79 \times 10^{23}\ \text{mol}^{-1} \approx 6.02 \times 10^{23}\ \text{mol}^{-1}$，是任何 1 mol 气体所包含的分子数，称为**阿伏伽德罗常数**。于是理想气体物态方程(1.3.18)式可改写为

$$pV = \frac{N}{N_A}RT$$

引入**玻耳兹曼常数**

$$k = \frac{R}{N_A} = \frac{8.314\,47}{6.022\,14 \times 10^{23}} = 1.380\,65 \times 10^{-23}(\text{J} \cdot \text{K}^{-1}) \approx 1.38 \times 10^{-23}\ \text{J} \cdot \text{K}^{-1}$$

并令 $n = \frac{N}{V}$ 为容器内的气体**分子数密度**，则有

$$p = \frac{N}{V}\frac{R}{N_A}T$$

或

$$p = nkT \tag{1.3.19}$$

式(1.3.19)是**理想气体物态方程的另一重要形式**，也是联系宏观物理量 p、T 与微观物理量 n 之间的一个重要公式。

理想气体物态方程成立的前提是气体是理想气体，并处于平衡态。虽然一般气体并不严格满足理想气体物态方程，但对于 H_2、N_2、CO、O_2 等实际气体，即使压强在 10 atm 上下，此时理想气体物态方程还可以近似用于一般气体，但当气体压强达到上百大气压时，一般实际气体与理想气体的差别就很大了，理想气体的物态方程对实际气体就完全不适用了。

总之，我们也可将理想气体定义为：**能严格满足理想气体物态方程的气体是理想气体**。在一般情况下，只要温度不太低，压强不太高，都可以把气体看做理想气体，且压强越低，近似程度越高。但这种定义没有实际意义，而是一种逻辑循环，这是热力学方法的缺陷造成的。

后面的学习我们会经常看到，R 是描述 1 mol 气体行为的普适常量，而 k 是描述一个分子或一个粒子行为的普适常量，这是奥地利物理学家，统计物理学的奠基人之一玻耳兹曼(Boltzmann，1844—1906)于 1872 年引入的。虽然玻耳兹曼常量是从气体普适常量中引出的，但其重要性却远超出气体范畴，而可用于一切与热相联系的物理系统。玻耳兹曼常量 k 与其他普适常量如 e(元电荷)、G(引力常量)、c(光速)、h(普朗克常量)一样，都是具有**特征性的常量**。也就是说，只要在任一公式或方程中出现某一普适常量，即可看出该方程具有与之对应的某方面特征。例如凡出现 k 即表示与热物理学有关；出现 e 表示与电学有关；出现 G 表示与万有引力有关；出现 c 表示与相对论有关；出现 h 表示是量子问

题等。

例 3 一容器中贮有理想气体，压强为 1.0 atm，温度为 27℃，问每立方米内有多少个分子。

解：已知 $p = 1.0\ \text{atm} = 1.013\times10^5\ \text{Pa}$，$T = 300.15\ \text{K}$，$k = 1.38\times10^{-23}\ \text{J}\cdot\text{K}^{-1}$，代入理想气体物态方程(1.3.19)式，得

$$n = \frac{p}{kT} = \frac{1.013\times10^5}{1.38\times10^{-23}\times300.15}\ \text{m}^{-3} = 2.45\times10^{25}\ \text{m}^{-3}$$

例 4 电子管抽气抽到最后阶段时，还应将真空管内的金属加热再进行抽空，原因是金属表面上吸附有单原子层的气体分子，当金属受热时，此气体分子便释放出来。设真空管的灯丝是用半径 $r = 2.0\times10^{-4}\ \text{m}$、长度 $L = 6\times10^{-2}\ \text{m}$ 的铂丝绕制成的，每个气体分子的截面积为 $A = 9\times10^{-20}\ \text{m}^2$，真空管内的容积 $V = 25\times10^{-6}\ \text{m}^3$。当灯丝加热至 100℃时，所有吸附的气体分子都从铂丝表面逸出来散布在整个泡内。若这些气体分子不抽出，试问它所产生的压强是多大?

解：设真空管吸附的气体都释放出来的总分子数为 N，则有

$$N = \frac{2\pi rL}{A}$$

这些分子在真空管中产生 Δp 的压强增量，有

$$\Delta p = \Delta nkT = \frac{N}{V}kT = \frac{2\pi rLkT}{AV}$$
$$= \frac{2\times3.14\times2.0\times10^{-4}\times6\times10^{-2}\times1.38\times10^{-23}\times373}{9\times10^{-20}\times25\times10^{-6}}\ \text{Pa} = 0.17\ \text{Pa}$$

例 5 一容器内贮有氧气 0.100 kg，压强为 10 atm，温度为 47℃。因容器漏气，过一段时间后，压强减到原来的 5/8，温度降到 27℃。若把氧气近似看作理想气体，问：(1) 容器的容积为多大；(2) 漏了多少氧气。已知氧气的相对分子质量为 32.0。

解：已知 $M = 0.100\ \text{kg}$，$p = 10\ \text{atm} = 1.013\times10^6\ \text{Pa}$，$T = 47℃ = 320.15\ \text{K}$，$p' = (5/8)p$，$T' = 300.15\ \text{K}$，$M_\text{m} = 32.0\times10^{-3}\ \text{kg}\cdot\text{mol}^{-1}$。

(1) 根据理想气体物态方程(1.3.18)，可求得容器的容积为

$$V = \frac{MRT}{M_\text{m}p} = \frac{0.100\times8.31\times320.15}{32.00\times10^{-3}\times1.013\times10^6}\ \text{m}^3 = 8.21\times10^{-3}\ \text{m}^3$$

(2) 容气漏气后，压强减为 p'，温度降为 T'。如果用 M' 表示容器中剩下的氧气的质量，则 M' 可用物态方程求出为

$$M' = \frac{M_\text{m}p'V}{RT'} = \frac{32.00\times10^{-3}\times5/8\times1.013\times10^6\times8.21\times10^{-3}}{8.31\times300.15}\ \text{kg} = 0.067\ \text{kg}$$

因此，漏掉的氧气的质量为

$$\Delta M = M - M' = 0.100\ \text{kg} - 0.067\ \text{kg} = 0.033\ \text{kg}$$

例 6 如图 1.10 所示是低温测量中常用的一种压力表式气体温度计。下端 A 是测温泡，上端 B 是压力表式压强计，两者通过导热性能很差的德银(German silver，铜镍锌合金)毛细管 C 相连。毛细管很细，其容积比起 A 的容积 V_A 和 B 的容积 V_B 来可以忽略。

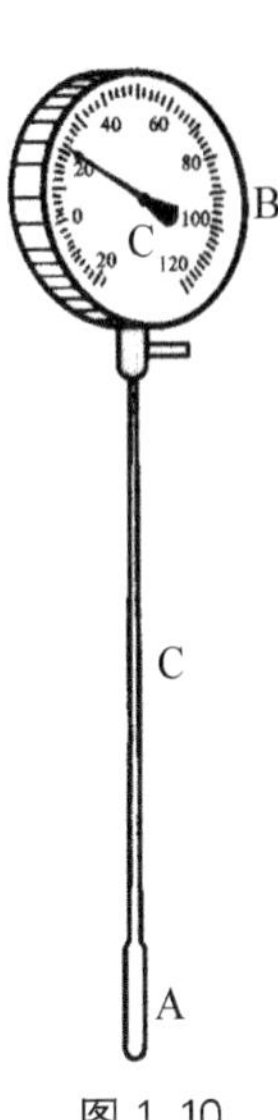

图 1.10

测量时，先把温度计在室温 T_0 下抽真空后充某种气体(通常为氦)到压强 p_0，加以密封，然后将 A 浸入待测物质(通常是液化了的气体)。设 A 内气体与待测物质达到热平衡后，B 的读数为 p，试求待测温度。V_A，V_B，p_0，T_0 是已知的。

解：设待测温度为 T。由于毛细管 C 很长，德银材料的导热性能又很差，所以 A 中气体与待测物质达到热平衡，即温度降为 T 时，B 中气体的温度仍保持为室温 T_0。但这时 B 中气体和 A 中气体的压强却是相等的。设 A 中原有气体的质量为 M_A，B 中原有气体的质量为 M_B，当 A 浸入待测物质，压强降低时，将有一部分气体由 B 经毛细管 C 进入 A。压强达到平衡后，A 中气体的质量将为 $M_A+\Delta M$，而 B 中气体的质量将为 $M_B-\Delta M$。根据理想气体物态方程，可以列出以下各式：

	测温泡 A	压力表 B
测温前	$\dfrac{p_0V_A}{T_0}=\dfrac{M_A}{M_m}R$	$\dfrac{p_0V_B}{T_0}=\dfrac{M_B}{M_m}R$
测温后	$\dfrac{pV_A}{T}=\dfrac{M_A+\Delta M}{M_m}R$	$\dfrac{pV_B}{T_0}=\dfrac{M_B-\Delta M}{M_m}R$

将测温前的两式相加得

$$\frac{p_0(V_A+V_B)}{T_0}=\frac{M_A+M_B}{M_m}R$$

将测温后的两式相加得

$$p\left(\frac{V_A}{T}+\frac{V_B}{T_0}\right)=\frac{M_A+M_B}{M_m}R$$

所以

$$\frac{p_0(V_A+V_B)}{T_0}=p\left(\frac{V_A}{T}+\frac{V_B}{T_0}\right)$$

由此可得

$$T=\frac{pV_A}{\dfrac{p_0}{T_0}(V_A+V_B)-\dfrac{pV_B}{T_0}}=\frac{T_0pV_A}{p_0\left(V_A+V_B-\dfrac{p}{p_0}V_B\right)}=\frac{p/p_0}{1+\dfrac{V_B}{V_A}\left(1-\dfrac{p}{p_0}\right)}T_0$$

例 7 两个相同的容器装有氢气，以一水平细玻璃管相连通，管中用一滴水银作活

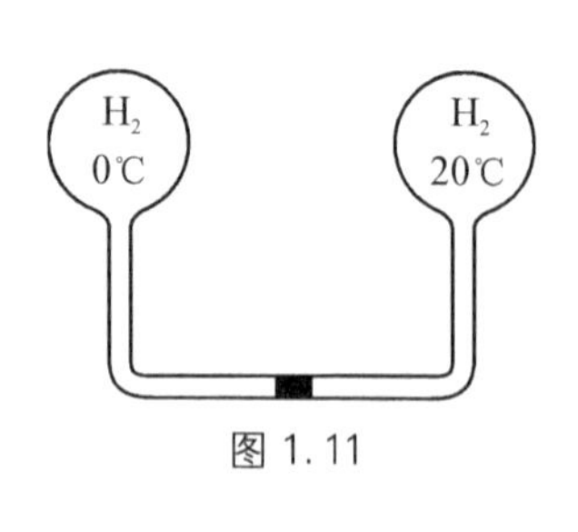

图 1.11

塞，如图 1.11 所示。当左边容器的温度为 0℃，而右边容器的温度为 20℃时，水银刚好处在管的中央。证明当左边容器的温度由 0℃增到 5℃，而右边容器的温度由 20℃增到 30℃时，水银滴将向左方运动。

证：设左边容器内氢气在 $T_1 = 273\ \text{K}$ 和 $T'_1 = 278\ \text{K}$ 时的体积和压强分别为 V_1，V'_1 和 p_1，p'_1，氢气质量为 M_1；右边容器内氢气在 $T_2 = 293\ \text{K}$ 和 $T'_2 = 303\ \text{K}$ 时体积和压强分别为 V_2，V'_2 和 p_2，p'_2，氢气质量为 M_2。由理想气体物态方程，对左右两边氢气开始时分别有

$$p_1V_1 = \frac{M_1}{M_m}RT_1,\ p_2V_2 = \frac{M_2}{M_m}RT_2$$

此时水银滴刚好在管的中央，因此有 $p_1 = p_2$，$V_1 = V_2$，则

$$M_1T_1 = M_2T_2$$

当左右两边氢气的温度分别升高到 $T'_1 = 278\ \text{K}$ 和 $T'_2 = 303\ \text{K}$ 时，仍有 $p'_1 = p'_2$，由理想气体物态方程，对左右两边氢气分别又有

$$p'_1V'_1 = \frac{M_1}{M_m}RT'_1,\ p'_2V'_2 = \frac{M_2}{M_m}RT'_2$$

即

$$\frac{V'_1}{V'_2} = \frac{M_1T'_1}{M_2T'_2} = \frac{T_2T'_1}{T_1T'_2} = \frac{293\times278}{273\times303} = 0.985 < 1$$

即 $V'_1 < V'_2$，所以水银向左移动。

例 8 在标准状态下给一气球充氢气。此气球的体积可由外界压强的变化而改变。充气完毕时该气球的体积为 566 m³，而球皮体积可以忽略。①若贮氢的气罐的体积为 $5.66\times10^{-2}\ \text{m}^3$，罐中氢气压强为 1.25 MPa，且气罐与大气处于热平衡，在充气过程中的温度变化可以不计，试问要给上述气球充气需这样的贮气罐多少个？②若球皮重量为 12.8 kg，而某一高度处的大气温度仍为 0℃，试问气球上升到该高度时还能悬挂多重物品而不至坠下。

解：① 气球内氢气的压强与外界压强始终相等，设为 $p_0 = 0.1\ \text{MPa}$，气球的体积 $V_0 = 566\ \text{m}^3$，气罐中氢气压强 $p_1 = 1.25\ \text{MPa}$，气罐的体积 $V_1 = 5.66\times10^{-2}\ \text{m}^3$，需要 N 个贮气罐。因为在充气过程中温度不变，由玻意耳定律，有

$$p_1(NV_1) = p_0(V_0 + NV_1)$$

则

$$N = \frac{p_0V_0}{(p_1 - p_0)V_1} = \frac{0.1\times10^6\times566}{(1.25-0.1)\times10^6\times5.66\times10^{-2}} = 870$$

② 气球受到的浮力大小等于排开同体积空气所受到的重力，设空气的密度为 $\rho_{空气}$，空气的摩尔质量为 $M_{m空气}$，则气球受到的浮力大小为

$$F = \rho_{空气} V_0 g = \frac{M_{m空气} p_0}{RT_0} V_0 g$$

而气球中氢气的质量为

$$M_H = \frac{M_{mH} p_0 V_0}{RT_0}$$

则气球可挂重物的质量为

$$M_{重物} = \frac{F}{g} - M_H - M_{皮} = \frac{(M_{m空气} - M_{mH}) p_0 V_0}{RT_0} - M_{皮}$$

$$= \frac{(29-2) \times 10^{-3} \times 0.1 \times 10^6 \times 566}{8.31 \times 273} - 12.8\ \text{kg} = 660.8\ \text{kg}$$

1.3.4 混合理想气体物态方程

前面的讨论只限于化学成分单纯的气体，但在许多实际问题中，往往遇到包含几种不同化学组分的混合的气体。

1. 道尔顿分压定律

在处理混合气体问题时，需要用到一条实验定律——道尔顿分压定律，是英国科学家道尔顿(Dalton, 1766—1844)于1802年在实验中发现的。根据这个定律，**混合气体的压强等于各组分的分压强之和。**

如果用 p 表示混合气体的压强，用 $p_1, p_2, \cdots, p_n$ 分别表示各组分的分压强，则道尔顿分压定律可用下式表示：

$$p = p_1 + p_2 + \cdots + p_n \tag{1.3.20}$$

所谓某组分的**分压强**，是指这个组分单独存在时(即在与混合气体的温度和体积相同，并且与混合气体中所包含的这个组分的物质的量相等的条件下，以化学纯的状态存在时)的压强。或者说第 $i(i = 1, 2, \cdots, n)$ 组分的分压强是保持与混合气体的温度和体积相同的情况下，在容器中把其他气体都排走以后，仅留下第 i 种气体时的压强。道尔顿分压定律也只在混合气体的压强较低时才准确地成立，即它也只适用于理想气体。

2. 混合理想气体的物态方程

根据理想气体物态方程(1.3.18)和道尔顿分压定律，可以导出适用于混合理想气体的物态方程。把式(1.3.18)分别用于各组分，列出各组分的物态方程，有

$$p_1 V = \frac{M_1}{M_{m1}} RT,\ p_2 V = \frac{M_2}{M_{m2}} RT,\ \cdots,\ p_n V = \frac{M_n}{M_{mn}} RT$$

将上述所有的方程相加，则得

$$(p_1+p_2+\cdots+p_n)V=\left(\frac{M_1}{M_{m1}}+\frac{M_2}{M_{m2}}+\cdots+\frac{M_n}{M_{mn}}\right)RT \tag{1.3.21}$$

根据道尔顿分压定律(1.3.20)，等式左端的括号为混合理想气体的压强 p。令右端的括号为混合理想气体的物质的量，如用 ν 表示，即令

$$\nu=\frac{M_1}{M_{m1}}+\frac{M_2}{M_{m2}}+\cdots+\frac{M_n}{M_{mn}}=\nu_1+\nu_2+\cdots\nu_n \tag{1.3.22}$$

式中 $\nu_i=\dfrac{M_i}{M_{mi}}$ 为第 i 组分的物质的量。则式(1.3.21)可写作

$$pV=\nu RT \tag{1.3.23}$$

这就是适用于混合理想气体的物态方程。

由上式看来，混合理想气体的物态方程完全类似于化学成分单纯的理想气体的物态方程，混合理想气体物质的量即等于各组分的物质的量之和。

*3. 混合理想气体的平均摩尔质量

混合理想气体也具有一定的摩尔质量 M_m，通常称为平均摩尔质量，它由下式确定

$$M_m=\frac{M}{\nu} \tag{1.3.24}$$

式中 M 是各组分的质量之和，即

$$M=M_1+M_2+\cdots+M_n \tag{1.3.25}$$

引入平均摩尔质量后，混合理想气体的物质的量(1.3.22)式为

$$\nu=\frac{M_1}{M_{m1}}+\frac{M_2}{M_{m2}}+\cdots+\frac{M_n}{M_{mn}}=\nu_1+\nu_2+\cdots+\nu_n=\frac{M}{M_m} \tag{1.3.26}$$

则

$$\frac{1}{M_m}=\frac{1}{M}\sum\frac{M_i}{M_{mi}} \tag{1.3.27}$$

显然，$\dfrac{M_i}{M}$为第 i 组分气体在混合气体中的质量百分比。混合理想气体的物态方程可以写作

$$pV=\nu RT=\frac{M}{M_m}RT$$

4. 混合理想气体的总分子数和分子数密度

显然，混合理想气体的总分子数 N 等于各组分的分子数 N_i 之和。即

$$N=N_1+N_2+\cdots+N_n \tag{1.3.28}$$

则混合理想气体的分子数密度有

$$n = \frac{N}{V} = \frac{N_1 + N_2 + \cdots N_n}{V} = \frac{N_1}{V} + \frac{N_2}{V} + \cdots \frac{N_n}{V} = n_1 + n_2 + \cdots n_n \quad (1.3.29)$$

即混合理想气体的分子数密度等于各组分的分子数密度 n_i 之和。则混合理想气体的物态方程也有

$$p = nkT$$

例 9 一体积为 $1.0\times10^{-3}\ \mathrm{m^3}$ 容器中，含有 4.0×10^{-5} kg 的氦气和 4.0×10^{-5} kg 的氢气，它们的温度为 30℃，试求容器中的混合气体的压强。

解：设氦气、氢气分别用 1 和 2 表示，由混合理想气体的物态方程(1.3.23)，有

$$p = \nu\frac{RT}{V} = \left(\frac{M_1}{M_{m1}} + \frac{M_2}{M_{m2}}\right)\frac{RT}{V} = \left(\frac{4.0\times10^{-5}}{4\times10^{-3}} + \frac{4.0\times10^{-5}}{2\times10^{-3}}\right)\frac{8.31\times303}{1.0\times10^{-3}}\ \mathrm{Pa}$$
$$= 7.55\times10^4\ \mathrm{Pa}$$

***例 10** 按质量百分比来说，空气中含有：氮气 76.9%、氧气 23.1%。已知氮气的摩尔质量为 $M_{mN_2} = 28.0\times10^{-3}$ kg/mol，氧气的摩尔质量为 $M_{mO_2} = 32.0\times10^{-3}$ kg/mol，求空气的平均摩尔质量。

解：由已知，有 $\frac{M_{N_2}}{M} = 76.9\%$，$\frac{M_{O_2}}{M} = 23.1\%$。

方法一：由平均摩尔质量的定义式(1.3.24)和式(1.3.26)，有

$$M_m = \frac{M}{\nu} = \frac{M}{\nu_1 + \nu_2} = \frac{M}{\frac{M_{N_2}}{M_{mN_2}} + \frac{M_{O_2}}{M_{mO_2}}} = \frac{1}{\frac{M_{N_2}/M}{M_{mN_2}} + \frac{M_{O_2}/M}{M_{mO_2}}}$$
$$= \frac{1}{\frac{0.769}{28.0\times10^{-3}} + \frac{0.231}{32.0\times10^{-3}}}\ \mathrm{kg\cdot mol^{-1}} = 28.8\times10^{-3}\ \mathrm{kg\cdot mol^{-1}}$$

方法二：由式(1.3.27)，有

$$\frac{1}{M_m} = \frac{1}{M}\left(\frac{M_{N_2}}{M_{mN_2}} + \frac{M_{O_2}}{M_{mO_2}}\right) = \frac{M_{N_2}/M}{M_{mN_2}} + \frac{M_{O_2}/M}{M_{mO_2}} = \frac{0.769}{28.0} + \frac{0.231}{32.0} = 0.034\,68$$
$$M_m = 28.8\times10^{-3}\ \mathrm{kg\cdot mol^{-1}}$$

所以空气的平均摩尔质量为 $M_m = 28.8\times10^{-3}\ \mathrm{kg\cdot mol^{-1}}$，也可认为空气的平均相对分子质量为 28.8 g。

1.3.5 简单固体和液体的物态方程

对于简单固体(各向同性)和液体，可以通过实验测得的体胀系数 α 和等温压缩系数 κ_T 获得有关物态方程的信息。固体和液体的体胀系数 α 是温度的函数，与压强近似无关。在室温范围内，α 和 κ_T 数值很小，可以近似看作常数。将体积 V 在温度 T_0 和零压强的附近展开，准确到一级近似，可以得到如下的物态方程(见习题 1.5)

$$V(T, p) = V_0(T_0, 0)[1 + \alpha(T - T_0) - \kappa_T p] \tag{1.3.30}$$

*1.3.6 顺磁性固体的物态方程

将顺磁性固体置于外磁场中，顺磁性固体会被磁化。我们用 M 表示单位体积的磁矩，称为磁化强度，用 H 表示磁场强度。它们与温度的关系

$$f(M, H, T) = 0$$

就是顺磁性固体的物态方程。实验测得一些物质的磁物态方程为

$$M = \frac{C}{T}H \tag{1.3.31}$$

式(1.3.31)称为居里定律。其中 C 是一个常数，其数值因不同的物质而异，可以由实验测定。

思考题

1.1　判断下列说法是否正确并举例说明。①对于任何热力学系统，只要其宏观状态不随时间变化，就必定处于平衡态。②平衡态一定是系统内各处均匀一致的状态。

1.2　太阳中心温度 10^7 K，太阳表面温度 6 000 K，太阳内部不断发生热核反应，所产生的热量以恒定不变热产生率从太阳表面向周围散发。试问太阳是否处于平衡态？

1.3　作匀加速直线运动的车厢中放一匣子，匣子中的气体是否处于平衡态？从地面上看，匣子内气体分子不是形成粒子流了吗？匣内气体的密度是否处处相等？

1.4　腌菜时，发现腌菜缸出现了水，菜变咸，这是什么现象？试问经过足够长时间以后，缸中的菜和水是否都处于平衡态？

1.5　系统 A 和 B 原来各自处在平衡态，现使它们互相接触，试问在下列情况下，两系统接触部分是绝热还是透热的，或两者都可能？①当 V_A 保持不变、p_A 增大时，V_B 和 p_B 都不发生变化；②当 V_A 保持不变，p_A 增大时，p_B 不变而 V_B 增大；③当 V_A 减少、同时 p_A 增大时，V_B 和 p_B 均不变。

1.6　在建立温标时是否必须规定：热的物体具有较高的温度，冷的物体具有较低的温度？是否可作相反的规定？在建立温标时，是否须规定测温属性一定随温度作线性变化？

1.7　冰的正常熔点是多少？纯水的三相点温度是多少？

1.8　酒精的密度和大多数物质一样随绝对温度增加而减少，但水在 4℃时的密度反常地达极大。若玻璃温度计中装有染色的水而不像通常那样装的染色酒精，把它分别与物体 A 和 B 接触，指示的温度分别为 θ_A 和 θ_B。①设 $\theta_A > \theta_B$，试问把 A 和 B 相互接触能否得出结论：热量从 A 传向 B？②若 $\theta_A = \theta_B$，是否可得出结论：A 和 B 接触时一定不会有热量传递？

1.9　理想气体温标是否依赖于气体的性质？在实现理想气体温标时，是否有一种气体

比其他气体更优越？

1.10 若热力学系统处于非平衡态，温度概念能否适用？

1.11 理想气体的物态方程 $pV = \nu RT$ 是根据哪些实验定律导出的？这些定律的成立各有什么条件？

1.12 试由玻意耳定律、盖-吕萨克定律（或查理定律）和阿伏伽德罗定律导出理想气体物态方程。

1.13 盖-吕萨克(Gay-Lussac)定律：当一定质量的气体的压强保持不变时，其体积随温度作线性变化：

$$V = V_0(1 + \alpha_V t),$$

式中 V 和 V_0 分别表示温度为 t℃和 0℃时气体的体积，α_V 叫做气体的体膨胀系数。

查理(Charles)定律：当一定质量气体的体积保持不变时，其压强随温度作线性变化：

$$p = p_0(1 + \alpha_p t)$$

式中 p 和 p_0 分别表示温度为 t℃和 0℃时气体的压强，α_p 叫做气体的压强系数。

试由理想气体的物态方程推证以上二定律，并求出 α_V 和 α_p 的值。

1.14 若使下列参量增大一倍，而其他参量保持不变，则理想气体的压强将如何变化？①温度 T；②体积 V；③物质的量 $\nu = M/M_m$。

1.15 当一定质量理想气体的压强 p 保持不变时，它的体积 V 如何随温度 T 变化？当一定质量理想气体的体积 V 保持不变时，它的压强 p 如何随温度 T 变化？

1.16 在一个封闭容器中装有某种理想气体。

① 使气体的温度升高同时体积减小，是否可能？

② 使气体的温度升高同时压强增大，是否可能？

③ 使气体的温度保持不变，但压强和体积同时增大，是否可能？

1.17 试解释下列现象：

① 自行车的内胎会晒爆；

② 热水瓶的塞子有时会自动跳出来；

③ 乒乓球挤瘪后，放在热水里泡一会儿会重新鼓起来。

1.18 把汽车胎打气，使其达到所需要的压强，问在夏天和冬天，打入胎内的空气的质量是否相同。

1.19 两筒温度相同的压缩氧气，从压强计指示出的压强不相同，问如何判断哪一筒氧气的密度大。

1.20 如图 1.12 所示，两个相同的容器都装有氢气，以一玻璃管相通，管中用一水银滴作活塞。当左边容器的温度为 0℃而右边为 20℃时，水银滴刚好在玻璃管的中央而维持平衡。①若左边容器的温度由 0℃升到 10℃时，水银

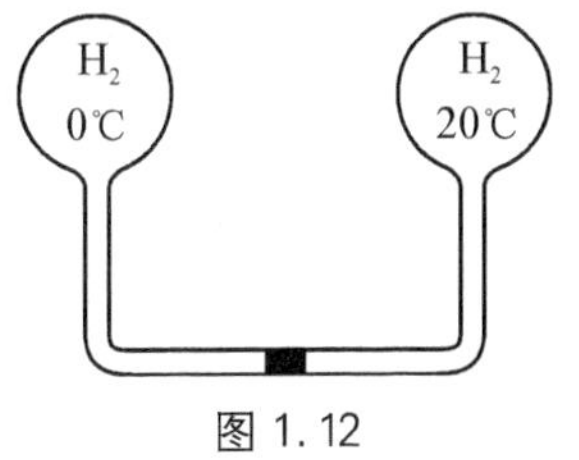

图 1.12

滴是否会移动？怎样移动？②如果左边升到10℃，而右边升到30℃，水银滴是否会移动？

1.21 如图1.13所示，两容器的体积相同，装有相同质量的氮气和氧气。用一内壁光滑的水平细玻璃管相通，管的正中间有一小滴水银。试问：①如果两容器内气体的温度相同，水银滴能否保持平衡？②如果将氮的温度保持为$t_1=0℃$，氧的温度保持为$t_2=30℃$，水银滴如何移动？③要保持水银滴在管的正中间，并维持氧气温度比氮气温度高30℃，则氮气的温度应是多少？

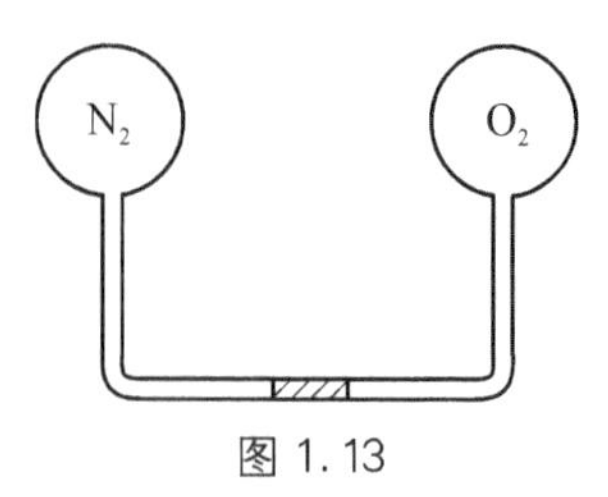

图1.13

1.22 氢气球可因球外压强变化而使球的体积作相应改变。一个氢气球可以自由膨胀（即球内外压强保持相等），随着气球的不断升高，大气压强不断减小，氢气就不断膨胀。如果忽略掉大气温度和空气平均分子质量随高度的变化，试问气球在上升过程中所受的浮力是否变化。说明理由。

1.23 人坐在橡皮艇里，艇浸入水中一定深度。到夜晚温度降低了，但大气压强不变，问艇浸入水中深度将怎样变化。分两种情况讨论：①橡皮有弹性可发生形变；②橡皮弹性系数很大，不能形变。

1.24 试证明道尔顿分压定律等效于道尔顿分体积定律，即$V=V_1+V_2+\cdots+V_n$，其中V是混合气体的体积，而$V_1, V_2, \cdots, V_n$是各组分的分体积。所谓某一组分的分体积是指混合气体中该组分单独存在，而温度和压强与混合气体的温度和压强相同时所具有的体积。

习　题

1.1 定体气体温度计的测温泡浸在水的三相点槽内时，其中气体的压强为6.7×10^3 Pa。①用温度计测量300 K的温度时，气体的压强是多少？②当气体的压强为9.1×10^3 Pa时，待测温度是多少？

答案：① 7.4×10^3 Pa；　② 371 K

1.2 有一支液体温度计，在0.101 3 MPa下，把它放在冰水混合物中的示数$t_0=-0.3℃$；在沸腾的水中的示数$t_s=101.4℃$。试问放在真实温度为66.9℃的沸腾的甲醇中的示数是多少？若用这支温度计测得乙醚沸点时的示数是为34.7℃，则乙醚沸点的真实温度是多少？在多大测量范围内，这支温度计的读数可认为是准确的（估读到0.1℃）？

答案：67.7℃；34.4℃；$11.8℃\leqslant t\leqslant23.5℃$

1.3 国际实用温标（1990年）规定：用于13.803 K（平衡氢三相点）到961.78℃（银在0.101 MPa下的凝固点）的标准测量仪器是铂电阻温度计。设铂电阻在0℃及t℃时电阻的值分别为R_0及$R(t)$，定义$W(t)=R(t)/R_0$，且在不同测温区内$W(t)$对t的函数关系是不同的，在上述测温范围内大致有

$$W(t) = 1 + At + Bt^2$$

若在 0.101 MPa 下，对应于冰的熔点、水的沸点、硫的沸点(温度为 444.67℃)电阻的阻值分别为 11.000 Ω、15.247 Ω、28.887 Ω，试确定上式中的常数 A 和 B。

答案：$A = 0.392\,0 \times 10^{-2}$℃$^{-1}$；$B = -0.591\,9 \times 10^{-6}$℃$^{-2}$

1.4 试求理想气体的体胀系数 α，压强系数 β 和等温压缩系数 κ_T。

答案：$\alpha = \beta = \dfrac{1}{T}$，$\kappa_T = \dfrac{1}{p}$

1.5 简单固体和液体的体胀系数 α 和等温压缩系数 κ_T 数值都很小，在一定温度范围内可以把它们看作常量。试证明简单固体和液体的物态方程可以近似表示为(式(1.3.30))

$$V(T,\ p) = V_0(T_0,\ 0)[1 + \alpha(T - T_0) - \kappa_T p]$$

1.6 假设某物体的膨胀系数和压缩系数分别为

$$\alpha = \frac{3aT^3}{V} \text{ 和 } \kappa_T = \frac{b}{V}$$

这里 a、b 为常数，求该物质的物态方程。

答案：$V = \dfrac{3aT^4}{4} - bp + C$

1.7 描述金属丝的几何参量是长度 L，力学参量是张力 F，物态方程是

$$f(F,\ L,\ T) = 0$$

实验通常在 p_0 下进行，其体积变化可以忽略。线胀系数定义为 $\alpha = \dfrac{1}{L}\left(\dfrac{\partial L}{\partial T}\right)_F$，等温杨氏模量定义为 $E = \dfrac{L}{A}\left(\dfrac{\partial F}{\partial L}\right)_T$，其中 A 是金属丝的截面积。一般来说，α 和 E 是 T 的函数，对 F 仅有微弱的依赖关系。如果温度变化范围不大，可以看作常量。假设金属丝两端固定，试证明，当温度由 T_1 降至 T_2 时，其张力的增加为

$$\Delta F = -EA\alpha(T_2 - T_1)$$

1.8 求氧气压强为 0.1 MPa、温度为 27℃时的密度。

答案：1.28 kg·m^{-3}

1.9 一个带塞的烧瓶，体积为 2.0×10^{-3} m^3，内盛 0.1 MPa、300 K 的氧气。系统加热到 400 K 时塞子被顶开，立即塞好塞子并停止加热，烧瓶又逐渐降温到 300 K。设外界气压始终为 0.1 MPa。试问：①瓶中所剩氧气压强是多少？②瓶中所剩氧气质量是多少？

答案：① 0.075 MPa；② 1.9×10^{-3} kg

1.10 水银气压计 A 中混进了一个空气泡，因此它的读数比实际的气压小。当精确的气压计的读数为 0.102 MPa 时，它的读数只有 0.099 7 MPa，此时管内水银面到管顶的距离为 80 mm。问当此气压计的读数为 0.097 8 MPa 时，实际气压应是多少？设空气的温度保持不变。

答案：0.997×10^5 Pa

1.11 两个贮着空气的容器 A 和 B，以备有活塞之细管相连接。容器 A 浸入温度为 $t_1=100$℃ 的水槽中，容器 B 浸入温度为 $t_2=-20$℃ 的冷却剂中。开始时，两容器被细管中的活塞分隔开，这时容器 A 及 B 中空气压强分别为 $p_1=0.0533\ \text{MPa}$，$p_2=0.0200\ \text{MPa}$，体积分别为 $V_1=0.25\ \text{L}$，$V_2=0.40\ \text{L}$。试问把活塞打开后气体的压强是多少？

答案：2.99×10^4 Pa

1.12 目前可获得的极限真空度为 1.3×10^{-11} Pa 的数量级，问在此真空度下每立方厘米内有多少个空气分子？设空气的温度为 300 K。

答案：$3.2\times10^3\ \text{cm}^{-3}$

1.13 钠黄光的波长为 5.893×10^{-7} m。设想一立方体的每边长为 5.893×10^{-7} m。试问在标准状态下，其中有多少个空气分子？

答案：5.5×10^6 个

1.14 一容积为 11.2 L 的真空系统已被抽到 1.3×10^{-3} Pa 的真空。为了提高其真空度，将它放在 300℃的烘箱内烘烤，使器壁释放出所吸附的气体。若烘烤后压强增为 1.3 Pa，问器壁原来吸附了多少个气体分子？

答案：1.84×10^{18} 个

1.15 一立方容器，每边长 20 cm，其中贮有 1.0 atm，300 K 的气体。当把气体加热到 400 K 时，容器每个壁所受的压力为多大？

答案：5.4×10^3 N

1.16 一定质量的气体在压强保持不变的情况下，温度由 50℃升到 100℃时，其体积将改变百分之几？

答案：15.5%

1.17 一氧气瓶的容积是 32 L，其中氧气的压强是 130 atm。规定瓶内氧气压强降到 10 atm时就得充气，以免混入其他气体而需洗瓶。今有一玻璃室，每天需用 1.0 atm氧气 400 L，问一瓶氧气能用几天。

答案：9.6 天

1.18 截面积为 $1.0\ \text{cm}^2$ 的粗细均匀的 U 形管，其中贮有水银，高度如图 1.14 所示。今将左侧的上端封闭，将其右侧与真空泵相接，问左侧的水银将下降多少？设空气的温度保持不变，压强 75 cmHg。

答案：25 cm

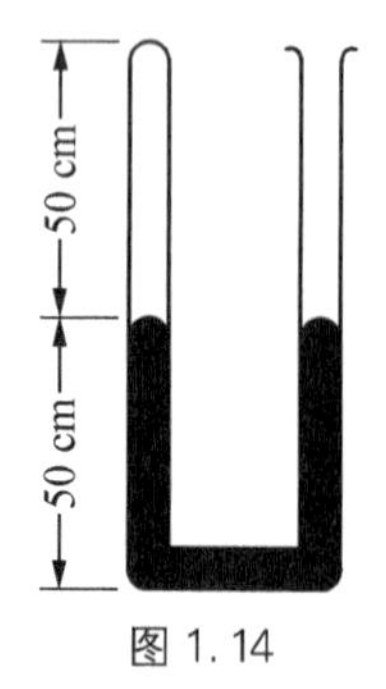

图 1.14

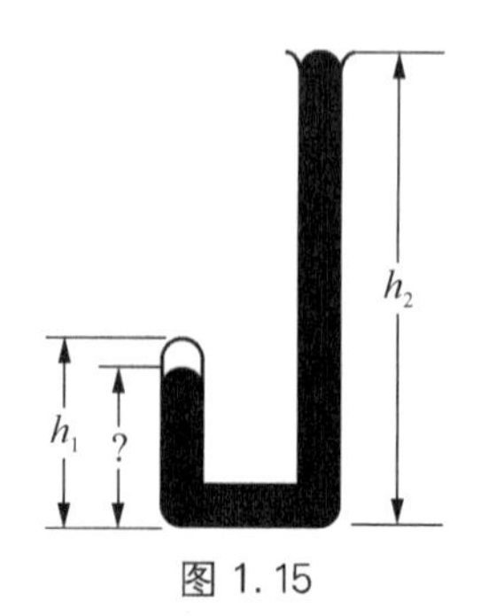

图 1.15

1.19 图 1.15 所示为一粗细均匀的 J 形管，其左端是封闭的，右侧和大气相通。已知大气压强为 75 cmHg，$h_1 = 80$ cm，$h_2 = 200$ cm，今从 J 形管右侧灌入水银，问当右侧灌满水银时，左侧的水银柱有多高。设温度保持不变，空气可看作理想气体。设图中 J 形管水平部分的容积可以忽略。

答案：14.5 cm

1.20 容积为 10 L 的瓶内贮有氢气，因开关损坏而漏气，在温度为 7.0℃时，压强计的读数为 50 atm。过了些时候，温度上升为 17.0℃，压强计的读数未变，问漏去了多少质量的氢。

答案：1.5 g

1.21 一打气筒，每打一次气可将原来压强为 $p_0 = 1.0$ atm，温度为 $t_0 = -3.0$℃，体积 $V_0 = 4.0$ L 的空气压缩到容器内。设容器的容积为 $V = 1.5\times10^3$ L，问需要打几次气，才能使容器内的空气温度为 $t = 45$℃，压强为 $p_0 = 2.0$ atm。

答案：637 次

1.22 一汽缸内贮有理想气体。气体的压强、摩尔体积和温度分别为 p_1，V_{m1} 和 T_1。现将汽缸加热，使气体的压强和体积同时增大。设在这过程中，气体的压强 p 和摩尔体积 V_m 满足下列关系式

$$p = kV_m$$

其中 k 为常量。①求常量 k，将结果用 p_1、T_1 和普适气体常量 R 表示。②设 $T_1 = 200$ K，当摩尔体积增大到 $2V_{m1}$ 时，气体的温度是多高？

答案：① $k = \dfrac{p_1^2}{RT_1}$； ② $T_2 = 500$ K

1.23 把 $1.0\times10^5\ N\cdot m^{-2}$、$0.5\ m^3$ 的氮气压入容积为 $0.2\ m^3$ 的容器中。容器中原已充满同温、同压下的氧气，试求混合气体的压强和两种气体的分压。设容器中气体温度保持不变。

答案：总压强 $3.5\times10^5\ N\cdot m^{-2}$，氧及氮的分压分别为 $1.0\times10^5\ N\cdot m^{-2}$ 和 $2.5\times10^5\ N\cdot m^{-2}$

1.24 按重量计，空气是由 76%的氮、23%的氧、约 1%的氩组成的(其余组分很少，可以忽略)，试计算空气的平均相对分子质量及在标准状态下的密度。

答案：$M_m = 28.9\times10^{-3}$ kg/mol; $\rho = 1.29$ g/L

1.25 容积为 2 500 cm^3 的烧瓶内有 1.0×10^{15} 个氧分子，有 4.0×10^{15} 个氮分子和 3.3×10^{-7} g 的氩气。设混合气体的温度为 150℃，求混合气体的压强。

答案：2.33×10^{-2} Pa

第2章　分子动理学理论基础

第1章中讨论的平衡态、温度及物态方程等都属于宏观描述方法的内容。本章中，主要讨论微观描述方法，将从分子动理论的观点阐明气体的一些宏观性质和规律。分子动理学理论是关于物质运动的微观理论，能很好地把系统的宏观现象和微观本质联系起来。它从物质的微观结构出发来阐述热现象的规律，并以分子运动的集体行为来说明物质的有关物理性质，特别是热力学特性，例如：压强的微观特征、温度的微观实质、气体的扩散，热传导和黏滞现象的本质，许多气体实验定律等。分子动理学理论的研究方法，是以经典力学为基础，因此在考虑分子间的碰撞时，需要给出分子的模型、碰撞的机制；而对大量分子组成的系统，则应用概率理论，认为系统的宏观物理量是相应微观物理量的统计平均值。分子动理论的成就促进了统计物理学的进一步发展。1902年美国物理化学家J. W. 吉布斯(1839—1903)在他的《统计力学的基本原理》一书中，创立了统计系统的方法(见8～11章)。它可以避免分子动理学理论方法上的缺欠，而且在理论上也更为严谨。在近年许多统计力学著作中，通常把分子动理论作为统计力学的一部分，而不是像历史发展中那样，独立地专述分子动理学理论。

本章先建立理想气体的微观模型，探讨气体分子的碰撞问题，阐明气体的压强和温度的实质，并推证一些基本的气体定律。

2.1　物质的微观模型

若要从微观上讨论物质的性质，必须先知道物质的微观模型。本节将从实验事实出发来说明物质的微观模型。

2.1.1　宏观物体是不连续的，它由大量微粒——分子(或原子)组成

许多常见的现象都能很好地说明宏观物体在**微观上是不连续的，它由大量分子或原子组成**。

“大量”的标志是阿伏伽德罗常数，即1 mol物质中的分子数为6.02×10^{23}。1 cm^3的水中含有3.3×10^{22}个分子，即使小如1 μm^3的水中仍有3.3×10^{10}个分子，约是目前世界总人口的5倍。正因为分子数远非寻常可比，就以“**大数**”以示区别。大数分子表示分子数已达到宏观系统的数量级。

宏观上连续的物体在微观上不连续可以通过例子很容易说明，例如气体易被压缩；水在40 000 atm的压强下，体积减为原来的1/3；水和酒精混合后的体积小于原来两者体积

之和；以 20 000 atm 压缩钢筒中的油，发现油可透过筒壁渗出。这些事实均说明气体、液体、固体都是不连续的，它们都由微粒构成，微粒间有间隙。

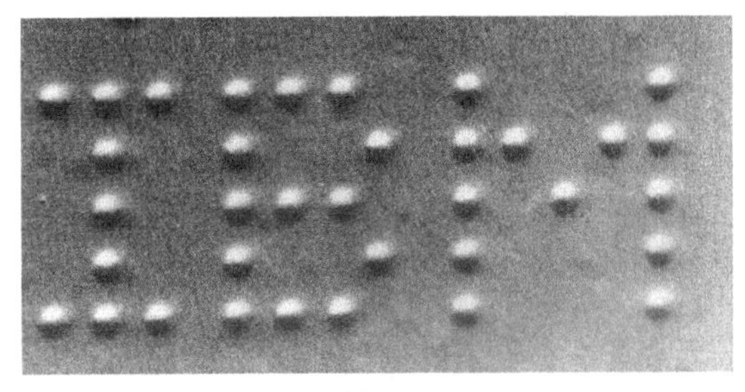
图 2.1

现代的仪器已可以观察和测量分子或原子的大小以及它们在物体中的排列情况，例如 X 光分析仪，电子显微镜，扫描隧道显微镜等。图 2.1 是利用扫描隧道显微镜技术把一个个原子排列成 IBM 字母的照片。

2.1.2　分子(或原子)处于不停的无规热运动中

物体内的分子在不停地运动着，这种运动是无规则的，其剧烈程度与物体的温度有关。扩散和布朗运动就可以说明这一点。

1. 扩散

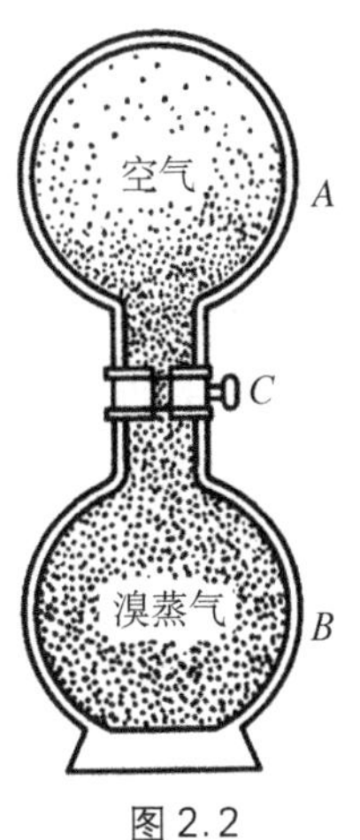

图 2.2

扩散现象人们十分熟知。在图 2.2 所示的容器 A 和 B 中贮有两种不同的气体，例如 A 中贮有空气，B 中贮有褐色的溴蒸气。把活塞 C 打开后，可以看到褐色的溴蒸气将逐渐渗入容器 A，与空气混合。经过一段时间，两种气体就在连通容器 A、B 中混合均匀。这种现象叫做**扩散**。溴蒸气的比重比空气的大得多，在重力作用下溴蒸气不可能往上流，所以这说明扩散是气体的内在运动，即分子热运动的结果。在液体中同样会发生扩散现象。一滴墨水滴进水中，它会在整个水中扩散而成均匀溶液，这也是分子热运动所致。

固体中的扩散现象通常不大显著，只有高温下才有明显效果。因温度越高，分子热运动越剧烈，因而越易挤入分子之间。在工业中有很多应用固体扩散的例子。例如渗碳是增加钢件表面含碳成分，提高表面硬度的一种热处理方法。通常将低碳钢制件放在含有碳的渗碳剂中加热到高温并且保温一定时间，使碳原子扩散到钢件的表面，然后通过淬火及较低温度的回火使钢件表面得到极高的硬度和强度，而内部却仍然保持低碳钢的较好的韧性。又如在生产半导体器件时，需要在纯净半导体材料中掺入其他元素，这就是在高温条件下通过分子的扩散来完成的，从而改变晶片内杂质的浓度分布和表面层的导电类型。

总之，扩散现象说明：一切物体(气体、液体、固体)的分子都在不停地运动着。

2. 布朗运动

扩散现象虽然间接说明了气体、液体、固体的分子都在不停地作无规热运动，但分子毕竟太小，很难直接看到它们的运动情况。分子热运动的最形象化的实验观察是布朗运动。1827 年英国植物学家布朗(Robert Brown，1773—1858)从显微镜中看到悬浮在液体中的花粉在作不规则的杂乱运动。若把视线集中于某一微粒，可看到它好像在不停地作

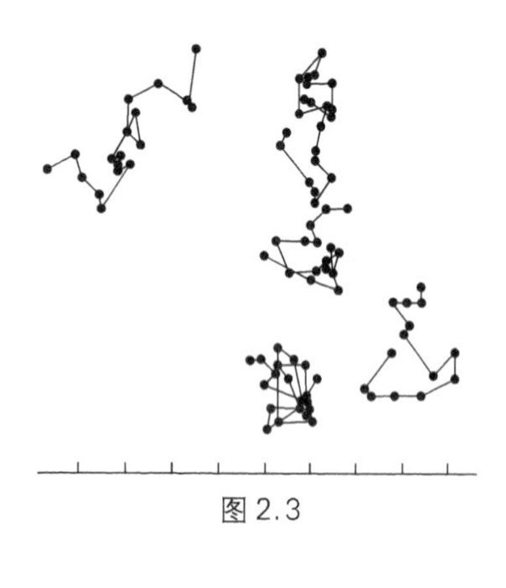
图 2.3

缓慢蠕动,其方向不断改变且毫无规则。图 2.3 画出了五个直径为 0.1~1 μm、悬浮在水中的藤黄颗粒作布朗运动的情况,把每隔 20 s 观察到的粒子的相继位置连接起来后即得图中所示的杂乱无章的折线。该折线不是布朗粒子的运动轨迹线,只是人为的连接线。

虽然布朗不是第一个观察到布朗运动的人,但他是第一个对这种奇异现象进行一系列研究的人。他曾用保存了百年以上的花粉及用非常细小的无机物微粒作为观察对象,从而排除了布朗粒子是"活的粒子"的假设。布朗运动起初被认为是由于外界影响(如震动、液体的对流等)引起的,但是后来精确的实验指出,在尽量排除外界干扰的情况下,布朗运动仍然存在,并且只要悬浮颗粒足够小,在任何液体和气体中都会发生这种运动。此外,各个颗粒的运动情况互不相同,也说明布朗运动不可能是外界影响引起的。

布朗的发现是一个新奇的现象,它的原因是什么?人们是迷惑不解的。在布朗之后,这一问题一再被提出,为此有许多学者对这一奇异现象进行过长期的研究。直到 50 年以后的 1877 年法国物理学家德耳索(J. Delsaulx, 1828—1891)才正确地指出,布朗运动是由于微粒受到周围液体分子碰撞不平衡性而引起的,从而为分子无规运动的假设提供了有力的实验证据。

悬浮颗粒为什么会做不规则运动呢?为了说明这个问题,可以假设液体分子的运动是无规则的。所谓"无规则"指的是:液体或气体内部分子之间在作频繁的相互碰撞,每个分子的运动方向和速率都在不断地改变;任何时刻,在液体或气体内部,沿各个方向运动的分子都有,而且分子运动的速率有大有小。

按照分子无规运动的假设,液体(或气体)内无规运动的分子不断地从四面八方冲击悬浮的微粒。在通常情况下,这些冲击力的平均值处处相等,相互平衡,悬浮的微粒不动,因而观察不到布朗运动。若悬浮微粒足够小,从各个方向冲击微粒的平均力互不平衡,微粒就会向冲击作用较弱的方向运动。由于各方向冲击力的平均值的方向和大小均是无规则的,因而悬浮微粒运动的方向及运动的距离也是无规则的。温度越高,布朗运动越剧烈;悬浮微粒越小,布朗运动越明显。因此,在显微镜下看到的布朗运动的无规则性,实际上反映了液体内部分子运动的无规则性。

扩散和布朗运动的实验指出,扩散的快慢和布朗运动的剧烈程度都与温度的高低有显著的关系。随着温度的升高,扩散过程加快,悬浮颗粒的运动加剧。这实际上反映出分子无规运动的剧烈程度与温度有关,温度越高,分子的无规运动就越剧烈。

总之,大量的实验事实表明:**组成宏观物体的大量分子是在永不停息地无规运动着,这种分子运动与物体的温度直接相关,称为分子热运动**。一切热现象都是大量分子热运动的宏观表现。

*3. 涨落

布朗运动不仅能说明分子的无规运动,且更能说明热运动必然有涨落。虽然系统微观量的统计平均值就是相应的热力学宏观量，但实际上在统计平均值附近还存在偏差。其偏差有大有小，有正有负，这种对统计平均值的偏离称为**涨落**。概率论指出，若任一随机变量 M 的平均值为$\overline{M}$（说明：以后我们以在某一随机变量上打一横杠表示它的统计平均值），则 M 在$\overline{M}$附近的偏差为 $\Delta M = M - \overline{M}$，显然偏差 ΔM 的平均值$\overline{M - \overline{M}} = 0$，但均方偏差$\overline{\Delta M^2} = \overline{(M - \overline{M})^2}$ 不等于零，其**相对均方根偏差**称为**相对涨落**或简称**涨落**。可以证明，在粒子可自由出入的某空间范围内的粒子数的相对涨落反比于系统中粒子数 N 的平方根

$$\frac{(\overline{\Delta N^2})^{1/2}}{N} \propto \frac{1}{\sqrt{N}} \tag{2.1.1}$$

式中 $\overline{\Delta N^2} = \overline{(N - \overline{N})^2}$。这说明粒子数越少，涨落越明显。因热力学的宏观量都有确定的值，从这也可看出热力学仅适于描述大数粒子系统。

现利用涨落与粒子数的关系这一性质解释布朗运动的形成。考虑悬浮微粒（并非一定是布朗粒子）在液体中所占的空间范围内的情况：若悬浮微粒尚未移入，则周围液体分子在该区域出出进进，四面八方均有分子进入与逸出，但平均说来，在各个方向上出出进进的分子数都相等，从而达到动态平衡；若微粒已移进这一区域，则上一情况中进入这一区域的分子相当于碰向微粒的分子，上一情况中出来的分子相当于与微粒碰撞后离开的分子。在任一单位表面积上平均碰撞分子数相等，微粒处于力平衡状态。但若悬浮微粒足够小，微粒所占区域内的液体分子数也足够少，由式(2.1.1)知在这一微小区域内的涨落已相当明显。在微粒移进该区域后，受到各个方向射来的分子的冲击力不能达到平衡而使微粒产生运动。这时，布朗粒子受到四个力作用：重力、浮力、涨落驱动力及布朗粒子在流体中运动造成的黏性阻力。既然涨落驱动力（这是主动力）的大小、方向完全是随机的，而黏性阻力是阻止微粒运动的，故微粒的运动也是无规的，这样的运动就是布朗运动。

就这样，布朗运动自发现之后，经过近一个世纪的研究，人们逐渐接近对它的正确认识。1905 年，德国物理学家爱因斯坦(Albert Einstein, 1879—1955)和波兰物理学家斯莫卢霍夫斯基(M. Smoluchowski, 1872—1917)及之后的法国物理学家朗之万(Paul Langevin, 1872—1946)依据分子动理论的原理得出了布朗运动的完整统计理论，他们的理论不仅圆满地回答了布朗运动的本质问题，而且预言了布朗运动的一系列特性。这些预言得到法国物理学家皮兰(J. Perrin, 1870—1942)一系列实验的完全证实，并首次测定了阿伏伽德罗常数，这也就为分子的真实存在提供了一个直观的、令人信服的证据，这对基础科学和哲学有着巨大的意义。布朗运动的发现、实验研究和理论分析间接地证实了分子的无规则热运动，对于气体动理学理论的建立以及确认物质结构的原子性具有重要意义，并且推动统计物理学特别是涨落理论的发展。由于布朗运动代表一种随机涨落现象，它的理论对于仪表测量精度限制的研究、高倍放大电讯电路中背景噪声的研究以及在数学、金融、生物等领域都有广泛地应用。

2.1.3　分子之间存在着相互作用

很多现象说明**分子之间存在着吸引力和排斥力**——分子力。既然分子一直在不停地作热运动，但为什么固体、液体的分子不会散开并能保持一定的体积，而固体还能保持一定的形状呢，说明分子之间存在着相互作用的吸引力。分子之间有相互吸引力的现象还可以用一个简单的实验来说明。取一根直径为 2 cm 左右的铅柱，用刀把它切成两段，然后把两个断面对上，在两头加不大的压力就能使两段铅柱重新接合起来。这时，即使在一头吊上几千克的重物，也不会把合上的两段铅柱拉开。那为什么加很大的压力却不能使两片碎玻璃拼成一片呢？这是因为只有当分子比较接近时，它们之间才有相互吸引力作用。铅比较软，所以加不大的压力就能使两个断面密合得很好，使两边的分子接近到吸引力发生作用的距离。相反，玻璃较硬，即使加很大的压力也不可能使接触面两侧的分子接近到吸引力发生作用的距离。但是，如果把玻璃加热，使它变软，那么就可以使变软部分的分子接近到吸引力发生作用的距离，这样就能使两块玻璃连接起来了。这说明分子之间的吸引力只在**分子引力作用半径**（一般为分子直径的两倍左右）之内才会发生作用，超过这一距离，分子引力作用已经很小，可以忽略。

固体和液体是很难被压缩的，这说明分子之间除了有吸引力外，还有排斥力。只有当物体被压缩到使分子非常接近时，它们之间才有相互排斥力，所以排斥力发生作用的距离比吸引力发生作用的距离还要小。

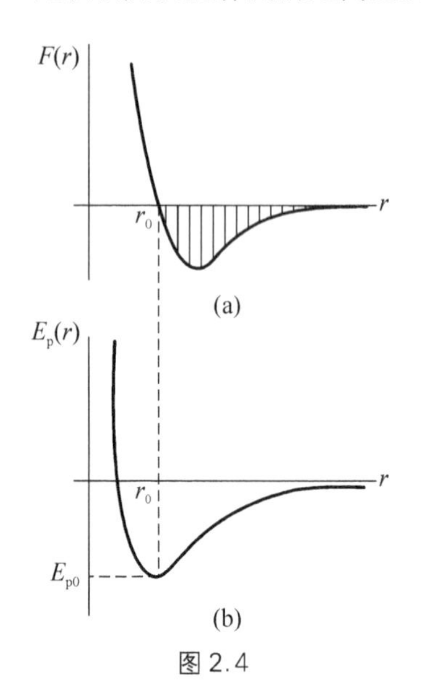

图 2.4

1. 分子作用力曲线

分子间相互作用的规律较复杂，很难用简单的数学公式来表示。在分子动力学理论中，一般是在实验的基础上采用一些简化模型来处理问题。这里我们只做一些简单的讨论。既然两分子相互“接触”时分子排斥力占优势，相互分离时分子间吸引力占优势，则两分子质心间应存在某一平衡距离 r_0，在该距离分子间相互作用力将达平衡。为便于分析，常设分子是球形的，分子间的相互作用是球对称的中心力场。现以两分子质心间距离 r 为横坐标，两分子间作用力 $F(r)$ 为纵坐标，画出两分子间相互作用力曲线，如图 2.4(a)所示。在 $r = r_0$ 时分子力为零，相当于两分子刚好“接触”。当 $r < r_0$ 时，两分子在受到“挤压”过程中产生强斥力，这时 $F(r) > 0$ 且随 r_0 减少而剧烈增大。当 $r > r_0$ 时两分子分离，产生吸引力，$F(r) < 0$。当 r 增加到超过某一距离 R_0 时，吸引力很小将趋近于零，可认为这一距离就是分子间吸引力的有效半径，简称**吸引力作用半径**。另外，分子间距在 r_0 到 R_0 区间内，$F(r)$ 从零变到小于零，最后又在负的范围内趋近于零，则 $F(r)$ 必然有一极小值出现。所以可估计到，$F(r)$ 随 r 的变化曲线应该如图 2.4(a)所示的形状。

2. 分子相互作用势能曲线

分子力是一种保守力，而保守力所作负功等于势能 E_p 的增量，故分子作用力势能的

微小增量为

$$dE_p(r) = -F(r)dr \tag{2.1.2}$$

或

$$F = -\frac{dE_p}{dr}$$

如果选取两个分子相距极远 ($r = \infty$) 时的势能为零，即 $E_p(r \to \infty) = 0$，则距离为 r 时的势能就是

$$E_p(r) = -\int_{\infty}^{r} F(r)dr \tag{2.1.3}$$

利用式(2.1.3)，可作出与图 2.4(a)分子力曲线所对应的相互作用势能曲线 $E_p(r)—r$，如图 2.4(b)所示。例如，图 2.4(a)中打上竖条的面积就等于在平衡位置 $r = r_0$ 时的势能 E_{p0}，它是负的。图 2.4(b)的纵轴上已标出 E_{p0}，并画出利用式(2.1.3)所求得的势能曲线。将图 2.4 的(a)、(b)图相互对照可知，在平衡位置 $r = r_0$ 处，分子力 $F = 0$，故$\frac{dF_p}{dr} = 0$，势能有极小值。在平衡位置以外，即 $r > r_0$ 处，$F < 0$，势能曲线斜率$\frac{dF_p}{dr}$是正的，这时是吸引力。在平衡位置以内，即 $r < r_0$ 处，$F > 0$，势能曲线有很陡的负斜率，相当于有很强斥力。两分子在平衡位置附近的吸引和排斥，和弹簧在平衡位置附近被压缩和拉伸类似，液体和固体中分子的振动就是利用分子力这一特性来解释。由于用势能来表示相互作用要比直接用力来表示相互作用方便有用，所以分子相互作用势能曲线常被用到。

3. 分子间相互作用的简化模型

在分子动理论中，除了上述分子的弹性球模型外还常用到一些更加简化的模型，例如：

(1) 刚球模型假设

$$E_p = \infty，当 r \leqslant d；$$
$$E_p = 0，当 r > d。$$

势能曲线如图 2.5(a)所示。

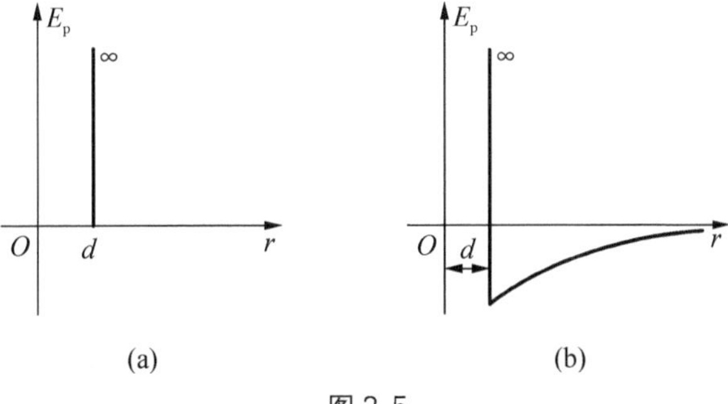

图 2.5

(2) 苏则朗(Sutherland)模型假设

$$E_p = \infty, \text{当 } r \leqslant d;$$

$$E_p = -\frac{\beta'}{r^{t-1}}, \text{当 } r > d。$$

即把分子看作相互间有吸引力的刚球,其势能曲线如图 2.5(b)所示。

4. 用分子势能曲线来解释分子间的对心碰撞

现利用势能曲线能定性地解释气体分子间对心碰撞过程。设一分子质心 a_1 固定不动,另一分子质心 a_2 从极远处(这时势能为零)以相对运动动能 E_{k0} 向 a_1 运动。图 2.6(a)的横坐标表示两分子质心间距离 r,这相当于一个分子 a_1 的质心固定于原点 O,另一分子 a_2 以 E_{k0} 的初始动能从无穷远处向 a_1 运动,a_2 的质心坐标就是 r。纵坐标有两个,方向向上的表示势能 E_p,坐标原点为 O;方向向下的纵坐标表示相对运动动能 E_k,坐标原点为 O'。当 a_2 向 a_1 靠拢时,受到分子引力作用的 a_2 具有数值越来越大的负势能,所减少的势能变为动能的增量,总能量 $E_p + E_k = E_{k0}$ 是一恒量。当 $r = r_0$ 时,两分子相互"接触",这时势能达极小,动能达极大。由于惯性,a_2 还要继续向前运动,两分子相互"挤压"产生骤增的斥力。在图 2.6(b)中已形象化地分别画出了分子相互"接触"(A)、受到"挤压"(B)、产生最大"形变"(C)时的"形变"情况①。在"形变"过程中,E_p 增加而 E_k 减少。当 $r = d$ 时[d 等于图 2.6(b)的(C)中两分子质心间距],动能变为零,势能 $E_p = E_{k0}$。强斥力使瞬时静止分子反向运动,两分子又依次按图 2.6(b)中之(C)、(B)、(A)顺序恢复"形变"而后分离。这便是通常被形象地看作分子间的"弹性碰撞"过程。

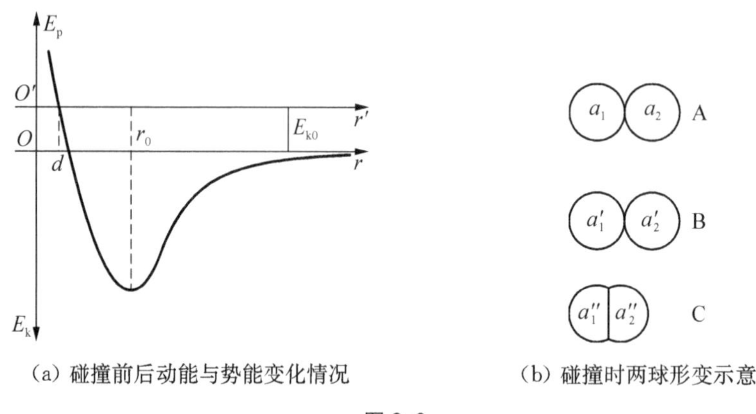

(a) 碰撞前后动能与势能变化情况　　(b) 碰撞时两球形变示意

图 2.6

5. 分子碰撞有效直径

因 d 是两分子对心碰撞时相互接近的最短质心间距,故称

① 这里的"接触"、"挤压",只是为了形象化而引入的。实际上分子和原子并不像皮球那样有确定的边界。因为原子是由原子核及核外的电子云所组成,所以当两分子相互接近时早已发生电子云的交叠,因而出现相互作用力,距离稍远时是引力,距离很近时为斥力。当两分子接近到既无斥力也无引力的临界位置时,就称这两分子刚好"接触"。小于这一距离称为相互"挤压",大于这一距离称为相互分离。而在临界位置时两分子质心之间的距离等于两分子半径之和。

$$d = \text{分子碰撞有效直径}$$

从上面的分析可以看出，由于斥力的存在，两个分子在相隔一定距离 $r=d$ 处便互相排开。因此，如果把分子看作直径为 d 的弹性球，则分子的大小显然与原来的动能 E_{k0} 有关。从图 2.6(a)可看到，当温度升高时，E_{k0} 也增加，因而 $O'r'$ 轴升高，d 将减小，说明 d 与气体温度有关。温度越高，d 越小。但由于分子的势能曲线在斥力作用的一段非常陡，所以与不同的 E_{k0} 相对应的 d 值实际相差很小。我们可以取 d 的平均值为分子碰撞的有效直径。实验表明，分子碰撞有效直径的数量级为 10^{-10} m。

需要说明，由于原子核外的电子呈电子云分布，因而原子或分子没有明确的边界，也就谈不上有什么明确的直径。通常提到的分子直径有两种：一种指分子的大小，这主要是指由它们组成固体时，最邻近分子间的平均距离。由于固体中的分子(或原子)处于密堆积状态，分子(或原子)均在平衡位置附近作振动。这相当于两个能扩张及收缩的弹性球相互接触时所发生的情况，正如图 2.6(b)所示。这时把**平衡位置时两分子质心间平均距离 r_0** 视作**分子的直径**；另一种理解的分子直径是指两分子相互对心碰撞时，两分子质心间的最短距离，这就是**分子碰撞有效直径 d**，显然 r_0 与 d 是不同的。r_0 与温度无关，而 d 与分子间平均相对运动动能有关，因而与温度有关。但在通常情况下，两者差异不是很大。

还要说明，图 2.6 中对分子间碰撞的分析仅限于两分子间的对心碰撞(即两分子间的碰撞均在分子联心轴线上发生)，实际发生的分子间碰撞绝大部分是非对心的，因而要引入分子碰撞截面的概念，请见后面 2.2.3 节。

6. *物质处在凝聚态(液态或固态)时分子运动的图像*

分子之间的吸引力、排斥力有使分子聚在一起，并在空间形成某种有序排列的趋向，但分子热运动却力图破坏这种趋向，使分子尽量散开。在这一对矛盾中，温度、压强、体积等环境因素起了重要作用。容器中的气体随着所受压力的增加，分子密度增加，平均间距变小，直到分子之间的相互吸引力不能忽略且越来越大。若再降低温度，分子热运动也逐渐缓慢，在分子力与热运动这对矛盾中，分子力渐趋主导地位。当分子吸引力使分子间相互“接触”而束缚在一起时，分子不能再像原来那样自由运动，只能在平衡位置附近振动，但还能发生成团分子的流动，这就是液体。若继续降低温度，分子间相互作用进一步使分子按某种规则有序排列，并作振动，这就是固体。

从分子相互作用势能角度来看，如果在温度比较低的情况下，分子平衡位置 $r=r_0$ 附近处的动能小于势能的绝对值，也就是说，分子所构成的系统的总能量小于零，则分子将在平衡位置附近做微小振动。这便是物质处在凝聚态(液态或固态)时分子运动的图像。固体和液体中分子的引力较大，因而能保持一定的形状。固体中分子间隙普遍要小些，引力较大，而液体中分子间隙较大，引力较小，所以固体能维持一定的形状而液体则不能。

事实上，正是由于分子力和热运动这两种相互对立的作用，使得物质的分子在不同的温度下表现为三种不同的聚集态。在较低的温度下，分子的热运动不够剧烈，分子在相互作用力的影响下被束缚在各自的平衡位置附近作微小的振动，这时物质表现为固态。当温度升高，无规则热运动剧烈到一定限度时，分子力的作用已不能把分子束缚在固定的平衡位置附近作微小振动，但还不能使分子分散远离，这时物质便表现为液态。当温度继续升高，热运动进一步剧烈到一定程度时，分子力不但无法使分子有固定的平衡位置，连分子间一定的距离也不能维持，这时，分子互相分散远离，分子的运动近似为自由运动，这样便表现为气态。

2.2 气体分子的平均自由程和碰撞频率

宏观物体内大量分子热运动的一个重要特征是混乱与无序，分子之间频繁地不停碰撞。本节以气体系统为例讨论大量分子热运动的碰撞情况。在气体分子混沌性假设基础上估算单位时间内碰撞到容器器壁单位面积上的平均分子数 Γ 以及单个分子在单位时间内与其他分子的平均碰撞次数 $\overline{Z}$ 和气体分子的平均自由程 $\bar{\lambda}$ 这三个统计规律。

2.2.1 气体动理论的统计性假设

因为处于平衡态的气体(不一定是理想气体)均具有**分子混沌性**，分子混沌性的基本精神是：

① 在没有外场时，处于平衡态的气体分子应均匀分布于容器中。因而单位体积的分子数，也称为**分子数密度**为

$$n=\frac{N}{V} \tag{2.2.1}$$

式中 N 是分子总数，V 是体积。n 应是常量，与空间位置无关。

② 在平衡态下任何系统的任何分子沿各个方向运动的机会均等，也就是说，平均说来，其分子运动没有哪一个方向的速度会比别的方向的速度更大些，在任一宏观瞬间[①]朝一个方向运动的平均分子数必等于朝相反方向运动的平均分子数。即分子速度按方向的分布是均匀的，因而

$$\overline{v_x^2}=\overline{v_y^2}=\overline{v_z^2}=\frac{1}{3}\overline{v^2} \tag{2.2.2}$$

式中$\overline{v_x^2}$、$\overline{v_y^2}$、$\overline{v_z^2}$分别是分子速度沿 x、y、z 方向分量的平方的平均值，$\overline{v^2}$是分子速率平方的平均值。

③ 除了相互碰撞外，分子间的速度和位置都相互独立。

分子混沌性的基本精神是与统计物理中的分子混沌性假设相一致的。分子混沌性是在处于平衡态的气体具有各向同性(即物质在各方向上的物理性质均相同)的宏观特征的基础上作出的。

① 所谓宏观瞬间是指宏观上极短暂的时间，如小至 1 μs。但利用后面(2.2.8)式可以估计出，即使在这样非常小的 1 μs时间内，一个分子却已平均碰撞了 10^3 次或更多。

2.2.2 气体分子碰壁数 $\Gamma \approx \frac{n\bar{v}}{6}$

由于大数粒子的无规热运动，气体分子随时都与容器器壁发生频繁碰撞。虽然单个分子在何时相碰，以怎样的速度大小和方向去碰，碰在器壁何处完全是随机的，但处于平衡态下大数分子所组成的系统应遵循一定统计规律性，**单位时间内碰撞在容器器壁单位面积上的平均分子数**（简称为气体分子碰撞频率或称**气体分子碰壁数**，以 Γ 表示）恒定不变。这里介绍一种最简单的求气体分子碰壁数的方法（第 9.3.3 节中可由麦克斯韦速度分布用较严密的方法导出）。先作两条简化假设。

① 若气体分子数密度为 n，则按照分子混沌性假设，可以假设单位体积中垂直指向长方形容器任一器壁运动的平均分子数均为 $n/6$。

② 每一分子均以平均速率 $\bar{v}$ 运动（实验证实，平衡态气体中诸分子的速率有大有小，从速率接近于零可以一直到速率很大很大。但所有气体分子作为一个整体，它们应该存在一个平均速率 $\bar{v}$，故可假定分子以平均速率 $\bar{v}$ 运动）。

根据上述简化假设，可导出气体分子碰壁数 Γ。从图 2.7 可看出，Δt 时间内碰撞在 ΔA 面积器壁上的平均分子数 ΔN 等于以 ΔA 为底，$\bar{v}\Delta t$ 为高的立方体中所有向 $-x$ 方向运动的分子数。因为 Δt 时间内，所有向 $-x$ 方向运动的分子均移动了 $\bar{v}\Delta t$ 的距离，故在图 2.7 中的 e、d 分子在 $t+\Delta t$ 时刻以前已与 ΔA 相碰；a 分子恰在 $t+\Delta t$ 时刻与 ΔA 相碰；b 分子在 $t+\Delta t$ 时刻还未运动到器壁；而 f 分子始终碰不到 ΔA。所以

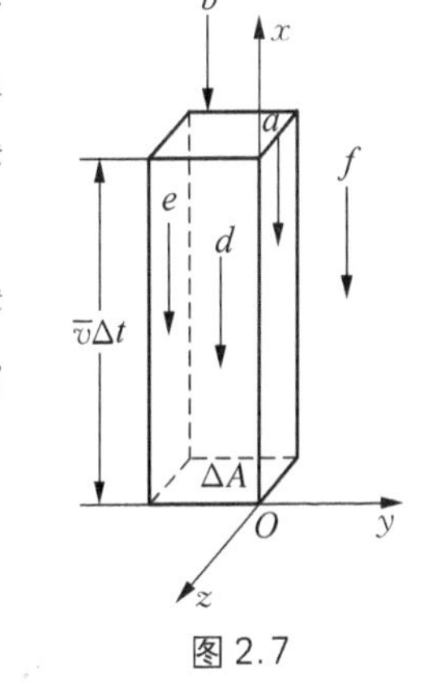

图 2.7

$$\Delta N = \Delta A \cdot \bar{v}\Delta t \times \frac{n}{6}$$

单位时间内碰在单位面积器壁上的平均分子数

$$\Gamma = \frac{\Delta N}{\Delta A \Delta t} = \frac{1}{6} n\bar{v} \tag{2.2.3}$$

在 9.3.3 节中将用较严密的方法导出 Γ，所得结果为

$$\Gamma = \frac{1}{4} n\bar{v} \tag{2.2.4}$$

将式(2.2.3)与式(2.2.4)比较后可发现，虽然式(2.2.3)的推导十分粗糙，但并未产生数量级的偏差。这种采用近似模型的处理方法突出了物理思想，揭示了事物的主要特征，而无需作较繁杂的数学计算，是可取的。虽然上面推导中，假设容器的形状是长方形，实际上式(2.2.3)、(2.2.4)可适于任何形状的容器，只要其中理想气体处于平衡态。

例 1 设某气体在标准状况下的平均速率为 $\bar{v} = 500\ \mathrm{m \cdot s^{-1}}$，试分别计算 1 s 内碰在 $1\ \mathrm{cm^2}$ 面积及 $10^{-19}\ \mathrm{m^2}$ 面积器壁上的平均分子数。

解：标准状况下 $p_0 = 1\ \mathrm{atm} = 1.013 \times 10^5$，$T_0 = 273.15\ \mathrm{K}$，气体分子的数密度 n_0（洛施密特数）由 $p_0 = n_0 k T_0$，有

$$n_0 = \frac{p_0}{kT_0} = \frac{1.013 \times 10^5}{1.38 \times 10^{-23} \times 273.15}\ \text{mol}^{-1} = 2.69 \times 10^{25}\ \text{mol}^{-1}$$

$$\Delta N_1 = \frac{1}{6} n_0 \bar{v} \cdot \Delta A_1 \Delta t = \frac{1}{6} \times 2.69 \times 10^{25} \times 500 \times 1 \times 10^{-4} \times 1 = 2.24 \times 10^{23}$$

$$\Delta N_2 = \frac{1}{6} n_0 \bar{v} \cdot \Delta A_2 \Delta t = \frac{1}{6} \times 2.69 \times 10^{25} \times 500 \times 10^{-19} \times 1 = 2.24 \times 10^{8}$$

这说明气体分子碰撞器壁非常频繁，即使在一个分子截面积的大小范围内（$10^{-19}\ \text{m}^2$），1 s 内还平均碰撞 2.24×10^8 次。

2.2.3 碰撞（散射）截面

碰撞问题的研究在气体的许多现象中都具有重要意义。分子是由原子核和电子组成的复杂的带电系统，分子间的碰撞实质上是在分子力作用下分子相互间的散射过程。2.1.3节已介绍了分子间的作用力。两分子“分离”时会出现吸引力，在相互“接触”时会出现排斥力。图 2.6 还详细地讨论了两分子在相互碰撞时所发生的“形变”以及势能与动能间的转化，指出在对心碰撞过程中两分子质心间最短平均距离称为**分子碰撞有效直径 d**。当两分子相对速率较大时，由于分子产生“形变”较大，使分子碰撞有效直径反而变小。图 2.6 是对分子碰撞过程较为直观而又十分简单的定性分析，在分析中假定两分子作的是对心碰撞。实际上两分子作对心碰撞的概率非常小，大量发生的是非对心碰撞。而且由于分子间存在作用力，两分子在相互接近而后分离的过程中并不“接触”。若两个刚球分子相互接近，只要不是直接接触，静止的刚球分子绝不会使运动的刚球分子的轨迹线发生偏折，所以刚球分子对心碰撞与非对心碰撞时的分子有效直径相同。但若两分子在相互接近过程中存在相互作用力，情况就有所不同。

1. 分子有效直径 d

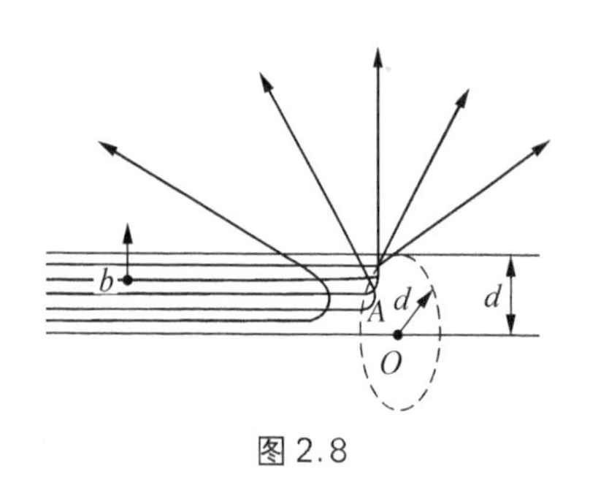

图 2.8

图 2.8 表示了一束 B 分子（每一分子均视作质点）平行射向另一静止分子 A（其质心为 O）时 B 分子的轨迹线。由图可见，B 分子在接近 A 分子时由于受到 A 的作用而使轨迹线发生偏折。若定义 B 分子射向 A 分子时的轨迹线与离开 A 分子时的轨迹线间的交角为偏折角，则偏折角随 B 分子与 O 点间垂直距离 b 的增大而减小。令当 b 增大到偏折角开始变为零时的数值为 d，则 **d 称为分子有效直径**。

2. 碰撞截面 σ

分子有效直径是描述分子之间作相对运动时分子之间相互作用的一个特征量，当 $b > d$ 时分子束不发生偏折，说明相对运动的两分子之间没有相互作用。当 $b \leqslant d$ 时，分子束发生偏折，说明相对运动的两分子之间存在相互作用，或者说它们之间发生了碰撞。由于平行射线束可分布于 O 的四周，这样就以 O 为圆心“截”出一半径为 d 的垂直于平行射线束的圆。所有射向圆内区域的视作质点的 B 分子都会发生偏折，因而都会被 A 分子

散射，所有射向圆外区域的 B 分子都不会发生偏折，因而都不会被散射，故该圆的面积

$$\sigma = \pi d^2（同种刚球分子） \tag{2.2.5}$$

为分子散射截面，也称**分子碰撞截面**。在碰撞截面中最简单的情况是在图 2.5(a)中所介绍的刚球势。这时，不管两个同种分子相对速率多大，分子有效直径总等于刚球的直径。显然，对于有效直径分别为 d_1、d_2 的两刚球分子间的碰撞，其碰撞截面为

$$\sigma = \frac{1}{4}\pi(d_1 + d_2)^2（异种刚球分子） \tag{2.2.6}$$

可把刚性分子碰撞截面通俗地理解为古代战争用的盾牌，被碰分子看为一束垂直于盾牌射出的箭。显然，与盾牌截面积相等的范围内射出的箭均能碰到盾牌。

2.2.4 平均碰撞频率

在室温下，气体分子平均以几百米每秒的速率运动着。这样看来，气体中的一切过程好像都应在一瞬间就会完成。但实际情况并不如此，气体的混合（扩散过程）进行得相当慢。例如打开一瓶香水，即使相距只有几米的人也要过一段时间才能闻到香味；气体的温度趋于均匀（热传导过程）也需要一定的时间。为什么会出现这种矛盾呢？这是由于分子在由一处（如图 2.9 中的 A 点）移至另一处（如 B 点）的过程中，将不断地与其他分子碰撞，结果只能沿着迂回的折线前进。气体的扩散、热传导等过程进行的快慢都取决于分子间相互碰撞的频繁程度。

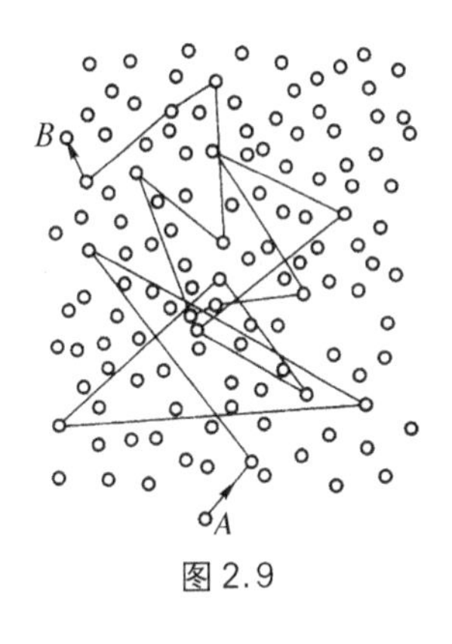

图 2.9

任一分子在什么时刻遭受碰撞，它与哪一个分子碰撞并不是我们所关心的，我们感兴趣的是单位时间内一个分子平均碰撞了多少次，即**分子间的平均碰撞频率**。下面先做两个简化假设：

① 既然所有分子都在作无规热运动，就可任取一分子 A 作为气体分子的代表，设想其他分子都被视作质点并相对静止，这时 A 分子以平均相对速度（矢量）$\overline{v_{12}}$ 相对其他静止的分子运动（说明，以后统一以下标“12”表示两分子作相对运动时的诸物理量）。2.2.3 节讨论碰撞截面时假定 A 分子固定不动，视作质点的 B 分子相对 A 运动。现在反过来，认为所有其他分子都静止，而 A 分子相对于其他分子运动，显然 A 分子的碰撞截面这一概念仍适用。

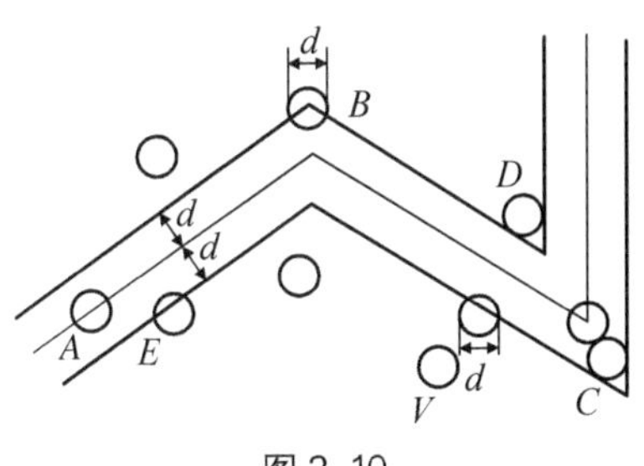

图 2.10

② 这时 A 分子可视为截面积为 $\sigma = \pi d^2$ 的一个圆盘，圆盘沿圆盘中心轴方向以 $\overline{v_{12}}$ 速度运动（这相当于一盾牌以平均相对速率 $\overline{v_{12}}$ 向前运动，而“箭”则改为悬浮在空间中的一个个小球）。圆盘每碰到一个视作质点的其他分子就改变一次运动方向，因而在空间扫出如图 2.10 那样的以分子的有效直径 d 为半径，底面积

为 σ，其母线呈折线的“圆柱体”。只有那些其质心落在圆柱体内的分子才会与 A 发生碰撞。例如图中的 B 和 C 分子的质心都在圆柱体内，它们都使 A 分子改变运动方向，而图中其他分子的质心均在圆柱体外，它们都不会与 A 相碰撞。单位时间内 A 分子所所走过的路程为 $\overline{v_{12}}$，它扫出相应的圆柱体的体积为 $\sigma\,\overline{v_{12}}$，如果以 n 表示气体分子单位体积内的分子数，则在此圆柱体内的总分子数，亦即 A 分子扫出的“圆柱体”中的平均质点数，就是分子的**平均碰撞频率** $\overline{Z}$，故

$$\overline{Z} = n \cdot \pi d^2 \cdot \overline{v_{12}} \tag{2.2.7}$$

$\overline{v_{12}}$ 是 A 分子相对于其他分子运动的平均相对速率。利用麦克斯韦速度分布律可以证明，气体分子的平均相对速率 $\overline{v_{12}}$ 与平均速率 $\overline{v}$ 对于同种气体有 $\overline{v_{12}} = \sqrt{2} \cdot \overline{v}$，其证明见本节例 3。因而处于平衡态的化学纯理想气体中分子平均碰撞频率为

$$\overline{Z} = \sqrt{2}\, n\, \overline{v} \sigma = \sqrt{2}\, \pi d^2 n\, \overline{v} \tag{2.2.8}$$

其中 $\sigma = \pi d^2$。因为 $p = nkT$，$\overline{v} = \sqrt{\dfrac{8kT}{\pi m}}$（详见 9.3.2 节），式(2.2.8)也可改写为

$$\overline{Z} = \frac{4\sigma p}{\sqrt{\pi m k T}} \tag{2.2.9}$$

说明在温度不变时压强越大(或在压强不变时，温度越低)分子间碰撞越频繁。

例 2 若空气分子有效直径 $d = 3.5 \times 10^{-10}$ m，标准状况下空气分子平均速率 $\overline{v}_0 = 446.4\ \mathrm{m \cdot s^{-1}}$，估计在标准状况下空气分子的平均碰撞频率。

解：洛施密特数 $n_0 = 2.7 \times 10^{25}\ \mathrm{m^{-3}}$，由式(2.2.8)，可得

$$\begin{aligned}\overline{Z} &= \sqrt{2}\, \pi d^2 n_0 \overline{v}_0 = 1.41 \times 3.14 \times (3.5 \times 10^{-10})^2 \times 2.7 \times 10^{25} \times 446.4\ \mathrm{s^{-1}} \\ &= 6.5 \times 10^9\ \mathrm{s^{-1}}\end{aligned}$$

说明分子间的碰撞十分频繁，一个分子一秒钟内平均碰撞次数达 10^9 数量级。

***例 3** 设处于平衡态的混合理想气体由“1”与“2”两种分子组成，“1”分子与“2”分子的平均速率分别为 $\overline{v_1}$ 与 $\overline{v_2}$，试用近似证法求出“1”分子相对于“2”分子运动的相对运动平均速率 $\overline{v_{12}}$，并证明对于纯气体，分子间相对运动的平均速率 $\overline{v_{12}} = \sqrt{2} \cdot \overline{v}$，其中 $\overline{v}$ 为该纯气体的分子相对于地面运动的平均速率。

解：因为相对运动速率是相对速度矢量的大小(即绝对值)，故

$$\vec{v}_{12}^2 = |\vec{v}_{12}|^2 = v_{12}^2$$

而相对速度矢量可写为

$$\vec{v}_{12} = \vec{v}_2 - \vec{v}_1$$

其中 $\vec{v}_2$ 与 $\vec{v}_1$ 是从地面坐标系看“2”分子及“1”分子的速度矢量，故

$$\vec{v}_{12}^2 = \vec{v}_2^2 - 2\,\vec{v}_2 \cdot \vec{v}_1 + \vec{v}_1^2$$

在等式两边取平均

$$\overline{\vec{v}_{12}^2} = \overline{\vec{v}_2^2} - 2\,\overline{\vec{v}_2 \cdot \vec{v}_1} + \overline{\vec{v}_1^2} \tag{2.2.10}$$

其中$\overline{\vec{v}_2 \cdot \vec{v}_1}$表示一个分子的速度在另一个分子速度方向上的投影的平均值，设$\vec{v}_2$、$\vec{v}_1$ 间夹角为 θ，则

$$\overline{\vec{v}_2 \cdot \vec{v}_1} = \overline{v_1 v_2 \cos\theta}$$

考虑到理想气体分子的速度的大小与方向是相互独立的，$v_1 v_2$ 与 $\cos\theta$ 的乘积的平均值应等于其平均值的乘积。用球坐标可以证明，$\cos\theta$ 这一偶函数的平均值为零，故

$$\overline{v_1 v_2 \cos\theta} = \overline{v_1 v_2} \cdot \overline{\cos\theta} = 0$$

这时式(2.2.10)可写成

$$\overline{v_{12}^2} = \overline{v_1^2} + \overline{v_2^2}$$

利用近似条件 $\overline{v_{12}^2} \approx \overline{v_{12}}^2$，$\overline{v_1^2} \approx \overline{v_1}^2$，$\overline{v_2^2} \approx \overline{v_2}^2$，上式又可写为

$$\overline{v_{12}}^2 = \overline{v_1}^2 + \overline{v_2}^2,\ \overline{v_{12}} = \sqrt{\overline{v_1}^2 + \overline{v_2}^2}$$

这一公式也可用于混合理想气体中异种分子之间的平均相对运动速率的计算，这时其中的$\overline{v_1}$及$\overline{v_2}$分别是这两种气体分子的平均速率。对于同种气体，$\overline{v_1} = \overline{v_2} = \bar{v}$，故

$$\overline{v_{12}} = \sqrt{2} \cdot \bar{v} \tag{2.2.11}$$

2.2.5 气体分子平均自由程

每个分子在任意两次连续碰撞之间所通过的自由路程的长短和所需时间的多少，具有偶然性。对于研究气体的性质和规律，特别重要的是，分子在连续两次碰撞之间所通过的自由路程的平均值，称为**平均自由程**，用 $\bar{\lambda}$ 表示。与平均碰撞频率一样，平均自由程 $\bar{\lambda}$ 是由气体的状态决定的。一个平均速率为$\bar{v}$的分子，它在 t 秒内平均走过的路程为$\bar{v}t$。该分子在行进过程中不断遭受碰撞改变方向从而形成曲曲折折的轨迹线。因在 t 秒内受到 $\bar{Z} \cdot t$ 次碰撞，故两次碰撞之间平均所走过的距离即平均自由程为

$$\bar{\lambda} = \frac{\bar{v}t}{\bar{Z}t} = \frac{\bar{v}}{\bar{Z}} \tag{2.2.12}$$

将式(2.2.8)代入上式可得

$$\bar{\lambda} = \frac{1}{\sqrt{2}\sigma n} = \frac{1}{\sqrt{2}\pi d^2 n} \tag{2.2.13}$$

因为 $p = nkT$，所以式(2.2.13)可写作

$$\bar{\lambda} = \frac{kT}{\sqrt{2}\pi d^2 p} \tag{2.2.14}$$

式(2.2.13)表示对于同种气体，$\bar{\lambda}$ 与 n 成反比，而与$\bar{v}$无关。式(2.2.14)则表示同种气体在温度一定时，$\bar{\lambda}$ 仅与压强成反比。

表 2.1 所列的数据是在 15℃，1 atm 下，几种气体分子的平均自由程 $\bar{\lambda}$ 和有效直径 d。表 2.2 给出了 0℃时，不同压强下空气分子的平均自由程。

表 2.1　在 15℃，1 atm 下，几种气体的 $\bar{\lambda}$ 和 d

气体	$\bar{\lambda}$/m	d/m
氢	11.8×10^{-8}	2.7×10^{-10}
氮	6.28×10^{-8}	3.7×10^{-10}
氧	6.79×10^{-8}	3.6×10^{-10}
二氧化碳	4.19×10^{-8}	4.6×10^{-10}

表 2.2　在 0℃，不同压强下，空气的 $\bar{\lambda}$

压强/mmHg	$\bar{\lambda}$/m
760	7×10^{-8}
1	5×10^{-5}
10^{-2}	5×10^{-2}
10^{-4}	5×10^{-1}
10^{-6}	50

例 4　计算空气分子在标准状态下的平均自由程和碰撞频率。设标准状态下空气分子的平均速率 $\bar{v} = 446.4$ m/s，取分子的有效直径 $d = 3.5\times10^{-10}$ m。

解：已知标准状态下 $T_0 = 273$ K，$p_0 = 1.0$ atm $= 1.01\times10^5$ N/m^2，$d = 3.5\times10^{-10}$ m。$k = 1.38\times10^{-23}$ J/K，代入式(2.2.14)得空气分子的平均自由程

$$\bar{\lambda} = \frac{kT_0}{\sqrt{2}\pi d^2 p_0} = \frac{1.38\times10^{-23}\times273}{1.41\times3.14\times(3.5\times10^{-10})^2\times1.01\times10^5}\ \text{m} = 6.9\times10^{-8}\ \text{m}$$

可见，在标准状态下，空气分子的平均自由程 $\bar{\lambda}$ 约为其有效直径 d 的 200 倍。

由式(2.2.12)得碰撞频率

$$\bar{Z} = \frac{\bar{v}}{\bar{\lambda}} = \frac{446.4}{6.9\times10^{-8}}\ \text{s}^{-1} = 6.5\times10^9\ \text{s}^{-1}$$

例 5　在高度为 2 500 km 的高空处，每立方厘米大约有 1.0×10^4 个分子，试问分子的平均自由程是多少？这样的平均自由程说明了什么？

解：取空气分子的有效直径 $d = 3.5\times10^{-10}$ m，$n = 1.0\times10^4$ cm^{-3} $= 1.0\times10^{10}$ m^{-3}。

由式(2.2.13)得此处空气分子的平均自由程

$$\bar{\lambda}=\frac{1}{\sqrt{2}\sigma n}=\frac{1}{\sqrt{2}\pi d^2 n}=\frac{1}{1.41\times 3.14\times(3.5\times 10^{-10})^2\times 1.0\times 10^{10}}\ \text{m}=1.8\times 10^8\ \text{m}$$

该处空气分子的平均自由程为 1.8×10^8 m，它已经是该处离开地球中心距离的 20 倍。说明分子处于外层空间以外的区域时，其分子之间的碰撞频率差不多为零。

例 6 试估计宇宙射线中质子抵达海平面附近与空气分子碰撞时的平均自由程。设质子直径为 10^{-15} m，宇宙射线速度很大。

解：设空气分子和质子的直径分别为 d_1、d_2，利用刚性分子碰撞截面公式(2.2.6)有

$$\sigma=\frac{\pi(d_1+d_2)^2}{4}$$

考虑到质子直径 d_2 比起空气分子的有较直径 $d_1=3.5\times 10^{-10}$ m 可忽略不计，则质子与空气分子碰撞的碰撞截面为

$$\sigma=\frac{\pi d_1^2}{4}=\frac{3.14\times(3.5\times 10^{-10})^2}{4}\ \text{m}^2=9.6\times 10^{-20}\ \text{m}^2\approx 10^{-19}\ \text{m}^2$$

因宇宙射线速率远大于空气分子的平均速率，可认为空气分子静止不动，则质子与空气分子间的平均相对速率就等于质子的平均速率 $\bar{v}_p$。在时间 t 内，质子走过的路程为 $\bar{v}_p t$，相应的圆柱体的体积为 $\sigma\bar{v}_p t$，则在此圆柱体内的空气分子数为 $n\sigma\bar{v}_e t$，即为时间 t 内质子与空气分子的碰撞次数，故碰撞频率为

$$\bar{Z}=\frac{n\sigma\bar{v}_p t}{t}=n\sigma\bar{v}_p$$

质子与空气分子碰撞的平均自由程为

$$\bar{\lambda}=\frac{\bar{v}_p}{\bar{Z}}=\frac{1}{\sigma n}$$

取 $n=2.7\times 10^{25}\ \text{m}^{-3}$，则

$$\bar{\lambda}=\frac{1}{\sigma n}=\frac{1}{10^{-19}\times 2.7\times 10^{25}}\ \text{m}=3.7\times 10^{-7}\ \text{m}$$

2.3 理想气体的压强

2.3.1 理想气体微观模型

气体分子动理论的基本研究思路，是在对气体宏观性质分析的基础上，对理想气体的分子热运动建立一个简化的微观模型，然后在这个模型基础上，用经典力学的方法分析单个分子运动过程中的动量、能量变化关系，并借用统计平均概念，找出描述整个气体宏观性质的宏观量与分子热运动中的微观量统计平均值之间的关系，从而达到对气体宏观热

性质的了解。

实验证实对理想气体可做如下假定：

1. 可忽略分子的固有体积(分子可以看成是质点)

即分子本身的线度比起分子之间的平均距离来可以忽略不计。

现估计几个数量级。

(1) 洛施密特常量

标准状况下 1 m^3 理想气体中的分子数以 n_0 表示。因标准状况下 1 mol 气体占有 22.4 L，故

$$n_0 = \frac{N_A}{V_{m0}} = \frac{6.02 \times 10^{23}}{22.4 \times 10^{-3}}\ m^{-3} = 2.69 \times 10^{25}\ m^{-3} \tag{2.3.1}$$

这是奥地利物理学家洛施密特(Loschmidt，1821—1895)首先于 1865 年据阿伏伽德罗常量 N_A 算得的。

(2) 标准状况下理想气体分子间平均距离$\overline{L}$

因标准状况下每个分子平均分配到的自由活动体积为 $1/n_0$，由式(2.3.1)可得

$$\overline{L} = \left(\frac{1}{n_0}\right)^{1/3} = \left(\frac{1}{2.69 \times 10^{25}}\right)^{1/3}\ m = 3.34 \times 10^{-9}\ m$$

(3) 氮分子半径

已知液氮(温度为 77 K，压强为 0.10 MPa)的密度 $\rho = 0.8 \times 10^3\ kg \cdot m^{-3}$，氮的摩尔质量 $M_m = 28 \times 10^{-3}\ kg \cdot mol^{-1}$。设氮分子质量为 m，则 $M_m = N_A m$，$\rho = nm$，其中 n 为液氮分子数密度。显然 $1/n$ 是每个氮分子平均分摊到的空间体积。由于液体中分子是相互接触的，若液氮是由假设为球形的氮分子紧密堆积而成，且不考虑相邻球之间的空隙，则 $1/n = 4\pi r^3/3$，其中 r 是氮分子半径。于是得

$$r = \left(\frac{3}{4\pi n}\right)^{1/3} = \left(\frac{3M_m}{4\pi\rho N_A}\right)^{1/3} = 2.4 \times 10^{-10}\ m$$

比较$\overline{L}$和 r，可知标准状况下理想气体的两邻近分子间平均距离约是分子直径的 10 倍左右。另外，因固体及液体中分子都是相互接触靠在一起的，也可估计到固体或液体变为气体时体积都将扩大 10^3 数量级。需要说明，在作数量级估计时一般都允许做一些近似假设(例如在前面估计氮分子半径时，假设氮分子是球形的，并且液氮中氮分子做密堆积排列，分子之间没有任何空隙)，看起来这些假设似乎太粗糙，但这种近似不会改变数量级大小，因为人们最关心的常常不是前面的系数，而是 10 的指数，故这种近似假设是完全允许的。

2. 可忽略除碰撞外分子间相互作用力(除碰撞的一瞬间外，分子作自由运动)

即除碰撞的一瞬间外，分子之间以及分子与容器器壁之间都无相互作用，分子在两次碰撞之间做匀速直线运动(自由运动)。

不少分子间的引力作用半径约是分子直径的两倍左右。而理想气体中，两分子间平

均距离约是分子直径的10倍左右。看起来分子引力半径和两邻近分子间距离相比不是小到可以忽略,似乎分子不会做自由运动。实际上气体分子不是静止不动的,而是在做快速的运动及频繁的碰撞,从2.2.5节的例4结果看到,常温常压下,理想气体分子两次碰撞间平均走过的路程是分子大小的200倍左右,由此可估计到分子在两次碰撞之间的运动过程中基本上不受其他分子作用,因而可忽略碰撞以外的一切分子间作用力。

当气体被贮在容器中时,其分子在运动过程中高度的变化并不很大。在这种情况下,分子的动能,平均讲来,比它们的重力势能的改变要大得多,所以分子所受的重力也可以忽略。

3. 碰撞是完全弹性的

平衡态下,分子之间及分子与器壁间的碰撞是完全弹性的。即气体分子动能不因碰撞而损失,在各类碰撞中动量守恒、动能守恒。

在平衡态下,气体的温度和压强等都不随时间改变。下一节我们将具体看到理想气体的温度是由分子的平均热运动动能所决定的。因而这就要求分子的平均热运动动能不随时间改变,所有的碰撞必须是完全弹性的,才能满足平衡态的要求。

以上就是**理想气体微观模型的3个基本假定**,热物理学的微观理论对理想气体性质的所有讨论都是建立在上述三个基本假定的基础上的。

2.3.2 理想气体压强公式

现在我们从上述模型出发来阐明理想气体的压强的实质,并推导理想气体的压强公式。

容器中气体在宏观上施于器壁的压强,是大量气体分子对器壁不断碰撞的结果。无规则运动的气体分子不断地与器壁相碰,就某一个分子来说,它对器壁的碰撞是断续的,而且它每次给器壁多大的冲量,碰在什么地方都是偶然的。但是对大量分子整体来说,每一时刻都有许多分子与器壁相碰,所以在宏观上就表现出一个恒定的、持续的压力。这和雨点打在雨伞上的情形很相似。一个个雨点打在雨伞上是断续的,大量密集的雨点打在伞上就使人们感受到一个持续向下的压力。

设在任意形状的容器中贮有一定量的理想气体,体积为V,共含有N个分子,单位体积内的分子数为$n = N/V$,每个分子的质量为m。分子具有各种可能的速度,为了讨论的方便,可以把分子分成若干组,认为每组内的分子具有大小相等、方向一致的速度,并假设在单位体积内各组的分子数分别为$n_1, n_2, \cdots, n_i, \cdots$,则$n = \sum n_i$。

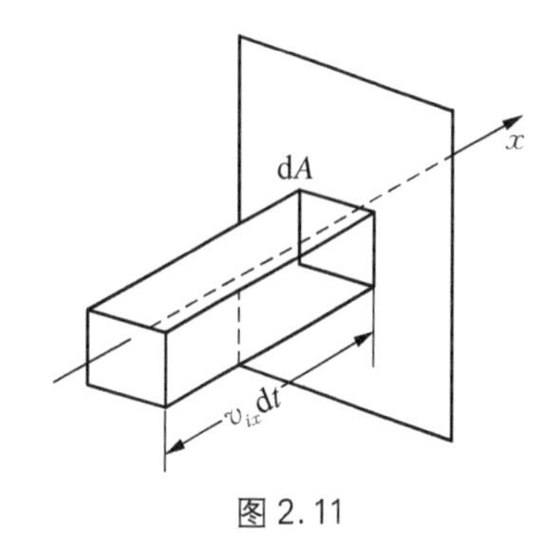

图2.11

在平衡态下,器壁上各处的压强相等,所以我们可取直角坐标系xyz,在垂直于x轴的器壁上任意取一小块面积dA(图2.11),来计算它所受的压强。

首先考虑单个分子在一次碰撞中对dA的作用。设某一分子与dA相碰,其速度为$\vec{v}_i$,速度三个分量为v_{ix},v_{iy},

v_{ix}。由于碰撞是完全弹性的，所以碰撞前后分子在 y、z 两方向上的速度分量不变，在 x 方向上的速度分量由 v_{ix} 变为 $-v_{ix}$，即大小不变，方向反向。这样，分子在碰撞过程中的动量改变为 $-mv_{ix}-(mv_{ix})=-2mv_{ix}$，按动量定理，这就等于 $\mathrm{d}A$ 施于分子的冲量，而根据牛顿第三定律，分子施于 $\mathrm{d}A$ 的冲量则为 $2mv_{ix}$。

其次，来确定在一段时间 $\mathrm{d}t$ 内所有分子施于 $\mathrm{d}A$ 的总冲量。在全部速度为 $\vec{v}_i$ 的分子中，在时间 $\mathrm{d}t$ 内能与 $\mathrm{d}A$ 相碰的只是位于以 $\mathrm{d}A$ 为底、$v_{ix}\mathrm{d}t$ 为高，以 $\vec{v}_i$ 为轴线的斜形柱体内的那部分。按上面所设，单位体积内速度为 $\vec{v}_i$ 的分子数为 n_i，所以在时间 $\mathrm{d}t$ 内能与 $\mathrm{d}A$ 相碰的分子数为 $n_i v_{ix}\mathrm{d}t\mathrm{d}A$。因此，速度为 $\vec{v}_i$ 的一组分子在时间 $\mathrm{d}t$ 内施于 $\mathrm{d}A$ 的总冲量为

$$2n_i m v_{ix}^2 \mathrm{d}A\mathrm{d}t$$

将这个结果对所有可能的速度求和，就得到所有分子施于 $\mathrm{d}A$ 的总冲量 $\mathrm{d}I$。在求和时必须限制在 $v_{ix}>0$ 的范围内，因为 $v_{ix}<0$ 的分子是不会与 $\mathrm{d}A$ 相碰的。因此，

$$\mathrm{d}I=\sum_{i(v_{ix}>0)} 2n_i m v_{ix}^2 \mathrm{d}A\mathrm{d}t$$

容器中的气体作为整体来说并无运动，所以平均地讲，$v_{ix}>0$ 的分子数占总分子数的一半，而 $v_{ix}<0$ 的分子也占总数的一半。如果求和时不受 $v_{ix}>0$ 这一条件的限制，则应在上式中除以 2，于是得到

$$\mathrm{d}I=\sum_i n_i m v_{ix}^2 \mathrm{d}A\mathrm{d}t$$

这个冲量体现出气体分子在时间 $\mathrm{d}t$ 内对 $\mathrm{d}A$ 的持续作用，$\mathrm{d}I$ 和 $\mathrm{d}t$ 之比即为气体施于器壁的宏观压力。因此，如果以 p 表示压强，则有

$$p=\frac{\mathrm{d}I}{\mathrm{d}t\mathrm{d}A}=\sum_i n_i m v_{ix}^2=m\sum_i n_i v_{ix}^2 \tag{2.3.2}$$

如果以 $\overline{v_x^2}$ 表示 v_x^2 对所有分子的平均值，即令

$$\overline{v_x^2}=\frac{n_1 v_{1x}^2+n_2 v_{2x}^2+\cdots}{n_1+n_2+\cdots}=\frac{\sum_i n_i v_{ix}^2}{\sum_i n_i}=\frac{\sum_i n_i v_{ix}^2}{n}$$

则式(2.3.2)可写作

$$p=nm\overline{v_x^2} \tag{2.3.3}$$

在平衡态下，气体的性质与方向无关，分子向各个方向运动的概率均等，所以对大量分子来说，三个速度分量平方的平均值必然相等，即

$$\overline{v_x^2}=\overline{v_y^2}=\overline{v_z^2}$$

又因

$$v_i^2=v_{ix}^2+v_{iy}^2+v_{iz}^2$$

或

$$\overline{v^2}=\overline{v_x^2}+\overline{v_y^2}+\overline{v_z^2}$$

所以有

$$\overline{v_x^2}=\frac{1}{3}\overline{v^2} \tag{2.3.4}$$

把这个结果代入式(2.3.3),即得

$$p=\frac{1}{3}nm\overline{v^2} \tag{2.3.5}$$

或

$$p=\frac{2}{3}n\left(\frac{1}{2}m\overline{v^2}\right)=\frac{2}{3}n\bar{\varepsilon}_t \tag{2.3.6}$$

式中 $\bar{\varepsilon}_t=\frac{1}{2}m\overline{v^2}$ 表示每个气体分子平动能的平均值,称为气体分子的平均平动动能。因此,式(2.3.6)说明,理想气体的压强 p 决定于单位体积内的分子数 n 和分子的平均平动动能 $\bar{\varepsilon}_t$。n 和 $\bar{\varepsilon}_t$ 越大,p 就越大。

式(2.3.6)把宏观量 p 与微观量 $\frac{1}{2}mv^2$ 的平均值 $\bar{\varepsilon}_t$ 联系了起来。p 可以由实验测定,而 $\bar{\varepsilon}_t$ 不能直接测定,所以式(2.3.6)无法直接用实验验证。但是下面将见到,从这个公式出发能够满意地解释或推证许多实验定律。

在导出式(2.3.6)的过程中,我们已在式(2.3.3)和式(2.3.4)中引入了统计的概念和统计的方法,所以式(2.3.6)的得来,绝不只是用了力学原理,而且还必须用到统计的概念和统计的方法(平均的概念和求平均的方法)。同时,由上面的讨论可见,压强表示单位时间内单位面积器壁所获得的平均冲量。由于分子对器壁的碰撞是断续的,分子施于器壁的冲量的大小涨落不定,所以压强 p 是一个统计平均量。在气体中,单位体积内的分子数也是涨落不定的,所以 n 也是一个统计平均量。因此,式(2.3.6)是表征三个统计平均量 p、n 和 $\bar{\varepsilon}_t$ 之间相互联系的一个统计规律,而不是一个力学规律。

在上面的讨论中,我们没有考虑分子在向器壁运动的过程中可能因与其他分子碰撞而被折回的情形。实际上,这种情形的存在并不影响讨论的结果。因为就大量分子的统计效果来讲,当速度为 $\vec{v}_i$ 的分子因碰撞而速度发生改变时,必然有其他的分子因碰撞而具有 $\vec{v}_i$ 的速度。同时,根据理想气体微观模型假设 1,分子本身的大小可以忽略,所以其他被碰的分子到器壁的距离也与速度为 $\vec{v}_i$ 的分子在不发生碰撞的情形下到器壁的距离完全一样。

在第 9 章中我们还将见到,分子速度的分布实际上是连续的,我们只能说速度分布在某一区间的平均分子数为多少,而不能说速度严格等于某一特定值的分子数为多少。因此,本节各式中的求和号 $\sum$ 应理解为对所有可能速度的连续积分 $\iiint\limits_{\infty}\mathrm{d}v_x\mathrm{d}v_y\mathrm{d}v_z$。上面只是为了叙述的简便,才引用了求和号,但在实际求平均值时,仍需用积分的方法来处理问题。

2.4 温度的微观解释

2.4.1 分子的平均平动动能及温度的微观解释

根据理想气体的压强公式和物态方程，可以导出气体的温度与分子的平均平动动能之间的关系，从而阐明温度这一概念的微观实质。将式(2.3.6)与理想气体物态方程式(1.3.19) $p = nkT$ 对照，可得分子热运动的**平均平动动能**

$$\bar{\varepsilon}_t = \frac{1}{2} m \overline{v^2} = \frac{3}{2} kT \tag{2.4.1}$$

这说明，**气体分子的平均平动动能只与温度有关，并与热力学温度(绝对温度)成正比**。式(2.4.1)也可以认为是从分子动理论的角度对温度的定义。总之，它从微观的角度阐明了温度的实质。温度标志着物体内部分子无规则运动的剧烈程度，或者说**热力学温度是分子热运动剧烈程度的量度**，温度越高就表示平均说来物体内部分子热运动越剧烈，这正是**温度的微观意义**所在。

应该指出：

① $\bar{\varepsilon}_t$ 是分子无规则热运动平均平动动能，它不包括整体定向运动动能。只有作高速定向运动的粒子流经过频繁碰撞改变运动方向而成无规则的热运动，定向运动动能转化为热运动动能后，所转化的能量才能计入与热力学温度有关的能量中。

② 式(2.4.1)揭示了宏观量 T 和微观量的平均值$\bar{\varepsilon}_t$ 之间的联系。由于温度是与大量分子的平均平动能相联系的，所以温度是大量分子热运动的集体表现，也是含有统计意义的。对于单个的分子，说它有温度是没有意义的。

③ 从式(2.4.1)可看到，气体分子的平均平动动能与分子质量无关，而仅与温度有关。9.4 节中将从这一性质出发引出热物理中又一重要规律——能量均分定理。

例 7 试求 $t_1 = 1\,000℃$ 和 $t_2 = 0℃$ 时，气体分子的平均平动动能。

解：当 $t_1 = 1\,000℃$，即 $T_1 = 1\,273\ \text{K}$ 时，根据式(2.4.1)可得

$$\bar{\varepsilon}_t = \frac{3}{2} kT = \frac{3}{2} \times 1.38 \times 10^{-23} \times 1\,273\ \text{J} = 2.64 \times 10^{-20}\ \text{J}$$

同样可求得，当 $t_2 = 0℃$ 时，$\bar{\varepsilon}'_t = 5.65 \times 10^{-21}\ \text{J}$。

例 8 在多高的温度下，气体分子的平均平动动能等于一个电子伏特？

解：电子伏特是近代物理中常用的一种能量单位，用 eV 表示。它指的是，一个电子在电场中通过电势差为 1 V(伏特)的区间时，由于电场力做功所获得的能量。电子电荷量

$$e = 1.602\,176\,487 \times 10^{-19}\ \text{C(库仑)}$$

所以电子通过电势差为 1 V 的区间时，电场力对它所做的功，即它所获得的能量为

$$\varepsilon = 1.602\,176\,487 \times 10^{-19}\ \text{C} \times 1\ \text{V} = 1.602\,176\,487 \times 10^{-19}\ \text{J}$$

这就是说,

$$1\ \text{eV} = 1.602\,176\,487 \times 10^{-19}\ \text{J}$$

设气体的温度为 T 时,其分子的平均平动动能等于 1 eV,则根据式(2.4.1)有

$$\frac{3}{2}kT = \varepsilon = 1.60 \times 10^{-19}\ \text{J}$$

所以

$$T = \frac{2}{3}\frac{\varepsilon}{k} = \frac{2}{3}\frac{1.60 \times 10^{-19}}{1.38 \times 10^{-23}}\ \text{K} = 7.73 \times 10^{3}\ \text{K}$$

即约为一万开。

例 9 一容积为 10 cm^3 的电子管,当温度为 300 K 时,用真空泵把管内空气抽成压强为 5×10^{-6} mmHg 的高真空,问:①此时管内有多少个空气分子?②这些空气分子的平均平动动能的总和是多少?

解:$V = 10\ \text{cm}^3 = 10 \times 10^{-6}\ \text{m}^{-3}$,$T = 300$ K,$p = 5 \times 10^{-6}$ mmHg $= 5 \times 10^{-6} \times 1.01 \times 10^{5}/760$ Pa。由理想气体物态方程 $p = nkT$,有

① $N = nV = \dfrac{p}{kT}V = \dfrac{5 \times 10^{-6} \times 1.01 \times 10^{5}}{760 \times 1.38 \times 10^{-23} \times 300} \times 10 \times 10^{-6}$ 个 $= 1.61 \times 10^{12}$ 个

② 根据式(2.4.1)有

$$\overline{E_t} = N\overline{\varepsilon_t} = N \times \frac{3}{2}kT = 1.61 \times 10^{12} \times \frac{3}{2} \times 1.38 \times 10^{-23} \times 300\ \text{J} = 1.0 \times 10^{-8}\ \text{J}$$

例 10 容积 $V = 1\ \text{m}^3$ 的容器内混有 $N_1 = 1.0 \times 10^{25}$ 个氧气分子和 $N_2 = 4.0 \times 10^{25}$ 个氮气分子,混合气体的压强是 2.76×10^{5} Pa,求:①混合气体的温度;②分子的平均平动动能。

解:① 由混合理想气体的物态方程,有

$$pV = \nu RT = \frac{N}{N_A}RT = (N_1 + N_2)kT$$

则混合气体的温度

$$T = \frac{pV}{(N_1 + N_2)k} = \frac{2.76 \times 10^{5} \times 1}{(1.0 + 4.0) \times 10^{25} \times 1.38 \times 10^{-23}}\ \text{K} = 400.0\ \text{K}$$

② 由式(2.4.1)得

$$\bar{\varepsilon}_t = \frac{3}{2}kT = \frac{3}{2} \times 1.38 \times 10^{-23} \times 400.0\ \text{J} = 8.28 \times 10^{-21}\ \text{J}$$

2.4.2 气体分子的方均根速率

利用式(2.4.1)可求出气体分子速率平方的平均值的平方根,叫做气体分子的方均根

速率 v_{rms}，下标 rms 是 root mean square 的缩写。

$$v_{rms}=\sqrt{\overline{v^2}}=\sqrt{\frac{3kT}{m}}=\sqrt{\frac{3RT}{M_m}} \tag{2.4.2}$$

其中 m 是分子的质量，M_m 是气体的摩尔质量。上式说明温度越高，分子质量越小，分子热运动越剧烈。因为式(2.4.2)是一个统计的关系式，所以知道了宏观量 T 和 M_m 只能求出微观量 v 的一种统计平均值$\sqrt{\overline{v^2}}$，而不能算出每个分子的速率 v 来。虽然每个分子的速率不能算出来，但算出了统计平均值$\sqrt{\overline{v^2}}$后，就能使我们对气体分子的运动情况得到一些统计的了解，例如算出的$\sqrt{\overline{v^2}}$越大，我们就可推知气体中速率大的分子越多。

例 11 试求 0℃时氢分子及空气分子的方均根速率 v_{rms}及 v'_{rms}。

解： $v_{rma}=\sqrt{\frac{3RT}{M_m}}=\sqrt{\frac{3\times 8.31\times 273}{2\times 10^{-3}}}\ \text{m}\cdot\text{s}^{-1}=1.84\times 10^3\ \text{m}\cdot\text{s}^{-1}$

$v'_{rma}=\sqrt{\frac{3\times 8.31\times 273}{29\times 10^{-3}}}\ \text{m}\cdot\text{s}^{-1}=484\ \text{m}\cdot\text{s}^{-1}$

2.4.3 对理想气体定律的推证

上面是由理想气体的压强公式和实验规律——理想气体物态方程导出式(2.4.1)的。在 9.4 节我们将看到，式(2.4.1)是分子动理论的一个基本规律(能量均分定理)。从这个关系式和理想气体的压强公式出发可以满意地解释或推证理想气体的一些实验定律。也就是说，我们可以从分子动理论的一般规律出发，直接确定理想气体的宏观规律。现在作为例子，我们来推证阿伏伽德罗定律和道尔顿分压定律。

1. 阿伏伽德罗定律

将式(2.4.1)代入式(2.3.6)可得

$$p=\frac{2}{3}n\bar{\varepsilon}_t=\frac{2}{3}n\left(\frac{3}{2}kT\right)=nkT \tag{2.4.3}$$

由此可见，在相同的温度和压强下，各种气体在相同的体积内所含的分子数相等。这就是阿伏伽德罗定律。

在标准状态下，即 $p_0=1\ \text{atm}=1.013\,250\times 10^5\ \text{N}\cdot\text{m}^{-2}$，$T_0=273.150\,0\ \text{K}$ 时，任何气体在 $1\ \text{m}^3$ 中含有的分子数都等于

$$n_0=\frac{p_0}{kT_0}=\frac{1.013\,250\times 10^5}{1.380\,650\times 10^{-23}\times 273.150\,0}\ \text{m}^{-3}=2.686\,8\times 10^{25}\ \text{m}^{-3}。$$

这个数目叫做洛施密特(Loschmidt)常量。

2. 道尔顿分压定律

设有几种不同的气体，混合地贮在同一容器中，它们的温度相同。根据式(2.4.1)，温度相同就反映各种气体分子的平均平动动能相等，即

$$\bar{\varepsilon}_{t1} = \bar{\varepsilon}_{t2} = \cdots = \bar{\varepsilon}_t$$

设单位体积内所含各种气体的分子数分别为 n_1，n_2，…，则单位体积内混合气体的总分子数为

$$n = n_1 + n_1 + \cdots$$

将这些关系代入式(2.3.6)，就得到混合气体的压强为

$$p = \frac{2}{3}(n_1 + n_2 + \cdots)\bar{\varepsilon}_t = \frac{2}{3}n_1\bar{\varepsilon}_{t1} + \frac{2}{3}n_2\bar{\varepsilon}_{t2} + \cdots = p_1 + p_2 + \cdots \tag{2.4.4}$$

式中 $p_1 = \frac{2}{3}n_1\bar{\varepsilon}_{t1}$，$p_2 = \frac{2}{3}n_2\bar{\varepsilon}_{t2}$，…… 分别表示各种气体的分压强。因此上式说明，混合气体的压强等于组成混合气体的各成分的分压强之和。这就是道尔顿分压定律。

2.5 真实气体的物态方程

在通常的压强和温度下，可以近似地用理想气体物态方程来处理实际问题。但是，在近代科研和工程技术中，经常需要处理高压或低温条件下的气体问题，例如：气体凝结为液体或固体的过程一般需在低温或高压下进行；现代化大型蒸汽涡轮机中，都采用高温、高压蒸汽作为工作物质；等等。在这些情形下，理想气体物态方程就不适用了。

为了建立非理想气体的物态方程，人们进行了许多理论和实验的研究工作。目前已积累起非常多的资料，导出了大量的物态方程。所有的物态方程可分为两类：

一类是对气体的结构作一些简化假设后推导出来的。虽然这类方程中的一些参数仍需由实验来确定，因而多少带有一些半经验的性质，但其基本出发点仍是物质结构的微观理论。这类方程的特点是形式简单，物理意义清楚，具有一定的普遍性和概括性，但在实际应用时，所得的结果常常不够精确；

另一类是为数极多的经验的和半经验的物态方程。它们在形式上照例是复杂的，而且每个方程只在某一特定的较狭小的压强和温度范围内适用于某种特定的气体或蒸汽。也正因为如此，它们才具有较高的准确性，在实际工作中主要靠这类方程来计算。

这里介绍两种。其中最重要、最有代表性的是范德瓦尔斯方程。

2.5.1 范德瓦尔斯方程

范德瓦尔斯方程是在理想气体物态方程基础上修改而得到的一个半经验方程。如2.3.1节指出，理想气体是一个近似的模型，它忽略了分子的固有体积(更确切地讲，也就是分子间的斥力)和分子间的引力。1873年荷兰物理学家范德瓦尔斯(van der Waals，1837—1923)在德国物理学家和数学家，热力学的主要奠基人之一克劳修斯(Clausius，1822—1888)的论文的启发下，对理想气体的这两条基本假定(即忽略分子固有体积、忽略除碰撞外分子间相互作用力)作出了两条重要修正，从而得出了能描述真实气体行为的范德瓦尔斯方程。

1. 分子固有体积修正

既然理想气体不考虑分子的固有体积，说明理想气体物态方程中的体积 V（即容器的体积）就是每个分子可以自由活动的空间。但如果把分子看作有一定大小的刚性球，则每个分子能有效活动的空间不再是 V，因此应对体积 V 做一个修正。

根据物态方程，1 mol 理想气体的压强为

$$p=\frac{RT}{V_{\mathrm{m}}}$$

由于在理想气体模型中把分子看成是没有体积的质点，所以 V_{m} 也就是每个分子可以自由活动的空间的体积。如果把分子看作有一定体积的刚球，则每个分子能自由活动的空间不再等于容器的容积 V_{m}，而应从 V_{m} 中减去一个反映气体分子所占有体积的修正量 b。这样，就应把理想气体的压强改为

$$p=\frac{RT}{V_{\mathrm{m}}-b}$$

式中的修正量 b 可用实验方法测定。

由上式知，当压强 $p\to\infty$ 时，气体体积 $V_{\mathrm{m}}\to b$，说明 b 是气体无限压缩所达到的最小体积。此时所有气体分子都被挤压到相互紧密“接触”而像固体一样，则 b 应等于所有分子的固有体积之和。但理论和实验均指出，b 的数值约等于 1 mol 气体内所有分子体积总和的四倍而不是一倍。

由于分子有效直径的数量级为 10^{-10} m，所以可估计出 b 的大小：

$$b=4N_{\mathrm{A}}\cdot\frac{4}{3}\pi\left(\frac{d}{2}\right)^3\approx10^{-5}\ \mathrm{m}^3\cdot\mathrm{mol}^{-1}$$

式中 $N_{\mathrm{A}}=6.022\times10^{23}\ \mathrm{mol}^{-1}$ 为阿伏伽德罗常量。在标准状态下，1 mol 气体的体积为 $22.4\times10^{-3}\ \mathrm{m}^3$，$b$ 仅为 V_{m} 的万分之四，所以是可以忽略的。但是，如果压强增大，例如增大到1 000atm 时，设想玻意耳定律仍能应用，则气体的体积将缩小到 $22.4\times10^{-3}/1\,000\ \mathrm{m}^3=22.4\times10^{-6}\ \mathrm{m}^3$。显然，这时修正量 b 就十分必要了。

2. 分子间引力所引起的修正

如 2.1.3 节指出，引力随分子间距离的增大而急剧减小。设引力有一定的有效作用距离 s，超出此距离，引力实际上可以忽略。因此，对于气体内部任一分子 α（图 2.12），只有处在以它为中心、以引力有效作用距离 s 为半径的球形作用圈内的分子才对它有吸引作用。由于这些分子相对于 α 作对称分布，所以它们对 α 的引力互相抵消。但靠近器壁的分子 β，处境与 α 不同。因为以 β 为中心的引力作用圈一部分在气体里面，一部分在气体外面，也就是说，一边有气体分子吸引 β，一边没有。显然，总的效果是使 β 受到一个垂直于器壁指向气体内部的拉力。因此，如果在靠近器壁处取一厚度为 s 的区域 $ABB'A'$（图 2.13），则分子在进入这个区域之前的运动情况与没有引力作用一样。设想分子在 $A'B'$ 处就与器壁相碰，则所产生的压强就应等于 $p=\frac{RT}{V_{\mathrm{m}}-b}$（考虑了分子的固有体积）。

但实际上分子必须通过这个区域才能与器壁相碰，而分子在这个区域中受到的向内的拉力 F 将使它在垂直于器壁方向上的动量减小，因而在碰壁时分子施于器壁的冲量也减小，这样器壁实际受到的压强要比上面的值小一些。这就是说，考虑到分子间的引力，气体施于器壁的压强实际为

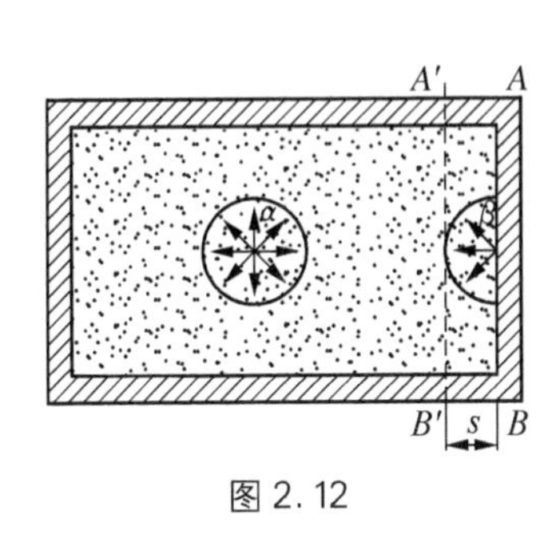

图 2.12

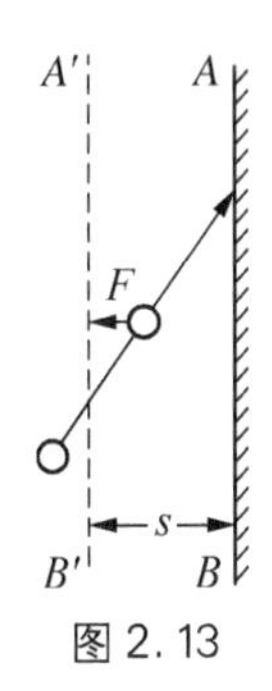

图 2.13

$$p=\frac{RT}{V_{\mathrm{m}}-b}-p_i$$

p_i 是表层分子受到内部分子的、通过单位面积的作用力。通常称 p_i 为气体的内压强。

根据 2.3 节中的讨论可知，从分子动理论的观点看来，压强等于气体分子在单位时间内施于单位面积器壁的冲量的统计平均值。因此，如以 Δk 表示因内向拉力 F 作用使分子在垂直于器壁方向上动量减少的数值，则

$$p_i=(\text{单位时间内与单位面积器壁相碰的分子数})\times 2\Delta k。$$

显然，Δk 与向内的拉力成正比，而这个拉力又与单位体积内的分子数 n 成正比，所以

$$\Delta k\propto n$$

但同时，单位时间内与单位面积相碰的分子数也与 n 成正比，所以

$$p_i\propto n^2\propto\frac{1}{V_{\mathrm{m}}^2}$$

写作等式有

$$p_i=\frac{a}{V_{\mathrm{m}}^2}$$

比例系数 a 由气体的性质决定。则

$$p=\frac{RT}{V_{\mathrm{m}}-b}-\frac{a}{V_{\mathrm{m}}^2}$$

3. 1 mol 气体的范德瓦尔斯方程

由此可导出适用于 1 mol 气体的范德瓦尔斯方程为

$$\left(p+\frac{a}{V_{\mathrm{m}}^2}\right)(V_{\mathrm{m}}-b)=RT \tag{2.5.1}$$

常量 a 和 b 分别表示 1 mol 范氏气体分子的吸引力改正量与排斥力改正量，其数值随气体种类不同而异，通常由实验确定。

测定 a 和 b 的方法很多，最简单的方法是，在一定的温度下，测定与两个已知压强对应的 V_m 值，代入式(2.5.1)，就可求出 a 和 b。表 2.3 中列出了一些气体的 a 和 b 的实验值。

表 2.3　范德瓦尔斯常量 a 和 b 的实验值

气体	a/atm · L^2 · mol^{-2}	b/L · mol^{-1}	气体	a/atm · L^2 · mol^{-2}	b/L · mol^{-1}
氩	1.345	0.032 19	汞蒸气	8.093	0.016 96
二氧化碳	3.592	0.042 67	氖	0.210 7	0.017 09
氯	6.493	0.056 22	氮	1.390	0.039 13
氦	0.034 12	0.023 70	氧	1.360	0.031 83
氢	0.191	0.021 8	水蒸气	5.464	0.030 49

4. 任意质量气体的范德瓦尔斯方程

若气体不是 1 mol，其质量为 M，摩尔质量为 M_m，则体积为 $V = \frac{M}{M_m}V_m$，即摩尔体积 $V_m = \frac{M_m}{M}V$，代入式(2.5.1)，则适用于任意质量气体的范德瓦尔斯方程为

$$\left[p + \left(\frac{M}{M_m}\right)^2 \frac{a}{V^2}\right]\left(V - \frac{M}{M_m}b\right) = \frac{M}{M_m}RT \tag{2.5.2}$$

5. 范德瓦尔斯方程适用情况的讨论

为了说明范德瓦尔斯方程的准确程度，在表 2.4 中列出了 1 mol 氢气在 0℃时的实验数据。在表的第一、第二栏中分别给出氢气的压强 p 和相应的摩尔体积 V_m 的实验值；在第三、第四栏中分别给出 pV_m 和 $\left(p + \frac{a}{V_m^2}\right)(V_m - b)$ 的值。在温度恒定的条件下，理想气体的 pV_m 应为常量，第三栏中 pV_m 偏离这个常量越多，则说明氢气的性质较理想气体模型相差越远。同样，在温度恒定的条件下，如果氢气准确地遵从范德瓦尔斯方程，则 $\left(p + \frac{a}{V_m^2}\right)(V_m - b)$ 应是常量。因此，第四栏内的数值偏离这个常量越多，则说明范德瓦尔斯方程距真实情况越远。

表 2.4　在 0℃时，1 mol 氢气在不同压强下的 pV_m 和 $\left(p + \frac{a}{V_m^2}\right)(V_m - b)$ 的值

p/atm	V_m/L · mol^{-1}	pV_m/atm · L · mol^{-1}	$\left(p + \frac{a}{V_m^2}\right)(V_m - b)$
1	22.41	22.41	22.41
100	0.240 0	24.00	22.6
500	0.061 70	30.85	22.0
1 000	0.038 55	38.55	18.9

由表 2.4 可以看出，0℃时，压强在 1 到几十个大气压下，pV_m 和 $\left(p+\dfrac{a}{V_m^2}\right)(V_m-b)$ 的值都与 $RT=22.41\ \text{atm}\cdot\text{L}$ 值没什么差别，即理想气体物态方程与范德瓦尔斯方程都能反映氢气的性质。但当压强达到 100 atm 时，氢气的 pV_m 值已与 RT 出现偏离，到 500 atm时，这种偏离已经很大。但是氢气的 $\left(p+\dfrac{a}{V_m^2}\right)(V_m-b)$ 值与 RT 值比较，直到 500 atm 时，还相差极小，p 达到 1 000 atm 时，$\left(p+\dfrac{a}{V_m^2}\right)(V_m-b)$ 值与 RT 值的偏差也才有 15.6%。这表明范德瓦尔斯方程在很广的压强范围内都能很好地反映实际氢气的性质。

实验表明，对于二氧化碳，在几十个 atm 时理想气体物态方程就已不能适用，超过 100 atm 范德瓦尔斯方程也不能很好地反映实际情况。在实际应用中，如果需要较高的精确度，即使在较低的压强下范德瓦尔斯方程也不适用。

总之，范氏方程虽然比理想气体方程进了一步，但它仍然是个近似方程。例如对于 0℃、10 MPa 的氮气，其误差仅 2%；但对 0℃的 CO_2，压强达 1 MPa 时方程已不适用。一般说来，对于压强不是很高（如 5 MPa 以下），温度不是太低的一些常见的真实气体，如氧、氮、氢等气体，范氏方程是很好的近似。范氏方程是许多近似方程中最简单、使用最方便的一个，经推广后可近似地用于液体。范氏方程最重要的特点是它的物理图像十分鲜明，它能同时描述气、液及气液相互转变的性质，也能说明临界点的特征，从而揭示相变与临界现象的特点。范德瓦尔斯是 20 世纪相变理论的创始人。关于上述内容，将在 7.6 节中予以介绍。

例 12 试用范德瓦尔斯方程计算，温度为 0℃，摩尔体积为 $0.55\ \text{L}\cdot\text{mol}^{-1}$ 的二氧化碳的压强，并将结果与用理想气体物态方程计算的结果相比较。

解：范德瓦尔斯方程(2.5.1)式可写作

$$p=\frac{RT}{V_m-b}-\frac{a}{V_m^2}$$

已知 $T=273.15\ \text{K}$, $V_m=0.55\ \text{L}\cdot\text{mol}^{-1}$，由表 2.3 查出对于二氧化碳，$a=3.592\ \text{atm}\cdot\text{L}^2\cdot\text{mol}^{-2}$, $b=0.042\,67\ \text{L}\cdot\text{mol}^{-1}$。将这些数据代入上式，即得

$$p=\frac{8.21\times10^{-2}\times273.15}{0.55-0.042\,67}\text{atm}-\frac{3.592}{(0.55)^2}\ \text{atm}=44.20\ \text{atm}-11.87\ \text{atm}=32.33\ \text{atm}$$

如把二氧化碳看作理想气体，则

$$p=\frac{RT}{V_m}=\frac{8.21\times10^{-2}\times273.15}{0.55}\ \text{atm}=40.77\ \text{atm}$$

说明此时用理想气体物态方程计算二氧化碳的压强，与实际情况差别很大。

例 13 把标准状况下 22.4 L 的氮气不断压缩，它的体积将趋近于多大？设此时氮分子是一个挨着一个紧密排列的，试计算氮分子直径。此时由分子间引力所产生的内压强

约为多大？已知氮气的范德瓦尔斯方程中的常量 $a = 1.390 \times 10^{-1}\ \mathrm{m^6 \cdot Pa \cdot mol^{-2}}$，$b = 39.31 \times 10^{-6}\ \mathrm{m^3 \cdot mol^{-1}}$。

解：标准状况下 22.4 L 的氮气的物质的量 $\nu = 1$ mol。

① 由范德瓦尔斯方程(2.5.1)式

$$\left(p + \frac{a}{V_\mathrm{m}^2}\right)(V_\mathrm{m} - b) = RT$$

知道，当 $p \to \infty$ 时，$V_\mathrm{m} \to b = 3.931 \times 10^{-5}\ \mathrm{m^3}$

② 设氮分子直径为 d，它应该有如下关系

$$V_\mathrm{m} = 4 \times \frac{4}{3}\pi\left(\frac{d}{2}\right)^3 N_\mathrm{A} = 3.931 \times 10^{-5}\ \mathrm{m^3}$$

则有

$$d = 3.14 \times 10^{-10}\ \mathrm{m}$$

③ 内压强 $p_i = \dfrac{a}{V_\mathrm{m}^2} = \dfrac{a}{b^2} = 9 \times 10^7\ \mathrm{Pa}$

2.5.2 昂内斯方程

第二类方程中最有代表性的，也更准确的实际气体状态方程是昂内斯方程。荷兰物理学家卡默林·昂内斯(Heike Kamerlingh Onnes，1853—1926)于 1908 年首次液化氦气，又于 1911 年发现超导电现象。他于 1901 年在研究永久性气体(指氢、氦等沸点很低的气体)的液化时，提出了描述真实气体的另一物态方程——昂内斯方程。

$$pV = A + \frac{B}{V} + \frac{C}{V^2} + \cdots \tag{2.5.3}$$

这是以体积展开的昂内斯方程(此外还有以压强展开的昂内斯方程)，系数 A、B、C 等都是温度的函数，分别称为第一位力系数、第二位力系数和第三位力系数。位力系数通常由实验确定。

显然，理想气体物态方程是一级近似下的昂内斯方程，其中 $A = \nu RT$，而 B、C、…均为零。

令 $\dfrac{M}{M_\mathrm{m}} = \nu$，范德瓦尔斯方程(2.5.2)可写为

$$p = \frac{\nu RT}{V - \nu b} - \frac{\nu^2 a}{V^2} \tag{2.5.4}$$

因为 $b/V \ll 1$，上式中右边第一项可作级数展开

$$\frac{\nu RT}{V}\left(1 - \frac{\nu b}{V}\right)^{-1} = \frac{\nu RT}{V}\left[1 + \frac{\nu b}{V} + \left(\frac{\nu b}{V}\right)^2 + \cdots\right]$$

由于范氏方程是描述压强不太大、气体分子不太稠密情况下的真实气体物态方程，它

仅考虑粒子间两两碰撞而不考虑三个以上分子同时碰在一起的情况，故式(2.5.4)仅保留到二级项，即

$$pV = \nu RT + \frac{\nu^2(bRT - a)}{V}$$

若将它与昂内斯方程(2.5.3)比较，并将昂内斯方程作为气体离开真实气体远近的程度的判据，从而来定位范氏方程，可知范氏方程是一种展开到二级项的昂内斯方程，其第二位力系数为

$$B = \nu^2 bRT - \nu^2 a$$

其中第一项与 b 有关，它来自斥力；第二项与 a 有关，它来自引力，这两项符号相反，可见斥力对 B 的贡献是正的，而引力对 B 的贡献是负的，对于压强不太大的气体，当温度很高，分子间距离很大时，分子间吸引力对气体性质几乎不影响，这时分子碰撞所产生的排斥力起主要作用，因而有 $a < bRT$，这时 $B > 0$。当温度较低、分子间距较小时，分子间吸引力起主要作用 $a > bRT$，这时 $B < 0$。

思 考 题

2.1 何谓理想气体？这个概念是怎样在实验的基础上抽象出来的？从微观结构来看，它与实际气体有何区别？

2.2 什么是分子碰撞有效直径 d？为什么它随温度升高而减小？

2.3 设气体的温度为 273 K，压强为 1.0 atm。设想每个分子都处在相同的一个小立方体的中心，试用阿伏伽德罗常量求这些小立方体的边长。取分子的直径为 3.0×10^{-10} m，试将小立方体的边长与分子的直径相比较。

1 mol 水的体积为 1.8×10^{-5} m^3，重复上述计算，求出每个水分子所占的小立方体的边长，再将这个边长与分子的直径(3.0×10^{-10} m)相比较。

2.4 气体处于平衡态时，按统计规律性有

$$\overline{v_x^2} = \overline{v_y^2} = \overline{v_z^2}$$

①如果气体处于非平衡态，上式是否成立？②如果考虑重力的作用，上式是否成立？③当气体整体沿一定方向运动时，上式是否成立？

2.5 布朗运动是怎样产生的？涨落与系统中所含的粒子数之间有怎样的关系？

2.6 何谓自由程和平均自由程？平均自由程与气体的状态以及分子本身的性质有何关系？在计算平均自由程时，哪里体现了统计平均？

2.7 容器内贮有一定量的气体，保持容积不变，使气体的温度升高，则分子的碰撞频率和平均自由程各怎样变化？

2.8 理想气体定压膨胀时，分子的平均自由程和碰撞频率与温度的关系如何？

2.9 用哪些办法可以使气体分子的碰撞频率减小？

2.10 容器内贮有 1 mol 的气体，设分子的碰撞频率为 $\overline{Z}$，问容器内所有分子在一秒内总

共相碰多少次？

2.11 为什么在日光灯管中为了使汞原子易于电离而对灯管抽真空？为什么大气中的电离层出现在离地面很高的大气层中？

2.12 如果认为两个分子在离开一定距离时，相互间存在一向心力作用，则这时分子的有效直径、碰撞截面和平均自由程等概念是否还有意义？

2.13 如果把分子看作相互间有引力作用的刚球(苏则朗模型)，则分子的碰撞截面和平均自由程如何随温度变化？

2.14 混合气体由两种分子组成，其有效直径分别为 d_1 和 d_2。如果考虑这两种分子的相互碰撞，则碰撞截面为多大？平均自由程为多大？

2.15 考虑分子间的碰撞，设平均自由程为 $\bar{\lambda}$。在任一时刻 t 考察某个分子 A，问：①平均地讲，分子 A 需通过多长的路程才会与另一分子相碰？②自上一次受碰到时刻 t，平均地讲，分子 A 通过了多长的路程？③如果在时刻 t，分子 A 刚好与其他分子碰过一次，则平均地讲，分子 A 需通过多长的路程才会与另一分子相碰？

2.16 一定量气体先经过等体过程，使其温度升高一倍，再经过等温过程使其体积膨胀为原来的二倍。问后来的 $\bar{\lambda}$ 为原来的多少倍？

2.17 推导气体分子碰壁数与气体压强公式时：①认为单位体积中气体分子分为六组，它们分别向长方容器六个器壁运动，试问为什么可以这样考虑？②为什么可以不考虑由于分子间相互碰撞，分子改变运动方向而碰不到 ΔA 面元这一因素？

2.18 本章在推导理想气体分子碰壁数及气体压强公式时，什么地方用到理想气体假设？什么地方用到平衡态条件？什么地方用到统计平均概念？

2.19 在推导理想气体的压强公式时，为什么可以不考虑分子间的相互碰撞？

2.20 在推导理想气体的压强公式时，曾假设分子与器壁间的碰撞是完全弹性的。实际上，器壁可以是非弹性的，只要器壁和气体的温度相同，弹性和非弹性的效果并没有什么不同。试解释之。

2.21 保持气体的压强恒定，使其温度升高一倍，则每秒与器壁碰撞的气体分子数以及每个分子在碰撞时施于器壁的冲量将如何变化？

2.22 为了能求出气体内部压强，可设想在理想气体内部取一截面 ΔA，两边气体将通过 ΔA 互施压力。试从分子动理论观点阐明这个压力是怎样产生的，并证明气体压强同样有 $p = nm\overline{v^2}/3$。

2.23 温度的实质是什么？对于单个分子能否问它的温度是多少？对于100个分子的系统呢？一个系统至少要有多少个分子我们说它的温度才有意义？

2.24 加速器中粒子的温度是否随速度增加而升高？

2.25 温度为273 K的氧气贮在边长为0.30 m的立方容器里，当一个分子下降的高度等于容器的边长时，其重力势能改变多少？试将重力势能的改变与其平均平动能相比较。

2.26 一辆高速运动的卡车突然刹车停下，试问卡车上的氧气瓶静止下来后，瓶中氧气的压强和温度将如何变化？

2.27 一定质量的气体，当温度保持恒定时，其压强随体积的减小而增大；当体积保持恒定时，其压强随温度的升高而增大。从微观的角度看来，这两种使压强增大的过程有何区别？

2.28 从分子动理论的观点说明：当气体的温度升高时，只要适当地增大容器的容积，就可使气体的压强保持不变。

2.29 两瓶不同种类的气体，它们的温度和压强相同，但体积不同，问：①单位体积内的分子数是否相同？②单位体积内的气体质量是否相同？③单位体积内气体分子的总平动能是否相同？

2.30 设想有一个极大的宇宙飞船，船中有几十亿人口在做无规运动，这些人有时相碰，有时与船壁碰撞，我们说宇宙是人类组成的“气体”是否有意义？若有意义的话，估算一下人类的方均根速率 v_{rms} 是多少？

2.31 从分子动理论的观点说明大气中氢含量极少的原因。

2.32 为什么说承认分子固有体积的存在也就是承认存在有分子间排斥力？

2.33 范德瓦尔斯方程中 $\left(p+\dfrac{a}{V_m^2}\right)$ 和 (V_m-b) 两项各有什么物理意义？其中 p 表示的是理想气体的压强还是范氏气体的压强？

2.34 在一定的温度和体积下，由理想气体物态方程和范德瓦尔斯方程算出的压强哪个大？为什么？

2.35 试证明：当气体的摩尔体积增大时，范德瓦尔斯方程将趋近于理想气体物态方程。

2.36 在推导范德瓦尔斯方程的内压强修正时，并未考虑器壁对碰撞分子的吸引力。器壁分子对碰撞分子的吸引力的合力是指向容器外部的。由于器壁分子数密度要比气体分子数密度大 10^3 数量级，看来这一因素不容忽视。但事实又证明这一因素不必考虑，试解释之。

习　题

2.1 氢气在 1.0 atm，15℃时的平均自由程为 1.18×10^{-7} m，求氢分子的有效直径。

答案：2.7×10^{-10} m

2.2 某种气体分子在 25℃时的平均自由程为 2.63×10^{-7} m。①已知分子的有效直径为 2.6×10^{-10} m，求气体的压强。②求分子在 1.0 m 的路程上与其他分子的碰撞次数。

答案：① 0.52 atm；　② 3.8×10^6 次

2.3 若在 1.0 atm 下，氧分子的平均自由程为 6.8×10^{-8} m，在什么压强下，其平均自由程为 1.0 mm？设温度保持不变。

答案：6.8×10^{-5} atm

2.4 电子管的真空度约为 1.0×10^{-5} mmHg，设气体分子的有效直径为 3.0×10^{-10} m，求 27℃时单位体积内的分子数、平均自由程和碰撞频率。（设气体分子的平均速率为 468 m/s）

答案：$3.21\times10^{17}\ \mathrm{m^{-3}}$；7.8 m；60 $\mathrm{s^{-1}}$

2.5　今测得温度为15℃、压强为76 cmHg时氩分子和氖分子的平均自由程分别为 $\bar{\lambda}_{Ar}=6.7\times10^{-8}$ m和 $\bar{\lambda}_{Ne}=13.2\times10^{-8}$ m，问：①氩分子和氖分子的有效直径之比是多少？② $t=20$℃，$p=15$ cmHg时，$\bar{\lambda}_{Ar}$ 为多大？③ $t=-40$℃，$p=75$ cmHg时，$\bar{\lambda}_{Ne}$ 为多大？

答案：① $d_{Ar}/d_{Ne}=1.4$；　② 3.45×10^{-7} m；　③ 1.1×10^{-7} m

2.6　在气体放电管中，电子不断与气体分子相碰。因电子的速率远远大于气体分子的平均速率，所以后者可认为是静止不动的。设电子的"有效直径"比起气体分子的有效直径 d 来可以忽略不计。n 为气体分子的数密度。求：①电子与气体分子的碰撞截面 σ 为多大？②电子与气体分子碰撞的平均自由程。

答案：① $\sigma=\frac{1}{4}\pi d^2$；　② $\bar{\lambda}_e=\frac{1}{\sigma n}=\frac{4}{\pi d^2 n}$

2.7　一粒陨石微粒与宇宙飞船相撞，在宇宙飞船上刺出了一个直径为 2×10^{-4} m的小孔，若在宇宙飞船内的空气仍维持一个大气压及室温的条件，试问空气分子漏出的速率是多少？

答案：$9.6\times10^{19}\ \mathrm{s^{-1}}$ 或 $6.4\times10^{19}\ \mathrm{s^{-1}}$

2.8　一清洁的钨丝置于压强为 1.33×10^{-2} Pa、温度为300℃的氧气中。假定①每个氧气分子碰撞到钨丝上即被吸附在表面上。②氧分子可认为是直径为 3×10^{-10} m的刚性球。③吸附的氧分子按密堆积排列。试问要经过多长时间才能形成一个单分子层。

答案：0.08 s或0.06 s

2.9　一密闭容器中贮有水及饱和蒸汽，水汽的温度为100℃，压强为0.101 MPa，已知在这种状态下每克水汽所占体积为 $1.67\times10^{-3}\ \mathrm{m^3}$，水的汽化热为 $2\ 250\times10^3\ \mathrm{J\cdot kg^{-1}}$。①每立方米水汽中含有多少分子？②每秒有多少水汽分子碰到单位面积水面上？③设所有碰到水面上的水汽分子都凝聚为水，则每秒有多少分子从单位水面上逸出？④试将水汽分子的平均平动动能与每个水分子逸出所需的能量相比较。

答案：① $1.96\times10^{25}\ \mathrm{m^{-3}}$；　② $2.40\times10^{27}\ \mathrm{m^{-2}\cdot s^{-1}}$ 或 $3.59\times10^{27}\ \mathrm{m^{-2}\cdot s^{-1}}$；③ $2.40\times10^{27}\ \mathrm{m^{-2}\cdot s^{-1}}$ 或 $3.59\times10^{27}\ \mathrm{m^{-2}\cdot s^{-1}}$；　④ 水汽分子的平均平动动能 7.72×10^{-21} J小于水分子逸出所需的能量 6.73×10^{-20} J

2.10　当液体与其饱和蒸汽共存时，汽化率与凝结率相等。设所有碰到液面上的蒸汽分子都能凝结为液体，并假定当把液面上的蒸汽迅速抽去时，液体的汽化率与存在饱和蒸汽时的汽化率相同。已知水银在0℃时的饱和蒸汽压为0.024 6 Pa，问当把液面上的蒸汽迅速抽去时，每秒通过每平方厘米液面有多少克水银向真空中汽化。

答案：6.7×10^{-9} kg或 9.2×10^{-9} kg

2.11　一容器中储有某种气体，其压强为 1.01×10^5 Pa，温度为27℃，密度 $\rho=1.3\ \mathrm{kg/m^3}$。求：①单位体积内的分子数 n；②求该气体的摩尔质量，并确定是什么气体；③气体

分子的质量 m；④分子间的平均距离 $\bar{l}$；⑤方均根速率；⑥分子的平均平动动能。

答案：① 2.44×10^{25} m^{-3}； ② 32.1×10^{-3} kg/mol(氧气)； ③ 5.32×10^{-26} kg； ④ 3.45×10^{-9} m； ⑤ 483.6 m/s； ⑥ 6.21×10^{-21} J

2.12 在常温下(例如27℃)，气体分子的平均平动动能等于多少 eV？在多高的温度下，气体分子的平均平动动能等于 1 000 eV？

答案：3.87×10^{-2} eV；7.74×10^{6} K

2.13 1 mol 氦气，其分子热运动总动能为 3.94×10^{3} J，求氦气的温度。

答案：317 K

2.14 质量为 10×10^{-3} kg 的氮气，当压强为 0.101 MPa、体积为 7 700 cm^3 时，其分子的平均平动动能是多少？

答案：5.42×10^{-21} J

2.15 密闭容器内装有氦气，它在标准状况下以 $v=20$ m·s^{-1} 的速率做匀速直线运动。若容器突然停止，定向运动的动能全部转化为分子热运动的动能，试用近似方法估算平衡后氦气的温度和压强将各增大多少？不考虑容器器壁的热容。

答案：0.064 K，23.7 Pa

2.16 试计算氢气、氧气和汞蒸气分子的方均根速率，设气体的温度为 300 K。已知氢气、氧气和汞蒸气的相对分子质量分别为 2.02、32.0 和 201。

答案：1.9×10^{3} m/s；4.83×10^{2} m/s；1.93×10^{2} m/s

2.17 有六个微粒，试就下列几种情形计算它们的方均根速率：①六个的速率均为 10 m/s；②三个的速率为 5 m/s，另三个的为 10 m/s；③三个静止，另三个的速率为 10 m/s。

答案：① 10 m/s； ② 7.9 m/s； ③ 7.1 m/s

2.18 27℃观察到直径 1×10^{-6} m 的烟尘微粒的方均根速率为 4.5×10^{-3} m·s^{-1}，试估计烟尘密度。

答案：1.2×10^{3} kg·m^{-3}

2.19 气体的温度为 $T=273$ K，压强 $p=1.01\times10^{2}$ Pa，密度 $\rho=1.24\times10^{-3}$ kg·m^{-3}，试求：①气体的摩尔质量，并确定它是什么气体。②气体分子的方均根速率。

答案：① 27.9×10^{-3} kg/mol，N_2 或 CO； ② 4.94×10^{2} m/s

2.20 气体的温度为 $T=273$ K，压强为 $p=1.00\times10^{-2}$ atm，密度为 $\rho=1.29\times10^{-5}$ g/cm^3。①求气体分子的方均根速率。②求气体的相对分子质量，并确定它是什么气体。

答案：① 485 m/s； ② 28.9，空气

2.21 密封房间的体积为 $5\times3\times3$ m^3，室温为20℃，求：①室内空气分子热运动的平均平动动能的总和是多少？②如果气体的温度升高 1 K，而体积不变，则气体分子的方均根速率增加多少？已知空气的密度 $\rho=1.29$ kg/m^3，摩尔质量 $M_m=29\times10^{-3}$ kg/mol。

答案：① 7.31×10^{6} J； ② 0.86 m/s

2.22 把氧气当作范德瓦尔斯气体，它的 $a=1.36\times10^{-1}$ m^6·Pa·mol^{-2}，$b=32\times10^{-6}$ m^3·mol^{-1}，求密度为 100 kg·m^{-3}、压强为 10.1 MPa 时氧的温度，并把结果与氧当作理想气体时的结果作比较。

答案：范德瓦尔斯气体：$T = 396\ \mathrm{K}$；理想气体：$T = 389\ \mathrm{K}$

2.23 在压强为 20 atm，体积为 $820\ \mathrm{cm^3}$ 的 $2 \times 10^{-3}\ \mathrm{kg}$ 的氮气的温度是多少？试分别按：①范德瓦尔斯气体；②理想气体计算。已知氮气的范德瓦尔斯常量 $a = 1.390 \times 10^{-1}\ \mathrm{m^6 \cdot Pa \cdot mol^{-2}}$，$b = 39.1 \times 10^{-6}\ \mathrm{m^3 \cdot mol^{-1}}$。

答案：① 范德瓦尔斯气体：2 792 K； ② 理想气体：2 800 K

2.24 用范德瓦尔斯方程计算密闭于容器内质量 $m = 1.1\ \mathrm{kg}$ 的二氧化碳的压强。已知容器的容积 $V = 20\ \mathrm{L}$，气体的温度 $t = 13℃$。试将计算结果与用理想气体物态方程计算的结果相比较。已知二氧化碳的范德瓦尔斯常量为 $a = 3.592\ \mathrm{atm \cdot L^2 \cdot mol^{-2}}$，$b = 0.042\,67\ \mathrm{L \cdot mol^{-1}}$。

答案：范德瓦尔斯方程：25.35 atm；理想气体物态方程：29.3 atm

2.25 一摩尔氧气，压强为 1 000 atm，体积为 0.050 L，其温度是多少？

答案：342 K

2.26 已知对于氧气，范德瓦尔斯方程中的常量 $b = 0.031\,83\ \mathrm{L \cdot mol^{-1}}$，设 b 等于 1 mol 氧气分子体积总和的四倍，试计算氧分子的直径。

答案：$2.93 \times 10^{-10}\ \mathrm{m}$

2.27 已知对于氧气，范德瓦尔斯方程中的常量 $b = 31.8 \times 10^{-6}\ \mathrm{m^3 \cdot mol^{-1}}$，试计算氧分子直径。

答案：$2.9 \times 10^{-10}\ \mathrm{m}$

第3章 热力学第一定律 内能

3.1 热力学过程 准静态过程

在第1章中我们只讨论了热力学系统处在平衡态时的某些性质，现在研究热力学系统从一个平衡态到另一个平衡态的转变过程。

3.1.1 热力学过程

1. 热力学过程

一个热力学系统，在外界影响(做功或传热)下，其状态参量将随时间发生变化，这个状态变化过程称为**热力学过程**，简称**过程**。状态的变化必然要破坏原来的平衡，而且必须经过一定的时间(这段时间称为弛豫时间)才能达到新的平衡。

2. 热力学过程的分类

从不同的角度对热力学过程进行分类，将有如下几种类型：按研究对象与外界的关系来分，可分为自发过程与非自发过程；按照过程的特点来分，可分为等体过程、等压过程、等温过程和绝热过程等；按过程进行的方向性，可分为可逆过程与不可逆过程；按过程所经历的状态性质来分，可分为实际过程(非静态过程)和理想过程(准静态过程)。

3. 非静态过程

实际的热力学过程，往往都进行的很快，系统还未来得及达到新的平衡态又要进行下一步变化，在整个实际热力学过程中要经历一系列非平衡态(系统无确定的 p, V, T 值)，故实际过程又被称为**非静态过程**。实际过程总是处于非平衡态的过程，人们是无法用状态参量来描述它的。但是人们可以通过建立理想化模型的方法来得到初步认识，为研究实际过程作准备，这个理想化模型就是准静态过程。

3.1.2 准静态过程

1. 准静态过程定义

系统从某一平衡态开始，经过一系列变化后到达另一平衡态，如果**这过程中所经历的状态全都可以看作平衡态(系统有确定的 p, V, T 值)**，则这样的过程叫做**准静态过程**(或叫平衡过程)。

2. 准静态与非准静态过程实例

为了更好地理解准静态过程的概念，下面举几个例子加以说明。

(1) 等温膨胀或压缩过程

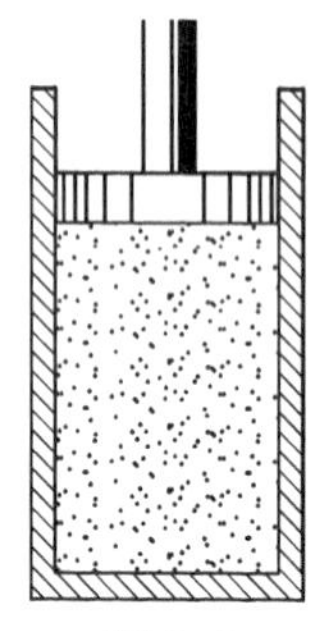
图 3.1

先举一个非静态等温膨胀过程的例子。如图 3.1，设有一个带活塞的容器，里面贮有气体，气体与外界处于热平衡（外界温度 T_0 保持不变），气体的状态参量用 p_0、T_0 表示。将活塞迅速上提，则气体体积膨胀，从而破坏了原来的平衡态。当活塞停止运动后，经过足够长的时间，气体将达到新的平衡态，具有各处均匀一致的压强 p 及温度 T_0。但在迅速上提活塞的过程中，一般地说，气体内各处的温度和压强都是不均匀的，即气体在每一时刻都处于非平衡状态。拿压强来说，在上提活塞的过程中，靠近活塞处的气体压强显然比远离活塞处的气体压强小，而要使各处压强趋于平衡，则需要一定的时间，若上提活塞极其迅速，气体就往往来不及使各处压强趋于均匀一致。还应注意的是，即使在同一系统中，不同物理量趋于平衡所需要的时间也不一样。通常使气体各处压强达到平衡，要比使各处的温度达到平衡来得快，即系统压强的弛豫时间比温度的弛豫时间要短。

再举一个准静态等温压缩过程的例子。仍用图 3.1 所示的系统，设活塞与器壁间无摩擦。控制外界压强，使它在每一时刻都比气体压强大一微小量，这样，气体就将被缓慢地压缩。如果每压缩一步（气体体积减小一微小量 ΔV）所经过的时间都比弛豫时间长，那么在压缩过程中系统就几乎随时接近平衡态。所谓准静态过程就是这种过程**无限缓慢进行的理想极限**，在过程中每一时刻系统内部的压强都等于外界的压强。这种极限情形在实际上虽然不能完全做到，但却可以无限趋近。这里应该注意的是没有摩擦阻力的理想条件。在有摩擦阻力时，虽然仍可使过程进行得无限缓慢从而每一步都处于平衡态，但这时外界作用压强显然不等于系统内部的平衡态参量压强值。今后本书中所提到的准静态过程都是指无摩擦的准静态过程。

(2) 热传导过程

热量传递过程中有类似问题（关于热量概念详见 3.2.5 节及 3.3 节）。把一温度为 T_1 的系统（固体、液体、气体）与一温度 T_0 的**恒温热源**接触，设 $T_1 < T_0$，热量源源不断从热源输入系统中，最后系统温度也变为 T_0。该过程是否是准静态过程？这要看经历的每一中间状态是否是平衡态。因为热传导由温度差所产生，热量从与热源接触部位逐步传递到离热源最远部位的过程中，系统温度处处不同，它不满足热学平衡条件，因而经历的每一个中间状态都不是平衡态，故该过程不是准静态过程。

要使系统温度从 T_1 变为 T_0 过程是准静态的，应要求任一瞬时，系统中各部分间温度差均在非常小范围 ΔT 之内 $\left(\dfrac{\Delta T}{T} \ll 1\text{，其中 } T \text{ 为这一瞬时系统平均温度}\right)$。例如可采用一系列温度彼此相差 ΔT 的恒温热源，这些热源的温度从 T_1 逐步增加到 T_0，即有一系列 $T_1+\Delta T$, $T_1+2\Delta T$, …, T_0 的恒温热源。先使系统与 $T_1+\Delta T$ 热源相接触，系统温度从 T_1 升高到 $T_1+\Delta T$ 过程中，系统中温度差最多为 ΔT，而 $\dfrac{\Delta T}{T} \ll 1$，可近似认为热平衡条件仍成立。当系统温度处处均变为 $T_1+\Delta T$ 后，再使它与温度为 $T_1+2\Delta T$ 的热源接触，待整个系统温度处处变为 $T_1+2\Delta T$，……，直到系统与温度为 T_0 的热源接触并达热平衡为止。在这样的过程中，若一系列温度彼此相差 ΔT 的恒温热源的个数无限多，相邻两个热源的温度差无限小，则中间经历的每一个状态都可认为是平衡态，因而整个过程可认为是准静态过程。

(3) 扩散过程

再如在等温等压条件下氧气与氮气互扩散过程中所经历的任一中间状态。氮气与氧气的成分都处处不均匀，可见该系统不满足化学平衡条件，它经历每一个中间状态都不是平衡态，因而是非准静态过程。其他如两种液体相互混合、固体溶解于水、渗透等过程都是不满足化学平衡条件的非准静态过程。

3. 判定准静态过程的条件

(1) 利用平衡条件判断

既然准静态过程要求经历的每一个中间状态都是平衡态，故只有**系统内部各部分之间及系统与外界之间都始终同时满足力学、热学、化学平衡条件的过程才是准静态过程**。而在实际过程中的"满足"常常是有一定程度的近似的。具体说来，只要系统内部各部分(或系统与外界)间的压强差、温度差，以及同一成分在各处的浓度之间的差异分别与系统的平均压强、平均温度、平均浓度之比很小时，就可认为系统已分别满足力学、热学、化学平衡条件了，这样的过程才视为准静态过程。

(2) 利用弛豫时间判断

但是，实际上我们不易测出系统内部各部分的压强、温度及其浓度，为此我们可利用弛豫时间来判断任一实际过程是否满足准静态的条件。一系统从某一平衡态变到相邻平衡态时，通常是原来的平衡态遭破坏，出现非平衡态，经过一定时间后达到一个新的平衡态，我们把系统从一个平衡态变到相邻平衡态所经过的时间叫系统的**弛豫时间**。或者说，一个系统由最初的非平衡态过渡到平衡态所经历的时间叫弛豫时间。在实际问题中，一个过程能否看作准静态过程，需由具体情况来定。如果系统的外界条件(比如压强，容积或温度等)发生一微小变化所经历的时间比系统的弛豫时间长得多。那么在外界条件的变化过程中，系统有充分的时间达到平衡态，因此，这样的过程可以视为准静态过程。例如内燃机汽缸中的燃气，在实际过程中，压缩气体的时间约为 10^{-2} s，而该燃气的弛豫时间只有 10^{-3} s，所以，内燃机中燃气状态的变化过程可视为准静态过程。

严格说来，**准静态过程是一个进行得无限缓慢，以致系统连续不断地经历着一系列平衡态的过程，因而准静态过程是不可能达到的理想过程，但我们可尽量趋近它**。准静态过程是理想化的过程，是实际过程的近似，实际中并不存在。实际过程都是在有限的时间内进行的，不可能是无限缓慢的。但是，在许多情况下可近似地把实际过程当作准静态过程来处理。所以准静态过程在热力学理论研究和对实际应用的指导上均有重要意义。当然，我们把实际过程当作准静态过程来处理，毕竟是有误差的，当要求的精确度较高时，还需将所得的结果做一定的修正，如果过程进行得很快(如爆炸过程)就不能看作是准静态过程。

在本教材中，如不特别指明，所讨论的过程均视为准静态过程。

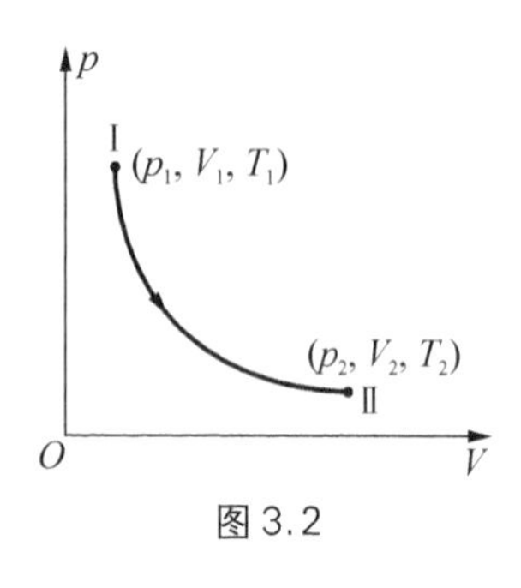

图 3.2

4. 准静态过程的图示

对一定量的化学纯气体来讲，状态参量 p、V、T 中只有两个是独立的，所以给定任意两个参量的数值，就确定了一个平衡态。例如，如果以 p 为纵坐标，V 为横坐标，作 $p-V$ 图，则 $p-V$图上任何一点都对应着一个平衡状态（非平衡态因没有统一确定的参量，所以不能在图上表示出来）。而图中任意一条连续曲线都代表一个准静态过程，曲线上的每一点都对应于一个平衡状态。图 3.2 中曲线表示系统由初态Ⅰ到末态Ⅱ的准静态过程，其中箭头方向为过程进行的方向。这条曲线叫**过程曲线**，表示这条曲线的方程叫**过程方程**。

3.2 功 热量

3.2.1 功

在力学中学过，外界对物体做功的结果会使物体的运动状态发生变化。在做功的过程中，外界与物体之间有能量的交换，从而改变了系统的机械能。力学中所研究的是物体间特殊类型的相互作用，物体与外界交换能量的结果，使物体的机械运动状态改变。然而功的概念却广泛得多，除机械功外，还有电场功、磁场功等其他类型。在一般情况下，由做功引起的也不只是系统机械运动状态的变化，还可以有热运动状态、电磁状态的变化等等。

在力的作用下，物体的平衡将被破坏，在物体运动状态发生改变的同时，将伴随有能量的转移。这个转移的能量就是功。而热力学系统达到平衡态的条件却是同时满足力学、热学和化学平衡条件。我们可将力学平衡条件被破坏时所产生的对系统状态的影响称为**力学相互作用**。**在力学相互作用过程中系统和外界之间转移的能量就是功**。例如，处于气缸中的气体在活塞的作用下压缩，体积减小，我们说，外界通过活塞对系统做了功；气缸中的气体也可以膨胀，体积增大，推动活塞移动，这时我们说，系统通过活塞对外界做功。热力学认为，力学相互作用中的力是一种广义力，它不仅包括机械力（如压强、金属丝的拉力、表面张力等），也包括电场力、磁场力等。所以功也是一种广义功，它不仅包括机械功，也应包括电磁功。还应注意：

① 只有在系统状态变化过程中才有能量转移，系统处于平衡态时能量不变，因而没有做功。功与系统状态间无对应关系，说明**功不是状态参量**。

② 只有在广义力（例如压强、电动势等）作用下产生了广义位移（例如体积变化和电量迁移）后才作了功，这是与在力学中“只有当物体受到作用力并在力的方向上发生位移后，力才对物体做功”是一样的。

③ 在非准静态过程中，由于系统内部压强处处不同，且随时在变化，很难计算系统对外做的功。在以后的讨论中，系统对外做功的计算通常均局限于准静态过程。

④ 功有正负之分，我们规定：**外界对系统做的功为正**，用 W 或 $đW$ 表示 ($W>0$)；**系统对外做的功为负**，用 $W'=-W$ 或 $đW'=-đW$ 表示($W<0$ 或 $W'>0$)。显然，在同一过程中，系统对外界做的功和外界对系统做的功大小相等，符号相反。

3.2.2 准静态过程的体积功

在非准静态过程中，由于状态参量 p, V, T 不确定，外界对系统做功无法定量表述，一般采用实验测定。而在准静态过程中，当没有摩擦阻力和其他损失时，外界对系统做的功或系统对外界做的功都可以用平衡态状态参量表示，进行定量计算。外界通过系统体积变化而做的功简称**体积功**。如何计算准静态过程中的体积功?

1. 准静态过程的体积功计算式

为简单起见，设想流体盛在一圆柱形的筒内，圆筒装有活塞，可无摩擦地左右移动(见图 3.3)。以流体(气体或液体等简单系统)为研究对象，取流体为系统，气缸、活塞及大气均为外界。设气缸中流体的压强为 p，活塞施于流体的压强为 p_e，活塞的面积为 S。则当活塞移动距离 $\mathrm{d}l$ 时，外界(活塞)对系统(流体)做的元功 $đW$ 为

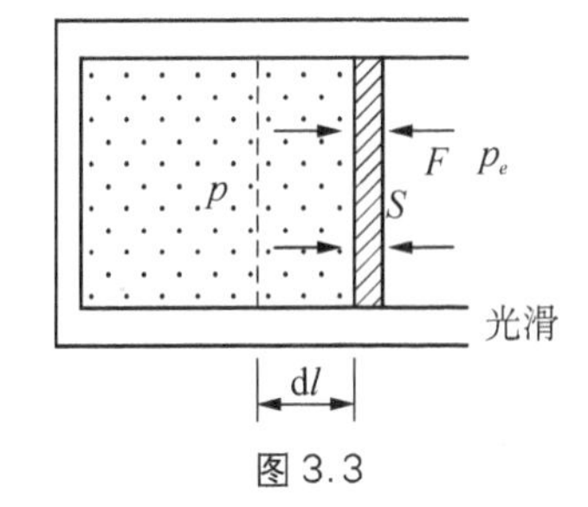

图 3.3

$$đW=F\mathrm{d}l=p_eS\mathrm{d}l$$

由于流体的体积减小了 $S\mathrm{d}l$，即 $\mathrm{d}V=-S\mathrm{d}l$，所以上式可写作

$$đW=-p_e\mathrm{d}V \tag{3.2.1}$$

在准静态过程中，过程进行的速度趋近于零，流体在任何时刻都处于平衡态，从而具有均匀压强 p。这样，如果没有摩擦阻力，则在过程中的任何时刻，活塞施于流体的压强 p_e 都必须等于流体的内部压强 p，即 $p_e=p$，以 p 代替 p_e，则式(3.2.1)变为

$$đW=-p\mathrm{d}V \tag{3.2.2}$$

其中 p、V 都是描写流体平衡状态的参量。式(3.2.2)用描述系统平衡状态的参量把准静态过程的功定量地表示出来了。

需要注意的是，式(3.2.2)中的 $đW$ 表示外界对系统(流体)在无限小的准静态过程中所做的功。p 为系统压强的绝对值，$\mathrm{d}V$ 为系统体积的改变量，是代数值，公式中的负号表示 $\mathrm{d}V$ 与 $đW$ 符号相反。当系统被压缩时 $\mathrm{d}V<0$，外界对系统做正功，或系统对外做负功，即 $đW>0$；当系统体积膨胀时 $\mathrm{d}V>0$，外界对系统做负功，或系统对外做正功，即 $đW<0$ ($đW'>0$)。总之，在同一个准静态过程中，外界对系统做的功与系统对外界做的功，总是大小相等，符号相反。若系统体积不变，则 $\mathrm{d}V=0$，$đW=0$，即外界或系统均不做功。

若系统从初态 1 经过一个准静态过程变化到终态 2，系统的体积由 V_1 变为 V_2 时，外界对系统所做的总功为

$$W=\int_1^2 đW=-\int_{V_1}^{V_2} p\mathrm{d}V \tag{3.2.3}$$

对应的系统对外界做的功为

$$W'=-W=\int_{V_1}^{V_2} p\mathrm{d}V \tag{3.2.4}$$

可以证明，若流体被盛在任意形状的容器内，当流体的体积发生变化时，上面计算准静态过程的功的基本公式(3.2.2)和(3.2.3)依然有效。

说明：在无穷小变化过程中所做的元功$đW$不满足多元函数中全微分的条件。$đW$仅表示沿某一路径的无穷小的变化，故在微分号d上加一杠$đ$以示区别。

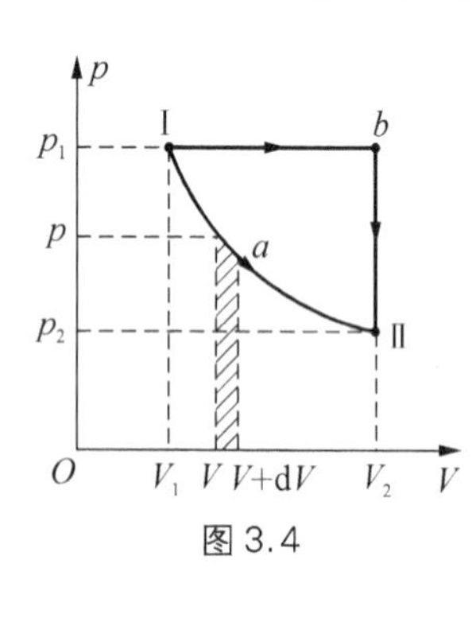

图 3.4

2. 功的图示——示功图

系统在一个准静态过程中做的体积功，可以在$p-V$图上直观地表示出来。在微小过程中，元功$đW$的大小为图3.4中$V—V+\mathrm{d}V$之间曲线下斜线所示窄条面积。整个过程中系统做功的大小，如Ⅰ→a→Ⅱ过程中功的大小，为过程曲线Ⅰ→a→Ⅱ下、横坐标V_1到V_2之间图形的面积。Ⅰ→b→Ⅱ过程中功的大小，为过程曲线Ⅰ→b→Ⅱ下、横坐标V_1到V_2之间图形的面积。由此可见，$p-V$图上过程曲线下的面积就等于该过程中功的大小，所以$p-V$图也称示功图。

3. 功是过程量

需要着重指出，只给定初态和终态，并不能确定功的数值，功的数值与过程有关，即**从一定的初态经不同过程到达一定的终态时，功的数值不同**。如在图3.5中，初态(p_1、V_1)和终态(p_2、V_2)给定后，连接初态和终态的曲线可以有无穷多条，它们对应于不同的过程。图3.5(a)、(b)、(c)中分别画出了Ⅰ、Ⅱ、Ⅲ三条曲线。曲线Ⅰ表示系统从初态(p_1、V_1)出发，先在定压p_1下使体积膨胀到V_2，再在一定体积V_2下降压到终态(p_2、V_2)；曲线Ⅱ表示系统从初态(p_1、V_1)出发，先在一定体积V_1下降压到p_2，再在定压p_2下使体积膨胀到V_2；曲线Ⅲ则表示由初态(p_1、V_1)变化到终态(p_2、V_2)的任一过程。如上所述，图中画斜线部分的面积应等于系统对外所做的功W的绝对值，由于不同曲线下

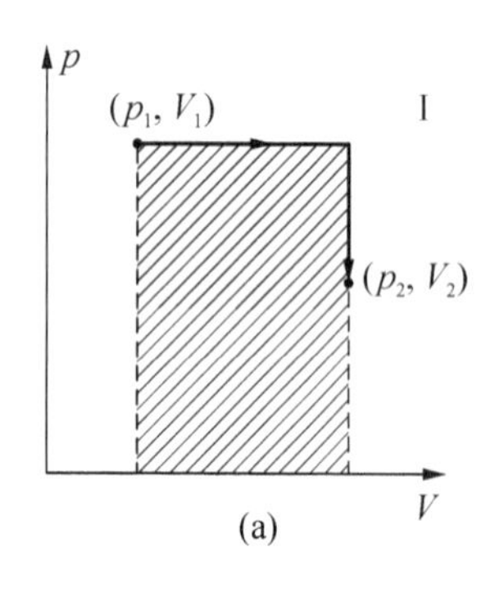

(a)

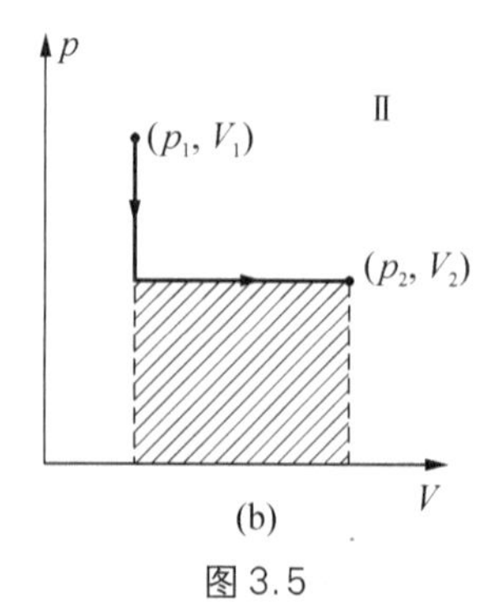

(b)

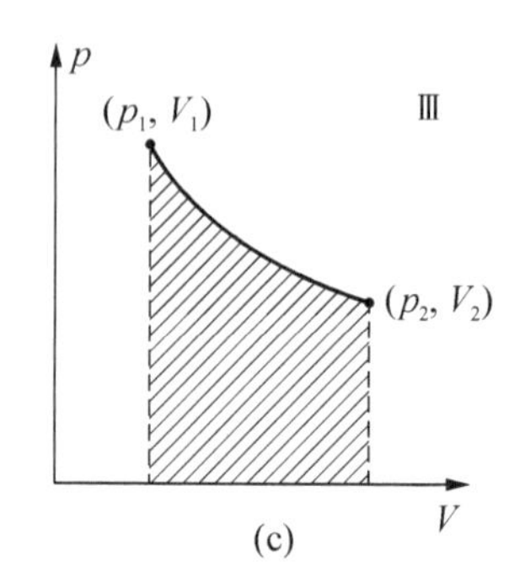

(c)

图 3.5

的面积随曲线的不同而有不同的值，这就表明，从状态(p_1、V_1)经不同的过程到状态(p_2、V_2)，系统对外界做的功是不同的。

按说，只要知道 p 与 V 的函数关系就可用式(3.2.3)计算功。但一般说来，p 不仅是 V 的函数，也是温度的函数。在热力学中碰到的常是多元函数的问题，其中最简单的是两个自变量的情况，例如 $T = T(p, V)$。每一种准静态变化过程都对应于 p-V 图中某一曲线，这时 p 与 V 才有一一对应关系。例如，一定量理想气体等温过程有 $p = \nu RT/V$，其中 ν、R、T 是恒量。在用解析法求等温过程功时，就应把上式代入式(3.2.3)积分；在用示功图几何法求功时，应先在 p-V 图上画出等温线，曲线下的面积就是等温功。

总之，通过做功的方式可使系统的状态发生变化，但功的数值却与过程的性质有关；功不是系统状态的特征，而是过程的特征。在热物理学里，把这种只在过程中才会出现，而且它的数值与过程路径有关的量称为**过程量**。**功是过程量**。这一点对任何其他类型的功都同样成立。因此，我们可以说系统的温度和压强是多少(它们是系统状态的特征)，但绝不能说"系统的功是多少"或"处于某一状态的系统有多少功"。

3.2.3 理想气体在几种准静态过程中功的计算

1. 等温过程

在图 3.3 气体膨胀的过程中，若导热性能很好的气缸始终与温度为 T 的恒温热源接触，因为过程进行得足够缓慢，任一瞬时系统从热源吸收的热量已足够补充系统对外做功所减少的内能(关于内能的概念详见 3.3 节)，使系统的温度总是与热源的温度相等(更确切地说，它始终比热源温度低一很小的量)。故这是一个准静态等温膨胀过程，只要在式(3.2.3)中将 $p = \dfrac{\nu RT}{V}$ 代入就可求得等温功。

$$W_T = -\int_{V_1}^{V_2} p\mathrm{d}V = -\nu RT\int_{V_1}^{V_2} \frac{\mathrm{d}V}{V} = -\nu RT\ln\frac{V_2}{V_1} \tag{3.2.5}$$

等温膨胀时 $V_2 > V_1$，$W < 0$，说明气体对外做负功。利用 $p_1V_1 = p_2V_2 = \nu RT$ 的关系，式(3.2.5)也可写为

$$W_T = -\nu RT\ln\frac{V_2}{V_1} = -\nu RT\ln\frac{p_1}{p_2} = -p_1V_1\ln\frac{V_2}{V_1} \tag{3.2.6}$$

2. 等压过程

设想导热气缸中被活塞封有一定量的气体，活塞的压强始终保持恒量(例如把气缸开端向上竖直放置后再加一活塞，则气体压强等于活塞的重量所产生的压强再加上大气压强)。然后使初始温度为 T_1 的气体与一系列的温度分别为 $T_1 + \Delta T$、$T_1 + 2\Delta T$、$T_1 + 3\Delta T$、…、$T_2 - \Delta T$、T_2 的热源依次相接触，每次只有当气体的温度均匀一致，且与所接触的热源温度相等时，才使气缸与该热源脱离，然后使它与下一个温度稍高的热源相接触，如此进行直至气体温度达到终温 T_2 为止，这就是一个准静态等压升温膨胀过程。这样的

过程在 p-V 图上是一条平行于 V 轴的直线，所做的功为

$$W_p = -\int_{V_1}^{V_2} p\mathrm{d}V = -p\int_{V_1}^{V_2}\mathrm{d}V = -p(V_2 - V_1) \tag{3.2.7}$$

利用物态方程可把式(3.2.7)化为

$$W_p = -p(V_2 - V_1) = -\nu R(T_2 - T_1) \tag{3.2.8}$$

3. 等体过程

若将图3.3中的活塞用鞘钉卡死，使活塞不能移动。然后同样使气缸依次与一系列温度相差很小的热源接触，以保证气体在温度升高过程中所经历的每一个中间状态都是平衡态，这样就进行了一个准静态等体升温过程，在 p-V 图上是一条平行于 p 轴的直线。在等体过程中 $\mathrm{d}V = 0$，故 $W_V = 0$。

3.2.4 其他形式的功

1. 表面张力的功

很多现象说明液体表面有尽量缩小表面积的趋势。液体表面像张紧的膜一样，可见表面内一定存在着张力。可设想在表面上任画一条线，该线两旁的液体表面之间存在相互作用的拉力，拉力方向与所画的线垂直。液体表面上出现的这种张力称为**表面张力**(详见7.2节)。定义单位长度所受到的表面张力称为**表面张力系数**，以 σ 表示，其单位为 $\mathrm{N\cdot m^{-1}}$。为了能研究表面张力所做的功，把一根金属丝弯成 π 形，再挂上一根可移动的无摩擦的长为 l 的直金属丝 ab 构成一闭合框架，如图3.6所示。将此金属丝放到肥皂水中慢慢拉出，就在框上形成一层表面张力系数为 σ 的肥皂膜。则薄膜与空气接触的两个表面使 ab 边受到的表面张力大小为 $2\sigma l$，方向向左。由于表面张力的存在，直金属丝 ab 要向左移动以缩小表面积。若外加一方向向右的外力 F，其数值为 $F = 2\sigma l$，就能使金属丝达到平衡。则在准静态过程中若用外力 F 拉 ab 边使金属丝向右移动 $\mathrm{d}x$ 距离，外力 F 克服表面张力对薄膜所做的元功为

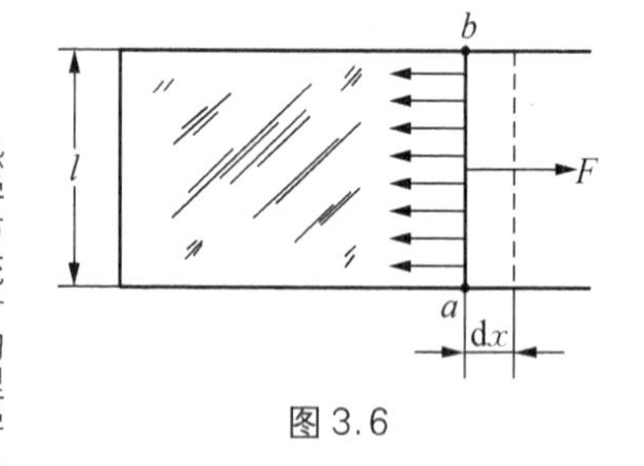

图3.6

$$đW = 2\sigma l\,\mathrm{d}x = \sigma\mathrm{d}A \tag{3.2.9}$$

其中 $\mathrm{d}A = 2l\mathrm{d}x$ 是 ab 边移动距离 $\mathrm{d}x$ 时薄膜面积的增量(考虑到薄膜有两个表面)。

2. 拉伸弹性棒所做的功

弹性棒拉伸时将发生形变，但体积不一定发生变化。即使体积可变，其改变量与总体积之比也微乎其微，一般可不考虑。因为整个弹性棒是由分子之间作用力把它联结起来的，所以弹性棒两端受到外力作用而达到平衡时，被任一横截面所分割的弹性棒的两部分之间均有相互作用力，它们不仅大小相等，方向相反，而且其数值必与棒两端所施加的外力相等。

设外力 F 使弹性棒伸长 $\mathrm{d}l$（图 3.7），则外力对弹性棒所做元功为

$$đW = F\mathrm{d}l \tag{3.2.10}$$

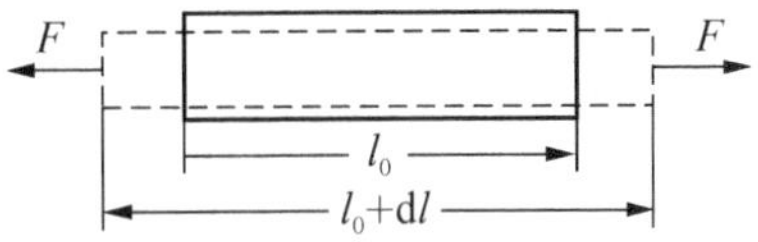

图 3.7

F 一般是 l 及温度 T 的函数，最简单的是遵守胡克定律的弹性棒。英国博物学家胡克（Hooke，1635—1703）于 1678 年发现的胡克定律认为，当线应力 σ（即单位横截面积上的作用力 F/S）不超过该种材料的弹性极限时，弹性棒的正应力与正应变 $\varepsilon\left(\varepsilon = \dfrac{\Delta l}{l_0}\right.$，其中 Δl 是棒的绝对伸长量，l_0 是不受外力时棒的长度，也称为自由长度$\left.\right)$成正比。即

$$\frac{F}{S} = E\frac{\Delta l}{l_0}$$

其比例系数为 E，称为弹性模量，也称杨氏模量。因而

$$E = \frac{F/S}{\Delta l/l_0} = \frac{\sigma}{\varepsilon}$$

它决定于棒的材料性质及所处的温度，而与棒的具体尺寸无关。

3．功的一般表达式

实际上，除了系统体积改变做的体积功 $đW = -p\mathrm{d}V$，液体表面层因表面张力 σ 的作用引起它的表面积 S 改变做功 $đW = \sigma\mathrm{d}S$ 和金属丝因拉伸力 F 的作用引起其长度 l 改变做功 $đW = F\mathrm{d}l$ 外，还有其他形式的功：电池中因电动势为 ε 的作用引起电极间迁移电荷量 $\mathrm{d}q$ 做功 $\mathrm{d}W = \varepsilon\mathrm{d}q$；体积为 V 的一块电介质因电场 E 的作用引起电介质极化强度 P 改变做功 $\mathrm{d}W = VE\mathrm{d}P$ 和磁介质中因磁场 H 作用引起的磁化强度 M 改变做功 $dW = \mu_0 VHdM$ 等，都可以是系统做功的形式。由不同形式做功的公式可见，在一般情况下可将系统所做的功写为

$$đW = \sum_i Y_i \mathrm{d}y_i \tag{3.2.11}$$

其中，Y_i 和 y_i 分别表示广义力和广义坐标，下标 i 对应于不同种类的广义位移。前面所提到的 V、l、S、q、P、M 等都是不同 i 的广义坐标，广义坐标是广延量。Y 称为广义力，前面提到的 $-p$、F、σ、ε、VE、$\mu_0 VH$ 都是不同下标 i 的广义力，广义力都是强度量。不过，不管是这种形式做功，还是那种形式做功，有一点是共同的，它们都是系统与外界发生相互作用的一种方式。

例 1 某封闭气缸中的气体作准静态等温膨胀，由初体积 V_1 变成终体积 V_2，试计算这过程中外界对系统所做的功。若气体的物态方程式是：

① $p(V-b) = RT$（R，b 为常量）；

② $pV = RT\left(1-\dfrac{B}{V}\right)$（$R$ 为常量，$B = f(T)$）。

解：对于准静态等温过程，外界对系统所做的功由式(3.2.3)为 $W=-\int_{V_1}^{V_2}p\mathrm{d}V$

① 由物态方程可知

$$p=\frac{RT}{V-b}$$

代入式(3.2.3)，得

$$W=-RT\int_{V_1}^{V_2}\frac{\mathrm{d}V}{V-b}=-RT\ln\frac{V_2-b}{V_1-b}$$

② 由物态方程可知

$$p=RT\left(\frac{1}{V}-\frac{B}{V^2}\right)$$

代入式(3.2.3)，得

$$W=-RT\int_{V_1}^{V_2}\left(\frac{1}{V}-\frac{B}{V^2}\right)\mathrm{d}V=-RT\ln\frac{V_2}{V_1}-RT\left(\frac{B}{V_2}-\frac{B}{V_1}\right)$$

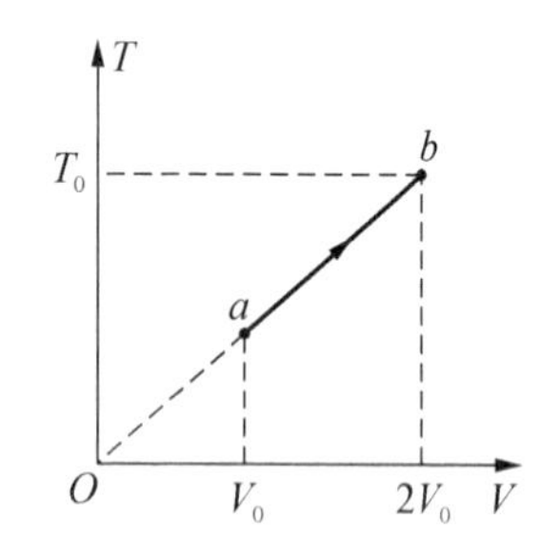

图 3.8

例 2 1 mol 理想气体的 $T-V$ 图如图所示，ab 为直线，延长线通过原点 O。求 ab 过程气体对外做的功。

解：设 $T=KV$，由图可求得直线的斜率 K 为

$$K=\frac{T_0}{2V_0}$$

则该过程的过程方程为

$$T=\frac{T_0}{2V_0}V$$

由物态方程 $pV=\nu RT=RT$ 得

$$p=\frac{RT}{V}$$

代入式(3.2.3)，得 ab 过程气体对外做功

$$W=-\int_a^b p\mathrm{d}V=-\int_{V_0}^{2V_0}\frac{RT}{V}\mathrm{d}V=-\int_{V_0}^{2V_0}\frac{R}{V}\frac{T_0}{2V_0}V\mathrm{d}V=-\frac{RT_0}{2V_0}\int_{V_0}^{2V_0}\mathrm{d}V=-\frac{1}{2}RT_0$$

3.2.5 热量

1. 热量的概念

前面讲到做功是热力学系统间相互作用的一种方式，即外界对系统做功会使系统的状态发生变化。热力学系统相互作用的另一种方式是热传递。温度不同的两个物体互相接触后，热的物体要变冷，冷的物体要变热，最后达到热平衡，具有相同的温度 T。对于这

种现象，人们很早就引入了热量的概念，认为在这过程中有热量从高温物体传递给低温物体。两系统的热运动状态都因为热传递过程而发生变化，但这里没有做功。做功和传热是系统间相互作用的两种方式，每一种都可使系统的宏观状态发生变化。

与功的定义相似，当系统状态的改变来源于热学平衡条件的破坏，也即来源于系统与外界间存在温度差时，我们就称系统与外界间存在**热学相互作用**。作用的结果有能量从高温物体传递给低温物体，这种传递的能量称为**热量**。热量的符号为 Q，在国际单位制中的单位为焦耳(J)。热量和功是系统状态变化中伴随发生的两种不同的能量传递形式，是不同形式能量传递的量度，它们都与状态变化的中间过程有关，因而不是系统状态的函数。**热量也是过程量**。一个无穷小的过程中所传递的热量只能写成 $đQ$ 而不是 $\mathrm{d}Q$，因为它与功一样，不满足多元函数的全微分条件。这是功与热量类同之处。功与热量的区别在于它们分别来自不同的相互作用。功由力学相互作用所引起，只有产生广义位移时才伴随功的出现；热量来源于热学相互作用，只有存在温度差时才有热量传递。也可以理解为：做功过程是机械能(粒子定向规则运动能量)与热能(无规则热运动能量)之间的转换过程，传热则是热能与热能之间的转换过程。此外，还有第三种相互作用——化学相互作用。扩散、渗透、化学反应等都是由化学相互作用而产生的现象。关于热量较科学的定义及如何计算物体之间传递的热量，我们将在 3.3 节和 3.5 节讨论。

2. 热量的符号规定

热量也有正负之分，我们规定：

系统从外界吸热时为正，即 $Q>0$；**放热时为负**，即 $Q<0$。

3.3 热力学第一定律 内能

3.3.1 内能

在力学中已经知道，外力对系统做功可以改变系统的机械能，因此从力学的观点看来，功是系统机械能变化的量度。焦耳的热功当量实验扩展了人们的认识，通过这些实验，令人信服地说明了做功还可以改变系统另一种形式的能量——内能 U，这是在热力学中我们将认识的一种新的运动形式的能量。

1. 焦耳的热功当量实验

当我们研究的系统用绝热壁包围起来之后，系统与外界不再进行热量交换，这样的系统称为**绝热系统**。绝热系统内发生的过程称为**绝热过程**，即系统既不吸热也不放热的过程。现在我们考虑在绝热过程中能量的传递和转化，并通过两个例子加以说明。

图 3.9 和图 3.10 是两个实验示意图。在图 3.9 所示的实验中，重物下降带动叶片在水中搅动而使水温升高。如果把水和叶片看作系统，其温度的升高(状态的改变)完全是重物下降做功的结果，所经历的过程就是绝热过程。在图 3.10 所示的实验中，电流通过电阻器使水温升高。如果把水和电阻器看作系统，其温度的升高完全是电源做功的结果，所经历的过程也是一个绝热过程。

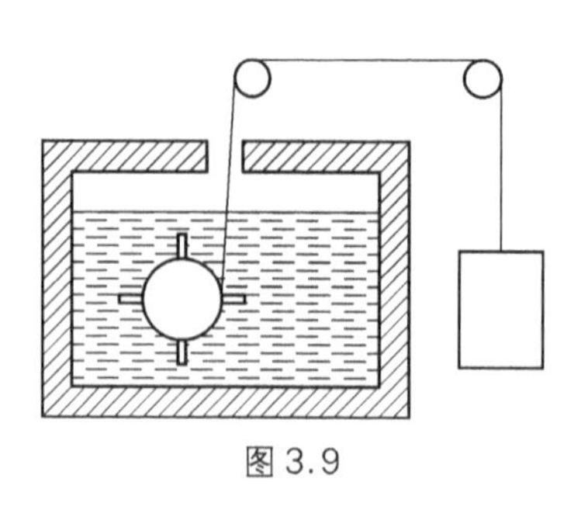
图 3.9

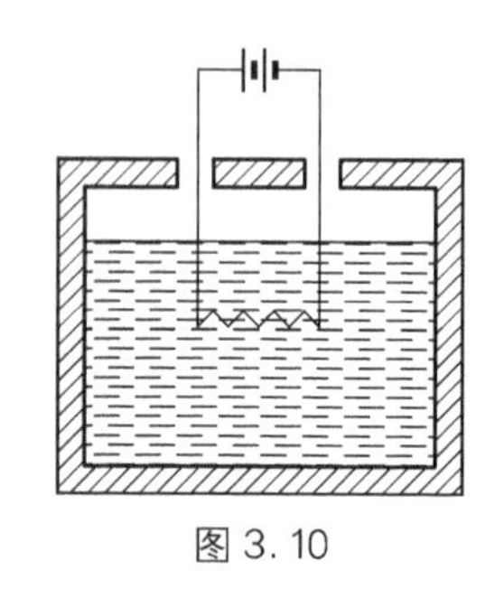
图 3.10

上述两个实验是英国杰出的物理学家焦耳(Joule, 1818—1889)的两个著名的实验。从 1840 年到 1879 年,焦耳花费了近 40 年的时间,反复进行了大量工作。结果发现,用各种不同的绝热过程使物体升高一定的温度,所需的功在实验误差范围内是相等的。并精确测定了在能量转换和传递过程中功和热之间的数值关系——热功当量(1956 年国际规定的热功当量精确值为 $J = 4.1868\ \mathrm{J \cdot cal^{-1}}$)。这就是说,**系统经任一绝热过程从初态变到终态,在过程中外界对系统所做的功仅取决于系统的初态和终态而与过程无关**。或者说,这功与实施绝热过程的途径无关,而由状态 1 和状态 2 完全决定。

2. 内能的热力学定义

绝热过程的功与过程无关而只与初态和终态有关,这说明存在一个仅由系统状态决定的物理量,它是状态的单值函数。因此我们可以仿照力学中保守力做功与路经无关从而引入势能概念一样,引入一个重要的状态函数,它的改变量可以用绝热过程的功来量度。这个物理量称为**系统的内能**,用符号 U 表示。即**系统终态 2 与初态 1 的内能差等于连接这两个状态的绝热过程中对系统所做的功 W_S**

$$\Delta U = U_2 - U_1 = W_S \tag{3.3.1}$$

3. 内能的微观定义

(1) 内能的广义微观定义

从微观的结构看来,内能是一个系统含有的总能量,它应当包括组成系统的所有粒子的动能和相互作用势能之和,因此内能应是如下能量之和:①分子以及组成分子的原子的无规热运动动能;②分子内原子间相互作用势能;③分子间相互作用势能;④分子(或原子)内电子的能量;⑤原子核内部能量,等等。此外,当有电磁场与系统相互作用时还应包括相应的电磁形式能量。

(2) 内能的狭义微观定义

在系统经历一热力学过程时,并非所有这些能量都变化,比如分子(或原子)内电子的能量、原子核内的能量等在一些过程中并不改变,因此一般情况下,内能中只考虑:①分子以及组成分子的原子的无规热运动动能;②分子内原子间相互作用势能;③分子间相互作用势能。

4. 关于内能的说明

① 式(3.3.1)是内能的宏观定义,是建立在焦耳等人的大量实验基础上的。式中 W_S

表示绝热功，即系统从平衡态 1 到平衡态 2 的任一绝热过程中外界对系统所做的功。U_1 表示系统在平衡态 1 的内能，U_2 表示系统在平衡态 2 的内能，它们由平衡态状态参量单值地确定，所以说**内能是态函数**。对于简单系统，$U=U(V,\ T)$、$U=U(p,\ T)$，内能与系统的温度和体积(压强)有关。

② 从式(3.3.1)可以看出，根据系统从一个态过渡到另一个态时所消耗的绝热功，可以确定这两个态的内能差。实际中用到的也只是两态间的内能差。这个公式并不能把任一态的内能完全确定，内能函数中还包含了一个任意的相加常量(微观考虑，不同的 U_0 反映为考虑不同的结构层次)。对一个系统进行热力学分析时所涉及的不是系统内能的绝对数值，而是在各过程中内能的变化，其变化量与 U_0 无关，故常可假设 $U_0=0$。这和力学中对参考点的重力势能值的选择情况一样。

③ 热物理学中的内能只用于描述系统的热力学与统计物理学的性质，它一般不包括作为整体运动的物体的机械能。

④ 内能的单位与功相同，也是焦耳(J)。

⑤ 内能是个广延量，系统的内能等于系统各部分内能之和。

⑥ 内能概念也可推广到非平衡态系统中。如果一个热力学系统包含许多部分，各部分之间并未达到平衡，但其各部分之间相互作用很小，使各部分本身能分别保持在平衡态，则根据式(3.3.1)，系统的每一部分分别有态函数 U'、U''、…。很明显，系统总的内能 U 等于各部分内能之和，即

$$U=U'+U''+\cdots$$

3.3.2 热力学第一定律

1. 能量转化和守恒定律

自然界的一切物体都具有能量，能量有各种不同的存在形式。它能由一个物体传递给另一个物体，由一种形式转化为另一种形式。在传递和转化的过程中，能量的总数量不变，就是**能量转化和守恒定律**。它是自然界中最基本的定律之一，也是自然界中运动的各种形式之间在相互转化时必须遵从的普遍法则。

2. 热力学第一定律

热力学系统与外界传热、做功进行能量交换时，遵从能量转换和守恒定律。热力学第一定律正是这种能量转化和守恒定律的具体体现。

设经过某一过程系统从平衡态 1 变到平衡态 2，在这过程中外界对系统做功为 W，系统从外界吸收热量为 Q，那么根据能量转化和守恒定律，由传热与做功两种方式所提供的能量应转化为系统内能的增量，即

$$U_2-U_1=Q+W \tag{3.3.2}$$

式(3.3.2)的意义是，系统从初态 1 到终态 2，不管经历什么过程，其内能的增量 $\Delta U=U_2-U_1$ 等于在过程中外界对系统所做的功 W 和系统从外界吸收的热量 Q 之和。这就

是说，在过程中通过做功和传热两种方式所传递的能量，都转化为系统的内能。

如果系统经历一微小变化，即所谓微过程，则热力学第一定律为

$$dU = đQ + đW \tag{3.3.3}$$

应注意，因为 U 是态函数，它能满足多元函数中全微分条件，故 dU 是全微分。正如前面所讲到的功和热量不是态函数，$đQ$、$đW$ 仅表示沿某一过程变化的无穷小量，它们均不满足全微分条件，所以我们在 d 字上画了一横，写成 $đ$ 以示区别。

对于准静态过程，利用式(3.2.2)可把式(3.3.3)改写为

$$dU = đQ - pdV \text{（准静态过程第一定律表达式）} \tag{3.3.4}$$

关于热力学第一定律的说明：

① 式(3.3.2)中，热量 Q、内能的改变量 ΔU 和功 W 都是**代数值**，可正可负。由上面热力学第一定律的表述可知，它们的**符号有如下规定**：

$Q > 0$，系统吸热，$Q < 0$，系统放热；

$\Delta U > 0$，系统内能增加，$\Delta U < 0$ 系统内能减少；

$W > 0$，外界对系统做正功，$W < 0$，外界对系统做负功。

② 应该强调指出，**内能是态函数**。当系统的初态 1 和终态 2 给定后，内能之差 $\Delta U = U_2 - U_1$ 就已确定了，与系统由初态 1 到终态 2 所经历的过程无关；而功 W 和热量 Q 是与过程有关的量，过程不同，W 和 Q 的值一般不同，然而它们的和 $Q+W$ 却与过程无关。

③ 在应用式(3.3.2)和(3.3.3)时，只需要初态和终态是平衡态，至于在过程中所经历的各态并不需要一定是平衡状态，亦即式(3.3.2)和式(3.3.3)对非静态过程也是适用的，但式(3.3.4)只适用于准静态过程。

显然，热力学第一定律就是包括热现象在内的能量转化与守恒定律，适用于任何系统的任何过程。

3. 热力学第一定律的另一种表述

由热力学第一定律可知，要使系统对外做功，可以消耗系统的内能，也可以吸收外界的热量，或者两者兼有。历史上曾有人企图制造一种能对外不断自动做功，而不需要消耗任何燃料，也不需要外界提供其他能量的机器，人们称这样的机器为**第一类永动机**。然而，由于违反热力学第一定律，这些企图均告失败。因此，热力学第一定律又可表述为：第一类永动机是不可能实现的。

4. 热量的热力学定义

希腊数学家喀喇氏(Caratheodory，1873—1950)在 1909 年指出，在用式(3.3.1)引入内能概念时，并不需用热量概念。为此，喀喇氏对绝热过程重新作出定义。怎样从自然界各种宏观过程中把绝热过程区别出来呢？一个过程，其中物体状态的改变，如果完全是由于机械的或电的直接作用的结果而没有受到其他影响，就叫做**绝热过程**。图 3.9 表示的就是直接的机械作用的例子；图 3.10 表示的就是电的直接作用的例子。这样明确了绝热过程后，如前所述，只用绝热功就可断定内能态函数的存在，并用公式(3.3.1)确定它的量

值。而由式(3.3.2)和(3.3.3)可引入热量概念。

$$Q = U_2 - U_1 - W \tag{3.3.5}$$

或者

$$đQ = \mathrm{d}U - đW \tag{3.3.6}$$

这就是说，如果我们所处理的过程不是上述意义上的绝热过程，那么外界对系统所做的功就不再等于系统内能的变化，而这时**内能与功的差就称为系统所吸收的热量**。这样，我们就完全摆脱了热质说，而给热量下了一个科学的定义。

例3 如图3.11所示，一系统由状态a沿acb到达状态b的过程中，有350 J的热量传入系统，而系统对外做功126 J。①若沿adb时，系统对外做功42 J，问有多少热量传入系统？②若系统由状态b沿曲线ba返回状态a时，外界对系统做功为84 J，试问系统是吸热还是放热？热量传递是多少？

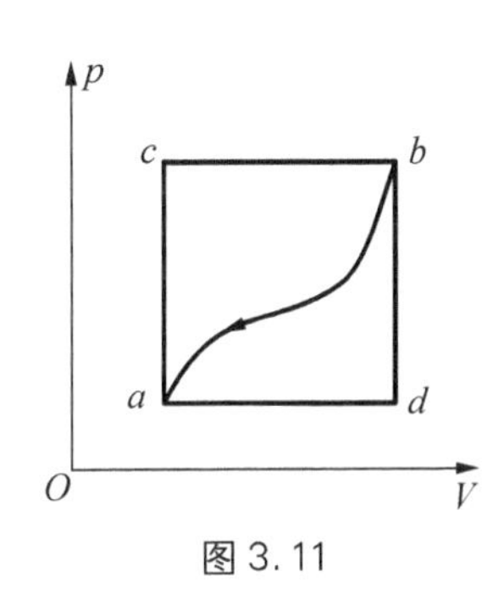

图3.11

解：① acb过程，系统对外做功$W_{acb} = -126$ J，吸热$Q_{acb} = 350$ J，对acb过程利用热一定律可求出b态和a态的内能之差

$$\Delta U = U_b - U_a = Q_{acb} + W_{acb} = 350 - 126 = 224 \text{ J}$$

adb过程，系统对外做功$W_{adb} = -42$ J，由热一定律

$$Q_{adb} = (U_b - U_a) - W_{adb} = 224 + 42 \text{ J} = 266 \text{ J}$$

说明系统在adb过程中吸收热量266 J。

② ba过程，外界对系统做功$W_{ba} = 84$ J，由热一定律有

$$Q_{ba} = (U_a - U_b) - W_{ba} = -224 - 84 \text{ J} = -308 \text{ J}$$

负号说明在ba过程系统放热308 J。

3.4 热容与焓

3.4.1 热容

1. 热容的定义

在应用热力学第一定律解决实际问题时，热量的计算比功、内能的计算要复杂得多，主要是热量与过程有关，需要知道各个过程的热容。我们知道，在一定的过程中，存在温度差时所发生的传热过程中，**系统升高或降低单位温度所吸收或放出的热量称为这个系统在该给定过程中的热容**。若以ΔQ表示系统在升高ΔT温度的某过程中吸收的热量，则系统在该过程中的热容定义为

$$C = \lim_{\Delta T \to 0} \frac{\Delta Q}{\Delta T} = \frac{đQ}{\mathrm{d}T} \tag{3.4.1}$$

热容的单位是焦耳每开尔文($J \cdot K^{-1}$)。显然系统在某一过程的热容不仅取决于系统的固有属性,而且与系统的质量成正比,是广延量。

2. 比热容 c

单位质量物质的热容叫比热容(c),单位为 $J \cdot kg^{-1} \cdot K^{-1}$。热容与比热容的关系为 $C = Mc$,式中 M 为物质的质量。

3. 摩尔热容 C_m

1 mol 物质的热容叫摩尔热容(C_m),单位为 $J \cdot mol^{-1} \cdot K^{-1}$。热容与摩尔热容关系为 $C = \nu C_m = \frac{M}{M_m} C_m$,式中 M_m 为物质的摩尔质量,比值 $\frac{M}{M_m}$ 为对应的物质的量 ν(摩尔数)。

摩尔热容 C_m 和比热容 c 除与过程有关外,只与系统的固有属性有关,是强度量。

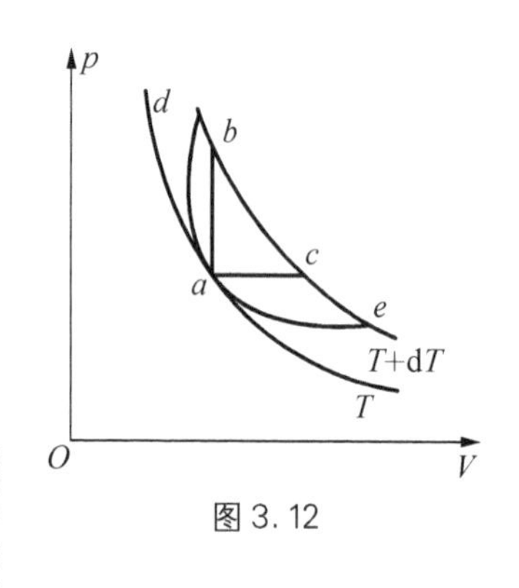

图 3.12

4. 热容是过程量

一个系统吸收热量后,它的温度变化情况决定于具体的过程及系统的性质,热容正集中概括了系统吸收了热量后的温度变化情况。我们知道,系统吸收热量与变化过程有关。以理想气体为例,在图 3.12 中从温度为 T 的状态 a 出发变为 $T+dT$,可有无穷多条变化曲线。虽然它们温度的升高 dT 都是相同的,但吸收的热量却各不相同,所以**在不同过程中热容是不同的**。其中常用到的是定体摩尔热容 $C_{V,m}$、定压摩尔热容 $C_{p,m}$、定体比热容 c_V 及定压比热容 c_p。

对于理想气体,最常用的是等体过程的定体摩尔热容和等压过程的定压摩尔热容。固体或液体也有这两种热容量,但由于它们体膨胀系数比气体小得多,因膨胀而对外所做的功可以忽略不计,所以这两种热容实际差值很小,一般不予区别。

3.4.2 定体热容与内能

1. 定体热容

设一热力学系统可用状态参量 p、V、T 来描述,其中两个是独立参量。在等体过程中,系统的体积不变,外界对系统做功恒等于零,由热力学第一定律可知,在一个小的变化过程中系统吸收的热量全部用来增加内能,有

$$(\Delta Q)_V = \Delta U$$

即任何系统在等体过程中吸收的热量就等于它内能的增量。由式(3.4.1)得定体热容为

$$C_V = \lim_{\Delta T \to 0} \left(\frac{\Delta Q}{\Delta T} \right)_V = \lim_{\Delta T \to 0} \left(\frac{\Delta U}{\Delta T} \right)_V = \left(\frac{\partial U}{\partial T} \right)_V \tag{3.4.2}$$

上式说明系统的定体热容等于在体积不变条件下内能对温度的偏微商。

2. 定体摩尔热容 $C_{V,m}$、定体比热容 c_V

由 $C_V = \nu C_{V,m} = M c_V$ 和 $U = \nu U_m = M u$ 知,定体摩尔热容为

$$C_{V,\mathrm{m}} = \left(\frac{\partial U_{\mathrm{m}}}{\partial T}\right)_V \tag{3.4.3}$$

定体比热容 c_V 为

$$c_V = \left(\frac{\partial u}{\partial T}\right)_V$$

式中 U_{m} 为摩尔内能，u 为比内能（单位质量物体的内能）。一般内能是温度和体积的函数，即 $U = U(T, V)$，故 C_V、$C_{V,\mathrm{m}}$和 c_V 也是 T，V 的函数。

3.4.3 定压热容与焓

1. 态函数焓

对于等压过程，在一个小的变化过程中外界对系统所做的功为 $\Delta W = -p\Delta V$，系统吸收的热量由热力学第一定律，有

$$(\Delta Q)_p = \Delta U + p\Delta V = \Delta(U + pV) \tag{3.4.4}$$

定义函数

$$H = U + pV \tag{3.4.5}$$

称为**焓**。因为 U、p、V 都是状态函数，故它们的组合 ***H* 也是状态函数**。于是式(3.4.4)可写作

$$(\Delta Q)_p = \Delta H \tag{3.4.6}$$

可见**任何系统在等压过程中吸收的热量等于它焓的增量**。这是态函数焓的最重要的特性。

2. 定压热容

由式(3.4.6)可得系统的定压热容为

$$C_p = \lim_{\Delta T \to 0}\left(\frac{\Delta Q}{\Delta T}\right)_p = \lim_{\Delta T \to 0}\left(\frac{\Delta H}{\Delta T}\right)_p = \left(\frac{\partial H}{\partial T}\right)_p \tag{3.4.7}$$

上式说明系统的定压热容等于在压强不变条件下焓对温度的偏微商。焓 H 也是广延量。因 $H = \nu H_{\mathrm{m}} = Mh$，$H_{\mathrm{m}}$ 是摩尔焓，h 是比焓（单位质量的焓）。则定压摩尔热容 $C_{p,\mathrm{m}}$为

$$C_{p,\mathrm{m}} = \left(\frac{\partial H_{\mathrm{m}}}{\partial T}\right)_p \tag{3.4.8}$$

定压比热容 c_p 为

$$c_p = \left(\frac{\partial h}{\partial T}\right)_p$$

一般说来焓是温度和压强的函数，即 $H = H(T, p)$，故 C_p、$C_{p,\mathrm{m}}$和 c_p 也是两个独立参量

T，p 的函数。一般把 H 和 $C_{p,\mathrm{m}}$ 看作是 T，p 的函数，而把 U 和 $C_{V,\mathrm{m}}$ 看作是 T，V 的函数。当然也可把 H 和 $C_{p,\mathrm{m}}$ 看作 T，V 的函数，把 U 和 $C_{V,\mathrm{m}}$ 看作是 T，p 的函数，但这样用起来很不方便。

上面引入的态函数焓在热化学和热力工程问题中很有用，另外在 6.3 节中还将看到它在低温制冷上的应用。因为地球表面上的物体一般都处在恒定大气压下，而物态变化以及不少的化学反应都在等压下进行，且测定定压比热容在实验上也较易于进行(测定定体比热容就相当困难，因为样品要热膨胀，在温度变化时很难维持样品的体积恒定不变)，所以在实验及工程技术中，焓与定压热容要比内能与定体热容有更重要的实用价值。在工程上常对一些重要物质在不同温度、压强下的焓值数据制成图表可供查阅，这些焓值都是指与参考态(例如对某些气体可规定为标准状态)的焓值之差。对于等压过程，可通过查焓值求出该过程所吸收的热量。

例 4 1 mol 固体的物态方程可写为 $V_{\mathrm{m}}=V_{0,\mathrm{m}}+aT+bp$；摩尔内能可表示为 $U_{\mathrm{m}}=cT-apT$，其中 a，b，c 和 $V_{0,\mathrm{m}}$ 均是常量，试求：① 摩尔焓 H_{m}；② 摩尔热容 $C_{p,\mathrm{m}}$ 和 $C_{V,\mathrm{m}}$。

解：① 由摩尔焓的定义 $H_{\mathrm{m}}=U_{\mathrm{m}}+pV_{\mathrm{m}}$ 可得

$$H_{\mathrm{m}}=(cT-apT)+p(V_{0,\mathrm{m}}+aT+bp)=cT+pV_{0,\mathrm{m}}+bp^2$$

② 由定压摩尔热容定义式(3.4.8)，可得

$$C_{p,\mathrm{m}}=\left(\frac{\partial H_{\mathrm{m}}}{\partial T}\right)_p=c$$

由 $p=\dfrac{1}{b}(V_{\mathrm{m}}-V_{0,\mathrm{m}}-aT)$，可得

$$U_{\mathrm{m}}=cT-apT=cT-\frac{a}{b}(V_{\mathrm{m}}T-V_{0,\mathrm{m}}T-aT^2)$$

所以定体摩尔热容

$$C_{V,\mathrm{m}}=\left(\frac{\partial U_{\mathrm{m}}}{\partial T}\right)_V=c-\frac{a}{b}(V_{\mathrm{m}}-V_{0,\mathrm{m}})+2\frac{a^2}{b}T$$

3.5 理想气体的热容　内能和焓

3.5.1 焦耳实验和焦耳定律

我们知道，物质的内能是分子无规热运动动能与分子间互作用势能之和，分子间互作用势能随分子间距离增大而增加，所以体积增加时，势能增加，说明内能 U 是体积 V 的函数；而温度 T 升高时，分子无规热运动动能增加，所以 U 又是 T 的函数。一般说来，内能是 T 和 V 的函数。理想气体的分子相互作用势能为零，它的内能是否与体积有关呢？焦耳于 1845 年所做的著名的自由膨胀实验，就是对这一问题的实验研究。

1. 焦耳实验

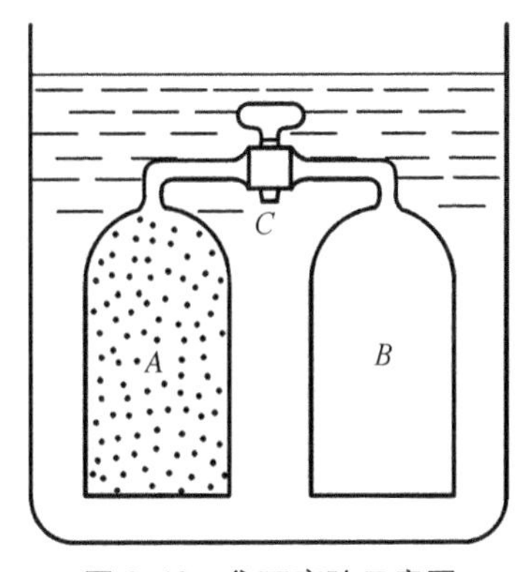

图 3.13 焦耳实验示意图

图 3.13 为焦耳实验的示意图，气体被压缩在左边容器 A 中，右边容器 B 是真空。两容器用较粗的管道联接，中间有一活门可以隔开。整个系统浸在水中，打开活门让气体从容器 A 中冲出进入 B 中，然后测量过程前后水温的变化。焦耳得到的实验结果是水温不变。

2. 焦耳实验的热力学分析

容器 B 中原为真空，从容器 A 中首先冲入容器 B 中的气体并未受到阻力。虽然稍后进入 B 中的气体要推动稍早进入 B 中的气体做功，但这种系统内部各部分之间做的功，不能算作系统对外做的功，所以在自由膨胀过程中，系统并不对外做功，即 $W = 0$。又因为在自由膨胀时，气体流动速度很快，热量来不及传递，因而是绝热的，即 $Q = 0$。将热力学第一定律(3.3.2)式应用于本实验，可知在自由膨胀过程中恒有

$$U_2 - U_1 = 0$$

即

$$U_1(T_1,\ V_1) = U_2(T_2,\ V_2) = \text{常量}$$

说明气体的内能在过程前后不变。

3. 焦耳定律

如果选 T、V 为状态参量，内能函数为 $U = U(T,\ V)$。这三个变量之间既然存在这一函数关系，其偏导数即有下述关系

$$\left(\frac{\partial U}{\partial V}\right)_T \left(\frac{\partial V}{\partial T}\right)_U \left(\frac{\partial T}{\partial U}\right)_V = -1$$

或

$$\left(\frac{\partial U}{\partial V}\right)_T = -\left(\frac{\partial U}{\partial T}\right)_V \left(\frac{\partial T}{\partial V}\right)_U \tag{3.5.1}$$

式中 $\left(\frac{\partial T}{\partial V}\right)_U$ 称为焦耳系数，它描述在内能不变的过程中温度随体积的变化率。焦耳的实验结果给出 $\left(\frac{\partial T}{\partial V}\right)_U = 0$。由式(3.5.1)得

$$\left(\frac{\partial U}{\partial V}\right)_T = 0 \tag{3.5.2}$$

式(3.5.2)说明，气体的内能只是温度的函数，与体积无关，即 $U = U(T)$。这个结果称为**焦耳定律**。

对于一般的气体，内能还是与体积有关的，即内能是体积的函数，所以气体向真空自由膨胀时温度是要变化的。但由于水的热容比气体的热容大得多，水温的变化不容易测

出来，所以焦耳实验的结果不够可靠。1852 年焦耳和汤姆孙(William Thomson，1824—1907，即开尔文勋爵(Lord Kelvin)，英国物理学家)两人用节流过程的方法(详见 6.3 节)发现实际气体的内能不仅是温度的函数，还与体积有关。由此看来，在焦耳实验中，实际上只是反映了气体内能与体积的关系很小，因体积膨胀而引起气体内能的改变(从而水温的改变)不容易测量出来。其他很多实验也指明，当压强越小时，气体内能随体积的变化也越小，而在实际气体压强趋于零时，内能趋向于一个温度的函数。

不过焦耳定律在气体压强趋于零的极限情形下是正确的。焦耳在做实验时所充入容器 A 中的气体的压强都比较低，温度也维持在常温下，完全可认为焦耳实验所用的气体是理想气体。所以由焦耳实验可得如下结论：**理想气体内能仅是温度的函数，与体积无关**。这是理想气体的又一重要特征，通常称之为**焦耳定律**。

4. 理想气体的宏观定义

到现在为止，可把**理想气体**宏观特性总结为：

① 严格满足理想气体物态方程：$pV=\dfrac{M}{M_{\mathrm{m}}}RT$；

② 满足道尔顿分压定律：$p=p_1+\cdots+p_n$；

③ 满足阿伏伽德罗定律；

④ 满足焦耳定律：即 $U=U(T)$。

任何实际气体都不严格遵从这四个定律。但是压强越低，实际气体就越接近于理想气体，理想气体是实际气体在压强趋近于零时的极限。事实上，当气体压强不太大时，理想气体经常是一个很好的近似。

3.5.2 理想气体的热容

1. 理想气体热容的定义式

对于理想气体，因为内能是温度的单值函数，即 $U=U(T)$，与体积无关，所以理想气体的定体热容

$$C_V=\frac{\mathrm{d}U}{\mathrm{d}T};\ C_{V,\mathrm{m}}=\frac{\mathrm{d}U_{\mathrm{m}}}{\mathrm{d}T};\ c_V=\frac{\mathrm{d}u}{\mathrm{d}T} \tag{3.5.3}$$

都仅是温度的函数。

对于理想气体，因为 $U=U(T)$，而 $H=U+pV=U(T)+\nu RT=H(T)$ 也仅是温度的函数。所以理想气体的定压热容

$$C_p=\frac{\mathrm{d}H}{\mathrm{d}T};\ C_{p,\mathrm{m}}=\frac{\mathrm{d}H_{\mathrm{m}}}{\mathrm{d}T};\ c_p=\frac{\mathrm{d}h}{\mathrm{d}T} \tag{3.5.4}$$

也都仅是温度的函数。

2. 迈耶公式

对于理想气体，由 $H_{\mathrm{m}}=U_{\mathrm{m}}+pV_{\mathrm{m}}=U_{\mathrm{m}}+RT$ 及 $C_{p,\mathrm{m}}=\dfrac{\mathrm{d}H_{\mathrm{m}}}{\mathrm{d}T}$ 和 $C_{V,\mathrm{m}}=\dfrac{\mathrm{d}U_{\mathrm{m}}}{\mathrm{d}T}$ 可得

$$C_{p,\mathrm{m}} - C_{V,\mathrm{m}} = R \tag{3.5.5}$$

这是 1842 年德国医生迈耶(Mayer, 1814—1878)在《论无机界的力》一文中从空气的 $C_{p,\mathrm{m}} - C_{V,\mathrm{m}}$求得的关系,故称为**迈耶公式**。$C_{p,\mathrm{m}} - C_{V,\mathrm{m}} = R$ 是理想气体的一个重要特征。虽然一般说来理想气体的 $C_{p,\mathrm{m}}$和 $C_{V,\mathrm{m}}$都是温度的函数,但它们之差却是常数。式(3.5.5)表示理想气体的定压摩尔热容比定体摩尔热容大一个普适气体常量 R,这一点不难理解。由热力学第一定律 $\Delta Q = \Delta U - \Delta W$ 知,在等体过程中,气体吸收的热量全部用来增加内能;在等压过程中,只有一部分用来增加内能,另一部分转化为气体膨胀时对外所做的功。因此,气体升高一定的温度,在等压过程中要比在等体过程中吸收更多的热量。这也就是说,定压热容要比定容热容大,反映在摩尔热容上便有 $C_{p,\mathrm{m}} - C_{V,\mathrm{m}} = R$ 的关系。对于液体和固体,由于它们的体膨胀系数很小,所以定压热容和定容热容实际相差很少。

3. 比热容比

系统的定压摩尔热容 $C_{p,\mathrm{m}}$与定体摩尔热容 $C_{V,\mathrm{m}}$的比值,称为系统的**比热容比**(或**热容比**),以 γ 表示。工程上称它为**绝热系数**或泊松比,即

$$\gamma = \frac{C_{p,\mathrm{m}}}{C_{V,\mathrm{m}}} = \frac{C_p}{C_V} \tag{3.5.6}$$

由于 $C_{p,\mathrm{m}} > C_{V,\mathrm{m}}$,所以 $\gamma > 1$。一般来说,理想气体的定压热容和定体热容是温度的函数,因而 γ 也是温度的函数。如果温度变化范围不大,可以把理想气体的热容和 γ 看成常数。表 3.1 给出了部分气体的摩尔热容实验数据。

表 3.1　气体摩尔热容的实验数据(室温)($C_{p,\mathrm{m}}$, $C_{V,\mathrm{m}}$单位: $\mathrm{J \cdot mol^{-1} \cdot K^{-1}}$)

原子数	气体种类	$C_{p,\mathrm{m}}$	$C_{V,\mathrm{m}}$	$C_{p,\mathrm{m}}/R$	$C_{V,\mathrm{m}}/R$	$C_{p,\mathrm{m}} - C_{V,\mathrm{m}}$	γ
单原子	氦	20.9	12.5	2.52	1.50	8.4	1.67
	氩	21.2	12.5	2.55	1.50	8.7	1.65
双原子	氢	28.8	20.4	3.47	2.45	8.4	1.41
	氮	28.6	20.4	3.44	2.45	8.2	1.41
	一氧化碳	29.3	21.2	3.53	2.55	8.1	1.40
	氧	28.9	21.0	3.48	2.53	7.9	1.40
多原子	水蒸气	36.2	27.8	4.36	3.35	8.4	1.31
	甲烷	35.6	27.2	4.28	3.27	8.4	1.30
	氯仿	72.0	63.7	8.66	7.67	8.3	1.13
	乙醇	87.5	79.2	10.53	9.53	8.2	1.11

表 3.2　气体定体摩尔热容在不同温度下的实验数据($C_{V,\mathrm{m}}$的单位：$\mathrm{J\cdot mol^{-1}\cdot K^{-1}}$)

<table>
<tr><td>气体</td><td>273 K</td><td>373 K</td><td>473 K</td><td>773 K</td><td>1 473 K</td><td>2 273 K</td></tr>
<tr><td>N_2, O_2, HCl, CO</td><td>20.3</td><td>20.3</td><td>21.0</td><td>22.4</td><td>24.1</td><td>26.0</td></tr>
<tr><td rowspan="2">H_2</td><td colspan="2">50 K</td><td colspan="2">500 K</td><td colspan="2">2 500 K</td></tr>
<tr><td colspan="2">12.5</td><td colspan="2">21.0</td><td colspan="2">29.3</td></tr>
</table>

4. 气体摩尔热容的实验结果

从表 3.1、表 3.2 可以看出：

① 各种气体的 $C_{p,\mathrm{m}}-C_{V,\mathrm{m}}$值都接近于 R 值。

② 室温下，无论是单原子分子气体还是双原子分子气体，各单原子分子气体的 $C_{V,\mathrm{m}}/R$、$C_{p,\mathrm{m}}/R$、γ 及各双原子分子气体的 $C_{V,\mathrm{m}}/R$、$C_{p,\mathrm{m}}/R$ 和 γ 差别都不大。可见单原子分子气体的 $C_{V,\mathrm{m}}=\frac{3}{2}R$，$C_{p,\mathrm{m}}\approx\frac{5}{2}R$，$\gamma\approx\frac{5}{3}=1.67$；双原子分子气体的 $C_{V,\mathrm{m}}\approx\frac{5}{2}R$，$C_{p,\mathrm{m}}\approx\frac{7}{2}R$，$\gamma\approx\frac{7}{5}=1.40$。

单原子及双原子气体的 $C_{p,\mathrm{m}}$，$C_{V,\mathrm{m}}$，γ 的实验数据与经典热容理论(详见 9.4 节)关于理想气体热容的理论值相近。这说明经典热容理论近似地反映了客观事实。但是，对于分子结构较为复杂的三原子以上的多原子气体，经典热容理论值与实验数据并不相符。

③ 根据经典热容理论，气体的 $C_{V,\mathrm{m}}$应与温度无关。然而实验表明，一切双原子气体的 $C_{V,\mathrm{m}}$都随温度的升高而增大。例如，氢的 $C_{V,\mathrm{m}}$在低温时约为 $3R/2$，在常温时约为 $5R/2$，在高温时接近 $7R/2$。但在温度不太高，温度变化范围不大时，各单原子及双原子气体的 $C_{p,\mathrm{m}}$，$C_{V,\mathrm{m}}$，γ 差别不大。

④ 根据经典热容理论，利用分子自由度(数)i(详见 9.4 节)的概念，单原子、双原子及多原子分子气体的 $C_{p,\mathrm{m}}$，$C_{V,\mathrm{m}}$，γ 可表达为

$$C_{V,\mathrm{m}}=\frac{i}{2}R \tag{3.5.7}$$

$$C_{p,\mathrm{m}}=\frac{i+2}{2}R \tag{3.5.8}$$

$$\gamma=\frac{C_{p,\mathrm{m}}}{C_{V,\mathrm{m}}}=\frac{i+2}{i} \tag{3.5.9}$$

其中单原子分子气体的 $i=3$，双原子分子气体的 $i=5$，多原子分子气体的 $i=6$。

3.5.3　理想气体内能、焓和热量的表达式

1. 理想气体的内能

由式(3.5.3)可知，利用定体摩尔热容可以方便地计算理想气体的内能

$$dU = C_V dT = \nu C_{V,m} dT \tag{3.5.10}$$

将上式积分，就可以求得理想气体内能函数的积分表达式

$$U_2 - U_1 = \int_{T_1}^{T_2} C_V dT = \int_{T_1}^{T_2} \nu C_{V,m} dT \tag{3.5.11}$$

若由实验测出热容量 C_V 或 $C_{V,m}$，则由上式即可定出理想气体的内能。一般说来，C_V 或 $C_{V,m}$是温度的函数，如果实际问题所涉及的温度范围不大，则可近似地把 C_V 或 $C_{V,m}$作为常量处理。因此有

$$U_2 - U_1 = \nu C_{V,m}(T_2 - T_1) \tag{3.5.12}$$

式(3.5.10)、(3.5.11)和(3.5.12)**适用于理想气体任何状态变化过程**。利用分子自由度的概念，式(3.5.12)还可以变形为

$$U_2 - U_1 = \nu \frac{i}{2} R(T_2 - T_1) = \frac{i}{2}(p_2 V_2 - p_1 V_1) \tag{3.5.13}$$

从式(3.5.10)～(3.5.13)可以看出：虽然理想气体经历的过程多种多样，可以是等压的、等体的、等温的、甚至也可以是非准静态的，但是在整个过程中内能的改变总是等于其初、末态温度差与定体热容的乘积。这是因为理想气体的**内能是温度的单值函数，只要温度增量相同，理想气体的内能增量就一定相同，与具体过程无关**。这也反映出内能是状态函数，与具体过程无关的特性。

2. 理想气体的焓

利用定压热容可以方便地计算理想气体的焓

$$dH = C_p dT = \nu C_{p,m} dT \tag{3.5.14}$$

将上式积分，就可以求得理想气体的焓的积分表达式

$$H_2 - H_1 = \int_{T_1}^{T_2} C_p dT = \int_{T_1}^{T_2} \nu C_{p,m} dT \tag{3.5.15}$$

若由实验测出热容量 C_p 或 $C_{p,m}$，则由上式即可定出理想气体的焓。一般说来，C_p 或 $C_{p,m}$也是温度的函数，如果实际问题所涉及的温度范围不大，也可近似地把 C_p 或 $C_{p,m}$作为常量处理。因此有

$$H_2 - H_1 = \nu C_{p,m}(T_2 - T_1) \tag{3.5.16}$$

同样利用分子自由度的概念，式(3.5.16)还可以变形为

$$H_2 - H_1 = \nu \frac{i+2}{2} R(T_2 - T_1) = \frac{i+2}{2}(p_2 V_2 - p_1 V_1) \tag{3.5.17}$$

式(3.5.14)～(3.5.17)**适用于理想气体任何状态变化过程**。因为理想气体的焓是温度的单值函数，只要温度增量相同，理想气体的焓增量就一定相同，与具体过程无关。

3. 理想气体的热量

由热容的定义 $C=\frac{đQ}{\mathrm{d}T}$ 可得某一过程的热量表达式为

$$đQ=C\mathrm{d}T$$

由于理想气体的定体热容 $C_V=\frac{\mathrm{d}U}{\mathrm{d}T}$ 和定压热容 $C_p=\frac{\mathrm{d}H}{\mathrm{d}T}$ 都仅是温度的函数。所以对于等体过程，有

$$đQ_V=C_V\mathrm{d}T=\mathrm{d}U \tag{3.5.18}$$

$$Q_V=\int_{T_1}^{T_2}C_V\mathrm{d}T=\int_{T_1}^{T_2}\nu C_{V,\mathrm{m}}\mathrm{d}T=U_2-U_1 \tag{3.5.19}$$

如果把 C_V 或 $C_{V,\mathrm{m}}$ 作为常量处理，因此有

$$Q_V=\nu C_{V,\mathrm{m}}(T_2-T_1)=\nu\frac{i}{2}R(T_2-T_1)=\frac{i}{2}(p_2V_2-p_1V_1)=U_2-U_1 \tag{3.5.20}$$

同理，对于等压过程，有

$$đQ_p=C_p\mathrm{d}T=\mathrm{d}H \tag{3.5.21}$$

$$Q_p=\int_{T_1}^{T_2}C_p\mathrm{d}T=\int_{T_1}^{T_2}\nu C_{p,\mathrm{m}}\mathrm{d}T \tag{3.5.22}$$

如果把 C_p 或 $C_{p,\mathrm{m}}$ 作为常量处理，因此有

$$Q_p=\nu C_{p,\mathrm{m}}(T_2-T_1)=\nu\frac{i+2}{2}R(T_2-T_1)=\frac{i+2}{2}(p_2V_2-p_1V_1)=H_2-H_1 \tag{3.5.23}$$

3.6 热力学第一定律的应用

前面我们已分别得出了内能改变量、功和热量的计算式，下面具体讨论理想气体的几个准静态过程中内能改变量、功和热量的计算。

3.6.1 等体过程

气体等体过程的特征是气体的体积保持不变，即 $V=$ 恒量，$\mathrm{d}V=0$。设封闭气缸内有一定质量的理想气体，活塞保持固定不动，把气缸连续地与一系列有微小温差的恒温热源相接触，让缸中气体经历一个准静态升温过程，同时压强增大，但体积不变，如图 3.14 所示。这就是一个准静态的等体过程。等体过程在 $p-V$ 图上为一条平行于 p 轴的直线段，叫等体线(见图 3.15)。理想气体等体过程的过程方程为 $\frac{p}{T}=$ 恒量。

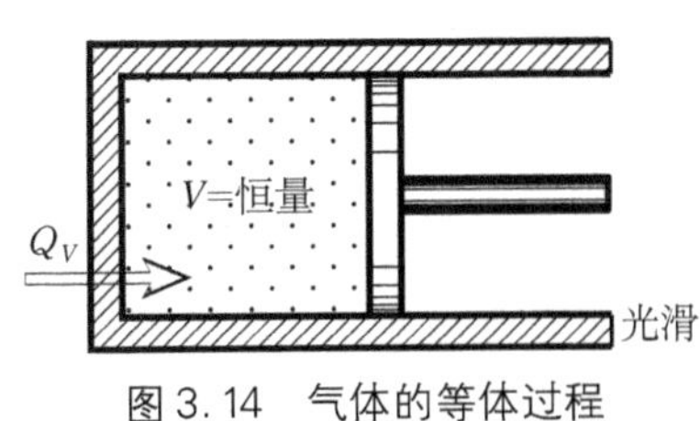

图 3.14　气体的等体过程

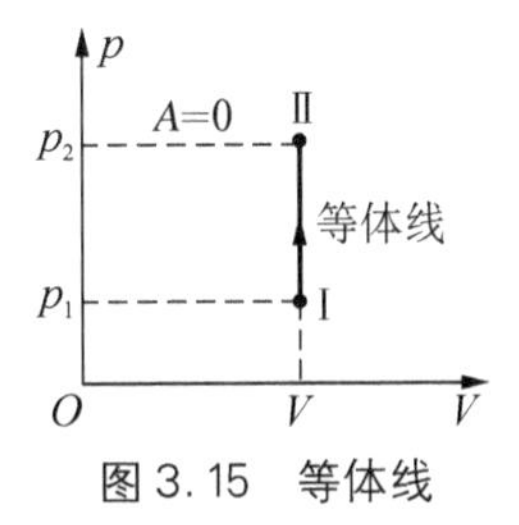

图 3.15　等体线

由于等体过程 $\mathrm{d}V=0$，所以系统对外界做功 $W'=-\mathrm{d}W=p\mathrm{d}V=0$。根据热力学第一定律，过程中的能量关系有

$$\mathrm{d}Q_V=\mathrm{d}U_V=\nu C_{V,\mathrm{m}}\mathrm{d}T \tag{3.6.1}$$

设初、终两态的温度分别为 T_1、T_2，并设定体摩尔热容 $C_{V,\mathrm{m}}$ 为常量，则由式(3.5.20)可得

$$Q_V=U_2-U_1=\frac{M}{M_\mathrm{m}}C_{V,\mathrm{m}}(T_2-T_1)=\frac{i}{2}(p_2-p_1)V \tag{3.6.2}$$

上面各式中的下标 V 表示体积不变，式(3.6.2)表明，在等体过程中，外界传给气体的热量全部用来增加气体的内能，系统对外界不做功。

3.6.2　等压过程

等压过程的特征是系统的压强保持不变，即 $p=$ 恒量，$\mathrm{d}p=0$。准静态等压过程可以这样实现：设想一个内有一定质量理想气体的封闭汽缸，与一系列恒温热源连续接触，热源的温度依次较前一个热源高，但温度相差极微。接触过程中活塞上所加外力保持不变，接触结果，将有微小的热量传给气体，使气体温度升高，压强也随之较外界所施压强增加一微小量，于是推动活塞对外做功，体积随之膨胀。体积膨胀反过来使气体压强降低，从而，保证汽缸内外的压强随时保持不变，系统经历的就是一个准静态等压过程，如图 3.16 所示。等压过程在 p-V 图上为一条平行于 V 轴的直线段，叫等压线，如图 3.17 所示。理想气体等压过程的过程方程为 $\dfrac{V}{T}=$ 恒量。

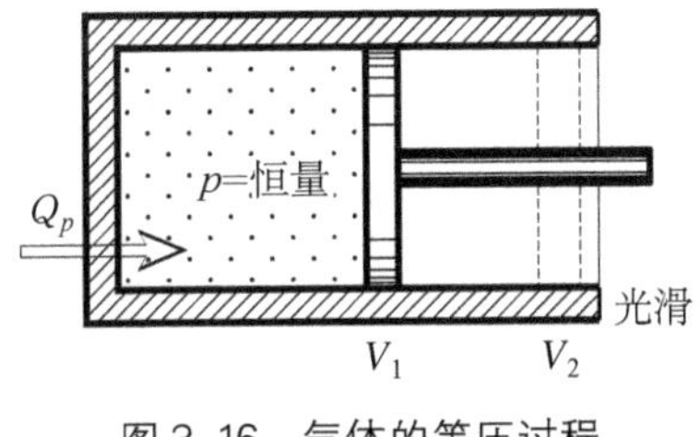

图 3.16　气体的等压过程

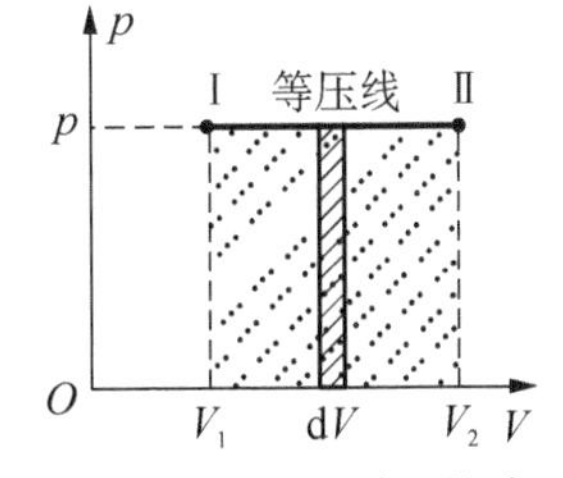

图 3.17　等压过程的功

在等压过程中，由于 $p=$ 常数，当气体体积从 V_1 扩大到 V_2 时，外界对系统做功为

$$W_p=-\int_{V_1}^{V_2}p\mathrm{d}v=-p(V_2-V_1) \tag{3.6.3}$$

根据理想气体的物态方程，可将上式改写成

$$W_p = -p(V_2 - V_1) = -\frac{M}{M_m}R(T_2 - T_1) \tag{3.6.4}$$

若以 T_1、T_2 分别表示初、终两态的温度。由式(3.5.12)可得,内能的改变为

$$U_2 - U_1 = \frac{M}{M_m}C_{V,m}(T_2 - T_1) = \frac{i}{2}p(V_2 - V_1) \tag{3.6.5}$$

由热力学第一定律,系统在等压过程中所吸收的热量为

$$Q_p = \Delta U - W = \frac{i}{2}p(V_2 - V_1) + p(V_2 - V_1) = \frac{i+2}{2}p(V_2 - V_1) \tag{3.6.6}$$

或

$$Q_p = \Delta U - W = \frac{M}{M_m}C_{V,m}(T_2 - T_1) + \frac{M}{M_m}R(T_2 - T_1) = \frac{M}{M_m}C_{p,m}(T_2 - T_1) \tag{3.6.7}$$

式(3.6.6)和(3.6.7)表明,等压过程中系统所吸收的热量,一部分用来增加系统的内能,另一部分用来对外做功。设以 $C_{p,m}$ 表示气体的定压摩尔热容,则根据定压热容的定义,当 $C_{p,m}$ 为常量时,气体在等压过程中从外界吸收的热量由式(3.5.23)为

$$Q_p = \frac{M}{M_m}C_{p,m}(T_2 - T_1) = \frac{i+2}{2}(p_2V_2 - p_1V_1) = H_2 - H_1 \tag{3.6.8}$$

3.6.3 等温过程

如果在整个过程中,系统的温度始终保持不变,则称为等温过程。现在有各种恒温装置以保证内部发生的过程尽量接近于等温过程。等温过程的特征是系统的温度保持不变,即 $T =$ 恒量,$\mathrm{d}T = 0$。设想一气缸,其四壁和活塞是绝对不导热的,而底部是绝对导热的,如图 3.18 所示。今将气缸底部与一恒温热源相接触,当活塞上的外界压强无限缓慢地降低时,缸内气体随之逐渐膨胀,对外做功,气体内能缓慢减小,温度随之微微降低。此时,由于气体与恒温热源相接触,当气体温度比热源温度略低时,就有微小的热量传给气体,使气体的温度维持原值不变,气体经历一个准静态等温过程。理想气体等温过程的过程方程为 $pV=$常数,它在 p-V 图上为双曲线的一支,称为等温线,如图 3.19 中 Ⅰ→Ⅱ 曲线所示。等温线把 p-V 图分为两个区域,等温线以上区域气体的温度大于 T,等温线以下的区域气体的温度小于 T。

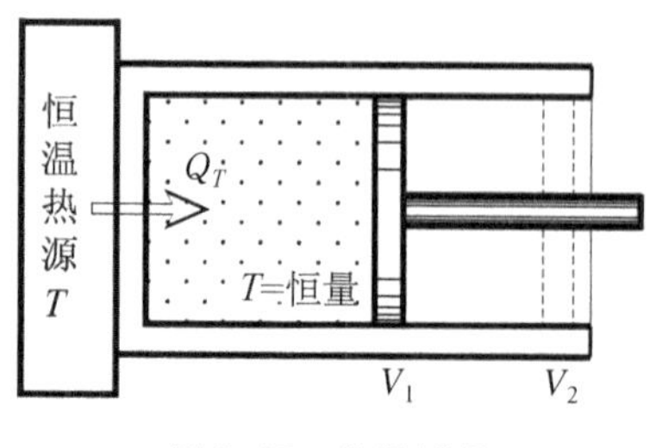

图 3.18 等温过程

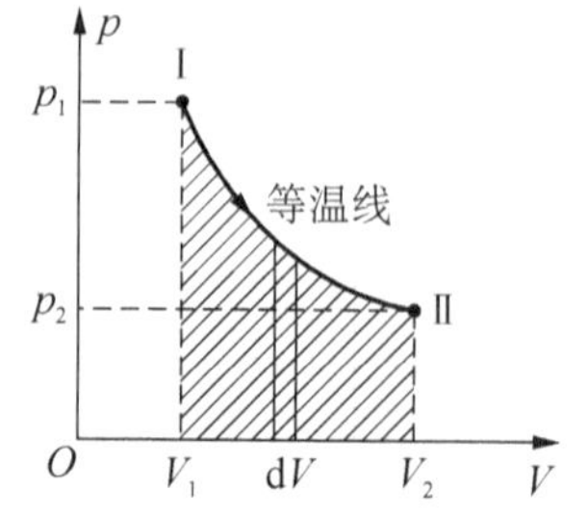

图3.19 等温线及等温过程的功

在等温过程中，因为 $\mathrm{d}T=0$，而理想气体的内能只与温度有关，所以理想气体在等温过程中内能不变，$\mathrm{d}U=0$。这表明等温过程中理想气体的内能保持不变。由功的定义式及理想气体物态方程，等温过程中外界对理想气体做的功，在微小变化时有

$$\mathrm{d}W_T=-p\mathrm{d}V=-\frac{M}{M_{\mathrm{m}}}RT\frac{\mathrm{d}V}{V}$$

由热力学第一定律得

$$\mathrm{d}Q_T=-\mathrm{d}W_T=\frac{M}{M_{\mathrm{m}}}RT\frac{\mathrm{d}V}{V} \tag{3.6.9}$$

设理想气体在温度为 T 的等温过程中体积由 V_1 膨胀到 V_2 时，外界对气体做的功为

$$W_T=\int_{V_1}^{V_2}-p\mathrm{d}V=-\frac{M}{M_{\mathrm{m}}}RT\int_{V_1}^{V_2}\frac{\mathrm{d}V}{V}=-\frac{M}{M_{\mathrm{m}}}RT\ln\frac{V_2}{V_1} \tag{3.6.10}$$

由热力学第一定律，可得

$$Q_T=-W_T=\frac{M}{M_{\mathrm{m}}}RT\ln\frac{V_2}{V_1}=\frac{M}{M_{\mathrm{m}}}RT\ln\frac{p_1}{p_2} \tag{3.6.11}$$

式(3.6.11)表明，在等温过程中，理想气体所吸收的热量全部用来对外界做功，系统内能保持不变。根据3.2.2节所讲，功 W 的数值，也就等于 $p-V$ 图中曲线下的面积，如图3.19所示。

3.6.4 绝热过程

1. 绝热过程的概念

如果系统在整个变化过程中不和外界交换热量，这样的过程称为绝热过程。绝对的绝热过程不可能存在，但可把某些过程近似看作绝热过程。例如被良好的隔热材料包围的系统中所进行的过程；又如若过程进行得很快（如汽车发动机中对气体的压缩仅需0.02 s），系统来不及和外界发生明显的热量交换的过程。与此相反，在深海中的洋流，循环一次常需数十年，虽然它的变化时间很长，但由于海水质量非常大，热容很大，洋流与外界交换的热量与它本身的内能相比微不足道，同样可把它近似看作为绝热过程。

在绝热过程中，因 $Q=0$，由热力学第一定律，系统绝热膨胀对外作了多少功，内能就减少多少。**任何系统（不一定是理想气体）在任何绝热过程（不一定是可逆过程）中内能的增量必等于外界对系统做的功**，即

$$W_S=U_2-U_1 \tag{3.6.12}$$

下标 S 表示绝热过程。

2. 理想气体准静态绝热过程方程

由热力学第一定律 $đW_S=\mathrm{d}U$ 知理想气体在准静态绝热过程中有

$$-p\mathrm{d}V=\nu C_{V,\mathrm{m}}\mathrm{d}T \tag{3.6.13}$$

式(3.6.13)是以 T、V 为独立变量的微分式。我们习惯于在 $p-V$ 图上表示各种过程，故应把它化作以 p、V 为独立变量式子。对理想气体物态方程 $pV=\nu RT$ 两边微分，有

$$p\mathrm{d}V+V\mathrm{d}p=\nu R\mathrm{d}T \tag{3.6.14}$$

由(3.6.13)和(3.6.14)两式中消去 $\mathrm{d}T$，得

$$(C_{V,\mathrm{m}}+R)p\mathrm{d}V=-C_{V,\mathrm{m}}V\mathrm{d}p$$

上式两端同除以 $C_{V,\mathrm{m}}pV$，并考虑到 $C_{V,\mathrm{m}}+R=C_{p,\mathrm{m}}$，$C_{p,\mathrm{m}}/C_{V,\mathrm{m}}=\gamma$，得

$$\frac{\mathrm{d}p}{p}+\gamma\frac{\mathrm{d}V}{V}=0 \tag{3.6.15}$$

若在整个过程中温度变化范围不大，则 γ 随温度的变化很小，可视为常量，对上式两边积分

$$\int\frac{\mathrm{d}p}{p}+\gamma\int\frac{\mathrm{d}V}{V}=\ln p+\gamma\ln V=C$$

可得如下关系

$$p_1V_1^{\gamma}=p_2V_2^{\gamma}=\cdots=\text{常量} \tag{3.6.16a}$$

这就是理想气体在准静态绝热过程中(且当 γ 为常数时)的绝热过程方程，称为泊松(Poisson，1781—1840，法国数学家)公式。它与描述理想气体等温过程的玻意耳定律 pV =常数的形式有些类似，所不同的仅在 V 的指数上。根据理想气体物态方程，还可以得到绝热过程方程的如下形式

$$TV^{\gamma-1}=\text{常量} \tag{3.6.16b}$$

$$\frac{p^{\gamma-1}}{T^{\gamma}}=\text{常量} \tag{3.6.16c}$$

式(3.6.16a)、(3.6.16b)、(3.6.16c)这三个关系式都称为**绝热过程方程**(注意三式中的常量各不相同)。在运用时，可按问题的需要，选择其中运用起来比较方便的一个。

3. $p-V$ 图上绝热线与等温线的比较

根据式(3.6.16a)，可在 $p-V$ 图上画出理想气体绝热过程所对应的曲线，称为**绝热线**(图 3.20)。和等温过程 pV=常量的等温线相比，因为 $\gamma>1$，所以绝热线比等温线陡些。

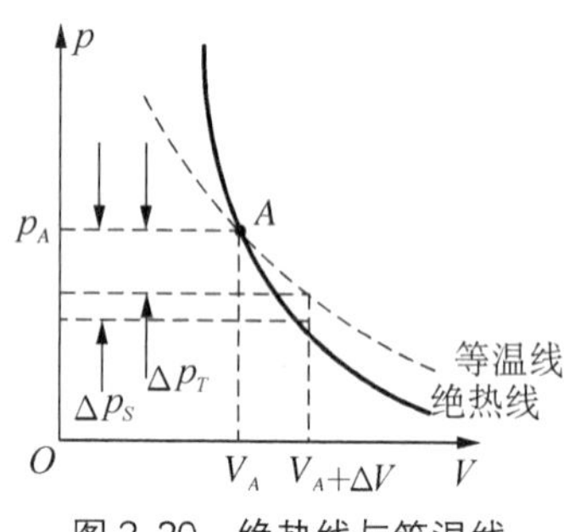

图 3.20　绝热线与等温线

(1) 绝热曲线比等温曲线陡的物理原因

当气体从等温曲线与绝热曲线相交点出发压缩相同体积时，在等温过程中压强的增大仅由于体积的减少；但在绝热过程中，因外界对系统做功，系统的温度将因内能

的增加而升高，所以压强的增大不仅由于体积的缩小，而且还由于温度的升高，因此其值就比等温过程中的大。

(2) 绝热曲线比等温曲线陡的数学分析

若要求出 $p-V$ 图的等温线上某点的斜率，只要对 $pV=C$ 式两边微分，得 $p\mathrm{d}V=-V\mathrm{d}p$，再在两边分别除以 $\mathrm{d}V$。实际上这就是在等温条件下进行的微商，故这是偏微商，可在偏微商符号右下角标以下标“T”，表示温度不变，则

$$\left(\frac{\partial p}{\partial V}\right)_T=-\frac{p}{V} \tag{3.6.17}$$

至于在 $p-V$ 图的绝热线上某点的斜率，也可在式(3.6.15)两边分别除以 $\mathrm{d}V$ 求得，这样得到的斜率也是偏微商(我们在偏微商符号的右下角标以“S”，表示这是绝热过程)，从而得到

$$\left(\frac{\partial p}{\partial V}\right)_S=-\gamma\frac{p}{V} \tag{3.6.18}$$

将式(3.6.17)与式(3.6.18)比较，可知在 $p-V$ 图中这两条曲线的斜率都是负的，且绝热线斜率比等温线斜率大 γ 倍，而 $\gamma=\dfrac{C_{p,\mathrm{m}}}{C_{V,\mathrm{m}}}>1$。说明绝热线要比等温线陡。

4. 理想气体**任意绝热过程的功和内能**

绝热过程中外界对系统所做的功为

$$W_S=U_2-U_1=\frac{M}{M_{\mathrm{m}}}C_{V,\mathrm{m}}(T_2-T_1)=\frac{i}{2}(p_2V_2-p_1V_1) \tag{3.6.19}$$

利用理想气体的 $C_{p,\mathrm{m}}-C_{V,\mathrm{m}}=(\gamma-1)C_{V,\mathrm{m}}=R$，则 $C_{V,\mathrm{m}}=\dfrac{R}{\gamma-1}$，式(3.6.19)可化为

$$W_S=U_2-U_1=\frac{M}{M_{\mathrm{m}}}\frac{R}{\gamma-1}(T_2-T_1)=\frac{p_2V_2-p_1V_1}{\gamma-1} \tag{3.6.20}$$

5. 理想气体**准静态绝热过程**的功

利用绝热过程方程，我们还可以用准静态过程中功的计算公式直接求出理想气体绝热过程中外界对系统所做的功。因为

$$pV^\gamma=p_1V_1^\gamma=\text{常量}$$

式中 p_1 和 V_1 表示初态的压强和体积，所以

$$\begin{aligned}W_S&=-\int_{V_1}^{V_2}p\mathrm{d}V=-\int_{V_1}^{V_2}p_1V_1^\gamma\cdot\frac{1}{V^\gamma}\mathrm{d}V=-p_1V_1^\gamma\int_{V_1}^{V_2}V^{-\gamma}\mathrm{d}V\\&=-p_1V_1^\gamma\left(\frac{V_2^{1-\gamma}}{1-\gamma}-\frac{V_1^{1-\gamma}}{1-\gamma}\right)=\frac{p_1V_1}{\gamma-1}\left[\left(\frac{V_1}{V_2}\right)^{\gamma-1}-1\right]=U_2-U_1\end{aligned} \tag{3.6.21}$$

利用绝热过程方程(3.6.16a) $p_1V_1^\gamma=p_2V_2^\gamma$，又可将此式写作

$$W_S = \frac{p_2V_2 - p_1V_1}{\gamma - 1} = U_2 - U_1$$

利用理想气体物态方程 $pV = \frac{M}{M_m}RT$ 和 $C_{V,m} = \frac{R}{\gamma - 1}$，上式还可化为

$$W_{绝热} = \frac{M}{M_m}\frac{R}{\gamma - 1}(T_2 - T_1) = \frac{M}{M_m}C_{V,m}(T_2 - T_1) = U_2 - U_1$$

例5 气体在气缸中运动速度很快，而热量传递很慢，若近似认为这是一绝热过程。试问要把 300 K、0.1 MPa 下的空气分别压缩到 1 MPa 及 10 MPa，则末态温度分别有多高？

解：式(3.3.16c)可写为

$$T_2 = T_1\left(\frac{p_2}{p_1}\right)^{\frac{\gamma-1}{\gamma}}$$

空气是双原子分子气体，其 $\gamma = 1.40$，故

$$\frac{\gamma - 1}{\gamma} = \frac{0.40}{1.40} = 0.2857$$

若 $\frac{p_2}{p_1} = 10$，则末态温度为

$$T_2 = 300 \times 10^{0.2857}\,\text{K} = 579\,\text{K}$$

若 $\frac{p_2}{p_1} = 100$，则末态温度为

$$T'_2 = 300 \times 100^{0.2857}\,\text{K} = 1\,118\,\text{K}$$

实际的末态温度还要更高，因气缸中活塞还要克服摩擦做功，这部分能量也转化为热。

例6 温度为 25℃、压强为 1 atm 的 1 mol 氧气，经等温过程体积膨胀至原来的 3 倍。①计算该过程中气体对外的功。②假设气体经绝热过程体积膨胀至原来的 3 倍，那么气体对外做的功又是多少？

解：已知：初态 $T_1 = 298.15\,\text{K}$，$p_1 = 1\,\text{atm} = 1.01 \times 10^5\,\text{Pa}$，体积为 V_1；末态 $V_2 = 3V_1$。

① 在等温过程气体对外做功为

$$W' = RT\ln\frac{V_2}{V_1} = 8.31 \times 298.15\ln 3\,\text{J} = 2.72 \times 10^3\,\text{J}$$

② 方法一：由热力学第一定律求功。

在绝热过程中气体对外做功为

$$W' = -\Delta U = -\nu C_{V,m}\Delta T = -1 \times \frac{5}{2}R(T_2 - T_1)$$

式中 $C_{V,\mathrm{m}}=\dfrac{5}{2}R$ 是因为氧气是双原子分子气体，其比热容比 $\gamma=\dfrac{7}{5}=1.40$。由绝热过程方程 $T_1V_1^{\gamma-1}=T_2V_2^{\gamma-1}$，可得温度 T_2

$$T_2=\frac{T_1V_1^{\gamma-1}}{V_2^{\gamma-1}}=\frac{T_1}{3^{\gamma-1}}=3^{-0.4}T_1=0.644\,4T_1$$

代入上式得

$$W'=-\frac{5}{2}R(T_2-T_1)=-\frac{5}{2}\times 8.31(0.644\,4-1)\times 298.15\ \mathrm{J}=2.20\times 10^3\ \mathrm{J}$$

方法二：由体积功的计算式求功。

$$W'=-\frac{p_1V_1}{\gamma-1}\left[\left(\frac{V_1}{V_2}\right)^{\gamma-1}-1\right]=-\frac{\nu RT_1}{\gamma-1}\left[\left(\frac{V_1}{V_2}\right)^{\gamma-1}-1\right]$$

$$=-\frac{1\times 8.31\times 298.15}{1.40-1}\left(\frac{1}{3^{0.4}}-1\right)\mathrm{J}=2.20\times 10^3\ \mathrm{J}$$

例 7 1 mol 单原子理想气体，由状态 $a(p_1, V_1)$，先等体加热至压强增大 1 倍，再等压加热至体积增大 1 倍，最后再经绝热膨胀，使其温度降至初始温度，如图所示。试求：①状态 d 的体积 V_d；②整个过程系统对外界做的功；③整个过程系统吸收的热量。

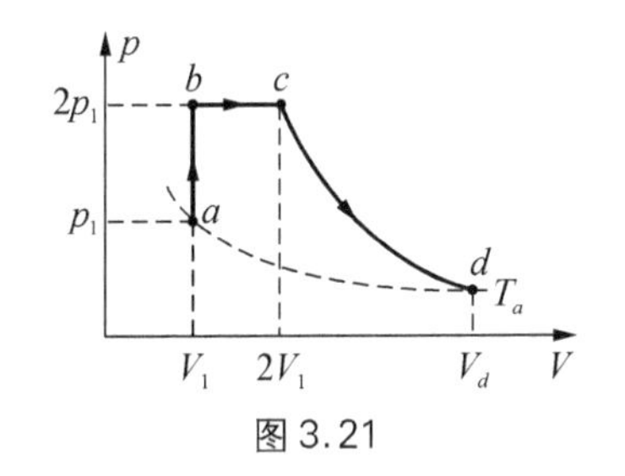

图 3.21

解：① 对单原子理想气体，$C_{V,\mathrm{m}}=\dfrac{3}{2}R$，$C_{p,\mathrm{m}}=\dfrac{5}{2}R$，$\gamma=\dfrac{5}{3}=1.67$，根据物态方程 $pV=RT$，有

$$T_d=T_a=\frac{p_1V_1}{R},\ T_b=\frac{2p_1V_1}{R}=2T_a,$$

$$T_c=\frac{p_cV_c}{R}=\frac{4p_1V_1}{R}=4T_a$$

c 点与 d 点在同一绝热线上，由绝热方程

$$T_cV_c^{\gamma-1}=T_dV_d^{\gamma-1}$$

得

$$V_d=\left(\frac{T_c}{T_d}\right)^{\frac{1}{\gamma-1}}V_c=4^{\frac{1}{0.67}}\times 2V_1=15.84V_1$$

② 先求各分过程气体对外做的功

$W'_{ab}=0$

$W'_{bc}=2p_1(2V_1-V_1)=2p_1V_1$

$W'_{cd}=-\Delta U_{cd}=-C_{V,\mathrm{m}}(T_d-T_c)=C_{V,\mathrm{m}}(T_c-T_d)=\dfrac{3}{2}R\times 3T_a=\dfrac{9}{2}p_1V_1$

整个过程气体对外做的总功为

$$W'_{abcd}=W'_{ab}+W'_{bc}+W'_{cd}=\frac{13}{2}p_1V_1$$

③ 方法一：由热容的定义求热量。

根据整个过程吸收的总热量等于各分过程吸收热量的和。先求各分过程的热量

$$Q_{ab}=C_{V,\mathrm{m}}(T_b-T_a)=\frac{3}{2}R(2T_a-T_a)=\frac{3}{2}RT_a=\frac{3}{2}p_1V_1$$

$$Q_{bc}=C_{p,\mathrm{m}}(T_c-T_b)=\frac{5}{2}R(4T_a-2T_a)=5RT_a=5p_1V_1$$

$$Q_{cd}=0$$

所以

$$Q_{abcd}=Q_{ab}+Q_{bc}+Q_{cd}=\frac{13}{2}p_1V_1$$

方法二：对 $abcd$ 整个过程应用热力学第一定律，有

$$Q_{abcd}=\Delta U_{ad}-W_{abcd}=\Delta U_{ad}+W'_{abcd}$$

依题意，由于 $T_a=T_d$，故 $\Delta U_{ad}=0$，则

$$Q_{abcd}=W'_{abcd}=\frac{13}{2}p_1V_1$$

3.6.5 多方过程

1. 理想气体准静态多方过程方程

气体所进行的实际过程往往既非绝热，也非等温。现在我们先来比较一下理想气体等压、等体、等温及绝热四个过程的方程，它们分别是 $p=C_1$，$V=C_2$，$pV=C_3$，$pV^\gamma=C_4$。这四个方程都可以用

$$pV^n=C \tag{3.6.22a}$$

的表达式来统一表示，其中 n 是对应于某一特定过程的常数。显然，对绝热过程 $n=\gamma$，等温过程 $n=1$，等压过程 $n=0$。而对于等体过程，可这样来理解其中的 n，在式(3.6.22a)两边各开 n 次根，则

$$p^{1/n}V=常量 \tag{3.6.23}$$

当 $n\to\infty$ 时，式(3.6.23)就变为 $V=C_2$ 的形式。所以等体过程相当于 $n\to\infty$ 时的多方过程。式(3.6.22a)称**理想气体多方过程方程，指数 n 称多方指数**。现将等压、等温、绝热、等体曲线同时画在 $p-V$ 图上，并标出它们所对应的多方指数。这些曲线都起始于同一

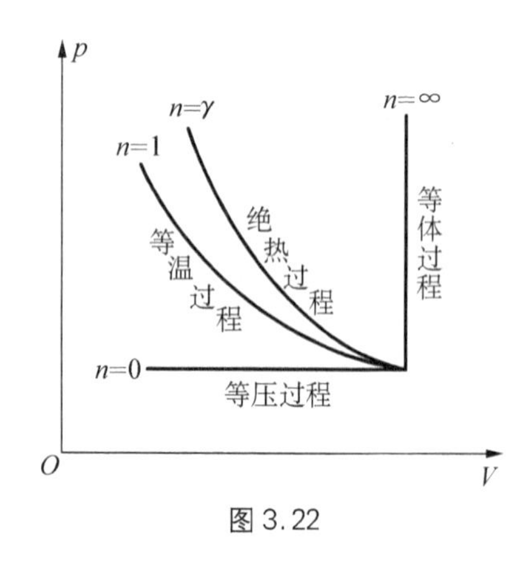

图 3.22

点，如图 3.22 所示。从图上可看到，n 是从 $0 \to 1 \to \gamma \to \infty$ 逐级递增的。实际上 n 可取任意值。例如在气缸中的压缩过程是处于 $n=1$ 到 $n=\gamma$ 曲线之间的区域，即 $1<n<\gamma$。当然 n 也可取负值，这时多方曲线的斜率是正的。由此可见，多方过程可作这样的定义：所有满足 $pV^n=$ 常数的过程都是理想气体多方过程，其中 n 可取任意实数。因为多方过程方程是由绝热过程方程 $pV^\gamma=$ 常数推广来的，它也应与绝热方程一样仅适用于在变化过程中 C_V 可视为常数的理想气体所进行的准静态过程。与绝热过程一样，多方过程方程还有如下形式：

$$TV^{n-1}=\text{常量} \tag{3.6.22b}$$

$$\frac{p^{n-1}}{T^n}=\text{常量} \tag{3.6.22c}$$

2. 理想气体准静态多方过程的功

气体在多方过程中所做的功完全可用推导式(3.6.21)的方法求得，并且所得结果和式(3.6.21)相同，只要把式(3.6.21)中的 γ 换为 n 即可。所以在多方过程中，理想气体从状态(p_1, V_1)变化到(p_2, V_2)，外界对系统做的功为

$$W_n=\frac{p_1V_1}{n-1}\left[\left(\frac{V_1}{V_2}\right)^{n-1}-1\right]=\frac{p_2V_2-p_1V_1}{n-1}=\frac{\nu R}{n-1}(T_2-T_1) \tag{3.6.24}$$

3. 理想气体多方摩尔热容

(1) 多方摩尔热容定义

设多方过程的热容为 C_n，多方摩尔热容为 $C_{n,\mathrm{m}}$，则由热容的定义可知，当系统温度变化为 $\mathrm{d}T$ 时，系统从外界吸收的热量为 $đQ$，则有

$$C_n=\left(\frac{đQ}{\mathrm{d}T}\right)_n,\ C_{n,\mathrm{m}}=\left(\frac{đQ_\mathrm{m}}{\mathrm{d}T}\right)_n$$

式中 $C_n=\nu C_{n,\mathrm{m}}$。

(2) 理想气体多方摩尔热容求解方法

下面我们来求多方过程中理想气体的摩尔热容 $C_{n,\mathrm{m}}$。根据热力学第一定律 $đQ=\mathrm{d}U-đW$ 及多方热容定义 $đQ=C_n\mathrm{d}T=\nu C_{n,\mathrm{m}}\mathrm{d}T$，可得

$$\nu C_{n,\mathrm{m}}\mathrm{d}T=\nu C_{V,\mathrm{m}}\mathrm{d}T+p\mathrm{d}V \tag{3.6.25}$$

将理想气体物态方程两边取微分，得到

$$p\mathrm{d}V+V\mathrm{d}p=\nu R\mathrm{d}T \tag{3.6.26}$$

将多方过程的过程方程式(3.6.22a)两边取微分，得到

$$npV^{n-1}\mathrm{d}V+V^n\mathrm{d}p=0$$

或

$$np\mathrm{d}V+V\mathrm{d}p=0 \tag{3.6.27}$$

将式(3.6.27)代入式(3.6.26)并整理得

$$(1-n)p\mathrm{d}V=\nu R\mathrm{d}T$$

即

$$p\mathrm{d}V=\frac{\nu R\mathrm{d}T}{1-n}$$

将此式代入式(3.6.25)得

$$\nu C_{n,\mathrm{m}}\mathrm{d}T=\nu C_{V,\mathrm{m}}\mathrm{d}T+\frac{\nu R}{1-n}\mathrm{d}T$$

由此得

$$C_{n,\mathrm{m}}=C_{V,\mathrm{m}}-\frac{R}{n-1}=C_{V,\mathrm{m}}\frac{\gamma-n}{1-n} \tag{3.6.28}$$

从式(3.6.28)可看到,因 n 可取任意实数,故 $C_{n,\mathrm{m}}$ 可正、可负。

(3) 关于理想气体多方摩尔热容的讨论

① 当 $n=0$ 时,$C_{n,\mathrm{m}}=C_{p,\mathrm{m}}$,对应等压过程;当 $n=1$ 时,$C_{n,\mathrm{m}}=\infty$,对应等温过程;当 $n=\gamma$ 时,$C_{n,\mathrm{m}}=0$,对应绝热过程;当 $n=\infty$ 时,$C_{n,\mathrm{m}}=C_{V,\mathrm{m}}$,对应等体过程。

② 若以 n 为自变量,$C_{n,\mathrm{m}}$ 为函数,画出 $C_{n,\mathrm{m}}-n$ 的曲线如图 3.23 所示。从图中可知,当 $n>\gamma$ 及 $-\infty<n<1$ 时,$C_{n,\mathrm{m}}>0$,这时若 $\Delta T>0$,则 $\Delta Q>0$,系统是吸热的;当 $1<n<\gamma$ 时,则 $C_{n,\mathrm{m}}<0$,若 $\Delta T>0$,则 $\Delta Q<0$,说明温度升高系统反而要放热,这是多方负热容的特征。例如气体在气缸中被压缩的时候,若外界对气体做功的一部分用来增加温度,另一部分向外放热,这时 $C_{n,\mathrm{m}}<0$。这称为**多方负热容**,即系统升温时($\Delta T>0$),反而要放热($\Delta Q<0$)。

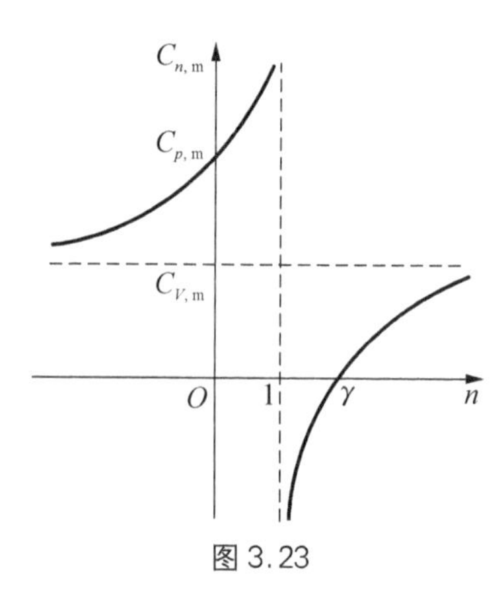

图 3.23

*4. 恒星的多方负热容

多方负热容在恒星演化过程中是一个十分重要的普遍现象。万有引力使恒星收缩,因而引力势能降低,所降低的引力势能的一部分以热辐射形式向外界放热,另一部分能量使自身温度升高。这一过程在幼年期恒星(如星际云、红外星)中是十分重要的,因为幼年期的恒星温度较低,不能发生像现今太阳内部发生的热核反应,产生热核反应的温度应达到 10^8 K 的数量级(说明:现今的太阳在恒星演化过程中处于主序星,即青年期阶段)。从幼年期恒星变为主序星,就依靠恒星的引力收缩,多方负热容可使星体温度升高到能产生热核反应的温度。

例 8 1 mol 双原子分子理想气体从状态 $A(p_1,V_1)$ 沿 $p-V$ 图所示直线变化到状态 $B(p_2,V_2)$,试求:①气体的内能增量;②气体对外界所做的功;③气体吸收的热量;④此过程的摩尔热容。

解：对于双原子分子理想气体，$C_{V,\mathrm{m}}=\frac{5}{2}R$，$C_{p,\mathrm{m}}=\frac{7}{2}R$，$\gamma=\frac{7}{5}=1.40$。

方法一：

① 气体的内能增量

$$\Delta U=U_B-U_A=C_{V,\mathrm{m}}(T_2-T_1)=\frac{5}{2}(p_2V_2-p_1V_1)$$

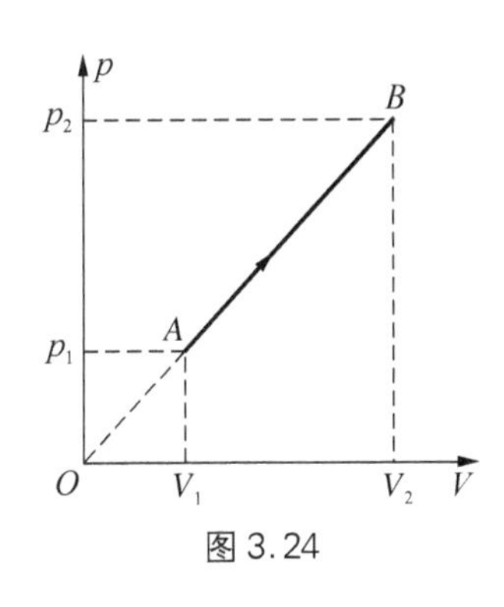

图 3.24

② 从 A 点变为 B 点的过程中系统对外做的功等于梯形 $A—V_1—V_2—B$ 的面积，即

$$W'=-W=\frac{1}{2}(p_1+p_2)(V_2-V_1)$$
$$=\frac{1}{2}(p_2V_2-p_1V_1+p_1V_2-p_2V_1)$$

W'的值等于梯形面积，根据相似三角形有 $\frac{p_1}{p_2}=\frac{V_1}{V_2}$，即 $p_1V_2=p_2V_1$，则

$$W'=-W=\frac{1}{2}(p_2V_2-p_1V_1)$$

③ 由热力学第一定律，气体吸收的热量

$$Q=\Delta U-W=3(p_2V_2-p_1V_1)$$

④ 由热容的定义直接求此过程的摩尔热容。

以上计算对于 AB 过程中任意微小状态变化均成立，故过程中

$$\mathrm{d}Q=3\mathrm{d}(pV)$$

由物态方程得

$$\mathrm{d}(pV)=R\mathrm{d}T$$

故

$$\mathrm{d}Q=3R\mathrm{d}T$$

所以摩尔热容为

$$C_{n,\mathrm{m}}=\frac{\mathrm{d}Q}{\mathrm{d}T}=3R$$

方法二：由图可知直线的过程方程可表示为 $pV^{-1}=C$，这说明直线过程是一个 $n=-1$ 的多方过程。多方过程气体内能的增量为

$$\Delta U=C_{V,\mathrm{m}}(T_2-T_1)=\frac{5}{2}(p_2V_2-p_1V_1)$$

多方过程中系统对外界所做的功为

$$W' = -W = \frac{p_2V_2 - p_1V_1}{1-n}$$

所以气对外界做的功为

$$W' = -W = \frac{1}{2}(p_2V_2 - p_1V_1)$$

也可由体积功的计算式 $W = -\int_{V_1}^{V_2} p\mathrm{d}V$ 直接求气对外界做的功。由多方过程方程 $\frac{p}{V} = \frac{p_1}{V_1}$，则

$$W' = \int_{V_1}^{V_2} p\mathrm{d}V = \frac{p_1}{V_1}\int_{V_1}^{V_2} V\mathrm{d}V = \frac{p_1}{V_1}\cdot\frac{1}{2}(V_2^2 - V_1^2) = \frac{1}{2}(p_2V_2 - p_1V_1)$$

该多方过程的摩尔热容量为

$$C_{n,\mathrm{m}} = C_{V,\mathrm{m}} - \frac{R}{n-1} = C_{V,\mathrm{m}}\frac{\gamma-n}{1-n} = 3R$$

气体吸收的热量为

$$Q = C_{n,\mathrm{m}}(T_2 - T_1) = 3R(T_2 - T_1) = 3(p_2V_2 - p_1V_1)$$

例 9 理想气体经历 $V = \frac{1}{K}\cdot\ln\frac{p_0}{p}$ 的热力学过程，其中 p_0 和 K 是常数。试问：①当系统按此过程体积扩大一倍时，系统对外做了多少功？②在这一过程中的摩尔热容是多少？

解：① 过程方程可写为

$$p = p_0\exp(-KV)$$

系统对外所做功为

$$W' = \int_V^{2V} p_0\exp(-KV)\mathrm{d}V = \frac{p_0}{K}\cdot\exp(-KV)[1-\exp(-KV)]$$

② 由热力学第一定律的微分形式，有

$$\nu C_{n,\mathrm{m}}\mathrm{d}T = \nu C_{V,\mathrm{m}}\mathrm{d}T + p\mathrm{d}V \tag{3.6.29}$$

由理想气体物态方程的微分形式，有

$$p\mathrm{d}V + V\mathrm{d}p = \nu R\mathrm{d}T \tag{3.6.30}$$

对过程方程 $p = p_0\exp(-KV)$ 两边求微分，可得

$$\mathrm{d}p = -Kp_0\exp(-KV)\mathrm{d}V = -Kp\mathrm{d}V$$

将它代入式(3.6.30)中，得

$$p\mathrm{d}V - Kp V \mathrm{d}V = (1 - KV) p\mathrm{d}V = \nu R \mathrm{d}T$$

则

$$p\mathrm{d}V = \frac{\nu R}{1 - KV}\mathrm{d}T$$

此式代入式(3.6.29)，有

$$\nu C_{n,\mathrm{m}}\mathrm{d}T = \nu C_{V,\mathrm{m}}\mathrm{d}T + \frac{\nu R}{1 - KV}\mathrm{d}T$$

则该过程中的摩尔热容为

$$C_{n,\mathrm{m}} = C_{V,\mathrm{m}} - \frac{R}{KV - 1}$$

3.7 循环过程　卡诺循环

3.7.1 循环过程

在生产技术上需要将热量与功之间转换持续下去，这就需要利用循环过程。系统从某一状态出发，经过一系列状态变化过程以后，**又回到原来出发时的状态**，这样的过程叫做**循环过程**，简称**循环**。循环工作的物质系统叫工作物质，简称工质。

1. 蒸汽机的工作过程

图 3.25 所示为一简单的活塞式蒸汽机的流程图。水泵可将水池 A 中的水打入加热器即锅炉 B 中，水在锅炉内加热，变成温度和压强较高的蒸汽，这是一个吸热而使内能增加的过程。蒸汽通过传送装置进入汽缸 C 中，并在汽缸中膨胀，推动活塞对外做功，同时蒸汽的内能减小，在这一过程中内能通过做功转化为机械能。最后，蒸汽成为废气进入冷却器 D 中，经过冷却放热的过程而凝结成水，再经过水泵将水打入水池 A。这些过程循环不息地进行。从能量转化的角度看来，其结果就是工作物质水在每一次循环中都把从高温热源吸收的热量中的一部分用于气缸对外所做的机械功，而其余的能量则以热量方式向低温热源释放。一个热机至少应包括如下三个组成部分：(1)循环工作物质；(2)两个以上的温度不相同的热源，使工作物质从高温热源吸热，向低温热源放热；(3)对外做功的机械装置。各种其他热机虽然具体工作过程各不相同，但其能量转化的情况却和上面所讲的类似，即热机对外做功所需的能量是来源于高温热源处吸收的热量的一部分。

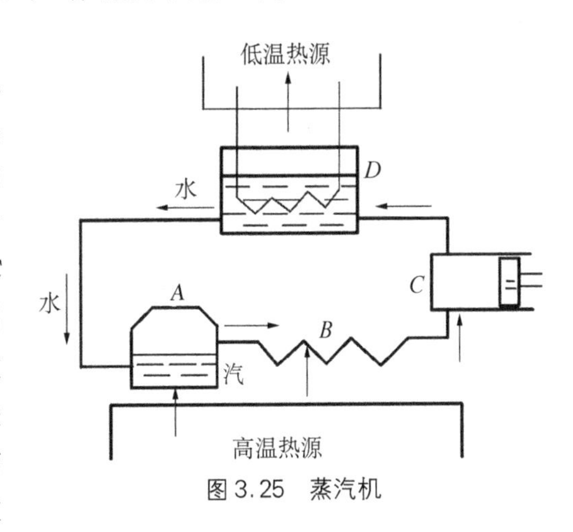

图 3.25　蒸汽机

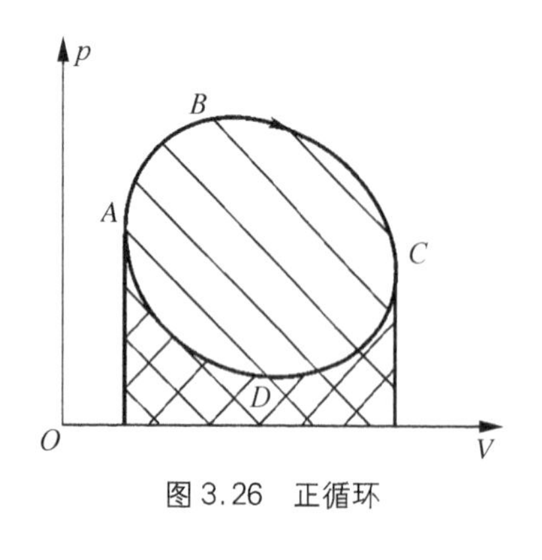

图 3.26　正循环

2. 循环过程的特征

循环过程在 $p-V$ 图上的表示：工质的循环过程是一条闭合曲线。图 3.26 中曲线 $ABCDA$ 就表示了一个循环过程，箭头表示过程进行的方向。图中 $A\to B$，$B\to C$，$C\to D$，$D\to A$ 称为分过程。因为工作物质的内能是状态的单值函数，工质经历一循环过程回到初始状态时，内能没有改变。所以**循环过程的特征是**

$$\Delta U=0$$

3. 正循环与逆循环

在 $p-V$ 图上，如果循环是沿顺时针方向进行的，则称为**正循环**（或**热机循环**），如图 3.26 所示。在正循环中，系统对外界所做的总功 W' 为正，且等于 $ABCDA$ 所包围的面积。因为系统最后回到原来状态，所以内能不变 $\Delta U=0$。因此，由热力学第一定律可知，在整个循环过程中系统从外界吸收的热量的总和 Q_1 必然大于放出的热量总和 Q_2，而且其量值之差 Q_1-Q_2 就等于对外所做的功 W'。由此可见，系统经过这一正循环过程，则将从某些高温热源处所吸收的热量，部分用来对外做功，部分在某些低温热源处放出，而系统回到原来状态。综合前面讨论可以看到，正循环中能量的转化情况正是反映了热机中所实现的能量转化的基本过程。

如果循环是沿逆时针方向进行的，则称为**逆循环**（或**制冷循环**）。逆循环过程反映了制冷机的工作过程（详见 3.7.3 节）。

4. 循环过程的热力学分析

对于正循环，在 ABC 分过程中，系统对外界做正功或外界对系统做负功，其数值等于曲线段 ABC 下面到 V 轴之间画右斜线的面积；在分过程 CDA 压缩中，系统对外界做负功或外界对系统做正功，其数值等于曲线段 CDA 下面到 V 轴之间画左斜线的面积。因此，在一次正循环过程中，系统对外做的净功（或叫总功）$W_{净}=W'=-W$，其数值为循环过程中系统正负功的代数和，即封闭曲线 $ABCDA$ 所包围的面积。设整个循环过程中，工质从外界吸取的热量总和为 Q_1，放给外界的热量总和为 Q_2（注：在循环过程问题中无论是吸热还是放热，**热量 Q 都取绝对值**），由于一次循环过程中

$$\Delta U=0$$

将热力学第一定律应用于一次循环，可得

$$Q_1-Q_2=-W=W_{净}$$

且 $W_{净}>0$，则 $Q_1>Q_2$。这表示，正循环过程中的能量转换关系是**工质将吸收的热量 Q_1 中一部分转化为对外所做的有用功 $W_{净}$，另一部分热量 Q_2 放回给外界**。可见，正循环是一种通过工质使热量不断转换为功的循环。

3.7.2 热机　热机效率

1. 热机的效率

能完成正循环的装置均叫热机，或把通过工质使热量不断转换为功的机器叫热机。例如蒸汽机、内燃机、汽轮机等都是常用的热机。衡量一台热机的效率，是指热机把吸收来的热量中有多少能转化为对外所做的有用功。为此，我们定义热机效率为

$$\eta=\frac{W_{净}}{Q_1}=\frac{Q_1-Q_2}{Q_1}=1-\frac{Q_2}{Q_1} \tag{3.7.1}$$

式(3.7.1)中 Q_1 为整个循环过程中吸收热量的总和，Q_2 为放出热量总和的**绝对值**。

若系统不止与两个热源相接触，设有 n 个高温热源与 m 个低温热源，热机向它们吸、放的热量分别为 $Q_{1i}(i=1,2,3,\cdots,n)$ 及 $Q_{2j}(j=1,2,3,\cdots,m)$，则循环中吸收的总热 Q_1 及放出的总热绝对值 Q_2 分别为

$$Q_1=\sum_{i=1}^{n}Q_{1i},\ Q_2=\sum_{j=1}^{m}Q_{2j} \tag{3.7.2}$$

热机循环效率的定义仍为式(3.7.1)，不过式中 Q_1、Q_2 应该用式(3.7.2)来表示。

2. 汽油机的循环效率

热能是当今世界上主要能源。热机是实现将热能转化为机械能的主要设备，汽油机和柴油机是工程上普遍使用的两种内燃机。内燃机的一种循环叫做奥托(Otto，1832—1891。德国工程师)循环，其工质为燃料与空气的混合物，利用燃料的燃烧热产生巨大压力而做功。图 3.27 为一内燃机结构示意图和它作四冲程循环的 $p-V$ 图。其中：①ab 为绝热压缩过程；②bc 为电火花引起燃料爆炸瞬间的等体过程；③cd 为绝热膨胀对外做功过程；④da 为打开排汽阀瞬间的等体过程。在 bc 过程中工质吸取燃料的燃烧热 Q_1，da 过程排出废气带走了热量 Q_2，奥托循环的效率决定于气缸活塞的压缩比 V_2/V_1，具体计算见本节例题 10。

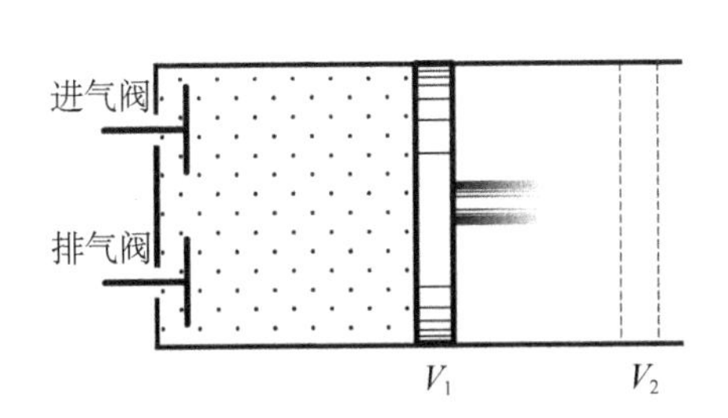

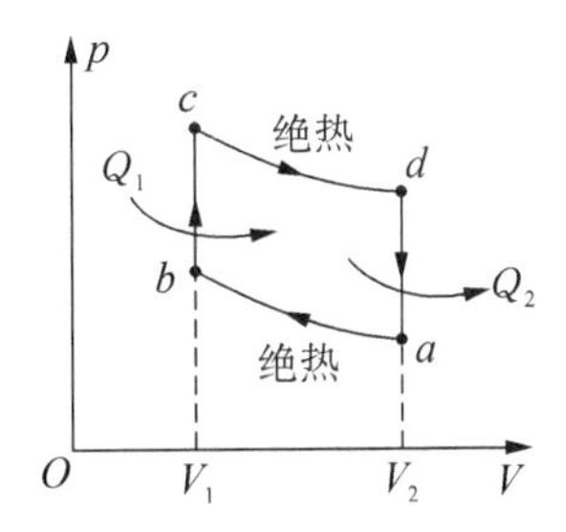

图 3.27　内燃机的奥托循环

例 10　内燃机的循环之一——奥托循环，如图 3.27 所示，计算其热机效率。

解：在奥托循环中，气体主要在等体升压过程 bc 中吸热 Q_1，而在等体降压过程 da 中放热 Q_2，Q_1 和 Q_2 大小分别为

$$Q_1=\frac{M}{M_{\mathrm{m}}}C_{V,\mathrm{m}}(T_c-T_b),\ Q_2=\frac{M}{M_{\mathrm{m}}}C_{V,\mathrm{m}}(T_d-T_a)$$

所以这一循环的热机效率为

$$\eta = 1 - \frac{Q_2}{Q_1} = 1 - \frac{T_d - T_a}{T_c - T_b}$$

因为 cd 和 ab 均为绝热过程，其过程方程分别为

$$T_c V_1^{\gamma-1} = T_d V_2^{\gamma-1}$$
$$T_b V_1^{\gamma-1} = T_a V_2^{\gamma-1}$$

两式相减，得

$$(T_c - T_b) V_1^{\gamma-1} = (T_d - T_a) V_2^{\gamma-1}$$

即
$$\frac{T_c - T_b}{T_d - T_a} = \left(\frac{V_2}{V_1}\right)^{\gamma-1}$$

于是得
$$\eta = 1 - \frac{1}{\left(\frac{V_2}{V_1}\right)^{\gamma-1}}$$

令 $\varepsilon = \frac{V_2}{V_1}$ 称为压缩比，则有

$$\eta = 1 - \frac{1}{\varepsilon^{\gamma-1}}$$

由此可见，奥托循环的效率完全由压缩比 ε 决定，并随着 ε 的增大而增大，故提高压缩比是提高内燃机效率的重要途径。但压缩比太高会产生爆震而使内燃机不能平稳工作，且增大磨损，一般压缩比取 5～10。设 $\varepsilon = 7$，$\gamma = 1.4$，可得效率为

$$\eta = 1 - \frac{1}{7^{0.4}} = 54\%$$

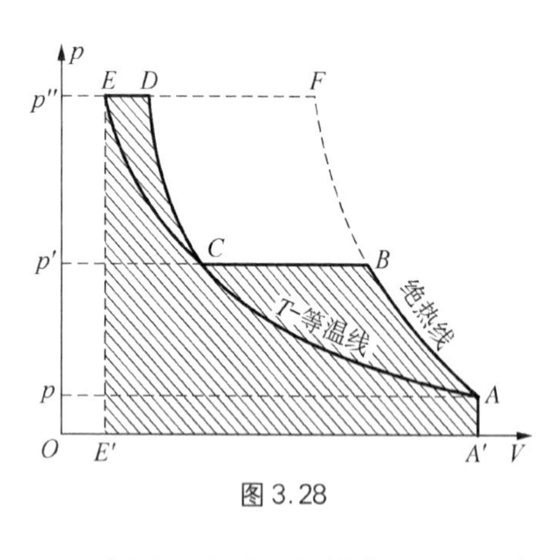

图 3.28

上例说明压缩比愈大，末态温度也越高，一般气缸中均用油润滑，而润滑油的闪点（即着火温度）仅为摄氏三百度左右，可见若压缩比过大，就可能使润滑油起火燃烧（若所压缩的是空气），高压缩气体常采用分级压缩分级冷却的方法，如图 3.28 所示。从图中还可看到气体压缩过程越接近于等温压缩，效率越高。与压缩过程相反，气体在绝热膨胀时对外做功，温度要降低，这是获得低温的一个重要手段。显然，气体膨胀时绝热条件越好，降温效果越显著。

实际上汽油机的效率只有 25%左右，柴油机的压缩比能做到 $\varepsilon = 12 \sim 20$，实际效率可达 40%左右。由于压缩比很大，柴油机的汽缸活塞杆等都做得很笨重，噪声也大。故小型汽车、摩托车、飞机、快艇都装置汽油机，只有货车、拖拉机、船舶等才装置柴油机。

3.7.3 制冷机 制冷系数

1. 逆循环——制冷循环

设想将图 3.26 的 $p-V$ 图上的顺时针闭合循环曲线(热机循环)改为逆时针闭合循环,则曲线所围面积是外界对系统所做的净功 W,它转化成热最后向外释放。由于循环方向相反,原来是从温度较高的热源吸热的,现在则是向温度较高的热源放热;原来是向温度较低的热源放热的,现在却从温度较低的热源吸热。系统经过一个循环后,从温度较低的热源取走了一部分热量传到温度较高的热源上去了。这正是制冷机的原理。

对于逆循环,如图 3.29 中沿 $adcba$ 进行,其最终结果是系统经一次循环内能不变 $\Delta U=0$,外界对工质做功 W,其大小等于逆循环曲线 $adcba$ 所包围的面积。设整个循环过程工质从低温热源处吸收的热量为 Q_2,向高温热源处放出的热量为 Q_1。将热力学第一定律用于整个循环过程,注意到 $\Delta U=0$,可得

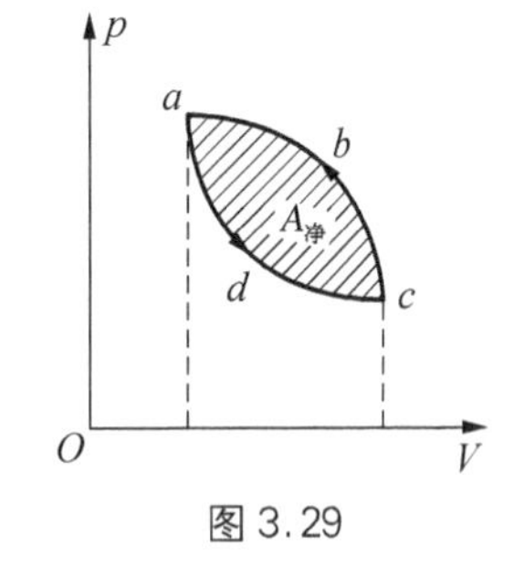

图 3.29

$$Q_1-Q_2=W$$

或

$$Q_1=Q_2+W \tag{3.7.3}$$

由此可见,逆循环过程中向高温热源放出的热量大小等于工质从低温热源中提取的热量 Q_2 和外界对工质做的功 W 之和。也就是说,逆循环是在外界对工质做功的条件下,工质才能从低温热源吸收热量,从而使低温热源温度降低。这就是制冷机的工作原理。

2. 制冷机的制冷系数

由于制冷机的目的是从低温热源吸收热量,实现该目的是以外界对工质(俗称为制冷剂)做功为代价的,所以衡量制冷机的效能是外界对制冷剂做了功 W,能从低温热源吸收多大的热量 Q_2。因此,制冷循环的制冷系数定义为

$$e=\frac{Q_2}{W}=\frac{Q_2}{Q_1-Q_2} \tag{3.7.4}$$

显然,如果从低温热源处吸取的热量 Q_2 越大,而对工质所做的功 W 越小,则制冷系数 e 就越大,制冷机的制冷效率就越好。

3. 电冰箱的工作原理

家用电冰箱是一种制冷机,如图 3.30 所示,压缩机将处在低温低压的气态制冷剂(例如氨或氟里昂等),压缩至 1 MPa(即 10 atm)的压强,温度升到高于室温(对应于 AD 绝热压缩过程);进入散热器放出热量 Q_1,并逐渐液化进入储液器(对应于 DC 等压压缩过程),再经过节流阀膨胀降温(对应于 CB 绝热膨胀过程);最后进入冷冻室吸取电冰箱内的热量 Q_2,液态制冷剂汽化(对应于 BA 等压膨胀过程)。然后,再度被吸入压缩机进行下一个循环。可见,整个制冷过程就是压缩机对制冷剂做功 W,将制冷剂由气态变为液态,放出热量 Q_1,再变成气态,吸取热量 Q_2,这样周而复始循环达到制冷降温的目的。

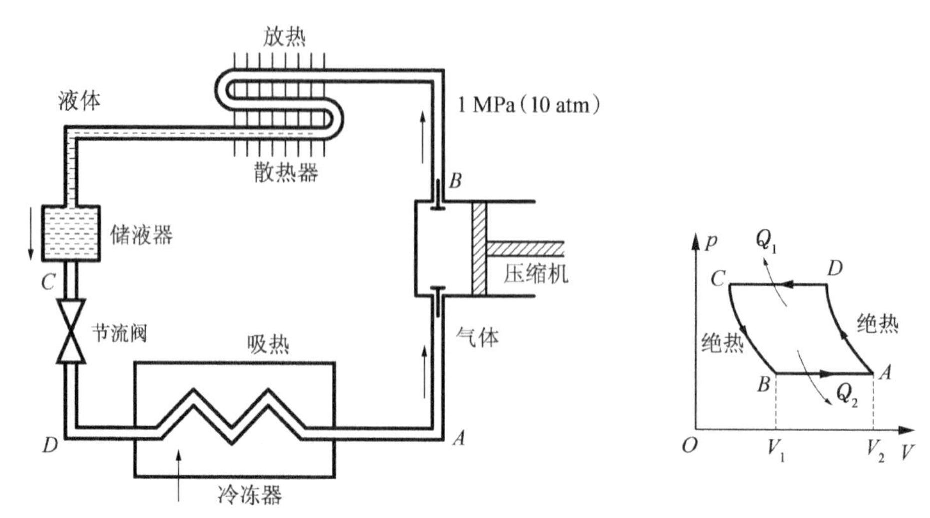

图 3.30　电冰箱制冷系统逆循环

3.7.4　卡诺循环

在 18 世纪末和 19 世纪初时,蒸汽机在工业上的应用越来越广泛,但当时蒸汽机的效率是很低的,只有 3%～5%左右,即 95%以上的热量都没有得到利用。这一方面是由于散热、漏气、摩擦等等因素损耗能量,另一方面是由于一部分热量在低温热源处放出。为了提高热机的效率,人们做了很多的工作,但从 1794 年到 1840 年,热机的效率也仅由 3%提高到 8%。这样,在生产需要的推动下,如何提高热机的效率,便成为当时科学家和工程师的重要课题,不少科学家和工程师开始由理论上来研究热机的效率。那时人们从实践中已认识到,要使热机有效地工作,必须具备至少两个温度不同的热源。那么,在两个温度一定的热源之间工作的热机所能达到的最大效率是多少呢?

1. 卡诺循环

1824 年,年仅 28 岁的法国青年工程师卡诺(S. Carnot, 1796—1832)发表了《关于火力动力的见解》这篇著名的论文,从理论上回答了上述问题。卡诺在对蒸汽机作热力学研究时所采用的方法与众不同,他对蒸汽机作的简化、抽象的程度要比前面提到的普通的热力学循环过程还要彻底得多。他提出了一种**理想的热机循环**:假设在整个循环过程中**工作物质只与两个恒温热源交换热量**,在温度为 T_1 的高温热源处吸热 Q_1,在另一温度为 T_2 的低温热源处放热 Q_2,并假定**所有过程都是准静态的**。卡诺热机在一循环过程中能量的转化情况可用图 3.31 表示。即工作物质由高温热源吸收热量 Q_1,部分用来对外做功 $W_{净} = W'$,部分热量 Q_2 在低温热源处放出。

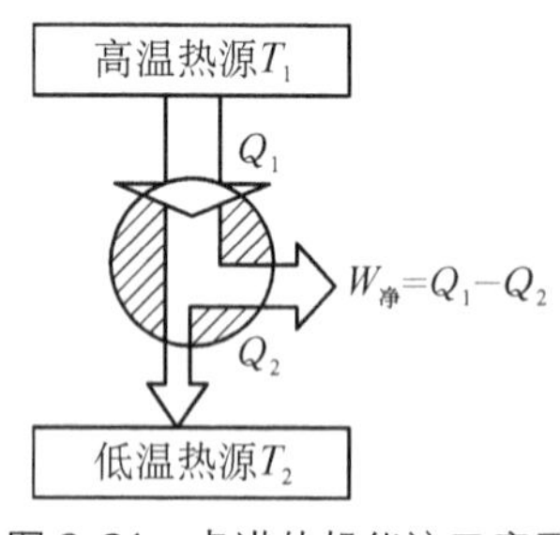

图 3.31　卡诺热机能流示意图

2. 卡诺循环的热力学过程

由于过程是准静态的,所以与两个恒温热源交换热量的过程必定是等温过程,又因为只与两个热源交换热量，所以工作物质从热源温度 T_1 变到冷源温度 T_2，或者相反的过程，只能是绝热过程。因此，这种**由两个准静态等温过程和两个准静态绝热过程所组成的循环**，就称为**卡诺循环**（图 3.32）。完成卡诺正循环的热机叫卡诺热机，卡诺热机的工质可以是固体、液体或气体。

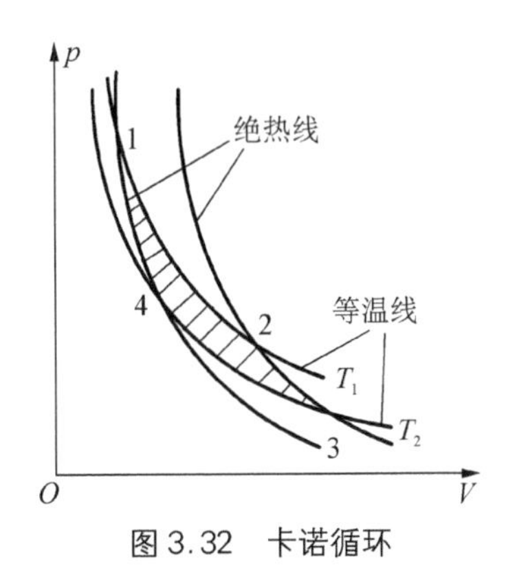

图 3.32　卡诺循环

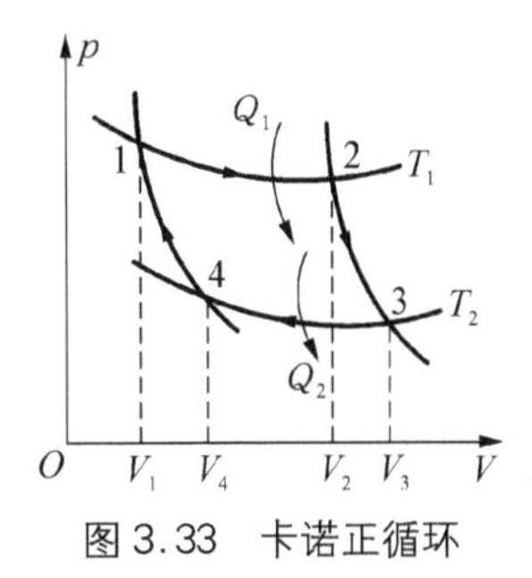

图 3.33　卡诺正循环

3. 卡诺热机的效率

下面，我们分析以理想气体为工质的卡诺正循环，并求出其效率。卡诺循环在 $p-V$ 图上是分别由温度为 T_1 和 T_2 的两条等温线和两条绝热线组成的封闭曲线。如图 3.33 所示，其各个分过程如下：

1→2：气体和温度为 T_1 的高温热源接触作等温膨胀，体积由 V_1 增大到 V_2，它从高温热源吸收的热量为

$$Q_1 = \nu R T_1 \ln \frac{V_2}{V_1}$$

2→3：气体和高温热源分开，作绝热膨胀，温度降到 T_2，体积增大到 V_3，过程中无热量交换，但对外界做功。

3→4：气体和低温热源接触作等温压缩，体积缩小到一适当值，使状态 4 和状态 1 位于同一条绝热线上。过程中外界对气体做功，气体向温度为 T_2 的低温热源放热 Q_2，其绝对值为

$$Q_2 = \nu R T_2 \ln \frac{V_3}{V_4}$$

4→1：气体和低温热源分开，经绝热压缩，回到原来状态 1，完成一次循环。过程中无热量交换，而外界对气体做功。

根据循环效率定义，可得以理想气体为工质的卡诺循环的效率

$$\eta = 1 - \frac{Q_2}{Q_1} = 1 - \frac{T_2 \ln \dfrac{V_3}{V_4}}{T_1 \ln \dfrac{V_2}{V_1}} \tag{3.7.5}$$

对绝热过程 2→3 和 4→1 分别应用绝热过程方程，有

$$T_1V_2^{\gamma-1} = T_2V_3^{\gamma-1} \tag{3.7.6}$$

$$T_1V_1^{\gamma-1} = T_2V_4^{\gamma-1} \tag{3.7.7}$$

式(3.7.6)和式(3.7.7)相比，则有

$$\frac{V_2}{V_1} = \frac{V_3}{V_4} \tag{3.7.8}$$

把式(3.7.8)代入式(3.7.5)效率公式后，可得

$$\eta_{卡} = 1 - \frac{T_2}{T_1} = \frac{T_1 - T_2}{T_1} \tag{3.7.9}$$

由上可知：

① 要完成一次卡诺循环必须有温度一定的高温和低温两个恒温热源(也称为温度一定的热源和冷源)；

② 卡诺循环的效率只与两个热源的温度有关，高温热源温度越高，低温热源温度越低，卡诺循环的效率越高；

③ 由于不能实现 $T_1 = \infty$ 或 $T_2 = 0$ (热力学第三定律)，因此，卡诺循环的效率总是小于 1；

④ 可以证明：在相同高温热源和低温热源之间工作的一切热机中，卡诺热机的效率最高(详见 4.2 节)。

4. 卡诺制冷机的效率

若卡诺循环按逆时针方向进行，则构成卡诺制冷机。其 p - V 图和能量转换关系如图 3.34 所示，气体和低温热源接触，从低温热源中吸取的热量大小为

$$Q_2 = \nu RT_2 \ln\frac{V_3}{V_4}$$

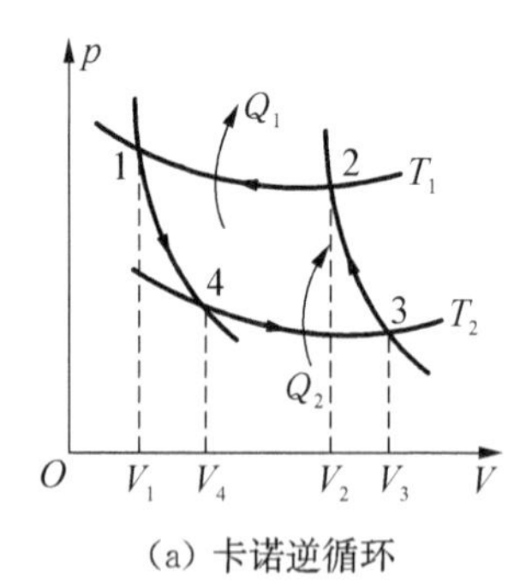

(a) 卡诺逆循环

(b) 卡诺制冷机能流示意图

图 3.34 卡诺制冷机

气体向高温热源放出的热量大小

$$Q_1 = \nu RT_1 \ln\frac{V_2}{V_1}$$

一次循环中的外界对工作物质所做净功 $W=Q_1-Q_2$，利用式(3.7.8)关系$\frac{V_2}{V_1}=\frac{V_3}{V_4}$，可得卡诺制冷机的制冷系数

$$e_{卡}=\frac{T_2}{T_1-T_2} \tag{3.7.10}$$

可见，卡诺制冷机的制冷系数也只与两个热源的温度有关。与效率不同的是，高温热源温度越高，低温热源温度越低，则制冷系数越小，意味着从温度越低的冷源中吸取相同的热量 Q_2，外界需要消耗更多的功 W。制冷系数可以大于1。如一台1.5 kW，12 566 J的空调，其制冷系数约为2.3。

例11　一卡诺制冷机从温度为-10℃的冷库中吸取热量，释放到温度27℃的室外空气中，若制冷机耗费的功率是1.5 kW，求：①每分钟从冷库中吸收的热量；②每分钟向室外空气中释放的热量。

解：① 根据卡诺制冷系数有

$$e_{卡}=\frac{T_2}{T_1-T_2}=\frac{263}{300-263}=7.1$$

由制冷系数定义式 $e=\frac{Q_2}{W}$ 可得每分钟从冷库中吸收的热量为

$$Q_2=e_{卡}W=7.1\times1.5\times10^3\times60\ \mathrm{J}=6.39\times10^5\ \mathrm{J}$$

② 每分钟释放到室外的热量为

$$Q_1=W+Q_2=1.5\times10^3\times60+6.39\times10^5\ \mathrm{J}=7.29\times10^5\ \mathrm{J}$$

5. 热泵

根据制冷机的制冷原理制成的供热机叫热泵。在严寒冬天，把空调机的冷冻器放在室外，而散热器放在室内，开动空调机，经电力做功，通过冷冻器从室外吸收热量，通过散热器向室内放热达到供热取暖作用。热泵供热获得的热量远大于消耗的电功，如例11中热泵每分钟消耗的电功是

$$W=1.5\times10^3\times60\ \mathrm{J}=9.0\times10^4\ \mathrm{J}$$

而热泵每分钟提供的热量为

$$Q_1=7.29\times10^5\ \mathrm{J}$$

提供的热量 Q_1 是消耗的电功 W 的8.1倍，$Q_1\gg W$，这是最经济的供热方式。在酷热夏天，只需将冷冻器与散热器位置互换，经空调机做功，将吸取室内热量，向室外释放热量，即达到室内降温的目的。可见制冷机可以制冷，也可以供热，供热时即为热泵。

思　考　题

3.1　内能、热量和功三个概念的物理含义是什么？谁是状态量？谁是过程量？为什么？

3.2 摩尔数相同的三种气体：氢气、氮气和二氧化碳都作为理想气体处理，它们从相同的初态出发，都经过等体吸热过程，如果吸收的热量相等，试问：①温度的升高是否相等？②压强的增加是否相等？

3.3 用热力学第一定律说明，下列过程有没有可能：①对物体加热而物体的温度不升高？②系统与外界不作任何热交换，而使系统的温度发生变化？

3.4 气缸内有一种刚性双原子分子的理想气体，若经过准静态绝热膨胀后气体的压强减少了一半，则变化前后气体的内能之比为多少？

3.5 系统由某一初状态开始，进行不同的过程，问在下列两种情况中，各过程所引起的内能变化是否相同？①各过程所做功相同；②各过程所做功相同，并且与外界交换的热量也相同。

3.6 两个一样的气缸，在相同的温度下作等温膨胀，其中一个膨胀到体积增为原来体积的两倍时停止；另一个则膨胀到压强降为原来压强的一半时停止。问它们对外所做的功是否相同？

3.7 一定量理想气体，从 $p-V$ 图上同一初态开始，分别经历三种不同的过程过渡到不同的末态，但末态的温度相同，如图 3.35 所示，其中 $A\to C$ 是绝热过程，问：①在 $A\to B$ 过程中气体是吸热还是放热？为什么？②在 $A\to D$ 过程中气体是吸热还是放热？为什么？

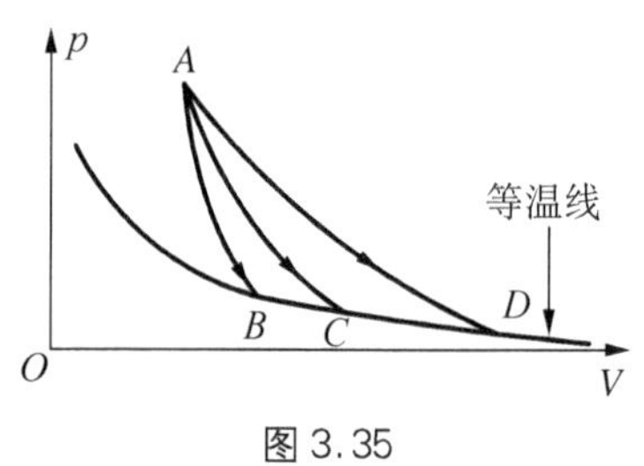

图 3.35

3.8 一定量的理想气体，由一定的初态绝热压缩到一定的体积，第一次准静态压缩，第二次非准静态压缩。试分析两次压缩的末态气体分子的平均平动动能是否相同。

3.9 甲说："系统经过一个正的卡诺循环后，系统本身没有任何变化。"乙说："系统经过一个正的卡诺循环后，不但系统本身没有任何变化，而且外界也没有任何变化。"甲和乙谁的说法正确？为什么？

3.10 如图 3.36 所示，有三个循环过程，指出每一循环过程所做的功是正的、负的，还是零，说明理由。

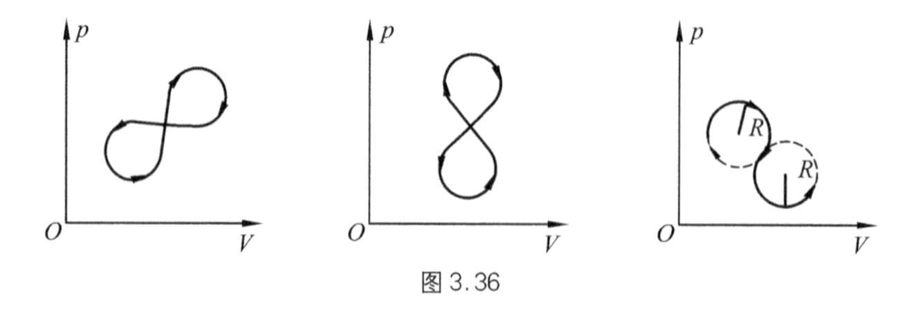

图 3.36

3.11 一循环过程如图 3.37 所示，试指出：①ab, bc, ca 各是什么过程；②画出对应的 $p-V$ 图；③该循环是否是正循环？④该循环做的功是否等于直角三角形面积？⑤用图

中的热量 Q_{ab}，Q_{bc}，Q_{ac} 表述其热机效率或制冷系数。

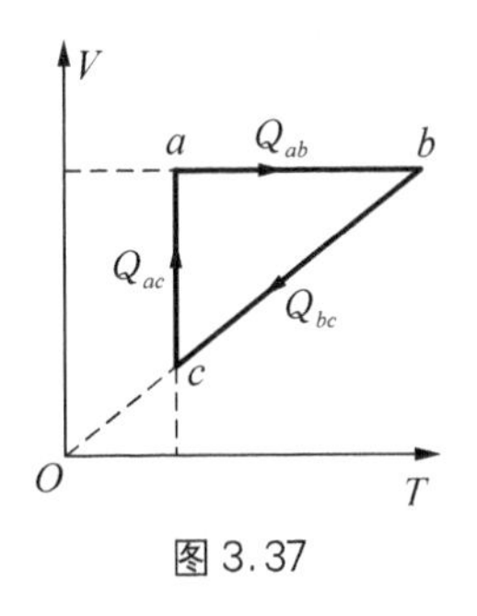

图 3.37

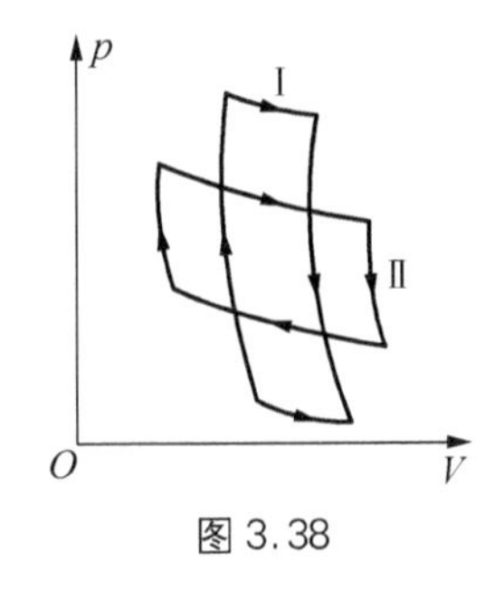

图 3.38

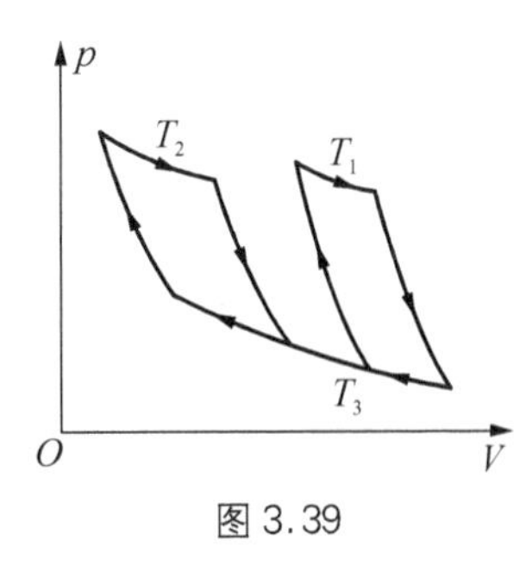

图 3.39

3.12　两个卡诺循环如图 3.38 所示，它们的循环面积相等，试问：①它们吸热和放热的差值是否相同；②对外做的净功是否相等；③效率是否相同？

3.13　两个卡诺热机工作在相同的低温热源和不同高温热源之间，如图 3.39 所示，若这两个循环曲线所包围的面积相等，它们对外所做的净功是否相同？热循环效率是否相同？

习　题

3.1　1 mol 单原子理想气体从 300 K 加热到 350 K，问在下列两过程中吸收了多少热量？增加了多少内能？对外作了多少功？①体积保持不变；②压强保持不变。

答案：① $Q_V = \Delta U = 623.25$ J，$W'_V = -W_V = 0$；② $\Delta U = 623.25$ J，$Q_p = 1\,038.75$ J，$W'_p = -W_p = 415.5$ J

3.2　一个绝热容器中盛有摩尔质量为 M_m，比热容比为 γ 的理想气体，整个容器以速度 v 运动，若容器突然停止运动，求气体温度的升高量(设气体分子的机械能全部转变为内能)。

答案：$\Delta T = M_m v^2(\gamma - 1)/2R$

3.3　0.01 m^3 氮气在温度为 300 K 时，由 0.1 MPa(即 1 atm)压缩到 10 MPa。试分别求氮气经等温及绝热压缩后的①体积；②温度；③各过程对外所做的功。

答案：等温：① $V_2 = 1 \times 10^{-4}$ m^3；② $T_2 = 300$ K；③ $W' = -4.67 \times 10^3$ J；绝热：① $V_2 = 3.73 \times 10^{-4}$ m^3；② $T_2 = 1\,118$ K；③ $W' = -6.9 \times 10^3$ J

3.4　4×10^{-3} kg 氢气(看作理想气体)被活塞封闭在某一容器的下半部而与外界平衡(容器开口处有一突出边缘可防止活塞脱离，如图 3.40所示，活塞的质量和厚度可忽略)。现把 2×10^4 J 的热量缓慢地传给气体，使气体逐渐膨胀。求氢气最后的压强、温度和体积各变为多少？(活塞外大气处于标准状态)

答案：$p_3 = 1.19 \times 10^5$ Pa，$T_3 = 645$ K，$V_3 = 89.8 \times 10^{-3}$ m^3

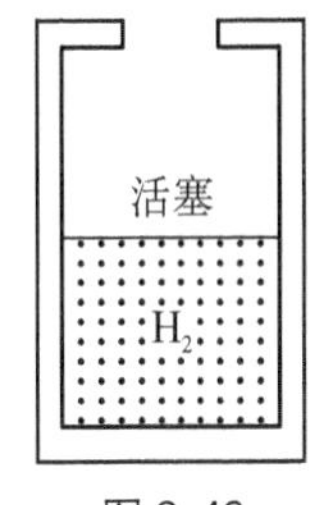

图 3.40

3.5　用绝热壁做成一圆柱形的容器，在容器中间放置一无摩擦的、绝热的可动活塞，活塞两侧各有 1 mol 温度为 T_0 的理想气体。设气

体定体摩尔热容 $C_{V,\mathrm{m}}$ 为常数，$\gamma = 1.5$。将一通电线圈放在活塞左侧气体中，对气体缓慢加热。左侧气体膨胀，同时通过活塞压缩右方气体，最后使右方气体压强增为 $\frac{27}{8}p_0$。试问：①对活塞右侧气体作了多少功？②右侧气体的终温是多少？③左侧气体的终温是多少？④左侧气体吸收了多少热量？

答案：① $W = RT_0$； ② $T_2 = \frac{3}{2}T_0$； ③ $T_1 = \frac{21}{4}T_0$； ④ $Q = \frac{19}{2}RT_0$

3.6 某理想气体的 pV 关系如图 3.41 所示，由初态 a 经准静态过程直线 ab 变到终态 b。已知该理想气体的定体摩尔热容 $C_{V,\mathrm{m}} = 3R$，求该理想气体在 ab 过程中的摩尔热容量。

答案：$C_{n,\mathrm{m}} = C_{V,\mathrm{m}} + \frac{1}{2}R = \frac{7}{2}R$

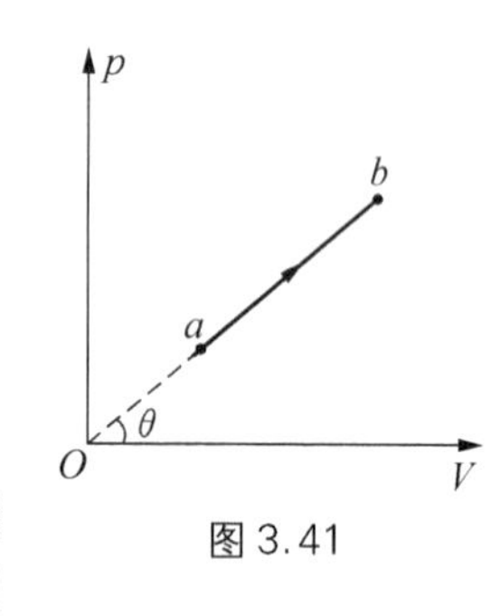

图 3.41

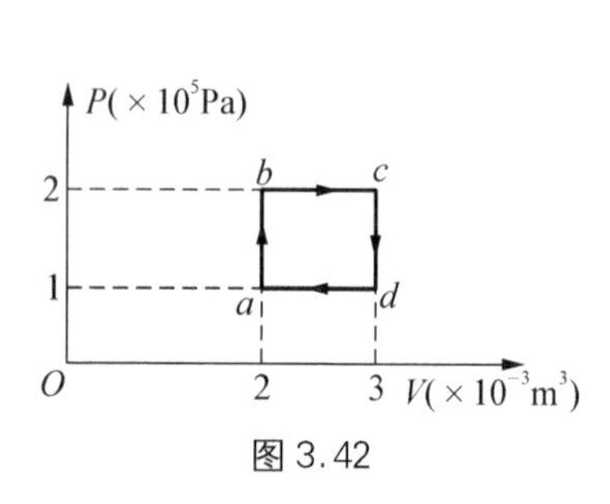

图 3.42

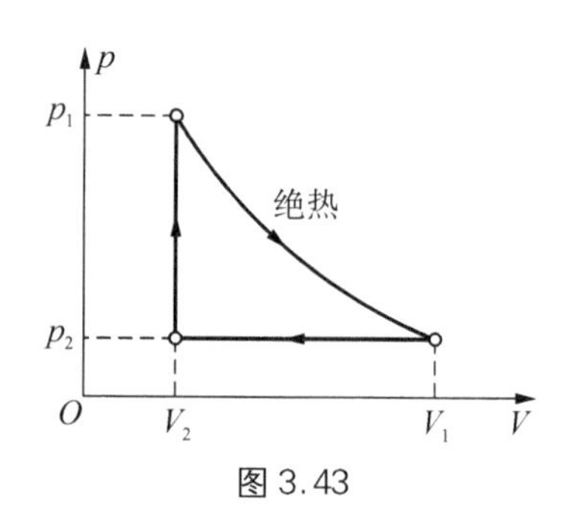

图 3.43

3.7 如图 3.42 所示，$abcda$ 是 1 mol 单原子分子理想气体的循环过程，求：①气体循环一次，在吸热过程中从外界共吸收的热量；②气体循环一次对外做的净功；③证明 $T_aT_c = T_bT_d$。

答案：① $Q_1 = 800$ J； ② $W' = 100$ J

3.8 设有一以理想气体为工质的热机循环，如图 3.43 所示。试证其循环效率为

$$\eta = 1 - \gamma \frac{\frac{V_1}{V_2} - 1}{\frac{p_1}{p_2} - 1}$$

3.9 如图 3.44 所示是一理想气体所经历的循环过程，其中 AB 和 CD 是等压过程，BC 和 DA 为绝热过程，已知 B 点和 C 点的温度分别为 T_2 和 T_3。求此循环效率。这是卡诺循环吗？

答案：$\eta = 1 - \frac{T_3}{T_2}$，不是

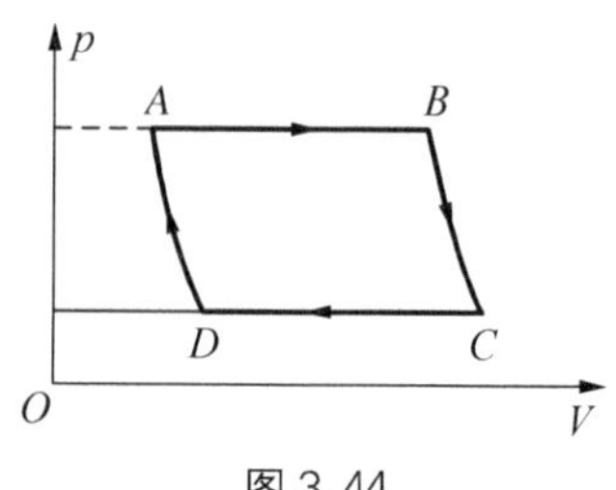

图 3.44

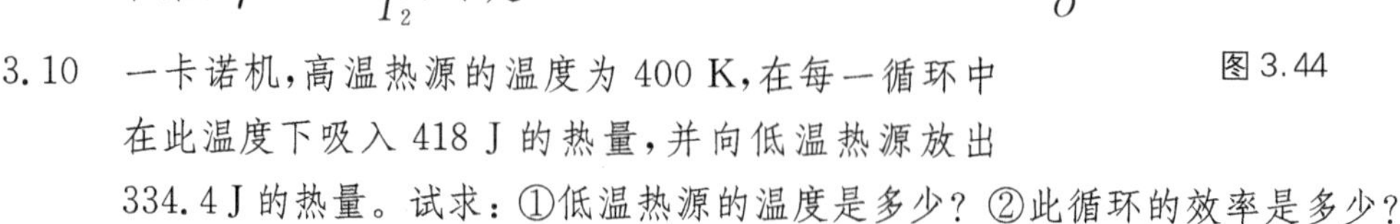

3.10 一卡诺机，高温热源的温度为 400 K，在每一循环中在此温度下吸入 418 J 的热量，并向低温热源放出 334.4 J 的热量。试求：①低温热源的温度是多少？②此循环的效率是多少？

答案：① $T_2 = 320\ \mathrm{K}$；　② 20%

3.11　一卡诺热机在 1 000 K 和 300 K 的两热源之间工作，试计算：①热机效率；②若低温热源不变，要使热机效率提高到 80%，则高温热源温度需提高多少？③若高温热源不变，要使热机效率提高到 80%，则低温热源温度需降低多少？

答案：① 70%；　② $\Delta T_1 = 500\ \mathrm{K}$；　③ $\Delta T_2 = 100\ \mathrm{K}$

3.12　①用一卡诺循环的制冷机从 7℃的热源中提取 1 000 J 的热量传向 27℃的热源，需要多少功？从−173℃向 27℃呢？②一可逆的卡诺机，作热机使用时，如果工作的两热源的温度差愈大，则对于做功就愈有利。当作制冷机使用时，如果两热源的温度差愈大，对于制冷是否也愈有利？为什么？

答案：① $W_1 = 71.4\ \mathrm{J}$, $W_2 = 2\ 000\ \mathrm{J}$

3.13　1 mol 单原子分子的理想气体，经历如图 3.45 所示的可逆循环，联结两点的曲线Ⅲ的方程为 $p = p_0 \dfrac{V^2}{V_0^2}$，$a$ 点的温度为 T_0。①试以 T_0，R 表示过程中吸收的热量；②求此循环的效率。

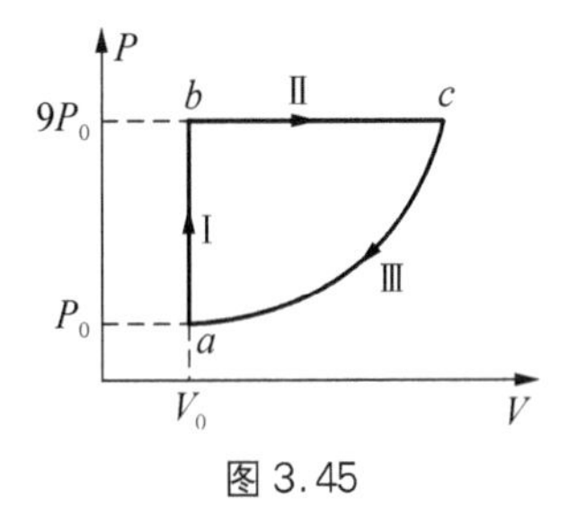

图 3.45

答案：① $Q_{ab} = 12RT_0$，$Q_{bc} = 45RT_0$，$Q_{ca} = -47.7RT_0$；② 16.4%

第 4 章　热力学第二定律　熵

热力学第一定律指出了任何热力学过程都要满足能量转换与守恒定律。然而，人们在研究热机工作原理时发现，满足能量转换与守恒定律的热力学过程不一定都能进行。实际的热力学过程都只能按一定的方向进行，而热力学第一定律并没有阐述系统变化进行的方向。热力学第二定律是关于自然过程方向性的定律。

4.1　热力学第二定律的经典表述及实质

4.1.1　可逆过程与不可逆过程

1. 自然界的过程实例

对于孤立系统，从非平衡态向平衡态过度是自动进行的，这样的过程叫自然过程。与其相反的过程是不自动的，除非有外界的帮助。也就是说，自然过程具有确定的方向性。例如：

① 单摆在摆动过程中，由于空气阻力及悬点处摩擦力的作用振幅逐渐减小，直到静止，过程中功转变为热量，机械能全部转化为内能，功变热是自动地进行的。但热变功的逆向转换却不会自动发生，虽然逆向转换不违反热力学第一定律。此例表明功热转换的过程是有方向性的。

② 两个温度不同的物体相互接触时，热量总是自动地从高温物体传到低温物体，而不会自动地从低温物体传到高温物体，使高温物体的温度越来越高，低温物体温度越来越低。虽然热量从低温物体传到高温物体的过程也不违反热力学第一定律。这个事实说明热传导过程也具有方向性。

③ 将盛有气体的绝热容器与一真空绝热容器接通时气体会自动地向真空中膨胀，但是已经膨胀到真空中的气体，不会自动退回到膨胀前的容器中去，气体向真空中绝热自由膨胀的过程是不可逆的。

关于自然过程具有方向性的例子还有很多，如两种不同气体放在一个容器里，它们能自发地混合，却不能自发地再度分离成两种气体；一滴墨水滴入水中，墨水会自动进行扩散，直至达到均匀分布，已经分布均匀的墨水，不会自动的浓缩回它扩散前的状态；等等。

上面所举各例的共同特点是，一个系统可以从某一初态自动地过渡到某一末态，但逆向过渡不一定能自动进行。按照过程进行的方向来分，我们把热力学过程分为可逆过程和不可逆过程。

2. 可逆与不可逆过程

设一个系统，由某一状态出发，经过一过程达到另一状态，如果存在一个逆过程，该逆过程能使系统和外界同时完全复原(即系统回到原来状态,同时消除了原来过程对外界引起的一切影响),则原来的过程称为**可逆过程**;反之,如果逆过程不具有上述性质,也就是用任何方法都不可能使系统和外界同时完全复原,则原来的过程称为**不可逆过程**。

3. 可逆过程的特征

分析自然界中各种不可逆过程,人们发现,不可逆过程产生的原因是:①系统内部出现了非平衡因素,如有限压强差、有限的密度差、有限的温度差等,使平衡态遭到破坏;②存在耗散因素,如摩擦、黏滞性、非弹性、电阻等。因此,若一个过程是可逆过程,它必须具有下面**两个特征**:首先过程中不出现非平衡因素,即过程必须**是准静态**的,以保证每一中间状态均是平衡态;其次过程中**无耗散因素**。可逆的热力学过程只**是一种理想模型**。尽管如此,仍有研究可逆过程的必要。因为,实际过程在一定条件下可以近似地作为可逆过程处理;同时,还可以通过可逆过程的研究去寻找实际过程的规律。

4.1.2 热力学第二定律的开尔文表述

热力学第一定律表明违背能量转换与守恒定律的第一类永动机不可能制成。那么如何在不违背热力学第一定律的条件下,尽可能地提高热机效率呢?分析热机效率公式 $\eta = 1 - \frac{Q_2}{Q_1}$,显然,如果向低温热源放出的热量 Q_2 越小,效率 η 就越大,当 $Q_2 = 0$ 时,即不需要低温热源,只存在一个单一温度的热源,其效率就可以达到 100%。这就是说,如果在一个循环中,只从单一热源吸收热量使之全部变为有用功(这不违反能量转换与守恒定律),热机效率就可以达到 100%,这个结论是非常引人关注的。有人曾作过估算,如果这种单一热源热机可以实现,则只要使海水温度降低 0.01 K,就能使全世界所有机器工作 1 000多年!

然而长期实践表明,循环效率达 100%的热机是无法实现的。在这个基础上,开尔文在 1851 年,提出了一条重要规律,称为热力学第二定律。这一定律表述为:**不可能从单一热源吸热使之完全变为有用功,而不引起其他变化**。这就是**热力学第二定律的开尔文表述**。

在开尔文叙述中,"**单一热源**"、"**不引起其他变化**"是两个关键条件。理想气体等温膨胀过程,固然能把吸收的热量完全变为功,但它不是循环动作的热机,而且又产生了其他变化(如气体膨胀,活塞位置变动)、并未回到初始状态。如果热源系统内部温度不均,有高、低温部分,就有放热出现,这与放热为零的要求不符,且相当于多个热源。

开尔文表述揭示了**功热转化的不可逆性**。表现为:功转化为热可以自发地进行,而热转化为功却不能在外界不产生其他影响的条件下自发地进行。例如物体运动的机械能可以通过摩擦、内耗、阻尼等耗散因素自发地转化为系统的内能;而系统的内能是不可能在不产生其他影响的条件下自发地发生变化,以释放热量的方式全部地转变为物体的机械运动能量的。这说明,一方面热量与功在可逆过程中表现出共性,如它们都是过程量,都是系统内能变量的量度,在数值上存在热功当量等;另一方面热量与功在不可逆过程中又表现出个性,它们有区别。这种区别主要表现在"做功"这种过程总是通过物体作宏观的整体的位移来进行的，而“传热”这种过程总是通过组成系统的大量分子的无规则热运动和相互之间的作用来进行的。因此，功热之间的转换涉及系统内大量分子无规则热运动（无序运动的能量）与物体作有规则的整体运动（有序运动的能量）之间的转换。这种转换不仅在数量上要守恒，要满足热力学第一定律，而且还在转换的方向上受到限制：只能从有序到无序，而不能从无序到有序，即要满足热力学第二定律。

人们把能够从单一热源吸热，并使之完全变为有用功而不产生其他影响的机器叫做**第二类永动机**。这种永动机并不违反热力学第一定律，因为它在工作过程中能量是守恒的。热力学第二定律否定了制作第二类永动机的可能性，所以**热力学第二定律又可表述为：第二类永动机是不可能实现的**。

根据热力学第二定律的开尔文叙述，各个工作热机必然会排出余热，伴随着排出废水、废气，形成所谓的热污染，这给环境保护带来威胁。因此，怎样在热力学第二定律允许范围内提高热机效率，减少热机释放的余热，不仅使有限的能源得到更充分的利用，同时对环保也具有重大的意义。目前热机的效率最高只能达到近50%，离热力学第二定律规定的极限相差甚远。为此，在热能工程领域工作的现代科技人员，仍十分关注提高热机效率问题，已形成一门独立学科分支——热力经济学。

4.1.3 热力学第二定律的克劳修斯表述

开尔文表述从正循环的热机效率极限问题出发，总结出热力学第二定律。我们还可以从逆循环的制冷机角度分析制冷系数极限，从而导出热力学第二定律的另一种等价表述。由制冷系数 $e=\dfrac{Q_2}{W}$ 可以看出，在 Q_2 一定的情况下，外界对系统做功 W 越少，制冷系数越高。取极限情况是 $W\to 0$，则 $e\to\infty$，即外界不对系统做功，热量可以不断地从低温热源传到高温热源，这是否可能呢？1850年德国物理学家克劳修斯在总结前人大量观察和实验的基础上提出：**不可能把热量从低温物体传到高温物体而不产生其他影响**。或**热量不可能自动地由低温物体传向高温物体**。这就是**热力学第二定律的克劳修斯表述**。在克劳修斯表述中，“**不产生其他影响**”、“**自动地**”是关键词，“不产生其他影响”意思是，除了把热量从低温物体传到高温物体以外，系统及外界没有任何其他的变化；“自动地”意思是，不需消耗外界能量，热量是不可能直接从低温物体传向高温物体的；制冷机中是通过外力做功才迫使热量从低温物体流向高温物体的。

克劳修斯表述揭示了**热量传递的不可逆性**。热量只能自动地由高温物体传向低温物体，而不能自动地由低温物体传向高温物体。

综上所述，热力学第一定律说明自然界中能量的各种形式是可以相互转化的，转化时在数量上要守恒。而热力学第二定律说明能量转化（或传递）的方向、条件和限度。

4.1.4 开尔文表述和克劳修斯表述的等价性

热力学第二定律的这两种表述，表面上看来各自独立，然而由于其内在实质的同一性，两种表述是等价的。我们可以采用反证法来证实，即如果两种表述之一不成立，则另一表述亦不成立。

反证一：若开尔文表述不成立，则克劳修斯表述也不真。

先证违反开尔文表述，必然违反克劳修斯表述。假如开氏表述不对，即可以从单一热源吸取热量 Q、并把它完全变为有用功 $W' = Q$，而不引起其他变化。则我们可用这个功去推动一台制冷机，如图 4.1(a)所示，现将两台机组合成一台复合机，如图 4.1(b)所示，其最终效果是不需消耗任何外界的功，热量 Q_2 自动地由低温物体流向高温物体，这等于说克氏表述也不对。即若违反开尔文表述，必然导致违反克劳修斯表述。

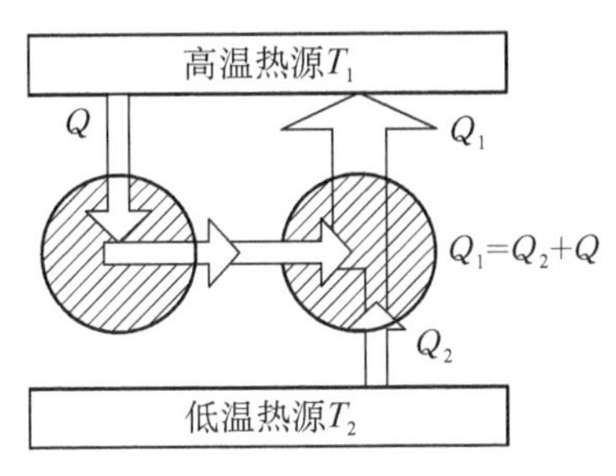

(a) 违反开尔文表述的机器＋制冷机

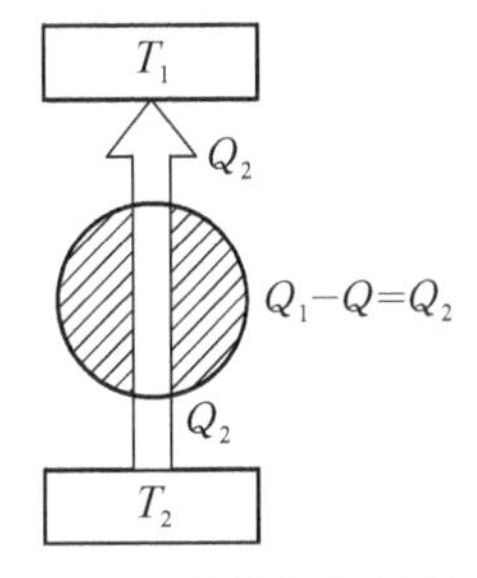

(b) 违反克劳修斯表述的机器

图 4.1

反证二：若违反克劳修斯表述，则开尔文表述也不真。

再证若违反克劳修斯表述，必然违反开尔文表述。假如克氏表述不对，即热量能自动地由低温物体流向高温物体，而不引起其他变化。我们把违反克氏表述的机器与一台热机组成复合机，并让热机放给低温热源的热量，通过违反克劳修斯表述的制冷机自动流回高温热源，则最终效果为从单一高温热源吸收的热量 $Q_1 - Q_2$ 完全变为有用功 W'，而不引起其他变化，即开氏表述也不对。这就是说若违反克氏表述，也必然导致违反开氏表述，如图 4.2 所示。

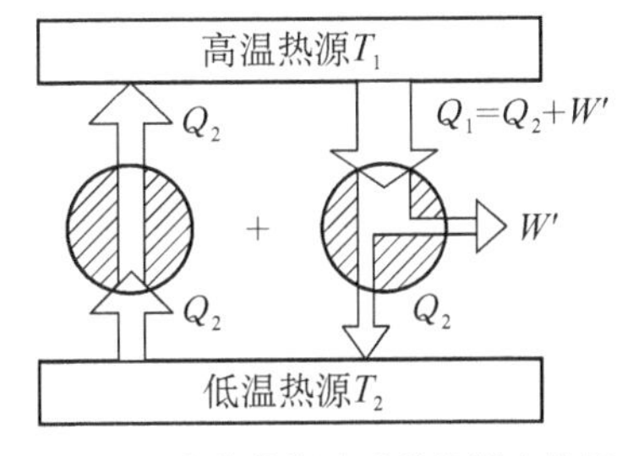

(a) 违反克劳修斯表述的机器＋热机

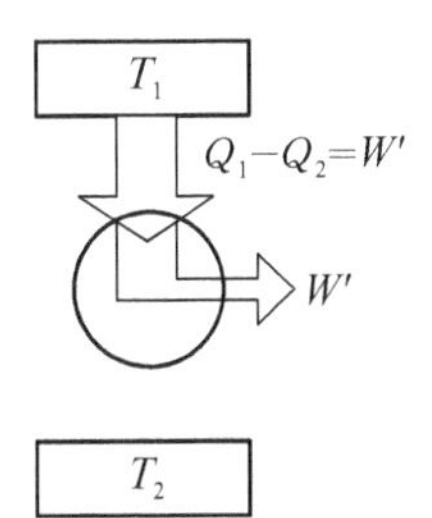

(b) 违反开尔文表述的机器

图 4.2

至此，我们证明了热力学第二定律的两种表述是等价的。

4.1.5 热力学第二定律的实质

上一节我们证明了开尔文表述和克劳修斯表述的等价性。如果我们进一步考查，可以发现，开尔文表述实际上就是说通过循环过程，功可以全部变为热能，而热能不能全部变为功，即本质不同的两种形式的能量，它们间的转换具有方向性或不可逆性。克劳修斯表述实际上是说热传导具有方向性或不可逆性。两种表述的等价性，说明可以从一种不可逆性推导出另一种不可逆性。即这种与热运动有关的不可逆性，其本质相同、互相关联。事实上自然界中的不可逆过程多种多样，但所有不可逆过程都是互相联系的，总可以把两个不可逆过程联系起来，由一个过程的不可逆性推断另一个过程的不可逆性。过程不可逆性就是过程进行具有方向性。热力学第二定律表明一切实际的自然过程都是不可逆的，就是关于过程进行方向的热力学定律。由于不可逆过程多种多样，各种不可逆过程又相互联系，因此热力学第二定律可以有各种不同的表述。因此，热力学第二定律可以采取这样的形式表述，即挑选一个不可逆过程，指明它所产生的后果不论用什么方法也不可能完全消除而不引起其他变化。根据这个过程的不可逆性就可以推断其他过程的不可逆性。由此可知，热力学第二定律可以有各种不同的说法。不论具体说法如何，**热力学第二定律的实质是指：在一切与热相联系的自然现象（实际宏观过程）中它们自发地实现的过程都是不可逆的**。因为一切实际过程必然与热相联系，故自然界中绝大部分的实际过程严格讲来都是不可逆的。现举一例子说明。水平桌面上有两只相同的杯子，杯子 A 中装满了水，杯子 B 是空的，现在要使杯子 A 中的水都倒到杯子 B 中，问这样的过程是可逆的还是不可逆的？从力学上考虑它是可逆的，杯子 A 中的水倒到杯子 B 中后水的重力势能不变。但从热学上考虑它是不可逆的。因为要把 A 中的水全部倒到 B 中去，你总需额外做些功（例如把杯子抬高一些），这部分功使水产生流动，而黏性力又使流动的水静止，人额外做的功全部转化为热，因而是不可逆的。

4.2 卡诺定理 热力学温标

4.2.1 卡诺定理

早在开尔文与克劳修斯建立热力学第二定律 20 多年前，卡诺在 1824 年发表的《谈谈火的动力和能发动这种动力的机器》的一本小册子中不仅设想了卡诺循环，而且提出了卡诺定理。**卡诺定理**的内容有两条：

① 在相同的高温热源和相同的低温热源间工作的一切可逆热机的效率都相等，都等于 $\eta=1-\frac{T_2}{T_1}$，而**与工作物质无关**。

② 在相同高温热源与相同低温热源间工作的一切热机中，不可逆热机的效率都不可能大于可逆热机的效率。

关于卡诺定理应注意两点：

① 这里所讲的热源都是**温度均匀的恒温热源**；

② 若一可逆热机仅从某一确定温度的热源吸热，也仅向另一确定温度的热源放热，从而对外做功，那么这部**可逆热机必然是**由两个可逆等温过程及两个可逆绝热过程所组成的**可逆卡诺热机**。

现在根据热力学第一定律和热力学第二定律来证明卡诺定理。

现有两部热机工作在相同的高温热源 T_1 和相同的低温热源 T_2 之间,一部为可逆机 a,在图 4.3 中以圆圈表示;另有一部任意热机 b(可以是可逆的,也可以是不可逆的),在图中以方框表示。它们都工作在相同的高温(温度为 T_1)及低温(温度为 T_2)热源之间。现在用反证法来证明卡诺定理。

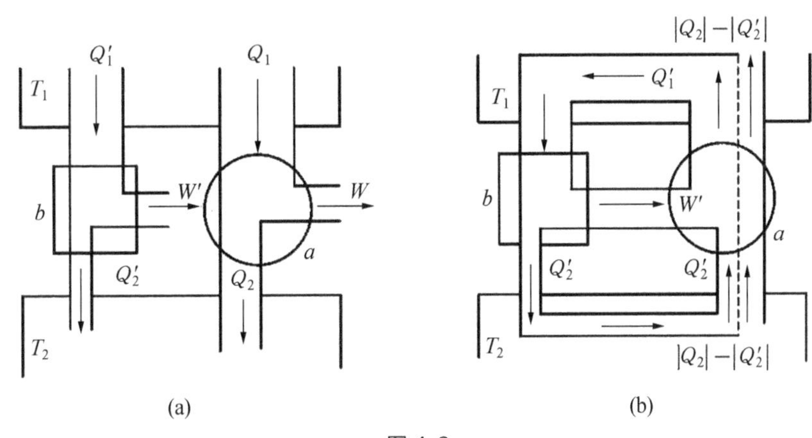

图 4.3

$$\eta_{a可逆} < \eta_{b任意} \tag{4.2.1}$$

设可逆机 a 的效率 $\eta_{a可逆}$ 小于另一任意热机 b 的效率 $\eta_{b任意}$,即若热机 a 从高温热源吸收热量 Q_1,向外界做功 W(注意这里的功 W 及热量 Q 都是绝对值)后,再向低温热源放出 Q_2 的热量,如图 4.3(a)所示。又设热机 b 从高温热源吸收热量 Q_1',有 W' 的功输出,另有 Q_2' 的热量释放给低温热源。调节这部机器的冲程(即活塞移动的最大距离),使两部热机在每一循环中都输出相同的功 $(W = W')$,则

$$Q'_1 - Q'_2 = Q_1 - Q_2 \tag{4.2.2}$$

将式(4.2.2)代入式(4.2.1),利用热机效率的定义,则有

$$\eta_{a可逆} = \frac{Q_1 - Q_2}{Q_1} < \frac{Q'_1 - Q'_2}{Q'_1} = \eta_{b任意} \tag{4.2.3}$$

由式(4.2.2)及式(4.2.3)可知

$$Q_1 > Q'_1 \tag{4.2.4}$$

由式(4.2.2)及式(4.2.4)可得

$$Q_2 - Q'_2 = Q_1 - Q'_1 > 0 \tag{4.2.5}$$

把可逆机 a 逆向运转作为制冷机用,再把 a 机与 b 机联合运转[如图 4.3(b)所示],这时热机 b 的输出功恰好用来驱动制冷机 a。联合运转的净效果是,高温热源净得热量 $Q_1 - Q'_1$,低温热源净失热量 $Q_2 - Q'_2$,因 $Q_2 - Q'_2 = Q_1 - Q'$,则有热量 $Q_2 - Q'_2$ 从低温热源不断流到高温热源去,而外界并未对联合机器做功,因而违背克氏表述。说明题设的假定 $\eta_{a可逆} <$

$\eta_{b任意}$ 是错误的。正确的只能是 b 机效率不能大于 a 机的效率，即

$$\eta_{b任意} \leqslant \eta_{a可逆} \tag{4.2.6}$$

若 b 机是可逆机而 a 机是任意机，按与上面类似的证明方法，也可证明

$$\eta_{a任意} \leqslant \eta_{b可逆} \tag{4.2.7}$$

由式(4.2.6)及式(4.2.7)可知，如果 a 机和 b 机都是可逆机，则

$$\eta_{a可逆} = \eta_{b可逆} \tag{4.2.8}$$

即卡诺定理表述(1)得证；如果 a 机是可逆机而 b 机是不可逆机，则

$$\eta_{b不可逆} \ngtr \eta_{a可逆} \tag{4.2.9}$$

即卡诺定理表述(2)得证。在上述证明中我们并没有对工作物质作出任何规定，说明工作于相同高温热源及相同低温热源间的任何可逆卡诺热机，不管它采用何种工作物质，其效率都相等。当然，$\eta_{可逆}$ 也等于以理想气体为工作物质的可逆卡诺热机效率，即 $\eta = 1 - \dfrac{T_2}{T_1}$。

4.2.2 热力学温标

热力学温标是一种不依赖于任何测温物质的，适用于任何温度范围的绝对温标。实际上它是由开尔文于1848年在卡诺定理基础上建立起来的一种理想模型。

我们知道热机效率定义为

$$\eta = 1 - \frac{Q_2}{Q_1} \tag{4.2.10}$$

按卡诺定理，工作于两个温度不同的恒温热源间的一切可逆卡诺热机的效率与工作物质无关，仅与两个热源的温度有关，说明比值 $\dfrac{Q_2}{Q_1}$ 仅决定于两个热源的温度，即 $\dfrac{Q_2}{Q_1}$ 仅是两个热源温度的函数。为此开尔文建议建立一种不依赖于任何测温物质的温标。设由这一温标表示的任两个热源的温度分别为 θ_1 及 θ_2，在这两个热源间工作的可逆卡诺热机所吸、放的热量的大小分别为 Q_1 及 Q_2。为了简单起见，规定有如下简单关系

$$\frac{Q_2}{Q_1} = \frac{\theta_2}{\theta_1} \tag{4.2.11}$$

这种温标称为**热力学温标**，也称为开尔文温标。因为可逆卡诺热机效率不依赖于任何测温物质的测温属性，而只与两个热源的温度有关，因而热力学温标可作为适用于任何温度范围测温的“绝对标准”，故又称为**绝对温标**。初看起来这样的温标没有实际意义，因为不可能存在一部可逆卡诺热机，更不可能制造出一部工作于任何温度与水的三相点温度之间的可逆卡诺机。但注意到，在以前所有的可逆卡诺热机效率公式中的温度都是用理想气体温标表示的，即

$$\eta = 1 - \frac{Q_2}{Q_1} = 1 - \frac{T_2}{T_1} \tag{4.2.12}$$

将式(4.2.11)与式(4.2.12)比较则有

$$\frac{\theta_2}{T_2} = \frac{\theta_1}{T_1} = \frac{\theta_{tr}}{T_{tr}} = C \tag{4.2.13}$$

其中 θ_{tr}及 T_{tr}分别表示由热力学温标及理想气体温标所表示的水的三相点温度。这说明用热力学温标及用理想气体温标表示的任何温度的数值之比是一常数。为简单起见,历届国际度量衡会议上均统一规定

$$\theta_{tr} = 273.16\ \mathrm{K} \tag{4.2.14}$$

这说明式(4.2.13)中常数 $C = 1$,因而在理想气体温标可适用的范围内,热力学温标和理想气体温标完全一致,即

$$\frac{Q_2}{Q_1} = \frac{\theta_2}{\theta_1} = \frac{T_2}{T_1} \tag{4.2.15}$$

这就为热力学温标的广泛应用奠定了基础。

4.3 克劳修斯等式与不等式

热力学第二定律指出,自然界实际的与热相关的过程都是不可逆的,是有特定自发进行方向的过程,它沿其自发方向进行的过程一旦发生,其所产生的后果将永远无法完全消除,系统与外界不可能再同时回到它们的初始状态。但从理论上说还有一种无摩擦耗散的准静态过程(以后凡提到准静态过程都是指无摩擦准静态过程),这种过程是可逆的,它是一种理想过程,实际过程只能做到尽可能接近它。由可逆过程构成的循环可以正向进行循环也可以反向循环,称为可逆循环,如卡诺循环。循环过程中若有不可逆过程则称为不可逆循环,各种实际的循环过程都是不可逆循环过程。根据卡诺定理,这种可逆过程和不可逆过程的差异通过可逆热机和不可逆热机的效率差异表现出来。

若一个系统在循环过程中只与两个热源接触,根据卡诺定理:工作于两个热源之间的任何一个热机的效率不能大于工作于这两个热源之间的可逆热机的效率。因此有

$$\eta = 1 - \frac{Q_2}{Q_1} \leqslant 1 - \frac{T_2}{T_1} \tag{4.3.1}$$

其中等号适用于可逆热机;不等号适用于不可逆热机。式(4.3.1)也可以写为

$$\frac{Q_1}{T_1} - \frac{Q_2}{T_2} \leqslant 0 \tag{4.3.2}$$

因为式中的 Q_1 表示系统从高温热源 T_1 处吸收的热量,是个正值,Q_2 表示系统向低温热源 T_2 放出的热量,是个负值,式(4.3.2)中 Q_2 是绝对值,负值体现在负号上。若热量采用与热一定律同样的**代数量**,则式(4.3.2)可改写为

$$\frac{Q_1}{T_1}+\frac{Q_2}{T_2}\leqslant 0 \tag{4.3.3}$$

其中等号适用于可逆机；不等号适用于不可逆机（注意：此时式中 Q_1、Q_2 都是代数量了）。

若一个系统在循环过程中与温度为 T_1，T_2，…，T_n 的 n 个热源接触，并从它们那里分别吸收 Q_1，Q_2，…Q_n 的热量，如图 4.4 所示。则可以证明

$$\sum_{i=1}^{n}\frac{Q_i}{T_i}\leqslant 0 \tag{4.3.4}$$

这里，我们同样规定系统吸收热量为正，放出热量为负。如果是可逆循环，就取等号；如果是不可逆循环，就取不等号。

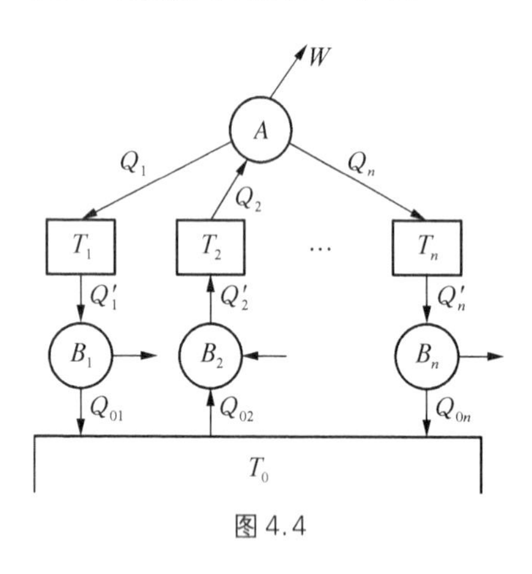

图 4.4

式(4.3.4)证明如下：如图 4.4 所示，假设另有一个温度为 T_0 的热源，并假设有 n 个可逆卡诺热机(B_1，B_2，…，B_n)，其中第 i 个可逆卡诺热机 B_i 工作于 T_0 与 T_i 之间，从热源 T_0 吸取的热量为 Q_{0i}，向热源 T_i 放出的热量为 Q'_i，令 $Q_i=Q'_i$ (Q_i 为循环 A 在热源 T_i 处吸收的热量)。根据式(4.2.15)，有

$$Q_{0i}=\frac{T_0}{T_i}Q'_i=\frac{T_0}{T_i}Q_i \tag{4.3.5}$$

对所有 i 求和有

$$Q_0=\sum_{i=1}^{n}Q_{0i}=T_0\sum_{i=1}^{n}\frac{Q_i}{T_i} \tag{4.3.6}$$

Q_0 是这 n 个可逆卡诺热机从温度为 T_0 的热源所吸取的总热量。把这 n 个可逆卡诺热机与系统原来进行的循环过程 A 配合之后，n 个热源在原来的循环过程中传给系统的热量都从卡诺热机收回了，系统与可逆热机都恢复原状，只有热源 T_0 放出了热量 Q_0。如果 $Q_0>0$，则全部过程终了时，相当于从单一热源 T_0 吸取的热量 Q_0 就全部转化为对外所做的机械功 W。这是与热力学第二定律的开尔文表述相违背的。因此必须有 $Q_0\leqslant 0$。由于 $T_0>0$，由式(4.3.6)得

$$\sum_{i=1}^{n}\frac{Q_i}{T_i}\leqslant 0$$

即式(4.3.4)得证。

对于更普遍的情况，如果系统经历任意循环过程，过程中与一系列(无穷多个)热源接触，从热源 T 处吸收热量 ΔQ，则式(4.3.4)可以写成

$$\lim_{n\to\infty}\sum_{i=1}^{n}\frac{\Delta Q_i}{T_i}\leqslant 0 \tag{4.3.7}$$

即

$$\oint \frac{đQ}{T} \leqslant 0 \tag{4.3.8}$$

积分沿整个循环过程进行。同样地，等号适用于可逆过程，不等号适用于不可逆过程。我们把热量与温度的比值$\frac{Q}{T}$(或$\frac{đQ}{T}$)称为**热温比**，式(4.3.8)称为**克劳修斯等式和不等式**，即在一个循环过程中热温比的代数和(或积分)不能大于零，如果循环过程是可逆的，则热温比的代数和(或积分)等于零；如果循环过程是不可逆的，则热温比的代数和(或积分)小于零。以后我们用符号"R"表示可逆过程，用符号"IR"表示不可逆过程。

4.4 熵 熵增加原理

4.4.1 熵的定义与性质

设系统由平衡状态 A 经可逆过程 $A\,\mathrm{I}\,B$ 变到平衡状态 B，又由状态 B 沿任意可逆过程 $B\,\mathrm{II}\,A$ 回到原状态 A，构成一个可逆循环，如图 4.5 所示。

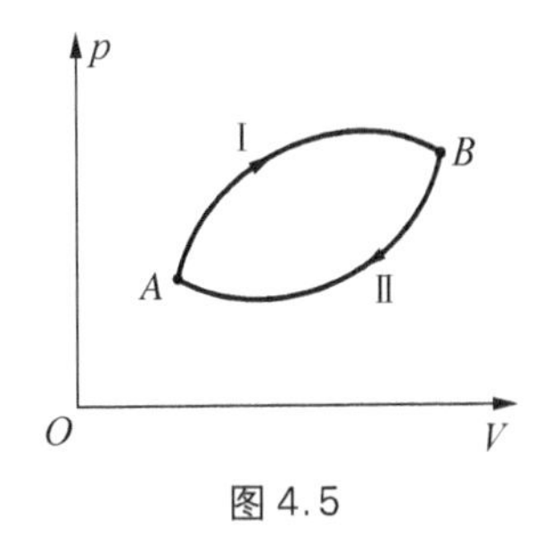

图 4.5

由式(4.3.8)可知，对于可逆循环有

$$\oint \frac{đQ_R}{T} = 0 \tag{4.4.1}$$

即

$$\int_{A\mathrm{I}}^{B} \frac{đQ_R}{T} + \int_{B\mathrm{II}}^{A} \frac{đQ_R}{T} = 0 \tag{4.4.2}$$

由于过程是可逆的，则有

$$\int_{A\mathrm{I}}^{B} \frac{đQ_R}{T} + \int_{B\mathrm{II}}^{A} \frac{đQ_R}{T} = \int_{A\mathrm{I}}^{B} \frac{đQ_R}{T} - \int_{A\mathrm{II}}^{B} \frac{đQ_R}{T} \tag{4.4.3}$$

即

$$\int_{A\mathrm{I}}^{B} \frac{đQ_R}{T} = \int_{A\mathrm{II}}^{B} \frac{đQ_R}{T} \tag{4.4.4}$$

由式(4.4.4)可见，由初态 A 沿不同的可逆过程变到同一末态 B 的热温比的积分值 $\int_{A}^{B} \frac{đQ_R}{T}$ 相等。这就是说**热温比的积分只取决于初、末状态，与过程无关**。在力学中，重力做功只取决于初、末位置而与其通过的具体路径无关，从而引入重力势能这一态函数。现在，$\oint \frac{đQ_R}{T} = 0$，与引入势能函数相似，克劳修斯引入一个**状态函数 S**，称为系统的 entropy(德文)，中译名为**"熵"**。当系统由平衡态 A 变到平衡态 B 时，这个态函数就从 S_A

变到 S_B，即

$$S_B - S_A = \int_A^B \frac{đQ_R}{T} \tag{4.4.5}$$

式(4.4.5)就是著名的**克劳修斯熵公式**。对于一个微小的可逆过程有

$$\mathrm{d}S = \frac{đQ_R}{T} \tag{4.4.6}$$

式(4.4.6)表明，在可逆过程中，系统熵的微小变化等于这一微过程的“热温之商”，这也是态函数之所以取名为熵的原由。关于熵有以下几点需要说明：

① 熵是一个反映热力学系统宏观状态的**态函数**。如果过程的初末两态均为平衡态，则**系统的熵变只取决于初态和末态，与过程是否可逆无关**。但是应该强调的是式(4.4.5)中的**积分必须沿可逆过程进行**，因此，当初、末两态间经历一不可逆过程时，我们可以设计一个可逆过程将初、末两态连接起来，然后沿此可逆过程用式(4.4.5)计算熵变。

② 式(4.4.5)引入的熵我们称之为**热力学熵**，热力学熵只有相对意义，与熵的零点选择有关。

③ 熵值具有可加性，**是广延量**。因此整个系统的熵变等于组成它的各个子系统熵变之和；全过程的熵变等于组成它的各子过程的熵变之和。

4.4.2 理想气体的熵

1. 热力学基本微分方程

准静态过程的热力学第一定律数学表达式为 $dU = đQ - p\mathrm{d}V$，由于在可逆过程中 $đQ_R = T\mathrm{d}S$，故热一定律可写为

$$\mathrm{d}U = T\mathrm{d}S - p\mathrm{d}V \tag{4.4.7}$$

或

$$\mathrm{d}S = \frac{\mathrm{d}U + p\mathrm{d}V}{T} \tag{4.4.8}$$

式(4.4.7)综合了第一定律和第二定律的结果，被称为**热力学基本微分方程**。它给出了在相邻的两个平衡态，状态参量 U、S、V 的增量之间的关系。

普遍来说，在可逆过程中外界对系统所做的功是

$$đW = \sum_i Y_i \mathrm{d}y_i$$

因此热力学基本微分方程的一般形式为

$$\mathrm{d}U = T\mathrm{d}S + \sum_i Y_i \mathrm{d}y_i$$

2. 理想气体的熵

(1) 以 T、V 为独立变量时理想气体的熵变

对于理想气体，$dU=\nu C_{V,m}dT$，$p=\nu\frac{RT}{V}$，所以有

$$dS=\frac{dU+pdV}{T}=\nu C_{V,m}\frac{dT}{T}+\nu R\frac{dV}{V} \tag{4.4.9}$$

$$S-S_0=\int_{T_0}^{T}\nu C_{V,m}\frac{dT}{T}+\int_{V_0}^{V}\nu R\frac{dV}{V} \tag{4.4.10}$$

若理想气体的 $C_{V,m}$ 可以当成常数，则对上式两边积分时可对每一个变量单独进行，得

$$S-S_0=\nu C_{V,m}\ln\frac{T}{T_0}+\nu R\ln\frac{V}{V_0} \tag{4.4.11}$$

式(4.4.9)～式(4.4.11)中的熵均是以 T、V 为独立变量的。

(2) 以 T、p 为独立变量时理想气体的熵变

若要求出以 T、p 为独立变量，则利用理想气体物态方程 $pV=\nu RT$ 可得

$$\frac{dV}{V}=\frac{dT}{T}-\frac{dp}{p} \tag{4.4.12}$$

将式(4.4.12)代入式(4.4.9)可得

$$dS=\nu C_{p,m}\frac{dT}{T}-\nu R\frac{dp}{p} \tag{4.4.13}$$

其中 $C_{p,m}$ 可当成常数。上式两边积分，得

$$S-S_0=\nu C_{p,m}\ln\frac{T}{T_0}-\nu R\ln\frac{p}{p_0} \tag{4.4.14}$$

对于理想气体，只要初、末态的状态参量(T、V)或(T、p)一经确定，就可利用式(4.4.11)或式(4.4.14)计算熵变，而与选取可逆的还是不可逆的路径无关。

4.4.3 温熵图

在一个有限的可逆过程中，系统从外界所吸收的热量为

$$Q_{ab}=\int_a^b TdS \tag{4.4.15}$$

因为简单系统的状态可由任意两个独立的状态参量来确定，并不一定限于 T、V 或 T、p，故也可把熵 S 作为描述系统状态的一个独立参数，另一个独立参数可任意取。例如可选 T、S 为独立参数，则以 T 为纵轴，S 为横轴，作出热力学可逆过程曲线图，这种图称为**温一熵图**，即 T-S 图。由式(4.4.15)可看出，在 T-S 图中任一可逆过程曲线下的面积就是在该过程中吸收的热量。在图 4.6 中，顺时针可逆循环中的线段 $a\to c\to b$ 过程是吸热过程，$b\to d\to a$ 过程是放热过程。整个循环曲线所围面积就是热机

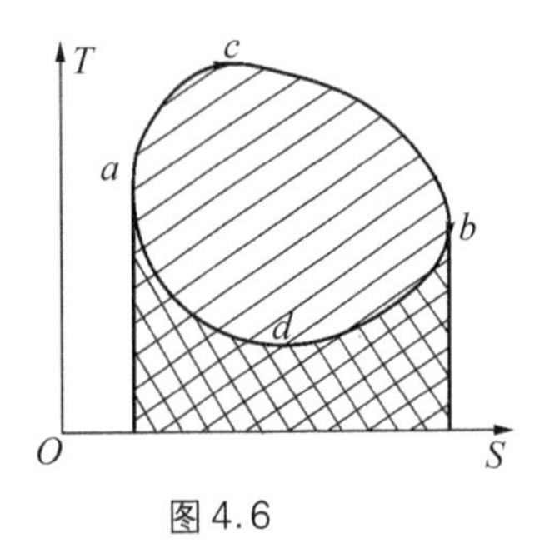

图 4.6

在循环中吸收的净热量，它也等于热机在一个循环中系统对外输出的净功。显然，$T-S$ 图上逆时针的循环曲线表示为制冷机，循环过程曲线所围面积是外界对制冷机所做的净功。

4.4.4 以熵来表示的热容

既然可逆过程中 $T\mathrm{d}S=\bar{d}Q$，我们就可以用熵来表示 C_V 及 C_P

$$C_V=\left(\frac{\bar{d}Q}{\mathrm{d}T}\right)_V=T\left(\frac{\partial S}{\partial T}\right)_V \tag{4.4.16}$$

$$C_p=\left(\frac{\bar{d}Q}{\mathrm{d}T}\right)_p=T\left(\frac{\partial S}{\partial T}\right)_p \tag{4.4.17}$$

这是 $C_V=\left(\frac{\partial U}{\partial T}\right)_V$ 及 $C_p=\left(\frac{\partial H}{\partial T}\right)_p$ 之外的另一种表达式。同样可把对于任一可逆过程"i"的热容(例如某一种多方过程，或其他的过程，只要这一过程是准静态的，在 $p-V$ 图上可以一条实线表示)表示为

$$C_i=\left(\frac{\bar{d}Q}{\mathrm{d}T}\right)_i=T\left(\frac{\partial S}{\partial T}\right)_i$$

4.4.5 熵增加原理和热力学第二定律的数学表达式

前面已经指出，实际的热力学过程都是不可逆的非静态过程，都有自己的自发进行的方向。热力学第二定律就是阐述实际过程这种不可逆性规律的定律，并由此导出克劳修斯等式和不等式。现在我们从克劳修斯等式和不等式出发，给出热力学第二定律的数学表达式和熵增加原理。

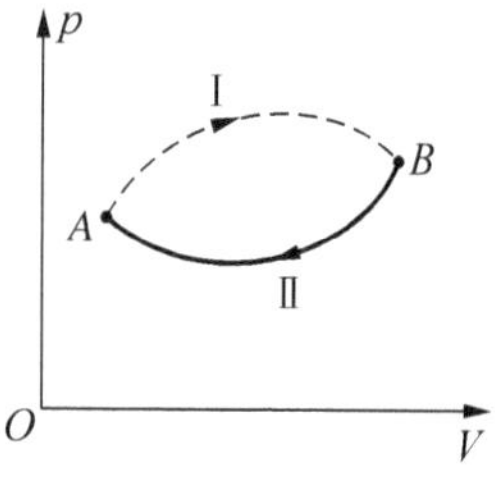

1. 热力学第二定律的数学表达式

若系统由平衡状态 A 经不可逆过程 $A\,\mathrm{I}\,B$ 变到平衡状态 B，又由状态 B 沿任意可逆过程 $B\,\mathrm{II}\,A$ 回到原状态 A，构成一个不可逆循环，如图 4.7 所示。由式(4.3.8)可知，对于不可逆过程有

图4.7　不可逆过程熵变

$$\oint_{IR}\frac{\bar{d}Q_{IR}}{T}<0 \tag{4.4.18}$$

即

$$\int_{A\mathrm{I}}^{B}\frac{\bar{d}Q_{IR}}{T}+\int_{B\mathrm{II}}^{A}\frac{\bar{d}Q_{R}}{T}<0 \tag{4.4.19}$$

即

$$\int_{A\mathrm{I}}^{B}\frac{\bar{d}Q_{IR}}{T}<-\int_{B\mathrm{II}}^{A}\frac{\bar{d}Q_{R}}{T}=\int_{A\mathrm{II}}^{B}\frac{\bar{d}Q_{R}}{T} \tag{4.4.20}$$

由于 $A\,\mathrm{II}\,B$ 过程可逆，所以 A、B 两状态的熵差

$$S_B - S_A = \int_{A\mathrm{II}}^{B} \frac{đQ_R}{T} > \int_{A\mathrm{I}}^{B} \frac{đQ_{IR}}{T}$$

对于一个微小的过程有

$$\mathrm{d}S > \frac{đQ_{IR}}{T}$$

将可逆与不可逆过程结合，则有

$$S_B - S_A \geqslant \int_A^B \frac{đQ}{T} \tag{4.4.21}$$

或

$$\mathrm{d}S \geqslant \frac{đQ}{T} \tag{4.4.22}$$

其中 T 是热源的温度，不等号适用于不可逆过程，等号适用于可逆过程。式(4.4.21)和式(4.4.22)中给出热力学第二定律对过程的限制，**违反上述不等式的过程是不可能实现的**。这就是**热力学第二定律的数学表达式**。

2. 熵增加原理

在绝热条件下，系统在过程中与外界没有热量交换，即 $đQ = 0$，由式(4.4.21)可知

$$S_B - S_A \geqslant 0 \tag{4.4.23}$$

或

$$\Delta S \geqslant 0$$

式(4.4.23)表明**热力学系统从一平衡态绝热地到达另一个平衡态的过程中，它的熵永不减少。若过程是可逆的，则熵不变；若过程是不可逆的，则熵增加**。这就是**熵增加原理**，也称为**熵判据**。根据熵增加原理可知：**孤立系统内发生的一切不可逆过程都会使系统的熵增加**，这就是说，在孤立系统中所进行的自然过程总是沿着熵增加的方向进行，直到熵达到最大值为止，平衡态是对应熵最大的状态；而对于在孤立系统中所进行的可逆过程，系统总是处于平衡态，系统的熵值保持不变。

熵增加原理初看起来是对孤立系统来说的，实际上，这是一个十分普遍的规律。因为任何一个热过程，只要把过程所涉及的物体都看作是系统的一部分，那么，这系统对于该过程来说就变成了孤立系统，过程中这系统的熵变就一定满足熵增加原理。例如，温度不同的 A，B 两物体，温度分别为 T_1 和 T_2 $(T_1 > T_2)$，相互接触后发生热量从 A 物体流向 B 物体的热传导过程。如果单把物体 A(或物体 B)看成为所讨论的系统，则系统是非孤立系统。比如物体 B，因为吸收热量，它的熵增加；对物体 A，因为放热，它的熵减少。但是如果把物体 A，B 合起来作为所讨论的系统，这就成了孤立系统，对这孤立系统来说，热传导过程一定使这系统的熵增加。因此，熵增加原理中的熵增加是指组成孤立系统的所有物体的熵之和的增加。而对于孤立系统内的个别物体来说，在热力学过程中它的熵

增加或者减少都是可能的。

由于熵增加原理与热力学第二定律都是表述热力学过程自发进行的方向和条件，所以，熵增加原理和热力学第二定律的数学表达式为我们提供了判别一切过程进行方向的准则。

例1 设50.0 g空气经历一可逆多方过程从初态（$p_0=1.0\times10^5\ \text{Pa}$，$T_0=303.0\ \text{K}$）到末态（$p_1=3.5\times10^5\ \text{Pa}$），多方指数$n=1.30$。求空气的熵变。（将空气看作理想气体，其平均摩尔质量$M_{\text{m}}=28.97\times10^{-3}\ \text{kg}\cdot\text{mol}^{-1}$，定压摩尔热容$C_{p,\text{m}}=29.09\ \text{J}\cdot\text{mol}^{-1}\cdot\text{K}^{-1}$）。

解：已知空气经历一可逆多方过程。

方法一：由理想气体的熵公式(4.4.14)直接求。

由多方过程方程式(3.6.22c)可得末态温度

$$T_1=T_0\left(\frac{p_1}{p_0}\right)^{(n-1)/n}=303.0\times\left(\frac{3.5\times10^5}{1.0\times10^5}\right)^{(1.30-1)/1.30}\text{K}=404.6\ \text{K}$$

由式(4.4.14)，并考虑到题中空气的摩尔数$\nu=50.0/28.97=1.73\ \text{mol}$，有

$$\begin{aligned}S_1-S_0&=\nu C_{p,\text{m}}\ln\frac{T_1}{T_0}-\nu R\ln\frac{p_1}{p_0}\\&=1.73\times29.09\ln\frac{404.6}{303.0}-1.73\times8.31\ln\frac{3.5\times10^5}{1.0\times10^5}\ \text{J}\cdot\text{K}^{-1}=-3.46\ \text{J}\cdot\text{K}^{-1}\end{aligned}$$

方法二：由熵的定义式(4.4.5)求熵变。

因过程是一个多方可逆过程，所以式(4.4.5)中的积分路径就可以选用题目中的**可逆多方过程**。在本题的可逆多方过程中

$$đQ_R=\nu C_{n,\text{m}}\text{d}T$$

$C_{n,\text{m}}$是多方过程摩尔热容

$$C_{n,\text{m}}=C_{V,\text{m}}-\frac{R}{n-1}=C_{V,\text{m}}\frac{\gamma-n}{1-n}$$

式中的定容摩尔热容为

$$C_{V,\text{m}}=C_{p,\text{m}}-R=29.09-8.31=20.78\ \text{J}\cdot\text{mol}^{-1}\cdot\text{K}^{-1}$$

而比热容比$\gamma=\dfrac{C_{p,\text{m}}}{C_{V,\text{m}}}=\dfrac{29.09}{20.78}=1.40$，于是由式(4.4.5)得

$$\begin{aligned}S_1-S_0&=\int_{T_0}^{T_1}\frac{đQ_R}{T}=\nu C_{n,\text{m}}\int_{T_0}^{T_1}\frac{\text{d}T}{T}=\nu C_{V,\text{m}}\left(\frac{\gamma-n}{1-n}\right)\ln\frac{T_1}{T_0}\\&=\frac{50.0}{28.97}\times20.78\times\frac{1.40-1.30}{1-1.30}\ln\frac{404.6}{303.0}\ \text{J}\cdot\text{K}^{-1}=-3.46\ \text{J}\cdot\text{K}^{-1}\end{aligned}$$

方法三：由热力学基本微分方程(4.4.8)求熵变。

$$\text{d}S=\frac{\text{d}U+p\text{d}V}{T}=\frac{\nu C_{V,\text{m}}\text{d}T+\nu R\text{d}T-V\text{d}p}{T}=\frac{\nu C_{p,\text{m}}\text{d}T}{T}-\nu R\frac{\text{d}p}{p}$$

则

$$S_1 - S_0 = \nu C_{p,\mathrm{m}}\int_{T_0}^{T_1}\frac{\mathrm{d}T}{T} - \nu R\int_{p_0}^{p_1}\frac{\mathrm{d}p}{p} = \nu C_{p,\mathrm{m}}\ln\frac{T_1}{T_0} - \nu R\ln\frac{p_1}{p_0} = -3.46\ \mathrm{J\cdot K^{-1}}$$

下面举几个计算不可逆过程熵的改变的例子，主要目的是说明**如何通过辅助的可逆过程去计算不可逆过程的熵变**。在这里，**可逆过程不是作为实际过程的近似，而是作为一种计算熵变的手段**。

例 2 一容器被一隔板分隔为体积相等的两部分，左半中充有 ν 摩尔理想气体，右半是真空，试问将隔板抽除经自由膨胀后，系统的熵变是多少？

解：理想气体的自由膨胀是一个不可逆过程，其熵只能增加。

方法一：理想气体在自由膨胀中 $Q=0$，$W=0$，$\Delta U=0$，故温度不变。若将 $Q=0$ 代入式(4.4.5)，会得到自由膨胀中熵变为零的错误结论。这是因为自由膨胀是不可逆过程，不能直接利用式(4.4.5)求熵变，应找一个连接相同初、末态的可逆过程计算熵变。可设想 ν 摩尔气体经历一**可逆等温膨胀**。例如将隔板换成一个无摩擦活塞，使这一容器与一比气体温度高一无穷小量的恒温热源接触，并使气体准静态地从 V 膨胀到 $2V$，这样的过程是可逆的。因为等温过程 $\mathrm{d}U=0$，故 $đQ=-đW=p\mathrm{d}V$，利用熵的改变量的定义式(4.4.5)可得

$$S_2 - S_1 = \int_1^2\frac{đQ_R}{T} = \int_{V_1}^{V_2}\frac{p}{T}\mathrm{d}V = \nu R\int_{V_1}^{V_2}\frac{\mathrm{d}V}{V} = \nu R\ln\frac{V_2}{V_1} = \nu R\ln 2$$

可见在自由膨胀这一不可逆绝热过程中 $\Delta S>0$。

方法二：考虑到理想气体经自由膨胀后温度不变，初、末态分别是$(V_1,\ T)$及$(V_2,\ T)$。由理想气体的熵变公式(4.4.11)，熵变为

$$S_2 - S_1 = \nu R\ln\frac{V_2}{V_1} = \nu R\ln 2$$

方法三：由热力学基本微分方程(4.4.8)求熵变。因 $\mathrm{d}U=0$，则

$$\mathrm{d}S = \frac{\mathrm{d}U + p\mathrm{d}V}{T} = \frac{p}{T}\mathrm{d}V$$

$$S_2 - S_1 = \int_{V_1}^{V_2}\frac{p}{T}\mathrm{d}V = \nu R\int_{V_1}^{V_2}\frac{\mathrm{d}V}{V} = \nu R\ln\frac{V_2}{V_1} = \nu R\ln 2$$

例 3 已知在 $p=1.01\times10^5\ \mathrm{Pa}$、$T=273.15\ \mathrm{K}$ 的条件下，冰融化成水时的熔解热 $l_m=334\ \mathrm{kJ/kg}$。求 1 kg 冰融化为水时熵的变化。

解：冰的融化过程在实际发生时是不可逆的。但为了计算熵变，要用一可逆过程连结相同的初末态。设想有一恒温热源，其温度只比 273.15 K 高一无穷小量，令冰和后来出现的冰水系统与此热源接触，不断吸取热量，使冰极其缓慢地融化。这是一**可逆等温过程**，过程中冰水系统的温度可看作保持在 273.15 K。设原来冰的质量为 M，融化前后的状态分别记为 1 态和 2 态，可逆融化过程记为 R，则熵变由式(4.4.5)为

$$S_2 - S_1 = \int_1^2 \frac{\text{đ} Q_R}{T} = \frac{1}{T}\int_1^2 \text{đ} Q_R = \frac{1}{T} M l_m = \frac{1}{273.15} \times 1.0 \times 334\ \mathrm{kJ \cdot K^{-1}} = 1.22\ \mathrm{kJ \cdot K^{-1}}$$

例 4 在一绝热真空容器中有两完全相同的孤立物体，其温度分别为 T_1，$T_2(T_1 > T_2)$，其定压热容均为 C_p，且为常数。现使两物体接触而达热平衡，试求在此过程中的总熵变。

解：这是在等压下进行的传热过程。设热平衡温度为 T，则由热平衡定律

$$\int_{T_1}^{T} C_p \mathrm{d}T + \int_{T_2}^{T} C_p \mathrm{d}T = 0$$

$$C_p(T - T_1) + C_p(T - T_2) = 0$$

$$T = \frac{T_1 + T_2}{2}$$

方法一：由熵变的定义式(4.4.5)求熵变。

因为这是一不可逆的过程，在计算熵变时应设想一连接相同初末态的**可逆等压过程**。例如，可设想其中一物体依次与温度分别从 T_2 逐渐递升到 T 的很多个热源接触而达热平衡，使其温度准静态地从 T_2 升为 T；同样，使另一物体依次与温度分别从 T_1 逐渐递减到 T 的很多个热源接触而达热平衡，使其温度准静态地从 T_1 降为 T。

设这两个物体初态的熵及末态的熵分别为 S_{10}，S_{20} 及 S_1，S_2，由式(4.4.5)

$$S_1 - S_{10} = \int_{T_1}^{T} \frac{\text{đ} Q_R}{T} = C_p \int_{T_1}^{(T_1+T_2)/2} \frac{\mathrm{d}T}{T} = C_p \ln \frac{T_1 + T_2}{2T_1}$$

$$S_2 - S_{10} = \int_{T_2}^{T} \frac{\text{đ} Q_R}{T} = C_p \int_{T_2}^{(T_1+T_2)/2} \frac{\mathrm{d}T}{T} = C_p \ln \frac{T_1 + T_2}{2T_2}$$

其总熵变

$$\Delta S = (S_1 - S_{10}) + (S_2 - S_{20}) = C_p \ln \frac{(T_1 + T_2)^2}{4T_1 T_2}$$

当 $T_1 \neq T_2$ 时，存在不等式 $T_1^2 + T_2^2 > 2T_1T_2$，即 $(T_1 + T_2)^2 > 4T_1T_2$，于是

$$\Delta S > 0$$

说明孤立系统内部由于传热所引起的总的熵变也是增加的。

方法二：由热力学基本微分方程(4.4.8)求熵变。对于等压过程

$$\mathrm{d}S = \frac{\mathrm{d}U + p\mathrm{d}V}{T} = \frac{\mathrm{d}H}{T} = \frac{C_p \mathrm{d}T}{T}$$

则

$$\Delta S_1 = \int_{T_1}^{\frac{T_1+T_2}{2}} \frac{C_p \mathrm{d}T}{T} = C_p \ln \frac{T_1 + T_2}{2T_1}$$

$$\Delta S_2 = \int_{T_2}^{\frac{T_1+T_2}{2}} \frac{C_p \mathrm{d}T}{T} = C_p \ln \frac{T_1 + T_2}{2T_2}$$

所以

$$\Delta S=\Delta S_1+\Delta S_2=C_p\ln\frac{(T_1+T_2)^2}{4T_1T_2}$$

例 5 电流强度为 I 的电流通过电阻为 R 的电阻器，历时 5 秒。若电阻器置于温度为 T 的恒温水槽中，①试问电阻器及水的熵分别变化多少？②若电阻器的质量为 m，定压比热容 c_p 为常数，电阻器被一绝热壳包起来，电阻器的熵又如何变化？

解：① 可认为电阻加热器的温度比恒温水槽温度高一无穷小量，这样的**等温传热是可逆的**。利用式(4.4.5)可知水的熵变为

$$\Delta S_{水}=\int\frac{đQ_R}{T}=\frac{1}{T}\int đQ=\frac{Q}{T}=\frac{I^2Rt}{T}$$

至于电阻器的熵变，初看起来好像应等于 $-\dfrac{Q}{T}=-\dfrac{I^2Rt}{T}$。但由于在电阻器中发生的是将电功转变为热的耗散过程，这是一种不可逆过程，不能用式(4.4.5)计算熵变。注意到电阻器的温度、压强、体积均未变，即电阻器的状态未变，故态函数熵也应不变

$$\Delta S_{电阻器}=0$$

这时电阻器与水合在一起的总熵变

$$\Delta S_{总}=\Delta S_{电阻器}+\frac{I^2Rt}{T}>0$$

② 电阻器被一绝热壳包起来后，电阻器的温度从 T 升到 T' 的过程也是不可逆过程。也要设想一个联接相同初末态的可逆过程(如**可逆等压过程**)。故

$$\Delta S'_{电阻器}=\int_T^{T'}\frac{đQ_R}{T}=\int_T^{T'}\frac{mc_p}{T}\mathrm{d}T=mc_p\ln\frac{T'}{T}$$

而

$$mc_p(T'-T)=I^2Rt$$

$$\frac{T'}{T}=1+\frac{I^2Rt}{mc_pT}$$

故

$$\Delta S'_{电阻器}=mc_p\ln\left(1+\frac{I^2Rt}{mc_pT}\right)>0$$

4.4.6 热力学第二定律和熵的统计意义

1. 热力学第二定律统计意义

玻尔兹曼(Boltzmann，1844—1906，奥地利物理学家，热力学和统计物理学的奠基人

之一)提出,物体的任何一种宏观状态(不论是否是平衡态),包含了多个可能出现的微观状态,一种宏观状态是一组微观状态的集合。玻尔兹曼把一种宏观状态包含的微观状态数叫做热力学概率,用符号 Ω 表示。

为简单起见,我们以单原子分子理想气体向真空自由膨胀为例进行说明。如图 4.8 所示,用隔板将容器分成容积相等的 A, B 两室,给 A 室充以某种气体,B 室为真空。设容器内只有 a, b, c, d 共 4 个分子,在抽掉隔板气体自由膨胀后,A, B 中可能的分子分布情况如表 4.1 所示。

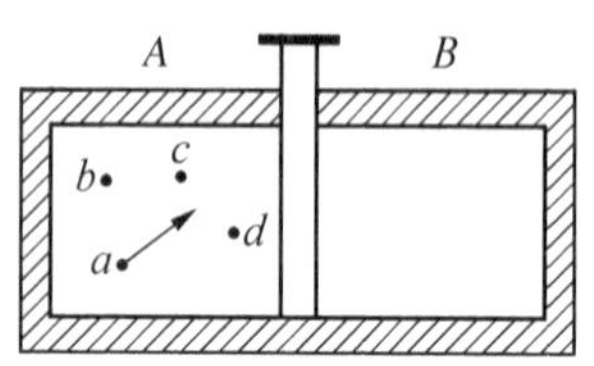

图4.8　气体向真空中自由膨胀

表 4.1　4 个分子的可能宏观态及相应的微观态

宏观状态		$A4B0$	$A3B1$				$A2B2$						$A1B3$				$A0B4$
微观状态	A	a b c d	a b c	b c d	c d a	d a b	a c	a b	a d	b c	b d	c d	a	b	c	d	
	B		d	a	b	c	b d	c d	b c	a d	a c	a b	b c d	c d a	d a b	a b c	a b c d
宏观态包含的微观态数 Ω		1	4				6						4				1

对于气体的宏观热力学性质,并不需要确定每一个分子所处的微观位置和速度,只需要确定气体分子数的分布就行了。例如 A 室中 3 个分子,B 室中 1 个分子的一种分布,就属于一种宏观态。因此,我们把 A, B 两室中分子数的不同分布称为一种宏观态。表 4.1 中第一行表示有 5 种宏观态(此例只考虑分子位置,未考虑分子速度的不同作为微观状态的标志)。而对于气体的每一确定的微观态,必须指出每个分子所处的具体微观位置。对应于每一个宏观态,由于分子的微观组合不同,还可能包含有若干种微观态。例如宏观态 $A3B1$,其就包含有 4 种微观态。

统计理论假设:**对于孤立系统,各微观状态出现的概率是相同的,即等概率的**。在给定的宏观条件下,系统存在大量各种不同的微观态,而每一宏观态可以包含有许多微观态,各宏观态所包容的微观态数目是不相等的,因而各宏观态出现的概率不相等。由表 4.1 可知微观态数总共有 $16 = 2^4$ 个。如分子全都集中在 A 室的宏观态,只含一个微观态,那么该宏观态出现概率最小,只有 $\frac{1}{16} = \frac{1}{2^4}$,而两室内分子均匀分布的 $A2B2$ 宏观态,所含微观态数最多,为 6 个,所以该宏观态出现概率最大,为 $\frac{6}{16} = \frac{6}{2^4}$。

由于一般热学系统所包含的分子数目十分巨大,例如,1 mol 气体的分子数 $N =$

6.023×10^{23} 个，如果同样分成 A，B 两部分，可以推论，其总微观态数应为 2^N 个，所以气体自由膨胀后，所有分子退回到 A 室的概率为 $\frac{1}{2^N}=\frac{1}{2^{6.023\times10^{23}}}$，这个概率如此之小，实际上根本观察不到，而 A 室和 B 室分子各半的均匀分布的平衡态以及附近的宏观态出现的概率最大，接近百分之百，而其他宏观态的热力学概率几乎可以忽略。因此从微观角度看，气体自由膨胀过程不可逆的原因在于：**一个孤立系统总是由出现概率小的宏观态变化到出现概率大的宏观态，也就是由对应的微观态数少的宏观态变化到对应的微观态数多的宏观态**，相反方向的过程原则上是可能出现的，但出现机会很小，实际上观察不到。这个结论具有普遍意义，热力学第二定律实际上是一种统计规律。

2. 玻尔兹曼熵

一般情况下的热力学概率 Ω 是非常大的，为了便于理论上处理，玻耳兹曼引入一个态函数熵，用 S 表示，其与热力学概率 Ω 关系为

$$S=k\ln\Omega \tag{4.4.24}$$

式(4.4.24)中的 S 称为**玻尔兹曼熵**，k 为玻耳兹曼常数，熵的单位是 $J\cdot K^{-1}$。对于热力学系统的每一个宏观态状态，就有一个热力学概率 Ω 值对应，也就有一个熵值 S 对应，故熵是系统状态函数。

3. 熵及熵增加原理的统计意义

克劳修斯熵和玻耳兹曼熵的概念引入是有区别的，克劳修斯熵只对系统的平衡态才有意义，是系统平衡态的函数。而玻耳兹曼熵对非平衡态也有意义，因为对非平衡态也有微观状态数与之对应，因而也有熵值与之对应，从这个意义上说玻耳兹曼熵更具普遍性。由于平衡态是对应于热力学概率最大的状态，即 Ω 取最大值，可以说，克劳修斯熵是玻耳兹曼熵的最大值。在统计物理中可以普遍地证明两个熵公式完全等价。但在热力学中进行计算时多用克劳修斯熵公式。无论微观的玻尔兹曼熵还是宏观的克劳修斯熵，它们是一致的，它们都正比于宏观状态热力学概率的对数，自然界过程的自发倾向总是从概率小的宏观状态向概率大的宏观状态过渡。那么，这一切又有什么直观的意义呢？我们说：熵高，或者说宏观态的概率大，意味着“混乱”和“分散”；熵低，或者说宏观态的概率小，意味着“整齐”和“集中”。用物理学的语言，前者叫做无序(disorder)，后者叫做有序(order)。例如，固体熔化为液体是熵增加的过程，固体的结晶态要比液态整齐有序；液体蒸发为气体是熵增加得更多的过程，气态比液态混乱和分散得多。又如，功转变成热，是大量分子从有序运动状态向无序运动状态转化的过程；热传导的过程，是大量分子从无序程度小的运动状态向无序程度大的运动状态转化的过程；气体的绝热自由膨胀过程，也是大量分子从无序程度小的运动状态向无序程度大的运动状态转化的过程，都是熵增加的过程。因此，可简单归结为，**熵是系统内分子热运动的无序性的一种量度**。而在孤立系统中所进行的自然过程中，分子总是从有序转变为无序，平衡态分子运动是最无序的状态。**熵增加原理的统计意义是：孤立系统的不可逆过程总是朝着混乱度增加的方向进行。**

思 考 题

4.1 可逆过程是否一定是准静态过程？准静态过程是否一定是可逆过程？不可逆过程是否一定是非静态过程？非静态过程是否一定是不可逆过程？

4.2 请判断下述说法正确与否？①功可以完全变成热，但热不能完全变成功；②热量只能从高温物体传到低温物体，不能从低温物体传到高温物体。

4.3 为什么说热力学第二定律可以有许多表述方法？试再举几例。热力学第二定律的物理实质是什么？

4.4 熵增加原理的内容是什么？数学表达式是什么？其微观本质如何理解？它与微观热运动的无序性有何关系？

4.5 系统的熵变一定会大于或等于零吗？

4.6 试根据热力学第二定律证明：在 $p-V$ 图上两条绝热线不能相交。

4.7 请分别用热力学第一定律和第二定律证明：在 $p-V$ 图上一绝热线与一等温线不能有两个交点。

4.8 根据 $S_B-S_A=\int_A^B \frac{\mathrm{d}Q_{可逆}}{T}$ 及 $S_B-S_A>\int_A^B \frac{\mathrm{d}Q_{不可逆}}{T}$，这是否说明可逆过程的熵变大于不可逆过程熵变？为什么？说明理由。

4.9 如图 4.9 所示，一容器被一隔板分隔为体积相等的两部分，左半部充有 1 mol 的理想气体，右半部是真空，试问将隔板抽除经自由膨胀后，系统的熵变是多少？

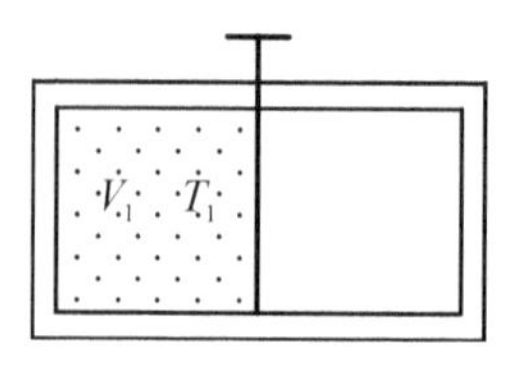

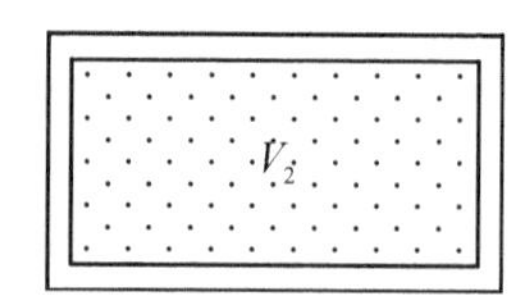

图 4.9

习 题

4.1 1 kg 温度为 0℃的水与温度为 100℃的热源接触，①计算水的熵变和热源的熵变；②判断此过程是否可逆。设水的比热容 $c=4.18\times10^3\ \mathrm{J\cdot kg^{-1}\cdot K^{-1}}$。

答案：① $\Delta S_{水}=1.3\times10^3\ \mathrm{J\cdot K^{-1}}$，$\Delta S_{热源}=-1.12\times10^3\ \mathrm{J\cdot K^{-1}}$； ② $\Delta S_{大系统}=180\ \mathrm{J\cdot K^{-1}}$，不可逆。

4.2 如图 4.10 所示，1 mol 双原子分子理想气体，从初态 1（$V_1=20\ \mathrm{L}$，$T_1=300\ \mathrm{K}$）经历三种不同的过程到达末态 2（$V_2=40\ \mathrm{L}$，$T_2=300\ \mathrm{K}$）。图中 1→2 为等温线，1→4 为绝热线，4→2 为等压线，1→3 为等压线，3→2 为等体线。试分别沿这三种过程计算气体的熵变。

答案：$S_2-S_1=R\ln 2=5.76\ \mathrm{J\cdot K^{-1}}$

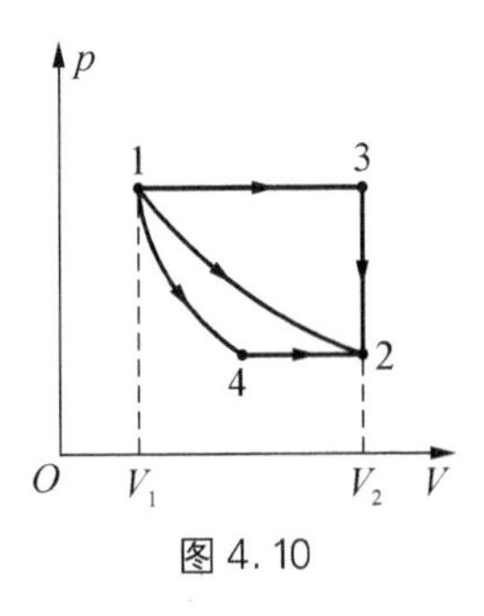

图 4.10

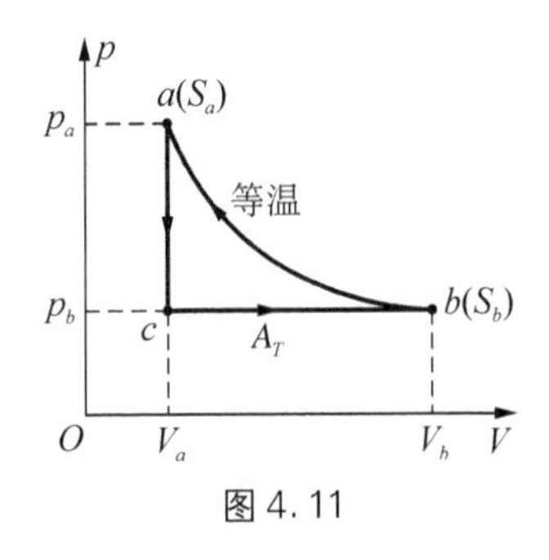

图 4.11

4.3　如图 4.11 所示，1 mol 某种理想气体，从状态 $a(p_a, V_a, T_a)$ 变到状态 $b(p_b, V_b, T_b)$。求熵变 $S_b - S_a$。假如状态变化沿两条不同的可逆路径进行：①一条是可逆等温；②另一条是可逆等体和可逆等压组成。

答案：$S_b - S_a = R\ln\dfrac{V_b}{V_a}$

4.4　把 0℃的 0.5 kg 的冰块加热到它全部融化成 0℃的水，问：①水的熵变如何？②若热源是温度为 20℃的庞大物体，那么热源的熵变化多大？③水和热源的总熵变多大？增加还是减少？（水的熔解热 $\lambda = 334\ \mathrm{J \cdot g^{-1}}$）

答案：① $\Delta S_{水} = 612\ \mathrm{J \cdot K^{-1}}$；　② $\Delta S_{源} = -570\ \mathrm{J \cdot K^{-1}}$；　③ $\Delta S_{总} = 42\ \mathrm{J \cdot K^{-1}}$

4.5　如图 4.12 所示一长为 0.8 m 的圆柱形容器被一薄的活塞分隔成两部分。开始时活塞固定在距左端 0.3 m处。活塞左边充有 1 mol 压强为 5×10^5 Pa 的氦气，右边充有压强为 1×10^5 Pa 的氖气。它们都是理想气体。将气缸浸入 1 升水中，开始时整个物体系的温度均匀地处于 25℃。气缸及活塞的热容可不考虑。放松以后振动的活塞最后将位于一新的平衡位置，试问这时：①水温升高多少？②活塞将静止在距气缸左边多大距离位置？③物体系的总熵增加多少？

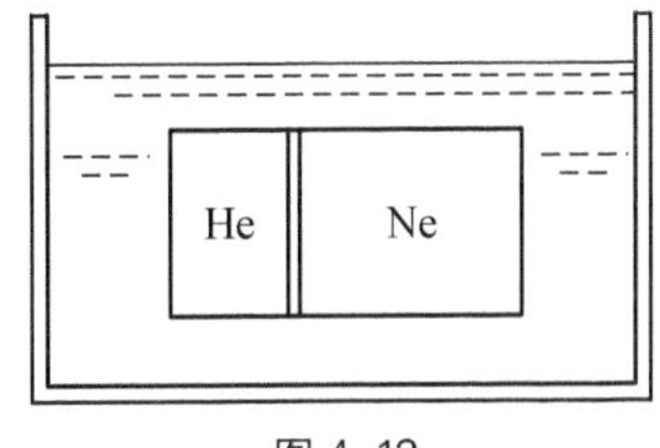

图 4.12

答案：① 不变；　② 距气缸左边 0.6 m 处；　③ $\Delta S = 3.22\ \mathrm{J \cdot K^{-1}}$

4.6　水的比热是 $4.18\ \mathrm{kJ \cdot kg^{-1} \cdot K^{-1}}$。①1 千克 0℃的水与一个 373 K 的大热源相接触，当水的温度到达 373 K 时，水的熵改变多少？②如果先将水与一个 323 K 的大热源接触，然后再让它与一个 373 K 的大热源接触，求整个系统的熵变。③说明怎样才可使水从 273 K 变到 373 K 而整个系统的熵不变。

答案：① $\Delta S = 1.30 \times 10^3\ \mathrm{J \cdot K^{-1}}$；　② $\Delta S = 97\ \mathrm{J \cdot K^{-1}}$

4.7　一直立的气缸被活塞封闭有 1 mol 理想气体，活塞上装有重物，活塞及重物的质量为 M，活塞面积为 A，重力加速度为 g，气体的摩尔热容 $C_{V,\mathrm{m}}$为常数。活塞与气缸的热容及活塞与气缸间摩擦均可忽略，整个系统都是绝热的。初始时活塞位置固定，气体体积为 V_0，温度为 T_0。活塞被放松后将振动起来，最后活塞静止于具有较大体积的新的平衡位置，不考虑活塞外的环境压强。试问：①气体的温度是升高、降低，还是保持不变？②气体的熵是增加，减少还是保持不变？③计算

气体的末态温度 T。

答案：① 气体温度降低； ② 熵增加； ③ $T=\frac{1}{\gamma}\left(T_0+\frac{Mg}{AC_{V,m}}V_0\right)$

4.8 绝热壁包围的气缸被一绝热活塞隔成 A、B 两室。活塞气缸内可无摩擦地自由滑动。A、B 内各有 1 mol 双原子分子理想气体。初始时气体处于平衡态，它们的压强、体积、温度分别为 p_0、V_0、T_0。A 室中有一电加热器使之徐徐加热，直到 A 室中压强变为 $2p_0$。试问：①最后 A、B 两室内气体温度分别是多少？②在加热过程中，A 室气体对 B 室气体做了多少功？③加热器传给 A 室气体多少热量？④A、B 两室的总熵变是多少？

答案：① $T_A=2.78T_0$，$T_B=1.22T_0$； ② $W=0.55RT_0$； ③ $Q_A=5RT_0$； ④ $\Delta S=\Delta S_A+\Delta S_B=2.89R$

4.9 一实际制冷机工作于两恒温热源之间，热源温度分别为 $T_1=400\,\mathrm{K}$、$T_2=200\,\mathrm{K}$。设工作物质在每一循环中，从低温热源吸收热量为 200 cal(1 cal = 4.18 J)，向高温热源放热 600 cal。①在工作物质进行的每一循环中，外界对制冷机做了多少功？②制冷机经过一循环后，热源和工作物质熵的总变化是多少？③如设上述制冷机为可逆机，则经过一循环后，热源和工作物质熵的总变化应是多少？④若③中的可逆制冷机在一循环中从低温热源吸收热量仍为 200 cal，试用③中的结果求该可逆制冷机的工作物质向高温热源放出的热量以及外界对它所做的功。

答案：① $W=400\,\mathrm{cal}$； ② $\Delta S=2.09\,\mathrm{J\cdot K^{-1}}$； ③ $\Delta S=0$； ④ $Q_1=400\,\mathrm{cal}$，$W=200\,\mathrm{cal}$

4.10 有一热机循环 $T-S$ 图如图 4.13 所示，试求该热机的效率。

答案：$\eta=\frac{2\pi}{\pi+8}$

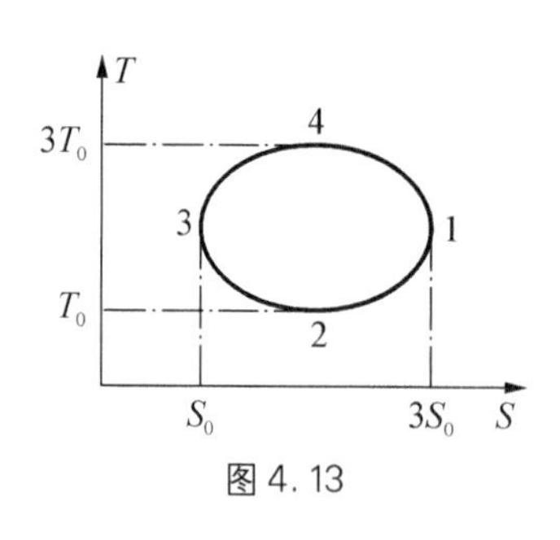

图 4.13

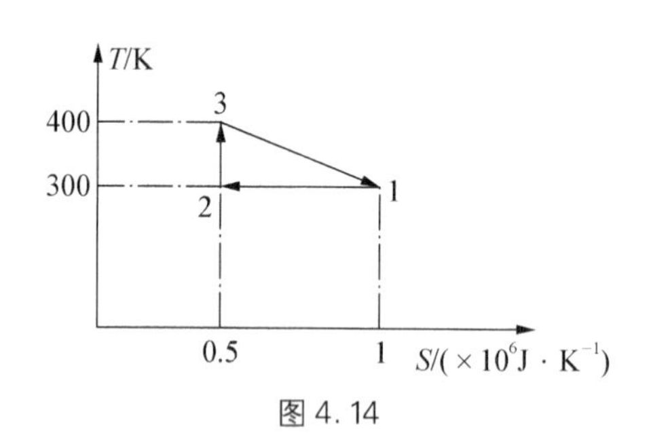

图 4.14

4.11 理想气体经历一顺时针可逆循环，其循环过程的 $T-S$ 图如图 4.14 所示，试求循环效率及气体对外界所做的功。

答案：$\eta=14.3\%$；$-W=2.5\times10^7\,\mathrm{J}$

4.12 均匀杆的温度一端为 T_1，另一端为 T_2，试计算达到均匀温度 $\frac{1}{2}(T_1+T_2)$ 后的熵增。

答案：$\Delta S=C_p\left(\ln\frac{T_1+T_2}{2}-\frac{T_1\ln T_1-T_2\ln T_2}{T_1-T_2}+1\right)$

第 5 章　分子动理论的非平衡态初级理论

在第 2 章中已利用分子动理学理论讨论了处于平衡态的理想气体的微观过程。对于非平衡态及非平衡态过程的具体情况并未涉及。在这一章里，我们将对非平衡态及一些典型的非平衡态气体的微观过程作些具体讨论，特别是那些在接近平衡时的非平衡态过程。而这些近平衡的非平衡过程中最为典型的例子是**气体的黏性、扩散现象和热传导现象**，它们都称为**输运现象**。实际上，自然界各宏观物体系统一般都是处于非平衡状态的，处于平衡态的情况，只是个别的、暂时的特殊情况。而自然界中实际发生的各种热现象过程，也都是非平衡态过程，准静态过程只是理想化的、近似的特殊情况。同平衡态和准静态过程相比，非平衡态与非平衡态过程的描述与处理要复杂困难得多。在本课程中，我们只限于用分子动理论就这方面的一些基本概念和简单情况作些介绍性的讨论。

5.1　输运现象的宏观规律

从表面上看来，气体的黏性现象、热传导现象和扩散现象好像互不相关，但实际上这三种现象具有共同的宏观特征和微观机制。因此，本节集中介绍这三种现象的宏观规律，在下节中再从分子动理论的观点统一地阐明它们的微观实质。

5.1.1　黏性现象的宏观规律

1. *层流*

流体在河道、沟槽及管道内的流动情况相当复杂，它不仅与流速有关，还与管道、沟槽的形状及表面情况有关，也与流体本身性质及它的温度、压强等因素有关。实验发现，流体在流速较小时将作分层的平行流动，流体质点轨迹是有规则的光滑曲线（最简单的情形是直线）。相邻的轨迹线彼此仅稍有差别，在流动过程中，不同流体质点轨迹线不相互混杂。这样的流体流动称为**层流**。

一般用雷诺数来判别流体能否处于层流状态。雷诺数 Re 是一种无量纲因子，它可表示为

$$\mathrm{Re} = \frac{\rho v r}{\eta}$$

其中 ρ、v、r 分别为流体的密度、流速及管道半径，η 为流体的黏度。

层流是发生在流速较小，更确切些说是发生在雷诺数较小时的流体流动，当雷诺数超过 2 300 左右时流体流动成为湍流。

2. 湍流与混沌

(1) 湍流

湍流是流体的不规则运动，是一种宏观的随机现象。湍流中流体的流速随时间和空间坐标作随机的紊乱变化。最常见的例子就是香烟的烟雾。烟雾中的下段(竖直流动部分)烟柱平稳而竖直，是层流流动。升到一定高度后烟柱突然变得紊乱无序，这时烟雾发生随机的转折，为湍流流动。而层流能保持多长的流程则与受到外界扰动情况有关，因而具有极大的随机性，一般只能存在很短的距离。这一现象很易用湍流的性质予以解释。湍流中最重要的现象是由这种随机运动引起的动量、热量和质量的传递，其传递速率比层流高好几个数量级。湍流利弊兼有。一方面它强化传递和反应过程，另一方面极大地增加摩擦阻力和能量损耗。鉴于湍流是自然界和各种技术过程中普遍存在的流体运动状态(例如，风和河中水流，飞行器和船舶表面附近的绕流，流体机械中流体的运动，燃烧室、反应器和换热器中工质的运动，污染物在大气和水体中的扩散等)，因而研究、预测和控制湍流是认识自然现象、发展现代技术的重要课题之一。

(2) 混沌

以前认为宏观规律是确定性的，不会像微观过程那样具有随机性，因而湍流只是宏观随机性的一个特例。但是 20 世纪 70 年代，人们发现自然界中还有很多其他宏观随机性的例子。也就是说，在自然界中普遍存在一类在决定性的动力学系统中出现貌似随机性的宏观现象，人们称它为混沌。湍流仅是混沌的一个典型实例。这说明宏观现象具有随机性是一种普遍规律。

动力学系统通常由微分方程等所描述，“决定性”指方程中的系数都是确定的、没有概率性的因素。从数学上说，对于确定的初始值，决定性的方程应该给出确定的解，从而描述系统的确定性行为。但是，在某些非线性系统中，这种过程会因为初始值极微小的扰动而产生很大的变化，也就是说，系统对初始值有极敏感的依赖性，即失之毫厘，差之千里。有人称为“蝴蝶效应”。夸张一些说，在北京的某一蝴蝶拍一拍翅膀，可能会在华盛顿发生一场暴风雨。这说明这类现象对初始条件十分敏感。而这种对初始值依赖的敏感性，从物理上看，其过程的发生好像是十分随机的。但是这种“假随机性”与方程中有反映外界干扰的随机项或随机系数而引起的随机性不同，它是决定性系统内部所固有的，可以称为“内禀随机性”。20 世纪 70～80 年代学术界掀起了混沌理论的热潮，波及整个自然科学。在媒体报导下，又将“混沌”一词传播到社会上。

应该强调，我们在前面第 2 章中提到了分子混沌性，其实这个“混沌性”与这里所讲的“混沌”其含义完全不同。分子混沌性来源于 19 世纪 70 年代玻耳兹曼所提出的分子混沌性假设，这是一种针对微观现象作的假设。而混沌是指在决定性的动力学系统中出现的貌似随机性的宏观现象。它是一种对初始条件依赖十分明显的非线性现象。

3. 稳恒层流中的黏性现象

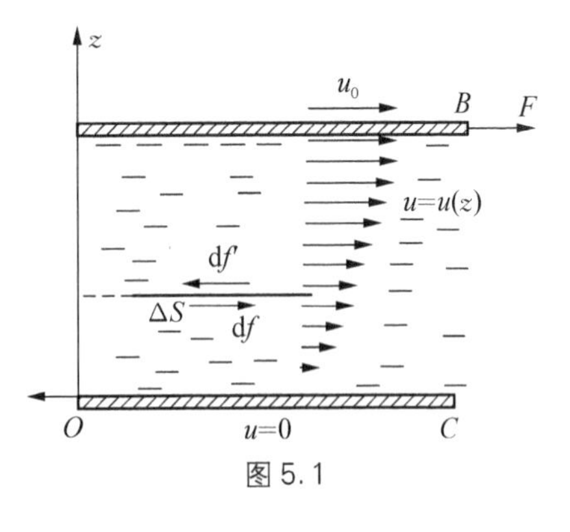

图 5.1

考虑图 5.1 中流体沟槽中低速流动的例子。

由图可知，流体作层流时，当流体各层的流速不同时，通过任一平行于流速的截面两侧的相邻两层流体上作用有一对阻止它们相对“滑动”的切向作用力与反作用力。它使流动较快的一层流体减速，流动较慢的一层流体加速，我们称这种力为**黏性力**，也称为**内摩擦力**。

设想在流体中有两块相距一定距离水平放置的大的平行平板 B 和 C。其中平板 C 静止，另一块平板 B 在外力 F 作用下以恒定速度 u_0 作水平运动。由于运动平板 B 的带动，附近的流体产生流动。显然，流体的最高层将黏附在运动平板上以速度 u_0 运动，它与次一层流体间发生相对运动。顶层流体受到黏性阻力，使次一层流体向前加速运动。这时次一层流体又与次下一层流体间发生相对运动，因而带动次下一层流体向前加速运动，次一层流体又受到次下一层流体的阻力……最后，附着在静止平板 C 上的最下一层流体也受到一向前的作用力，但这个力被静止平板对它的作用力所平衡。随着运动平板不断向前移动，最后总能达到一种稳定流动的状态，从这个位置开始，各层流体的流速不再随时间变化，这种流动称为**稳定流动**，其流速随高度 z 的分布 $u(z)$ 如图 5.1 所示。当然，对于非稳定流动，流速 u 还是时间 t 的函数，即 $u=u(z, t)$。又由于流速不大，达稳态时流体将分成许多不同速度的水平薄层，而作层流。达到稳定流动时，对于每一层面积为 ΔS 的流体说来，由于流速不变，上一层流体对它作用的与运动方向相同的推力 $\mathrm{d}f$，必等于下一层流体对它作用的与运动方向相反的阻力 $\mathrm{d}f'$，使每一层流体的合力均为零。对于面积 ΔS 的相邻两流体层来说，**作用在上一层流体上的阻力 $\mathrm{d}f'$ 必等于作用在下一层流体上的加速力 $\mathrm{d}f$，这种阻碍两流层相对运动的力就称为黏性力**。

4. 牛顿黏性定律

显然，在图 5.1 所示的稳定流动中，每一层流体的截面积相等，而且作用在每一层流体上的黏性力 f 或 f' 的数值均相等。实验测出在这样的流体中的速度梯度 $\frac{\mathrm{d}u}{\mathrm{d}z}$ 是处处相等的，在切向面积相等时流体层所受到的黏性力的大小是与流体流动的速度梯度的大小成正比的，而且黏性力的大小还与切向面积 ΔS 成正比。设**比例系数为 η，称为流体的黏度或黏性系数、黏滞系数**，则

$$f=-\eta\frac{\mathrm{d}u}{\mathrm{d}z}\Delta S \tag{5.1.1}$$

式中负号表示当 $\frac{\mathrm{d}u}{\mathrm{d}z}>0$ 时，f 的方向与流体速度的方向相反。式(5.1.1)称为**牛顿黏性定律**。黏度 η 在 SI 制中的单位为 Pa·s，在以前的 cgs 制中的单位为 P(泊)，是为了纪念法国生理学家泊肃叶(Poiseuille, 1799—1869)而命名的，$1\,\mathrm{P}=0.1\,\mathrm{Pa\cdot s}=0.1\,\mathrm{N\cdot s\cdot m^{-2}}$。

表 5.1　各种流体的黏度

流体	t/℃	η/mPa·s	流体	t/℃	η/mPa·s	流体	t/℃	η/mPa·s
水	0	1.7	甘油	0	10 000	水蒸气	0	0.008 7
	20	1.0		20	1 410	CO_2	20	0.012 7
	40	0.51		60	81	H_2	20	0.008 9
血液	37	4.0	空气	0	0.017 1	N_2	0	0.016 7
机油(SAE10)	30	200		20	0.018 2	O_2	0	0.019 9
蓖麻油	20	9 860		40	0.193	CH_4	0	0.010 3

从表 5.1 可见：

① 易于流动的流体其黏度较小。例如，水要比糖浆、煤油要比汽油流动性好，因而水与煤油的黏度分别比糖浆与汽油的黏度小。气体较液体易于流动，因而气体的黏度小于液体。

② 黏度与温度有关，液体的黏度随温度升高而降低；气体的黏度随温度升高而增加。这说明气体与液体产生黏性力的微观机理不同。

5. 定向动量的输运与切向动量流

从效果上看，黏性力的作用将使流速较快的流体层的沿流体层切向的定向动量减小，使流速较慢的流体层的定向动量增大，即好象有定向动量沿 z 轴从流速较快的流体层向流速较慢的流体层传输（迁移）。如以 $\mathrm{d}p$ 表示在一段时间 $\mathrm{d}t$ 内通过截面 ΔS 沿 z 轴正方向输运的切向动量，则根据动量定理 $\mathrm{d}p=f\mathrm{d}t$，式(5.1.1)可写作

$$\mathrm{d}p=-\eta\frac{\mathrm{d}u}{\mathrm{d}z}\Delta S\mathrm{d}t \tag{5.1.2}$$

若流速沿 z 轴正向增大，即 $\frac{\mathrm{d}u}{\mathrm{d}z}>0$，而动量是向着流速减小的方向输运的，则 $\mathrm{d}p<0$，因黏性系数总是正的，所以应加一负号。

定义切向动量流 $\frac{\mathrm{d}p}{\mathrm{d}t}$ 为在单位时间内相邻流体层之间所转移的，沿流体层切向的定向动量，则**黏性力 f 就是切向动量流**。

$$f=\frac{\mathrm{d}p}{\mathrm{d}t}=-\eta\frac{\mathrm{d}u}{\mathrm{d}z}\Delta S$$

6. 切向动量流密度 J_p

显然，在单位时间内，通过相邻流体层之间单位横截面积上所转移的沿流体层切向的定向动量称为动量流密度（或动量流强度）J_p，则

$$J_p=\frac{\mathrm{d}p}{\mathrm{d}t\cdot\Delta S}=-\eta\frac{\mathrm{d}u}{\mathrm{d}z} \tag{5.1.3}$$

式中负号表示定向动量总是沿流速变小的方向输运的。式(5.1.2)和(5.1.3)也都称为牛顿黏性定律。

例1 旋转黏度计是为测定气体的黏度而设计的仪器,其结构如图5.2所示。扭丝悬吊了一只外径为 R、长为 L 的内圆筒,筒外同心套上一只长亦为 L 的、内径为 $R+\delta$ 的外圆筒($\delta \ll R$),内、外筒间的隔层内装有被测气体。使外筒以恒定角速度 ω 旋转,这时内筒所受到的气体黏性力产生的力矩被扭丝的扭转力矩 G 所平衡。G 可由装在扭丝上的反光镜 M 的偏转角度测定。试导出被测气体的黏度表达式。

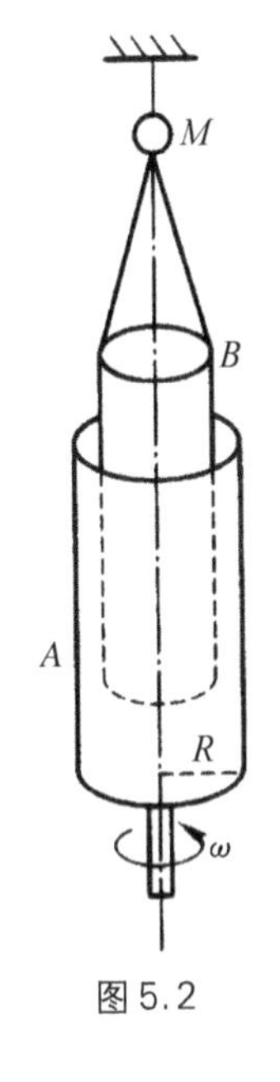

图 5.2

解:因内筒静止,外筒以 $u=R\omega$ 的线速度在运动,夹层流体有 $\frac{R\omega}{\delta}$ 的速度梯度(因 $\delta \ll R$,可认为层内的速度梯度处处相等),气体对内圆筒表面施予黏性力,黏性力对扭丝作用的合力矩为

$$G=\eta\frac{R\omega}{\delta}\cdot 2\pi RL\cdot R=\frac{2\pi R^3 L\omega\eta}{\delta}$$

故气体的黏度为

$$\eta=\frac{G\delta}{2\pi R^3 L\omega}$$

7. 气体黏性微观机理

当气体处于系统内各处宏观流速不同的非平衡状态时,从微观角度看,系统内各处的分子除进行热运动外还附加一个不同流速的宏观定向运动。分子的热运动会使不同流速处的分子相互交流,这样,流速大的地方的分子将会把大的分子定向动量带到流速小的地方,同时,流速小的地方的分子也会把小的分子定向动量带到流速大的地方,因此,在系统内各处流速不同气体系统中就出现宏观的定向动量由流速大的流层向邻近流速小的流层传递(输运)。这种由于气体分子无规热运动,在相邻流体层间交换分子对的同时,交换相邻流体层的定向运动动量。结果使流动较快的一层流体失去了部分定向动量,流动较慢的一层流体得到了部分定向动量,用力学术语来说就是,流速不同的相邻流层间出现了黏性力(内摩擦力),因此,黏性现象是由于流体内定向动量输运的结果。由此也可说明气体的黏度随温度升高而增加。

最后需说明,以上讨论的仅是常压下的气体。对于压强非常低的气体以及所有的液体,其微观机理都不相同。

*5.1.2 泊肃叶定律

1. 泊肃叶定律

从动力学观点看来,要使管内流体作匀速运动,必须有外力来抵消黏性力,这个外力就是来自管子两端的压强差 Δp。现以长为 L,半径为 r 的水平直圆管为例来讨论不可压缩黏性流体(其黏度为 η)的流动。现把单位时间内流过管道截面上的流体体积 $\frac{\mathrm{d}V}{\mathrm{d}t}$ **称为体**

积流率。泊肃叶定律指出，对于水平直圆管有如下关系

$$\frac{dV}{dt}=\frac{\pi r^4 \Delta p}{8\eta L} \tag{5.1.4}$$

上式仅适用于水平直圆管，且流体流量不大，流体在管内的流动呈层流的情况，若流体流量变大，因而出现湍流流动时，式(5.1.4)已不适用。

2. 管道流阻

若在式(5.1.4)中令体积流率为 $\frac{dV}{dt}=\dot{V}$，定义流阻

$$R_F=\frac{8\eta L}{\pi r^4} \tag{5.1.5}$$

则式(5.1.4)可表示为

$$\dot{V}=\frac{\Delta p}{R_F} \tag{5.1.6}$$

式(5.1.6)的物理意义是，在流阻一定时，单位时间内的体积流量$\dot{V}$与管子两端压强差 Δp 成正比。这与电流的欧姆定律十分类似，而式(5.1.5)与电阻定律十分类同。所不同的是**流阻与管径的四次方成反比**。半径的微小变化会对流阻产生更大的影响。与电阻的串并联相类似，如果流体连续通过几个水平管，则总的流阻等于各管流阻之和，即

$$R_{F总}=R_{F1}+R_{F2}+\cdots+R_{Fn}$$

当几个水平管并联时，流体的总流阻和各支管流阻间有如下关系

$$\frac{1}{R_{F总}}=\frac{1}{R_{F1}}+\frac{1}{R_{F2}}+\cdots+\frac{1}{R_{Fn}}$$

例2 成年人主动脉的半径约为 $r=1.3\times10^{-2}$ m，试求在一段0.2 m长的主动脉中的血压降 Δp。设血流量$\dot{V}=1.00\times10^{-4}\ \mathrm{m^3\cdot s^{-1}}$，血液黏度 $\eta=1.00\times10^{-3}\ \mathrm{Pa\cdot s}$。

解：$R_F=\frac{8\eta L}{\pi r^4}=\frac{8\times1.00\times10^{-3}\times0.2}{3.14\times(1.3\times10^{-2})^4}\ \mathrm{Pa\cdot s\cdot m^{-3}}=7.14\times10^4\ \mathrm{Pa\cdot s\cdot m^{-3}}$

$$\Delta p=R_F\dot{V}=7.14\ \mathrm{Pa}$$

这一结果说明在人体的主动脉中血液的压强降落是微不足道的。但是，当病人患有动脉粥样硬化后，动脉通径显著减小，由于压降 Δp 与 r^4 成反比，因而流经动脉的压降将明显增加。在动脉流阻增加后，为了保证血液的正常流动就必须加强心脏对血液的压缩，在临床上反映就是血压的升高。

*5.1.3 斯托克斯定律　云、雾中的水滴

当物体在黏性流体中运动时，物体表面黏附着一层流体，这一流体层与相邻的流体层之间存在黏性力，故物体在运动过程中必须克服这一阻力 f。若物体是球形的，而且流体

作层流流动，可以证明球体所受阻力满足斯托克斯(Stokes，1819—1903，英国数学家、力学家)定律

$$f = 6\pi\eta v r \tag{5.1.7}$$

其中 r 是球的半径，v 是球相对于静止流体的速度，η 是流体的黏度。斯托克斯定律适用条件为其雷诺数 Re 应比 1 小得多。当雷诺数比 1 大得多时，发现其阻力 f' 与黏度无关，f' 可表示为

$$f' = 0.2\pi\rho r^2 v^2$$

斯托克斯定律在解释云雾形成过程时起重要作用。水滴在重力驱动下从静止开始加速下降，随着 v 的增加阻力 f 也增加，当 $mg = f$ 时水滴将以收尾速度 $v_{\max}$ 作匀速运动，故

$$\frac{4}{3}\pi r^3 \rho_{水}\, g = 6\pi\eta v_{\max} r$$

$$v_{\max} = \frac{2\rho_{水}\, g r^2}{9\eta}$$

若水滴大小为 $r_1 = 10^{-6}$ m，将表 5.1 中 20℃ 时空气的黏度 $\eta = 0.0182 \times 10^{-3}$ Pa • s 及 $\rho_{水}$、g 的数值代入，可得 $v_{\max,1} \approx 10^{-4}$ m • s^{-1}。此时小水滴的收尾速度非常小，这种小水滴将在气流作用下在空中漂游，大量的水滴就构成云、雾。但是当水滴半径增大到 $r_2 = 10^{-3}$ 时，其收尾速度 $v_{\max,2} \approx 10^2$ m • s^{-1}，这时的雷诺数达 10^4 量级，斯托克斯公式(5.1.7)已不适用。由 $f' = 0.2\pi\rho R^2 v^2$ 公式可算得其收尾速度为 0.2 m • s^{-1}，气流托不住这种水滴而下落成为雨或雪。实验也测出，云、雾中的水滴约为 10^{-6} m 数量级左右。

5.1.4 扩散现象的宏观规律

扩散现象的基本规律在形式上与黏性现象及热传导现象很相似。

1. 自扩散与互扩散

实际的扩散过程都是较为复杂的，它常和多种因素混杂在一起。即使是一些我们见到的较简单的扩散例子，也是互扩散。互扩散是发生在混合气体中，当某种气体的密度不均匀时，则这种气体将从密度大的地方向密度小的地方迁移，这种现象叫做**扩散现象**。例如从液面蒸发出来的水汽分子不断地散播开来，就是依靠扩散。扩散过程比较复杂。单就一种气体来说，在温度均匀的情况下，密度的不均匀将导致压强的不均匀，从而将产生宏观气流，这样在气体内发生的主要就不是扩散过程而是对流。就两种分子组成的混合气体来说，也只有保持温度和总压强处处均匀的情况下，才可能发生单纯的扩散过程。

自扩散是互扩散的一种特例。这是一种使发生互扩散的两种气体分子的**差异尽量变小**，使它们相互**扩散的速率趋于相等**的互扩散过程。较为典型的自扩散例子是同位素之间的互扩散：两种气体的化学成分相同，但其中一种的分子具有放射性(例如，两种气体都是二氧化碳，但两种气体分子中的碳原子却是不同的同位素，一种是 ^{12}C，一种是 ^{14}C，后

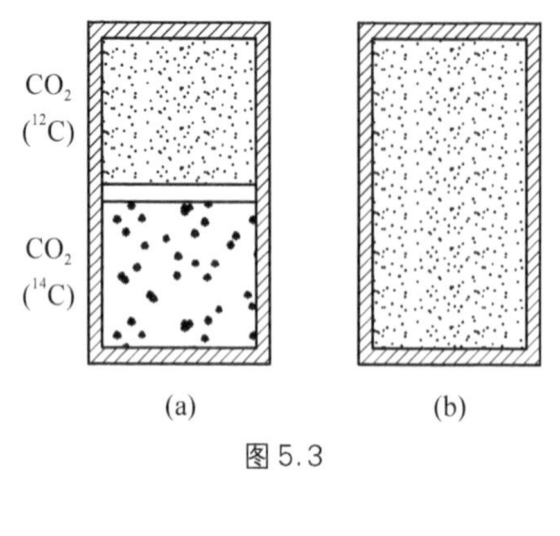

图 5.3

者具有放射性)。它们的温度和压强都相同,放置在同一容器中,中间用隔板隔开[见图 5.3(a)]。若将隔板抽去,扩散就开始进行。在设想的情况下,总的密度各处一样,各部分的压强是均匀的,所以不产生宏观气流,又因温度均匀,相对分子质量非常相近,所以两种分子的平均速率接近相等。这样,每种气体将因其本身密度(或数密度)的不均匀而进行单纯的扩散[见图 5.3(b)]。另外如 N_2 和 CO 组成的混合气体或 CO_2 和 NO_2 组成的混合气体等也是自扩散。下面,我们就来讨论其中任一种气体(如具有放射性的二氧化碳)的扩散规律。

2. 菲克定律

1855 年法国生理学家菲克(Fick, 1829—1901)提出了描述扩散规律的基本公式——菲克定律。菲克定律认为 $\mathrm{d}t$ 时间内通过 ΔS 面沿 z 轴正方向传递的粒子数与粒子数密度梯度$\dfrac{\mathrm{d}n}{\mathrm{d}z}$、横截面积 ΔS 及时间 $\mathrm{d}t$ 成正比,即

$$\mathrm{d}N = -D\frac{\mathrm{d}n}{\mathrm{d}z}\Delta S\mathrm{d}t$$

或者说在一维(如 z 方向)扩散的粒子流$\dfrac{\mathrm{d}N}{\mathrm{d}t}$(即单位时间内扩散的粒子数)与粒子数密度梯度$\dfrac{\mathrm{d}n}{\mathrm{d}z}$及横截面积 ΔS 成正比,即

$$\dot{N} = \frac{\mathrm{d}N}{\mathrm{d}t} = -D\frac{\mathrm{d}n}{\mathrm{d}z}\Delta S \tag{5.1.8}$$

式中比例系数 D **称为扩散系数**,单位为 $\mathrm{m^2 \cdot s^{-1}}$。若粒子数密度沿 z 轴正向增大,即$\dfrac{\mathrm{d}n}{\mathrm{d}z}>0$,因为粒子是向着粒子数密度减小的方向(沿 z 轴负方向)扩散(输运)的,即$\dfrac{\mathrm{d}N}{\mathrm{d}t}<0$,而扩散系数总是正的,则应加一负号。所以式(5.1.8)中负号表示粒子向粒子数密度减少的方向扩散。

3. 粒子流密度 J_N

定义单位时间内在单位截面上扩散的粒子数为粒子流密度 J_N,则

$$J_N = \frac{\mathrm{d}N}{\mathrm{d}t \cdot \Delta S} = -D\frac{\mathrm{d}n}{\mathrm{d}z} \tag{5.1.9}$$

4. 质量流密度 J_M

若在与扩散方向垂直的流体截面上的 J_N 处处相等,则在式(5.1.8)两边各乘以扩散分子的质量 m,即可得到单位时间内气体扩散的总质量——质量流$\dfrac{\mathrm{d}M}{\mathrm{d}t}$与密度梯度$\dfrac{\mathrm{d}\rho}{\mathrm{d}z}$之间

的关系

$$\dot{M}=\frac{\mathrm{d}M}{\mathrm{d}t}=-D\frac{\mathrm{d}\rho}{\mathrm{d}z}\cdot\Delta S$$

及质量流密度

$$J_M=\frac{\mathrm{d}M}{\mathrm{d}t\cdot\Delta S}=-D\frac{\mathrm{d}\rho}{\mathrm{d}z} \tag{5.1.10}$$

非克定律也可用于互扩散，其互扩散公式表示为

$$\frac{\mathrm{d}M_1}{\mathrm{d}t}=-D_{12}\frac{\mathrm{d}\rho_1}{\mathrm{d}z}\cdot\Delta S$$

其中 D_{12} 为"1"分子在"2"分子中作一维互扩散时的互扩散系数，$\mathrm{d}M_1$ 为 $\mathrm{d}t$ 时间内输运的"1"分子质量数，ρ_1 为"1"的密度。

表 5.2 列出了一些气体的自扩散系数与互扩散系数。扩散系数的大小表征了扩散过程的快慢。对常温常压下的大多数气体，其值为 $10^{-4}\sim10^{-5}\ \mathrm{m^2\cdot s^{-1}}$；对低黏度液体约为 $10^{-8}\sim10^{-9}\ \mathrm{m^2\cdot s^{-1}}$；对固体则为 $10^{-9}\sim10^{-15}\ \mathrm{m^2\cdot s^{-1}}$。必须指出，上面所述的气体均是指其压强不是太低时的气体，至于在压强很低时的气体的扩散与常压下气体的扩散完全不同，而称为克努森扩散，或称为分子扩散。气体透过小孔的泻流就属于分子扩散。

表 5.2　气体的扩散系数(标准大气压、常温)

气体	自扩散 $D/(10^{-4}\ \mathrm{m^2\cdot s^{-1}})$	气体	互扩散 $D_{12}/(10^{-4}\ \mathrm{m^2\cdot s^{-1}})$
H_2	1.28	H_2—O_2	0.679
O_2	0.189	H_2—N_2	0.793
CO	0.175	H_2—CO	0.538
CO_2	0.104	O_2—N_2	0.174
Ar	0.158	O_2—空气	0.178
N_2	0.200	空气—H_2O	0.203
Ne	0.473	空气—CO_2	0.138

5. 气体扩散的微观机理

扩散是在存在同种粒子的粒子数密度空间不均匀性的情况下，由于分子热运动所产生的宏观粒子迁移或质量迁移。应把扩散与流体由于空间压强不均匀所产生的流体流动区别开来。后者是由成团粒子整体定向运动所产生。而前者产生于分子杂乱无章的热运动，它们在交换粒子对的同时，交换了不同种类的粒子，致使这种粒子发生宏观迁移。以上讨论的都是气体的扩散机理，至于液体与固体，由于微观结构不同，其扩散机理也各不相同。

5.1.5 热传导现象的宏观规律

当系统与外界之间或系统内部各部分之间存在温度差时就有热量的传输，按不同机理将传热归纳为三种基本方式：热传导、对流与热辐射。热量很少以单一方式进行传递，往往是几种传热方式同时发生。在这三种基本传热方式中，对流并不只取决于温差，它还和质量迁移情况有关；热辐射本质上是电磁波辐射；只有热传导是单纯依靠物体内部分子、原子及自由电子等微观粒子的热运动而产生的热量传递。本节将讨论热传导，所传导的热量就是微观粒子热运动的能量。

1. 傅里叶定律

将一均匀棒之两端与温度不同的两热源接触，在棒上将出现一个温度的连续分布。若在棒上沿轴向作一系列垂直于轴的横截面，将棒划分出一个个小单元，则相邻单元间由于存在温度差而发生热量传输。热量就是这样从高温端传到低温端的。1822 法国科学家傅里叶(Fourier，1768—1830)在他所出版的《热的分析理论》一书中详细地研究了热在媒质中的传播问题。他在热质说思想的指导下提出了**傅里叶定律**。该定律认为 dt 时间内通过 ΔS 面沿 z 轴正方向传递的热量与温度梯度$\frac{dT}{dz}$、横截面积 ΔS 及时间 dt 成正比，即

$$dQ = -\kappa \frac{dT}{dz} \cdot \Delta S dt \tag{5.1.11}$$

式中比例系数 κ 称为**热导系数**(**热导率**)，其单位为 $W \cdot m^{-1} \cdot K^{-1}$。式中负号表示热量传递的方向与温度梯度方向相反，即热量总是从温度较高处流向温度较低处。

2. 热流密度 J_T

定义单位时间内通过 ΔS 面的热量为热流$\dot{Q}$，则

$$\dot{Q} = \frac{dQ}{dt} = -\kappa \frac{dT}{dz} \cdot \Delta S \tag{5.1.12}$$

式中负号表示热流方向与温度梯度方向相反，即热量总是从温度较高处流向温度较低处。

定义单位时间内在单位截面上流过的热量为热流密度 J_T(热通量、热流强度)，则

$$J_T = \frac{dQ}{dt \cdot \Delta S} = -\kappa \frac{dT}{dz} \tag{5.1.13}$$

傅里叶定律给出了在一稳定的温度分布下，空间任意位置的热流密度与该处温度梯度之间的关系。若系统已达到稳态，即处处温度不随时间变化，因而空间各处热流密度也不随时间变化，这时利用傅里叶定律式(5.1.11)、(5.1.12)、(5.1.13)来计算传热十分方便。若各处温度随时间变化，情况就较为复杂，这时需要以傅里叶定律和能量守恒定律为基础，并看系统内是否包含有热源，还要考虑边界条件及初始条件，可以建立一个描述导热现象中温度分布规律的热传导方程。

表 5.3 各种材料的热导率

气体(0.1 MPa)	t/℃	κ/(W·m^{-1}·K^{-1})
空气	−74 38	0.018 0.027
水蒸气	100	0.024 5
氦	−130 93	0.093 0.169
氢	−123 175	0.098 0.251
氧	−123 175	0.013 7 0.038
液体	**t/℃**	**κ/(W·m^{-1}·K^{-1})**
液氨 CCl_4 甘油	20 27 0	0.521 0.104 0.29
水	0 20 100	0.561 0.604 0.68
汞 液氮 发动机油	0 −200 60	8.4 0.15 0.140

金属	t/℃	κ/(W·m^{-1}·K^{-1})
纯金	0	311
纯银	0	418
纯钢	20	386
纯铝	20	204
纯铁	20	72.2
钢(0.5 碳)	20	53.6
非金属	**t/℃**	**κ/(W·m^{-1}·K^{-1})**
沥青	20～25	0.74～0.76
水泥	24	0.76
红砖	—	～0.6
玻璃	20	0.78
大理石	—	2.08—2.94
松木	30	0.112
橡木	30	0.166
冰	0	2.2
绝热材料	**t/℃**	**κ/(W·m^{-1}·K^{-1})**
石棉	51	0.166
软木	32	0.043
刨花	24	0.059

由表 5.3 可见,纯金属是高热导率材料,其热导率尤以银和铜最高;空气和水蒸气的热导率最小,仅为 0.024 J·s^{-1}·m^{-1}·℃$^{-1}$,绝热材料和无机液体的热导率介于它们之间。

例 3 一半径为 b 的长圆柱形容器在它的轴线上有一根半径为 a、单位长度电阻为 R 的圆柱形长导线。圆柱形筒维持恒温,里面充有被测气体。当金属线内有一小电流 I 通过时,测出容器壁与导线间的温度差为 ΔT。假定此时稳态传热已达到,因而任何一处的温度均与时间无关。试问待测气体的热导率 κ 是多少?

解:利用式(5.1.12)

$$\dot{Q}=\frac{\mathrm{d}Q}{\mathrm{d}t}=-\kappa\frac{\mathrm{d}T}{\mathrm{d}z}\cdot\Delta S$$

设圆筒长为 L,在半径 r 的圆柱面上通过的总热流为 $\dot{Q}$。在 $r\sim r+\mathrm{d}r$ 的圆筒形薄层气体中的温度梯度为 $\frac{\mathrm{d}T}{\mathrm{d}r}$,故总热流

$$\dot{Q}=\frac{\mathrm{d}Q}{\mathrm{d}t}=-\kappa\frac{\mathrm{d}T}{\mathrm{d}r}\cdot 2\pi rL$$

在达稳态时在不同 r 处$\dot{Q}$均相同。故

$$\mathrm{d}T=-\frac{\dot{Q}}{2\pi L\kappa}\frac{\mathrm{d}r}{r}$$

从 a 积分到 b,则

$$\Delta T=-\frac{\dot{Q}}{2\pi L\kappa}\ln\frac{b}{a}$$

因为 $\dot{Q}=I^2RL$,故热导率

$$\kappa=\frac{I^2R\ln\frac{b}{a}}{2\pi\Delta T}$$

*3. 热传导方程

从傅里叶公式(5.1.11)出发,可以推得热传导过程中,在系统内部各处的温度随空间位置 z 和时间 t 的函数 $T(z,t)$应该满足的关系方程。设任一位置 z_0 处 t 时刻的温度为 $T(z_0,t)$,可通过 z_0 和 $z_0+\mathrm{d}z$ 处作两个垂直热流方向(即图中 z 轴)的横截面 ΔS,把热传导物质系统截出一个 $\mathrm{d}z$ 高的小柱体(见图 5.4),由式(5.1.11)可以看出,$\mathrm{d}t$ 时间内通过 $z_0+\mathrm{d}z$ 处 ΔS 横截面流入小柱体内的热量为

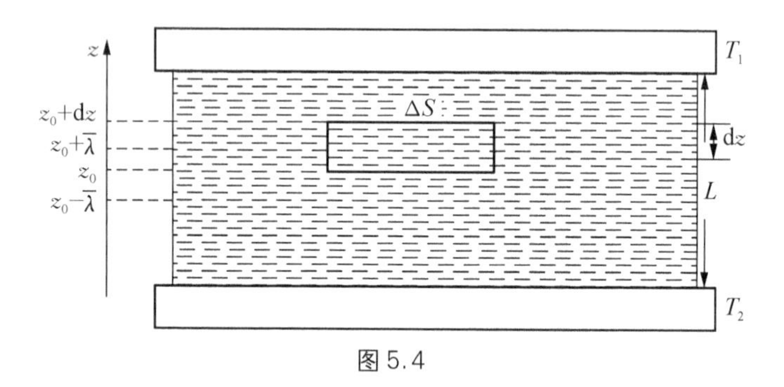

图 5.4

$$\Delta Q_{z_0+\mathrm{d}z}=\kappa\left(\frac{\partial T}{\partial z}\right)_{z_0+\mathrm{d}z}\Delta S\mathrm{d}t$$

注意,式(5.1.12)中所规定的热流方向是 z 轴正方向,通过 $z_0+\mathrm{d}z$ 处 ΔS 截面向下流入小柱体内的热量是正的。$\mathrm{d}t$ 时间内通过 z_0 处 ΔS 截面向下流出小柱体的热量为

$$\Delta Q_{z_0}=\kappa\left(\frac{\partial T}{\partial z}\right)_{z_0}\Delta S\mathrm{d}t$$

由以上两式可得 $\mathrm{d}t$ 时间内净流入小柱体内的热量为

$$đQ = \Delta Q_{z_0+dz} - \Delta Q_{z_0} = \kappa\left[\left(\frac{\partial T}{\partial z}\right)_{z_0+dz} - \left(\frac{\partial T}{\partial z}\right)_{z_0}\right]\Delta S dt$$

由于 dz 很小，所以

$$\left(\frac{\partial T}{\partial z}\right)_{z_0+dz} - \left(\frac{\partial T}{\partial z}\right)_{z_0} \approx \left(\frac{\partial^2 T}{\partial z^2}\right)_{z_0} dz$$

故上式可以表示为

$$đQ = \kappa\left(\frac{\partial^2 T}{\partial z^2}\right)_{z_0} \Delta S dz dt$$

由于 $dV = \Delta S dz$ 为小柱体体积，所以 dt 时间小柱体单位体积内得到净热量 dq 为

$$dq = \frac{đQ}{dV} = \kappa\left(\frac{\partial^2 T}{\partial z^2}\right)_{z_0} dt$$

如果热传导物质的密度为 ρ，比热为 c，则单位体积热传导物质得到 dq 净热量后温度升高 $dT = \frac{dq}{\rho c}$，或 $dq = \rho c\, dT$，代入上式并稍加整理后可得

$$\frac{dT}{dt} = \frac{\kappa}{\rho c}\left(\frac{\partial^2 T}{\partial z^2}\right) \tag{5.1.14}$$

此式称为**一维(z 方向)的热传导方程**，系数$\frac{\kappa}{\rho c}$称为热扩散系数。若给出初始条件，就可以由方程(5.1.14)求得热传导过程中系统内各处温度随时间 t 变化的函数 $T(z, t)$。

对处于稳定状态的热传导系统(开放系统)，由于系统的宏观量不随时间变化，所以系统内的温度只是位置 z 的函数 $T(z)$，温度梯度$\left(\frac{dT}{dz}\right)$自然也不随时间变化。对如图 5.3 所示的圆筒容器内的各向同性均匀气体系统来说，$\left(\frac{dT}{dz}\right)$也与位置 z 无关，由式(5.1.13)可知，这种情况下热流密度 J_T 为常数。

4. 热传导的微观机理

热传导是由于分子热运动强弱程度(即温度)不同所产生的能量传递。

(1) 气体

当存在温度梯度时，作杂乱无章运动的气体分子，在空间交换分子对的同时交换了具有不同热运动平均能量的分子，因而发生能量的迁移。

(2) 固体和液体

其分子的热运动形式为振动。温度高处分子热运动能量较大，因而振动的振幅大；温度低处分子振动的振幅小。因为整个固体或液体都是由化学键把所有分子联接而成的连续介质，一个分子的振动将导致整个物体的振动，同样局部分子较大幅度的振动也将使其他分子的平均振幅增加。热运动能量就是这样借助于相互联接的分子的频繁的振动逐层地传递开去的。一般液体和固体的热传导系数较低。但是金属例外，因为在金属或在熔化的金属中均存在自由电子气体，它们是参与热传导的主要角色，所以金属的高电导率是

与高热导率相互关联的。

*5.1.6　热欧姆定律

若把温度差 ΔT 称为“温压差”(以 $-\Delta U_T$ 表示,其下角 T 表示“热”,下同),把热流 $\dot{Q}$ 以 I_T 表示,则可把一根长为 L、截面积为 ΔS 的均匀棒达到稳态传热时的傅里叶定律改写为

$$I_T=\kappa\frac{\Delta U_T}{L}\cdot\Delta S$$

或

$$\Delta U_T=\frac{L}{\kappa\Delta S}I_T=R_TI_T \tag{5.1.15}$$

其中

$$R_T=\frac{L}{\kappa\Delta S}=\frac{\rho_TL}{\Delta S} \tag{5.1.16}$$

称为热阻,而 $\rho_T=\dfrac{1}{\kappa}$ 称为热阻率。可以看到式(5.1.15)、式(5.1.16)分别与欧姆定律及电阻定律十分类似,我们可把它们分别称为热欧姆定律与热阻定律。它主要适用于均匀物质的稳态传热。与电阻的串并联相类似,热阻也可出现串并联的情况。

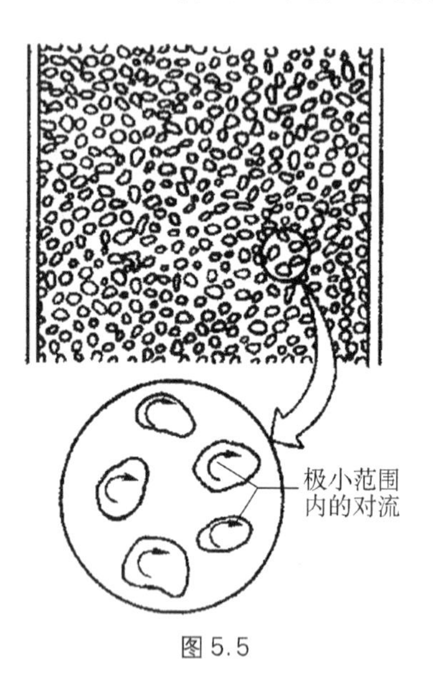

图 5.5

由表 5.3 可见,纯金属是高热导率材料,其热导率尤以银和铜最高;空气的热导率最小,仅为 0.024 $\mathrm{J\cdot s^{-1}\cdot m^{-1}\cdot ℃^{-1}}$。玻璃的热导率为 0.8 $\mathrm{J\cdot s^{-1}\cdot m^{-1}\cdot ℃^{-1}}$,但做成玻璃纤维其热导率降为 0.04 $\mathrm{J\cdot s^{-1}\cdot m^{-1}\cdot ℃^{-1}}$,这是因为玻璃纤维中有很多小空气隙。**多孔性物质不仅能增加热阻,而且能有效减少自然对流传热**,其原因是虽然空气热导率很低,但空气通常会发生对流,气体对流的传热效率明显优于气体热传导。若把空气限制在一个个小孔隙中,使其很难对流,其绝热效率明显提高,泡沫聚苯乙烯就是这样的结构,如图 5.5 所示。在泡沫的小孔隙中的气体只能在极小的范围内对流,由于空气的热导率差,其热量传递的主要途径是在聚苯乙烯中,沿着曲曲折折路径,绕过一个个小孔而到达,因而明显增加传热长度,减少了总截面积,大大改善了绝热性能。这就是多孔绝热技术。

*5.1.7　两相对流传热　热管

1. 两相对流传热

伴随有气相和液相的对流流动和气相、液相之间的相互转变的传热过程称为**两相对**

流传热。这时液体从冷端流动到热端吸收汽化热而变为气体，气体又从热端流动到冷端，放出汽化热而变为液体，然后再流动到热端，这样，热量就徐徐不断地从热端传送到冷端。只要参与两相对流的工作物质的汽化热足够高，则较少量的流体流动就可以传输较大的热量，所以它的传热效率一般比较高。

2. 热管

应用两相对流传热的典型实例是热管。热管是在气、液两相对流时伴随有相变传热的传热元件，它是一种结构较复杂、效率高的传热元件。其构造为两端封闭的圆形金属管，如图 5.6 所示。内壁装镶以多层金属细丝或其他毛细管(被称为管芯)，管中充以适当的工作液体。当热管的一端受热而另一端被冷却时，液体在受热端吸热汽化，形成的蒸汽流至另一端放热凝结。凝结后的液体因管芯的毛细管作用又渗回热端，如此不断循环，从而使热量从高温端不断传到低温端。由于液体的汽化热很大，故传热效率特高，其传热效率远高于银、铜等良导体。它可以很大热量在小的温降的情况下进行热传输。

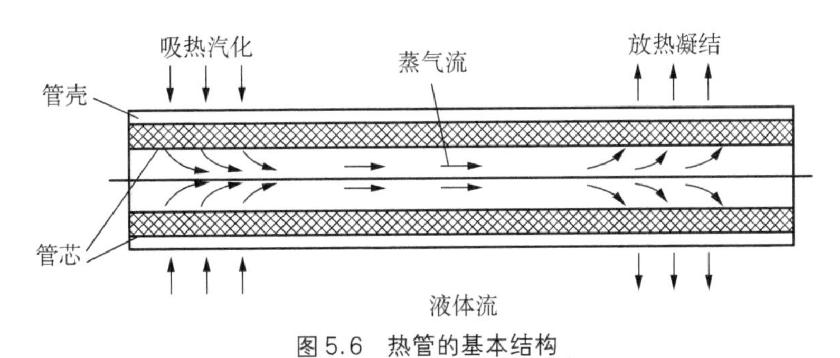

图 5.6 热管的基本结构

例如一根最简单的钠热管(不锈钢外壳，不锈钢丝卷成管芯，钠为工作物质)的有效热导率超过 41.8 $\mathrm{kJ\cdot s^{-1}\cdot m^{-1}\cdot ℃^{-1}}$，而热的良导体铜的热导率仅为 0.38 $\mathrm{kJ\cdot s^{-1}\cdot m^{-1}\cdot ℃^{-1}}$。选用不同工作物质的热管可应用于不同的工作温度，其温度范围可从 70 K 覆盖到 2 300 K。热管结构简单，没有噪声，工作方便可靠，已被广泛应用于核反应堆、电机和电器、太阳能利用、化工和轻工、航天、高能物理、军事工程、医疗技术等方面。

热管也可被用来获得均衡的温度分布，如有一种称为“热开关”的热管。它的特点是当热源温度 T 高于工作液体的凝固点 T_m 时热管运行，当 $T < T_m$ 时热管停止工作。它与电路中的开关有类似的作用。

5.2 输运现象的微观解释

在 5.1 节中已介绍过气体输运现象的宏观规律，并说明气体的黏性、热传导及扩散来源于不均匀气体中的无规热运动，在交换分子对的同时分别把分子原先所在区域的宏观性质(动量、能量、质量)输运到新的区域。本节将利用分子碰撞截面及分子平均自由程来导出气体输运系数的表达式。

气体内部所以能够发生输运过程，首先是由于分子不停的热运动。当气体内存在着不均匀性时，一般可以说，各处的分子就具有不同的特点。例如，当气体的温度不均匀时，各处的分子就具有与该处温度相对应的平均能量。热运动使分子由一处转移到另一处，结果就使各处的特点不断地混合起来。因此，原来存在着不均匀性的气体，由于各处分子的这种不断地相互“搅拌”，就会逐渐趋于均匀一致。值得指出的是，分子的热运动虽然是气体内输运过程的一个重要因素，但却不是唯一的主要因素。在研究输运过程时，我们还必须注意到另一个因素，即分子间的相互碰撞。碰撞使分子沿着迂迴曲折的路线运动，因而直接影响着分子巡回各处的效率。分子间的碰撞越频繁，分子运动所循的路线就越曲折，分子由一处转移到另一处所需的时间也就越长，分子的“搅拌”就进行得越缓慢。因此，分子间相互碰撞的频繁程度直接决定着输运过程的强弱。

重要说明：

① 这里的“输运过程都是近平衡的非平衡”过程，空间不均匀性（如温度梯度、速度梯度、分子密度数梯度）都不大，因而不管分子以前的平均数值如何，它经过一次碰撞后就具有在新的碰撞地点的平均动能、平均定向动量及平均粒子数密度。

② 在这里所讨论的气体是既足够稀薄（气体分子间平均距离比起分子的大小要大得多，这是理想气体的特征），但又不是太稀薄（它不是“真空”中气体的输运现象）。

5.2.1 气体黏性系数的导出

1. 气体黏性现象的微观分析

在层流流体中，每个分子除有热运动动量外，还迭加上定向动量。因为热运动动量的平均值为零，故只需考虑流体中各层分子的定向动量。设想有一与定向动量方向平行，与 z 轴垂直的平面 ΔS，它的 z 轴坐标为 z_0。为了推导出黏性现象的宏观规律，我们来计算在一段时间 dt 内由于热运动和碰撞所引起的定向动量的输运。显然，在时间 dt 内，沿 z 轴正方向输运的总动量 dP，就等于平面 ΔS 的上下两部分流体在这段时间内交换的分子对数乘以每交换一对分子所引起的动量改变。

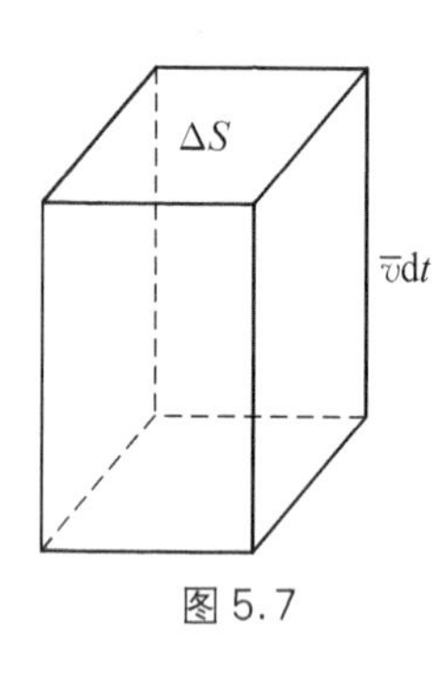

图 5.7

下面首先计算在时间 dt 内，由平面 ΔS 的下部通过 ΔS 移到平面 ΔS 上部的分子数。实际上，下部的分子是沿着一切可能的方向移到上部的。为了使计算简单起见，我们可以与 2.2.2 节的假设相类似，可假定包含在任一体积内的所有分子中，平行于 z 轴向上运动的只占总数的 1/6，每个流体分子的运动速率均为平均速率$\bar{v}$。为了求出在时间 dt 内通过 ΔS 面的分子数，我们可用 ΔS 为顶，作一高度为$\bar{v}dt$ 的柱体（见图 5.7）。显然，在任一时刻，在这个柱体内平行于 z 轴向上运动的分子，经过时间 dt 后都能通过 ΔS。它们的数目就等于包含在这柱体内的分子总数的 1/6。如果用 n 表示单位体积内的分子数，则在时间 dt 内由下部通过 ΔS 面移到上部的分子数就等于

$$dN = \frac{1}{6} n \bar{v} \Delta S dt \tag{5.2.1}$$

由于气体各部分具有相同的温度和分子数密度，所以根据同样的道理，在这段时间内有同样多的分子由上部通过 ΔS 面移到下部，即上、下两部分交换的分子数目相同。因此，在时间 $\mathrm{d}t$ 内通过 ΔS 面交换的分子对数就等于 $\frac{1}{6}n\bar{v}\Delta S\mathrm{d}t$。

其次，我们来计算上、下两部分每交换一对分子向 z 轴正方向所输运的动量。因流体的流速 u 沿 z 轴方向增大，由于 ΔS 面上、下两部分分子的定向动量不同，所以每交换一对分子，下部就得到一定的动量，而上部就失去一定的动量，如果用 $\mathrm{d}p$ 表示交换一对分子沿 z 轴正方向输运的动量，则

$$\mathrm{d}p = (\text{转移到上部的分子的定向动量}) - (\text{转移到下部的分子的定向动量})$$

根据给定的条件，流速是沿 z 轴正方向逐渐增大的，所以不论对 ΔS 面的上部或是对下部来说，处在不同气层内的分子的定向动量仍然是不同的。因此，要具体计算出 $\mathrm{d}p$，就必须解决一个问题：由上部转移到下部(或由下部转移到上部)的分子究竟具有多大的定向动量?

在第 2 章中曾经提到，平衡态的建立和维持是分子间相互碰撞的结果。说得更具体一些，设想把几个分子注入温度为 T 的气体中，则不管它们原来的速度如何，最后它们必然变得与其他分子无从区别，可以说它们被“同化”了。它们之所以会被“同化”而获得集体的特点，正是由于与其他分子碰撞的结果。根据这样的事实，在输运过程的简单理论中，解决分子带多大定向动量的问题，依靠一个基本的**简化假设**，即：分子受一次碰撞就被完全“同化”。这就是说，当任一分子在运动过程中与某一流体层中的其他分子发生碰撞时，它就舍弃掉原来的定向动量，而获得受碰处的定向动量。

根据这个假设，我们可以认为上、下两部分所交换的分子都具有通过 ΔS 面前最后一次受碰处的定向动量。显然，各个分子通过 ΔS 面前最后一次受碰的位置是不相同的。但是根据分子按自由程分布的规律(详见参考文献[1]、[2])不难求出，上部(或下部)向下(或向上)通过 ΔS 面前最后一次受碰处与 ΔS 面之间的平均距离正好等于分子的平均自由程 $\bar{\lambda}$。这就是说，上部的分子通过 ΔS 面前所带的定向动量为 $mu(z_0+\bar{\lambda})$，而下部的分子通过 ΔS 面前所带的定向动量则为 $mu(z_0-\bar{\lambda})$，因此，可以把上式具体写作

$$\mathrm{d}p = mu(z_0-\bar{\lambda}) - mu(z_0+\bar{\lambda}) \tag{5.2.2}$$

式中 $u(z_0-\bar{\lambda})$ 和 $u(z_0+\bar{\lambda})$ 分别表示流体在 $z=z_0-\bar{\lambda}$ 和 $z=z_0+\bar{\lambda}$ 处的流速。

如果以 $\left(\frac{\mathrm{d}u}{\mathrm{d}z}\right)_{z_0}$ 表示 $z=z_0$ 处的速度梯度，考虑到在近平衡的非平衡条件下，气体定向运动的速度梯度 $\left(\frac{\mathrm{d}u}{\mathrm{d}z}\right)$ 较小；另外气体的压强也并非很低，因而分子平均自由程 $\bar{\lambda}$ 并不很大，这说明在 z 方向间距为 $\bar{\lambda}$ 的范围内，定向速率的变化 Δu 与 u 相比小得多，故可对 $u(z_0\pm\bar{\lambda})$ 作泰勒级数展开并取一级近似，有

$$u(z_0+\bar{\lambda}) \approx u(z_0) + \left(\frac{\mathrm{d}u}{\mathrm{d}z}\right)_{z_0}\bar{\lambda} \tag{5.2.3}$$

$$u(z_0-\bar{\lambda}) \approx u(z_0) - \left(\frac{\mathrm{d}u}{\mathrm{d}z}\right)_{z_0}\bar{\lambda} \tag{5.2.4}$$

则

$$u(z_0-\bar{\lambda})-u(z_0+\bar{\lambda})\approx-\left(\frac{\mathrm{d}u}{\mathrm{d}z}\right)_{z_0}\cdot 2\bar{\lambda}$$

将此式代入式(5.2.2)，可得

$$\mathrm{d}p=-2m\bar{\lambda}\left(\frac{\mathrm{d}u}{\mathrm{d}z}\right)_{z_0} \tag{5.2.5}$$

将式(5.2.1)和式(5.2.5)两式相乘，就得到在时间 $\mathrm{d}t$ 内通过 ΔS 面沿 z 轴正方向输运的总动量

$$\begin{aligned}\mathrm{d}P=\mathrm{d}N\cdot\mathrm{d}p&=-\frac{1}{3}nm\,\bar{v}\bar{\lambda}\left(\frac{\mathrm{d}u}{\mathrm{d}z}\right)_{z_0}\Delta S\mathrm{d}t\\ f=\frac{\mathrm{d}P}{\mathrm{d}t}&=-\frac{1}{3}nm\,\bar{v}\bar{\lambda}\left(\frac{\mathrm{d}u}{\mathrm{d}z}\right)_{z_0}\Delta S\end{aligned} \tag{5.2.6}$$

将式(5.2.6)与式(5.1.1)比较即可知流体的黏度为

$$\eta=\frac{1}{3}nm\,\bar{v}\bar{\lambda} \tag{5.2.7}$$

利用气体的密度 $\rho=nm$ 的关系，气体的黏度还可写为

$$\eta=\frac{1}{3}\rho\bar{v}\bar{\lambda} \tag{5.2.8}$$

2. 理论所得结果的讨论

(1) η 与 n 无关

若在式(5.2.7)中利用 $\bar{\lambda}=\dfrac{1}{\sqrt{2}\sigma n}$ 的关系，则有

$$\eta=\frac{m\bar{v}}{3\sqrt{2}\sigma} \tag{5.2.9}$$

说明**黏度与气体分子数密度无关**。若 n 加倍，确实在 z_0 处 ΔS 平面上、下之间交换的分子对数将加倍，但因平均自由程也减半，它只能输送离 z_0 处 ΔS 平面上下距离分别为$\dfrac{\bar{\lambda}}{2}$处的定向动量，这样净动量的输运率仍不变。气体的黏度 η 在温度一定时与分子数密度(或压强 $p=nkT$) 无关这一特性首先由英国著名物理学家麦克斯韦(Maxwell, 1831—1879)于 1860 年得出，并由他在实验上加以证实，这是历史上最早提出的输运过程微观理论。

(2) η 仅是温度的函数

若认为气体分子是刚球，其有效碰撞截面 $\sigma=\pi d^2$ 为常数，则利用$\bar{v}=\sqrt{\dfrac{8kT}{\pi m}}$，由式(5.2.9)可得

$$\eta = \frac{2}{3\sigma}\sqrt{\frac{km}{\pi}} \cdot T^{1/2} \propto \frac{T^{1/2}}{\sigma} \tag{5.2.10}$$

说明 **η 与 $T^{1/2}$ 成正比**。对于非刚球分子，σ 与温度有关（正如在 2.1.3 节图 2.6 中讨论到的，由于分子之间有吸引力，因而 d 随温度增加而减小），这时 η 随温度的变化率要比 $T^{1/2}$ 快些，实验证实，它近似有

$$\eta \propto T^{0.7}（对于非刚性分子）$$

(3) 测定数量级

利用式(5.2.10)可以测定气体分子碰撞截面及气体分子有效直径的数量级。在三个输运系数中，实验最易精确测量的是气体的黏度，利用黏度的测量来确定气体分子有效直径是较简便的。

(4) 黏性系数公式的适用条件为 $d \ll \bar{\lambda} \ll L$

d 为气体分子有效直径，L 为容器的线度。至于 $\bar{\lambda} \approx L$ 或 $\bar{\lambda} > L$ 的稀薄气体的输运性质将在 5.3 节讨论。

(5) 采用不同近似程度的各种推导方法的实质是相同的

上面对 η 的推导中采用了如下近似：① $\Gamma \approx \frac{n}{6}\bar{v}$；②平均说来从上（或下）方穿过 z_0 平面的分子都是在 $z_0+\bar{\lambda}$（或 $z_0-\bar{\lambda}$）处经受一次碰撞的；③未考虑分子在从上（或下）方穿过 z_0 平面时的碰撞概率。若进一步考虑碰撞概率，可证明：平均说来从上（或下）方穿过 z_0 平面的分子都是在 $z_0+\frac{2\bar{\lambda}}{3}$（或 $z_0-\frac{2\bar{\lambda}}{3}$）处遭受碰撞的，而单位时间内从上（或下）方穿过 z_0 平面上单位面积的分子是 $\frac{n}{4}\bar{v}$ 个，由此仍可求得 $\eta=\frac{1}{3}\rho\bar{v}\bar{\lambda}$。

即使是这种较为严密细致的推导，其中仍有一定的近似，其结果与实验仍有一定差别，更深层次的讨论要利用非平衡态统计，其数学处理要复杂得多。实际上，所有不同层次的各种推导方法的实质都是相同的，所得结果其数量级一致。对于初学者来说，应该首先关心输运系数与哪些物理量有关？它的数量级是多少？至于公式中的系数，在不影响数量级的情况下是次等重要的。推导中应特别注意其物理思想，至于为什么在推导中用 $\frac{n}{6}\bar{v}$ 而不用 $\frac{n}{4}\bar{v}$，为什么是在 $2\bar{\lambda}$ 距离内而不是在 $2\times\frac{2\bar{\lambda}}{3}$ 距离内交换粒子对等等，可暂时不必细究。

5.2.2 气体热传导系数的导出

1. 气体热传导现象的微观分析

气体热传导是在分子热运动过程中交换分子的同时所伴随的能量传输，其讨论方法与上节类同。不同仅是在 z 轴方向不存在定向运动速率梯度，而存在温度梯度。我们从气体分子热运动和分子间的碰撞微观机制出发，来讨论 5.1.5 节图 5.4 所示容器内的气体热传导过程。在 2.2 节中我们得到气体分子热运功的平均自由程 $\bar{\lambda}$ 与分子的有效直径

d 和分子数密度 n 有如下关系

$$\bar{\lambda}=\frac{1}{\sqrt{2}\pi d^2 n}$$

对于通常近似视为理想气体的气体来说，$\bar{\lambda}\gg d$，即除分子碰撞瞬间外，分子间的相互作用可以忽略。同时，平均自由程 $\bar{\lambda}$ 又远小于容器的线度(如气体系统的高度 L)，这样分子从容器上部热运动到容器下部，要经过很多次碰撞。对于气体分子本身我们仍采用刚球模型，即把分子视为直径为 d 的小刚球，分子间的碰撞主要为二体碰撞，三个或更多分子的同时碰撞可能性很少，可以忽略。根据以上对气体的假设，即可用直观、近似的方法给出气体热传导实验规律的微观解释。

现在我们从微观角度来讨论图 5.4 所示气体中，单位时间内通过 z_0 处的横截面 ΔS 的热量。由于气体分子不停地热运动，单位时间内有很多分子从 ΔS 面上方通过 ΔS 面跑到 ΔS 面下方；同样，也有很多分子从 ΔS 面下方通过 ΔS 面跑到 ΔS 面上方。从 ΔS 面上方到 ΔS 面下方的分子把分子在上方的热运动能量带到了下方；同样，从 ΔS 面下方到 ΔS 面上方的分子把分子在下方的热运动能量带到了上方。这样，单位时间内沿 z 轴正方向通过 ΔS 面净输运的热运动能量(即热流)为

$\Delta Q=$(迁移到上方的分子的热运动能量)$-$(迁移到下方的分子的热运动能量)

若气体的分子数密度设为 n，并近似地假设单位体积内向上、向下运动的分子各为 $\frac{1}{6}n$，则单位时间内从 ΔS 面上方跑到下方的平均分子数为 $N_+=\frac{1}{6}n\bar{v}\Delta S$，$\bar{v}$ 为分子平均热运动速率。这些分子一共带到 ΔS 下方多少热运动能量，要严格计算是很困难的，因为它们是从 ΔS 上不同 z 处跑到 ΔS 下方的，因而应带着不同 z 处的分子热运动能量跑到 ΔS 面下方，而不同 z 处温度不同因而分子平均热运动能量是不同的。

为简单起见，按照分子平均自由程 $\bar{\lambda}$ 的定义，平均地看，可以把这 N_+ 个分子近似看作它们都是在 ΔS 面上方 $z_0+\bar{\lambda}$ 高度处碰撞后不再碰撞直接跑到 ΔS 面下方的，并且假设它们在 ΔS 上方 $z_0+\bar{\lambda}$ 处碰撞后具有的平均热运动能量为 $z_0+\bar{\lambda}$ 处分子的平均热运动能量 $\overline{\varepsilon(z_0+\bar{\lambda})}$。作这样的简化后，$N_+$ 个分子带到 ΔS 截面下方的热运动能量为 $Q_+=\frac{1}{6}n\bar{v}\Delta S\overline{\varepsilon(z_0+\bar{\lambda})}$。同样的简化与分析，可以近似得出单位时间内从 ΔS 面下方通 ΔS 面传到上方的热运动能量为 $Q_-=\frac{1}{6}n\bar{v}\Delta S\overline{\varepsilon(z_0-\bar{\lambda})}$。单位时间内从下向上通过 ΔS 截面的净热运动能量(即热流)ΔQ 为

$$\Delta Q=Q_- - Q_+=\frac{1}{6}n\bar{v}\Delta S[\overline{\varepsilon(z_0-\bar{\lambda})}-\overline{\varepsilon(z_0+\bar{\lambda})}]$$

由于平均自由程 $\bar{\lambda}$ 很小，对 $\overline{\varepsilon(z_0\pm\bar{\lambda})}$ 作泰勒级数展开并取一级近似，有

$$\overline{\varepsilon(z_0-\bar{\lambda})}-\overline{\varepsilon(z_0+\bar{\lambda})}\approx-\left(\frac{\mathrm{d}\bar{\varepsilon}}{\mathrm{d}z}\right)_{z_0}\cdot 2\bar{\lambda}$$

将此结果代入上式得

$$\Delta Q = -\frac{1}{3} n \bar{v} \bar{\lambda} \left(\frac{\mathrm{d}\bar{\varepsilon}}{\mathrm{d}z}\right)_{z_0} \Delta S \tag{5.2.11}$$

注意到关系

$$\left(\frac{\mathrm{d}\bar{\varepsilon}}{\mathrm{d}z}\right)_{z_0} = \left(\frac{\mathrm{d}\bar{\varepsilon}}{\mathrm{d}T}\right)_{z_0} \left(\frac{\mathrm{d}T}{\mathrm{d}z}\right)_{z_0}$$

而理想气体定体摩尔热容

$$C_{V,\mathrm{m}} = \frac{\mathrm{d}U_{\mathrm{m}}}{\mathrm{d}T} = N_{\mathrm{A}} \frac{\mathrm{d}\bar{\varepsilon}}{\mathrm{d}T}$$

则

$$\left(\frac{\mathrm{d}\bar{\varepsilon}}{\mathrm{d}z}\right)_{z_0} = \left(\frac{\mathrm{d}\bar{\varepsilon}}{\mathrm{d}T}\right)_{z_0} \left(\frac{\mathrm{d}T}{\mathrm{d}z}\right)_{z_0} = \frac{C_{V,\mathrm{m}}}{N_{\mathrm{A}}} \left(\frac{\mathrm{d}T}{\mathrm{d}z}\right)_{z_0}$$

故式(5.2.11)可以写成

$$\Delta Q = -\frac{1}{3} n \bar{v} \bar{\lambda} \frac{C_{V,\mathrm{m}}}{N_{\mathrm{A}}} \left(\frac{\mathrm{d}T}{\mathrm{d}z}\right)_{z_0} \Delta S \tag{5.2.12}$$

式(5.2.12)就是从气体动理论推得的傅里叶定律即式(5.1.12)。由式(5.2.12)自然可得到热流密度 J_T 为

$$J_T = \frac{\Delta Q}{\Delta S} = -\frac{1}{3} n \bar{v} \bar{\lambda} \frac{C_{V,\mathrm{m}}}{N_{\mathrm{A}}} \left(\frac{\mathrm{d}T}{\mathrm{d}z}\right)_{z_0} \tag{5.2.13}$$

把式(5.2.12)、(5.2.13)与式(5.1.12)、(5.1.13)比较,即得到气体的热传导系数(热导率)κ 理论公式为

$$\kappa = \frac{1}{3} n \bar{v} \bar{\lambda} \frac{C_{V,\mathrm{m}}}{N_{\mathrm{A}}} \tag{5.2.14}$$

利用 $\rho = nm$ 关系,可以得到

$$\kappa = \frac{1}{3} \rho \bar{v} \bar{\lambda} \frac{C_{V,\mathrm{m}}}{M_{\mathrm{m}}} \tag{5.2.15}$$

其中 M_{m} 是气体摩尔质量。

2. 理论所得结果的讨论

① 在式(5.2.13)中没有考虑到由于温度梯度不同,会在 $z_0 + \bar{\lambda}$ 及 $z_0 - \bar{\lambda}$ 处产生气体分子数密度的差异及平均速率的差异,故在式(5.2.14)及式(5.2.15)中的 n, ρ, $\bar{\nu}$ 均应是与气体平均温度所对应的数密度、密度及平均速率。

我们从气体分子热运动与分子间相互频繁碰撞微观机制出发,采用简单、直观的近似方法,推出了气体热传导过程的傅里叶定律,并给出了热传导系数 κ 的理论公式 $\kappa = \frac{1}{3} n$

$\bar{v}\bar{\lambda}\dfrac{C_{V,\mathrm{m}}}{N_{\mathrm{A}}}$，由于我们采取的方法比较粗略、近似，一些简化假设（如通过截面 ΔS 的分子都是从距 ΔS 面 $\bar{\lambda}$ 处经过碰撞后带着此处的平均热运动能量通过 ΔS 面的；分子都是刚性球，分子间没有相互作用等）也过于粗糙，所以我们不能期望所得结果与实验测量结果完全一致。但不管所得结果如何近似，它毕竟从这样简单、直观的分子碰撞图像给出了热传导中的热流强度 J_T 与温度梯度 $\dfrac{\mathrm{d}T}{\mathrm{d}z}$ 成比例这一重要规律。至于这个简化理论给出的热传导系数公式 $\kappa=\dfrac{1}{3}n\bar{v}\bar{\lambda}\dfrac{C_{V,\mathrm{m}}}{N_{\mathrm{A}}}$，正如上面已指出的，我们不能希望它与实验结果会符合得很好，公式中的系数 1/3 也不可能是确切可靠的，但此式给出了哪些因素会对气体的热传导系数产生影响。

② 与黏性系数公式式(5.2.7)、式(5.2.8)相类似，刚性分子气体的**热导率与数密度 $\boldsymbol{n}$ 无关，仅与 $\boldsymbol{T^{1/2}}$ 有关**。

利用理想气体公式进一步简化式(5.2.14)。根据局域平衡近似概念，我们可利用以下平衡态理想气体公式：$\bar{v}=\sqrt{\dfrac{8kT}{\pi m}}$，$\bar{\lambda}=\dfrac{1}{\sqrt{2}\pi \mathrm{d}^2 n}$，$C_{V,\mathrm{m}}=\dfrac{i}{2}R$，这些公式中 $k=1.38\times10^{23}\ \mathrm{J}\cdot\mathrm{K}^{-1}$ 为玻耳尔兹曼常数，d 为气体分子的有效直径，i 为气体分子的自由度。将以上理想气体公式代入热传导系数公式(5.2.14)，并注意到 $R=N_{\mathrm{A}}k$，可得

$$\kappa=\frac{i}{3}\frac{k}{\pi d^2}\sqrt{\frac{kT}{\pi m}} \tag{5.2.16}$$

这里的 m 为气体分子的质量。由式(5.2.16)可以看出，气体的热传导系数 κ 与气体的分子数密度 n（因为 $p=nkT$，在温度一定时也是与压强 p）在一定范围内无关。这个结论在不经理论推导前并不是显而易见的。因为乍看起来，n 越大，通过横截面 ΔS 交换的分子对数越多，κ 应该越大。其实，n 越大，虽然通过 ΔS 面交换的分子对数越多，但 n 越大，$\bar{\lambda}$ 就越小，通过 ΔS 面交换一对分子导致流过 ΔS 面的净热运动能量也越小，因此 n 在相当大范围内的变化对 κ 没有明显影响。麦克斯韦和迈耶等人从实验上证实了这一结论，这对当时气体动理论的建立起了重要作用。当然，n 也不能太大或太小，否则，我们在推导这些结果时对气体提出的假设前提就不成立了。另外，式(5.2.16)还表明，κ 与温度 T 有关，$\kappa\propto T^{1/2}$。实验发现，气体热传导系数 κ 随温度 T 的变化比 $T^{1/2}$ 关系更加显著，实验结果是 $\kappa\propto T^{0.7}$。这种偏离与我们采用的分子刚球模型太简单有关，实际上，气体分子不是有效直径 d 固定不变的刚球，随着温度 T 的增高分子热运动动能跟着增大，分子可以接近的最小距离 d 也会变得更小些，这会使 κ 随温度变化比 $T^{1/2}$ 更快些。

对于单原子分子气体，因其分子的自由度 $i=3$，所以式(5.2.16)可写成

$$\kappa=\frac{k}{\pi d^2}\sqrt{\frac{kT}{\pi m}} \tag{5.2.17}$$

对温度 $t=-130℃$ 的He气，设其分子有效直径 $d\approx 2\times 10^{-10}$ m，分子质量 $m\approx 6.7\times 10^{27}$ kg，$k=1.38\times 10^{-23}$ J·K^{-1}，代入式(5.2.17)，可得其热传导系数 $\kappa\approx 0.034$ W·m^{-1}·K^{-1}，与表5.3中He气的实验资料0.093 W·m^{-1}·K^{-1} 相比有一定差距。

③ 与式(5.2.7)类似，热传导系数 κ 的式(5.2.14)也只适用于温度梯度较小，满足 $d\ll\bar{\lambda}\ll L$ 条件的理想气体。

5.2.3 气体扩散系数的导出

1. 气体扩散现象的微观分析

我们从气体分子动理论的概念出发，采用直观、近似的方法来解释气体扩散遵守的实验规律——斐克定律。

现在仍以图5.3所示由分子质量基本相同的两种气体(如^{12}C和^{14}C或 N_2 和CO气体)组成的混合气体为例，讨论其中的一种气体(如^{14}C气体)的扩散问题。为便于阐述，我们把所讨论的^{14}C气体仍叫做扩散气体，扩散气体的分子数密度分布不均匀，并沿 z 轴正方向逐渐增大，即分子数密度是位置坐标 z 的函数 $n=n(z)$。在 z_0 处取一与 z 轴垂直的横截面 ΔS，讨论单位时间通过 ΔS 面扩散的气体分子数。我们仍采用这样的简化假设：从横截面 ΔS 上方跑到 ΔS 面下方的扩散气体分子，都是在$(z_0+\bar{\lambda})$处经过碰撞后直接跑到 ΔS 面下方的，从 ΔS 面下方跑到 ΔS 面上方的扩散气体分子，都是在$(z_0-\bar{\lambda})$处经过碰撞后直接跑到 ΔS 面上方的，同时近似假设单位体积中的气体分子平均向上、下方向热运动的分子各有 $\frac{1}{6}n$ 个。由以上简化和近似假设，很容易知道，单位时间净通过 ΔS 横截面向 z 轴方向扩散的气体分子数为

$$\frac{\Delta N}{\Delta t}=\frac{1}{6}n(z_0-\bar{\lambda})\cdot\bar{v}\cdot\Delta S-\frac{1}{6}n(z_0+\bar{\lambda})\cdot\bar{v}\cdot\Delta S=\frac{1}{6}[n(z_0-\bar{\lambda})-n(z_0+\bar{\lambda})]\bar{v}\Delta S$$

由于分子平均自由程 $\bar{\lambda}$ 很小，对 $n(z_0\pm\bar{\lambda})$ 作泰勒级数展开并取一级近似，有

$$n(z_0-\bar{\lambda})-n(z_0+\bar{\lambda})\approx-\left(\frac{\mathrm{d}n}{\mathrm{d}z}\right)_{z_0}\cdot 2\bar{\lambda}$$

将此关系代入上式可得

$$\frac{\Delta N}{\Delta t}=-\frac{1}{3}\bar{v}\bar{\lambda}\left(\frac{\mathrm{d}n}{\mathrm{d}z}\right)_{z_0}\Delta S \tag{5.2.18}$$

或

$$J_N=\frac{\Delta N}{\Delta t\Delta S}=-\frac{1}{3}\bar{v}\bar{\lambda}\left(\frac{\mathrm{d}n}{\mathrm{d}z}\right)_{z_0} \tag{5.2.19}$$

式(5.2.18)的等式两边乘分子质量 m，且 $m\Delta N=\Delta M$、$\rho=nm$ 分别为单位时间通过 ΔS 的扩散的气体质量和扩散气体的密度，则式(5.2.18)可得另一种表示形式

$$\frac{\Delta M}{\Delta t}=-\frac{1}{3}\bar{v}\bar{\lambda}\left(\frac{\mathrm{d}\rho}{\mathrm{d}z}\right)_{z_0}\Delta S \tag{5.2.20}$$

式(5.2.18)、(5.2.19)和(5.2.20)分别就是实验上得到的式(5.1.8)、(5.1.9)和(5.1.10)斐克定律。比较理论和实验公式,可得气体扩散系数 D 为

$$D=\frac{1}{3}\bar{v}\bar{\lambda} \tag{5.2.21}$$

2. 理论结果的讨论

① 刚性分子气体的 D 与 η、κ 不同,**它在 p 一定时与 $T^{3/2}$ 成正比,在温度一定时,又与 p 成反比。**

同前两节讨论热传导、黏滞性所得到的理论结果一样,这里得到的气体扩散系数 D 的公式也只是个近似公式,像公式中的系数 1/3 就不可靠。虽然如此,但式(5.2.21)还是指出了气体扩散系数 D 与哪些因素有关。如果把扩散气体的分子热运动平均速率 $\bar{v}=\sqrt{\frac{8kT}{\pi m}}$ 和平均自由程 $\bar{\lambda}=\frac{1}{\sqrt{2}\pi d^2 n}$ 公式代入式(5.2.21),可得扩散系数为

$$D=\frac{2}{3\pi nd^2}\sqrt{\frac{kT}{\pi m}} \tag{5.2.22}$$

以室温 $T=293\ \text{K}$ 的 N_2 气为例,取 N_2 分子质量 $m\approx 4.7\times 10^{-26}\ \text{kg}$,分子数密度 $n\approx 2.7\times 10^{25}\ \text{m}^{-3}$,$N_2$ 分子有效直径 $d\approx 3.7\times 10^{-10}\ \text{m}$,玻耳兹曼常数 $k=1.38\times 10^{-23}\ \text{J}\cdot\text{K}^{-1}$。将以上数据代入式(5.2.22),求得室温下 N_2 扩散系数 $D=0.95\times 10^{-5}\ \text{m}^2\cdot\text{s}^{-1}$,而同室温下实验测得的 N_2 气扩散系数值 $1.9\times 10^{-5}\ \text{m}^2\cdot\text{s}^{-1}$ 相比是有差距的,但数量级相同。如果利用气体的压强公式 $p=nkT$,$n=\frac{p}{kT}$ 代入式(5.2.22),则扩散系数还可表示为

$$D=\frac{2}{3\pi d^2 p}\left(\frac{k^3}{\pi m}\right)^{1/2}T^{3/2} \tag{5.2.23}$$

式(5.2.23)表明,扩散系数是敏感地依赖于温度的。我们采用的初级气体动理论给出,当压强 p 一定时,$D\propto T^{1.5}$,实验发现 D 依赖于温度的程度更明显一些,结果为 $D\propto T^{1.75}\sim T^2$。理论与实验的这种偏差,也是由于我们理论采用的分子刚球模型太简单了,实际上,随着 T 的增大,分子的有效直径 d 会相应有点减小。

② 由式(5.2.23)可看到,在一定的压强与温度下,扩散系数 D 与分子质量的平方根成反比

$$\frac{D_1}{D_2}=\frac{\sqrt{m_2}}{\sqrt{m_1}}$$

③ 式(5.2.21)适用的条件与黏性系数、热导系数类同,$d\ll\bar{\lambda}\ll L$。

3. 扩散系数与黏滞系数之间的关系

比较黏滞系数式(5.2.7)和扩散系数式(5.2.21),可以看出气体黏滞系数 η 和扩散系数 D 之间有如下关系

$$\eta=nmD$$

注意到气体密度 $\rho = nm$，则 η、D 和 ρ 之间有如下关系

$$D\rho/\eta = 1 \tag{5.2.24}$$

同理论上给出关系 $D\rho/\eta = 1$ 相比，实验上测得气体的 $D\rho/\eta$ 值在 1.3～1.5 之间，具体数值因气体的不同而异。这种理论与实验结果的差异，自然与我们的理论太粗略有关。

总结以上三节的讨论，我们从气体分子热运动、分子碰撞、平均自由程等气体分子动理论基本概念出发，采用了简单的分子刚球模型及简化假设，讨论了非平衡态系统内经常出现的三种重要输运过程。尽管我们的处理方法有些简单和粗略，因而只得出了一些近似结果，但是，它使我们对气体系统内能量(热量)、动量、物质的三种输运过程的微观图像有了比较直观的了解，并且找到了影响这些输运过程的各种因素，给出了估算这些输运过程的输运系数大小的近似公式。通过这些讨论，不仅使我们对非平衡态及非平衡过程在外界条件下能够处于稳定状态的微观图像有了较清楚的了解，而且也使我们对非平衡态孤立气体系统，如何通过这些输运过程消除宏观性质不均匀性，而最后趋于平衡态的微观过程有了更直观的认识。

*5.3 稀薄气体中的输运过程

5.3.1 稀薄气体的特征

上一节所讨论的气体要求它既满足理想气体条件，但又不是十分稀薄的，其分子平均自由程要满足如下条件：

$$d \ll \bar{\lambda} \ll L \tag{5.3.1}$$

其中 L 为容器特征线度，d 为分子有效直径。加上 $\bar{\lambda} \ll L$ 的限制条件，是因为上一节所讨论的输运现象中考虑了分子之间的碰撞，但未考虑到分子与器壁碰撞时也会发生动量和能量的传输等因素。

一般情况下，分子在单位时间内所经历的平均碰撞总次数 $\bar{Z}$ 应是分子与分子及分子与器壁碰撞的平均次数之和，这里统一以下标 $m\text{—}m$ 表示分子与分子之间碰撞的诸物理量，以下标 $m\text{—}w$ 表示分子与器壁碰撞的诸物理量，而以下标 t 表示这两种同类物理量之和。

$$\bar{Z}_t = \bar{Z}_{m-m} + \bar{Z}_{m-w} \tag{5.3.2}$$

若在上式两边各除以平均速率 $\bar{v}$，并令 $\bar{\lambda}_{m-m} = \dfrac{\bar{v}}{\bar{Z}_{m-m}}$，$\bar{\lambda}_{m-w} = \dfrac{\bar{v}}{\bar{Z}_{m-w}}$，$\bar{\lambda}_t = \dfrac{\bar{v}}{\bar{Z}_t}$，则

$$\frac{1}{\bar{\lambda}_t} = \frac{1}{\bar{\lambda}_{m-m}} + \frac{1}{\bar{\lambda}_{m-w}} \tag{5.3.3}$$

这就是分子平均自由程的更为一般的公式。$\bar{\lambda}_{m-w}$ 由容器的形状决定。例如，两无穷大平行平板间的气体中的 $\bar{\lambda}_{m-w}$ 就是两平行平板之间的距离，所以我们可以把 $\bar{\lambda}_{m-w}$ 称为容器的特征尺寸 L。考虑到 $\bar{\lambda}_{m-m}$ 就是以前所讲的分子与分子间碰撞的平均自由程，则式(5.3.3)可写为

$$\frac{1}{\bar{\lambda}_t}=\frac{1}{\bar{\lambda}}+\frac{1}{L} \tag{5.3.4}$$

显然，只有当$\bar{\lambda}\ll L$时才有$\bar{\lambda}_t\approx\bar{\lambda}$的关系。由此可见，在5.2节讨论的输运现象中加上限制条件是完全必要的。但是随着气体压强的降低，当分子间碰撞的平均自由程$\bar{\lambda}$可与容器的特征尺寸L相比拟，甚至要比L大得多时，5.2节中所得到的一些公式不再适用。

5.3.2 真空

对真空这一名词在物理上和工程技术上有完全不同的理解，按照现代物理学的基础理论之一——量子场论，**物理世界是由各种量子的系统所组成，而量子场系统能量最低的状态就是真空**。根据这种最新的认识，**真空并不是其词源的本意——“一无所有的空间”或“没有物质的空间”**。

但在工程技术上所理解的真空技术，是指使**气体压强低于地面上大气气压的技术**（或**称为负压**），**气体稀薄的程度称为真空度**。严格说来，真空度的标准是相对的。充有气体的容器越大，能称为高真空的气体的压强也应越低，这是因为它要求所充气体的平均自由程也相应增大。

真空度常可分为如下几类：极高真空与超高真空（$\bar{\lambda}\gg L$）、高真空（$\bar{\lambda}>L$）、中真空（$\bar{\lambda}\leqslant L$）、低真空（$\bar{\lambda}\ll L$）。

表5.4列出了气体某些性质随真空度变化的特征。

表5.4　真空度变化的某些特征

特征	真空度				
	低	中	高	超高	极高
给定真空度的典型压强（$1.33\times10^2\ \mathrm{N\cdot m^{-2}}=1\ \mathrm{Torr}$）	760～1	$1\sim10^{-3}$	$10^{-3}\sim10^{-7}$	$10^{-7}\sim10^{-11}$	10^{-11}以下
300 K时分子数密度（$\mathrm{m^{-3}}$）	$10^{25}\sim10^{22}$	$10^{22}\sim10^{19}$	$10^{19}\sim10^{15}$	$10^{15}\sim10^{11}$	10^{11}以下
300 K时分子间平均自由程（m）	$10^{-8}\sim10^{-5}$	$10^{-5}\sim10^{-2}$	$10^{-2}\sim10^{2}$	$10^{2}\sim10^{6}$	10^{6}以上
热导系数、黏度与压强的关系	无关	由参量$\bar{\lambda}/L$决定	正比于压强	正比于压强	正比于压强

5.3.3 稀薄气体中的输运过程

前面5.2节关于气体输运过程的讨论，只适用于气体分子数密度n不是太大或太小的情况，由于通常温度下气体的压强p与分子数密度n成比例，所以也可以说只适用于气体压强不是太大或太小的情况。这种情况下，气体分子的平均自由程$\bar{\lambda}\left(\bar{\lambda}\propto\frac{1}{n}\right)$要满足条件$\bar{\lambda}\gg d$和$\bar{\lambda}\ll L$，这里$d$和$L$分别为气体分子的有效直径和气体容器的线度。如果$n$太大（或$p$太大），以至于$\bar{\lambda}\approx d$，这时除了气体中多分子同时发生碰撞的情况不能忽略外，分子间的相互作用力也不能忽略，这样，气体分子动理论的一些基本概念诸如分子连续两次碰撞之间的自由运动、分子平均速率公式、平均自由程公式等都不能再使用了。如果 n 太小，以至于 $\bar{\lambda} \geqslant L$，气体内的输运过程的微观图像就会和上面采用的分子间频繁碰撞进行能量、动量输运的图像完全不同了。下面以热传导为例，讨论气体分子数密度 n 很小以至于 $\bar{\lambda} \geqslant L$ 的所谓稀薄气体情况下的结果。

1. 稀薄气体的热传导现象

我们讨论稀薄气体热传导的示意图仍以图 5.4 所示，不过图 5.4 所示容器内装的气体的分子数密度 n 非常小，以至于气体分子的平均自由程 $\bar{\lambda} \geqslant L$，$L$ 为容器上、下底之间的距离。在这种情况下，容器内上、下方向热运动的气体分子，可以在容器上、下底面之间不与其他分子发生碰撞地来回运动。当这些分子同温度为 T_1 的上底面碰撞中，即获得温度为 T_1 的分子热运动平均能量 $\bar{\varepsilon}_1$，分子带着这平均分子热运动能量 $\bar{\varepsilon}_1$，不同其他气体分子碰撞地直接到达温度为 T_2 下底面时，同下底面碰撞，并在碰撞中把它从上底面碰撞后获得的 $\bar{\varepsilon}_1$ 能量转变成温度为 T_2 的平均分子热运动能量 $\bar{\varepsilon}_2$，把 $(\bar{\varepsilon}_1 - \bar{\varepsilon}_2)$ 的能量传给了容器的下底面，这样，分子从上底面到下底面来回运动一趟，就把 $(\bar{\varepsilon}_1 - \bar{\varepsilon}_2)$ 的热运动能量从容器的上底输运到了容器下底。对于分子数密度 n 很小或者说压强 p 很低的稀薄气体来说，其热传导的微观机制是通过来往于容器上、下底的热运动分子，把高温上底的热量“搬运”到低温下底的。当然，参与这种热量“搬运”的气体分子越少，或者说气体压强越低，热传导性质就越差；反之，气体压强越大，稀薄气体的热传导性性能越好。这就是说，对于稀薄气体，其导热性是与气体分子数密度或者说气体压强成比例的。

稀薄气体压强越低(或分子数密度越小)气体的导热性能越差，或者说绝热性能越好，正是杜瓦瓶能良好隔热的原因。英国物理学家杜瓦(Dewar，1842—1923)在首次液化氢气(其温度为 20 K)时，为了能保存很难液化且汽化热很少的液氢而设计了杜瓦瓶(热水瓶就是一种杜瓦瓶)。杜瓦瓶两层壁间气体的真空度越好，绝热性能就越好。同时为了降低辐射传热，因而要在夹层玻璃的内壁上镀银，以减少热辐射吸收率 α，从而降低辐射传热量。双层玻璃薄壁构成的杜瓦瓶(即保暖瓶)如图 5.8 所示。其两层玻璃薄壁之间的空气被抽得压强极低，以至于两玻璃壁间空气的分子平均自由程 $\bar{\lambda} > L$，这种情况下，两玻壁间参与输运热能(热量)的空气分子极少，所以由两玻壁隔开的瓶内外物体之间不容易进行热传导，这使得杜瓦瓶变成了良好的隔热容器，用来盛装开水不易变冷，盛装低温的液化气体也不易被蒸发。

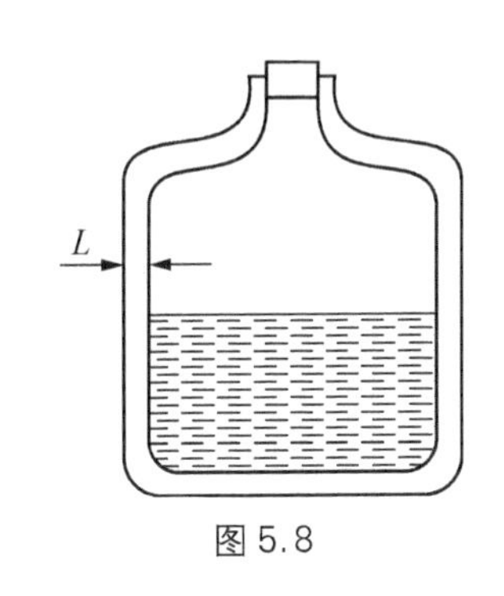

图 5.8

2. 稀薄气体的黏性现象

若稀薄气体与容器壁之间存在相对运动，则气体与容器壁之间将存在内摩擦，这种内摩擦取决于气体分子与运动器壁碰撞时的动量变化。气体分子与运动器壁每碰撞一次即从器壁获得动量，致使运动器壁不断将定向动量传递给周围的气体分子，因而受到黏性阻力。与极稀薄气体中的热传导一样，由于极稀薄气体中分子的 $\bar{\lambda}_t$ 决定于 $\bar{\lambda}_{m-w}$，即容器特

征线度 L，因此极稀薄气体密度的减少并不影响 $\bar{\lambda}_t$，仅仅使参与动量输运的分子数量减少，所以极稀薄气体的黏度在温度一定时正比于 n，或者说正比于气体的压强 p。

思考题

5.1 在讨论三种运输过程的微观理论时，我们做了哪些简化假设？提出这些假设的根据是什么？

5.2 三种输运过程遵从怎样的宏观规律？它们有哪些共同的特征？阐明三个梯度和三个输运系数的物理意义。

5.3 分子热运动和分子间的碰撞在输运过程中各起什么作用？哪些物理量体现它们的作用？

5.4 把计算黏性流体的黏性力公式 $f=-\frac{1}{3}\rho\bar{v}\bar{\lambda}\frac{\mathrm{d}u}{\mathrm{d}z}\Delta S$，写成 $f=-\frac{1}{3}\rho\bar{u}\bar{\lambda}\frac{\mathrm{d}\bar{v}}{\mathrm{d}z}\Delta S$，行吗？请说明 u 和 $\bar{v}$ 在构成黏性流体的黏性力的机制中各起什么作用（其中 u 为流体的流动速度，$\bar{v}$ 为分子热运动的平均速率）。

5.5 在稀薄气体中的输运现象与在 5.2.1、5.2.2、5.2.3 中讨论的输运现象有什么不同？它们的适用条件分别是什么？

习题

5.1 今测得氮气在 0℃时的黏性系数为 $16.6\times10^{-6}\ \mathrm{N\cdot s\cdot m^{-2}}$，计算氮分子的有效直径。已知氮的相对分子质量为 28。

答案：$d=3.1\times10^{-10}\ \mathrm{m}$

5.2 今测得氮气在 0℃时的导热系数为 $23.7\times10^{-3}\ \mathrm{W\cdot m^{-1}\cdot K^{-1}}$，定容摩尔热容为 $20.9\ \mathrm{J\cdot mol^{-1}\cdot K^{-1}}$，试计算氮分子的有效直径。

答案：$d=2.2\times10^{-10}\ \mathrm{m}$

5.3 氧气在标准状态下的扩散系数为 $1.0\times10^{-5}\ \mathrm{m^2\cdot s^{-1}}$，求氧分子的平均自由程。

答案：$\bar{\lambda}=7.1\times10^{-8}\ \mathrm{m}$

5.4 已知氦气和氩气的相对原子质量分别为 4 和 40，它们在标准状态下的黏性系数分别为 $\eta_{\mathrm{He}}=18.8\times10^{-6}\ \mathrm{N\cdot s\cdot m^{-2}}$ 和 $\eta_{\mathrm{Ar}}=21.0\times10^{-6}\ \mathrm{N\cdot s\cdot m^{-2}}$，求：① 氩分子与氦分子的碰撞截面之比 $\sigma_{\mathrm{Ar}}/\sigma_{\mathrm{He}}$；② 氩气与氦气的导热系数之比 $\kappa_{\mathrm{Ar}}/\kappa_{\mathrm{He}}$；③ 氩气与氦气的扩散系数之比 $D_{\mathrm{Ar}}/D_{\mathrm{He}}$。

答案：① $\sigma_{\mathrm{Ar}}/\sigma_{\mathrm{He}}=2.83$； ② $\kappa_{\mathrm{Ar}}/\kappa_{\mathrm{He}}=0.112$； ③ $D_{\mathrm{Ar}}/D_{\mathrm{He}}=0.112$

5.5 一细金属丝将一质量为 m、半径为 R 的均质圆盘沿中心轴铅垂吊住。盘能绕轴自由转动。盘面平行于一大的水平板，盘与平板间充满了黏度为 η 的液体。初始时盘以角速度 ω_0 旋转。假定圆盘面与大平板间距离为 d，且在圆盘下方液体的任一竖直直线上的速度梯度都相等，试问在时间为 t 时圆盘的旋转角速度是多少？

答案：$\omega=\omega_0\exp\left(-\frac{\pi R^2\eta t}{md}\right)$

5.6 密立根油滴实验是用X光照射使油滴带电，同时使荷电油滴在平行板电容器两板间所受电场力与所受重力作比较，从而测定电子电荷。实验中要确定油滴的半径r_0。他是通过测定油滴在无外场情况下，在空气中竖直下降的终极速度v_{max}来确定r的，设油的密度ρ、空气密度ρ'及其黏度η均已知，试问r是多少？

答案：$r=\sqrt{\dfrac{9\eta v_{max}}{2(\rho-\rho')g}}$

5.7 在地球表面被晒热的地区，其上空形成一股竖直向上的稳定气流，其速度为$0.2\ m\cdot s^{-1}$。在气流里有一球形尘埃，以恒定速度$0.04\ m\cdot s^{-1}$向上运动。尘埃的密度$\rho=5.00\times10^3\ kg\cdot m^{-3}$，空气的密度$\rho_0=1.29\ kg\cdot m^{-3}$，空气的黏度$\eta=1.62\times10^{-5}\ Pa\cdot s$。①试确定尘埃的半径$r$；②试证空气相对于尘埃的运动是层流。

答案：① $r=1.6\times10^{-5}\ m$； ② $Re=0.19<2\,300$，是层流

5.8 组成地壳和地球表层的石头的热导率为$2\ W\cdot m^{-1}\cdot K^{-1}$。从地球内部向外表面单位面积的热流大约为$20\ mW\cdot m^{-2}$。①设地球表面的温度为300 K。试估计，在深度为1 km、10 km、100 km处的温度。②估计在什么深度中温度为1 600℃。在此温度时地壳变成具有延伸性，使得其上的板块可以缓慢移动。

答案：① 310 K，400 K，1 300 K； ② 10 km

5.9 两个长圆筒共轴套在一起，两筒的长度均为L。内筒和外筒的半径分别为R_1和R_2，内筒和外筒分别保持在恒定的温度T_1和T_2，且$T_1>T_2$，已知两筒间空气的导热系数为κ，试证明：每秒由内筒通过空气传到外筒的热量为

$$\dot{Q}=\frac{2\pi\kappa L}{\ln\dfrac{R_2}{R_1}}(T_1-T_2)$$

提示：把两筒间的空间分割为一系列厚度相等的圆柱壳层，按照傅里叶定律列出微分方程后分离变量积分。

5.10 欲测氮的导热系数，可将它装满于半径$r_1=0.50\ cm$及$r_2=2.00\ cm$的两共轴长圆筒之间。内筒的筒壁上有电阻丝加热，已知内筒每厘米长度上所绕电阻丝的阻值为$0.10\ \Omega$、加热电流为1.0 A。外筒保持恒定温度0℃。过程稳定后，内筒温度为93℃。试利用5.9题结果求出氮气的导热系数。在实验中氮气的压强很低(约数千帕)，所以对流可以忽略。

答案：$2.37\times10^{-2}\ J\cdot m^{-1}\cdot s^{-1}\cdot K^{-1}$

5.11 设一空心球的内半径为r_1，温度为T_1，外半径为r_2，温度为T_2，球内热传导的速率$\dot{Q}$恒定。则当空心球的热导率为κ时，内外表面的温度差是多少？

提示：在空心球壳中考虑半径为$r\sim r+dr$的一个球壳层，按照傅里叶定律列出微分方程后分离变量积分。

答案：$\Delta T=\dfrac{\dot{Q}}{4\pi\kappa}\left(\dfrac{1}{r_1}-\dfrac{1}{r_2}\right)$

第 6 章　均匀物质的热力学性质

本章阐述均匀无化学反应存在的封闭系统的热力学性质。均匀系是最简单的热力学系统，它不涉及化学反应，但它涵盖的物体系统仍然相当广，包括流体（气体和液体）、固体、热辐射场等。除了三维系统以外，也包括二维和一维系统，例如液体表面膜（二维）、弹性细丝（一维），等等。本章以简单 $p-V-T$ 系统为例，着重介绍吉布斯所提出的以热力学基本微分方程为基础的方法，也称为热力学函数方法。

6.1　自由能与吉布斯函数

6.1.1　自由能

第 4.4.5 节讲述了热力学第二定律的数学表述，并据此导出了熵增加原理，为我们提供了判断不可逆过程方向的普遍准则。熵增加原理可以直接用于判断绝热过程的方向。即使系统所经历的过程不是绝热的，总可以把与系统发生热量交换的那部分外界和原来的系统一起当作一个更大的复合系统，这个复合系统满足绝热的条件，因而可以用熵增加原理判断其中发生的不可逆过程的方向，因此，原则上说判断不可逆过程方向的问题已经完全解决了。

然而，在许多需要判断不可逆过程方向的实际问题中往往遇到被约束在等温条件下的系统，所涉及的是等温过程。为了直接判断等温过程的方向，引入新的态函数自由能与吉布斯函数会带来很大的方便。

1. 等温过程的热量

现在考虑这样的等温过程：①热源维持恒定温度 T；②系统的初态与终态的温度 T_A 与 T_B 与热源的温度相同，即 $T_A = T_B = T$。对于可逆等温过程，当然系统的温度自始至终与热源的温度相同。对不可逆过程，上述要求②比较宽松，对过程中系统的温度没有任何限制，甚至系统中各部分的温度也不必相等。但初态和终态既然是平衡态，其温度应等于热源的温度 T。这样就使所得到的理论结果有更广的适用范围，符合一些重要的等温过程的实际情况。例如，实际化学反应过程通常是将装有化学反应物质的容器置于恒温槽（相当于大热源）内，恒温槽的温度近似地维持不变。反应物（即系统）初态的温度与恒温槽相同。当反应剧烈进行中间，系统内部的温度将发生变化，一般不同于恒温槽的温度，甚至系统内部温度会不均匀，以致没有单一的温度。等反应达到平衡时，最后的终态温度又回到与恒温槽一致。这种情况符合上面所说的等温过程的要求。

由热力学第二定律的数学表达式(4.4.21)，有

$$S_B - S_A \geqslant \int_A^B \frac{đQ}{T} = \frac{1}{T}\int_A^B đQ = \frac{Q}{T}$$

式中等号适用于可逆过程，大于号适用于不可逆过程。由此可得系统在等温过程中从外界吸取的热量为

$$Q \leqslant T(S_B - S_A) \tag{6.1.1}$$

式中等号适用于可逆过程，小于号适用于不可逆过程。上式也给出系统在等温过程中从外界吸取的热量的上限，可逆过程取其中的上限。

2. 自由能及最大功原理

根据热力学第一定律，$Q = (U_B - U_A) - W$。代入式(6.1.1)可得

$$-W \leqslant (U_A - U_B) - T(S_A - S_B)$$

由于系统初态与终态温度与热源温度相同，即 $T_A = T_B = T$，上式可改写成

$$-W \leqslant (U_A - T_A S_A) - (U_B - T_B S_B) \tag{6.1.2}$$

为了将上式简化，引入一个新的**状态函数 F**

$$F = U - TS \tag{6.1.3}$$

称为**自由能**。这样，式(6.1.2)可改写为

$$W' = -W \leqslant F_A - F_B = -\Delta F \tag{6.1.4}$$

其中“=”对应可逆等温过程；“<”对应不可逆等温过程。式(6.1.4)指出，**系统在等温过程中对外所做的功不大于其自由能的减小**。式(6.1.4)还表明：可逆等温过程系统对外所做的功为最大，它等于系统自由能的减少，即

$$W'_{\max} = -\Delta F \tag{6.1.5}$$

换句话说，**系统自由能的减小是在等温过程中从系统所能获得的最大功**。这个结论称为**最大功原理**。

3. 自由能判据

在只有体积变化功的情形下(即除体积功以外没有其他形式的功的情形)，体积不变时 $W = 0$，由式(6.1.4)知

$$\Delta F = F_B - F_A \leqslant 0 \tag{6.1.6}$$

这就是说，**等温等容过程系统的自由能永不增加：可逆等温等容过程自由能不变；不可逆等温等容过程自由能减少**，当自由能减少到最小值时，等温等容系统达到平衡态。由此直接给出判断不可逆等温等容过程方向的准则：**不可逆等温等容过程总是向着自由能减少的方向进行**。

4. 自由能的性质

① 自由能是态函数。

由自由能的定义，$F=U-TS$，因为U，T与S均为系统的态函数，故自由能**F也是系统的态函数**。尽管我们是从讨论等温过程而引入自由能的，但F作为态函数无需依赖于等温过程。由于U与S中包含可加的任意常数U_0与S_0，故F中包含可加的任意的温度的线性函数，即$F_0=U_0-TS_0$，但F_0并不影响观测性质。实际上，从以上的讨论看到，无论是判断过程的方向，或是最大功，所涉及的均为等温过程，F_0均不起作用（对等温过程$\Delta F_0=0$）。

② **F是广延量**，具有可加性。

因为U与S均为广延量，T为强度量，故F是广延量。对非均匀系，U与S均是可加的，故F也具有可加性，但需温度均匀。

③ 等温过程系统对外做的功满足

$$W'\leqslant-\Delta F$$

可逆等温过程系统对外做功最大，$W'_{\max}=-\Delta F$。这是自由能在能量转化中的表现。比较式(6.1.4) $W'\leqslant-\Delta F$与式(3.3.1)的$\Delta U=U_2-U_1=W_S$可以看出，从做功的角度讲，自由能在等温过程中的作用与内能在绝热过程中的作用相似、但又有所不同。根据式(3.3.1)，在绝热过程（不论可逆与否）中，系统对外所做的功等于其内能的减小；而根据式(6.1.4)，自由能的减小是系统在等温过程中对外做功的上限。在可逆等温过程中系统对外所做的功才等于自由能的减小，在不可逆等温过程中则小于其自由能的减小。

④ 从$F=U-TS$可看出自由能是内能的一部分，在可逆等温过程中，只有内能U的一部分$U-TS$能够对外做功，它是“自由的”，故称自由能；而另一部分TS则可理解为不能用来做功的那部分能量，由于它是束缚在系统内的能量，故把TS称为束缚能。

⑤ 在没有其他形式的功的情况下，等温等容过程有$\Delta F=F_B-F_A\leqslant0$。由此提供**判断不可逆等温等容过程方向的普遍准则**，即不可逆等温等容过程只能向着自由能减小的方向进行。

6.1.2 吉布斯函数

1. 吉布斯函数

实际问题中也往往遇到约束在等温等压条件下的系统。

考虑这样的等温、等压过程：①系统在过程中与具有恒定温度T的热源接触，系统初态与终态的温度与热源相同，即$T_A=T_B=T$；②外界维持恒定的压强p，系统初态与终态的压强与外界压强相同，即$p_A=p_B=p$。如果过程是可逆的，系统的温度和压强自始至终与外界的相同而始终保持恒定的T、p值。如果过程是不可逆的，对过程中系统的温度和压强没有任何限制，甚至系统中各部分的温度和压强也不必相等，但初态和终态是温度为T、压强为p的平衡态。

我们知道，在恒定的外界压强p下系统体积由V_A变为V_B时，外界对系统所做的功

是 $W=-p(V_B-V_A)$。如果只有体积变化功，由式(6.1.4)可得

$$p(V_B-V_A)\leqslant F_A-F_B \tag{6.1.7}$$

利用等压过程的条件 $p_A=p_B=p$，上式可改写成

$$(F_B+p_BV_B)-(F_A+p_AV_A)\leqslant 0 \tag{6.1.8}$$

引进一个新的状态函数 G

$$G=F+pV=U-TS+pV \tag{6.1.9}$$

名为**吉布斯函数**。可以将式(6.1.8)表达为

$$\Delta G=G_B-G_A\leqslant 0 \tag{6.1.10}$$

其中"="对应可逆等温等压过程;"<"对应不可逆等温等压过程。

2. 吉布斯函数判据

式(6.1.10)的意义是，假如只有体积功，**在等温等压过程中系统的吉布斯函数永不增加：可逆过程不变；不可逆过程减少**，当吉布斯函数减小到最小值时，等温等压系统达到平衡态。由此提供直接判断不可逆等温等压过程方向的普遍准则，即**不可逆等温等压过程总是朝着吉布斯函数减小的方向进行**。

3. 吉布斯函数的性质

① ***G* 是态函数**。

与 F 类似，G 中也包含可加的任意的温度线性函数 $G_0=F_0=U_0-TS_0$，它不影响观测性质。

② ***G* 是广延量**，具有可加性(若 T, p 均匀)。

③ 在只有体积变化功的等温等压过程中：$\Delta G=G_B-G_A\leqslant 0$，由 $\Delta G<0$ 可判断不可逆等温等压过程的方向。

以上关于 F 与 G 函数的性质均不完全。在第7章，我们将应用自由能和吉布斯函数的上述性质研究复相系的相变和多元系的相变和化学变化问题。

6.1.3 一点说明

1. 六个基本热力学函数

迄今，我们已经引入了三个基本的热力学函数，即温度 T(或物态方程)、内能 U 与熵 S，我们由热平衡定律引入了温度；由热力学第一定律引入了内能；由热力学第二定律引入了熵。其中 T 与系统的物态方程密切相关，例如，就均匀的简单系统而言，若以 Y 和 y 表示两个独立参量，则 $T=T(Y, y)$ 就是系统的物态方程。3.4 节及 6.1 节中又分别引入了三个热力学函数焓 $H=U+pV$、自由能 $F=U-TS$ 与吉布斯函数 $G=F+pV$。**这六个热力学函数** T、U、S、H、F、G 称为**基本热力学函数**，它们都有重要的应用。

2. 三个过程进行方向的判据

熵判据、自由能判据和吉布斯函数判据总结如下。

表 6.1　三个常用系统的演化

系统或过程	态函数	过程进行方向(判据)	平衡态
孤立(或绝热)	S	$\Delta S \geqslant 0$	S 取最大值
等温等容	F	$\Delta F \leqslant 0$	F 取最小值
等温等压	G	$\Delta G \leqslant 0$	G 取最小值

6.2　麦克斯韦关系及其应用

6.2.1　均匀系统的四个热力学微分方程

1. 关于内能的微分方程

由热力学第一定律

$$\mathrm{d}U = đQ + đW$$

对可逆过程,若除了体积功外没有其他形式的功,则微功为

$$đW = -p\mathrm{d}V$$

由热力学第二定律,可逆过程的微热量可表为

$$đQ = T\mathrm{d}S$$

将$đQ$与$đW$的表达式代入热力学第一定律,即得[见 4.4.2 节的(4.4.7)式]

$$\mathrm{d}U = T\mathrm{d}S - p\mathrm{d}V \tag{6.2.1}$$

这就是**热力学基本微分方程**,它是热力学第一定律和热力学第二定律相结合对微小可逆过程的表达形式,集中概括了第一定律和第二定律对可逆过程的全部结果,是研究平衡性质的基础。式(6.2.1)是内能关于**四个热力学变量 $\boldsymbol{S}$、$\boldsymbol{T}$、$\boldsymbol{p}$、$\boldsymbol{V}$** 的微分方程,其中的 T 与 S 以及 p 与 V 称为**共轭变量**。由热力学基本微分方程(6.2.1),可以导出关于焓、自由能和吉布斯函数的微分方程。

2. 关于焓的微分方程

焓的定义是 $H = U + pV$。对 H 求微分

$$\mathrm{d}H = \mathrm{d}(U + pV) = \mathrm{d}U + p\mathrm{d}V + V\mathrm{d}p$$

将式(6.2.1)代入,得

$$\mathrm{d}H = T\mathrm{d}S + V\mathrm{d}p \tag{6.2.2}$$

3. 关于自由能的微分方程

自由能的定义是 $F = U - TS$。对 F 求微分

$$\mathrm{d}F = \mathrm{d}(U - TS) = \mathrm{d}U - T\mathrm{d}S - S\mathrm{d}T$$

将式(6.2.1)代入,得

$$dF = -SdT - pdV \tag{6.2.3}$$

4. 关于吉布斯函数的微分方程

吉布斯函数的定义是 $G = U - TS + pV$。对 G 求微分,并将式(6.2.1)代入,得

$$dG = -SdT + Vdp \tag{6.2.4}$$

式(6.2.1)～式(6.2.4)是四个热力学函数 U、H、F、G 关于四个热力学变量 S、T、p、V 的微分方程组,称为克劳修斯方程组。

6.2.2 麦克斯韦关系

由克劳修斯方程组可以得到四个热力学变量 S、T、p、V 与**四个热力学函数 $\boldsymbol{U}$、$\boldsymbol{H}$、$\boldsymbol{F}$、$\boldsymbol{G}$** 的八个偏导数关系和热力学变量 S、T、p、V 之间的四个偏导关系——麦克斯韦关系。

1. 由 $U = U(S, V)$ 推出麦克斯韦关系

热力学基本微分方程(6.2.1)可以看成是以 S, V 为独立变量的内能的全微分,由 $U = U(S, V)$,其全微分为

$$dU = \left(\frac{\partial U}{\partial S}\right)_V dS + \left(\frac{\partial U}{\partial V}\right)_S dV$$

与内能的微分方程 $dU = TdS - pdV$ 比较,得

$$T = \left(\frac{\partial U}{\partial S}\right)_V \tag{6.2.5a}$$

$$-p = \left(\frac{\partial U}{\partial V}\right)_S \tag{6.2.5b}$$

由式(6.2.5a),因 $T > 0$,故 $\left(\frac{\partial U}{\partial S}\right)_V > 0$,表示当体积不变时,内能与熵的变化倾向是相同的,又根据式(6.2.5b),因 $p > 0$,故 $\left(\frac{\partial U}{\partial V}\right)_S < 0$,表示在 S 不变的条件下,U 与 V 变化的倾向相反:V 增加则 U 减少。这容易理解,因为 S 不变的可逆过程是绝热的,当 V 增加时系统对外做功,而由于绝热,只能依靠消耗系统自身的内能来提供。

因为 U 是态函数,故 dU 是完整微分(或全微分)。按完整微分条件,U 的二阶微商与两次微商的先后次序无关,即

$$\frac{\partial^2 U}{\partial V \partial S} = \frac{\partial^2 U}{\partial S \partial V}$$

将(6.2.5a)与(6.2.5b)按上式再微商一次,即得

$$\left(\frac{\partial T}{\partial V}\right)_S = -\left(\frac{\partial p}{\partial S}\right)_V \tag{6.2.6}$$

式(6.2.6)是四个麦克斯韦关系之一。类似地，从克劳修斯方程组出发，可以求出其他的偏导数关系和麦克斯韦关系。

2. 由 $H=H(S, p)$ 推出麦克斯韦关系

H 作为 S、p 的函数，其全微分为

$$\mathrm{d}H=\left(\frac{\partial H}{\partial S}\right)_p \mathrm{d}S+\left(\frac{\partial H}{\partial p}\right)_S \mathrm{d}p$$

与焓的微分方程 $\mathrm{d}H=T\mathrm{d}S+V\mathrm{d}p$ 比较，得

$$T=\left(\frac{\partial H}{\partial S}\right)_p,\ V=\left(\frac{\partial H}{\partial p}\right)_S \tag{6.2.7}$$

考虑到求偏导数的次序可以交换。易得

$$\left(\frac{\partial T}{\partial p}\right)_S=\left(\frac{\partial V}{\partial S}\right)_p \tag{6.2.8}$$

3. 由 $F=F(T、V)$ 推出麦克斯韦关系

F 作为 T、V 的函数，其全微分为

$$\mathrm{d}F=\left(\frac{\partial F}{\partial T}\right)_V \mathrm{d}T+\left(\frac{\partial F}{\partial V}\right)_T \mathrm{d}V$$

与自由能的微分方程 $\mathrm{d}F=-S\mathrm{d}T-p\mathrm{d}V$ 比较，得

$$\left(\frac{\partial F}{\partial T}\right)_V=-S,\ \left(\frac{\partial F}{\partial V}\right)_T=-p \tag{6.2.9}$$

及

$$\left(\frac{\partial S}{\partial V}\right)_T=\left(\frac{\partial p}{\partial T}\right)_V \tag{6.2.10}$$

式(6.2.9)这两个公式很有用，如果知道了自由能作为 T，V 的函数，那么，直接按上面的公式求微商就可求得熵与物态方程。

4. 由 $G=G(T, p)$ 推出麦克斯韦关系

G 作为 T、p 的函数，其全微分为

$$\mathrm{d}G=\left(\frac{\partial G}{\partial T}\right)_p \mathrm{d}T+\left(\frac{\partial G}{\partial p}\right)_T \mathrm{d}p$$

与吉布斯函数的微分方程 $\mathrm{d}G=-S\mathrm{d}T+V\mathrm{d}p$ 比较，得

$$\left(\frac{\partial G}{\partial T}\right)_p=-S,\ \left(\frac{\partial G}{\partial p}\right)_T=V \tag{6.2.11}$$

及

$$\left(\frac{\partial S}{\partial p}\right)_T=-\left(\frac{\partial V}{\partial T}\right)_p \tag{6.2.12}$$

如果知道了 G 作为独立变量 T，p 的函数 $G(T, p)$，同样由(6.2.11)两式即可求出熵与物态方程。

函数 $U(S, V)$、$H(S, p)$、$F(T, V)$ 和 $G(T, p)$ 是第 6.5 节要讲到的四个**特性函数**的例子，其自变量 (S, V)、(S, p)、(T, V)、(T, p) 称为各该特性函数的**自然变量**。对于我们现在讨论的具有两个自变量的简单系统，这四个特性函数的自然变量是从两组自变量 (S, T) 和 (p, V) 中各取一个构成的。式(6.2.5)、式(6.2.7)、式(6.2.9)和式(6.2.11)将四个热力学变量 S、T，p、V 用热力学函数 U、H、F、G 的八个偏导数表达出来，其中式(6.2.9)和式(6.2.11)中的第二式均为物态方程。

5. 四个麦克斯韦关系

式(6.2.6)、式(6.2.8)、式(6.2.10)和式(6.2.12)则给出了 S、T、p、V 这四个热力学变量的偏导数之间的关系。这一偏导数关系是麦克斯韦首先导出来的，称为**麦克斯韦关系**，简称**麦氏关系**。利用麦氏关系，可以把一些不能直接从实验测量的物理量(如熵随体积、压强的变化)以物态方程和热容等可以直接从实验测量的物理量表达出来，有重要的实际意义。以上我们对 $p-V-T$ 系统，从热力学基本微分方程最基本的形式(6.2.1)出发，导出了诸麦克斯韦关系，现将这几个麦克斯韦关系再罗列于表 6.2，并作几点说明：

表 6.2　麦克斯韦关系

基本微分方程的等价形式	自然变量	麦克斯韦关系
$\mathrm{d}U = T\mathrm{d}S - p\mathrm{d}V$	(S, V)	$\left(\frac{\partial T}{\partial V}\right)_S = -\left(\frac{\partial p}{\partial S}\right)_V$
$\mathrm{d}H = T\mathrm{d}S + V\mathrm{d}p$	(S, p)	$\left(\frac{\partial T}{\partial p}\right)_S = \left(\frac{\partial V}{\partial S}\right)_p$
$\mathrm{d}F = -S\mathrm{d}T - p\mathrm{d}V$	(T, V)	$\left(\frac{\partial S}{\partial V}\right)_T = \left(\frac{\partial p}{\partial T}\right)_V$
$\mathrm{d}G = -S\mathrm{d}T + V\mathrm{d}p$	(T, p)	$\left(\frac{\partial S}{\partial p}\right)_T = -\left(\frac{\partial V}{\partial T}\right)_p$

① 麦克斯韦关系是以自然变量 (S, V)、(S, p)、(T, V)、(T, p) 为独立变量的热力学基本微分方程的(完整微分条件的)直接结果(详见 6.5 节)。

② 实际上还可以有更多的麦克斯韦关系，例如把式(6.2.1)改写成 $\mathrm{d}S = \frac{1}{T}\mathrm{d}U + \frac{p}{T}\mathrm{d}V$，即可得到以 U，V 为独立变量的麦克斯韦关系，不过这类关系几乎不用，重要的是上面的四个。

③ 上述四个麦克斯韦关系彼此之间不是独立的，它们是热力学基本微分方程(6.2.1)几种等价的表达形式的结果，归根结底来源于最基本的形式(6.2.1)。实际上，从麦克斯韦关系中的任何一个出发，通过偏微商的变量变换也可以导出其余三个麦克斯韦

关系。

6.2.3 麦克斯韦关系的简单应用

1. 能态方程

求证：当温度 T 不变时，内能 U 随体积 V 的变化率与物态方程有如下关系

$$\left(\frac{\partial U}{\partial V}\right)_T = T\left(\frac{\partial p}{\partial T}\right)_V - p$$

证明：选 T、V 为状态参量，内能 U 的全微分为

$$\mathrm{d}U = \left(\frac{\partial U}{\partial T}\right)_V \mathrm{d}T + \left(\frac{\partial U}{\partial V}\right)_T \mathrm{d}V$$

而由热力学基本微分方程

$$\mathrm{d}U = T\mathrm{d}S - p\mathrm{d}V$$

及以 T、V 为自变量时熵的全微分表达式

$$\mathrm{d}S = \left(\frac{\partial S}{\partial T}\right)_V \mathrm{d}T + \left(\frac{\partial S}{\partial V}\right)_T \mathrm{d}V$$

可得

$$\mathrm{d}U = T\left(\frac{\partial S}{\partial T}\right)_V \mathrm{d}T + \left[T\left(\frac{\partial S}{\partial V}\right)_T - p\right]\mathrm{d}V$$

将此式与内能 U 的全微分比较，即有

$$C_V = \left(\frac{\partial U}{\partial T}\right)_V = T\left(\frac{\partial S}{\partial T}\right)_V \tag{6.2.13}$$

及

$$\left(\frac{\partial U}{\partial V}\right)_T = T\left(\frac{\partial S}{\partial V}\right)_T - p \tag{6.2.14}$$

式(6.2.13)给出定体热容的另一表达式。应用麦克斯韦关系 $\left(\frac{\partial S}{\partial V}\right)_T = \left(\frac{\partial p}{\partial T}\right)_V$ 可得

$$\left(\frac{\partial U}{\partial V}\right)_T = T\left(\frac{\partial p}{\partial T}\right)_V - p \tag{6.2.15}$$

式(6.2.15)给出在温度保持不变时内能随体积的变化率与物态方程的关系，称为**能态方程**。

例1 求理想气体的能态方程。

解：对于理想气体，$pV = \nu RT$，由式(6.2.15)得

$$\left(\frac{\partial U}{\partial V}\right)_T = T\left(\frac{\partial p}{\partial T}\right)_V - p = T\frac{\nu R}{V} - p = 0$$

这正是焦耳定律 $U=U(T)$ 的结果。上式表明，理想气体的内能只是温度的函数，与体积无关；而且这一结论只需由理想气体的物态方程就可以证明。也就是说，理想气体的内能只是温度的函数，即 $U=U(T)$，不是独立于物态方程的性质，而是可以从物态方程导出的。

例2 求范氏气体的能态方程。

解：对于 1 mol 范氏气体，$\left(p+\frac{a}{V_{\mathrm{m}}^2}\right)(V_{\mathrm{m}}-b)=RT$，则

$$p=\frac{RT}{V_{\mathrm{m}}-b}-\frac{a}{V_{\mathrm{m}}^2}$$

由式(6.2.15)得

$$\left(\frac{\partial U_{\mathrm{m}}}{\partial V_{\mathrm{m}}}\right)_T=T\left(\frac{\partial p}{\partial T}\right)_V-p=\frac{RT}{V_{\mathrm{m}}-b}-p=\frac{a}{V_{\mathrm{m}}^2}$$

该式表示在温度保持不变时范氏气体的内能随体积的变化率。由此可见，实际气体的内能不仅与温度有关，而且与体积也有关。

2. 焓态方程

求证：当温度 T 不变时，焓 H 随压强 p 的变化率与物态方程有如下关系

$$\left(\frac{\partial H}{\partial p}\right)_T=V-T\left(\frac{\partial V}{\partial T}\right)_p$$

证明：如果选 T、p 为独立变量，焓 $H=H(T,\ p)$ 的全微分为

$$\mathrm{d}H=\left(\frac{\partial H}{\partial T}\right)_p\mathrm{d}T+\left(\frac{\partial H}{\partial p}\right)_T\mathrm{d}p$$

而由焓的热力学基本微分方程

$$\mathrm{d}H=T\mathrm{d}S+V\mathrm{d}p$$

及以 T、p 为自变量时熵 $S=S(T,\ p)$ 的全微分表达式

$$\mathrm{d}S=\left(\frac{\partial S}{\partial T}\right)_p\mathrm{d}T+\left(\frac{\partial S}{\partial p}\right)_T\mathrm{d}p$$

可得

$$\mathrm{d}H=T\left(\frac{\partial S}{\partial T}\right)_p\mathrm{d}T+\left[T\left(\frac{\partial S}{\partial p}\right)_T+V\right]\mathrm{d}p$$

将此式与焓 H 的全微分比较，即有

$$C_p=\left(\frac{\partial H}{\partial T}\right)_p=T\left(\frac{\partial S}{\partial T}\right)_p \tag{6.2.16}$$

$$\left(\frac{\partial H}{\partial p}\right)_T=T\left(\frac{\partial S}{\partial p}\right)_T+V \tag{6.2.17}$$

式(6.2.16)给出定压热容的另一表达式。应用麦克斯韦关系 $\left(\frac{\partial S}{\partial p}\right)_T = -\left(\frac{\partial V}{\partial T}\right)_p$ 可得

$$\left(\frac{\partial H}{\partial p}\right)_T = V - T\left(\frac{\partial V}{\partial T}\right)_p \tag{6.2.18}$$

式(6.2.18)给出在温度保持不变时焓随压强的变化率与物态方程的关系，称为**焓态方程**。

例 3 求理想气体的焓态方程。

解：对理想气体，$pV = \nu RT$，有

$$\left(\frac{\partial V}{\partial T}\right)_p = \frac{\nu R}{p}$$

$$\left(\frac{\partial H}{\partial p}\right)_T = V - \frac{\nu RT}{p} = 0$$

表明理想气体的焓与压强无关，只是温度的单值函数 $H = H(T)$。

3. 定压热容和定体热容之差

求证：任意简单系统的 $C_p - C_V = \frac{VT\alpha^2}{\kappa_T}$。

证明：由式(6.2.13)和式(6.2.16)，有

$$C_p - C_V = T\left(\frac{\partial S}{\partial T}\right)_p - T\left(\frac{\partial S}{\partial T}\right)_V$$

把 S 看成是 T、V 的函数，再把 V 看成是 T、p 的函数(即 V 为中间变量)。由 $V = V(T, p)$，熵可写成 $S(T, V) = S[T, V(T, p)] = S(T, p)$，利用复合函数偏导数的公式

$$\left(\frac{\partial S}{\partial T}\right)_p = \left(\frac{\partial S}{\partial T}\right)_V + \left(\frac{\partial S}{\partial V}\right)_T\left(\frac{\partial V}{\partial T}\right)_p$$

因此

$$C_p - C_V = T\left(\frac{\partial S}{\partial V}\right)_T\left(\frac{\partial V}{\partial T}\right)_p$$

上式中除 $\left(\frac{\partial S}{\partial V}\right)_T$ 外，均为可测量，利用麦氏关系 $\left(\frac{\partial S}{\partial V}\right)_T = \left(\frac{\partial p}{\partial T}\right)_V$，可将上式化为

$$C_p - C_V = T\left(\frac{\partial p}{\partial T}\right)_V\left(\frac{\partial V}{\partial T}\right)_p \tag{6.2.19}$$

上式给出两热容之差与物态方程的关系，表示两个热容 C_p 与 C_V 之差可由物态方程求出。

利用 $\left(\frac{\partial p}{\partial T}\right)_V\left(\frac{\partial T}{\partial V}\right)_p\left(\frac{\partial V}{\partial p}\right)_T = -1$ 及 $\alpha = \frac{1}{V}\left(\frac{\partial V}{\partial T}\right)_p$ 和 $\kappa_T = -\frac{1}{V}\left(\frac{\partial V}{\partial p}\right)_T$，也可以将式(6.2.19)表为

$$C_p - C_V = T\left(\frac{\partial p}{\partial T}\right)_V\left(\frac{\partial V}{\partial T}\right)_p = \frac{T\left(\frac{\partial V}{\partial T}\right)_p}{-\left(\frac{\partial T}{\partial V}\right)_p\left(\frac{\partial V}{\partial p}\right)_T} = \frac{-T\left(\frac{\partial V}{\partial T}\right)_p^2}{\left(\frac{\partial V}{\partial p}\right)_T} = \frac{-TV^2\alpha^2}{-V\kappa_T}$$

即

$$C_p - C_V = \frac{VT\alpha^2}{\kappa_T} \tag{6.2.20}$$

上式的右方不可能取负值，因此恒有 $C_p - C_V \geqslant 0$。水的密度在 4℃时具有极大值，即 $\left(\frac{\partial V}{\partial T}\right)_p = 0$，此时 $\alpha = 0$。因此在 4℃ 时水的 $C_p = C_V$。实验上难以测量固体和液体的定体热容，但可以根据式(6.2.20) 由定压热容及 α、κ_T，计算出 C_V 来。

例 4 对于理想气体，由式(6.2.19)证明 $C_{p,\mathrm{m}} - C_{V,\mathrm{m}} = R$。

证：对于理想气体，由 $pV = \nu RT$，可得

$$C_p - C_V = \nu R$$

或

$$C_{p,\mathrm{m}} - C_{V,\mathrm{m}} = R$$

上式与迈耶公式(3.5.5)一致。应该注意，在 3.5.2 节我们根据热力学第一定律只求得理想气体的 $C_{p,\mathrm{m}}$与 $C_{V,\mathrm{m}}$之差，而式(6.2.19)则**适用于任意的简单系统**。

6.2.4 哪些量是可测量

热力学研究物质平衡性质的任务就是建立一些普遍的关系，把未知的热力学量(或者说不能直接测量的量)用可测量的量表达出来。

哪些量是可测量的量呢？它们包括：(1)状态变量(如 p, V, …等)。温度 T 是态函数，但它可以直接测量，常常也作为状态变量。(2)各种热容。(3)与物态方程相联系的量。常常还把热容以及与物态方程相联系的量统称为**响应函数**，因为它们表征了系统对外界条件变化(如温度、体积、压强、电场、磁场等的变化)而引起的某种"响应"，所以，也可以简单地说，可测量的量包括状态变量和响应函数。

哪些量是不可直接测量的呢？它们是基本热力学函数 U 和 S，以及引入的辅助热力学函数 H, F, G 等；还有这些态函数的某些偏微商，如 $\left(\frac{\partial S}{\partial V}\right)_T$，$\left(\frac{\partial H}{\partial p}\right)_T$，等等，但 $\left(\frac{\partial S}{\partial T}\right)_V = \frac{C_V}{T}$，$\left(\frac{\partial H}{\partial T}\right)_p = C_p$ 是可测量的量。

在热力学中往往要进行导数变换的运算。雅可比(Jaeobi)行列式是进行导数变换运算的一个有用的工具。我们举两个例子(雅可比行列式的性质可以参看附录 A)。

例 5 求证绝热压缩系数 κ_S 与等温压缩系数 κ_T 之比等于定容热容与定压热容之比。

证明：κ_S 和 κ_T 的定义分别是

$$\kappa_S = -\frac{1}{V}\left(\frac{\partial V}{\partial p}\right)_S, \quad \kappa_T = -\frac{1}{V}\left(\frac{\partial V}{\partial p}\right)_T$$

因此

$$\frac{\kappa_S}{\kappa_T}=\frac{-\dfrac{1}{V}\left(\dfrac{\partial V}{\partial p}\right)_S}{-\dfrac{1}{V}\left(\dfrac{\partial V}{\partial p}\right)_T}=\frac{\dfrac{\partial(V,S)}{\partial(p,S)}}{\dfrac{\partial(V,T)}{\partial(p,T)}}=\frac{\dfrac{\partial(V,S)}{\partial(V,T)}}{\dfrac{\partial(p,S)}{\partial(p,T)}}=\frac{\left(\dfrac{\partial S}{\partial T}\right)_V}{\left(\dfrac{\partial S}{\partial T}\right)_p}=\frac{C_V}{C_p}$$

例6 求证：

$$C_p-C_V=-T\frac{\left(\dfrac{\partial p}{\partial T}\right)_V^2}{\left(\dfrac{\partial p}{\partial V}\right)_T}$$

证明：

$$C_p=T\left(\frac{\partial S}{\partial T}\right)_p=T\frac{\partial(S,p)}{\partial(T,p)}=T\frac{\dfrac{\partial(S,p)}{\partial(T,V)}}{\dfrac{\partial(T,p)}{\partial(T,V)}}$$

$$=T\frac{\left(\dfrac{\partial S}{\partial T}\right)_V\left(\dfrac{\partial p}{\partial V}\right)_T-\left(\dfrac{\partial S}{\partial V}\right)_T\left(\dfrac{\partial p}{\partial T}\right)_V}{\left(\dfrac{\partial p}{\partial V}\right)_T}=C_V-T\frac{\left(\dfrac{\partial p}{\partial T}\right)_V^2}{\left(\dfrac{\partial p}{\partial V}\right)_T}$$

6.3 气体的节流过程和绝热膨胀过程

我们在上节利用麦氏关系将一些不能直接从实验测量的物理量用物态方程(或 α 和 κ_T)和热容表达出来。在热力学中往往用偏导数描述一个物理效应。作为例子，本节讨论气体的节流过程和绝热膨胀过程。这两种过程都是获得低温的常用方法。

6.3.1 气体的节流过程

1. 多孔塞实验及节流过程

焦耳为了研究气体的内能，最初采用的是气体向真空的自由膨胀过程，但这个实验不够准确。后来，焦耳和汤姆孙(Thomson，即开尔文)采用了另一种办法，研究气体通过多孔塞的节流过程，其装置原理如图 6.1(a)所示。一根管子用不导热的材料包着，管子的中间有一个多孔塞(用棉花之类的东西做成)或节流阀，使得气体不容易很快地通过，多孔塞的一边的压强 p_1 维持在较高的值，另一边的压强 p_2 维持在较低的值，于是气体从高压的一边经多孔塞缓慢地流到低压的一边，并在稳恒状态下测量两边的温度。这种在绝热条件下高压气体经过多孔塞流到低压一边的过程叫**绝热节流过程**。目前在工业上一般是使流动气体通过一个针尖型节流阀(见图 6.1(b))或毛细管来实现节流膨胀的。在此实验中**气体从高压通过多孔塞流到低压的过程称为节流过程**。测量气体在多孔塞两边的温度表明，在节流过程前后，气体的温度发生了变化。这种效应称为**焦耳——汤姆孙效应**，是焦耳和汤姆孙在1852年用多孔塞实验研究气体内能时发现的。

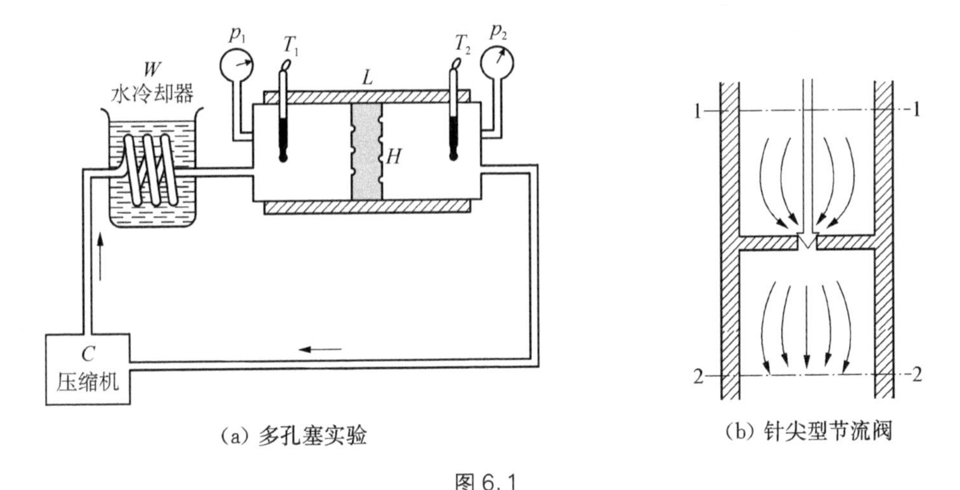

(a) 多孔塞实验　　(b) 针尖型节流阀

图6.1

2. 节流过程的热力学分析

设想将某一时间间隔内通过多孔塞的一定量的气体看成所研究的系统。初态1是这部分气体在通过多孔塞前,其压强为 p_1,体积为 V_1;当气体完全通过多孔塞后到 p_2 这边时为终态2,其压强为 p_2,体积为 V_2。如图6.2的上、下图所示。由于两边维持恒定的压强,在 p_1 一边外界对气体所做的功为 p_1V_1,在 p_2 一边外界对气体所做的功为 $-p_2V_2$,故外界对这部分气体所做的净功为

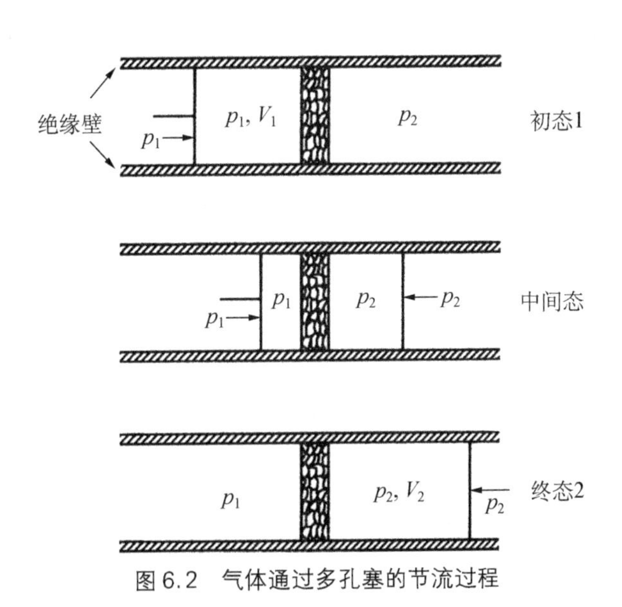

图6.2　气体通过多孔塞的节流过程

$$W = p_1V_1 - p_2V_2$$

令这部分气体在初态与终态的内能分别为 U_l 与 U_2,忽略气体流动的动能(这是很小的,因为气体密度很低,总质量很小),由热力学第一定律,有

$$U_2 - U_1 = p_1V_1 - p_2V_2$$

按焓的定义 $H = U + pV$，即有

$$H_2 = H_1 \tag{6.3.1}$$

上式表明，气体**初态与终态的焓相等**。这就是说，气体经绝热节流过程后焓不变。

3. 气体在节流过程后温度的变化

应该注意，这个过程是一个绝热不可逆过程，初、终态是平衡态，但过程中间的状态是比较复杂的，系统的一部分在 p_1 一边，另一部分在 p_2 一边（见图 6.2 的中图所示），整个系统没有单一的压强，因而焓是没有意义的（因为焓的可加性需要有单一的均匀压强）。但是，根据焓是态函数的性质，只要初态与终态确定了，其性质就完全确定了，与中间经历过程的细节无关，我们可以假想一个联结初态和终态的可逆过程来计算，原则上这个可逆过程可以任选，只要初、终态与原来的一致，注意到原来的过程初、终态的焓是相等的，可以选一个**可逆等焓过程**来作计算。需要强调的是，所引的可逆等焓过程除了初、终态与原过程一致以外，中间过程是不同的，在这里，所引用的可逆等焓过程是一种研究手段，并不是作为原来过程的近似（原来过程也不能作此近似）。只要明确了这一点，剩下的计算是十分简单的。

为了描述节流过程气体温度随压强降低而引起的变化，引入温度对压强的偏微商

$$\mu = \left(\frac{\partial T}{\partial p}\right)_H \tag{6.3.2}$$

μ 称为**焦耳—汤姆孙系数**，简称**焦汤系数**。节流过程中温度随压强的变化率称为**焦耳—汤姆孙效应**。

取 T, p 为状态参量，状态函数焓可表为 $H = H(T, p)$。偏导数间应存在下述关系

$$\left(\frac{\partial T}{\partial p}\right)_H \left(\frac{\partial p}{\partial H}\right)_T \left(\frac{\partial H}{\partial T}\right)_p = -1$$

或

$$\left(\frac{\partial T}{\partial p}\right)_H = -\frac{\left(\frac{\partial H}{\partial p}\right)_T}{\left(\frac{\partial H}{\partial T}\right)_p} = -\frac{1}{C_p}\left(\frac{\partial H}{\partial p}\right)_T$$

将焓态方程 $\left(\frac{\partial H}{\partial p}\right)_T = V - T\left(\frac{\partial V}{\partial T}\right)_p$ 代入上式，得

$$\mu = \left(\frac{\partial T}{\partial p}\right)_H = \frac{1}{C_p}\left[T\left(\frac{\partial V}{\partial T}\right)_p - V\right] \tag{6.3.3}$$

或

$$\mu = \frac{V}{C_p}(T\alpha - 1) \tag{6.3.4}$$

式(6.3.3)和式(6.3.4)给出焦汤系数与物态方程和热容的关系。

4. 焦耳—汤姆孙效应的理论分析及实验结果

(1) 理想气体

对于理想气体，$\alpha = \frac{1}{T}$，所以 $\mu = 0$。这就是说，理想气体在节流过程前后温度不变。

(2) 实际气体

对于实际气体，若 $\alpha T > 1$，有 $\mu > 0$；若 $\alpha T < 1$，则有 $\mu < 0$。

实验表明，对于一般临界温度不太低的气体如氮、氧、空气等，在常温下节流后温度都降低，故 $\mu > 0$，这叫做**制冷效应**(或称为**正效应**)；但对于临界温度很低的气体，在常温下节流后温度反而升高，故 $\mu < 0$(称为**负效应**)。例如：在室温下，当多孔塞一边压强 $p_1 = 2\,\text{atm}$，而另一边压强 $p_2 = 1\,\text{atm}$ 时，空气的温度将降低 0.25℃，而二氧化碳的温度则降低 1.3℃；在同样的压强改变下，氢气的温度却升高 0.3℃。但当温度低于 −68℃时，氢气做节流膨胀后温度则将降低。节流制冷效应可用来使气体降温和液化，这是目前低温工程中的重要手段之一。

(3) 实际气体的内能

如果气体的内能只是温度的函数，而且气体又遵从理想气体物态方程 $pV = \nu RT$，那么焓 $H = U + pV$ 也只是温度的函数，与压强无关。这样，焓由温度 T 单值地决定，焦汤系数仅应等于零。但上述实验的结果表明实际情况并不是这样，所以实际气体的内能就不仅仅是温度的函数，还与体积 V 和压强 p 有关，即 $U = U(T, V)$ 或 $U = U(T, p)$。由此看来，在 3.5.1 节的焦耳实验中，实际上只是反映了气体内能与体积的关系很小，因体积膨胀而引起气体内能的改变(从而水温的改变)不容易测量出来。其他很多实验也指明，当压强越小时，气体内能随体积的变化也越小，而在实际气体压强趋于零时，内能趋向于一个温度的函数。

6.3.2 绝热膨胀过程

如果把过程近似地看作是准静态的，在准静态绝热过程中气体的熵保持不变。由 $S = S(T, p)$ 得

$$\left(\frac{\partial S}{\partial T}\right)_p \left(\frac{\partial T}{\partial p}\right)_S \left(\frac{\partial p}{\partial S}\right)_T = -1$$

则

$$\left(\frac{\partial T}{\partial p}\right)_S = -\frac{\left(\frac{\partial S}{\partial p}\right)_T}{\left(\frac{\partial S}{\partial T}\right)_p}$$

而 $-\left(\frac{\partial S}{\partial p}\right)_T = \left(\frac{\partial V}{\partial T}\right)_p = V\alpha$，$C_p = T\left(\frac{\partial S}{\partial T}\right)_p$，$\alpha = \frac{1}{V}\left(\frac{\partial V}{\partial T}\right)_p$，可得

$$\left(\frac{\partial T}{\partial p}\right)_S = \frac{T}{C_p}\left(\frac{\partial V}{\partial T}\right)_p = \frac{VT\alpha}{C_p} \tag{6.3.5}$$

式(6.3.5)给出在准静态绝热过程中气体的温度随压强的变化率。上式右方是恒正的。所以,随着体积膨胀压强降低,$\Delta p < 0$, $\Delta T < 0$,气体的温度必然下降。由此可见,绝热膨胀,$\left(\frac{\partial T}{\partial p}\right)_S$ 恒大于零,也即气体经绝热膨胀后,其温度总是下降的,无所谓转变温度。气体的绝热膨胀过程也被用来使气体降温并液化。

在相同的压强降落下,气体在准静态绝热膨胀过程中的温度降落大于节流膨胀过程中的温度降落。事实上

$$\left(\frac{\partial T}{\partial p}\right)_S - \left(\frac{\partial T}{\partial p}\right)_H = \frac{VT\alpha}{C_p} - \frac{V}{C_p}(T\alpha - 1) = \frac{V}{C_p} > 0$$

6.4 基本热力学函数的确定

在前面所引进的热力学函数中,最基本的是三个:物态方程、内能和熵,其他热力学函数均可由这三个基本热力学函数导出。在这三个基本热力学函数确定后,就可推知系统的全部热力学性质。现在我们导出简单系统的基本热力学函数的一般表达式,即这三个基本热力学函数与状态参量的函数关系。

6.4.1 以 T, V 为独立变量的内能和熵

1. 物态方程

如果选 T、V 为状态参量,物态方程为

$$p = p(T, V) \tag{6.4.1}$$

前面已经说过,在热力学中物态方程要由实验测定。

2. 以 T、V 为独立变量的内能

内能为 $U = U(T、V)$ 时,有

$$\mathrm{d}U = \left(\frac{\partial U}{\partial T}\right)_V \mathrm{d}T + \left(\frac{\partial U}{\partial V}\right)_T \mathrm{d}V$$

利用能态方程 $\left(\frac{\partial U}{\partial V}\right)_T = T\left(\frac{\partial p}{\partial T}\right)_V - p$ 及 $C_V = \left(\frac{\partial U}{\partial T}\right)_V$,得

$$\mathrm{d}U = C_V \mathrm{d}T + \left[T\left(\frac{\partial p}{\partial T}\right)_V - p\right]\mathrm{d}V$$

这就是内能以 T、V 为独立变量时的微分表示式。若已知定体热容 C_V 和物态方程 $f(p, V, T) = 0$,沿一条任意的积分路线求积分,就可由上式积分求出内能

$$U=\int\left\{C_V\mathrm{d}T+\left[T\left(\frac{\partial p}{\partial T}\right)_V-p\right]\mathrm{d}V\right\}+U_0 \tag{6.4.2}$$

式(6.4.2)是内能的积分表达式。

3. *以 T、V 为独立变量的熵*

当熵为 $S=S(T、V)$ 时，有

$$\mathrm{d}S=\left(\frac{\partial S}{\partial T}\right)_V\mathrm{d}T+\left(\frac{\partial S}{\partial V}\right)_T\mathrm{d}V$$

利用 $C_V=T\left(\frac{\partial S}{\partial T}\right)_V$ 和麦氏关系 $\left(\frac{\partial S}{\partial V}\right)_T=\left(\frac{\partial p}{\partial T}\right)_V$，可得

$$\mathrm{d}S=\frac{C_V}{T}\mathrm{d}T+\left(\frac{\partial p}{\partial T}\right)_V\mathrm{d}V$$

若已知定体热容 C_V 和物态方程 $f(p, V, T)=0$，求线积分得

$$S=\int\left[\frac{C_V}{T}\mathrm{d}T+\left(\frac{\partial p}{\partial T}\right)_V\mathrm{d}V\right]+S_0 \tag{6.4.3}$$

式(6.4.3)是熵的积分表达式。

例 7 以 T、V 为状态参量，求 1 mol 范氏气体的内能和熵。

解：由 1 mol 范氏气体的物态方程 $\left(p+\frac{a}{V_\mathrm{m}^2}\right)(V_\mathrm{m}-b)=RT$，则

$$\left(\frac{\partial p}{\partial T}\right)_V=\frac{R}{V_\mathrm{m}-b},\ T\left(\frac{\partial p}{\partial T}\right)_V-p=\frac{a}{V_\mathrm{m}^2}$$

由式(6.4.2)并注意范氏气体的 C_V 只是 T 的函数，与 V_m 无关(习题 6.10)，可得范氏气体的摩尔内能为

$$U_\mathrm{m}=\int\left(C_{V,\mathrm{m}}\mathrm{d}T+\frac{a}{V_\mathrm{m}^2}\mathrm{d}V_\mathrm{m}\right)+U_{\mathrm{m}0}=\int C_{V,\mathrm{m}}\mathrm{d}T-\frac{a}{V_\mathrm{m}}+U_{\mathrm{m}0}$$

若定体摩尔热容 $C_{V,\mathrm{m}}$ 可看作是常量，则

$$U_\mathrm{m}=C_{V,\mathrm{m}}T-\frac{a}{V_\mathrm{m}}+U_{\mathrm{m}0}$$

由式(6.4.3)得范氏气体的摩尔熵

$$S_\mathrm{m}=\int\frac{C_{V,\mathrm{m}}}{T}\mathrm{d}T+\int\frac{R}{V_\mathrm{m}-b}\mathrm{d}V_\mathrm{m}+S_{\mathrm{m}0}=\int\frac{C_{V,\mathrm{m}}}{T}\mathrm{d}T+R\ln(V_\mathrm{m}-b)+S_{\mathrm{m}0}$$

若 $C_{V,\mathrm{m}}$ 可看作是常量，则

$$S_\mathrm{m}=C_{V,\mathrm{m}}\ln T+R\ln(V_\mathrm{m}-b)+S_{\mathrm{m}0}$$

6.4.2 以 T, p 为独立变量的内能和熵

1. 物态方程

如果选 T、p 为状态参量，物态方程为

$$V = V(T, p) \tag{6.4.4}$$

物态方程由实验得到。

2. 以 T、p 为独立变量的内能

内能为 $U = U(T、p)$ 时，以先求焓 $H = H(T、p)$ 更为方便些。焓的全微分为

$$\mathrm{d}H = \left(\frac{\partial H}{\partial T}\right)_p \mathrm{d}T + \left(\frac{\partial H}{\partial p}\right)_T \mathrm{d}p$$

利用焓态方程 $\left(\frac{\partial H}{\partial p}\right)_T = V - T\left(\frac{\partial V}{\partial T}\right)_p$ 及 $C_p = \left(\frac{\partial H}{\partial T}\right)_p$，得

$$\mathrm{d}H = C_p \mathrm{d}T + \left[V - T\left(\frac{\partial V}{\partial T}\right)_p\right]\mathrm{d}p$$

求线积分，得

$$H = \int\left\{C_p \mathrm{d}T + \left[V - T\left(\frac{\partial V}{\partial T}\right)_p\right]\mathrm{d}p\right\} + H_0 \tag{6.4.5}$$

式(6.4.5)是焓的积分表达式。若已知物态方程 $f(p, V, T) = 0$，就可由上式积分求出焓 H，再由 $U = H - pV$ 即可求得内能。

3. 以 T、p 为独立变量的熵

当熵为 $S = S(T、p)$ 时，熵的全微分为

$$\mathrm{d}S = \left(\frac{\partial S}{\partial T}\right)_p \mathrm{d}T + \left(\frac{\partial S}{\partial p}\right)_T \mathrm{d}p$$

利用 $C_p = T\left(\frac{\partial S}{\partial T}\right)_p$ 和麦氏关系 $\left(\frac{\partial S}{\partial p}\right)_T = -\left(\frac{\partial V}{\partial T}\right)_p$，可得

$$\mathrm{d}S = \frac{C_p}{T}\mathrm{d}T - \left(\frac{\partial V}{\partial T}\right)_p \mathrm{d}p$$

求线积分得

$$S = \int\left[\frac{C_p}{T}\mathrm{d}T - \left(\frac{\partial V}{\partial T}\right)_p \mathrm{d}p\right] + S_0 \tag{6.4.6}$$

式(6.4.6)是熵的积分表达式。

由式(6.4.5)和式(6.4.6)可知，只要测得物质的 C_p 和物态方程，即可求得物质的内能函数和熵函数。对于固体和液体，定容热容在实验上难以直接测定，选 T、p 为自变量比较方便。根据物质的微观结构，用统计物理学的方法原则上可以求出物质的热力学函数，这将在统计物理学部分讲述。

例 8 以 T、p 为状态参量，求 1 mol 理想气体的焓、熵和吉布斯函数。

解：1 mol 理想气体的物态方程为 $pV_{\mathrm{m}} = RT$，则

$$\left(\frac{\partial V_{\mathrm{m}}}{\partial T}\right)_p = \frac{R}{p},\ V_{\mathrm{m}} - T\left(\frac{\partial V_{\mathrm{m}}}{\partial T}\right)_p = 0$$

代入式(6.4.5)，得理想气体的摩尔焓为

$$H_{\mathrm{m}} = \int C_{p,\mathrm{m}} \mathrm{d}T + H_{\mathrm{m}0} \tag{6.4.7}$$

如果定压摩尔热容 $C_{p,\mathrm{m}}$ 可以看作常量，则有

$$H_{\mathrm{m}} = C_{p,\mathrm{m}} T + H_{\mathrm{m}0}$$

代入式(6.4.6)，得理想气体的摩尔熵为

$$S_{\mathrm{m}} = \int \frac{C_{p,\mathrm{m}}}{T} \mathrm{d}T - R\ln p + S_{\mathrm{m}0} \tag{6.4.8}$$

如果定压摩尔热容 $C_{p,\mathrm{m}}$ 可以看作常量，则有

$$S_{\mathrm{m}} = C_{p,\mathrm{m}} \ln T - R\ln p + S_{\mathrm{m}0}$$

式(6.4.7)和式(6.4.8)就是式(3.5.15)和式(4.4.14)。

摩尔吉布斯函数为 $G_{\mathrm{m}} = H_{\mathrm{m}} - TS_{\mathrm{m}}$。将式(6.4.7)和式(6.4.8)代入，得理想气体的摩尔吉布斯函数为

$$G_{\mathrm{m}} = \int C_{p,\mathrm{m}} \mathrm{d}T - T\int C_{p,\mathrm{m}} \frac{\mathrm{d}T}{T} + RT\ln p + H_{\mathrm{m}0} - TS_{\mathrm{m}0} \tag{6.4.9}$$

如果热容可以看作常量，则有

$$G_{\mathrm{m}} = C_{p,\mathrm{m}} T - C_{p,\mathrm{m}} T\ln T + RT\ln p + H_{\mathrm{m}0} - TS_{\mathrm{m}0}$$

式(6.4.9)可以表达为另一形式。利用分部积分公式

$$\int x\mathrm{d}y = xy - \int y\mathrm{d}x$$

令其中的

$$x = \frac{1}{T},\ y = \int C_{p,\mathrm{m}} \mathrm{d}T$$

即可将式(6.4.9)表为

$$G_{\mathrm{m}} = -T\int \frac{\mathrm{d}T}{T^2} \int C_{p,\mathrm{m}} \mathrm{d}T + RT\ln p + H_{\mathrm{m}0} - TS_{\mathrm{m}0} \tag{6.4.10}$$

通常将 G_{m} 写成

$$G_{\mathrm{m}} = RT(\varphi + \ln p) \tag{6.4.11}$$

其中 φ 是温度的函数

$$\varphi = \frac{H_{m0}}{RT} - \int \frac{dT}{RT^2} \int C_{p,m} dT - \frac{S_{m0}}{R} \tag{6.4.12}$$

如果将定压摩尔热容看作常量，则有

$$\varphi = \frac{H_{m0}}{RT} - \frac{C_{p,m} \ln T}{R} + \frac{C_{p,m} - S_{m0}}{R} \tag{6.4.12'}$$

以后我们要用到上述理想气体热力学函数的表达式，特别是式(6.4.11)。

6.5 特性函数

1. 特性函数的概念

可以证明，如果适当选择独立变量(称为自然变量)，只要知道一个热力学函数，就可以通过求偏导数而求得均匀系统的全部热力学函数，从而把均匀系统的平衡性质完全确定。这个热力学函数称为**特性函数**，表明它是表征均匀系统的特性的。我们在6.1节说过，内能U作为S、V的函数，焓H作为S、p的函数，自由能F作为T、V的函数，吉布斯函数G作为T、p的函数都是特性函数。

注意，特性函数并不是什么新引入的态函数，而是适当选择独立变量(自然变量)之下的某一个热力学函数。

仍以$p-V-T$系统为例，可以证明表6.3所列出的独立变量与相应的特性函数，在表的最右方列出以相应独立变量为自然变量的热力学基本微分方程。

表6.3 自然变量、特性函数和热力学基本微分方程

独立变量(自然变量)	特性函数	相应的热力学基本微分方程
(S, V)	$U(S, V)$	$dU = TdS - pdV$
(S, p)	$H(S, p)$	$dH = TdS + Vdp$
(T, V)	$F(T, V)$	$dF = -SdT - pdV$
(T, p)	$G(T, p)$	$dG = -SdT + Vdp$

在应用上最重要的特性函数是自由能和吉布斯函数，因为它们相应的独立变量(T, V)与(T, p)都是直接可测量的变量。

2. 特性函数——自由能$F(T, V)$

下面首先证明：以(T, V)为独立变量时，自由能$F(T, V)$是特性函数。这就需要证明，由已知的$F(T, V)$出发，可以确定三个基本热力学函数。因为只要知道了三个基本热力学函数，均匀系的一切平衡性质都确定了。还必须明确，所谓确定三个基本热力学函数，必须是确定它们作为以可测量的量为状态变量的函数才行，例如以(T, V)为独立变量的形式。由自由能的热力学基本微分方程

$$dF = -SdT - pdV$$

与自由能的全微分 $dF = \left(\frac{\partial F}{\partial T}\right)_V dT + \left(\frac{\partial F}{\partial V}\right)_T dV$ 比较得

物态方程

$$p = -\frac{\partial F}{\partial V} \tag{6.5.1}$$

熵的表达式

$$S = -\frac{\partial F}{\partial T} \tag{6.5.2}$$

如果已知 $F(T, V)$，求 F 对 T 的偏导数即可得出熵 $S(T, V)$；求 F 对 V 的偏导数即得出压强 $p(T, V)$，这就是物态方程 $p=p(T, V)$。根据自由能的定义 $F = U - TS$

内能的表达式

$$U = F + TS = F - T\frac{\partial F}{\partial T} \tag{6.5.3}$$

上式给出内能 $U(T, V)$，式(6.5.3)称为吉布斯—亥姆霍兹方程。这样，三个基本的热力学函数便都可由 $F(T, V)$ 求出来了，也就证明了从 $F(T, V)$ 这一个函数出发可以导出三个基本热力学函数，所以 $F(T, V)$ 是一个特性函数。其他热力学函数可由三个基本热力学函数求出为

焓的表达式

$$H = U - pV = F - T\frac{\partial F}{\partial T} + V\frac{\partial F}{\partial V}$$

吉布斯函数的表达式

$$G = F + pV = F - V\frac{\partial F}{\partial V}$$

第 9 章玻耳兹曼统计理论和第 11 章正则系综理论就是用统计物理方法求出自由能作为 N、T、V 的函数再进而求其他热力学函数的。

3. 特性函数——吉布斯函数 $G(T, p)$

吉布斯函数 $G(T, p)$ 的热力学基本微分方程

$$dG = -SdT + Vdp$$

与吉布斯函数 $G(T, p)$ 的全微分

$$dG = \left(\frac{\partial G}{\partial T}\right)_p dT + \left(\frac{\partial G}{\partial p}\right)_T dp$$

比较，得熵的表达式

$$S = -\frac{\partial G}{\partial T} \tag{6.5.4}$$

物态方程

$$V=\frac{\partial G}{\partial p} \tag{6.5.5}$$

所以如果已知 $G(T, p)$，求 G 对 T 的偏导数即可得出熵 $S(T, p)$；求 G 对 p 的偏导数即得出 $V=V(T, p)$，这就是物态方程。由吉布斯函数的定义，有

内能的表达式

$$U=G+TS-pV=G-T\frac{\partial G}{\partial T}-p\frac{\partial G}{\partial p} \tag{6.5.6}$$

上式给出内能 $U(T, p)$。这样三个基本的热力学函数便可以由 $G(T, p)$ 求出来了。这样就证明了从 $G(T, p)$ 这一个函数出发可以导出三个基本热力学函数，亦即证明了 $G(T, p)$ 是一个特性函数。方程(6.5.6)也称为吉布斯—亥姆霍兹方程。

焓的表达式

$$H=G+ST=G-T\frac{\partial G}{\partial T} \tag{6.5.7}$$

自由能的表达式

$$F=G-pV=G-p\frac{\partial G}{\partial p}$$

现在回过头来再看一下表 6.3。我们会注意到，作为特性函数的独立变量，正是相应的基本微分方程中的自然变量，也就是说，**以热力学基本微分方程的自然变量为独立变量时，相应的函数就是特性函数**。

由此也可以想到，特性函数实际上有许多，例如，将

$$\mathrm{d}U=T\mathrm{d}S-p\mathrm{d}V$$

改写成

$$\mathrm{d}S=\frac{1}{T}\mathrm{d}U+\frac{p}{T}\mathrm{d}V$$

则 $S(U, V)$ 是特性函数，如此等等。

例 9 设已知 U 作为 (S, V) 的函数为

$$U=CS^{4/3}V^{-1/3}\text{（}C\text{ 为正常数）}$$

求以 (S, V) 为独立变量的三个基本热力学函数。

解： 由热力学基本微分方程 $\mathrm{d}U=T\mathrm{d}S-p\mathrm{d}V$ 与内能 $U=U(S, V)$ 的全微分

$$\mathrm{d}U=\left(\frac{\partial U}{\partial S}\right)_V\mathrm{d}S+\left(\frac{\partial U}{\partial V}\right)_S\mathrm{d}V$$

比较，得

$$T=\left(\frac{\partial U}{\partial S}\right)_V=\frac{4C}{3}\left(\frac{S}{V}\right)^{1/3}$$

可以解出

$$S=\left(\frac{3}{4C}\right)^3 T^3 V \tag{6.5.8}$$

又由

$$p=-\left(\frac{\partial U}{\partial V}\right)_S=\frac{C}{3}\left(\frac{S}{V}\right)^{4/3}$$

利用式(6.5.8),可得

$$p=\frac{C}{3}\left(\frac{3}{4C}\right)^4 T^4$$

$$U=CS^{4/3}V^{-1/3}=C\left(\frac{3}{4C}\right)^4 T^4 V$$

若令 $a=C\left(\frac{3}{4C}\right)^4=\frac{3}{4}\left(\frac{3}{4C}\right)^3$，则

$$U=aT^4V$$

该例就是下节将讨论的热辐射空窖辐射的内能。

例 10 求表面系统的热力学函数。

解：表面指液体和其他相的交界面。它实际上是很薄的一层，在垂直于分界面的方向上表面的性质有急剧的变化，现在把它理想化为一个几何面，并把分界面两侧的两相都看成均匀的。将表面看作一个热力学系统，描述表面系统的状态参量是表面张力系数 σ 和表面积 A(相当于流体的 p 和 V)，其物态方程为

$$f(\sigma, A, T)=0$$

实验表明，表面张力系数 σ 只是温度 T 的函数，与表面积 A 无关。所以物态方程简化为

$$\sigma=\sigma(T)$$

根据式(3.2.9)，当表面积有 $\mathrm{d}A$ 的改变时，外界所做的功为 $đW=\sigma\mathrm{d}A$。因此表面系统自由能的热力学微分方程为

$$\mathrm{d}F=-S\mathrm{d}T+đW=-S\mathrm{d}T+\sigma\mathrm{d}A$$

自由能 $F(T, A)$ 的全微分为

$$\mathrm{d}F=\left(\frac{\partial F}{\partial T}\right)_A\mathrm{d}T+\left(\frac{\partial F}{\partial A}\right)_T\mathrm{d}A$$

由此得

$$S=-\frac{\partial F}{\partial T},\ \sigma=\frac{\partial F}{\partial A} \tag{6.5.9}$$

将式(6.5.9)的第二式积分,注意σ与A无关,即得

$$F=\sigma A \tag{6.5.10}$$

当$A\to 0$时,表面系统就不存在,其自由能也应为零。所以式(6.5.10)不含积分常数。式(6.5.10)指出表面张力系数σ是单位面积的自由能。

将式(6.5.10)代入式(6.5.9)的第一式,得表面系统的熵为

$$S=-A\frac{\mathrm{d}\sigma}{\mathrm{d}T}$$

由$U=F+TS$,得表面系统的内能为

$$U=A\left(\sigma-T\frac{\mathrm{d}\sigma}{\mathrm{d}T}\right)$$

如果测得表面张力随温度的变化关系$\sigma=\sigma(T)$,就可以求得表面系统的热力学函数。

6.6 热辐射的热力学理论

热力学定律不仅可以应用于实物组成的宏观系统,还可以应用于热辐射场。

6.6.1 平衡辐射

1. 热辐射

物体由于具有温度而辐射电磁波的现象,称为**热辐射**。一切温度高于绝对零度的物体都能产生热辐射,且温度愈高,辐射出的总能量就愈大,短波成分也愈多。温度较低时,热辐射主要以不可见的红外光进行辐射,当物体加热到高温时,就会发光,随着温度的升高,发光的颜色也不断变化,开始时是红光,然后逐渐变成橙红—黄—黄白—白—蓝白的过程。热辐射的实质是通过射线(红外线、可见光线、紫外线)传递能量,是热传递的3种方式之一。热辐射能以光的速度把热量从一个物体传给另一个物体,并能穿过真空。太阳传给地球的热量就是以热辐射方式经过宇宙空间传递的。热辐射的光谱是连续谱,频率覆盖范围理论上可从0到∞,每一种频率的电磁波的振幅与相位都是无规则的,它们在空间各个方向上传播,在空间的分布是均匀且各向同性的。

一般情形下热辐射的强度和强度按频率的分布与辐射体的温度和性质都有关。

2. 平衡辐射(黑体辐射)

物体在向外辐射电磁波的同时,还吸收从其他物体辐射来的电磁波能量。物体辐射或吸收的能量与它的温度、表面积、黑度等因素有关。如果辐射体**对电磁波的吸收和辐射达到平衡**,此时,**热辐射的特性将只取决于辐射体温度,与辐射体的其他特性无关**,称为**平衡辐射**。考虑一个封闭的空窖,窖壁保持一定的温度T。窖壁将不断向空窖发射并吸收电磁波,窖内辐射场与窖壁达到平衡后,二者具有共同的温度,显然空窖内的辐射就是平衡辐射,也称黑体辐射。显然,物体表面吸收电磁辐射的能力和发射电磁辐射的能力成正

比，吸收能力最强的物体发射能力也最强。

3. 绝对黑体

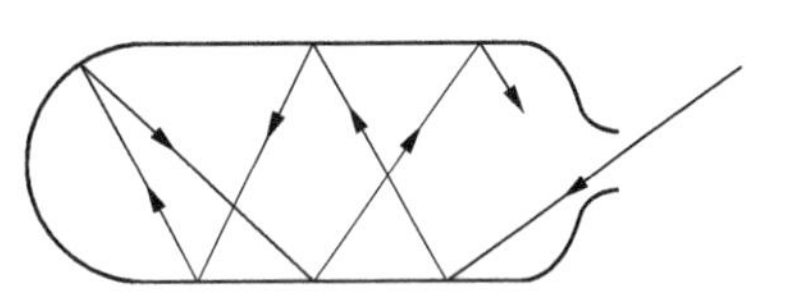
图 6.3 绝对黑体的物理模型

为了研究不依赖于物质具体物性的热辐射规律，德国物理学家基尔霍夫(Kirchhoff，1824—1887)提出了绝对黑体的概念，以此作为热辐射研究的标准物体。**如果某物体在任何温度下都能把投射它上面的所有各种波长的电磁辐射都完全吸收，没有反射，就称为"绝对黑体"**。绝对黑体是吸收电磁辐射能力最强的物体，当然也就是发射电磁辐射能力最强的物体。绝对黑体是理想化的物理模型，实际物质不可能是真正的绝对黑体。一般用开小孔，内壁粗糙的空腔来制备绝对黑体，如图 6.3 所示。这是因为光射进小孔后，要经过内壁很多次反射后，才有非常微弱的光从小孔重新射出，孔越小，从小孔处反射出的光越微弱，近似可看作光全部被吸收，则该小孔就非常接近于一个绝对黑体。用这种方法人们可以制备非常理想的绝对黑体，并测量黑体辐射谱。

6.6.2 平衡辐射的热力学性质

1. 空窖辐射的内能密度和内能密度按频率的分布只是温度的函数

令 $u=U/V$ 代表热辐射场单位体积的内能，即内能密度。下面来证明，空窖辐射的内能密度 u 只是温度的函数，而与窖的形状、大小、窖壁物质的性质无关。即 $u=u(T)$ 是 T 的普适函数。

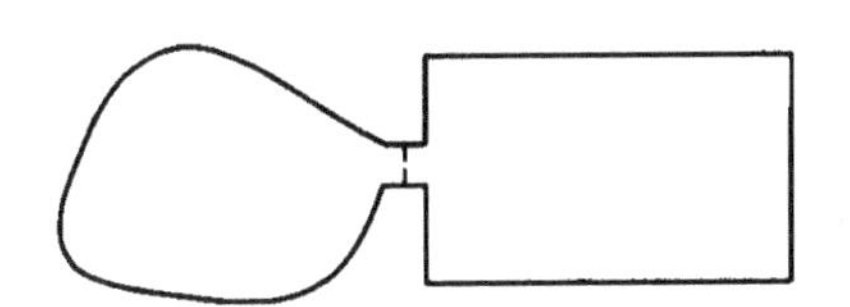
图 6.4 两空窖辐射的假想实验

设想有两个空窖，温度相同，但形状、体积和窖壁材料不同。开一小窗把两个空窖连通起来，窗上放上滤光片，滤光片只允许圆频率在 ω 到 $\omega+d\omega$ 范围的电磁波通过，如图 6.4 所示。如果辐射场在 ω 到 $\omega+d\omega$ 范围的内能密度在两窖不等，能量将通过小窗从内能密度较高的空窖辐射到内能密度较低的空窖，使前者温度降低后者温度升高。这样就在温度相同的两个空窖自发地产生温度差，这样我们就可以用一热机利用这温度差吸热而对外做功。这违背热力学第二定律，显然是不可能的。所以**空窖辐射的内能密度和内能密度按频率的分布只可能是温度的函数**。

2. 辐射压强与辐射内能密度之间的关系

当电磁波投射到物体上时，它对物体所施加的压强称为**辐射压强 p**。麦克斯韦从电磁场理论出发，早就预言有辐射压强存在。由电磁理论可以证明关于辐射压强 p 与辐射能量密度 u 之间的关系为

$$p=\frac{1}{3}u \tag{6.6.1}$$

这一关系得到俄国物理学家列别捷夫(Lebedev，1866—1912 年)在 1901 年的实验证明。根据统计物理理论也可以导出上式。

6.6.3 平衡辐射的热力学函数

现在根据热力学理论推求窖内平衡辐射的热力学函数。将窖内平衡辐射看作热力学系统。选温度 T 和体积 V 为状态参量。由于空窖辐射是均匀的，其内能密度只是温度 T 的函数。

1. 空窖辐射的内能 $U(T, V)$

空窖辐射的内能 $U(T, V)$ 可以表为

$$U(T, V) = u(T)V \tag{6.6.2}$$

利用能态方程

$$\left(\frac{\partial U}{\partial V}\right)_T = T\left(\frac{\partial p}{\partial T}\right)_V - p$$

由式(6.6.1)，可得空窖辐射的内能密度

$$u = \frac{T}{3}\frac{\mathrm{d}u}{\mathrm{d}T} - \frac{u}{3}$$

即

$$\frac{\mathrm{d}u}{u} = 4\frac{\mathrm{d}T}{T}$$

积分得

$$u = aT^4 \tag{6.6.3}$$

其中 a 是积分常量(确定 a 需要与实验结果比较)。式(6.6.3)指出，**空窖辐射的内能密度与热力学温度 T 的四次方成正比**。于是热辐射的内能为

$$U = aT^4V$$

注意，U 不包含任意常数，这是因为当 $V = 0$ 时(即无辐射场)，显然应有 $U = 0$。

2. 空窖辐射的熵 $S(T, V)$

由热力学基本微分方程并利用式(6.6.3)的 u 和式(6.6.1)的 p，有

$$\mathrm{d}S = \frac{\mathrm{d}U + p\mathrm{d}V}{T} = \frac{1}{T}\mathrm{d}(aT^4V) + \frac{1}{3}aT^3\mathrm{d}V = 4aT^2V\mathrm{d}T + \frac{4}{3}aT^3\mathrm{d}V = \frac{4}{3}a\mathrm{d}(VT^3)$$

积分得

$$S = \frac{4}{3}aT^3V + S_0$$

式中 S_0 是积分常数。当 $V = 0$ 时，$S = 0$，所以 $S_0 = 0$，则

$$S = \frac{4}{3}aT^3V \tag{6.6.4}$$

在可逆绝热过程中，因为 $\mathrm{d}S = 0$，即辐射场的熵不变。这时有

$$T^3V = 常量 \qquad (6.6.5)$$

3. 辐射场的吉布斯函数

吉布斯函数 $G = U - TS + pV$。将式(6.6.1),式(6.6.3)和式(6.6.4)代入,可得

$$G = 0 \qquad (6.6.6)$$

即平衡辐射的吉布斯函数为零。统计物理学可以导出平衡辐射的热力学函数(见 10.3 节)。我们将看到式(6.6.6)是平衡辐射光子数不守恒的结果。

6.6.4 斯特藩—玻耳兹曼定律

如果在窑壁开一小孔,电磁辐射将从小孔射出。假设小孔足够小,使窑内辐射场的平衡状态不受显著破坏。以 J_u 表示单位时间内通过小孔的单位面积向一侧辐射的辐射能量,称为**辐射通量密度**。

考虑在单位时间内通过面积元 $\mathrm{d}A$ 向一侧辐射的能量。如果投射到 $\mathrm{d}A$ 上的是一束传播方向与 $\mathrm{d}A$ 的法线方向平行的平面电磁波,则单位时间内通过 $\mathrm{d}A$ 向一侧辐射的能量为 $u\mathrm{d}V = cu\mathrm{d}A$。各向同性的辐射场包含各种传播方向,因此传播方向在 $\mathrm{d}\Omega$ 立体角的辐射内能密度将为 $\frac{u\mathrm{d}\Omega}{4\pi}$。单位时间内,传播方向在 $\mathrm{d}\Omega$ 立体角内,通过 $\mathrm{d}A$ 向一侧辐射的能量为$\frac{cu\mathrm{d}\Omega}{4\pi}\cos\theta\mathrm{d}A$,其中 θ 是传播方向与 $\mathrm{d}A$ 法线方向的夹角,如图 6.5。对所有传播方向求积分,就可以得到单位时间内通过 $\mathrm{d}A$ 向一侧辐射的总辐射能量

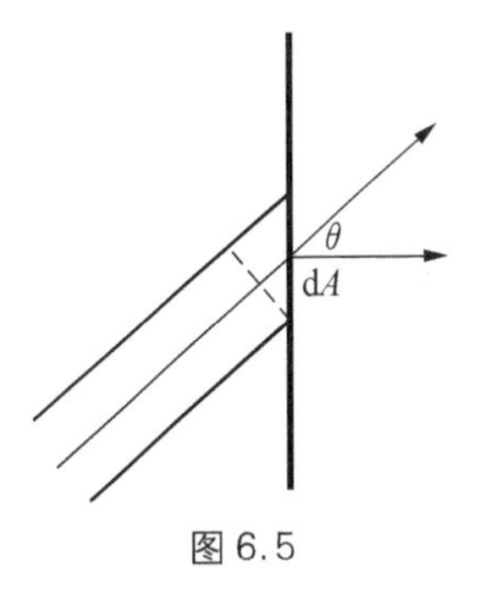

图 6.5

$$J_u\mathrm{d}A = \frac{cu\mathrm{d}A}{4\pi}\int\cos\theta\mathrm{d}\Omega = \frac{cu\mathrm{d}A}{4\pi}\int_0^{\frac{\pi}{2}}\sin\theta\cos\theta\mathrm{d}\theta\int_0^{2\pi}\mathrm{d}\varphi = \frac{1}{4}cu\mathrm{d}A$$

所以辐射通量密度 J_u 与辐射内能密度 u 之间存在以下关系

$$J_u = \frac{1}{4}cu \qquad (6.6.7)$$

式中 c 为光速。

将式(6.6.3)代入式(6.6.7),得

$$J_u = \frac{1}{4}caT^4 = \sigma T^4 \qquad (6.6.8)$$

式(6.6.8)称为**斯特藩—玻耳兹曼定律**。这是 1879 年奥地利物理学家斯特藩(Stefan,1835—1893)在观测中发现,1884 年玻耳兹曼用热力学理论导出的。σ 称为斯特藩常量,它的数值为

$$\sigma = 5.67\times10^{-8}\ \mathrm{W\cdot m^{-2}\cdot K^{-4}}$$

在热力学中 σ 的数值要由实验测定。统计物理学可以将 σ 用基本物理常量表达出来。

至此，本章所介绍的研究均匀系平衡性质的方法可以称为热力学基本微分方程方法（也称为热力学函数法）。这个方法的基础是热力学基本微分方程，它概括了热力学的两条基本定律对微小可逆过程的全部内容，由它出发可以建立不同的热力学量（常常用热力学函数的偏导数来表达）之间的普遍关系，从而把未知量（或不能直接测量的量）用实验可测量的量（即状态变量、与物态方程相联系的量以及热容）表达出来，热力学基本微分方程方法是吉布斯发展起来的。

习　题

6.1　已知在体积保持不变时，一气体的压强正比于其绝对温度。试证明在温度保持不变时，该气体的熵随体积而增加。

6.2　设一物质的物态方程具有以下的形式：

$$p = f(V)T$$

试证明其内能与体积无关。

6.3　证明下列关系：

① $\left(\frac{\partial U}{\partial p}\right)_V = -T\left(\frac{\partial V}{\partial T}\right)_S$；

② $\left(\frac{\partial U}{\partial V}\right)_p = T\left(\frac{\partial p}{\partial T}\right)_S - p$；

③ $\left(\frac{\partial T}{\partial V}\right)_U = p\left(\frac{\partial T}{\partial U}\right)_V - T\left(\frac{\partial p}{\partial U}\right)_V$；

④ $\left(\frac{\partial T}{\partial p}\right)_H = T\left(\frac{\partial V}{\partial H}\right)_p - V\left(\frac{\partial T}{\partial H}\right)_p$；

⑤ $\left(\frac{\partial T}{\partial S}\right)_H = \frac{T}{C_p} - \frac{T^2}{V}\left(\frac{\partial V}{\partial H}\right)_p$。

6.4　求证：(1) $\left(\frac{\partial S}{\partial p}\right)_H < 0$；(2) $\left(\frac{\partial S}{\partial V}\right)_U > 0$。

6.5　已知 $\left(\frac{\partial U}{\partial V}\right)_T = 0$，求证 $\left(\frac{\partial U}{\partial p}\right)_T = 0$。

6.6　试证明一个均匀物体在准静态等压过程中熵随体积的增减取决于等压下温度随体积的增减。

6.7　试证明在相同的压强降落下，气体在准静态绝热膨胀中的温度降落大于在节流过程中的温度降落。

$\left[\text{提示：证明} \left(\frac{\partial T}{\partial p}\right)_S - \left(\frac{\partial T}{\partial p}\right)_H > 0\right]$

6.8　实验发现，一气体的压强 p 与体积 V 的乘积及内能 U 都只是温度 T 的函数。即

$$pV = f(T),\ U = U(T)$$

试根据热力学理论，讨论该气体的物态方程可能具有什么形式。

答案：$pV = CT$，其中 C 是一个常量

6.9 证明 $\left(\frac{\partial C_V}{\partial V}\right)_T = T\left(\frac{\partial^2 p}{\partial T^2}\right)_V$，$\left(\frac{\partial C_p}{\partial p}\right)_T = -T\left(\frac{\partial^2 V}{\partial T^2}\right)_p$

并由此导出

$$C_V = C_V^0 + T\int_{V_0}^{V}\left(\frac{\partial^2 p}{\partial T^2}\right)_V \mathrm{d}V$$

$$C_p = C_p^0 - T\int_{p_0}^{p}\left(\frac{\partial^2 V}{\partial T^2}\right)_p \mathrm{d}p$$

根据以上两式证明，理想气体的定体热容和定压热容只是温度 T 的函数。

6.10 证明范氏气体的定体热容只是温度 T 的函数，与体积无关。

6.11 证明理想气体的摩尔自由能可以表为

$$F_{\mathrm{m}} = \int C_{V,\mathrm{m}}\mathrm{d}T + U_{\mathrm{m}0} - T\int \frac{C_{V,\mathrm{m}}}{T}\mathrm{d}T - RT\ln V_{\mathrm{m}} - TS_{\mathrm{m}0}$$

$$= -T\int \frac{\mathrm{d}T}{T^2}\int C_{V,\mathrm{m}}\mathrm{d}T + U_{\mathrm{m}0} - TS_{\mathrm{m}0} - RT\ln V_{\mathrm{m}}$$

6.12 求范氏气体的特性函数 F_{m}，并导出其他的热力学函数。

[提示：$V\to\infty$ 时范氏气体趋于理想气体。]

答案：$F_{\mathrm{m}}(T, V_{\mathrm{m}}) = \int C_{V,\mathrm{m}}\mathrm{d}T - T\int \frac{C_{V,\mathrm{m}}}{T}\mathrm{d}T - RT\ln(V_{\mathrm{m}} - b) - \frac{a}{V_{\mathrm{m}}} + U_{\mathrm{m}0} - TS_{\mathrm{m}0}$；

$S_{\mathrm{m}} = \int \frac{C_{V,\mathrm{m}}}{T}\mathrm{d}T + R\ln(V_{\mathrm{m}} - b) + S_{\mathrm{m}0}$；$U_{\mathrm{m}} = \int C_{V,\mathrm{m}}\mathrm{d}T - \frac{a}{V_{\mathrm{m}}} + U_{\mathrm{m}0}$

6.13 一弹簧在恒温下的恢复力 X 与其伸长 x 成正比，即 $X = -Ax$。今忽略弹簧的热膨胀，试证明弹簧的自由能 F、熵 S 和内能 U 的表达式分别为

$$F(T, x) = F(T, 0) + \frac{1}{2}Ax^2$$

$$S(T, x) = S(T, 0) - \frac{x^2}{2}\frac{\mathrm{d}A}{\mathrm{d}T}$$

$$U(T, x) = U(T, 0) + \frac{1}{2}\left(A - T\frac{\mathrm{d}A}{\mathrm{d}T}\right)x^2$$

6.14 X 射线衍射实验发现，橡皮带未被拉紧时具有无定型结构，当受张力而被拉伸时，具有晶形结构。这一事实表明橡皮带具有大的分子链。

① 试讨论橡皮带在等温过程中被拉伸时它的熵是增加还是减少；

② 试证明它的膨胀系数 $\alpha = \frac{1}{L}\left(\frac{\partial L}{\partial T}\right)_F$ 是负的。

6.15 假设太阳是黑体，根据下列数据求太阳表面的温度。

单位时间内投射到地球大气层外单位面积上的太阳辐射能量为 $1.35\times10^3\ \mathrm{J\cdot m^{-2}\cdot s^{-1}}$（该值称为太阳常量），太阳的半径为 6.955×10^8 m，太阳与地球的平均距离为

1.495×10^{11} m。

答案：5 760 K

6.16 计算热辐射在等温过程中体积由 V_1 变到 V_2 时所吸收的热量。

答案：$Q = \frac{4}{3} a T^4 (V_2 - V_1)$

6.17 试讨论以平衡辐射为工作物质的卡诺循环。计算其效率。

答案：$\eta = 1 - \frac{T_2}{T_1}$

第 7 章　物态与相变

7.1　物态和相

构成物质的分子的聚合状态称为**物质的聚集态**，简称**物态**。气态、液态、固态是常见的物态。自然界中还存在其他的物态，如等离子态、超密态、真空态等。有时会把气体、液体、固体称为气相、液相、固相，实际上，相与物态的内涵并不完全相同。**相是指在热力学平衡态下，其物理、化学性质完全相同、成分相同的均匀物质的聚集态**。通常，气体及纯液体都只有一个相，但有例外的情况，例如能呈现液晶的纯液体有液相和液晶相；在低温下的液态^{4}He 有 HeⅠ及 HeⅡ两个液相。同一种固体可以有多种不同的相，如冰有 9 种晶体结构，因而有 9 种固相等。

物质在压强、温度等外界条件不变的情况下，从一个相转变为另一个相的过程称为**相变**。在讨论相变之前，须对物质的固体、液体和气体的基本性质有个了解。前面几章我们已经比较多地讨论了气体的微观热运动图像和各种性质，这里着重对固体和液体的性质作一些简要、概括的介绍和讨论。

7.1.1　固体的性质简介

长期以来，固体材料在科研、生产和日常生活中都广泛地被应用。对固体材料的内部结构，以及对其中的电子、原子的各种运动的研究构成一门独立的综合性学科——固体物理学。这里只作简要介绍。

从微观角度看，物体的宏观性质包括其存在形态，是由物体内分子的热运动和分子间的相互作用力两个因素所决定的。通称为**凝聚态**物体的固体和液体，分子数密度 n 为 $10^{22}\sim10^{23}/\text{cm}^3$，比通常条件下的气体分子数密度大 3～4 个数量级，因而固、液体内分子间的平均距离比气体小一个数量级，同气体相比，固、液体是分子密集系统。这种分子密集系统内分子之间的相互作用力比气体内分子之间的作用力要强得多。一般来说，固体内分子间平均距离（10^{-10} m 数量级）比液体更小些，分子间相互作用力更强，同分子热运动因素相比分子间作用力因素占据着主导地位。而气体情况与固体相反，分子热运动因素占主导地位。液体情况介于两者之间。正是由于固体内分子之间有较强的相互作用力，使得固体内的分子不能像气体分子那样在整个气体容器空间自由地热运动，固体分子只能分布在一定位置附近作热运动，这就使得固体在宏观上具有一定的形状和体积。

固体分为两大类,**晶体**和**非晶体**。晶体又分为**单晶体**与**多晶体**。岩盐、云母、石墨、明矾、水晶、金刚石、冰等都是单晶体,而各种金属及一般岩石大都是多晶体。玻璃、松脂、沥青、橡胶、塑料等都是非晶体。多晶体实际上是由很多小单晶体晶粒混乱组成的,晶粒尺寸一般为 $10^{-4}\sim10^{-3}$ cm,最大的可达 10^{-2} cm。由于晶体与非晶体在内部宏观结构上的不同,同非晶体相比**单晶体物体有三个突出的宏观特性**:①**晶面角恒定不变**。从外形上看单晶体都是由光滑平面所围成的凸多面体,这些光滑的平面叫晶面。同一种晶体由于生长过程中所处的外界环境条件不同,晶体物体的大小和形状可能不同,但是晶体相应晶面之间的夹角却是保持恒定不变的。这是晶体的一个基本宏观特性,称为**晶面角守恒定律**,它是鉴别不同晶体的重要依据。图 7.1(a)表示 NaCl 晶体的各种外形,图 7.1(b)表示方解石晶体的外形。②晶体的另一个宏观基本特性是**各向异性**。单晶体内各个不同方向的力学性质、热学性质、电学性质、光学性质等一般各不相同,这称为各向异性性质。③**晶体具有确定的熔点**。晶体物体在一定压强下,总是被加热到一定温度才开始熔化,并且**在熔化过程中晶体温度保持不变**,直至晶体全部熔解成液体后温度才会继续升高。**晶体开始熔化时的温度称为晶体的熔点**。具有确定的熔点是晶体(包括单晶体和多晶体)与非晶体的一个基本区别。像玻璃、沥青、石蜡等这类非晶体被加热时,随着温度的升高先由硬变软,然后逐渐由稠变稀,然后变成为可流动的液体。在这过程中温度一直在升高,不存在确定的熔点。正是由于非晶体没有确定的熔点,所以非晶体也被视为是温度太低黏滞系数过大以至于不能流动的液体,从这种意义上说,只有晶体才算是固体。

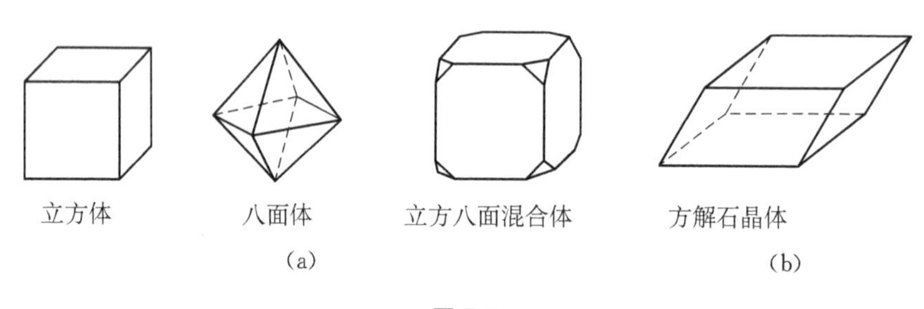

图 7.1

上面已谈到一般金属材料都是多晶体,但值得提出的是近几十年来**非晶态金属材料**在飞速发展。自 1960 年发展起来的从液态金属急速冷却(冷却速度为 $10^6\sim10^{10}$ K/s)技术获得非晶态金属以来,人们制备出了越来越多的非晶态金属材料,这种被称为金属玻璃的材料,具有强度高、韧性大、耐腐蚀、防辐照、高电阻、导磁性强等一系列优良特性,因而具有广泛而特别重要的应用价值,是当前材料科学研究中的一个热点。

晶体和非晶体的差异来自于它们**不同的微观结构**。晶体在微观上具有周期性空间点阵结构和高度的对称性,以及微观结构的长程有序和短程有序性;而非晶体粒子的微观结构具有空间排列的短程有序和长程无序的基本特征。

晶体不被热运动所拆散,而以一定规则的有序结构结合成一个整体,是因为晶体中各原子之间存在着结合力。结合力是决定晶体性质的一个主要因素。**晶体结合力也称为化**

学键，有共价键、离子键、范德瓦尔斯键、金属键四种类型，另外，还有一种介于共价键与离子键之间的结合形式——氢键。

7.1.2 液体的性质简介

液体是一种常见的物质存在形态，其性质介于固体和气体二者之间。它一方面具有像气体那样的流动性和没有一定形状的性质。从实验观察固体熔解和液体结晶过程中发现，大多数物质在固、液态转化前后，体积只有 10%左右的变化，因而分子间的平均距离只改变 3%左右。这表明，液体同固体一样也是分子密集聚集系统，其分子之间的平均距离要比通常条件下气体分子间平均距离小一个数量级。因此液体分子间的作用力要比气体分子间的作用力强得多。在这较强相互作用力作用下，使得液体分子不会像气体分子那样总是飞散到不论多大容器的整个空间，而是使液体分子紧密地聚集在一定的空间从而使液体具有一定的体积。通过 X 射线衍射研究熔解和结晶过程中液体的微观结构时发现，液体内的分子只在微小区域(只有几个分子间距范围)内作有规则排列的分布，而且这些微小区域的分子排列方位完全混乱无序，与非晶体内分子的分布相似，不过液体内分子有规则排列分布的微小区域不是固定不变的，微小区域的大小、边界不断变化，一些分子规则排列微小区域不时在瓦解，而另一些新的分子规则排列微小区域又不时形成。总之，液体内分子的分布是不断变化着的短程有序分布，因而除液晶外，液体和非晶态固体一样呈现出各向同性。

应该说，目前人们对分子热运动占主导地位的气体和分子力占主导地位的固体的理论研究是比较成熟的，而对介于这两个极端情况之间的液体的理论研究还很不成熟，可以说还没有一个统一的较完整理论。通常研究液体的方法是从两头逼近的方法。当液体温度增高接近其沸点时，液体分子热运动比较激烈，其性质与实际气体靠近，从而更多地把液体设想为稠密的实际气体去分析液体的性质，譬如，在气液相变中用纯粹是实际气体的范德瓦尔斯方程去解释液体和气体相变行为。当液体温度降低趋向凝结时，又常用濒临瓦解的固体去想象液体，突出液体分子间的关联，采用 X 射线、中子束、电子束的衍射等研究固体微观结构的常规办法去研究液体的微观结构，并用濒临瓦解的固体图像去解释液体热容、热传导等现象。液体的微观结构和非晶态固体类同。

液体的导热系数很低；热容与固体接近；扩散系数比固体稍大，但比气体小得多；同为流体，液体比气体的黏性大，且随温度的升高而降低。

液体有着非常重要的表面现象，如表面张力、表面活性、弯曲液面的附加压强、毛细现象等。

7.2 液体的表面现象

一种物质与另一种物质(或虽是同一种物质，但其微观结构不同)的交界处是物质结构的过渡层(这称为界面)，它的物理性质显然不同于物质内部，具有很大的特殊性。其中最为简单的是液体的表面现象。

7.2.1 表面张力与表面能

1. 表面张力

当液体与另一种介质(例如与气体、固体或与另一种液体)接触时,在液体表面上会产生一些与液体内部不同的性质,现在先考虑液体与气体接触的自由表面中的情况。在3.2.4节中已指出,表面张力是作用于液体表面上的使液面具有收缩倾向的一种力,液体表面单位长度上的表面张力称为表面张力系数,以 σ 表示。

2. 表面能与表面张力系数

从微观上看,表面张力是由于液体表面的过渡区域(称为表面层)内分子力作用的结果。表面层厚度大致等于分子引力的有效作用距离 R_0,其数量级约为 10^{-9} m,即两三个分子直径的大小,设分子相互作用势能是球对称的,我们以任一分子为中心画一以 R_0 为半径的分子作用球,显然在液体内部,其分子作用球内其他分子对该分子的作用力是相互抵消的,但在液体表面层内却并非如此。若液体与它的蒸汽相接触,其表面层内分子作用球的情况示于图 7.2。因表面层分子的作用球中或多或少总有一部分是密度很低的气体,使表面层内任一分子所受分子力不平衡,其合力是垂直于液体表面并指向液体内部的,在这种分子力的合力的作用下,液体有尽量缩小它的表面积的趋势,因而使液体表面像拉紧的膜一样,表面张力就是这样产生的。

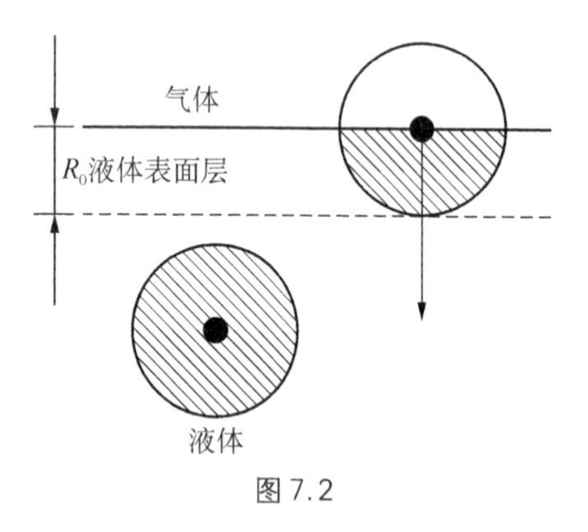

图 7.2

当外力 F 在等温条件下拉伸铁丝(见图 3.6)以扩大肥皂膜的表面积时,一部分液体内部的分子要上升到表面层中,而进入表面层的每一个分子都需克服分子力的合力(其方向指向液体内部)做功。扩大 dA 表面积所做的功为 $đW = \sigma \mathrm{d}A$。既然分子力是一种保守力,外力克服表面层中分子力的合力所做的功便等于表面层中的分子引力势能的增加,我们把这种分子引力势能称为表面自由能 $F_{表}$(有时也称为表面能),故

$$đW = \mathrm{d}F_{表} = \sigma \mathrm{d}A \tag{7.2.1}$$

由式(7.2.1)可知,表面张力系数 $\sigma = \mathrm{d}F_{表} / \mathrm{d}A$ 就等于在等温条件下增加单位面积液体表面所增加的表面自由能。正因为表面张力系数有两种不同的定义,它的单位也可写成两种不同的形式: $\mathrm{N \cdot m^{-1}}$ 及 $\mathrm{J \cdot m^{-2}}$。

表面张力也可从另一角度去理解: 既然表面能是表面层中分子比液体内部分子多出来的分子相互作用(吸引力)势能,可见在表面层中分子的平均间距要比液体内部大,说明在表面层中分子排列要比液体内部疏松些(而且越是沿液面向外,其排列越疏松),从图2.4(b)的分子互作用势能曲线图可估计到,平均说来,在表面层中分子间的吸引力要明显大于液体内部,使液体表面宛如张紧的膜一样,表面张力的产生机理就在于此,可见表面张力仅是分子间吸引力的一种表现形式。

*3. 负表面能

以上仅考虑液体与气体接触的自由表面，实际上，在两种不同种类液体的接触面上，也都各自有一个表面层。例如若把图 7.2 中的气体换为另一种分子间作用力较弱的液体 B，而原来的液体称为 A，且设 A 中液体表面层中的分子力的合力方向仍垂直向下，则 A 的表面能是正的，这时液体 B 的表面层中分子力合力方向也垂直向下。液体 A 的表面层中的分子要上升进入 B 液体内部，需克服分子吸引力做功，说明 B 液体内部的能量要比 A 液体表面层中的能量高。也就是说，B 液体的表面层具有负的表面能。类似地，在液体与固体的接触面上也可出现负表面能的情况，而且负表面能也可出现在与不同介质相互接触的固体界面上。

*4. 表面张力系数与温度的关系

实验发现，液体的表面张力系数与液体的表面积的大小无关，而仅是温度的函数，表面张力系数随温度的升高而降低，即 $\frac{d\sigma}{dT}<0$。对于与其蒸汽相平衡的纯液体，其表面张力系数可表示为

$$\sigma=\sigma_0\left(1-\frac{t}{t'}\right)^n \tag{7.2.2}$$

其中 σ_0 是 $t=0$℃ 时表面张力系数；t' 是比该液体的临界温度（什么是临界温度，请见 7.6 节）t_c 低几度的摄氏温度，它是一常数；n 也是一常数，其数值在 1 与 2 之间，当 $t'\leqslant t\leqslant t_c$ 时，$\sigma=0$。表 7.1 列出了一些液体的表面张力系数。

表 7.1 与空气接触时液体的表面张力系数

液体	t/℃	$\sigma/(10^{-3}\ \mathrm{N\cdot m^{-1}})$	液体	t/℃	$\sigma/(10^{-3}\ \mathrm{N\cdot m^{-1}})$
水	0	75.6	O_2	−193	15.7
	20	72.8	水银	20	465
	60	66.2	肥皂溶液	20	25.0
	100	58.9	苯	20	28.9
CCl_4	20	26.8	乙醇	20	22.3

7.2.2 弯曲液面附加压强

很多液体表面都呈曲面形状，常见的液滴、毛细管中水银表面及肥皂泡的外表面都是凸液面，而水中气泡、毛细管中的水面、肥皂泡的内液面都是凹液面。由于表面张力存在，致使液面内外存在的压强差称为曲面附加压强。

1. 球形液面的附加压强

考虑一半径为 R 的球形液滴，在液滴中取出平面中心角为 2φ 的球面圆锥，如图 7.3(a)所示。

现研究这一部分球面 S 所受外力的情况。显然，球面 S 边界线上受到其他部分球面

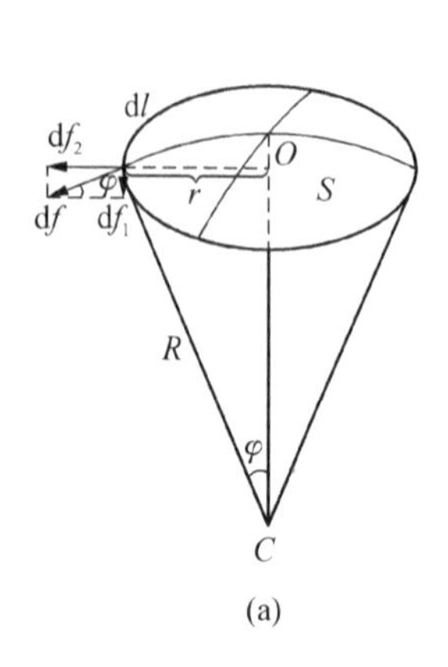

(a)

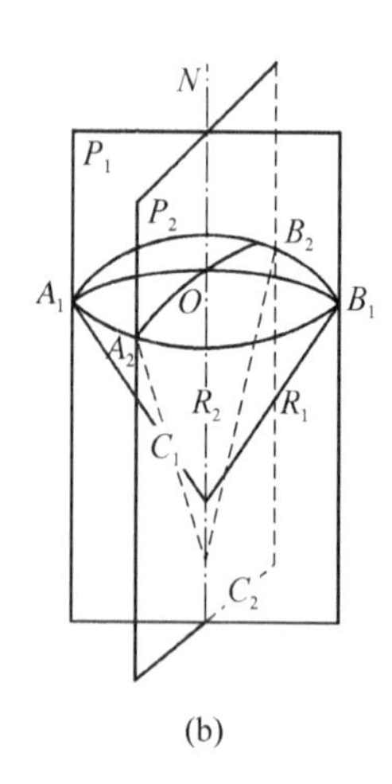

(b)

图 7.3

的表面张力作用，其方向沿球面切线向外。设 dl 周界的表面张力为 df，由于边界上的 df 沿 OC 中心轴对称，因而水平分量 df_2 相互抵消，而垂直分量

$$\mathrm{d}f_1 = \mathrm{d}f\sin\varphi = \sigma \mathrm{d}l\sin\varphi$$

其合力 $f = \int \mathrm{d}f_1 = \sigma\sin\varphi \int \mathrm{d}l = \sigma\sin\varphi \cdot 2\pi r$，因 $\sin\varphi = \frac{r}{R}$，且合力 f 指向球心，其大小为

$$f = \frac{2\pi r^2 \sigma}{R}$$

这一部分曲面的表面张力所产生的附加压强为

$$p_{附} = \frac{f}{\pi r^2} = \frac{2\sigma}{R}(\text{球内比球外增加的附加压强}) \tag{7.2.3}$$

因为这一球面圆锥是任意取的，所以任何一个球面，或者任一半径为 R 的凸液面，都作用于球面内的液体一个数值由式(7.2.3)表示的附加压强。若是凹液面，则液体内部压强小于外部压强，附加压强是负的。不管如何，球形液面内外处于力学平衡时，球内压强总要比球外大$\frac{2\sigma}{R}$。

很易证明，对于一个球形液膜(如肥皂膜)，只要内、外球面半径相差很小，则膜内压强总比膜外压强高出

$$p_{内} - p_{外} = \frac{4\sigma}{R}$$

*2. 任意弯曲液面内、外压强差

有不少液面并不呈球形。为了计算由任意弯曲液面的表面张力所产生的附加压强，考虑如图 7.3(b)所示的一任意的微小曲面。在曲面上任取一点 O，过 O 点作互相垂直的正截面 P_1 和 P_2。截面与弯曲液面相交而截得$\overset{\frown}{A_1B_1}$与$\overset{\frown}{A_2B_2}$，设$\overset{\frown}{A_1B_1}$及$\overset{\frown}{A_2B_2}$的曲率中心

分别为 C_1 和 C_2，所对应的曲率半径分别为 R_1 和 R_2。可以证明，这样的曲面将产生一方向向下的附加压强

$$p=\sigma\left(\frac{1}{R_1}+\frac{1}{R_2}\right) \tag{7.2.4}$$

这一公式称为**拉普拉斯公式**，人们常利用它来确定任意弯曲液面下的附加压强。对于球形液面式(7.2.4)中的 $R_1=R_2$，则 $p=\frac{2\sigma}{R}$，对于柱形液面，$R_1=R$, $R_2\to\infty$，则 $p=\frac{\sigma}{R}$。因为附加压强是指向主曲率中心的，为了便于区分，把液体表面呈凸面的曲率半径定为正，呈凹面的曲率半径定为负。例如，若在两块水平放置的清洁的玻璃板间放上一滴水以后，将这两玻璃板进行挤压，使两玻璃板间有一层很薄的水，设这层水的厚度为 $d=10^{-4}$ m，且这层水与空气的接触面是曲率半径为 R 的凹曲面。由于水平截面在曲面上截得的是一大圆，而大圆半径比 d 大得多，故可设 $R_1=-\frac{d}{2}$，而 $R_2\to\infty$，又 $\sigma=0.073\ \mathrm{N\cdot m^{-1}}$，利用式(7.2.4)，可知曲面对液体所产生的附加压强为

$$p=-\frac{\sigma}{d/2}=-1.5\times10^3\ \mathrm{N\cdot m^{-2}}$$

附加压强是负的，这表明液体内部的压强要比外面的大气压强低 $1.5\times10^3\ \mathrm{N\cdot m^{-2}}$。附加压强要使两玻璃板相互挤得更为紧密，使 d 变得很小，这时若要把两玻璃板沿法线方向拉开，就需施加大于附加压强所产生的力，所以这样拉开是很费力的。但是，若使两板沿切向滑移，就很易使两板分离，因为这样不必克服附加压强做功。与此相反，若在两板间放的不是水而是水银，则两板间液体的自由表面是凸面，它所产生的附加压强是正的，其方向沿板面法线向外，这时若有人想把水银从两板的间隙中挤出，则越往下挤越费力。

*3. 弹性曲面的附加压强

拉普拉斯公式(7.2.4)不仅适用于液体表面，也可适用于弹性曲面(如橡皮曲面膜、气球膜、血管等)所产生的附加压强。例如半径为 R 的弹性管腔或管状弹性膜，设单位长度的膜张力为 T，则其附加压强

$$p=\frac{T}{R} \tag{7.2.5}$$

这称为弹性管状膜的拉普拉斯公式，这一公式在医学上常用作血管跨膜压的分析，例如毛细血管内，由于附加压强较大，因而要使血液流出就需要大的压强差，而截面积很小的毛细血管的大的流阻(见 5.1.2 节)更使血液流动减慢。当软组织受到破坏时，常因毛细血管回流的血液进入静脉不畅而出现水肿。

7.2.3 润湿与不润湿　毛细现象

1. 润湿与不润湿

(1) 润湿现象与不润湿现象

水能润湿(或称浸润)清洁的玻璃但不能润湿涂有油脂的玻璃，水不能润湿荷花叶，因而

小水滴在荷叶上形成晶莹的球形水珠。在玻璃上的小水银滴也呈球形，说明水银不能润湿玻璃，自然界中存在很多与此类似的液体润湿(或不润湿)与它接触的固体表面的现象，润湿现象与不润湿现象是在液体、固体及气体这三者相互接触的表面上所发生的特殊现象。

(2) 对润湿与不润湿的定性解释

前面提到，在液体与固体接触的液体表面上，也存在一个界面层，习惯把这样的界面层称作**附着层**。在附着层中的表面能与液体界面层中的表面能一样，也是可正可负的，这决定于液体分子之间及液体分子与邻近的固体分子之间相互作用强弱的情况，若固体分子与液体分子间吸引力的作用半径为 l，而液体分子之间的吸引力作用半径为 R_0，则不妨设附着层的厚度是 l 与 R_0 中的较大者。现考虑附着层中某一分子 A，它的分子作用球如图 7.4 所示，作用球的一部分在液体中，另一部分在固体中，由于 A 分子作用球内的液体分子的空间分布不是球对称的，球内液体分子对 A 分子吸引力的合力不为零，若把这一合力称为**内聚力**，则内聚力的方向垂直于液体与固体的接触表面而指向液体内部。若把固体分子对 A 分子的吸引力的合力称为**附着力**，则附着力的方向是垂直于接触表面指向液体外部，虽然附着层中的分子离开固体与液体接触面的距离各不相同，使所受到的内聚力与附着力也不同，但对于附着层内的分子来说，总存在一个平均附着力 $f_{附}$ 及平均内聚力 $f_{内}$。若 $f_{附} < f_{内}$，附着层内分子所受到的液体分子及固体分子的分子力的总的合力 f 的方向指向液体内部，这时与液体表面层内的分子一样，附着层内分子的引力势能要比在液体内部分子的引力势能大，引力势能的差值称附着层内分子的表面能，显然，这时的表面能是正的。相反，若 $f_{附} > f_{内}$，附着层内分子受到的总的合力的方向指向固体内部，说明附着层内分子的引力势能比液体内部分子的引力势能要小，则附着层内分子的表面能是负的。我们知道，在外界条件一定的情况下，系统的总能量最小的状态才是最稳定的。

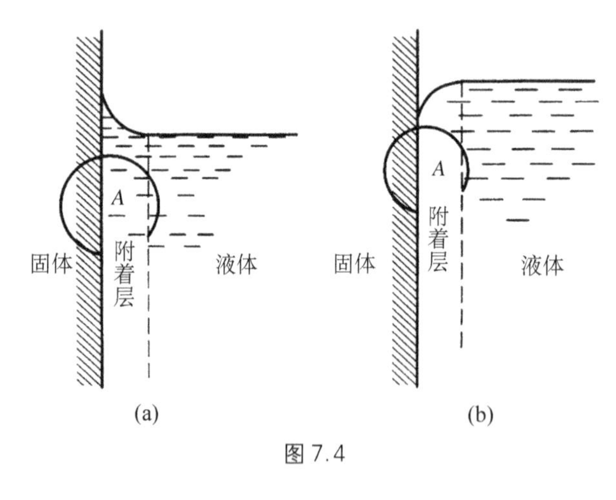

图 7.4

若 $f_{附} > f_{内}$，液体内部分子尽量向附着层内跑，但这样又将扩大气体与液体接触的自由表面积，增加气液接触表面的表面能。总能量最小的表面形状是如图 7.4(a)所示的弯月面向上的图形，这就是润湿现象。与此相反，若 $f_{附} < f_{内}$，就有尽量减少附着层内分子的趋势，而附着层的减小同样要扩大气液的接触表面，最稳定的状态是如图 7.4(b)所示的弯月面向下的表面形状，这就是不润湿现象。

(3) 接触角

润湿、不润湿只能说明弯月面向上还是向下，不能表示弯向上或弯向下的程度。为了能判别润湿与不润湿的程度，引入液体自由表面与固体接触表面间的**接触角 $\boldsymbol{\theta}$** 这一物理量，它是这样定义的：在固、液、气三者共同相互接触点处分别作液体表面的切线与固体表面的切线，这两切线通过液体内部所成的角度 θ 就是接触角，如图 7.5 所示。显然，$0 \leqslant \theta < 90°$ 为润湿的情形，$90° < \theta \leqslant 180°$ 为不润湿的情形。习惯把 $\theta = 0°$ 时的情况称为完全润湿，$\theta = 180°$ 时称为完全不润湿。例如，浮在液面上的完全不润湿的均质立方体木块所受的表面张力的方向是竖直向上的，这时物体的重力被浮力与物体所受表面张力所平衡。若液体能完全润湿木块，物体所受表面张力的合力方向向下，这时重力与表面张力被浮力所平衡，木块浸在液体中的体积要相应增加。

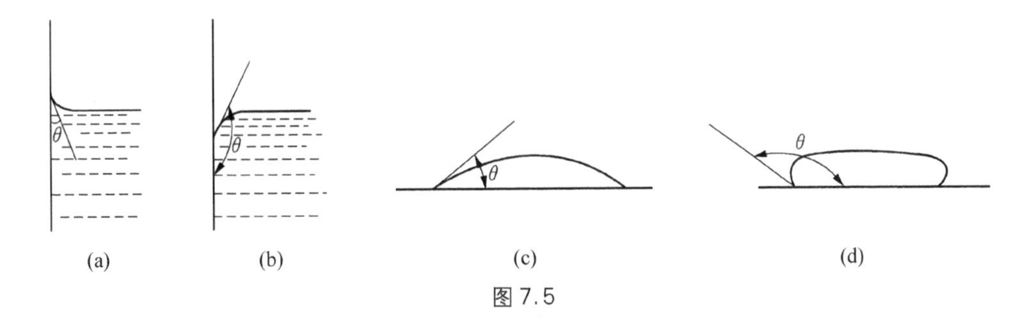

图 7.5

(4) 日常生活及工业生产中的润湿与不润湿现象

用自来水笔写字是利用笔尖与墨水间的润湿现象。当笔尖上附有油脂时墨水与笔尖不润湿，因而写不出字。这时只要用肥皂水清洗笔尖，写起字来就流利得多。焊接金属时，首先要用焊药将金属表面上的氧化层洗掉，这样焊锡才能很好地润湿金属。在冶金工业中所用的浮游选矿法也是利用了润湿与不润湿现象。例如，把矿物细末与一定液体混合成泥浆，然后加入酸使之与砂石发生反应而生成气泡。由于矿物与液体不润湿，矿粒黏附在气泡上被气泡带到液体表面上，而砂石能润湿液体，因而沉在槽底，这样就使矿粒与砂石分离。

2. 毛细现象

内径细小的管子称为毛细管。把毛细玻璃管插入可润湿的水中，可看到管内水面会升高，且毛细管内径越小，水面升得越高；相反，把毛细玻璃管插入不可润湿的水银中，毛细管中水银面就要降低，内径越小，水银面也降得越低，这类现象就称为毛细现象。毛细现象是由毛细管中弯曲液面的附加压强引起的。若将内径较大的玻璃管插入可以润湿的水中，虽然管内的水面在接近管壁处有些隆起，但管内的水面大部分是平的，不会形成明显的曲面，不会产生附加压强，故管内外液面处于相同高度。但是，若插入水中的是毛细圆管，则管内液面便形成半径为 R 的向下凹的曲面，如图 7.6 所示。附加压强使图中弯液面下面的 A 处压强比弯液面上面的 D 点压强低 $\frac{2\sigma}{R}$，而 D、C、B 处的压强都等于大气压强 p_0，所以弯曲液面要升高，一直升到其高度 h 满足

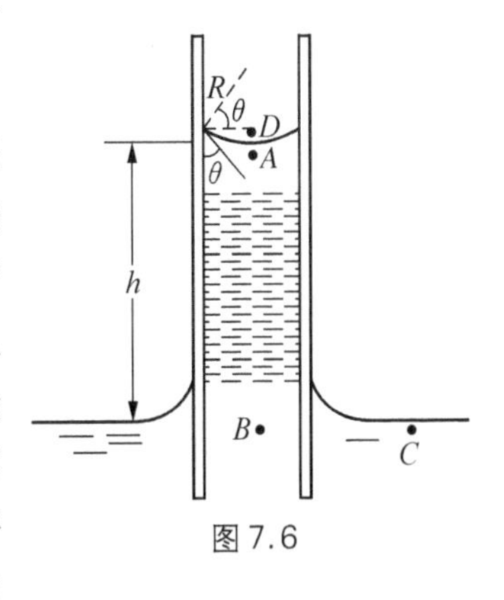

图 7.6

$$p_0 - p_A = \frac{2\sigma}{R} = \rho g h \tag{7.2.6}$$

的关系为止，其中 ρ 为液体的密度。由图可见，毛细管半径 r，液面曲率半径 R 及接触角 θ 间有如下关系

$$R = \frac{r}{\cos\theta}$$

将它代入式(7.2.6)，可得

$$h = \frac{2\sigma\cos\theta}{\rho g r} \tag{7.2.7}$$

说明毛细液面上升高度与毛细管半径 r 成反比，也与液体润湿与不润湿的程度有关。若液体是不润湿的，这时 $90° < \theta \leqslant 180°$，$\cos\theta < 0$，$h < 0$，毛细管中液面反而要降低。

自然界中有很多现象与毛细现象相联系，植物和动物的大部分组织都是以各种各样管道连通起来的，植物根须吸收的水及无机质靠毛细管把它们输送到茎、叶上去。土壤中的水分根据储存情况不同分为重水、吸附水和毛细管水三种，重水在土壤中不能长久保持，它会渗透到地层深处；在土壤颗粒上吸附的水不能被植物吸收；由土壤中细小孔隙形成的毛细管能使深处的水分源源不断提升到地表的潜水面以上。毛细管水易被植物所利用，它是植物吸收水分的主要来源。根据农作物生长的不同特点，保持恰当的土壤的毛细结构，是丰产的一个重要因素。毛细管水过多，使空气不能流通，过少则植物得不到充足的水分。另外，有时毛细管水上升过高，也会引起土壤的盐渍化及道路冻胀和翻浆等。在防止土壤盐渍化、沼泽化及道路的冻胀和翻浆时，常需了解毛细管水上升的最大高度。地层的多孔矿岩中，也有很多相互联通的极细小的孔道——毛细管。地下水、石油和天然气就贮存于这些孔道中，石油与水在和天然气的接触处形成弯曲液面，石油弯曲液面所产生附加压强阻碍石油在地层中的流动，会降低石油流动速度，使产量降低，情况严重时会使油井报废。在采油工业中，控制和克服毛细管压力是个重要问题，其办法之一是将加入表面活性物质的热水或热泥浆打入岩层，以降低石油的表面张力系数。

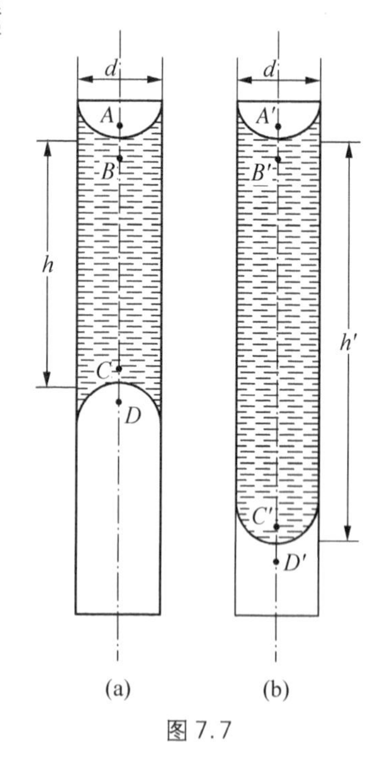

图 7.7

例 1　如图 7.7 所示，在一根两端开口的毛细管中滴上一滴水后将它竖直放置。若这滴水在毛细管中分别形成长为①2 cm；②4 cm；③2.98 cm 的水柱，而毛细管的内(直)径为 1 mm。试问：在上述三种情况下，水柱的上、下液面是向液体内部凹的还是向外凸出的？设毛细管能完全润湿水，水的 $\sigma = 0.073\ \mathrm{N \cdot m^{-1}}$。

解：因完全润湿，水柱的上弯月面总是凹向液体内部的，液体内部紧靠上液面的 B 点(见图 7.7(a))的压强

$$p_B = p_0 - \frac{2\sigma}{r} = p_0 - \frac{4\sigma}{d}$$

其中 $p_0 = p_A$ 是大气压强。设 C 是紧靠下液面液体中的一点,D 在下液面之下,显然

$$p_C - p_B = \rho g h$$

又

$$p_A = p_B + \frac{4\sigma}{d},\ p_D = p_A$$

故

$$p_C - p_D = p_C - p_A = p_C - p_B - \frac{4\sigma}{d} = \rho g h - \frac{4\sigma}{d}$$

现分三种情况讨论:

第一种:$\rho g h < \frac{4\sigma}{d}$,这时下液面仍凹向液体内部。这是因为

$$p_D = p_A = p_0;\ p_A = p_B + \frac{4\sigma}{d};\ p_C = p_B + \rho g h$$

故

$$p_D - p_C = \frac{4\sigma}{d} - \rho g h$$

当 $p_D - p_C > 0$(即 $\rho g h < \frac{4\sigma}{d}$ 时),下液面液体外部压强大于液体内部压强,这时液面凹向液体内部。

第二种:$\rho g h = \frac{4\sigma}{d}$,下液面是平的。

第三种:$\rho g h' > \frac{4\sigma}{d}$,下液面凸向外,如图 7.7(b)所示。原因如下:

因为

$$p_{C'} = p_{B'} + \rho g h' = p_0 - \frac{4\sigma}{d} + \rho g h',\ p_{D'} = p_{A'} = p_0$$

故

$$p_{C'} - p_{D'} = \rho g h' - \frac{4\sigma}{d}$$

在凸液面时 $p_{C'} - p_{D'} > 0$,故

$$\rho g h' > \frac{4\sigma}{d}$$

下面进行具体计算。因为 $\frac{4\sigma}{d} = 292\ \mathrm{N \cdot m^{-2}}$,则

① 若 $h' = 2\,\text{cm}$，则 $\rho g h' = 196\ \text{N}\cdot\text{m}^{-2} < \dfrac{4\sigma}{d}$，故下液面凹向液体内部。由 $p_{D'} - p_{C'} = \dfrac{4\sigma}{d} - \rho g h'$，可算出下液面曲率半径 $R' = 1.52\,\text{mm}$。

② 若 $h' = 4\,\text{cm}$，则 $\rho g h' = 392\ \text{N}\cdot\text{m}^{-2} > \dfrac{4\sigma}{d}$，故下液面凸向外，由 $p_{C'} = p_{D'} + \dfrac{2\sigma}{R'}$ 及 $p_{C'} = p_{A'} - \dfrac{4\sigma}{d} + \rho g h'$ 可得 $-\dfrac{4\sigma}{d} + \rho g h' = \dfrac{2\sigma}{R'}$ 从而定出下液面曲率半径 $R' = 1.46\,\text{mm}$。

③ 若 $h' = 2.98\,\text{cm}$，则 $\rho g h' = 292\ \text{N}\cdot\text{m}^{-2} = \dfrac{4\sigma}{d}$，这时下液面为平面。

7.3 热动平衡判据和热动平衡条件

作为基础，在讨论相变之前，先介绍如何判定一个系统是否处于平衡状态。热动平衡判据是判断热力学系统是否处于平衡态的普遍准则，它是热力学第二定律关于不可逆过程方向的普遍准则的推论。

7.3.1 热动平衡判据

1. 熵判据

我们在第 4 章根据热力学第二定律证明了熵增加原理。熵增加原理指出，孤立系统的熵永不减少，即 $\Delta S \geqslant 0$。孤立系统中发生的任何宏观过程，包括趋向平衡的过程，都朝着使系统的熵增加的方向进行。如果孤立系统已经达到了熵为极大的状态，就不可能再发生任何宏观的变化，系统就达到了平衡态。我们可以用熵函数这一性质来判定孤立系统是否处于平衡态，称为**熵判据**。

(1) 虚变动

为了判定孤立系统的某一状态是否为平衡态，可以设想系统围绕该状态发生各种可能的虚变动，而比较由此引起的熵变。所谓**虚变动**是理论上假设的，**满足外加约束条件的各种可能的变动**，与力学上虚功原理中的虚位移相当。实际上，关于平衡和稳定性的热力学理论是吉布斯把拉格朗日(Joseph Lagrange，1736—1813，意大利裔法国数学家和力学家)的虚功原理的思想用到热力学中而发展起来的。为了强调是虚变动，下面特意用符号"δ"表示虚变动，以区别实际发生的变动。

(2) 孤立系统的约束条件

在应用数学方法(条件极值问题)求各种可能的虚变动所引起的熵变时，外加约束条件需要用函数表示。孤立系与其他物体既没有热量的交换，也没有功的交换。如果只有体积变化功，**孤立系条件相当于体积不变**($\Delta V = 0$)**和内能不变**($\Delta U = 0$)。

(3) 孤立系统稳定平衡的充分和必要条件——熵为极大

熵为极大必对应孤立系处于平衡态——充分条件。在孤立系中，如果系统不处于平衡态，则系统一定会发生变化，且变化是向着熵增加的方向进行的，当熵不断增加到极大值时，系统就不能再变化了，因为再变化熵就会减少，所以熵为极大必对应孤立系处于平衡态。

孤立系统的平衡态熵必为极大——必要条件。如果系统已经处于平衡态，那么它的熵必为极大，否则它还可能发生变化(向着熵增加方向进行)。因此，孤立系统的平衡态熵必为极大。

总之，**熵为极大是孤立系统热动平衡的充分与必要条件**，即

$$S = S_{max} \Leftrightarrow \text{孤立系处于平衡态}$$

因此**孤立系统处在稳定平衡状态的必要和充分条件**的数学表达式为

$$\tilde{\Delta} S < 0 \tag{7.3.1}$$

因为在体积和内能保持不变的情形下，如果围绕某一状态发生的各种可能的虚变动引起的熵变 $\tilde{\Delta} S < 0$，而$\tilde{\Delta} S = S - S_0 < 0$，即 $S < S_0$，说明原状态的熵 S_0 具有极大值，是稳定的平衡状态。如果围绕某一状态发生的某些可能的虚变动引起系统的熵变 $\tilde{\Delta} S = 0$，该状态是中性平衡状态。

应用泰勒(Brook Taylor, 1685—1731，英国数学家)级数

$$f(x) = f(x_0) + f'(x_0)(x - x_0) + \frac{f''(x_0)}{2!}(x - x_0)^2 + \cdots + \frac{f^n(x_0)}{n!}(x - x_0)^n + \cdots$$

且

$$f'(x_0)(x - x_0) = \left.\frac{\partial f}{\partial x}\right|_{x=x_0} \cdot \delta x = \delta f,\ f''(x_0)(x - x_0)^2 = \left.\frac{\partial^2 f}{\partial x^2}\right|_{x=x_0} \cdot (\delta x)^2 = \delta^2 f,\ \cdots$$

有

$$\Delta f = f(x) - f(x_0) = \delta f + \frac{1}{2}\delta^2 f + \cdots + \frac{1}{n!}\delta^n f + \cdots$$

将 S 作泰勒展开，准确到二级，有

$$\tilde{\Delta} S = \delta S + \frac{1}{2}\delta^2 S \tag{7.3.2}$$

根据数学上熟知的结果，当熵函数的一级变分 $\delta S = 0$ 时，熵函数有极值；当熵函数的一级变分 $\delta S = 0$，二级变分 $\delta^2 S < 0$ 时，熵函数有极大值。由 $\delta S = 0$ 可以得到平衡条件，由 $\delta^2 S < 0$ 可以得到平衡的稳定性条件。如果熵函数的极大值不止一个，则其中最大的极大值对应**稳定平衡**，其他较小的极大值对应于**亚稳定平衡**。

亚稳平衡是一个这样一种平衡，它对于无穷小的变动是稳定的，对于有限大的变动则是不稳定的。如果发生较大的涨落或者通过某种触发作用，系统就可能由亚稳平衡状态过渡到更加稳定的平衡状态，图 7.8 所示是力学中稳定平衡、亚稳平衡和不稳定平衡的例子。

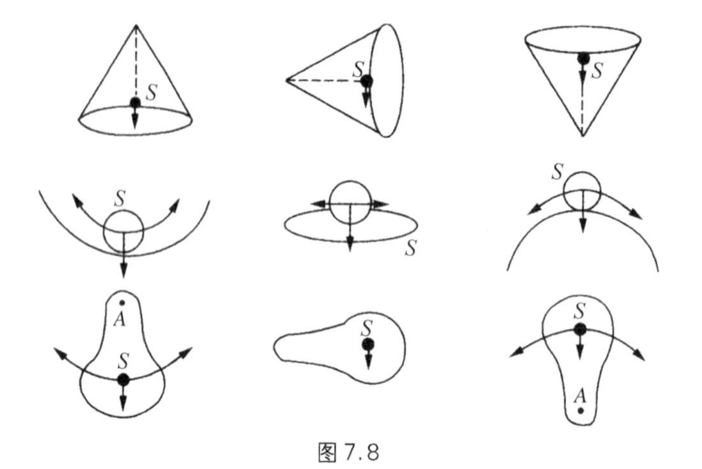

图 7.8

(4) 熵判据

一物体系在内能、体积和总粒子数不变的情形下,对于各种可能的变动,平衡态的熵极大。数学表述为

$$\begin{cases}\delta S = 0 \\ \delta^2 S < 0 \\ \delta U = 0,\ \delta V = 0,\ \delta N = 0\end{cases}$$

其中 $\delta S = 0$ 为极值的必要条件,无论是极大还是极小都应满足;$\delta^2 S < 0$ 才决定是极大还是极小;最后一行是附加条件(约束条件)。注意,$\tilde{\Delta} S < 0$ 表示相对于极大值的虚变动应有$\tilde{\Delta} S < 0$;而孤立系中真实发生的变化必为熵增加,即 $\Delta S > 0$。

熵判据是基本的平衡判据。它虽然只适用于孤立系统,但只要把参与变化的全部物体都包括在系统之内,原则上可以对各种热动平衡问题作出回答。不过在实际应用上,对于某些经常遇到的物理条件引入其他判据是更方便的。

2. 自由能判据

通过类似的分析可以知道,**等温等容系统处在稳定平衡状态的充分和必要条件为自由能极小**。即

$$F = F_{\min} \Leftrightarrow \text{等温等容系统处于平衡态}$$

$$\tilde{\Delta} F > 0 \tag{7.3.3}$$

将 F 作泰勒展开,准确到二级,有

$$\tilde{\Delta} F = \delta F + \frac{1}{2}\delta^2 F \tag{7.3.4}$$

由 $\delta F = 0$ 和 $\delta^2 F > 0$ 可以确定平衡条件和平衡的稳定性条件。

自由能判据:一物体系在温度、体积和总粒子数不变的情形下,对于各种可能的变动,平衡态的自由能极小。数学表述为

$$\begin{cases}\delta F = 0 \\ \delta^2 F > 0 \\ \delta T = 0,\ \delta V = 0,\ \delta N = 0\end{cases}$$

3. 吉布斯函数判据

等温等压系统处在稳定平衡状态的充分和必要条件为吉布斯函数极小。即吉布斯函数判据

$$G = G_{\min} \Leftrightarrow \text{等温等压系统处于平衡态}$$

$$\tilde{\Delta} G > 0 \tag{7.3.5}$$

将 G 作泰勒展开，准确到二级，有

$$\tilde{\Delta} G = \delta G + \frac{1}{2}\delta^2 G \tag{7.3.6}$$

由 $\delta G = 0$ 和 $\delta^2 G > 0$ 可以确定平衡条件和平衡的稳定性条件。

吉布斯函数取条件极值的数学表述为

$$\begin{cases}\delta G = 0 \\ \delta^2 G > 0 \\ \delta T = 0,\ \delta p = 0,\ \delta N = 0\end{cases}$$

类似地，对于等温等容和等温等压系统，也可能出现亚稳平衡或中性平衡情况。

以上所得到的几种热动平衡判据，都是热力学第二定律关于不可逆过程进行方向的结论的推论，各种平衡判据是等效的。

7.3.2 均匀系的平衡条件

作为热动平衡判据的应用，下面讨论均匀系统的热动平衡条件和平衡的稳定性条件。

设有一个孤立的均匀系统，考虑系统中任意一个小部分，如图 7.9 所示。这部分虽小，但仍含有大量的微观粒子，可以看作一个宏观系统。我们把这小部分称作子系统，而把系统的其他部分看作子系统的外界。以 T、p 和 T_0、p_0 分别表示子系统和外界的温度和压强。设想子系统发生一个虚变动，其内能和体积的变化分别为 δU 和 δV。由于整个系统是孤立的，外界的内能和体积应有相应的变化 δU_0 和 δV_0，使

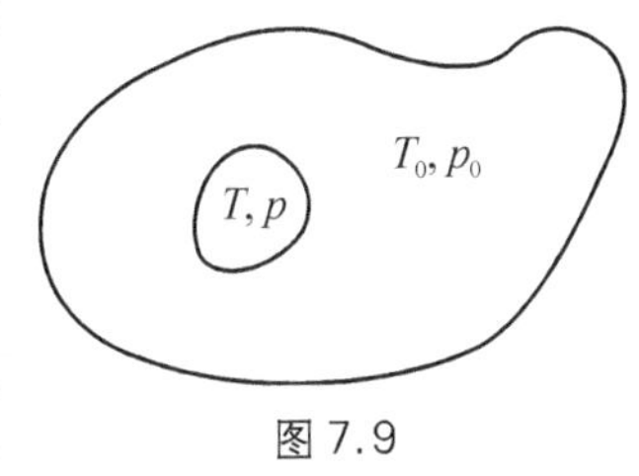

图 7.9

$$\begin{aligned}\delta U + \delta U_0 = 0 \\ \delta V + \delta V_0 = 0\end{aligned} \tag{7.3.7}$$

熵是广延量，虚变动引起整个系统的熵变 $\Delta\tilde{S} = \Delta S + \Delta S_0$。将 S 和 S_0 作泰勒展开，准确到二级，有

$$\Delta S = \delta S + \frac{1}{2}\delta^2 S$$

$$\Delta S_0 = \delta S_0 + \frac{1}{2}\delta^2 S_0$$

在稳定的平衡状态下，整个孤立系统的熵应取极大值。熵函数的极值要求

$$\delta\widetilde{S} = \delta S + \delta S_0 = 0 \tag{7.3.8}$$

根据热力学基本方程

$$\delta S = \frac{\delta U + p\delta V}{T}$$

$$\delta S_0 = \frac{\delta U_0 + p_0\delta V_0}{T_0}$$

将以上两式代入式(7.3.8)，并考虑到式(7.3.7)，可得

$$\delta\widetilde{S} = \delta U\left(\frac{1}{T} - \frac{1}{T_0}\right) + \delta V\left(\frac{p}{T} - \frac{p_0}{T_0}\right) = 0$$

因为在虚变动中 δU 和 δV 可以独立地改变，$\Delta\widetilde{S} = 0$ 要求

$$T = T_0,\ p = p_0 \tag{7.3.9}$$

式(7.3.9)表明，**达到平衡时子系统与外界具有相同的温度和压强**。如前所述，子系统是整个系统中任意的一个小部分，这意味着，**达到平衡时整个孤立均匀系统的温度和压强是均匀的(处处一致)**。

以上是利用熵判据推出的平衡条件，用自由能判据和吉布斯函数判据可以得到相同的结果。

*7.3.3 均匀系平衡的稳定性条件

如果熵函数的二级微分是负的，即

$$\delta^2\widetilde{S} = \delta^2 S + \delta^2 S_0 < 0 \tag{7.3.10}$$

则熵函数将具有极大值。由于外界比子系统大得多($V_0 \gg V$, $C_{V_0} \gg C_V$)，当子系统发生变动，内能和体积有 δU 和 δV 的变化时，$|\delta^2 S_0| \ll |\delta^2 S|$。因此，可以忽略 $\delta^2 S_0$，而式(7.3.10)近似为

$$\delta^2\widetilde{S} \approx \delta^2 S < 0 \tag{7.3.11}$$

根据泰勒展开公式，式(7.3.11)为

$$\delta^2 S = \left[\left(\frac{\partial^2 S}{\partial U^2}\right)(\delta U)^2 + 2\frac{\partial^2 S}{\partial U\,\partial V}\delta U\delta V + \left(\frac{\partial^2 S}{\partial V^2}\right)(\delta V)^2\right] < 0 \tag{7.3.12}$$

选 T、V 为独立变量，通过导数变换可以将式(7.3.12)的二次型化为平方和，而有

$$\delta^2 S = -\frac{C_V}{T^2}(\delta T)^2 + \frac{1}{T}\left(\frac{\partial p}{\partial V}\right)_T (\delta V)^2 < 0 \tag{7.3.13}$$

如果要求 $\delta^2 S$ 对于各种可能的虚变动都小于零，应有

$$C_V > 0,\ \left(\frac{\partial p}{\partial V}\right)_T < 0 \tag{7.3.14}$$

式(7.3.14)是**平衡的稳定性条件**。

稳定性条件的物理意义如下：假如子系统的温度由于涨落或某种外界影响而略高于外界，热量将从子系统传递到外界，根据 $C_V > 0$，热量的传递将使子系统的温度降低，从而恢复平衡；假如子系统的体积由于某种原因发生收缩，根据 $\left(\frac{\partial p}{\partial V}\right)_T < 0$，子系统的压强将增高而略高于外界的压强，于是子系统膨胀而恢复平衡。这就是说，如果平衡稳定性条件得到满足，当系统对平衡发生某种偏离时，系统中将会自发产生相应的过程，以恢复系统的平衡。

7.4 开系的热力学基本微分方程

单元系指化学上纯的物质系统，它只含有一种化学组分。如果一个单元系不是均匀的，但可以分为若干个均匀的部分，该系统称为**复相系**。例如，水和水蒸气共存构成一个单元两相系，水为一个相，水蒸气为另一个相。冰、水、和水蒸气共存构成一个单元三相系，冰、水和水蒸气各为一个相。

参与相变的系统的每一相都是**开系**。开系与闭系有两点重要的区别：其一，闭系物质的量是不变的，而相变过程中每一个相物质的量是可变的；其二，整个复相系要处于平衡，必须满足一定的平衡条件，各相的状态参量不完全是独立的变量。

先考虑吉布斯函数。根据式(6.2.4)，吉布斯函数的全微分为

$$\mathrm{d}G = -S\mathrm{d}T + V\mathrm{d}p \tag{7.4.1}$$

式(7.4.1)适用于摩尔数不发生变化的情况。它给出在系统的两个邻近的平衡态，其吉布斯函数之差与温度、压强之差的关系。吉布斯函数是一个广延量，当摩尔数发生变化时，吉布斯函数显然也将发生变化。所以对于开系，式(7.4.1)应推广为

$$\mathrm{d}G = -S\mathrm{d}T + V\mathrm{d}p + \mu\mathrm{d}\nu \tag{7.4.2}$$

式(7.4.2)右方第三项代表由于物质的量(摩尔数)改变了 $\mathrm{d}\nu$ 所引起的吉布斯函数的改变。而

$$\mu = \left(\frac{\partial G}{\partial \nu}\right)_{T,p} \tag{7.4.3}$$

称为**化学势**。它等于在温度和压强保持不变的条件下，增加1摩尔物质时吉布斯函数的改变。显然，μ为1 mol物质的化学势。

由于吉布斯函数是广延量，系统的吉布斯函数等于摩尔数ν与摩尔吉布斯函数$G_m(T, p)$之积，即

$$G(T, p, \nu) = \nu G_m(T, p) \tag{7.4.4}$$

因此

$$\mu = \left(\frac{\partial G}{\partial \nu}\right)_{T, p} = G_m \tag{7.4.5}$$

这就是说，**化学势μ等于摩尔吉布斯函数**，这个结论适用于单元系。

由式(7.4.2)可知，**G是以(T, p, ν)为独立变量的特性函数**。如果已知$G(T, p, \nu)$，其他热力学量可以通过下列偏导数分别求得

$$S = -\left(\frac{\partial G}{\partial T}\right)_{p, \nu}, V = \left(\frac{\partial G}{\partial p}\right)_{T, \nu}, \mu = \left(\frac{\partial G}{\partial \nu}\right)_{T, p} \tag{7.4.6}$$

根据$U = G + TS - pV$及式(7.4.2)，容易求得内能的全微分为

$$dU = TdS - pdV + \mu d\nu \tag{7.4.7}$$

式(7.4.7)就是**开系的热力学基本微分方程**。它是闭系的热力学基本方程的推广。由式(7.4.7)可知，U是以(S, V, ν)为独立变量的**特性函数**。同理可以求得焓和自由能的全微分

$$dH = TdS + Vdp + \mu d\nu \tag{7.4.8}$$

H是以(S, p, ν)为独立变量的特性函数。

$$dF = -SdT - pdV + \mu d\nu \tag{7.4.9}$$

F是以(T, V, ν)为独立变量的特性函数。

定义一个热力学函数

$$J = F - \mu\nu \tag{7.4.10}$$

称为**巨热力势**。它的全微分为

$$dJ = -SdT - pdV - \nu d\mu \tag{7.4.11}$$

J是以(T, V, μ)为独立变量的特性函数。如果已知$J(T, V, \mu)$，其他热力学量可以通过下列偏导数分别求得

$$S = -\left(\frac{\partial J}{\partial T}\right)_{V, \mu}, p = -\left(\frac{\partial J}{\partial V}\right)_{T, \mu}, \nu = -\left(\frac{\partial J}{\partial \mu}\right)_{T, V} \tag{7.4.12}$$

7.5 单元系的复相平衡

7.5.1 单元复相系的平衡条件

现在讨论单元复相系达到平衡所要满足的条件。

考虑一个**单元两相系**，假设这个单元两相系与其他物体隔绝，是一个孤立系统。我们用指标 α 和 β 表示两个相，用 U^α、V^α、ν^α 和 U^β、V^β、ν^β 分别表示 α 相和 β 相的内能、体积和摩尔数。整个系统既然是孤立系统，它的总内能、总体积和总摩尔数应是恒定的，即

$$\begin{cases} U^\alpha + U^\beta = 常量 \\ V^\alpha + V^\beta = 常量 \\ \nu^\alpha + \nu^\beta = 常量 \end{cases} \tag{7.5.1}$$

设想系统发生一个虚变动，在虚变动中 α 相和 β 相的内能、体积和摩尔数分别发生虚变动 δU^α、δV^α、$\delta \nu^\alpha$ 和 δU^β、δV^β、$\delta \nu^\beta$。孤立系统条件要求

$$\begin{cases} \delta U^\alpha + \delta U^\beta = 0 \\ \delta V^\alpha + \delta V^\beta = 0 \\ \delta \nu^\alpha + \delta \nu^\beta = 0 \end{cases} \tag{7.5.2}$$

由式(7.4.7)知两相的熵变为

$$\begin{cases} \delta S^\alpha = \dfrac{\delta U^\alpha + p^\alpha \delta V^\alpha - \mu^\alpha \delta \nu^\alpha}{T^\alpha} \\ \delta S^\beta = \dfrac{\delta U^\beta + p^\beta \delta V^\beta - \mu^\alpha \delta \nu^\beta}{T^\beta} \end{cases} \tag{7.5.3}$$

根据熵的广延性质，整个系统的熵变是

$$\delta S = \delta S^\alpha + \delta S^\beta = \delta U^\alpha \left(\frac{1}{T^\alpha} - \frac{1}{T^\beta}\right) + \delta V^\alpha \left(\frac{p^\alpha}{T^\alpha} - \frac{p^\alpha}{T^\beta}\right) - \delta \nu^\alpha \left(\frac{\mu^\alpha}{T^\alpha} - \frac{\mu^\beta}{T^\beta}\right) \tag{7.5.4}$$

其中应用了式(7.5.2)。整个系统达到平衡时，总熵有极大值，必有

$$\delta S = 0$$

因为式(7.5.4)中的 δU^α、δV^α、$\delta \nu^\alpha$ 是可以独立改变的，$\delta S = 0$ 要求

$$\begin{cases} \dfrac{1}{T^\alpha} - \dfrac{1}{T^\beta} = 0 \\ \dfrac{p^\alpha}{T^\alpha} - \dfrac{p^\alpha}{T^\beta} = 0 \\ \dfrac{\mu^\alpha}{T^\alpha} - \dfrac{\mu^\beta}{T^\beta} = 0 \end{cases} \tag{7.5.5}$$

即

$$
\begin{aligned}
T^\alpha &= T^\beta(\text{热平衡条件}) \\
p^\alpha &= p^\beta(\text{力学平衡条件}) \\
\mu^\alpha &= \mu^\beta(\text{相变平衡条件})
\end{aligned}
\tag{7.5.6}
$$

式(7.5.6)指出，整个系统达到平衡时，两相的温度、压强和化学势必须分别相等。这就是**单元复相系达到平衡所要满足的平衡条件**，分别称为**热平衡条件**、**力学平衡条件**和**相变平衡条件**。

用熵增加原理对孤立系统内部各相之间趋向平衡的过程作热学、力学和化学平衡分析。

由 $\delta S = \delta U^\alpha\left(\frac{1}{T^\alpha}-\frac{1}{T^\beta}\right)+\delta V^\alpha\left(\frac{p^\alpha}{T^\alpha}-\frac{p^\alpha}{T^\beta}\right)-\delta\nu^\alpha\left(\frac{\mu^\alpha}{T^\alpha}-\frac{\mu^\beta}{T^\beta}\right)>0$ 和 δU^α、δV^α、$\delta\nu^\alpha$ 的独立性，要求其中三项均大于零。

如果平衡条件未能满足，复相系发生变化，变化是朝着熵增加的方向进行的。如果热平衡条件未能满足，变化将朝着 $\delta U^\alpha\left(\frac{1}{T^\alpha}-\frac{1}{T^\beta}\right)>0$ 的方向进行。例如当 $T^\alpha > T^\beta$ 时，变化将朝着 $\delta U^\alpha < 0$ 的方向进行，即能量将从高温的相传递到低温的相。

在热平衡条件已经满足的情形下，如果力学平衡条件未能满足，变化将朝着 $\delta V^\alpha\left(\frac{p^\alpha}{T^\alpha}-\frac{p^\alpha}{T^\beta}\right)>0$ 的方向进行。例如，当 $p^\alpha > p^\beta$ 时，变化朝 $\delta V^\alpha > 0$ 的方向进行，即压强大的相将膨胀，压强小的相将被压缩。

在热平衡条件已经满足的情形下，如果相变平衡条件未能满足，变化将朝着 $-\delta\nu^\alpha\left(\frac{\mu^\alpha}{T^\alpha}-\frac{\mu^\beta}{T^\beta}\right)>0$ 的方向进行。例如，当 $\mu^\alpha > \mu^\beta$ 时，变化将朝着 $\delta\nu^\alpha < 0$ 的方向进行，即物质将由化学势高的相转移到化学势低的相去。这是 μ 被称为化学势的原因。

单元复相系平衡的稳定性条件仍可表为

$$
C_V > 0,\ \left(\frac{\partial p}{\partial V}\right)_T > 0 \tag{7.5.7}
$$

且每一个相都要满足上式。

7.5.2 单元复相系的平衡性质

实验指出，在不同的温度和压强范围，一个单元系可以分别处在气相、液相或固相。有些物质的固相还可以具有不同的晶格结构，不同的晶格结构也是不同的相。用温度和压强作为直角坐标可以画出单元系的相图。

相图：由相变（化学）平衡条件 $\mu^\alpha(T, p)=\mu^\beta(T, p)$ 确定的 T, p 关系图。

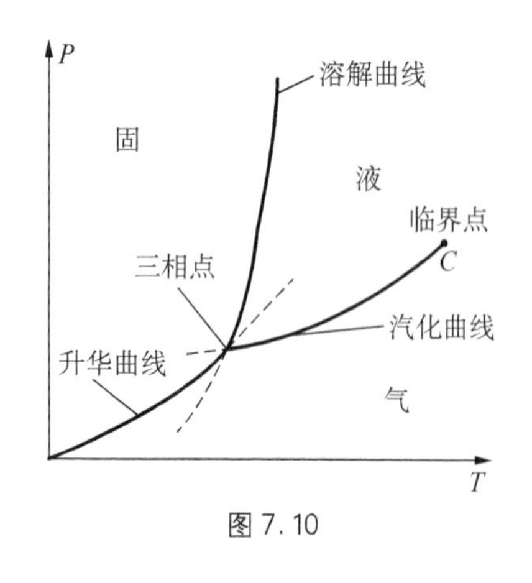

图 7.10

图 7.10 是单元系相图的示意图。三条曲线将图

分为三个区域，分别是固相、液相和气相单相存在的温度和压强范围。在各自的区域内，温度和压强可以独立改变，分开液相区域和气相区域的曲线名为**汽化线**，其温度和压强间存在一定的函数关系：$\mu^{液}(T, p) = \mu^{气}(T, p)$。在汽化线上，液、气两相可以平衡共存，是液相和气相的两相平衡曲线。汽化线有一终点 C，温度高于该点的温度时，液相即不存在，因而汽化线也不存在。C 点称为**临界点**。相应的温度和压强称为**临界温度**和**临界压强**。例如，水的临界温度是 647.05 K，临界压强是 22.09×10^6 Pa。分开固相和液相区域的曲线称为**熔解线**，$\mu^{液}(T, p) = \mu^{固}(T, p)$；分开固相和气相的平衡曲线称为升华线，$\mu^{固}(T, p) = \mu^{气}(T, p)$。它们分别是固相和液相、固相和气相的两相平衡曲线。汽化线、熔解线和升华线交于一点，名为**三相点**。在三相点，固、液、气三相可以平衡共存。**三相点的温度和压强是确定的**。例如，水的三相点的温度为 273.16 K，压强为 610.9 Pa。图 7.11 是水的相图，其中左方的小图是高压下冰的相图，画出高压下八种不同的冰。没有画出气相的原因是压强的单位太大，把气相挤到 t 轴去了。右方的图用不同的压强单位画出气、液两相的相图。

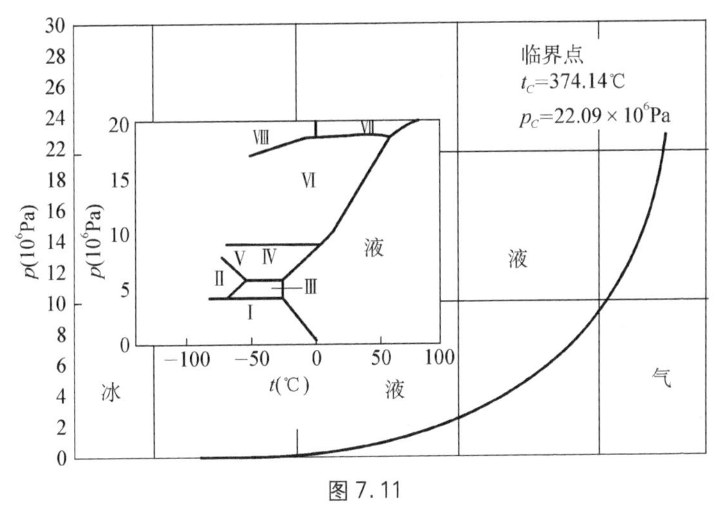

图 7.11

我们以气、液两相的转变为例说明由一相到另一相的转变过程。如图 7.12 所示，设系统开始处在由点 1 所代表的气相，压强为 p，温度为 T。如果维持温度不变，缓慢地增加外界的压强，系统的体积将被压缩，压强则相应增大以维持其与外界的平衡。这样，系统的状态沿直线 1～2 变化，直到与汽化线相交于点 2，这时开始有液体凝结，并放出热量(相变潜热)。在点 2，气、液两相平衡共存。如果系统放出的热量不断被外界吸收，物质将不断地由气相转变为液相，而保持温度和压强不变。直到系统全部转变为液相后，如果仍保持温度不变而增加外界的压强，系统的压强将相应地增大，其状态沿直线 2～3 变化。

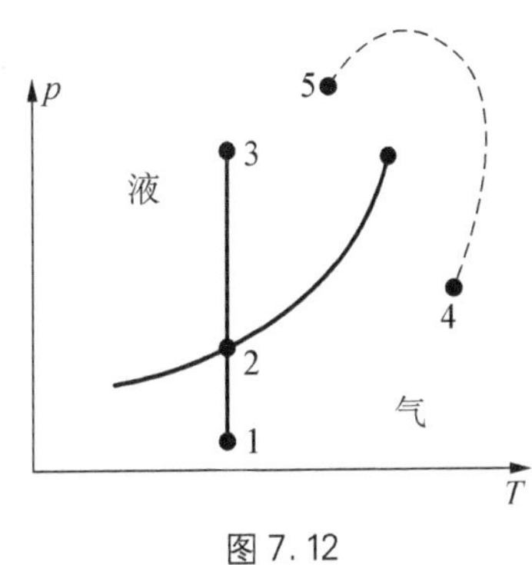

图 7.12

现在根据热力学理论对单元系的相图加以解释。在 7.3 节中说过，在一定的温度和压强下，系统的平衡状态是其吉布斯函数最小的状态。各相的化学势是其温度和压强的确定的函数。如果在某一温度和压强范围内，α 相的化学势 $\mu^{\alpha}(T,\ p)$ 较其他相的化学势为低，系统将以 α 相单独存在。这个温度和压强范围就是 α 相的单相区域。在这个区域内温度和压强是独立的状态参量。

单元系两相平衡共存时，必须满足 7.5.1 节中所讲过的热平衡条件、力学平衡条件和相变平衡条件

$$\begin{cases} T^{\alpha} = T^{\beta} = T \\ p^{\alpha} = p^{\beta} = p \\ \mu^{\alpha}(T,\ p) = \mu^{\beta}(T,\ p) \end{cases} \tag{7.5.8}$$

式(7.5.8)给出两相平衡共存时压强和温度的关系，就是两相平衡曲线的方程式。在平衡曲线上，温度和压强两个参量中只有一个可以独立改变。由于在平衡曲线上两相的化学势相等，两相以任意比例共存，整个系统的吉布斯函数都是相等的。这就是 7.3 节所说的中性平衡的例子。当系统缓慢地从外界吸收或放出热量时，物质将由一相转变到另一相且始终保持在平衡态，称为**平衡相变**。

单元系三相共存时，三相的温度、压强和化学势都必须相等，即

$$\begin{cases} T^{\alpha} = T^{\beta} = T^{\gamma} = T \\ p^{\alpha} = p^{\beta} = p^{\gamma} = p \\ \mu^{\alpha}(T,\ p) = \mu^{\beta}(T,\ p) = \mu^{\gamma}(T,\ p) \end{cases} \tag{7.5.9}$$

三相点的温度和压强由式(7.5.9)确定。

7.5.3 克拉珀龙方程

如果已知两相的化学势的表达式，由式(7.5.8)即可确定相图的两相平衡曲线。由于缺乏化学势的全部知识，实际上相图上的平衡曲线是由实验直接测定的。不过，根据热力学理论可以求出两相平衡曲线微分方程，它给出平衡曲线的斜率与相变潜热的关系，这就是克拉珀龙方程(Clapeyron，1799—1864，法国物理学家)。下面用两相平衡条件和均匀系的热力学基本微分方程推出克拉珀龙方程。

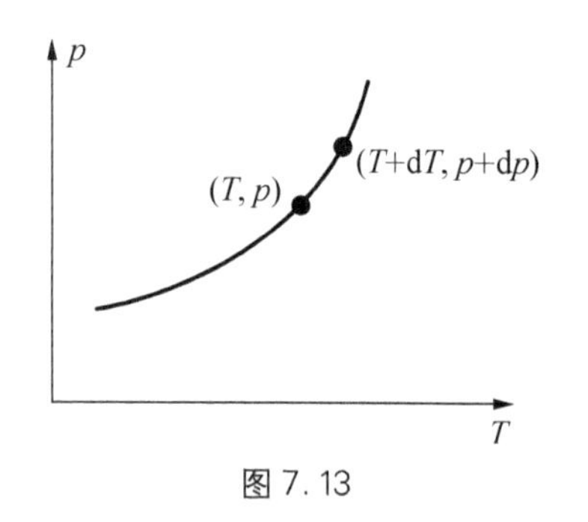

图 7.13

设 $(T,\ p)$ 和 $(T+\mathrm{d}T,\ p+\mathrm{d}p)$ 是两相平衡曲线上邻近的两点，如图 7.13 所示。在这两点上，两相的化学势都相等

$$\mu^{\alpha}(T,\ p) = \mu^{\beta}(T,\ p)$$
$$\mu^{\alpha}(T+\mathrm{d}T,\ p+\mathrm{d}p) = \mu^{\beta}(T+\mathrm{d}T,\ p+\mathrm{d}p)$$

两式相减，得

$$\mathrm{d}\mu^{\alpha} = \mathrm{d}\mu^{\beta} \tag{7.5.10}$$

式(7.5.10)表示，当沿着平衡曲线由 $(T,\ p)$ 至$(T+\mathrm{d}T,\ p+\mathrm{d}p)$ 时，两相的化学势的变化相等。由吉布斯函数的全微分 $\mathrm{d}G=-S\mathrm{d}T+V\mathrm{d}p+\mu\mathrm{d}\nu$，化学势的全微分为

$$\mathrm{d}\mu=-S_{\mathrm{m}}\mathrm{d}T+V_{\mathrm{m}}\mathrm{d}p$$

其中 S_{m} 和 V_{m} 分别是摩尔熵和摩尔体积。代入式(7.5.10)得

$$-S_{\mathrm{m}}^{\alpha}\mathrm{d}T+V_{\mathrm{m}}^{\alpha}\mathrm{d}p=-S_{\mathrm{m}}^{\beta}\mathrm{d}T+V_{\mathrm{m}}^{\beta}\mathrm{d}p$$

或

$$\frac{\mathrm{d}p}{\mathrm{d}T}=\frac{S_{\mathrm{m}}^{\beta}-S_{\mathrm{m}}^{\alpha}}{V_{\mathrm{m}}^{\beta}-V_{\mathrm{m}}^{\beta}} \tag{7.5.11}$$

以 L 表示摩尔物质由 α 相转变到 β 相时的**相变潜热**。因为相变时物质的温度不变，由式(4.4.6)得

$$L=T(S_{\mathrm{m}}^{\beta}-S_{\mathrm{m}}^{\alpha})$$

代入式(7.5.11)得

$$\frac{\mathrm{d}p}{\mathrm{d}T}=\frac{L}{T(V_{\mathrm{m}}^{\beta}-V_{\mathrm{m}}^{\alpha})}=\frac{l}{T(\nu^{\beta}-\nu^{\alpha})} \tag{7.5.12}$$

式(7.5.12)称为**克拉珀龙方程**，式中 $l=T(s^{\beta}-s^{\alpha})$ 为单位质量物质由 α 相转变到 β 相时的相变潜热，s 为单位质量物质的熵，称为比熵，v 为比容。给出两相平衡曲线的斜率与潜热的关系，适用于有潜热和体积变化的相变(称为**一级相变**)。克拉珀龙方程与实验结果符合得很好，为热力学的正确性提供了一个直接的实验验证。

当物质发生熔解、蒸发或升华时，通常比容增大，且相变潜热是正的。因此平衡曲线的斜率 $\frac{\mathrm{d}p}{\mathrm{d}T}$ 通常是正的(液态氦在低压下沸腾而获得低温的根据就是在降低压强时其沸点降低的性质)。例如水的沸点随压强的变化的情形，汽化时 $V_{\mathrm{m}}^{\beta}-V_{\mathrm{m}}^{\alpha}>0$，$S_{\mathrm{m}}^{\beta}-S_{\mathrm{m}}^{\alpha}>0$，过程吸热 $L>0$。如在 1 atm 下，水的沸点为 373.15 K，$\frac{\mathrm{d}p}{\mathrm{d}T}=0.035\,6\ \mathrm{atm}\cdot\mathrm{K}^{-1}$。

不过在某些情形下，熔解曲线具有负的斜率。例如冰熔解时比容变小，因而熔解曲线的斜率等是负的。熔解时冰的摩尔体积减小 $V_{\mathrm{m}}^{\beta}-V_{\mathrm{m}}^{\alpha}<0$，但熵增加 $S_{\mathrm{m}}^{\beta}-S_{\mathrm{m}}^{\alpha}>0$，过程吸热 $L>0$，$\frac{\mathrm{d}T}{\mathrm{d}p}=-0.007\,5\ \mathrm{K}^{-1}\cdot\mathrm{atm}$。

$^{3}\mathrm{He}$ 熔解时摩尔体积增大 $V_{\mathrm{m}}^{\beta}-V_{\mathrm{m}}^{\alpha}>0$，但在 0.3 K 以下熵减小 $S_{\mathrm{m}}^{\beta}-S_{\mathrm{m}}^{\alpha}<0$，过程放热 $L<0$。

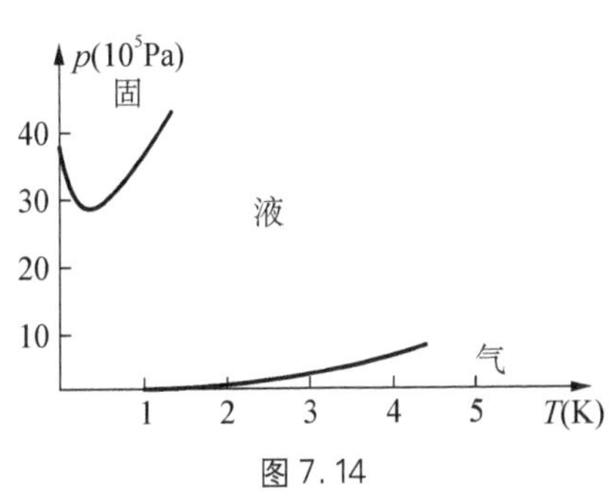

图 7.14

比容增大，但在 0.3 K 以下，固相的比熵大于液相，也使熔解曲线具有负的斜率，如图 7.14 所示。$^{3}\mathrm{He}$ 的这一特性也被用于获得低温。将 $^{3}\mathrm{He}$ 预冷至 0.3 K 以下，然后加以绝热压缩，当压强增大时，固、液混合物的温度降低。这是获得低温的一

种方法。

7.5.4 饱和蒸汽压方程

由克拉珀龙方程可以推导蒸汽压方程。与凝聚相达到平衡的蒸汽称为**饱和蒸汽**。由于两相平衡时压强与温度间存在一定的关系，饱和蒸汽的压强是温度的函数。描述饱和蒸汽压与温度的关系的方程称为**饱和蒸汽压方程**。以 α 相表示凝聚相，β 相表示气相。凝聚相的摩尔体积远小于气相的摩尔体积，$V_m^\beta \gg V_m^\alpha$。如果在式(7.5.12)中略去凝聚相的摩尔体积，并把气相看作理想气体 $pV_m^\beta = RT$，式(7.5.12)可简化为

$$\frac{\mathrm{d}p}{\mathrm{d}T} = \frac{L}{T(V_m^\beta - V_m^\beta)} = \frac{L}{TV_m^\beta} = \frac{Lp}{RT^2} \tag{7.5.13}$$

如果更进一步近似地认为相变潜热与温度无关，就可以将式(7.5.13)积分

$$\ln p = -\frac{L}{RT} + A \tag{7.5.14}$$

式(7.5.14)是饱和蒸汽压方程的近似表达式。式(7.5.14)也可写成

$$p = p_0 e^{-\frac{L}{R}\left(\frac{1}{T} - \frac{1}{T_0}\right)}$$

由上式可知，饱和蒸汽压随温度的升高而迅速增加。

7.6 临界点和气液两相的转变

在 7.5.2 节中，我们用温度和压强为坐标画出了单元系的相图。图中的汽化线是液、气两相的平衡曲线，汽化线终止于临界点。在本节中，我们再用 p - V 图的等温线分析液、气两相的转变，可以更清楚地显示出其中的某些特性。

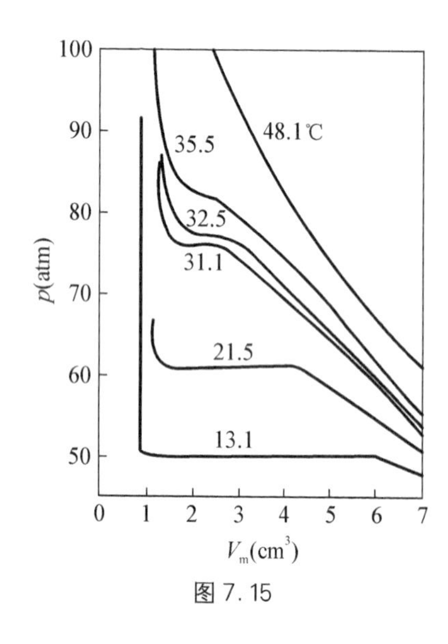

图 7.15

7.6.1 实验曲线

图 7.15 所示是英国物理学家安德鲁斯(Andrews，1813—1885)于 1869 年得到的二氧化碳在高压下的等温线。在临界温度 31.1℃以上。等温线的形状与玻意耳定律给出的双曲线近似，是气相的等温线。在临界温度以下，等温线包括三段。左边的一段几乎与 p 轴平行，代表液相。右边的一段代表气相。中间的一段是与 V_m 轴平行的直线。我们在 7.5.2节中说过，两相共存时，在一定的温度下，压强是一定的，因此这一段代表液、气共存的状态。对于单位质量的物质，这段直线左端的横坐标就是液相的摩尔体积 $V_{m,l}$。右端的横坐标是气相的摩尔体积 $V_{m,g}$。

直线中体积为 V_m 的一点，相应的液相比例 x 和气相比例 $1-x$ 由下式给出

$$V_m = xV_{m,l} + (1-x)V_{m,g} \tag{7.6.1}$$

等温线中的水平段随温度的升高而缩短，说明液、气相的摩尔体积随温度升高而接近。当温度达到某一极限温度时，水平段的左右端重合。这时两相的摩尔体积相等，两相的其他差别也不再存在，物质处在液、气不分的状态。这一极限温度就是临界温度 T_C，相应的压强是临界压强 p_C。在温度为 T_C 的等温线上，压强小于 p_C 时物质处在气相；压强高于 p_C 时物质部分处在液气不分的状态。当温度高于 T_C 时，无论处在多大的压强下，物质都处于气态，液态不可能存在。由于有了临界点，我们可以像图 7.12 中的 4～5 线那样绕过临界点，使气相连续地转变为液相而不必经过气、液两相共存的阶段。由上面的讨论可知，临界等温线在临界点的切线是水平的，即 $\left(\frac{\partial p}{\partial V}\right)_T = 0$。

7.6.2 范德瓦尔斯等温线

范德瓦尔斯在 1873 年根据他的方程讨论了液、气相转变和临界问题。对于 1 摩尔物质，范氏方程是

$$\left(p + \frac{a}{V_m^2}\right)(V_m - b) = RT \tag{7.6.2}$$

图 7.16 画出了范氏方程的等温线。比较图 7.15 和图 7.16 可以看出，范氏气体的等温线与实际观测到的等温线很像。不过在温度低于 T_C 时，范氏气体的等温线在 $p_1 < p < p_2$ 的范围。对于一个 p 值有三个可能的 V_m 值，如图 7.17 所示。现在我们根据吉布斯函数最小的要求，讨论在 $p_1 < p < p_2$ 的范围内，在给定的 T、p 下，什么态是稳定的平衡状态。

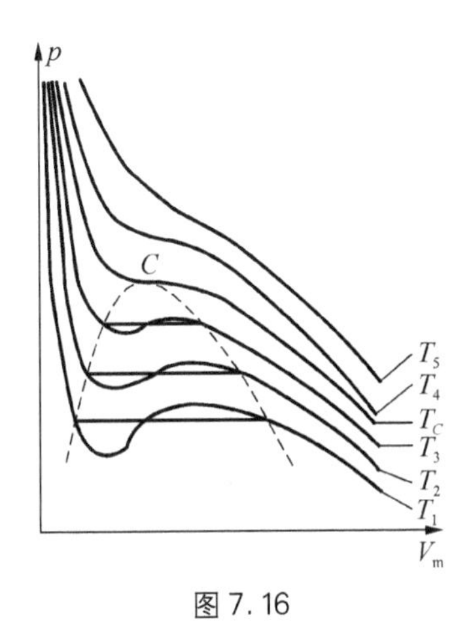

图 7.16

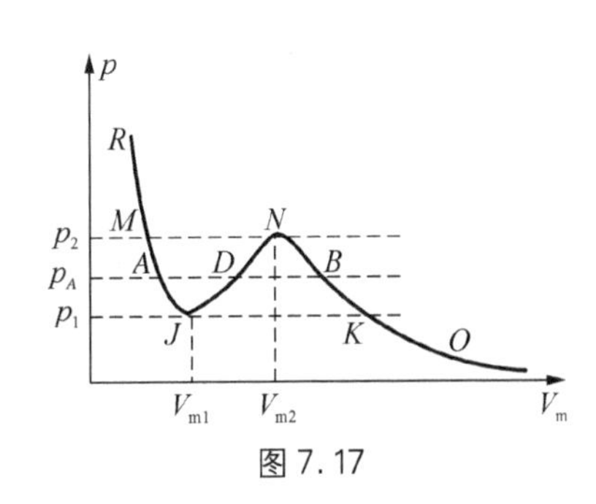

图 7.17

化学势的全微分是

$$d\mu = -S_m dT + V_m dp \tag{7.6.3}$$

由此可知，等温线压强为 p 与压强为 p_0 的两个状态的化学势之差为

$$\mu - \mu_0 = \int_{V_0}^{V} V_m \mathrm{d}p \tag{7.6.4}$$

积分(7.6.4)等于在图 7.17 中等温线与 p 轴之间由 p_0 到 p 的面积。由图 7.17 可以看出，当式(7.6.4)的积分下限固定为 O 点的压强 p_0 而沿着等温线积分时，积分的数值由 O 点出发后增加，到 N 点减少，到 J 点后又再增加。因此在温度保持为恒定时，μ 随 p 的改变而改变且 A、B 两态的 μ 值相等。在 $p_1 < p < p_2$ 的范围内，对应一个 p 值，μ 有三个可能的值。这与图 7.17 中在 $p_1 < p < p_2$ 的范围内，对应于一个 p 值有三个可能的 V_m 值是相应的。根据吉布斯函数判据，在给定的 T、p 下，平衡态的吉布斯函数最小。因此线段 OKB 和 AMR 各点代表系统的稳定平衡状态。

现在来看图 7.17 中 JDN 段，即在 $V_{m1} < V_m < V_{m2}$ 的范围内，由于 $\left(\frac{\partial p}{\partial V}\right)_T > 0$，不满足平衡稳定性条件的要求，这些状态是不能实现的。另外，AJ 和 BN 两段虽然满足稳定条件 $\left(\frac{\partial p}{\partial V}\right)_T < 0$，但它们对应的 μ 值不是最小，因此是亚稳态而不是稳定平衡。实际上，在一定的条件下，可以观测到 AJ 上靠近 A 的一小段和 BN 上靠近 B 的一小段，分别代表过热液体和过饱和蒸汽。

7.6.3 麦克斯韦等面积法则

在 B 点物质全部处在气态，在 A 点物质全部处在液态。B 点和 A 点的 μ 值相等，正是在等温线的温度和 A、B 两点的压强下气、液两相的相变平衡条件。A、B 两态既然满足条件

$$\mu_A = \mu_B$$

由图 7.17 和式(7.6.4)可以看出，这相当于积分

$$\int_{BNDJA} V_m \mathrm{d}p = 0$$

或

$$\text{面积}(BND) = \text{面积}(DJA) \tag{7.6.5}$$

这就是说，A、B 两点在图 7.17 中的位置可以由条件(7.6.5)确定，称为**麦克斯韦等面积法则**。根据等面积法则，将范氏气体等温线中的 $BNDJA$ 段换为直线 BA 就与图 7.15 中的实验等温线相符了。

7.6.4 临界点　对应态定律

在等温线上的极大点 N，有 $\left(\frac{\partial p}{\partial V_m}\right)_T = 0$ 和 $\left(\frac{\partial^2 p}{\partial V_m^2}\right)_T < 0$；在极小点 J，有 $\left(\frac{\partial p}{\partial V_m}\right)_T = 0$

和$\left(\frac{\partial^2 p}{\partial V_m^2}\right)_T > 0$。随着温度的升高，极大点与极小点逐渐靠近，达到临界温度 T_C 时，这两点重合，并形成拐点。因此临界点的温度 T_C 和压强 p_C 满足方程

$$\left(\frac{\partial p}{\partial V_m}\right)_T = 0,\ \left(\frac{\partial^2 p}{\partial V_m^2}\right)_T = 0 \tag{7.6.6}$$

将范氏方程代入，可得

$$\left(\frac{\partial p}{\partial V_m}\right)_T = -\frac{RT}{(V_m - b)^2} + \frac{2a}{V_m^3} = 0$$

$$\left(\frac{\partial^2 p}{\partial V_m^2}\right)_T = \frac{2RT}{(V_m - b)^3} - \frac{6a}{V_m^4} = 0$$

再加上范氏方程本身共三个方程，可以把临界点的温度 T_C、压强 p_C 和体积 V_{mC}定出来。结果是：

$$T_C = \frac{8a}{22Rb},\ p_C = \frac{a}{27b^2},\ V_{mC} = 3b$$

T_C、p_C、V_{mC}之间存在以下关系

$$\frac{RT_c}{p_c V_{c,m}} = \frac{8}{3} = 2.667 \tag{7.6.7}$$

这一无量纲的比值叫做临界系数。根据范氏方程，临界系数对各种气体应相同。实测的结果，部分气体的临界系数的数值如下：He：3.82，H_2：2.27，Ne：3.43，Ar：3.42，O_2：3.42，CO_2：3.65，H_2O：4.37。

引进新的变量

$$t^* = \frac{T}{T_C},\ p^* = \frac{p}{p_C},\ V_m^* = \frac{V_m}{V_{mC}}$$

分别称为对比温度、对比压强和对比体积，可将范氏方程化为

$$\left(p^* + \frac{3}{V_m^{*2}}\right)\left(V_m^* - \frac{1}{3}\right) = \frac{8}{3}t^* \tag{7.6.8}$$

式(7.6.8)称为范氏对比方程。在这个方程中不含与具体物质性质有关的常数。因此，如果采用对比变量，各种气体的物态方程是完全相同的。这个结果称为对应态定律。

*7.7 表面相对相变的影响

前面讨论两相平衡时没有考虑表面相的影响，适用于分界面为平面的情况。本节以液滴在蒸汽中的形成为例，讨论表面相对相变过程的影响。

7.7.1 分界面为曲面的相平衡条件

我们首先讨论在考虑表面相以后系统在达到平衡时所要满足的平衡条件。设液滴为

α 相，蒸汽为 β 相，表面为 γ 相。三相的热力学基本微分方程分别为

$$\begin{cases} dU^\alpha = T^\alpha dS^\alpha - p^\alpha dV^\alpha + \mu^\alpha d\nu^\alpha \\ dU^\beta = T^\beta dS^\beta - p^\beta dV^\beta + \mu^\beta d\nu^\beta \\ dU^\gamma = T^\gamma dS^\gamma + \sigma dA \end{cases} \tag{7.7.1}$$

在热力学中，我们把表面理想化为几何面，因此表面相的物质的量 $\nu^\gamma = 0$，在基本方程中不含 $d\nu^\gamma$ 的项。

系统的热平衡条件为三相的温度相等，即

$$T^\alpha = T^\beta = T^\gamma \tag{7.7.2}$$

假定热平衡条件已经满足，温度保持不变，我们用自由能判据推求系统的力学平衡条件和相变平衡条件。设想在温度和总体积保持不变的条件下，系统发生一个虚变动。在这虚变动中，三相的物质的量、体积和面积分别有 $\delta\nu^\alpha$、δV^α，$\delta\nu^\beta$、δV^β，δA 的变化。由于在虚变动中系统的总物质的量和总体积保持不变，应有

$$\begin{cases} \delta\nu^\alpha + \delta\nu^\beta = 0 \\ \delta V^\alpha + \delta V^\beta = 0 \end{cases} \tag{7.7.3}$$

在这虚变动中，三相自由能的变化分别为

$$\begin{cases} \delta F^\alpha = -p^\alpha \delta V^\alpha + \mu^\alpha \delta\nu^\alpha \\ \delta F^\beta = -p^\beta \delta V^\beta + \mu^\beta \delta\nu^\beta \\ \delta F^\gamma = \sigma\delta A \end{cases} \tag{7.7.4}$$

在三相温度相等的条件下，整个系统的自由能是三相的自由能之和，因此整个系统的自由能变化为

$$\delta F = \delta F^\alpha + \delta F^\beta + \delta F^\gamma = -(p^\alpha - p^\beta)\delta V^\alpha + \sigma\delta A + (\mu^\alpha - \mu^\beta)\delta\nu^\alpha \tag{7.7.5}$$

其中用了式(7.7.3)。如果假定液滴是球形的，有

$$V = \frac{4}{3}\pi r^3,\ A = 4\pi r^2$$

$$\delta V = 4\pi r^2 \delta r,\ \delta A = 8\pi r\delta r$$

则式(7.7.5)可简化为

$$\delta F = -\left(p^\alpha - p^\beta - \frac{2\sigma}{r}\right)\delta V^\alpha + (\mu^\alpha - \mu^\beta)\delta\nu^\alpha$$

根据自由能判据，在温度和总体积不变的条件下，平衡态的自由能最小，必有 $\delta F = 0$。因为 δV^α 和 $\delta\nu^\alpha$ 是任意的，所以有

$$p^\alpha = p^\beta + \frac{2\sigma}{r} \tag{7.7.6}$$

$$\mu^{\alpha} = \mu^{\beta} \tag{7.7.7}$$

式(7.7.6)是力学平衡条件。它指出,由于表面张力有使液滴收缩的趋势,液滴的压强必须大于蒸汽的压强才能维持力学平衡。$r \to \infty$(相当于分界面为平面)时,式(7.7.6)给出 $p^{\alpha} = p^{\beta}$,这就是说,当分界面为平面时,力学平衡条件是两相的压强相等。

式(7.7.7)指出,相变平衡条件仍然是两相的化学势相等。但是必须注意,在式(7.7.7)两相的化学势中,压强 p^{α} 和 p^{β} 满足式(7.7.6),其数值是不同的。假如式(7.7.7)不能满足,物质将由化学势高的相转变到化学势低的相去。

7.7.2 液滴的形成

我们首先讨论气液两相平衡时分界面为曲面的蒸汽压强 p' 与分界面为平面的饱和蒸汽压 p 的关系。当液面为平面时,力学平衡条件是两相的压强相等。以 p 表示这时两相的压强,相变平衡条件为

$$\mu^{\alpha}(T, p) = \mu^{\beta}(T, p) \tag{7.7.8}$$

式(7.7.8)确定了饱和蒸汽压与温度的关系。

在液面为曲面的情形下,设气、液两相平衡时蒸汽的压强为 p'。由式(7.7.6)知此时液滴的压强为 $p' + \frac{2\sigma}{r}$。相变平衡条件式(7.7.7)应为

$$\mu^{\alpha}\left(p' + \frac{2\sigma}{r}, T\right) = \mu^{\beta}(p', T) \tag{7.7.9}$$

式(7.7.9)给出曲面上的平衡蒸汽压强 p' 与温度 T 及曲面半径 r 的关系。

现在讨论 p' 与 p 的关系。当压强改变时,液体的性质改变很小,我们可以将液滴的化学势按压强展开,只取线性项,有

$$\begin{aligned} \mu^{\alpha}\left(p' + \frac{2\sigma}{r}, T\right) &= \mu^{\alpha}(p, T) + \left(p' - p + \frac{2\sigma}{r}\right)\frac{\partial \mu^{\alpha}}{\partial p} \\ &= \mu^{\alpha}(p, T) + \left(p' - p + \frac{2\sigma}{r}\right)V_{\mathrm{m}}^{\alpha} \end{aligned} \tag{7.7.10}$$

如果把蒸汽看成理想气体。根据式(6.4.11),蒸汽的化学势为

$$\mu^{\beta}(p, T) = RT(\varphi + \ln p) \tag{7.7.11}$$

其中 φ 是温度的函数。由式(7.7.11)得

$$\mu^{\beta}(p', T) = \mu^{\beta}(p, T) + RT\ln\frac{p'}{p} \tag{7.7.12}$$

将(7.7.10)和(7.7.12)两式代入式(7.7.9),考虑到式(7.7.8),可得

$$\left(p' - p + \frac{2\sigma}{r}\right)V_{\mathrm{m}}^{\alpha} = RT\ln\frac{p'}{p} \tag{7.7.13}$$

在实际问题中，通常有 $p' - p \ll \frac{2\sigma}{r}$。在这种情形下，式(7.7.13)可近似为

$$\ln \frac{p'}{p} = \frac{2\sigma V_m^\alpha}{RTr} \tag{7.7.14}$$

现在以水滴为例对上述近似作一估算。在 $T = 291$ K 时，水的表面张力系数 $\sigma = 0.073\ \mathrm{N \cdot m^{-1}}$，$V_m^\alpha = 18.016 \times 10^{-6}\ \mathrm{m^3 \cdot mol^{-1}}$，代入式(7.7.14)得

$$\ln \frac{p'}{p} = \frac{1.087 \times 10^{-9}}{r}$$

或

$$\log \frac{p'}{p} = \frac{4.72 \times 10^{-10}}{r}$$

$r = 10^{-7}$ m时，$\frac{p'}{p} = 1.011$，但 $p = 2.042 \times 10^{-3}$ Pa，可见 $p' - p \ll \frac{2\sigma}{r}$，说明略去式(7.7.13)中的 $p' - p$ 是容许的。

根据式(7.7.14)，可计算在各种不同的半径下水滴与蒸汽达到平衡所需的蒸汽压。当 $r = 10^{-7}$ m时，$\frac{p'}{p} = 1.011$；当 $r = 10^{-8}$ m时，$\frac{p'}{p} = 1.115$；当 $r = 10^{-9}$ m时，$\frac{p'}{p} = 2.966$。由此可知，当水滴愈小时，与水滴达到平衡时所需的蒸汽压强就愈高。

在一定的蒸汽压强 p' 下，与蒸汽达到平衡时液滴半径 r_c 为

$$r_c = \frac{2\sigma V_m^\alpha}{RT \ln \frac{p'}{p}} \tag{7.7.15}$$

称为**中肯半径**。由式(7.7.10)可以看出，对于 $r > r_c$ 的液滴，有 $\mu^\alpha < \mu^\beta$，因而液滴将继续凝结而增大；对于 $r < r_c$ 的液滴，有 $\mu^\alpha > \mu^\beta$，因而液滴将汽化而消失。

在蒸汽中液体的凝结是通过先形成微小液滴然后逐渐生长的方式发生的，如果在蒸汽中不存在凝结核(如灰尘或带电微粒等等)，由涨落而形成的液滴往往过小，不能增大，因此在非常干净的蒸汽中，蒸汽的压强可以超过饱和蒸汽压而不凝结，形成**过饱和蒸汽**。

7.7.3 液体中气泡的形成

对液体中的气泡可以作同样的考虑，如果仍然令 α 相表示液相，β 相表示气相，则在(7.7.6)和(7.7.14)两式中要将 r 换成 $-r$。将 r 换成 $-r$ 后，由式(7.7.6)得

$$p^\beta = p^\alpha + \frac{2\sigma}{r} \tag{7.7.16}$$

式(7.7.16)指出，气泡内蒸汽的压强必须大于液体的压强才能维持力学平衡，将 r 换成 $-r$ 后，由式(7.7.14)得

$$\ln \frac{p}{p'} = \frac{2\sigma V_m^\alpha}{RTr} \tag{7.7.17}$$

式(7.7.17)指出，为满足相变平衡条件，气泡内的压强必须小于同温度的饱和蒸汽压。

根据(7.7.16)和(7.7.17)两式可以说明液体沸腾前的**过热现象**。液体沸腾时，液体内部有大量的气泡形成，使气、液分界面大大增加，于是整个液体剧烈汽化。在一般情形下，液体中溶有空气，以这些既有的空气泡作核而形成的气泡具有足够大的半径，接近于分界面为平面的情形，只要气泡中的蒸汽压等于液体的压强，即发生沸腾。如果液体中没有现存的空气泡作核，由涨落而形成的气泡半径很小。当达到正常沸点的温度，即饱和蒸汽压 p 等于液体的压强 p^α 时，力学平衡条件(7.7.16)要求气泡内的蒸汽压强 p^β 大于液体的压强即大于饱和蒸汽压 p，而相变平衡条件(7.7.17)又要求气泡内的蒸汽压强 p' 小于饱和蒸汽压 p。因此在正常的沸点(7.7.16)和(7.7.17)两式不可能同时满足。除非液体的温度高于正常的沸点，使相应的饱和蒸汽压 p 大于液体的压强 p^α，式(7.7.16)和(7.7.17)才可能同时满足。这就是形成过热液体的原因。

通过以上的讨论可以知道，在新相生成时表面相是起着重要作用的。

7.8 相变的分类

如前所述，固相、液相和气相之间的转变(包括固相不同晶格结构之间的同素异晶转变)存在相变潜热 $L = T(S_m^{(2)} - S_m^{(1)})$ 和体积突变 $\Delta V_m = V_m^{(2)} - V_m^{(1)}$，而且可能出现亚稳态。自然界还存在另一类相变，在转变时既无潜热又无体积突变。例如液—气通过临界点的转变、铁磁顺磁的转变、合金的有序无序转变、液 HeⅠ和液 HeⅡ的转变、零磁场下金属超导状态和正常状态的转变等等。1933 年物理学家爱伦费斯特(Paul Ehrenfest, 1880—1933)试图对相变进行分类。由

$$d\mu = -S_m dT + V_m dp$$

知

$$S_m = -\frac{\partial \mu}{\partial T},\ V_m = \frac{\partial \mu}{\partial p}$$

爱氏将前述**第一类相变**概括为**在相变点两相的化学势连续，但化学势的一级偏导数存在突变**。

$$\begin{cases} \mu^{(1)}(T,\ p) = \mu^{(2)}(T,\ p) \\ \dfrac{\partial \mu^{(1)}}{\partial T} \neq \dfrac{\partial \mu^{(2)}}{\partial T},\ \dfrac{\partial \mu^{(1)}}{\partial p} \neq \dfrac{\partial \mu^{(2)}}{\partial p} \end{cases} \tag{7.8.1}$$

称为**一级相变**。图 7.18 形象地表达了上述特征和亚稳态存在的可能性。

根据爱氏的分类，如果**在相变点两相的化学势和化学势的一级偏导数连续，但化学势**

的**二级偏导数存在突变**，称为**二级相变**。

$$\mu^{(1)}(T,\ p)=\mu^{(2)}(T,\ p)$$

$$\frac{\partial\mu^{(1)}}{\partial T}=\frac{\partial\mu^{(2)}}{\partial T},\ \frac{\partial\mu^{(1)}}{\partial p}=\frac{\partial\mu^{(2)}}{\partial p}$$

因为

$$C_{p,\,\mathrm{m}}=T\left(\frac{\partial S_{\mathrm{m}}}{\partial T}\right)_p=-T\,\frac{\partial^2\mu}{\partial T^2}$$

$$\alpha=\frac{1}{V_{\mathrm{m}}}\left(\frac{\partial V_{\mathrm{m}}}{\partial T}\right)_p=\frac{1}{V_{\mathrm{m}}}\,\frac{\partial^2\mu}{\partial T\,\partial p}$$

$$\kappa_T=-\frac{1}{V_{\mathrm{m}}}\left(\frac{\partial V_{\mathrm{m}}}{\partial p}\right)_T=-\frac{1}{V_{\mathrm{m}}}\,\frac{\partial^2\mu}{\partial p^2}$$

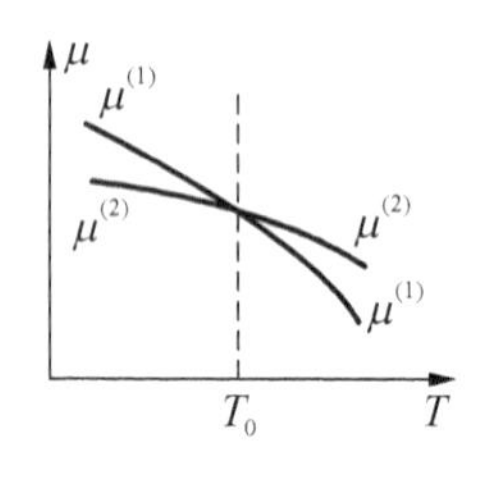

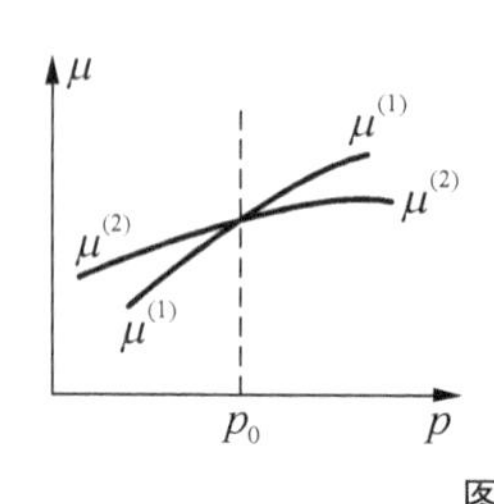

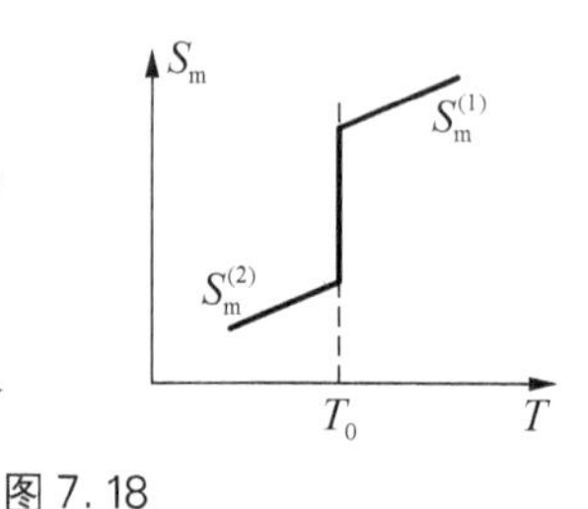

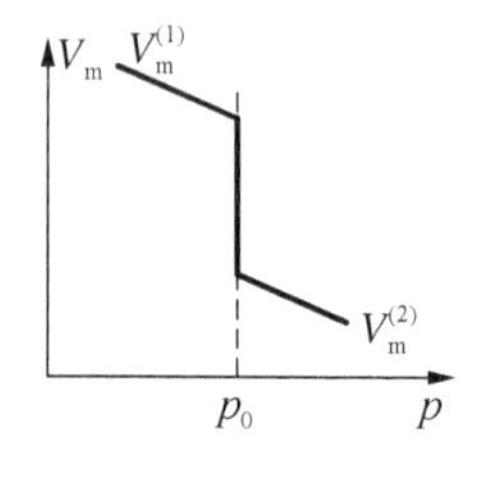

图 7.18

所以**二级相变没有相变潜热和体积突变，但是定压摩尔热容、定压膨胀系数和等温压缩系数存在突变**。爱氏根据二级相变在邻近的相变点 $(T,\ p)$ 和 $(T+\mathrm{d}T,\ p+\mathrm{d}p)$ 两相的摩尔熵和摩尔体积变化相等，即 $\mathrm{d}S_{\mathrm{m}}^{(1)}=\mathrm{d}S_{\mathrm{m}}^{(2)}$ 和 $\mathrm{d}V_{\mathrm{m}}^{(1)}=\mathrm{d}V_{\mathrm{m}}^{(2)}$ 的条件导出了二级相变点压强随温度变化的斜率公式

$$\frac{\mathrm{d}p}{\mathrm{d}T}=\frac{\alpha^{(2)}-\alpha^{(1)}}{\kappa_T^{(2)}-\kappa_T^{(1)}}$$

$$\frac{\mathrm{d}p}{\mathrm{d}T}=\frac{C_{p,\,\mathrm{m}}^{(2)}-C_{p,\,\mathrm{m}}^{(1)}}{TV_{\mathrm{m}}(\alpha^{(2)}-\alpha^{(1)})}=\frac{c_p^{(2)}-c_p^{(1)}}{T\nu(\alpha^{(2)}-\alpha^{(1)})}$$

称为爱伦费斯特方程。

根据爱氏的分类，如果在相变点两相的化学势和化学势的一级、二级、……直到 $n-1$ 级的偏导数连续，但化学势的 n 级偏导数存在突变，则称为 n 级相变。

爱氏的分类适用于突变为有限的情形。后来发现在前面提到的第二类相变中，热容、等温压缩系数、磁化率等在趋近相变点时往往趋于无穷。所以现在人们习惯上只把相变区分为**一级相变和连续相变两类**，把前面提到的第二类相变统称为**连续相变**。在连续相变的相变点，两相的化学势和化学势的一级偏导数连续。因此在温度、压强为 T、p 的相变点，两相不仅 μ、S_{m}、V_{m} 相等，而且 U_{m}、H_{m}、F_{m} 也相等。但是与化学势二级偏导数相应的热容、等温压缩系数等在相变点却表现出某种奇异行为。其次在连续相变的相变点的每一侧，只有一个相能够存在，不允许两相共存和亚稳态的存在。图 7.19 示意地画出了连续相变中 μ、$S_{\mathrm{m}}=-\left(\frac{\partial \mu}{\partial T}\right)_p$ 和 $C_{p,\mathrm{m}}=T\left(\frac{\partial S_{\mathrm{m}}}{\partial T}\right)_p$ 随温度变化的典型特征。

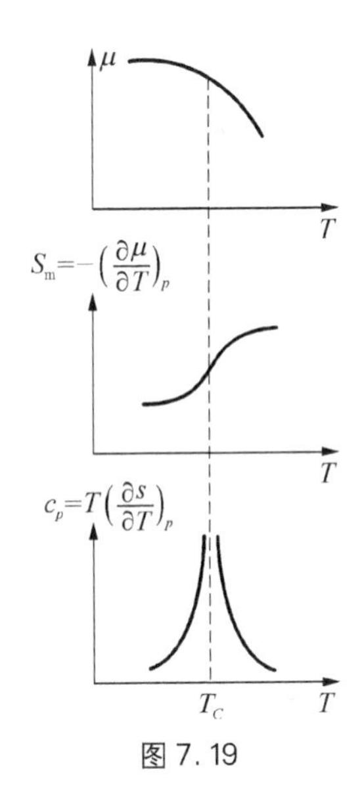

图 7.19

1937 年，前苏联朗道(Landau，1908—1968)提出了连续相变理论。朗道理论中有两个普遍而重要的概念：对称破缺和序参量。他认为连续相变的特征是物质有序程度的改变及与之相伴随的物质对称性的变化。通常在临界温度以下的相，对称性较低，有序度较高，序参量非零；临界温度以上的相，对称性较高，有序度较低，序参量为零。随着温度的降低，序参量在临界点连续地从零变到非零。表 7.2 列出了连续相变的几个例子。

表 7.2　几种连续相变的序参量和临界温度

相变	序参量	例子	T_C(K)
液—气	$\rho_l-\rho_g$	H_2O	647.05
铁磁	磁化强度	Fe	1 044.0
反铁磁	子晶格磁化强度	FeF_2	78.26
超流	He 原子的量子概率幅度	He^4	1.8～2.1
超导	电子对的量子概率幅度	Pb	7.19
二元合金	次晶格中某组元的密度	Cu—Zn	739

7.9　热力学第三定律

热力学第三定律是在低温现象的研究中总结出来的一个普遍规律。1906 年能斯特(Nernst，1864—1941，德国物理学家、物理化学家)在研究各种化学反应在低温下的性质时引出一个结论，称为**能斯特定理，简称能氏定理**。它的内容如下：

凝聚系的熵在等温过程中的改变随热力学温度趋于零，即

$$\lim_{T\to 0}(\Delta S)_T=0 \tag{7.9.1}$$

其中 $(\Delta S)_T$ 指在等温过程中熵的改变。

1912 年能斯特根据他的定理推出一个原理，名为**绝对零度不能达到原理**。这个原理如下：

不可能通过有限的步骤使一个物体冷却到热力学温度的零度。

通常认为，**能氏定理和绝对零度不能达到原理是热力学第三定律的两种表述**。

我们首先介绍能氏定理是怎样通过对低温化学反应的分析引出来的。在6.1节中我们曾经证明，在等温等压过程中，系统的变化总是朝着吉布斯函数减少的方向进行的，因此可以用吉布斯函数的减少作为等温等压过程趋向的标志。对于一个化学反应，吉布斯函数的减少就相当于这个反应的亲和势。我们定义在等温等压过程中一个化学反应的亲和势 A 为

$$A = -\Delta G \tag{7.9.2}$$

对于等温等容条件下的化学反应，化学亲和势是自由能的减少。为明确起见，我们先考虑等温等压过程。

在一个长时期内，人们曾经根据汤姆孙(Thomson)-伯特洛(Berthelot，1827—1907，法国化学家)原理来判定化学反应的方向。汤-伯原理是一个经验规律。它认为，化学反应是朝着放热即 $\Delta H < 0$ 的方向进行的。在低温下(有些反应甚至在室温附近)从 $\Delta G < 0$ 和 $\Delta H < 0$ 两个不同的判据往往得到相似的结论。能斯特就是在企图探索这两个判据的联系时发现能氏定理的。

我们知道，在等温过程中

$$\Delta G = \Delta H - T\Delta S \tag{7.9.3}$$

由于 ΔS 有界，在 $T\to 0$ 时显然有 $\Delta G = \Delta H$。这当然不足以说明在一个温度范围内 ΔG 和 ΔH 近似相等。将式(7.9.3)除以 T，得

$$\frac{\Delta H - \Delta G}{T} = \Delta S \tag{7.9.4}$$

在 $T\to 0$ 时上式左方是不定式 $\frac{0}{0}$，应用洛必达法则，得

$$\left(\frac{\partial \Delta H}{\partial T}\right)_0 - \left(\frac{\partial \Delta G}{\partial T}\right)_0 = \lim_{T\to 0}\Delta S \tag{7.9.5}$$

如果假设

$$\lim_{T\to 0}(\Delta S)_T = 0 \tag{7.9.6}$$

则 ΔH 和 ΔG 在 $T\to 0$ 处不但相等而且有相同的偏导数。再根据 $S = -\frac{\partial G}{\partial T}$ 和式(7.9.6)可知

$$\left(\frac{\partial}{\partial T}\Delta G\right)_0 = -\lim_{T\to 0}(\Delta S)_T = 0 \tag{7.9.7}$$

因此，由式(7.9.5)得

$$\left(\frac{\partial}{\partial T}\Delta H\right)_0 = \left(\frac{\partial}{\partial T}\Delta G\right)_0 = 0 \tag{7.9.8}$$

这就是说，ΔG 和 ΔH 随 T 变化的曲线，在 $T\to 0$ 处不但相等相切而且公切线与 T 轴平

行，如图 7.20 所示。因此，在式(7.9.6)的假设下，在低温范围内 ΔH 和 ΔG 是近似相等的。这就说明为什么 $\Delta G<0$ 和 $\Delta H<0$ 两个不同的判据在低温下往往得到相似的结论。式(7.9.6)假设在等温等压和 $T\to 0$ 的条件下，系统在化学反应前后的熵变为零。如果反应是在等温等容条件下进行的，只要将 ΔH 换为 ΔU，ΔG 换为 ΔF，上述分析完全适用。不过这时式(7.9.6)中的 $(\Delta S)_T$ 应理解为在等温等容和 $T\to 0$ 的条件下，化学反应前后的熵变。

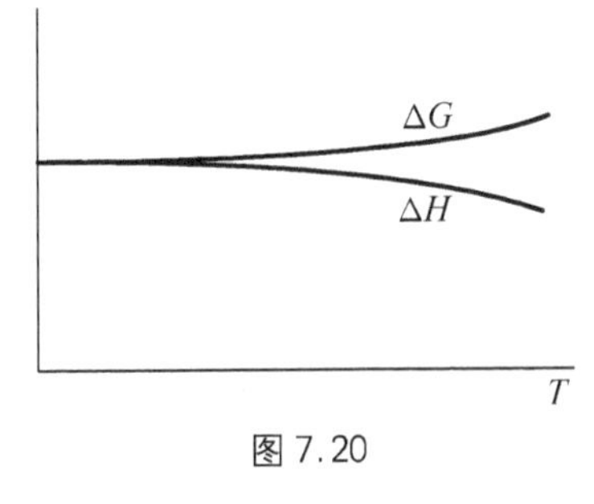

图 7.20

如果将假设式(7.9.6)进一步推广到任意的等温过程，就得到能氏定理式(7.9.1)。能氏定理提出后，经过 30 年的实验和理论研究，从它引出的大量推论都为实验所证实，它的正确性才得到肯定。现在人们公认，能氏定理是独立于热力学第一定律和第二定律的另一规律，即热力学第三定律。

以 T、y 表示状态参量，式(7.9.1)也可表示为

$$S(0,\ y_B)=S(0,\ y_A) \tag{7.9.9}$$

式(7.9.9)的含义是，当 $T\to 0$ 时物质系统熵的数值与状态参量 y 的数值无关。应当强调，参量 y 的含义应当作广义的理解。y 的改变不但包括例如体积 V 或压强 p 的数值的改变，也包括系统处在不同的相或化学反应前后的反应物和生成物。

下面我们根据能氏定理讨论温度趋于绝对零度时物质的一些性质。

能氏定理的一个重要推论是 $T\to 0$ 时物质系统的热容趋于零。以 T，y 为状态参量，参照式(6.2.13)或式(6.2.16)，状态参量 y 不变时的热容可以表示为

$$C_y=T\left(\frac{\partial S}{\partial T}\right)_y=\left(\frac{\partial S}{\partial \ln T}\right)_y \tag{7.9.10}$$

$T\to 0$ 时 $\ln T\to -\infty$，而 S 是有限的(否则能氏定理就没有意义了)由此可知 $T\to 0$ 时

$$\lim_{T\to 0}C_y=0 \tag{7.9.11}$$

这一结论为迄今对已知物质的实验测量和理论分析所支持。

根据能氏定理，$T\to 0$ 时物质系统的熵与体积和压强无关，即

$$\lim_{T\to 0}\left(\frac{\partial S}{\partial p}\right)_T=0,\ \lim_{T\to 0}\left(\frac{\partial S}{\partial V}\right)_p=0$$

麦氏关系给出

$$\left(\frac{\partial S}{\partial p}\right)_T=-\left(\frac{\partial V}{\partial T}\right)_p,\ \left(\frac{\partial S}{\partial V}\right)_T=\left(\frac{\partial p}{\partial T}\right)_V$$

由此可知

$$\lim_{T\to 0}\left(\frac{\partial V}{\partial T}\right)_p = 0,\ \lim_{T\to 0}\left(\frac{\partial p}{\partial T}\right)_V = 0 \tag{7.9.12}$$

上式意味着，绝对温度趋于零时，物质的体胀系数 $\alpha = \frac{1}{V}\left(\frac{\partial V}{\partial T}\right)_p$ 和压强系数 $\beta = \frac{1}{p}\left(\frac{\partial p}{\partial T}\right)_V$ 趋于零。这一结果在铜、铝、银和其他一些固体得到实验的证实。

将式(7.9.9)中不同的 y 理解为物质不同的相，意味着 $T\to 0$ 时两相的熵相等。因为一级相变两相体积有突变，由克拉珀龙方程

$$\frac{\mathrm{d}p}{\mathrm{d}T} = \frac{S_2 - S_1}{V_2 - V_1} \tag{7.9.13}$$

知 $T\to 0$ 时一级相变的相平衡曲线斜率为零。这一结论得到实验的证实。$T\to 0$ 时液^{4}He 和液^{3}He 与其固相的相平衡曲线在 $T\to 0$ 时均具有零斜率。

将式(7.9.9)中不同的 y 理解为物质在化学反应前后的反应物和生成物。例如，对于化学反应

$$\mathrm{Pb} + \mathrm{S} \rightarrow \mathrm{PbS}$$

式(7.9.9)意味着

$$S_{\mathrm{Pb}}(0) + S_{\mathrm{S}}(0) = S_{\mathrm{PbS}}(0) \tag{7.9.14}$$

上面的讨论告诉我们，热力学温度趋于零时，同一物质处在热力学平衡的一切形态具有相同的熵，是一个绝对常量，可以把这绝对常量取作零。以 S_0 表示这绝对常量，即有

$$\lim_{T\to 0} S_0 = 0 \tag{7.9.15}$$

这是热力学第三定律的又一表述。

在热力学第二定律的基础上引进熵函数时，熵函数可以含一个任意的相加常量。我们看到，有了热力学第三定律后，由于 $\lim_{T\to 0} C_y = 0$，可以将熵函数积分表达式的下限取为绝对零度而将熵函数表达为

$$S(T,\ y) = S(0,\ y) + \int_0^T \frac{C_y(T)}{T}\mathrm{d}T \tag{7.9.16}$$

更由于 $S(0,\ y)$ 与 y 无关，把这常量取作零后，式(7.9.16)就简化为

$$S(T,\ y) = \int_0^T \frac{C_y(T)}{T}\mathrm{d}T \tag{7.9.17}$$

上式不含任意常量，称为绝对熵。

当参量 y 是压强 p 时，熵函数可以表示为

$$S(T,\ p) = \int_0^T \frac{C_p(T)}{T}\mathrm{d}T \tag{7.9.18}$$

积分中压强 p 保持不变。一般来说，上式适用于固相，这是因为液相和气相一般只存在于

较高的温度范围。为了求得液相和气相的绝对熵，可以将由上式得到的固相的熵加上由固相转变为液相和气相时熵的增值。

习　　题

7.1　试问从液体中移出而成半径为 r 的液滴所做的功与把此液滴举高 h 所做的功之比是什么？已知该液体的密度为 ρ，表面张力系数为 σ。

答案：$\dfrac{W_1}{W_2}=\dfrac{3\sigma}{\rho g h r}$

7.2　证明半径为 r 的肥皂泡的内压与外压之差为 $\dfrac{4\sigma}{r}$。

7.3　将两滴半径都为 r_1 的水滴合并为半径为 r_2 的一滴水时产生的温度改变是多少？设水的表面张力系数为 σ，比热为 c，密度为 ρ。

答案：$\Delta T=\dfrac{3\sigma}{c r_1 \rho}(1-2^{-\frac{1}{3}})$

7.4　两个表面张力系数都为 σ 的肥皂泡，半径分别为 a 和 b，它们都处在相同大气中，泡中气体都可看作理想气体，若将它们在等温下聚合为一个泡，泡的半径为 c（这时外界压强仍未变化）。试证泡外气体压强的数值是

$$p=4\sigma\frac{c^2-b^2-a^2}{a^3+b^3-c^3}$$

7.5　证明下列各平衡判据（假设总粒子数不变，且 $S>0$）：

① 在 U 及 V 不变的情形下，平衡态的 S 极大。

② 在 S 及 V 不变的情形下，平衡态的 U 极小。

③ 在 U 及 S 不变的情形下，平衡态的 V 极小。

④ 在 H 及 p 不变的情形下，平衡态的 S 极大。

⑤ 在 S 及 p 不变的情形下，平衡态的 H 极小。

⑥ 在 T 及 V 不变的情形下，平衡态的 F 极小。

⑦ 在 F 及 T 不变的情形下，平衡态的 V 极小。

⑧ 在 T 及 p 不变的情形下，平衡态的 G 极小。

7.6　试由熵判据推证热动平衡的稳定性条件：

$$C_V>0,\ \left(\frac{\partial p}{\partial V}\right)_T<0$$

7.7　试由 $C_V>0$ 及 $\left(\dfrac{\partial p}{\partial V}\right)_T<0$ 证明 $C_p>0$ 及 $\left(\dfrac{\partial p}{\partial V}\right)_S<0$。

7.8　求证：

① $\left(\dfrac{\partial \mu}{\partial T}\right)_{V,\nu}=-\left(\dfrac{\partial S}{\partial \nu}\right)_{T,V}$

② $\left(\dfrac{\partial \mu}{\partial p}\right)_{T,\nu}=\left(\dfrac{\partial V}{\partial \nu}\right)_{T,p}$

③ $\left(\frac{\partial U}{\partial \nu}\right)_{T,V}-\mu=-T\left(\frac{\partial \mu}{\partial T}\right)_{V,\nu}$

7.9　两相共存时，两相系统的定压热容 $C_p=T\left(\frac{\partial S}{\partial T}\right)_p$、体胀系数 $\alpha=\frac{1}{V}\left(\frac{\partial V}{\partial T}\right)_p$ 和等温压缩系数 $\kappa_T=-\frac{1}{V}\left(\frac{\partial V}{\partial p}\right)_T$ 均趋于无穷。试加以说明。

7.10　试证明：在相变中物质摩尔内能的变化为

$$\Delta U_{\mathrm{m}}=L\left(1-\frac{p}{T}\frac{\mathrm{d}T}{\mathrm{d}p}\right)$$

如果一相是气相，可看作理想气体，另一相是凝聚相，试将公式化简。

答案：$\Delta U_{\mathrm{m}}=L\left(1-\frac{RT}{L}\right)$

7.11　在三相点附近，固态氨的蒸汽压（单位为 Pa）方程为

$$\ln p=27.92-\frac{3\,754}{T}$$

液态氨的蒸汽压方程为

$$\ln p=24.38-\frac{3\,063}{T}$$

试求氨三相点的温度和压强，氨的汽化热、升华热及在三相点的熔解热。

答案：$T_{\mathrm{tr}}=195.2\ \mathrm{K}$；$p_{\mathrm{tr}}=5\,934\ \mathrm{Pa}$；$L_{汽}=2.547\times10^4\ \mathrm{J}$；$L_{升}=3.120\times10^4\ \mathrm{J}$；$L_{熔}=L_{升}-L_{汽}=0.573\times10^4\ \mathrm{J}$

7.12　以 $C^{\beta}_{\alpha,\mathrm{m}}$ 表示在维持 β 相与 α 相两相平衡的条件下，使 1 mol β 相物质升高 1 K 所吸收热量，称为 β 相的两相平衡的摩尔热容。试证明：

$$C^{\beta}_{\alpha,\mathrm{m}}=C^{\beta}_{p,\mathrm{m}}-\frac{L}{V^{\beta}_{\mathrm{m}}-V^{\alpha}_{\mathrm{m}}}\left(\frac{\partial V^{\beta}_{\mathrm{m}}}{\partial T}\right)_p$$

如果 β 相是蒸汽，可看作理想气体，α 相是凝聚相，上式可化简为 $C^{\beta}_{\alpha,\mathrm{m}}=C^{\beta}_{p,\mathrm{m}}-\frac{L}{T}$，并说明为什么饱和蒸汽的热容有可能是负的。

7.13　试证明：相变潜热随温度的变化率为

$$\frac{\mathrm{d}L}{\mathrm{d}T}=C^{\beta}_{p,\mathrm{m}}-C^{\alpha}_{p,\mathrm{m}}+\frac{L}{T}-\left[\left(\frac{\partial V^{\beta}_{\mathrm{m}}}{\partial T}\right)_p-\left(\frac{\partial V^{\alpha}_{\mathrm{m}}}{\partial T}\right)_p\right]\frac{L}{V^{\beta}_{\mathrm{m}}-V^{\alpha}_{\mathrm{m}}}$$

如果 β 相是气相，α 相是凝聚相，试证明上式可简化为

$$\frac{\mathrm{d}L}{\mathrm{d}T}=C^{\beta}_{p,\mathrm{m}}-C^{\alpha}_{p,\mathrm{m}}$$

7.14　蒸汽与液相达到平衡，以 $\frac{\mathrm{d}V_{\mathrm{m}}}{\mathrm{d}T}$ 表示在维持两相平衡的条件下，蒸汽体积随温度的变化率。试证明：蒸汽的两相平衡膨胀系数为

$$\frac{1}{V_m}\frac{dV_m}{dT}=\frac{1}{T}\left(1-\frac{L}{RT}\right)$$

7.15 证明范德瓦尔斯气体在 $T<T_C$ 的 $p-V$ 等温线上的极小点与极大点的连线轨迹为

$$pV_m^3=a(V_m-2b)$$

第8章　近独立粒子的统计理论

本书的第3、4、6章介绍了热力学理论，它是热现象的宏观理论，从本章开始将介绍热现象的微观理论，即统计物理学。

热力学与统计物理学的研究对象相同，都是宏观物体。但热力学把物体当作连续介质，完全不管物体的微观结构；相反，统计物理学一开始就考虑宏观物体是由大量微观粒子组成的，从物体的微观组成与结构出发，其研究目的是从系统的微观性质出发研究和计算宏观性质，它好比是一座桥，把系统的微观性质和宏观性质联系起来。

热力学的基础是经验概括的三条基本定律，统计物理学的基础除了描述微观粒子运动的量子力学外，还需要统计理论。

热力学与统计物理学的研究方法也不同。前者以三条基本定律为基础，运用逻辑演绎的推理方法求出物质各种宏观性质之间的关系，是一种唯象理论；后者从物体的微观组成和结构出发，通过对系统的微观结构进行分析，**把宏观性质看成微观性质的统计平均，运用数理统计的方法求出系统的宏观性质并揭示出了热运动的本质**。

统计物理学从内容看可以分成三大部分，即**平衡态统计理论**、**非平衡态统计理论**和**涨落理论**。平衡态统计理论是发展得最完善的，根据适用范围可分为**近独立粒子**(**近独立子系**)**统计理论**和**系综理论**。近独立粒子统计理论顾名思义只适用于近独立粒子系统(即组成系统的粒子之间相互作用很弱，计算能量时相互作用势能可以忽略的一类系统)。近独立粒子统计理论包括**玻耳兹曼统计**、**玻色统计**和**费米统计**等3个统计理论。系综理论则适用于各种平衡态过程，是一种普遍理论，可以用于任何宏观物体系统。系综理论包括**微正则系综理论**、**正则系综理论**和**巨正则系综理论**。自20世纪30年代开始，平衡态理论的主要发展集中在如何处理相互作用不能忽略的系统，包括相变和临界现象。在处理这类问题时，虽然基本理论框架没有改变，但在概念和方法上都有重要的发展，例如元激发的概念和方法，临界现象的重正化群理论等。

非平衡态统计理论研究物体处于非平衡态下的性质、各种输运过程，以及具有基本意义的关于非平衡过程的宏观不可逆性等。与平衡态理论相比，由于必须考虑粒子之间相互作用的机制，使理论更为困难，其中对偏离平衡态不大的非平衡态，已有成熟的理论；但对远离平衡态的非平衡态，理论还不完善。非平衡态统计还为非平衡态热力学提供了必要的基础。

统计物理学的第三部分是涨落理论，这是热力学中完全被忽略的现象。涨落现象有两类，一类是围绕平均值的涨落，另一类是布朗运动。后者已大大发展，远远超出早期狭义的布朗运动的研究内容，其中关于各类噪声的研究有重要的发展。

从历史上看，经典统计物理学建立于19世纪下半叶，它是以经典力学作为其力学基础的。**经典统计理论**曾经获得很大的成功，但19世纪末在应用到气体比热、固体比热、特别是黑体辐射问题时，遇到了不可克服的困难。德国著名物理学家普朗克(Planck，1858—1947)正是在对黑体辐射能谱的研究中提出量子假说，由此揭开了创建量子力学的序幕。有趣的是，量子力学的建立与量子统计物理学的建立二者之间有着相互依赖和相互促进的关系，并非先有了量子力学以后，才建立起量子统计物理学。

最后强调一点，统计物理学的基本原理是简单的，理论框架也不复杂，但其应用却极为广泛。

8.1 粒子微观运动状态的描述

前面已提到，统计物理学的目的是从系统的微观性质出发研究和计算系统的宏观性质。统计物理学搭了一座桥，把微观与宏观性质联系起来，认为物质的宏观特性是大量微观粒子行为的集体表现，**宏观物理量是相应微观物理量的统计平均值**。**微观性质由系统的微观状态决定，宏观性质由系统的宏观状态决定**。为此，必须首先明确如何描述系统的微观状态(系统的宏观状态的描述已在热力学中介绍了)。

微观粒子本质上服从量子力学的运动规律，但历史上曾将其看成服从经典(牛顿)力学处理。由于粒子在宏观范围内运动时量子效用一般很弱，借助经典力学处理也可以得出正确的结果，加上粒子运动状态用经典力学描述时计算较为简单，将描述略加改造之后还可以考虑量子现象，因此这种描述仍有现实意义。当量子效应较强时，则须用量子方法描述。下面先介绍以经典力学为基础的经典描述，再介绍以量子力学为基础的量子描述。

8.1.1 粒子运动状态的经典描述

1. 粒子及微观运动状态

这里说的粒子(或称为子系)是指**组成宏观物质系统的基本单元**，例如气体的分子、固体中的原子、金属的离子或电子、辐射场的光子，也可以是粒子的某一个自由度，如双原子分子的振动自由度，磁性原子的自旋自由度，等等。粒子的微观运动状态是指它的**力学运动状态**。如果粒子遵从经典力学的运动规律，对粒子微观运动状态的描述称为**经典描述**；如果粒子遵从量子力学的运动规律，对粒子微观运动状态的描述称为**量子描述**。当然，从原则上说微观粒子是遵从量子力学的运动规律的。不过在一定的极限条件下经典理论仍然具有意义。

2. 粒子微观运动状态的正则形式描述

设粒子的自由度为r。经典力学告诉我们，粒子在任一时刻的力学运动状态由粒子的r个**广义坐标**$q_1, q_2, \cdots, q_r$和与之共轭的r个**广义动量**$p_1, p_2, \cdots, p_r$在该时刻的数值确定。粒子能量ε是其广义坐标和广义动量的函数，即

$$\varepsilon = \varepsilon(q_1, \cdots, q_r; p_1, \cdots, p_r) \tag{8.1.1}$$

更一般表述为 $\varepsilon=\varepsilon(q_i, p_i)(i=1, 2\cdots, r)$。

在分析力学中，一般把以广义坐标和广义动量为自变量的能量函数写成 H(哈密顿)函数，即

$$\varepsilon=H(q_i, p_i)(i=1, 2\cdots, r)$$

粒子的运动满足正则运动方程

$$\dot{q}_i=\frac{\partial H}{\partial p_i}, \dot{p}_i=-\frac{\partial H}{\partial q_i}, (i=1, 2\cdots, r)$$

当某一初始时刻 t_0，给定了 q_i，p_i 的初值 q_{i0}，p_{i0} 之后，由正则运动方程可确定在任何相继时刻 t，q_i，p_i 的数值，因而这个力学系统的运动状态就完全确定了。所以一组 q_i，p_i 数值完全确定了这个系统的一个运动状态，这就是**微观运动状态**。如果存在外场，ε 还是描述外场参量的函数。

3. 粒子微观运动状态的几何表示法——粒子相(μ)空间中的代表点

为了形象地描述粒子的力学运动状态，通常还引入几何表示法。用 q_1，…，q_r；p_1，…，p_r 共 $2r$ 个变量为直角坐标，构成一个 **$2r$ 维空间**，称为**粒子相空间(或 μ 空间)**。这里"相"的意思是指"运动状态"。应用粒子相空间(μ 空间)，则粒子在某一时刻的力学运动状态(q_1，…，q_r；p_1，…，p_r)就可以用 μ 空间中的一个点表示，称为**粒子力学运动状态的代表点**。当粒子的运动状态随时间改变时，代表点相应地在 μ 空间中移动，描画出一条粒子运动状态变化的轨迹(相迹)。粒子运动状态变化的微小范围用 $d\omega$ 表示

$$d\omega=dq_1\cdots dq_r dp_1\cdots dp_r$$

$d\omega$ 称为 μ 空间的相体元。

8.1.2 粒子运动状态经典描述实例

下面介绍在统计物理中常用的几个例子。

1. 自由粒子

自由粒子是不受力的作用而作自由运动的粒子。当不存在外场时，理想气体的分子或金属中的自由电子都可近似地看作自由粒子。

当粒子在三维空间中运动时，它的自由度为 3。粒子在任一时刻的位置可由坐标 x、y、z 确定，与之共轭的动量为

$$p_x=m\dot{x}, p_y=m\dot{y}, p_z=m\dot{z} \tag{8.1.2}$$

其中 m 是粒子的质量。自由粒子的能量(哈密顿量)就是它的动能

$$\varepsilon=\frac{1}{2m}(p_x^2+p_y^2+p_z^2) \tag{8.1.3}$$

为了便于理解，首先讲述如何在 μ 空间中描述一维自由粒子的运动状态。我们用 x

和 p_x 表示粒子的坐标和动量。以 x 和 p_x 为直角坐标，可构成二维的 μ 空间，如图 8.1 所示。设一维容器的长度为 L，则 x 可取由 0 到 L 间的任何数值。对于遵从经典力学规律的粒子，p_x 原则上可以取 $-\infty$ 至 $+\infty$ 间的任何数值。粒子的一个运动状态 $(x,\ p_x)$ 可以用 μ 空间在上述范围中的一个点代表，称为**粒子运动状态的代表点**。当粒子以一定的动量 p_x 在容器中运动时，粒子运动状态代表点在 μ 空间的轨道是平行于 x 轴的一条直线，直线与 x 轴的距离等于 p_x，如图 8.1 所示。

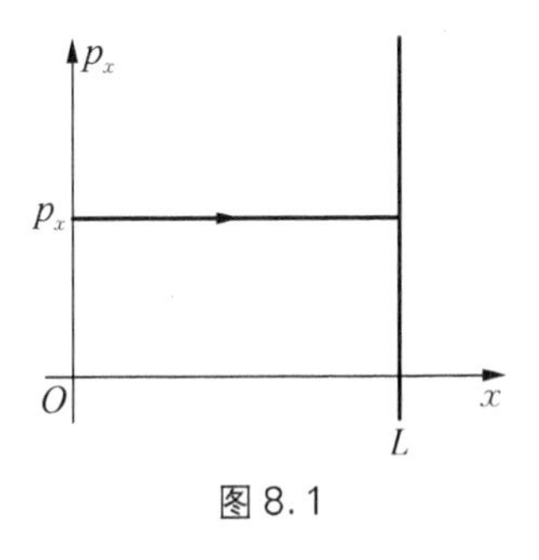

图 8.1

对于三维的自由粒子，μ 空间是 6 维的，不可能在纸上画出它的图形。我们可以把这个 6 维的 μ 空间分解为三个二维的子空间，每一个子空间描述粒子沿一个坐标轴的运动，其情形与一维自由粒子相似，就不详细说明了。

2. 线性谐振子

经典力学告诉我们，质量为 m 的粒子在弹性力 $F=-kx$ 作用下，将沿 x 轴在原点附近作简谐振动，称为线性谐振子。振动的圆频率 $\omega=\sqrt{k/m}$ 取决于弹性系数 k 和粒子质量 m。在一定条件下，分子内原子的振动、晶体中原子或离子在其平衡位置附近的振动都可看作简谐运动。

对于自由度为 1 的线性谐振子，在任一时刻，粒子的位置由它的位移 x 确定，与之共轭的动量为 $p=m\dot{x}$。它的能量(哈密顿量)是其动能和势能之和

$$\varepsilon=\frac{p^2}{2m}+\frac{k}{2}x^2=\frac{p^2}{2m}+\frac{1}{2}m\omega^2x^2 \tag{8.1.4}$$

以 x 和 p 为直角坐标，可构成二维的 μ 空间。振子在任一时刻的运动状态由 μ 空间中的一个点表示。当振子的运动状态随时间而变时，运动状态的代表点在 μ 空间中描画出一条轨道。如果给定振子的能量 ε，代表点的轨道是式(8.1.4)所确定的椭圆。将式(8.1.4)写成椭圆方程的标准形式

$$\frac{p^2}{2m\varepsilon}+\frac{x^2}{\frac{2\varepsilon}{m\omega^2}}=1$$

就可看出，椭圆的两个半轴分别等于 $\sqrt{2m\varepsilon}$ 和 $\sqrt{2\varepsilon/m\omega^2}$，椭圆的面积等于 $\frac{2\pi\varepsilon}{\omega}$。对于遵从经典力学规律的振子，振子的能量原则上可取任何正值。能量不同，椭圆也就不同。图 8.2 画出能量不同的几个椭圆。

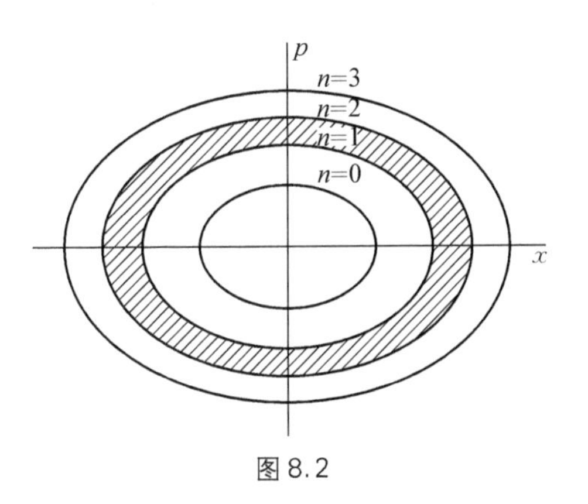

图 8.2

3. 转子

考虑质量为 m 的质点 A 被具有一定长度的轻杆系于原点 O 时所作的运动，如图

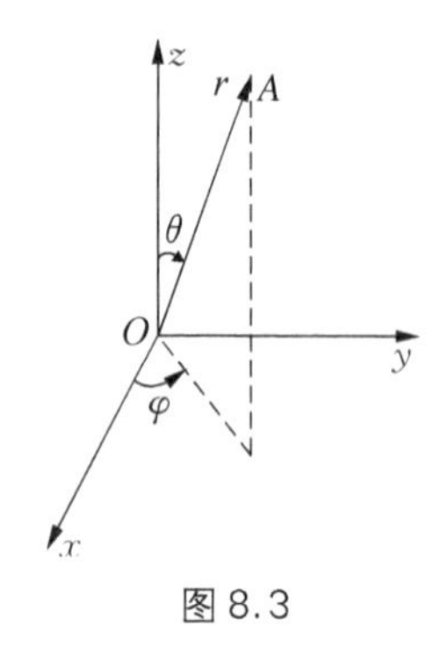

图 8.3

8.3 所示。

在直角坐标系中，质点 A 的位置由坐标 x、y、z 确定。质点的能量就是它的动能

$$\varepsilon = \frac{1}{2}m(\dot{x}^2 + \dot{y}^2 + \dot{z}^2)$$

如果用球坐标 r、θ、φ 描述质点的位置

$$x = r\sin\theta\cos\varphi,\ y = r\sin\theta\sin\varphi,\ z = r\cos\theta$$

$$\dot{x} = \sin\theta\cos\varphi\,\dot{r} + r\cos\theta\cos\varphi\,\dot{\theta} - r\sin\theta\sin\varphi\,\dot{\varphi}$$

$$\dot{y} = \sin\theta\sin\varphi\,\dot{r} + r\cos\theta\sin\varphi\,\dot{\theta} + r\sin\theta\cos\varphi\,\dot{\varphi}$$

$$\dot{z} = \cos\theta\,\dot{r} - r\sin\theta\,\dot{\theta}$$

质点的能量（哈密顿量）可以表示为

$$\varepsilon = \frac{1}{2}m(\dot{r}^2 + r^2\dot{\theta}^2 + r^2\sin^2\theta\,\dot{\varphi}^2) \tag{8.1.5}$$

在我们考虑的问题中，质点与原点的距离保持不变即 $\dot{r} = 0$，于是式(8.1.5)简化为

$$\varepsilon = \frac{1}{2}m(r^2\dot{\theta}^2 + r^2\sin^2\theta\,\dot{\varphi}^2) \tag{8.1.6}$$

引入与 θ、φ 共轭的动量

$$p_\theta = mr^2\dot{\theta},\ p_\varphi = mr^2\sin^2\theta\,\dot{\varphi} \tag{8.1.7}$$

可将式(8.1.6)表示为

$$\varepsilon = \frac{1}{2I}\left(p_\theta^2 + \frac{1}{\sin^2\theta}p_\varphi^2\right) \tag{8.1.8}$$

式中 $I = mr^2$ 是质点 A 对原点 O 的转动惯量。θ、φ 和 p_θ、p_φ 就是在球坐标系中描述质点 A 运动状态的广义坐标和广义动量。在经典力学中，θ 可以取 $0\sim\pi$、φ 可以取 $0\sim2\pi$ 间的任何数值，p_θ、p_φ 的取值原则上没有任何限制。质点的自由度为 2，它的 μ 空间是 4 维的。

前面讨论的质点是被称作转子的一个例子。转子是这样一个物体，它在任何时刻的位置可以由其主轴在空间的方位角 θ、φ 确定。在前述例子中，主轴是 OA。以细棒联结的质量为 m_1 和 m_2 的两个质点（哑铃）绕其质心的转动也是一个转子。由于二体问题可以约化为单体问题，只要将前面有关公式中的 m 换成约化质量 $m_\mu = \frac{m_1 m_2}{m_1 + m_2}$，结果就完全适用。在统计物理中将双原子分子绕其质心的转动看作转子。

还可以将转子的能量(8.1.8)表达为另一形式。根据经典力学，在没有外力作用的情形下，转子的总角动量 $\vec{L} = \vec{r}\times\vec{p}$ 是一个守恒量，其大小和方向都不随时间改变。由于 $\vec{r}$ 垂直于 $\vec{L}$，质点的运动是在垂直于 $\vec{L}$ 的平面内的运动。如果选择 z 轴平行于 $\vec{L}$，质点的运动必在 xy 平面上。这时 $\theta = \pi/2$，$p_\theta = 0$。于是能量表达式(8.1.8)简化为

$$\varepsilon = \frac{p_\varphi^2}{2I} = \frac{L^2}{2I} \tag{8.1.9}$$

我们以后要用到式(8.1.8)和式(8.1.9)两个转子能量的表达式。

8.1.3 粒子微观运动状态的量子描述

本节参照量子力学中的知识，对粒子运动状态的量子描述作简略的介绍。

粒子运动状态的量子描述以量子力学为基础。目前需要知道两点：①**粒子具有波粒二象性**；②粒子的微观运动状态是一些**量子态，可以用一组量子数表征**，即两粒子的一组量子数完全相同，表示这两个粒子的微观运动状态(量子态)相同，只要有任何一个量子数不相同，就表示这两个粒子的量子态是不同的。量子力学中相应的微观力学量(动量、能量等)的取值是不连续的，或者说**是量子化的**。

1. 波粒二象性

我们知道，微观粒子(光子、电子、质子、中子乃至原子、分子等等)普遍地具有波粒二象性。一方面它们是客观存在的单个实体，另一方面在适当的条件下又可以观察到微观粒子显示干涉、衍射等波动所特有的现象。例如令粒子束射向晶体，在透射粒子束和反射粒子束中都可观察到衍射花纹。法国物理学家德布罗意(de Broglie，1892—1987，量子力学的奠基人之一)于 1924 年提出一个假说，认为一切微观粒子也具有波动性，即一切微观粒子都具有波粒二象性，并把标志波动性质的圆频率 ω 和波矢$\vec{k}$(波矢$\vec{k}$的方向是平面波的传播方向，波矢$\vec{k}$的大小与波长 λ 的关系为 $k=\frac{2\pi}{\lambda}$) 通过一个普适常数用标志粒子性质的能量 ε 和动量$\vec{p}$联系起来。能量为 ε、动量为$\vec{p}$的实物粒子的物质波是圆频率为 ω、波矢为$\vec{k}$的平面波，称为**德布罗意波**。能量 ε 与圆频率 ω 和频率 ν，动量$\vec{p}$与波矢$\vec{k}$的关系为

$$\begin{aligned} \varepsilon &= \hbar\omega = h\nu \\ \vec{p} &= \hbar\vec{k} = \frac{h}{\lambda}\vec{e}_0 \end{aligned} \tag{8.1.10}$$

式(8.1.10)称为**德布罗意关系**，适用于一切微观粒子。常量

$$\hbar = \frac{h}{2\pi}$$

h 和$\hbar$都称为**普朗克常量**，是量子物理的基本常量。其数值为

$$h = 6.626 \times 10^{-34}\ \mathrm{J \cdot s}$$
$$\hbar = 1.055 \times 10^{-34}\ \mathrm{J \cdot s}$$

它的量纲是[时间]·[能量]=[长度]·[动量]=[角动量]。

具有上述量纲的物理量通常称为作用量，因而普朗克常数也称为基本的作用量子。在什么情况下使用经典描述，什么情况下使用量子描述？如何来判别呢？这个作用量子成为判别采用经典描述或量子描述的判据。当一个物质系统的任何具有作用量纲的物理量具有与普朗克常数相比拟的数值时，这个物质系统就是量子系统。反之，如果物质系统

的每一个具有作用量纲的物理量用普朗克常数来量度都非常大时，这个系统就可以用经典力学来研究。

2. 不确定关系

波粒二象性的一个重要结果是微观粒子不可能同时具有确定的动量和坐标。如果以 Δq 表示粒子坐标 q 的不确定值，Δp 表示相应动量 p 的不确定值，则在量子力学所容许的最精确的描述中，Δq 与 Δp 的乘积满足

$$\Delta q \Delta p \approx h \tag{8.1.11}$$

式(8.1.11)称为**不确定关系**或称**测不准关系**。不确定关系表明，如果粒子的坐标具有完全确定的数值即 $\Delta q \to 0$，则粒子的动量将完全不确定，即 $\Delta p \to \infty$；反之，当粒子的动量具有完全确定的数值即 $\Delta p \to 0$ 时，则粒子的坐标将完全不确定，即 $\Delta q \to \infty$。这生动地说明微观粒子的运动不是轨道运动，微观粒子的运动状态不是用坐标和动量来描述的，而是用波函数或量子数来描述的。

在经典力学中，粒子可同时具有确定的坐标和动量，这并不是说我们可以任意的精确度做到这一点，而是说在经典力学中，原则上不允许对此精确度有任何限制。由于普朗克常量数值非常小，不确定关系在任何意义上都不会跟宏观物理学的经验知识发生矛盾。

3. 微观粒子的运动状态(量子态)由一组量子数表示

在量子力学中**微观粒子的运动状态**称为**量子态**。**量子态由一组量子数表征**，这组量**子数的数目等于粒子的自由度数**。具体情况见下面 8.1.4 节。

8.1.4 粒子运动状态量子描述实例

下面举几个例子对微观粒子的量子态由一组量子数表示加以说明。

1. 线性谐振子

在原子物理中，圆频率为 ω 的线性谐振子，能量的可能值为

$$\varepsilon_n = \hbar\omega\left(n + \frac{1}{2}\right),\ n = 0,\ 1,\ 2,\ \cdots \tag{8.1.12}$$

n 是表征振子的运动状态和能量的量子数，称为**主量子数**。式(8.1.12)中量子数 n 可以取 0～∞之间的任一整数，每一取值代表一个量子态，取值不同表示振子的量子态不同。因此，一维量子谐振子的微观状态可以用一个**量子数 n** 表征，线性谐振子的**自由度为 1**。可以看到，式(8.1.12)给出的能量值是分立的，分立的能量称为**能级**。线性谐振子的能级是等间距的，相邻两能级的能量差 $\Delta\varepsilon = \hbar\omega = h\nu$，其大小取决于振子的圆频率，与 n 无关。

2. 转子

式(8.1.9)给出了转子的能量

$$\varepsilon = \frac{L^2}{2I}$$

在经典理论中，L^2 原则上可取任何正值。在量子理论中角动量 L 只能取分立值

$$L=\sqrt{l(l+1)}\,\hbar,\ l=0,\ 1,\ 2,\ \cdots \tag{8.1.13}$$

l 为**轨道量子数**(或**角动量量子数**)。对于一定的 l,角动量在外磁场方向(取为 z 轴)的投影 L_z 只能取分立值

$$L_z=m_l\hbar,\ m_l=-l,\ -l+1,\ \cdots,\ l \tag{8.1.14}$$

m_l 称为**轨道磁量子数**,共 $2l+1$ 个可能的值。这就是说,在量子理论中**自由度为 2 的转子的运动状态由 l、m_l 两个量子数表征**。同样 l、m_l 的每一组取值代表转子的一个量子态,取值不同表示转子的量子态不同。m_l 的取值与经典运动轨道平面的取向相应。在经典理论中运动平面在空间的取向是任意的,而在量子理论中角动量的空间投影 L_z 只能取上述分立值,称为空间量子化。

3. 简并与非简并

由 $\varepsilon=\dfrac{L^2}{2I}$ 和式(8.1.13)可知,在量子理论中转子的能量是分立的

$$\varepsilon_l=\frac{l(l+1)\hbar^2}{2I},\ l=0,\ 1,\ 2,\ \cdots \tag{8.1.15}$$

由于转子的运动状态由 l、m_l 两个量子数表征,而能量只取决于量子数 l。因此能级为 ε_l 的量子态有 $2l+1$ 个。我们说能级 ε_l 是简并的,其简并度为 $2l+1$。一般地说,**如果某一能级的量子状态不止一个,该能级就称为简并的**。**一个能级的量子态数**称为该能级的**简并度**。如果某一能级只有一个量子态,该能级称为**非简并的**。例如式(8.1.12)给出的一维线性振子的能级是非简并的。

4. 自旋角动量

某些基本粒子具有内禀的角动量,称为**自旋角动量 S**。其数值等于

$$S=\sqrt{s(s+1)}\,\hbar \tag{8.1.16}$$

s 称为**自旋量子数**,可以是整数或半整数。自旋量子数的数值是基本粒子的固有属性。例如电子的自旋量子数 $s=\dfrac{1}{2}$,光子的 $s=1$,π 介子的 $s=0$。

自旋角动量的状态由自旋角动量的大小(即自旋量子数 s)及自旋角动量的空间取向确定。以 z 表示外磁场方向,自旋角动量在外磁场方向的投影 S_z 的可能值为

$$S_z=m_s\hbar,\ m_s=s,\ s-1,\ \cdots,\ -s \tag{8.1.17}$$

m_s 称为磁量子数,共 $2s+1$ 个可能的值。

下面我们着重讨论电子的自旋角动量和自旋磁矩。电子的自旋量子数既为 $\dfrac{1}{2}$,则 m_s 的可能值为 $\pm\dfrac{1}{2}$。以 m_e 表示电子的质量,$-e$ 表示电子的电荷。由原子物理有,电子的自旋磁矩 $\vec{\mu}$ 与自旋角动量 $\vec{S}$ 之比为

$$\frac{\vec{\mu}}{\vec{S}}=-\frac{e}{m_e} \tag{8.1.18}$$

当存在外磁场时,自旋角动量的本征方向沿外磁场方向。以 z 表示外磁场方向,$\vec{B}$ 表示磁感应强度,则电子自旋角动量在 z 方向的投影为 $S_z=\pm\frac{\hbar}{2}$,自旋磁矩在 z 方向的投影为 $\mu_z=\mp\frac{e\hbar}{2m_e}$,电子在外磁场中的能量为

$$-\vec{\mu}\cdot\vec{B}=\pm\frac{e\hbar}{2m_e}B \tag{8.1.19}$$

8.1.5 自由粒子微观运动状态的量子描述

自由粒子微观运动状态的量子描述归结为求粒子运动的**可能微观状态数(量子态数)**。

1. 微观空间的一维自由粒子

设粒子处在长度为 L 的一维微观容器中,为了确定粒子可能的运动状态,需要知道德布罗意波在器壁的边界条件。通常采用**驻波条件或周期性边界条件**。在统计物理学所研究的问题中,边界条件的具体形式实际上是无关紧要的。我们采用周期性边界条件。周期性边界条件要求,粒子可能的运动状态,其德布罗意波波长 λ 的整数倍等于容器的长度 L,即

$$L=|n_x|\lambda,\ |n_x|=0,\ 1,\ 2,\ \cdots$$

n_x 取绝对值是因为对于长度 L,n_x 不能为负。根据波矢大小 k_x 与波长的关系,并考虑到在一维空间中波动可以有两个传播方向,便可求得波矢 k_x 的可能值为

$$k_x=\frac{2\pi}{\lambda}=\frac{2\pi}{L}n_x,\ n_x=0,\ \pm1,\ \pm2,\ \cdots$$

将上式代入德布罗意关系(8.1.10),可得一维自由粒子动量的可能值为

$$p_x=\hbar k_x=\frac{2\pi\hbar}{L}n_x,\ n_x=0,\ \pm1,\ \pm2,\ \cdots$$

n_x 就是表征一维自由粒子的运动状态的量子数,即不同的 n_x 代表一维自由粒子不同的量子态。一维自由粒子能量的可能值为

$$\varepsilon_{n_x}=\frac{p_x^2}{2m}=\frac{2\pi^2\hbar^2}{mL^2}n_x^2。n_x=0,\ \pm1,\ \pm2,\ \cdots$$

能量值也取决于量子数 n_x(非简并的)。

2. 微观空间的三维自由粒子

设粒子处在边长为 L 的微观立方容器内,则粒子三个动量分量 p_x、p_y、p_z 的可能值为

$$p_x = \frac{2\pi\hbar}{L} n_x,\ n_x = 0, \pm 1, \pm 2, \cdots$$
$$p_y = \frac{2\pi\hbar}{L} n_y,\ n_y = 0, \pm 1, \pm 2, \cdots \tag{8.1.20}$$
$$p_z = \frac{2\pi\hbar}{L} n_z,\ n_z = 0, \pm 1, \pm 2, \cdots$$

n_x、n_y、n_z 就是表征 3 维自由粒子运动状态的三个量子数，即不同的 n_x、n_y、n_z 代表 3 维自由粒子不同的量子态。三维自由粒子能量的可能值为

$$\varepsilon = \frac{1}{2m}(p_x^2 + p_y^2 + p_z^2) = \frac{2\pi^2\hbar^2}{mL^2}(n_x^2 + n_y^2 + n_z^2) \tag{8.1.21}$$

如果粒子定域在微观大小的空间范围内运动，例如电子在原子大小的范围、核子在原子核大小的范围内运动，由式(8.1.20)和式(8.1.21)给出的动量值和能量值的分立性是显著的。注意粒子的量子态由三个量子数 n_x、n_y、n_z 表征，而能级只取决于 $n_x^2 + n_y^2 + n_z^2$ 的数值。因此处在一个能级的量子状态一般不止一个。例如，能级 $\frac{2\pi^2\hbar^2}{mL^2}$ 有 6 个量子态。这 6 个量子态是 $n_x = 0,\ n_y = 0,\ n_z = \pm 1$；$n_x = 0,\ n_y = \pm 1,\ n_z = 0$；$n_x = \pm 1,\ n_y = 0,\ n_z = 0$，因此能级 $\frac{2\pi^2\hbar^2}{mL^2}$ 是简并的，其简并度为 6。

3. 宏观空间的三维自由粒子

如果粒子是在宏观大小的容器内运动，式(8.1.20)和式(8.1.21)给出的动量值和能量值是准连续的。由于自由粒子的运动状态与粒子的空间位置无关，只由动量决定，因此这时往往考虑在体积 $V = L^3$ 内，在 p_x 到 $p_x + dp_x$，p_y 到 $p_y + dp_y$，p_z 到 $p_z + dp_z$ 的动量范围内自由粒子的量子态数。由式(8.1.20)可知，p_x 与 n_x 是一一对应的，且相邻的两个 n_x 之差为 1。因此在 p_x 到 $p_x + dp_x$ 的范围内，可能的 p_x 的数目为

$$dn_x = \frac{L}{2\pi\hbar} dp_x$$

同理，在 p_y 到 $p_y + dp_y$ 的范围内，可能的 p_y 的数目为

$$dn_y = \frac{L}{2\pi\hbar} dp_y$$

在 p_z 到 $p_z + dp_z$ 的范围内，可能的 p_z 的数目为

$$dn_z = \frac{L}{2\pi\hbar} dp_z$$

既然自由粒子的量子态由动量的三个分量 p_x、p_y、p_z（或三个量子数 n_x、n_y、n_z）的数值表征，在体积 $V = L^3$ 内，在 p_x 到 $p_x + dp_x$，p_y 到 $p_y + dp_y$，p_z 到 $p_z + dp_z$ 内，自由粒子的量子态数为

$$dn_x dn_y dn_z = \left(\frac{L}{2\pi\hbar}\right)^3 dp_x dp_y dp_z = \frac{V}{h^3} dp_x dp_y dp_z \tag{8.1.22}$$

8.1.6 求微观粒子量子态数的相格法

1. 相格

(1) 相格的定义

式(8.1.22)可以根据不确定关系用 μ 空间的相格概念来理解。因为微观粒子的运动必须遵守不确定关系 $\Delta q_i \Delta p_i \approx h$，即不可能同时具有确定的动量和坐标，所以量子态不能用 μ 空间的一个代表点来描述。如果硬要沿用广义坐标和广义动量来描述量子态，那么一个状态必然对应于 μ 空间中的一个相体元 $\Delta\omega$，而不是一个点。把不确定关系应用到 μ 空间中(例如考虑一维自由粒子)，其 $\Delta x \cdot \Delta p_x = h$，$\Delta x \cdot \Delta p_x$ 表示 μ 空间中的一小块相体元，由不确定关系，其大小就为 h。根据不确定关系，粒子运动的代表点落在相体元 $\Delta x \cdot \Delta p_x = h$ 内的各微观粒子的运动状态是不可分辨的，即它们的运动状态是相同的。因此，如果用坐标 q 和动量 p 来描述粒子的运动状态，一个量子态必然对应于 μ 空间中的一个相体元。我们称这样的相体元为一个**量子相格**，简称**相格**。所以相格可以定义为：**μ 空间中表示微观粒子同一运动状态的代表点的集合**。即同一运动状态的各代表点所弥漫的相空间。

(2) 相格的大小

对于自由度为 1 的粒子，相格的大小为 $\Delta q \cdot \Delta p = h$。如果粒子的自由度为 r，各自由度的坐标和动量的不确定值 Δq_i 和 Δp_i 应分别满足不确定关系 $\Delta q_i \Delta p_i = h$，则**相格的大小为**

$$\Delta q_1 \cdots \Delta q_r \Delta p_1 \cdots \Delta p_r = h^r \tag{8.1.23}$$

(3) 相格的物理意义

μ 空间中的一个相格 $h^r \Leftrightarrow$ 粒子的一个微观运动状态(一个量子态)

所以代表点在同一相格中的各微观粒子具有相同的运动状态(量子态)，在不同的相格中，量子态不同。

2. 用相格法**求宏观空间的微观粒子量子态数的公式**

$$r\text{ 维自由粒子的量子态数} = \frac{(\Delta q_1 \cdots \Delta q_r)(\Delta p_1 \cdots \Delta p_r)}{h^r} \tag{8.1.24}$$

因此式(8.1.22)利用相格法可以理解为，将 μ 空间中三维自由粒子运动范围的相体积 $V\mathrm{d}p_x\mathrm{d}p_y\,\mathrm{d}p_z$ 除以相格大小 h^3 而得到的**三维自由粒子在 $V\mathrm{d}p_x\mathrm{d}p_y\,\mathrm{d}p_z$ 内的微观状态数(量子态数)**

$$D(\vec{p})\mathrm{d}\,\vec{p} = \frac{V}{h^3}\mathrm{d}p_x\mathrm{d}p_y\mathrm{d}p_z \tag{8.1.25}$$

$D(\vec{p})$ 表示单位动量间隔内的可能量子态数，称为**态密度**。因此式(8.1.22)中的 $\mathrm{d}n_x\mathrm{d}n_y\mathrm{d}n_z$ 的含义为 μ 空间相体积 $V\mathrm{d}p_x\mathrm{d}p_y\mathrm{d}p_z$ 中的量子态数。

3. 球坐标下3维自由粒子的量子态数公式

在某些问题中，往往用动量空间的球坐标 p、θ、φ 来描写3维自由粒子的动量。p、θ、φ 与 p_x、p_y、p_z 的关系为

$$p_x = p\sin\theta\cos\varphi,\ p_y = p\sin\theta\sin\varphi,\ p_z = p\cos\theta$$

用球极坐标，动量空间的体积元为 $p^2\sin\theta\mathrm{d}p\mathrm{d}\theta\mathrm{d}\varphi$。所以，**在体积 $\boldsymbol{V}$ 内，动量大小在 $\boldsymbol{p}$ 到 $\boldsymbol{p+\mathrm{d}p}$，动量方向在 $\boldsymbol{\theta}$ 到 $\boldsymbol{\theta+\mathrm{d}\theta}$，$\boldsymbol{\varphi}$ 到 $\boldsymbol{\varphi+\mathrm{d}\varphi}$ 的范围内，自由粒子可能的微观状态数(量子态数)**为

$$D(\vec{p})\mathrm{d}\vec{p} = \frac{Vp^2\sin\theta\mathrm{d}p\mathrm{d}\theta\mathrm{d}\varphi}{h^3} \tag{8.1.26}$$

例1 求在体积 V 内，动量大小在 p 到 $p+\mathrm{d}p$ 的范围内(动量方向为任意)，自由粒子可能的微观状态数。

解： 由式(8.1.26)，对 θ 和 φ 积分，θ 由0积分到 π，φ 由0积分到 2π

$$\int_0^{2\pi}\mathrm{d}\varphi\int_0^{\pi}\sin\theta\mathrm{d}\theta = 4\pi$$

便可求得，**在体积 $\boldsymbol{V}$ 内，动量大小在 $\boldsymbol{p}$ 到 $\boldsymbol{p+\mathrm{d}p}$ 的范围内(动量方向为任意)，自由粒子可能的微观状态数为**

$$D(p)\mathrm{d}p = \frac{4\pi V}{h^3}p^2\mathrm{d}p \tag{8.1.27}$$

$D(p)$ 表示单位动量大小间隔内的可能微观状态数，即态密度。

例2 求在体积 V 内，在 ε 到 $\varepsilon+\mathrm{d}\varepsilon$ 的能量范围内，三维自由粒子的量子态数。

解： 根据公式 $\varepsilon = p^2/2m$，由式(8.1.27)可以求出，**在体积 $\boldsymbol{V}$ 内，在 $\boldsymbol{\varepsilon}$ 到 $\boldsymbol{\varepsilon+\mathrm{d}\varepsilon}$ 的能量范围内，自由粒子可能的微观状态数为**

$$D(\varepsilon)\mathrm{d}\varepsilon = \frac{2\pi V}{h^3}(2m)^{3/2}\varepsilon^{1/2}\mathrm{d}\varepsilon \tag{8.1.28}$$

态密度 $D(\varepsilon)$ 表示单位能量间隔内的可能微观状态数。

4. 考虑自旋的修正

应当说明，以上的计算没有考虑粒子的自旋。如果粒子的自旋不等于零，还要计及自旋的贡献。例如，假如粒子的自旋量子数为 $\frac{1}{2}$，自旋角动量在动量方向的投影有 $\pm\frac{\hbar}{2}$ 两个可能值，上面求得的结果式(8.1.22)，式(8.1.24)～式(8.1.28)都应乘以因子2。

8.2 系统微观运动状态的描述

8.2.1 几个概念

1. 系统的微观运动状态

前面介绍了粒子微观运动状态的经典描述和量子描述，现在进一步讨论如何描述整

个系统的微观运动状态。所谓系统的微观运动状态就是系统的力学运动状态。这里要**注意两点**：第一，系统的微观运动状态不同于系统的宏观状态，对应于系统的某一宏观状态，系统的微观运动状态可以有很多很多；第二，统计物理学研究的系统是由大量微观粒子组成的，系统的微观运动状态由系统的所有粒子的微观运动状态所决定。某一个粒子的运动状态改变了，则系统的微观运动状态也就不同（这时系统的宏观状态可能并没变化）。本节限于讨论由全同和近独立粒子组成的系统，更普遍的情形将在第 11 章讨论。

2. 全同粒子

全同粒子组成的系统就是由**具有完全相同的内禀属性**（相同的质量、电荷、自旋等）的同类粒子组成的系统。例如，^{4}He 原子组成的氦气或自由电子组成的自由电子气体都是全同粒子组成的系统。

3. 近独立粒子

近独立粒子组成的系统，是指系统中**粒子之间相互作用很弱**，相互作用的平均能量远小于单个粒子的平均能量，因而**可以忽略粒子之间的相互作用**，将整个系统的能量表达为单个粒子的能量之和

$$E = \sum_{i=1}^{N} \varepsilon_i \tag{8.2.1}$$

式中 ε_i 是第 i 个粒子的能量，N 是系统的粒子总数。注意，ε_i 只是第 i 个粒子的坐标和动量以及外场参量的函数，与其他粒子的坐标和动量无关。理想气体就是由近独立粒子组成的系统。理想气体的分子，除了相互碰撞的瞬间，都可以认为没有相互作用。

应该说明，近独立粒子之间虽然相互作用微弱，但仍然是有相互作用的。如果各粒子间真的毫无相互作用，各粒子完全独立地运动，这些粒子组成的系统也就无从达到热力学平衡状态了。

8.2.2 系统微观运动状态的经典描述

1. 经典力学的正则描述——确定系统的微观运动状态需 $2Nr$ 个变量

设粒子的自由度为 r。在任一时刻，第 i 个粒子的力学运动状态由 r 个广义坐标 q_{i1}，q_{i2}，…，q_{ir} 和 r 个广义动量 p_{i1}，p_{i2}，…，p_{ir} 的数值确定。当组成系统的 N 个粒子在某一时刻的力学运动状态都确定时，整个系统在该时刻的微观运动状态也就确定了。因此确定系统的微观运动状态需要 $2Nr$ 个变量，这 $2Nr$ 个变量就是 q_{i1}，…，q_{ir}；p_{i1}，…，p_{ir} $(i = 1, 2, \cdots, N)$。

2. 经典力学的全同粒子是可以分辨的

① **在经典物理中，全同粒子是可以分辨的**。这是因为，经典粒子的运动是轨道运动，原则上是可以被跟踪的。只要确定每一粒子在初始时刻的位置，原则上就可以确定每一粒子在其后任一时刻的位置。所以尽管全同粒子的属性完全相同，原则上仍然可以辨认。

② 这 $2Nr$ 个变量中任何一个发生了改变，系统的微观态将不一样。而且，既然全同粒子可以分辨，如果在含有多个全同粒子的系统中，将两个粒子的运动状态加以交换，例

如第 i 个粒子和第 j 个粒子的运动状态本来分别是$(q_1', \cdots, q_r';\ p_1', \cdots, p_r')$和$(q_1'', \cdots, q_r'';\ p_1'', \cdots, p_r'')$，如果将它们的运动状态加以交换，使第 i 个粒子的运动状态为$(q_1'', \cdots, q_r'';\ p_1'', \cdots, p_r'')$，第 j 个粒子的运动状态为$(q_1', \cdots, q_r';\ p_1', \cdots, p_r')$，如图 8.4(a)、(b)所示，在交换前后，系统的力学运动状态是不同的。

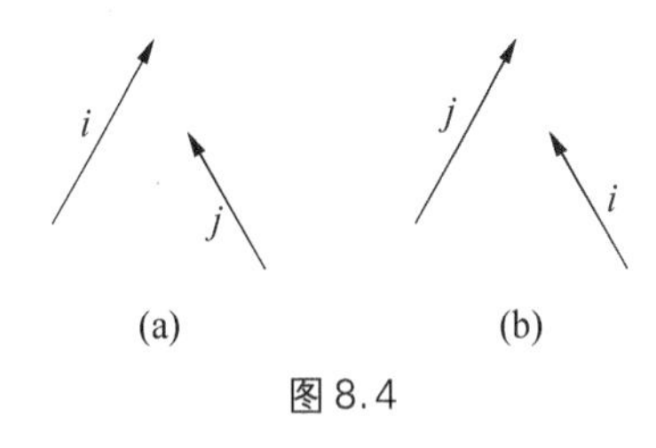

图8.4

3. 系统微观运动状态的相空间表示

一个粒子在某一时刻的力学运动状态可用 μ 空间中的一个代表点表示。由 N 个全同粒子组成的系统在某一时刻的微观运动状态描述的几何方法与此类似。例如对 N 个粒子组成的系统，若每个粒子有 3 个自由度，整个系统的总自由度数为 $3N$，需用 $6N$ 个变量来描写，即 $3N$ 个坐标 $x_1, y_1, z_1, \cdots, x_N, y_N, z_N$ 和相应的 $3N$ 个动量 $p_{x_1}, p_{y_1}, p_{z_1}, \cdots, p_{x_N}, p_{y_N}, p_{z_N}$。一般地说，若系统由 N 个粒子组成，每个粒子的自由度为 r，整个系统的总自由度数为 $f = Nr$，则需用 $2f = 2Nr$ 个广义坐标和广义动量 $q_1, \cdots, q_f;\ p_1, \cdots, p_f$ 来描写其力学运动状态。用这 $2f$ 即 $2Nr$ 个坐标和动量作为直角坐标架构成的空间称为**相空间(或 Γ 空间)**，**Γ 空间中的一个点就代表系统的一个微观状态**，称为系统微观运动状态的代表点。而相空间的微小体积元(称为相体元)用 $\mathrm{d}\Omega$ 表示

$$\mathrm{d}\Omega = \mathrm{d}q_1 \cdots \mathrm{d}q_f \mathrm{d}p_1 \cdots \mathrm{d}p_f$$

它代表系统微观状态变化的微小范围。

根据前面的讨论可知，如果交换粒子运动状态的两个代表点在 Γ 空间的位置，相应的系统的微观状态是不同的。

8.2.3 量子物理的二个基本原理

在讨论系统微观运动状态的量子描述以前，我们首先介绍量子物理的二个基本原理——微观粒子全同性原理和泡利不相容原理。

1. 全同性原理

微观粒子**全同性原理**指出，**在量子物理中，全同粒子是不可分辨的**。或者说全同粒子的交换不引起新的系统的量子态，即在含有多个全同粒子的系统中，将任何两个全同粒子加以对换，不改变整个系统的微观运动状态。

此原理与经典物理关于全同粒子可以分辨的论断是完全不同的。导致完全不同的论断的根本原因是，**经典粒子的运动是轨道运动**。倘若粒子遵从经典力学，那么，尽管不能从内禀性质去区分全同粒子，但由于各个粒子具有完全确定的力学运动轨道，原则上仍可以按粒子运动的轨迹来追踪，从而区分它们。而**量子粒子具有波粒二象性，它的运动不是轨道运动**，我们不能肯定某一时刻量子粒子会在空间的哪一个位置出现，因而不可能跟踪量子粒子的运动。假设在 $t = 0$ 时确知两个粒子的位置，由于与这两个粒子相联系的波动迅速扩散而互相重叠，在 $t > 0$ 时在某一地点发现粒子时，已经不能辨认到底是第一个还是第二个粒子了。图 8.5(a)和(b)示意地表示两个粒子遵从经典力学和量子力学的区别。

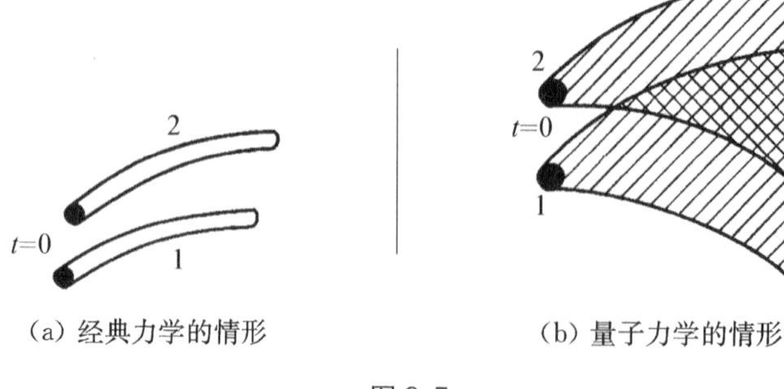

(a) 经典力学的情形　　(b) 量子力学的情形

图 8.5

2. 玻色子和费米子

在讨论量子粒子怎样占据每个个体量子态时,还有一个原则问题必须给予考虑。自然界中微观粒子可分为两类,称为玻色子和费米子。在"基本"粒子中,**自旋量子数为半整数的是费米子**,例如电子、μ 子、质子、中子等自旋量子数都是$\frac{1}{2}$;**自旋量子数是整数的是玻色子**,例如光子自旋量子数为 1,π 介子自旋量子数为零。在原子核、原子和分子等复合粒子中,凡是由玻色子构成的复合粒子是玻色子,由偶数个费米子构成的复合粒子也是玻色子;由奇数个费米子构成的复合粒子是费米子。例如,氢原子^{1}H(含 p, e)、氢的同位素氘核^{2}H(含 p, n)、氦核^{4}He(含 2p, 2n)、氦原子^{4}He(含 2p, 2n, 2e)等是玻色子,氘原子^{2}H(含 p, n, e)、氢的同位素氚核^{3}H(含 p, 2n)等是费米子。

3. 泡利不相容原理

由费米子组成的系统称为**费米系统,遵从泡利**(Pauli, 1900—1958,奥地利物理学家)**不相容原理。泡利不相容原理**说,在含有多个全同近独立的费米子的系统中,**一个个体量子态最多能容纳一个费米子**。换句话说,任何一个单量子态上,要么不占据,要么占据一个费米子。由玻色子组成的系统称为**玻色系统,不受泡利不相容原理的约束**。这就是说,由多个全同近独立的玻色子组成的玻色系统中,处在同一个体量子态的玻色子数目是不受限制的。以后将看到,泡利不相容原理是我们理解费米子系统与玻色子系统不同统计性质的基础。

4. 定域系统与非定域系统

① 定域系统,是指各个粒子被限制在各自的小范围空间区域内,因而可以利用各个空间区域来区分粒子的系统。例如固体,各个粒子被限制在各自的平衡位置附近的一个小区域内,因而是一个定域系统。当然,固体中各粒子之间的相互作用很强,虽然定域,但整个固体并非近独立粒子系统。

近独立定域系统也称玻耳兹曼系统。这种系统,由于可以利用各粒子占据的空间区域来区分粒子(即全同粒子是可分辨的),因此可以用各个粒子的个体量子态来确定系统的微观态(量子态),其情形与经典粒子系统微观态的确定方法相同。

② 非定域系统,就是指粒子可以在共同的空间范围内运动的系统。例如,气体,液

体等就是非定域系统,费米系统和玻色系统也属于非定域系统。对于非定域系统,由于全同粒子不能区分,所以不能像定域系统那样用各粒子的个体量子态来确定系统的量子态,这时,需改用确定系统各个量子态上有多少个粒子的办法来确定系统的量子态。

8.2.4 系统微观运动状态的量子描述

1. 基本原则

在用相格法求微观粒子量子态数的方法中,因为 N 个编号粒子的代表点在相空间中按相格的一种分配方式对应系统的一个微观运动状态;N 个编号粒子的代表点在相空间中按相格的不同分配方式对应系统的不同微观运动状态。因此

① 假如**全同粒子可以分辨**,确定由全同近独立粒子组成的系统的微观运动状态归结为**确定每一个粒子的个体量子态**。

② 对于**不可分辨的全同粒子**,确定由全同近独立粒子组成的系统的微观状态归结为**确定每一个个体量子态上的粒子数**。例如,确定 He 气的微观状态,归结为确定由每一组量子数 n_x、n_y、n_z 所表征的个体量子态上各有多少个 He 原子。

2. 三种统计系统

(1) 费米系统、玻色系统、玻耳兹曼系统的异同

在统计物理学发展的早期(远在量子力学建立以前),玻耳兹曼把粒子看作可以分辨的(例如定域系统),并导出了这种粒子的统计分布。现在我们把由可分辨的全同近独立粒子组成,且处在一个个体量子态上的粒子数不受限制的系统称作玻耳兹曼系统或称麦克斯韦-玻耳兹曼系统(M-B)。表 8.1 列出了三种统计系统的异同。

表 8.1 三种系统的区别

系统	全同性原理	泡利不相容原理
费米系统(F-D)	全同粒子**不可**分辨	各个体量子态上的粒子数**受**限制
玻色系统(B-E)	全同粒子**不可**分辨	各个体量子态上的粒子数**不受**限制
玻耳兹曼系统(M-B)	全同粒子**可**分辨	各个体量子态上的粒子数**不受**限制

(2) 三种统计系统中粒子的量子态与系统的量子态

下面举一个简单的例子说明玻耳兹曼系统、玻色系统和费米系统的系统微观量子态之间的区别。设系统含有**两个粒子,粒子的个体量子态有 3 个**。现在考察,玻耳兹曼系统、玻色系统和费米系统对于同样的 2 个粒子、3 个量子态各有哪些可能的系统微观量子态。

① 玻耳兹曼系统。

粒子可以分辨,每一个体量子态能够容纳的粒子数不受限制。以 A、B 表示可以分辨的两个粒子,它们占据 3 个个体量子态可以有以下的方式:

量子态 1	量子态 2	量子态 3
A B		
	A B	
		A B
A	B	
B	A	
	A	B
	B	A
A		B
B		A

因此，对于玻耳兹曼系统，可以有 9 个不同的量子状态，即系统的可能微观运动状态数（量子态数）为 9。

② 玻色系统。

粒子不可分辨，每一个个体量子态所能容纳的粒子数不受限制，由于粒子不可分辨，令 $A=B$。两个粒子占据 3 个个体量子态有以下的方式：

量子态 1	量子态 2	量子态 3
A A		
	A A	
		A A
A	A	
	A	A
A		A

因此，对于玻色系统，可以有 6 个不同的量子状态，即系统的可能微观量子态总数为 6。

③ 费米系统。

粒子不可分辨，每一个个体量子态最多能容纳一个粒子。两个粒子占据 3 个个体量子态有以下的方式：

量子态 1	量子态 2	量子态 3
A	A	
	A	A
A		A

因此,对于费米系统,可以有 3 个不同的量子状态,即系统的可能微观量子态总数为 3。

后面我们将看到,上述不同系统的区别会影响它们的统计分布。

前面介绍了如何描述由全同近独立粒子组成的多粒子系统的微观运动状态,为后面讨论近独立粒子的统计分布作准备。在经典力学基础上建立的统计物理学称为**经典统计物理学**,在量子力学基础上建立的统计物理学称为**量子统计物理学**。**两者在统计原理上是相同的,区别在于对微观运动状态的描述**。我们知道,微观粒子实际上遵从量子力学的运动规律。不过在一定的极限条件下,可以由量子统计得到经典统计的结果。因此经典统计在一定条件下还是有意义的。为了便于教学,本教材将经典统计和量子统计并列讲述。本章及第 9、10 章限于讨论近独立粒子组成的系统,更普遍的情形将在第 11 章讨论。

8.3 分布与系统的微观状态数

在介绍了怎样描述由全同近独立粒子组成的多粒子系统的微观状态以后,下面首先讲述平衡态统计物理的基本假设——等概率原理。

8.3.1 宏观量的统计性质 统计规律性

1. 宏观量的统计性质

统计物理学的任务是从物质的微观结构和微观运动来说明物质的宏观性质,宏观性质由宏观量表征,它们是可以直接或间接通过宏观观测来确定的物理量,包括热力学变量(如密度、压强等),热力学函数(如内能、熵等),以及其他一些在传统热力学中并不出现的可观测量(如气体分子的速度分布,流体的密度涨落关联函数,磁系统的自旋密度涨落关联函数等)。为此,必须建立宏观量与微观量之间的联系。统计物理学的基本观点是:宏观量是相应微观量的统计平均值。这可以从宏观观测的特点来说明。宏观观测有两个基本特点:一是空间尺度上是宏观小(才有可能显示出宏观性质的空间变化)、微观大(仍包含足够大量的粒子);二是时间尺度上是宏观短(才有可能显示宏观性质随时间的变化)、微观长(微观状态已经历足够多次变化)。比如,以测量气体分子的数密度为例,在 0℃和 1 atm 下,1 cm^3 体积中包含气体分子数约为 2.7×10^{19},如果选 10^{-6} cm^3 的体积来观测,宏观看它已足够小,但其中仍包含约 2.7×10^{13} 个分子,因而微观看还是非常大的。类似地,在同样的宏观条件下,1 cm^3 内气体分子在 1 秒内的碰撞数高达 10^{29} 次,倘若选 10^{-6} 秒为观测时间,宏观看已足够短,但即使取 10^{-6} cm^3 的宏观小体积,分子之间仍会有大约 $10^{29}\times10^{-6}\times10^{-6}\sim10^{17}$ 次碰撞发生,显然微观上已足够长。

由于宏观观测是宏观小、微观大,宏观短、微观长的,这就使得在每一次宏观观测中都出现极大数目的微观运动状态,就某一次特定的宏观观测而言,其宏观观测值是相应的微观量对该次测量中所出现的大量微观状态的统计平均值。实验上通常取多次测量的平均作为最后的观测结果,因此,统计物理学中把理论上要计算的宏观量,看成是对一定宏观状态下一切可能出现的微观状态的统计平均值。而且,由于每一次宏观观测中涉及的微观状态已经非常多，与"全部"相差并不显著，这就是为什么在一定宏观状态下，不同的观测结果实际上相差很小的道理。

以上讨论的是与宏观量有明显对应的微观量的情形，如宏观的内能对应的微观量是系统的微观总能量，宏观的磁化强度对应的是单位体积内的微观总磁矩等。这种情况很简单，只需要直接求统计平均就行了。对于没有明显与之对应的微观量的那些宏观量，如热量、熵等，可以通过与热力学的对比来确定(见 9.1 节，10.1 节)。

2. 统计规律性

在统计物理学创建的早期阶段，人们对为什么采用统计平均方法并不十分清楚，当时有一种观点是：宏观量是相应的微观量的长时间平均值，而微观量随时间的变化完全由力学运动方程决定，按照这种观点，力学运动规律原则上完全决定了宏观性质。如果有足够多的纸和笔，足够长的时间，如果能把大群分子系统的力学运动的微分方程解出来，就可以确定系统的宏观性质。只是由于系统所包含的分子数太多，求解微分方程不可能，才不得不采用统计平均方法，换句话说，采用统计平均方法是不得已而为之。

上述这种观点不能回答一个根本性的问题，即热现象过程的不可逆性。我们知道，微观运动的力学运动方程(无论是量子力学的薛定谔方程，还是经典力学的牛顿方程)都是时间反演对称的，亦即是可逆的。这表明，宏观物体的性质和规律不可能纯粹以力学规律为基础来解释，而有赖于新的规律，这就是统计规律。它可以表述为：在一定的宏观条件下，某一时刻系统以一定的概率处于某一微观运动状态，宏观状态与微观状态之间的这种联系是概率性的，这是统计规律的特征。与此不同的是力学规律，它的论断是决定性的。力学规律可表述为：在一定的初始条件下，某一时刻系统必然处于一确定的运动状态。

系统宏观状态与微观状态之间的概率性的联系是怎么产生的呢？一方面，系统的宏观状态只需少数几个状态变量就可以确定，例如容器中处于平衡态的气体，只需要温度 T、体积 V、总粒子数 N 就可以完全确定其宏观状态。但微观上看，系统的粒子数(因而其自由度数)非常多(数量级大约为 10^{20})，因而允许出现的微观状态数极其巨大，它们不能由宏观状态确定。另一方面，物体系统总是处于一定的外部环境之中，系统与环境不可能绝对隔离，即使对处于平衡态的系统，虽然与环境之间不再有宏观的能量和粒子的交换，但它们之间仍不可避免地存在着相互作用，这种相互作用足以影响系统的微观状态；特别是这种相互作用带有随机性，这就决定了系统宏观态与微观态之间的联系是统计性质的。

最后还应该指出，不能说"组成系统的粒子数多，力学规律就不起作用了"。实际上对由大量粒子组成的宏观物体，力学规律与统计规律都起作用，它们决定着物体系统的不同的方面：**微观运动遵从力学规律，而宏观与微观的联系遵从统计规律**。

8.3.2 平衡态统计理论的基本假设——等概率原理

1. 热力学系统的宏观态与统计物理的系统微观态的区别和联系

首先需要明确在热力学中讲述的系统宏观状态与上节讲述的系统微观运动状态两个概念的区别。如前所述，热力学和统计物理学研究宏观物质系统的特性。宏观物质系统由大量微观粒子构成，其粒子数的典型数值为 10^{23}/mol。作为热运动的宏观理论，热力学

讨论的状态是宏观状态，由几个宏观参量表征。例如，对于一个孤立系统，可以用粒子数 N、体积 V 和能量 E 来表征系统的平衡态。当然，由于实际上不存在与外界完全没有相互作用的严格的孤立系统，更精确地说，应当认为系统的能量是在 E 附近的一个狭窄的能量范围内，或者说系统的能量是在 E 到 $E+\Delta E$ 之间（$|\Delta E|/E \ll 1$）。状态参量给定之后，处在平衡态的系统的所有宏观物理量就都具有确定值，系统就处在一个确定的平衡态。系统的微观状态则是如 8.2 节所讲述的力学运动状态。显然，**在确定的宏观状态下，系统可能的微观状态是大量的，而且微观状态不断地发生着极其复杂的变化**。以理想气体为例，给定 N、E、V 只要求 N 个分子的质心坐标都在体积 V 之内，N 个分子的能量总和为 E。可以想见，大量的微观状态都可以满足这个条件，都是有可能实现的。由于分子间的频繁碰撞及分子与器壁的碰撞，微观状态不断地发生极其复杂的变化。

2. 统计物理学的基本思想

统计物理学认为，**宏观物质系统的特性是大量微观粒子运动的集体表现，宏观物理量是相应微观物理量的统计平均值**。为了研究系统的宏观特性，没有必要、实际上也没有可能追随微观状态的复杂变化。只要知道各个微观状态出现的概率，就可以用统计方法求微观量的统计平均值。因此**确定各微观状态出现的概率是统计物理的根本问题**。

3. 等概率原理

玻耳兹曼在 19 世纪 70 年代提出了著名的等概率原理。**等概率原理**认为，**对于处在平衡状态的孤立系统，系统各个可能的微观状态出现的概率是相等的**。

等概率原理在统计物理中**是一个基本假设**。它的正确性由它的种种推论都与客观实际相符而得到肯定。等概率原理是平衡态统计物理的基础。我们将在第 11 章进一步讨论这个问题。这里只作一点说明，既然这些微观状态都同样满足具有确定 N、E、V 的宏观条件，没有理由认为哪一个状态出现的概率应当更大一些。这些微观状态应当是平权的。因此，认为各个可能的微观状态出现概率相等应当是一个合理的假设。

8.3.3 粒子按能级的分布 $\{a_l\}$

1. 分布的概念

设有一个系统，由大量全同近独立的粒子组成，具有确定的粒子数 N、能量 E 和体积 V。

以 $\varepsilon_l(l=1, 2, \cdots)$ 表示粒子的能级，ω_l 表示能级 ε_l 的简并度。N 个粒子在各能级的分布可以描述如下：

能　级　ε_1，　ε_2，　$\cdots$，　ε_l，　$\cdots$

简并度　ω_1，　ω_2，　$\cdots$，　ω_l，　$\cdots$

粒子数　a_1，　a_2，　$\cdots$，　a_l，　$\cdots$

即能级 ε_1 上有 a_1 个粒子，能级 ε_2 上有 a_2 个粒子，$\cdots$，能级 ε_l 上有 a_l 个粒子，$\cdots$。为书写方便起见，以符号 $\{a_l\}$ 表示数列 a_1，a_2，$\cdots$，a_l，$\cdots$，称为一个**分布**。**一组特定的数列 $\{a_l\}$**，

代表粒子按能级的一种特定的微观分布，不同的$\{a_l\}$代表不同的微观分布。

2. 分布$\{a_l\}$满足的条件(约束条件)

在一定的宏观状态下，允许出现的微观分布有许许多多。现在考虑处于平衡态的**孤立系**，这时系统的总能量E，体积V，总粒子数N都是固定的。在此宏观状态下，允许出现的微观分布$\{a_l\}$必须满足下列两个条件

$$\sum_l a_l = N,\ \sum_l a_l \varepsilon_l = E \tag{8.3.1}$$

才有可能实现。第一个条件代表粒子总数等于N，第二个条件代表系统的总能量等于E。这两个条件是宏观状态对微观分布所加的约束条件。显然，满足这两个约束条件的微观分布的数目仍是很多的。

8.3.4 与分布$\{a_l\}$对应的系统微观状态数Ω

1. 分布和系统微观状态的区别与联系

应当强调，分布和系统微观状态是两个不同的概念。给定一个分布$\{a_l\}$，只能确定处在每一个能级ε_l上的粒子数a_l。它与微观状态是两个性质不同的概念。微观状态是粒子的运动状态，即量子态。分布只表示每一个能级上有几个粒子，如$a_1 = 1$，$a_2 = 4$，$a_3 = 6$，表示在第一个能级上有1个粒子，在第2个能级上有4个粒子，在第3个能级上有6个粒子。如$a_1 = 0$，$a_2 = 2$，$a_3 = 9$，表示在第一个能级上有0个粒子，在第2个能级上有2个粒子，在第3个能级上有9个粒子。而微观状态是粒子运动状态或称为量子态。它反映的是粒子运动特征。例如：在某一能级上，假设有3个粒子，这3个粒子是如何占据该能级的各量子态的，这就是它的微观状态。

就一个确定的分布$\{a_l\}$而言，与它相应的微观状态数(量子态数)是确定的。不同的分布$\{a_l\}$，有不同的微观状态数。如上边提到的分布$\{1, 4, 6\}$和$\{0, 2, 9\}$，它们分别有不同的微观状态数。

如前所述，对于玻色系统和费米系统，确定系统的微观状态要确定处在每一个个体量子态上的粒子数。因此在分布$\{a_l\}$给定后，要确定玻色(费米)系统的微观状态，还必须对每一个能级ε_l确定a_l个粒子占据其ω_l个量子态的方式。对于玻耳兹曼系统，确定系统的微观状态要确定每一个粒子的个体量子态。因此在分布$\{a_l\}$给定后，为了确定玻耳兹曼系统的微观状态，还必须确定处在各能级ε_l上的是哪a_l个粒子，以及在每一能级ε_l上a_l个粒子占据其ω_l个量子态的方式。每一种不同的占据方式都反映不同的运动状态。由此可见，与一个分布$\{a_l\}$相应的系统的微观状态往往是很多的。这微观状态数对于玻耳兹曼系统、玻色系统和费米系统显然不同，下面分别加以讨论。

2. 玻耳兹曼系统的一个分布$\{a_l\}$所对应的可能微观状态数Ω

对于玻耳兹曼系统，其特征是：粒子可以分辨，则我们可以对粒子加以编号；每一个个体量子态上的粒子数不受限制。并注意到，粒子的一种占据方式对应于系统的一个微观状态；粒子的不同占据方式对应于系统的不同微观状态。

(1) a_l 个编号粒子占据能级 ε_l 上的 ω_l 个量子态的可能方式数

a_l 个编了号的粒子占据能级 ε_l 上的 ω_l 个量子态时，第一个粒子可以占据 ω_l 个量子态中的任何一态，有 ω_l 种可能的占据方式。由于一个量子态可以容纳的粒子数不受限制，在第一个粒子占据了某一个量子态以后，第二、第三、…、第 a_l 个粒子仍然有 ω_l 种可能的占据方式。所以 a_l 个编号粒子占据 ω_l 个量子态共有

$$\omega_l^{a_l}$$

种可能的占据方式($\omega_l^{a_l}$ 个微观量子态)。显然，各能级上都有同样的结果，即

$$\omega_l^{a_l}(l=1,\ 2,\ \cdots)$$

(2) a_1，a_2，…，a_l，…个编号粒子分别占据各能级 ε_1，ε_2，…，ε_l，…上的各量子态的总可能方式数

在玻耳兹曼系统中，由于每种不同的粒子(因为是编号粒子)占据量子态的方式构成了系统不同的微观状态，而 a_l 个粒子占据能级 ε_l 上的 ω_l 个量子态($l=1,\ 2,\ \cdots$)时，是彼此独立、互不关联的，将各能级的结果相乘，因此得 a_1，a_2，…，a_l，… 个编了号的粒子分别占据能级 ε_1，ε_2，…，ε_l，… 上的各量子态共有

$$\prod_l \omega_l^{a_l}$$

种可能的方式(可能的量子态数)。

(3) 考虑不同能级的粒子交换(分布$\{a_l\}$不变)对系统状态的影响

玻耳兹曼系统的粒子既然可以分辨，将处在不同能级的粒子加以交换将给出系统的不同状态。将 N 个粒子全部加以交换(即不管是否在同一能级上)，交换数(全排列数)是 $N!$。但同一能级上 a_l 个粒子的交换不产生新的系统微观状态，只有交换不同能级上的粒子才是不同的系统状态，所以在这交换数中应除去在同一能级上 a_l 个粒子的交换数 $\prod_l a_l!$，即

$$\frac{N!}{a_1!a_2!\cdots a_l!\cdots}=\frac{N!}{\prod_l a_l!}$$

(4) 一个指定的分布$\{a_l\}$所对应的系统可能微观状态数(量子态数)

考虑到不同能级的粒子交换与 N 个粒子占据各能级上的各量子态的总可能方式数是互不关联、统计独立的，则玻耳兹曼系统中与一个分布$\{a_l\}$相应的系统的可能微观状态数为

$$\Omega_{\text{M.B.}}=\frac{N!}{\prod_l a_l!}\prod_l \omega_l^{a_l} \tag{8.3.2}$$

式中 $\Omega_{\text{M.B.}}$ 中的符号“M”为麦克斯韦的缩写，“B”为玻耳兹曼的缩写，由这种微观状态数公式出发导出的统计理论称为麦克斯韦-玻耳兹曼统计，简称玻耳兹曼统计。

注意：①不同分布$\{a_l\}$对应的系统量子态数 Ω 不同；②Ω 最大的分布$\{a_l\}$称为最概然

分布(详见8.4、8.5节)。

3. 玻色系统的一个分布$\{a_l\}$所对应的可能微观状态数Ω

对于玻色系统,其特征是:粒子不可分辨;每一个个体量子态能够容纳的粒子数不受限制。此处应注意,由于玻色子不可分辨,粒子在同一能级的不同量子态之间交换的结果并没有出现差别,即仍为同一微观状态。

(1) a_l个粒子占据能级ε_l上的ω_l个量子态的可能方式数

例子:10个相同的球放进6个相同的格子中,每格可容纳的球数不限,有多少种方法?

可设想10个球被5个可移动的隔板分成6部分(6个格子),例如

●●|●|●●●||●|●●●,●|●|●●●●|●|●●|●

把球和隔板一起都当成排列元素,则它们的任何一种全排列都对应着一种放法,所以共有15!种放法。

但球是全同的(不可分辨),隔板也是全同的,两球互换或者两板互换都不是新的放法,所以还要除去两球互换数10!和两板互换数5!,因此共有

$$\frac{15!}{10!\cdot 5!}$$

种不同的放法。

与上例类似,将a_l个玻色子当成a_l个球,ω_l个量子态当成ω_l个格子,即(ω_l-1)个隔板,将它们加以排列共有$(\omega_l+a_l-1)!$种方式。因为粒子是不可分辨的,量子态并没有交换,则应除去粒子之间的相互交换数$a_l!$和量子态之间的相互交换数$(\omega_l-1)!$。所以a_l个粒子占据能级ε_l上的ω_l个量子态的可能方式数为

$$\frac{(\omega_l+a_l-1)!}{a_l!(\omega_l-1)!}$$

(2) 与一个分布$\{a_l\}$相应的系统微观状态数

因为每个能级都有与上式相同的表达式,而各能级上粒子占据各量子态的方式互不相关,是统计独立的,所以将各能级的结果相乘,就得到玻色系统与一个分布$\{a_l\}$相应的可能微观状态数为

$$\Omega_{\mathrm{B.E.}}=\prod_l\frac{(\omega_l+a_l-1)!}{a_l!(\omega_l-1)!} \tag{8.3.3}$$

式中符号"B"为玻色的缩写,"E"为爱因斯坦的缩写,由这种微观状态数公式出发导出的统计理论称为玻色—爱因斯坦统计,简称玻色统计。

注意:因为粒子不可分辨,不同能级上的粒子互换,不是新的状态,故不考虑不同能级间粒子的互换,对于费米系统同样也是。

4. 费米系统的一个分布$\{a_l\}$所对应的可能微观状态数Ω

对于费米系统,其特征为:粒子不可分辨;每一个个体量子态最多只能容纳一个

粒子。

(1) a_l 个费米子占据能级 ε_l 上 ω_l 个量子态的分配方式数

a_l 个粒子占据能级 ε_l 上的 ω_l 个量子态，相当于从 ω_l 个量子态中挑出 a_l 个来为粒子所占据(注意 $\omega_l \geqslant a_l$)，则第1个费米子有 ω_l 种占据法，第2个费米子有($\omega_l - 1$)种占据法，…，第 a_l 个费米子有($\omega_l - a_l + 1$)种占据法，因每一个粒子的占据法都是相互独立的，所以共有

$$\omega_l(\omega_l - 1)\cdots(\omega_l - a_l + 1) = \frac{\omega_l!}{(\omega_l - a_l)!}$$

种不同的占据法。又因为费米子不可分辨，同一能级上任何 2 个费米子互换不是新的占据法，所以上式应除以各能级上的 a_l 个费米子的交换数 $a_l!$，则有

$$\frac{\omega_l!}{a_l!(\omega_l - a_l)!}$$

种不同的占据法。

(2) 与一个分布$\{a_l\}$相应的系统微观状态数

因每一能级上各粒子的占据法与其他能级上粒子的占据法无关，是统计独立的，将各能级的结果相乘，就得到费米系统与一个分布$\{a_l\}$相应的系统微观状态数为

$$\Omega_{\text{F.D.}} = \prod_l \frac{\omega_l!}{a_l!(\omega_l - a_l)!} \tag{8.3.4}$$

式中符号“F”为费米的缩写，“D”为狄拉克的缩写，由这种微观状态数公式出发导出的统计理论称为费米-狄拉克统计，简称费米统计。

8.3.5 经典极限条件(非简并性条件)下三种统计的量子态数的关系

从式(8.3.2)～式(8.3.4)可知，在通常情况下，以上三种系统的一个分布$\{a_l\}$所包含的微观状态数各不同。但是，如果玻色系统或费米系统各能级 ε_l 上的粒子数均远小于该能级的量子态数，即满足

$$\frac{a_l}{\omega_l} \ll 1(\text{对所有的 } l) \tag{8.3.5}$$

则式(8.3.3)给出的玻色系统的微观状态数可以近似为

$$\Omega_{\text{B.E.}} = \prod_l \frac{(\omega_l + a_l - 1)!}{a_l!(\omega_l - 1)!} = \prod_l \frac{(\omega_l + a_l - 1)(\omega_l + a_l - 2)\cdots\omega_l}{a_l!} \approx \prod_l \frac{\omega_l^{a_l}}{a_l!} = \frac{\Omega_{\text{M.B.}}}{N!} \tag{8.3.6}$$

式(8.3.4)给出的费米系统的微观状态数也可近似为

$$\Omega_{\text{F.D.}} = \prod_l \frac{\omega_l!}{a_l!(\omega_l - a_l)!} = \prod_l \frac{\omega_l(\omega_l - 1)\cdots(\omega_l - a_l + 1)}{a_l!} \approx \prod_l \frac{\omega_l^{a_l}}{a_l!} = \frac{\Omega_{\text{M.B.}}}{N!} \tag{8.3.7}$$

式(8.3.5)称为**经典极限条件**,也称**非简并性条件**(注:非简并性条件中的“简并”与能级简并的概念不同)。

经典极限条件表示,在所有的能级,粒子数都远小于量子态数。这意味着,平均而言处在每一个量子态上的粒子数均远小于1。从式(8.3.3)和式(8.3.4)可以看出,在玻色和费米系统中,a_l 个粒子占据能级 ε_l 上的 ω_l 个量子态时本来是存在关联的,但在满足经典极限条件的情形下,由于每个量子态上的平均粒子数远小于1,**粒子间的关联(不相容原理的影响)可以忽略**。这时 $\Omega_{\mathrm{B.E.}}$ 和 $\Omega_{\mathrm{F.D.}}$ 都趋于 $\Omega_{\mathrm{M.B.}}/N!$。在这情形下**粒子全同性原理的影响只表现在因子 $1/N!$ 上**。这个结论有重要的意义,以后我们将看到,这种差别对内能、物态方程等热力学量的求解并没有影响,但在求熵、自由能时要用到这个结论。

8.3.6 经典统计的分布与系统微观状态数

1. 经典统计描述微观运动状态的思想

如前所述,在经典力学中,粒子在某一时刻的运动状态由它的广义坐标 $q_1, q_2, \cdots, q_r$ 和广义动量 $p_1, p_2, \cdots, p_r$ 确定,相应于 μ 空间中的一个代表点。系统在某一时刻的运动状态由 N 个粒子的坐标和动量 $q_{i1}, q_{i2}, \cdots, q_{ir}; p_{i1}, p_{i2}, \cdots, p_{ir}(i=1, 2, \cdots, N)$ 确定,相应于 μ 空间的 N 个点。由于 q 和 p 是连续变量,粒子和系统的微观运动状态都是不可数的。为了计算微观状态数,引用微积分的思想,我们将 q_i 和 p_i 分为大小相等的小间隔,使 $\delta q_i \delta p_i = h_0$, h_0 是一个小量,量纲为[长度]·[动量]。对于具有 r 个自由度的粒子,$\delta q_1 \cdots \delta q_r \delta p_1 \cdots \delta p_r = h_0^r$ 相应于 μ 空间中的一个相格。取 h_0 足够小,就可以由粒子运动状态代表点所在的相格确定粒子的运动状态。处在同一相格的代表点,代表相同的运动状态。显然,h_0 愈小描述就愈精确。根据经典力学,h_0 可以取任意小的数值。量子力学限制 h_0 的最小值为普朗克常量 h。以后我们将讨论,h_0 取不同的数值会带来什么影响。

2. 经典系统的分布概念

将 μ 空间划分为许多相体积元 $\Delta\omega_l(l=1, 2, \cdots)$。以 ε_l 表示运动状态处在 $\Delta\omega_l$ 内的粒子所具有的能量。由于粒子的微观运动状态由大小为 h_0^r 的相格确定,$\Delta\omega_l$ 内粒子的运动状态数为 $\Delta\omega_l/h_0^r$,这个量与量子统计中的简并度相当。这样,N 个粒子处在各 $\Delta\omega_l$ 的分布可以描述如下:

体积元	$\Delta\omega_1$,	$\Delta\omega_2$,	$\cdots$,	$\Delta\omega_l$,	$\cdots$
“简并度”	$\frac{\Delta\omega_1}{h_0^r}$,	$\frac{\Delta\omega_2}{h_0^r}$,	$\cdots$,	$\frac{\Delta\omega_l}{h_0^r}$,	$\cdots$
能量	ε_1,	ε_2,	$\cdots$,	ε_l,	$\cdots$
粒子数	a_1,	a_2,	$\cdots$,	a_l,	$\cdots$

3. 经典系统中与一个分布 $\{a_l\}$ 对应的系统微观状态数

如前所述,经典粒子可以分辨,处在一个相格内的经典粒子数没有限制。因此,在经典统计中与一个分布 $\{a_l\}$ 对应的微观状态数 Ω_{cl} 可以参照玻耳兹曼系统的 $\Omega_{\mathrm{M.B.}}$ 直接写出为

$$\Omega_d = \frac{N!}{\prod_l a_l!} \prod_l \left(\frac{\Delta\omega_l}{h_0^r}\right)^{a_l} \tag{8.3.8}$$

8.4 玻耳兹曼分布

本节将研究平衡状态下玻耳兹曼系统的最概然分布。

1. 最概然分布

在上一节中，我们求出了与一个分布$\{a_l\}$相对应的系统的微观状态数。而且举例说明了对于一个孤立系统的约束条件不变的条件下(即 E、N、V 为常量)对于不同的分布，系统的微观状态数是不同的。根据等概率原理，对于处在平衡状态的孤立系统，每一个可能的微观状态出现的概率是相等的。因此，**微观状态数最多的分布**，出现的概率最大，称为**最概然分布**。本节推导**玻耳兹曼系统粒子的最概然分布**，称为**麦克斯韦-玻耳兹曼分布，简称玻耳兹曼分布**。

2. 斯特林公式

在推导玻耳兹曼分布以前，先介绍一个近似等式

$$\ln m! = m(\ln m - 1) \tag{8.4.1}$$

其中 m 是远大于 1 的数，$m \gg 1$。式(8.4.1)可以由斯特林(Stirling, 1692—1770，苏格兰数学家)公式得到，斯特林公式是

$$m! = m^m e^{-m} \sqrt{2\pi m}$$

取对数得 $\ln m! = m(\ln m - 1) + \frac{1}{2}\ln(2\pi m)$。当 m 足够大，第二项$\frac{1}{2}\ln(2\pi m)$ 与第一项相比可以忽略时，就得到式(8.4.1)。

3. 玻耳兹曼分布

(1) 最概然分布的导出

为书写简便起见，在本节中我们将式(8.3.2)的 $\Omega_{\mathrm{M.B.}}$ 简记为 Ω

$$\Omega = \frac{N!}{\prod_l a_l!} \prod_l \omega_l^{a_l} \tag{8.4.2}$$

玻耳兹曼系统中粒子的最概然分布是使 Ω 为极大的分布。由于 $\ln\Omega$ 随 Ω 的变化是单调的，可以等价地讨论使 $\ln\Omega$ 为极大的分布。将式(8.4.2)取对数，得

$$\ln\Omega = \ln N! - \sum_l \ln a_l! + \sum_l a_l \ln\omega_l$$

假设所有的 a_l 都很大，因而 $N = \sum_l a_l \gg 1$，可以应用斯特林公式(8.4.1)的近似，则上式可化为

$$\ln\Omega = N(\ln N - 1) - \sum_l a_l(\ln a_l - 1) + \sum_l a_l \ln\omega_l$$
$$= N\ln N - \sum_l a_l \ln a_l + \sum_l a_l \ln\omega_l \tag{8.4.3}$$

为求得使 $\ln\Omega$ 为极大的分布，我们令各 a_l 有 δa_l 的虚变动，$\ln\Omega$ 将因而有 $\delta\ln\Omega$ 的变化。考虑到孤立系 $N = \sum_l a_l =$ 常量，平衡态 ω_l 不变，使 $\ln\Omega$ 为极大的分布 $\{a_l\}$ 必使 $\delta\ln\Omega = 0$，有

$$\delta\ln\Omega = -\sum_l \ln\left(\frac{a_l}{\omega_l}\right)\delta a_l = 0 \tag{8.4.4}$$

但这些 a_l 不完全是独立的，必须满足约束条件

$$N = \sum_l a_l \text{ 和 } E = \sum_l a_l\varepsilon_l$$

δa_l 则必须满足

$$\delta N = \sum_l \delta a_l = 0,\ \delta E = \sum_l \varepsilon_l \delta a_l = 0 \tag{8.4.5}$$

为求在此约束条件下的最大值，使用拉格朗日乘数法（多元函数条件极值的拉格朗日未定乘子法），取未定拉氏乘子 α 和 β 分别乘以上面两式，因

$$\alpha\delta N = \sum_l \alpha\delta a_l = 0,\ \beta\delta E = \sum_l \beta\delta a_l\varepsilon_l = 0$$

在约束条件(8.4.5)得到满足时，不论下式中的参量 α、β 取什么数值，下式与式(8.4.4)显然都是等价的

$$\delta\ln\Omega - \alpha\delta N - \beta\delta E = -\sum_l \left[\ln\left(\frac{a_l}{\omega_l}\right) + \alpha + \beta\varepsilon_l\right]\delta a_l = 0 \tag{8.4.6}$$

式(8.4.5)给出了两个约束条件，它使两个 δa_l（假设是 δa_1 和 δa_2）不能任意取值。我们用下述两个条件确定参量 α 和 β

$$\ln\frac{a_1}{\omega_1} + \alpha + \beta\varepsilon_1 = 0,\ \ln\frac{a_2}{\omega_2} + \alpha + \beta\varepsilon_2 = 0 \tag{8.4.7a}$$

而将式(8.4.6)约化为

$$\sum_{l=3}\left(\ln\frac{a_l}{\omega_l} + \alpha + \beta\varepsilon_l\right)\delta a_l = 0$$

由于上式中各 δa_l 可以独立取值，上式等于零要求式中各 δa_l 的系数等于零，即

$$\ln\frac{a_l}{\omega_l} + \alpha + \beta\varepsilon_l = 0,\ l = 3,\ 4,\ \cdots \tag{8.4.7b}$$

综合(8.4.7a)和(8.4.7b)两式，即有

$$\ln\frac{a_l}{\omega_l}+\alpha+\beta\varepsilon_l=0 \quad l=1,2,3,\cdots$$

或

$$a_l=\omega_l e^{-\alpha-\beta\varepsilon_l} \tag{8.4.8}$$

(2) 参量 α、β 的确定

参量 α、β 由式(8.3.1)确定，即

$$N=\sum_l\omega_l e^{-\alpha-\beta\varepsilon_l},\ E=\sum_l\varepsilon_l\omega_l e^{-\alpha-\beta\varepsilon_l} \tag{8.4.9}$$

式(8.4.8)就是**玻耳兹曼系统满足条件(8.4.9)下的最概然分布**，称为**玻耳兹曼分布**。在实际问题中，也往往将 β 看作由实验条件确定的参量而由式(8.4.9)的第二式确定系统的内能。

4. 每个量子态上的平均粒子数 f_s

式(8.4.8)给出在最概然分布下处在能级 ε_l 的粒子数。能级 ε_l 有 ω_l 个量子态，处在其中任何一个量子态的平均粒子数应该是相同的。因此，处在能量为 ε_s 的量子态 s 上的平均粒子数 f_s 为

$$f_s=e^{-\alpha-\beta\varepsilon_s} \tag{8.4.10}$$

式(8.4.10)表示处在能量为 ε_s 的每个量子态 s 上的平均粒子数。约束条件式(8.4.9)也可表示为

$$N=\sum_s e^{-\alpha-\beta\varepsilon_s}$$
$$E=\sum_s\varepsilon_s e^{-\alpha-\beta\varepsilon_s} \tag{8.4.11}$$

式(8.4.9)中的 l 是指各能级，$\sum_l$ 是对所有能级的求和；而 s 是指各量子态，式(8.4.11)中的 $\sum_s$ 是对粒子的所有量子态求和。

5. 几点说明

(1) 玻耳兹曼分布是使 $\ln\Omega$ 为极大的分布

上面我们只证明了玻耳兹曼分布使 $\ln\Omega$ 的一级微分等于零，即使 $\ln\Omega$ 取极值。要证明这个极值为极大值，还要证明玻耳兹曼分布使 $\ln\Omega$ 的二级微分小于零。对式(8.4.4)的 $\delta\ln\Omega$ 再求微分，得

$$\delta^2\ln\Omega=-\delta\left[\sum_l\ln\left(\frac{a_l}{\omega_l}\right)\delta a_l\right]=-\sum_l\ln\left(\frac{a_l}{\omega_l}\right)\delta^2 a_l-\sum_l\frac{(\delta a_l)^2}{a_l}$$

因 δa_l 为一个具体的数值，不是一个变量了，则 $\delta^2 a_l=\delta(\delta a_l)=0$。所以

$$\delta^2\ln\Omega=-\sum_l\frac{(\delta a_l)^2}{a_l} \tag{8.4.12}$$

由于 $a_l>0$，故式(8.4.12)总是负的。这就证明了玻耳兹曼分布是使 $\ln\Omega$ 为极大的分布。

(2) 平衡态下的分布就是玻耳兹曼分布(最概然分布)

从原则上说，在给定 N、E、V 的条件下，凡是满足约束条件(8.3.1)的分布应当都有可能实现。因此，一个处在宏观平衡态的孤立系统可能给出的微观状态数为各种分布对应的微观状态数的总和。但如前所述，玻耳兹曼分布出现的概率是最大的，玻耳兹曼分布给出的微观状态数比其他分布给出的微观状态数远远大得多，使**其他分布的微观状态数与最概然分布的微观状态数相比几近于零**。因此可**以用最概然分布给出的微观状态数来近似系统总的微观状态数**。

为了说明这一点，我们将玻耳兹曼分布的微观状态数 Ω 与对玻耳兹曼分布有偏离 $\Delta a_l(l=1,2,\cdots)$ 的一个分布的微观状态数 $\Omega+\Delta\Omega$ 加以比较。将 $\ln(\Omega+\Delta\Omega)$ 展开，得

$$\ln(\Omega+\Delta\Omega)=\ln\Omega+\delta\ln\Omega+\frac{1}{2}\delta^2\ln\Omega+\cdots$$

将式(8.4.4)的 $\delta\ln\Omega$ 和式(8.4.12)的 $\delta^2\ln\Omega$ 代入，有

$$\ln(\Omega+\Delta\Omega)=\ln\Omega-\frac{1}{2}\sum_l\frac{(\Delta a_l)^2}{a_l}$$

如果假设对玻耳兹曼分布的相对偏离为 $\frac{\Delta a_l}{a_l}\sim10^{-5}$，则

$$\ln\frac{\Omega+\Delta\Omega}{\Omega}=-\frac{1}{2}\sum_l\left(\frac{\Delta a_l}{a_l}\right)^2a_l=-\frac{1}{2}\times10^{-10}N$$

对于 $N\approx10^{23}$ 的宏观系统，$\frac{\Omega+\Delta\Omega}{\Omega}\approx e^{-10^{13}}\to0$。这个估计说明，即使对最概然分布仅有极小偏离的分布，它的微观状态数与最概然分布的微观状态数相比也是几近于零的。这就是说，最概然分布的微观状态数非常接近于全部可能的微观状态数。根据等概率原理，处在平衡态下的孤立系统，每一个可能的微观状态出现的概率相等，如果我们忽略其他分布而认为**在平衡状态下粒子实质上处在玻耳兹曼分布**，所引起的误差应当是可以忽略的。

(3) 上述推导中的一个严重缺点

在前面的推导中，对所有的 a_l 都应用了式(8.4.1)的近似。这要求所有的 $a_l\gg1$，这个条件实际上往往并不满足，这是**推导过程的一个严重缺点**。在第 11 章将讲述玻耳兹曼分布的另一推导，用巨正则系综理论导出近独立的玻耳兹曼粒子在其个体能级上的平均分布。

(4) 多元系的分布与单元系的相同

在前面的讨论中，假设系统只含一种粒子，即系统是单元系。这个限制不是原则性的，可以把理论推广到含有多个组元的情形。

6. 经典统计的玻耳兹曼分布

根据式(8.3.2)和式(8.3.8)的相似性，可以直接写出**经典统计中玻耳兹曼分布**的表达式为

$$a_l=e^{-\alpha-\beta\varepsilon_l}\frac{\Delta\omega_l}{h_0^r}\tag{8.4.13}$$

式中 $\Delta\omega_l$ 为相空间的体积元，其中 α、β 应满足的约束条件为

$$N=\sum_l e^{-\alpha-\beta\varepsilon_l}\frac{\Delta\omega_l}{h_0^r} \tag{8.4.14a}$$

$$E=\sum_l \varepsilon_l e^{-\alpha-\beta\varepsilon_l}\frac{\Delta\omega_l}{h_0^r} \tag{8.4.14b}$$

8.5 玻色分布和费米分布

本节导出玻色系统和费米系统中粒子的最概然分布。

考虑处在平衡状态的孤立系统，具有确定的粒子数 N、体积 V 和能量 E。以 $\varepsilon_l(l=1, 2, \cdots)$ 表示粒子的能级，ω_l 表示能级 ε_l 的简并度。以 $\{a_l\}$ 表示处在各能级上的粒子数。显然，分布 $\{a_l\}$ 必须满足条件

$$\sum_l a_l=N,\ \sum_l \varepsilon_l a_l=E \tag{8.5.1}$$

才有可能实现。8.3 节求出了与一个分布 $\{a_l\}$ 相应的系统的微观状态数 Ω。

玻色系统的 Ω 为

$$\Omega=\prod_l\frac{(\omega_l+a_l-1)!}{a_l!(\omega_l-1)!} \tag{8.5.2}$$

费米系统的 Ω 为

$$\Omega=\prod_l\frac{\omega_l!}{a_l!(\omega_l-a_l)!} \tag{8.5.3}$$

为书写简便起见，将 8.3 节中的 $\Omega_{\mathrm{B.E.}}$ 和 $\Omega_{\mathrm{F.D.}}$ 都简记为 Ω。

根据等概率原理，对于处在平衡状态的孤立系统，每一个可能的微观状态出现的概率是相等的。因此，使 Ω 为极大的分布，出现的概率最大，是最概然分布。

8.5.1 玻色分布

对式(8.5.2)取对数，得

$$\ln\Omega=\sum_l[\ln(\omega_l+a_l-1)!-\ln a_l!-\ln(\omega_l-1)!]$$

假设 $a_l\gg1$，$\omega_l\gg1$，因而 $\omega_l+a_l-1\approx\omega_l+a_l$，$\omega_l-1\approx\omega_l$，且可用近似式

$$\ln m!=m(\ln m-1)$$

即有

$$\ln\Omega=\sum_l[(\omega_l+a_l)\ln(\omega_l+a_l)-a_l\ln a_l-\omega_l\ln\omega_l] \tag{8.5.4}$$

令 a_l 有 δa_l 的虚变化，$\ln\Omega$ 将因而有 $\delta\ln\Omega$ 的变化，使 Ω 为极大的分布必使 $\delta\ln\Omega=0$

$$\delta \ln \Omega = \sum_l [\ln (\omega_l + a_l) - \ln a_l] \delta a_l = 0$$

但这些 a_l 不完全是独立的，必须满足约束条件

$$N = \sum_l a_l \text{ 和 } E = \sum_l a_l \varepsilon_l$$

δa_l 则必须满足条件

$$\delta N = \sum_l \delta a_l = 0, \ \delta E = \sum_l \varepsilon_l \delta a_l = 0$$

用拉氏乘子 α 和 β 乘这两个式子，并从 $\delta \ln \Omega$ 中减去，得

$$\delta \ln \Omega - \alpha \delta N - \beta \delta E = 0$$

即

$$\sum_l [\ln(\omega_l + a_l) - \ln a_l - \alpha - \beta \varepsilon_l] \delta a_l = 0$$

根据拉氏乘子法原理，上式中每一个 δa_l 的系数都必须为零

$$\ln (\omega_l + a_l) - \ln a_l - \alpha - \beta \varepsilon_l = 0$$

即

$$a_l = \frac{\omega_l}{e^{\alpha + \beta \varepsilon_l} - 1} \tag{8.5.5}$$

式(8.5.5)给出**玻色系统中粒子的最概然分布**，称为玻色—爱因斯坦分布，简称**玻色分布**，拉氏乘子 α 和 β 由条件(8.5.1)即下式确定

$$\sum_l \frac{\omega_l}{e^{\alpha + \beta \varepsilon_l} - 1} = N, \ \sum_l \frac{\varepsilon_l \omega_l}{e^{\alpha + \beta \varepsilon_l} - 1} = E \tag{8.5.6}$$

8.5.2 费米分布

将式(8.5.3)取对数，得

$$\ln \Omega = \sum_l [\ln \omega_l ! - \ln a_l ! - \ln(\omega_l - a_l)!]$$

假设 $\omega_l \gg 1$，$a_l \gg 1$，$\omega_l - a_l \gg 1$，上式可近似为

$$\ln \Omega = \sum_l [\omega_l \ln \omega_l - a_l \ln a_l - (\omega_l - a_l) \ln(\omega_l - a_l)] \tag{8.5.7}$$

根据上式的 $\ln \Omega$，用类似于推导玻色分布的方法，可得**费米系统中粒子的最概然分布**为

$$a_l = \frac{\omega_l}{e^{\alpha + \beta \varepsilon_l} + 1} \tag{8.5.8}$$

式(8.5.8)称为费米-狄拉克分布简称**费米分布**。拉氏乘子 α 和 β 由式(8.5.1)即下式确定

$$\sum_l \frac{\omega_l}{e^{\alpha+\beta\varepsilon_l}+1}=N,\ \sum_l \frac{\varepsilon_l\omega_l}{e^{\alpha+\beta\varepsilon_l}+1}=E \tag{8.5.9}$$

在许多问题中，也往往将 β 当作由实验条件确定的已知参量，而由式(8.5.6)或式(8.5.9)的第二式确定系统的内能；或者将 α 和 β 都当作由实验条件确定的已知参量，而由式(8.5.6)或式(8.5.9)的两式确定系统的平均总粒子数和内能。

8.5.3 按量子态分布

式(8.5.5)和式(8.5.8)分别给出玻色系统和费米系统在最概然分布下处在能级 ε_l 的粒子数。能级 ε_l 有 ω_l 个量子态，处在其中任何一个量子态上的平均粒子数应该是相同的。因此处在能量为 ε_s 的量子态 s 上的平均粒子数为

$$f_s=\frac{1}{e^{\alpha+\beta\varepsilon_s}\pm 1} \tag{8.5.10}$$

(8.5.6)和(8.5.9)二式也可表示为

$$N=\sum_s f_s=\sum_s \frac{1}{e^{\alpha+\beta\varepsilon_s}\pm 1} \tag{8.5.11a}$$

$$E=\sum_s \varepsilon_s f_s=\sum_s \frac{\varepsilon_s}{e^{\alpha+\beta\varepsilon_s}\pm 1} \tag{8.5.11b}$$

其中 $\sum_s$ 对粒子的所有量子状态求和。

最后我们说明，在前面玻色分布和费米分布的推导中，应用了诸如 $a_l\gg 1$，$\omega_l\gg 1$ 等条件。这些条件实际上往往并不满足。因此以上的推导是有严重缺点的。我们将在第11章讲述玻色分布和费米分布的另一推导，用巨正则系综理论导出近独立的玻色(费米)粒子在其个体能级上的平均分布。

8.6 三种分布的关系

1. 三种分布的统一表达式

前面导出了玻耳兹曼分布、玻色分布和费米分布。三种分布可以统一表达为

$$a_l=\frac{\omega_l}{e^{\alpha+\beta\varepsilon_l}+k}，\text{其中 } k=\begin{cases}0，\text{玻耳兹曼分布}\\-1，\text{玻色分布}\\+1，\text{费米分布}\end{cases} \tag{8.6.1}$$

其中参数 α 和 β 由下述条件确定

$$\sum_l a_l=N,\ \sum_l \varepsilon_l a_l=E \tag{8.6.2}$$

2. 经典极限条件下三种分布的关系

由玻色分布和费米分布可以看出，如果参数 α 满足条件

$$e^{\alpha} \gg 1 \tag{8.6.3}$$

则式(8.6.1)分母中的 $k=\pm 1$ 就可以忽略。这时玻色分布和费米分布都过渡到玻耳兹曼分布。当条件(8.6.3) 满足时，显然

$$\frac{a_l}{\omega_l} \ll 1(\text{对所有的 } l) \tag{8.6.4}$$

反之，如果对所有的 l，式(8.6.4)均成立，必须 $e^{\alpha}\gg 1$。所以条件(8.6.3)和条件(8.6.4)是等价的。我们也称式(8.6.3)或式(8.6.4)为**经典极限条件或非简并性条件**。

在 8.3 节说过，在式(8.6.3)得到满足时，有

$$\Omega_{\text{B.E.}} \approx \frac{\Omega_{\text{M.B.}}}{N!} \approx \Omega_{\text{F.D.}} \tag{8.6.5}$$

由于 N 是常数，在求 Ω 的极大值而导出最概然分布时，因子 $1/N!$ 对结果没有影响，对 $\Omega_{\text{M.B.}}$ 或对 $\Omega_{\text{M.B.}}/N!$ 求极值给出相同的分布。这从另一角度说明，在**满足经典极限条件(8.6.3)式时，玻色(费米)系统中的近独立粒子在平衡态遵从玻耳兹曼分布**。以后我们会看到一般气体属于这种情形。

3. 定域系统遵从玻耳兹曼分布

在 8.4 节我们是在粒子可以分辨的假设下导出玻耳兹曼分布的。自然界中有些系统可以看作由定域的粒子组成，例如晶体中的原子或离子定域在其平衡位置附近作微振动。这些粒子虽然就其量子本性来说是不可分辨的，但可以根据其位置而加以区分。在这意义下可以将定域粒子看作可以分辨的粒子。因此由近独立的定域粒子组成的系统(称为**定域系统**)**遵从玻耳兹曼分布**。

值得注意，定域系统和满足经典极限条件的玻色(费米)系统虽然遵从同样的分布，但它们的微观状态数是不同的。前者为 $\Omega_{\text{M.B.}}$，后者为 $\Omega_{\text{M.B.}}/N!$。因此，对于那些直接由分布函数导出的热力学量(例如内能、物态方程)，两者具有相同的统计表达式。然而，对于例如熵和自由能等与微观状态数有关的热力学量，两者的统计表达式有差异。我们将在 9.6 节详细讨论这个问题。

习　题

8.1　试证明，对于一维自由粒子，在长度 L 内，在 ε 到 $\varepsilon+d\varepsilon$ 的能量范围内，量子态数为

$$D(\varepsilon)d\varepsilon = \frac{2L}{h}\left(\frac{m}{2\varepsilon}\right)^{1/2} d\varepsilon$$

8.2　试证明，对于二维自由粒子，在面积 L^2 内，在 ε 到 $\varepsilon+d\varepsilon$ 的能量范围内，量子态数为

$$D(\varepsilon)d\varepsilon = \frac{2\pi L^2}{h^2} m d\varepsilon$$

8.3　在极端相对论情形下，粒子的能量动量关系为 $\varepsilon=cp$。试求在体积 V 内，在 ε 到 $\varepsilon+d\varepsilon$ 的能量范围内三维粒子的量子态数。

答案：$D(\varepsilon)\mathrm{d}\varepsilon = \dfrac{4\pi V}{(ch)^3}\varepsilon^2\mathrm{d}\varepsilon$

8.4 设系统含有两种粒子，其粒子数分别为 N 和 N'。粒子间的相互作用很弱，可以看作是近独立的。假设粒子可以分辨，处在一个个体量子态的粒子数不受限制。试证明，在平衡状态下两种粒子的最概然分布分别为

$$a_l = \omega_l e^{-\alpha-\beta\varepsilon_l} \text{ 和 } a'_l = \omega'_l e^{-\alpha'-\beta\varepsilon'_l}$$

其中 ε_l 和 ε'_l 是两种粒子的能级，ω_l 和 ω'_l 是能级的简并度。

提示：系统的微观状态数等于第一种粒子的微观状态数 Ω 与第二种粒子的微观状态数 Ω' 的乘积 $\Omega \cdot \Omega'$。

讨论：如果把一种粒子看作是一个子系统，系统由两个子系统组成。以上结果表明，互为热平衡的两个子系统具有相同的 β。

8.5 同上题，如果粒子是玻色子或费米子，结果如何？

8.6 下列粒子哪些是玻色子，哪些是费米子？

^{12}C 原子；^{13}C 原子；H_2；H^+ 离子；^3He 原子；^4He 原子；α 粒子；O_2。

第9章　玻耳兹曼统计理论及应用

9.1　热力学量的统计表达式

9.1.1　定域系统热力学量的统计表达式

在8.6节说过,定域系统和满足经典极限条件的玻色(费米)系统都遵从玻耳兹曼分布。本章根据玻耳兹曼分布讨论这两类系统的热力学性质。本节首先推导内能、物态方程、熵等热力学量的统计表达式。

1. 配分函数

内能是系统中粒子无规运动总能量的统计平均值。所以

$$U = \sum_l a_l \varepsilon_l = \sum_l \varepsilon_l \omega_l e^{-\alpha-\beta\varepsilon_l} \tag{9.1.1}$$

引入函数 Z_1:

$$Z_1 = \sum_l \omega_l e^{-\beta\varepsilon_l} \tag{9.1.2}$$

名为粒子**配分函数**。由式(8.4.8)得

$$N = \sum_l a_l = e^{-\alpha} \sum_l \omega_l e^{-\beta\varepsilon_l} = e^{-\alpha} Z_1 \tag{9.1.3}$$

上式给出参量 α 与 N 和 Z_1 的关系,可以利用它消去式(9.1.1)中的 α。

2. 内能的统计表达式

由式(9.1.1)和式(9.1.2)经过简单的运算,可得

$$\begin{aligned} U &= e^{-\alpha} \sum_l \varepsilon_l \omega_l e^{-\beta\varepsilon_l} = e^{-\alpha}\left(-\frac{\partial}{\partial\beta}\right) \sum_l \omega_l e^{-\beta\varepsilon_l} \\ &= \frac{N}{Z_1}\left(-\frac{\partial}{\partial\beta}\right) Z_1 = -N \frac{\partial}{\partial\beta} \ln Z_1 \end{aligned} \tag{9.1.4}$$

式(9.1.4)是**内能的统计表达式**。

3. 物态方程的统计表达式

(1) 广义力的统计表达式

在热力学中讲过,系统在过程中可以通过功和热量两种方式与外界交换能量。在无穷小过程中,系统在过程前后内能的变化 dU 等于在过程中外界对系统所做的功 $đW$ 及

系统从外界吸收的热量$đQ$之和

$$dU = đW + đQ = Ydy + đQ \tag{9.1.5}$$

如果过程是准静态的，$đW$ 可以表示为 Ydy 的形式，其中 dy 是外参量（广义坐标）的改变量，Y 是与外参量 y 相应的外界对系统的广义作用力。例如，当系统在准静态过程中有体积变化 dV 时，外界对系统所做的功为 $-pdV$，等等。

粒子的能量除依赖一些量子数以外，粒子的能量是外参量的函数，如 $đW = -pdV$，$đW = \sigma dA$ 等。一个常见的例子是式(8.1.21)

$$\varepsilon = \frac{1}{2m}(p_x^2 + p_y^2 + p_z^2) = \frac{2\pi^2\hbar^2}{mL^2}(n_x^2 + n_y^2 + n_z^2) = \frac{2\pi^2\hbar^2}{mV^{2/3}}(n_x^2 + n_y^2 + n_z^2)$$

其中自由粒子的能量是体积 V 的函数。外参量 y 改变时，外界施于处于能级 ε_l 上的一个粒子的力为 $Y_l = \frac{\partial\varepsilon_l}{\partial y}$。因为能级 ε_l 层内各粒子所受的力相等，所以 a_l 个粒子所受的广义力之和为 a_lY_l。因此，外界对系统的广义作用力 Y 为

$$Y = \sum_l a_lY_l = \sum_l \frac{\partial\varepsilon_l}{\partial y}a_l = \sum_l \frac{\partial\varepsilon_l}{\partial y}\omega_l e^{-\alpha-\beta\varepsilon_l} = e^{-\alpha}\left(-\frac{1}{\beta}\frac{\partial}{\partial y}\right)\sum_l \omega_l e^{-\beta\varepsilon_l}$$
$$= \frac{N}{Z_1}\left(-\frac{1}{\beta}\frac{\partial}{\partial y}\right)Z_1 = -\frac{N}{\beta}\frac{\partial}{\partial y}\ln Z_1$$

即

$$Y = -\frac{N}{\beta}\frac{\partial}{\partial y}\ln Z_1 \tag{9.1.6}$$

式(9.1.6)是**广义作用力的统计表达式**。

(2) 物态方程的统计表达式

广义作用力的统计表达式(9.1.6)的一个重要例子是

$$p = \frac{N}{\beta}\frac{\partial}{\partial V}\ln Z_1 \tag{9.1.7}$$

式(9.1.7)就是**物态方程的统计表达式**。

4. 功、热量的统计表达式

在无穷小的准静态过程中，当只有外参量有 dy 的改变时，有 $d\varepsilon_l = \frac{\partial\varepsilon_l}{\partial y}dy$，则

$$Ydy = \left(\sum_l a_lY_l\right)dy = \left(\sum_l \frac{\partial\varepsilon_l}{\partial y}a_l\right)dy = \sum_l\left(\frac{\partial\varepsilon_l}{\partial y}dy\right)a_l$$

所以外界对系统所做的功是

$$đW = Ydy = \sum_l a_l d\varepsilon_l \tag{9.1.8}$$

考虑在无穷小的准静态过程中内能的改变，将内能 $U = \sum_l \varepsilon_l a_l$ 求全微分，有

$$dU = \sum_l a_l d\varepsilon_l + \sum_l \varepsilon_l da_l \tag{9.1.9}$$

式中，第一项是粒子分布不变时由于外参量改变导致的能级改变而引起的内能变化，第二项是粒子能级不变时由于粒子分布改变所引起的内能变化。与式(9.1.8)比较可知，**第一项代表过程中外界对系统所做的功**。因此**第二项代表过程中系统从外界吸收的热量**。这就是说，在无穷小的准静态过程中系统从外界吸收的热量等于粒子在各能级重新分布所增加的内能。热量是在热现象中所特有的宏观量。与内能和广义力不同，没有与热量相应的微观量。

5. 熵的统计表达式

统计物理中熵函数引入的思路为：从热力学第二定律出发，证明$đQ$存在积分因子，且该积分因子是温度 T 的函数，从而引入平衡态的熵。

在热力学中讲过，系统在过程中从外界吸收的热量与过程有关，因此$đQ$不是全微分而只是一个无穷小量。热力学第二定律证明，$đQ$有积分因子$\frac{1}{T}$，用$\frac{1}{T}$乘$đQ$后得到完整微分 dS

$$\frac{1}{T}đQ = \frac{1}{T}(dU - Ydy) = dS \tag{9.1.10}$$

由式(9.1.4)和式(9.1.6)二式可得

$$đQ = dU - Ydy = -Nd\left(\frac{\partial \ln Z_1}{\partial \beta}\right) + \frac{N}{\beta}\frac{\partial \ln Z_1}{\partial y}dy$$

用β乘上式，得

$$\beta(dU - Ydy) = -N\beta d\left(\frac{\partial \ln Z_1}{\partial \beta}\right) + N\frac{\partial \ln Z_1}{\partial y}dy$$

但由式(9.1.2)引入的配分函数 Z_1 是β、y 的函数，$\ln Z_1$ 的全微分为

$$\begin{aligned} d\ln Z_1 &= \frac{\partial \ln Z_1}{\partial \beta}d\beta + \frac{\partial \ln Z_1}{\partial y}dy \\ &= N\frac{\partial \ln Z_1}{\partial \beta}d\beta + N\frac{\partial \ln Z_1}{\partial y}dy - N\frac{\partial \ln Z_1}{\partial \beta}d\beta - N\beta d\left(\frac{\partial \ln Z_1}{\partial \beta}\right) \end{aligned}$$

因此得

$$\beta đQ = \beta(dU - Ydy) = Nd\left(\ln Z_1 - \beta\frac{\partial}{\partial \beta}\ln Z_1\right) \tag{9.1.11}$$

式(9.1.11)指出β也是$đQ$的积分因子。既然β与$\frac{1}{T}$都是$đQ$的积分因子，可以令

$$\beta = \frac{1}{kT} \tag{9.1.12}$$

根据微分方程关于积分因子的理论(参阅附录A)，当微分式$đQ$有积分因子$\frac{1}{T}$，使$\frac{đQ}{T}$成为完整微分dS时，它就有无穷多个积分因子，任意两个积分因子之比是S的函数。可以证明，k不是S的函数。考虑有两个互为热平衡的系统，由于两个系统合起来的总能量守恒，这两个系统必有一个共同的乘子β。β对这两个系统相同，正好与处在热平衡的物体温度相等一致。所以**β只可能与温度有关，不可能是S的函数**。这就是说，由式(9.1.12)引入的k只能是一个常量。上面的讨论是普遍的，与系统的性质无关，所以这个常量是一个普适常量。要确定这常量的数值，需要将理论用到实际问题中去。我们将在下一节把理论用到理想气体，得到$k = R/N_A$，其中$N_A = 6.022 \times 10^{23}\ \mathrm{mol^{-1}}$是阿伏伽德罗常量，$R = 8.314\ \mathrm{J \cdot K^{-1} \cdot mol^{-1}}$是摩尔气体常量，$k$称为玻耳兹曼常量，其数值为

$$k = 1.381 \times 10^{-23}\ \mathrm{J \cdot K^{-1}}$$

比较式(9.1.10)和式(9.1.11)，并考虑到式(9.1.12)，可得

$$\mathrm{d}S = Nk\,\mathrm{d}\left(\ln Z_1 - \beta\frac{\partial}{\partial\beta}\ln Z_1\right)$$

积分得

$$S = Nk\left(\ln Z_1 - \beta\frac{\partial}{\partial\beta}\ln Z_1\right) \tag{9.1.13}$$

式中已将积分常数选择为零。从后面关于熵的统计意义的讨论可知，这是一个自然的选择。式(9.1.13)是**熵的统计表达式**。

6. 熵的统计意义及玻耳兹曼熵

现在讨论熵函数的统计意义。将式(9.1.3)取对数，得

$$\ln Z_1 = \ln N + \alpha$$

代入式(9.1.13)，有

$$S = k(N\ln N + \alpha N + \beta U) = k\left[N\ln N + \sum_l(\alpha + \beta\varepsilon_l)a_l\right]$$

而由玻耳兹曼分布

$$a_l = \omega_l e^{-\alpha-\beta\varepsilon_l}$$

可得

$$\alpha + \beta\varepsilon_l = \ln\frac{\omega_l}{a_l}$$

所以S可以表示为

$$S = k\left(N\ln N + \sum_l a_l\ln\omega_l - \sum_l a_l\ln a_l\right) \tag{9.1.14}$$

与式(8.4.3)比较，得

$$S = k\ln\Omega \tag{9.1.15}$$

式(9.1.15)称为**玻耳兹曼关系**。玻耳兹曼关系给熵函数以明确的**统计意义**。某个宏观状态的熵等于玻耳兹曼常量 k 乘以相应微观状态数的对数。在热力学部分曾经说过,熵是混乱度的量度,就是指玻耳兹曼关系说的。某个宏观状态对应的微观状态数愈多,它的混乱度就愈大,熵也愈大。

9.1.2 满足经典极限条件的玻色(费米)系统热力学量的统计表达式

应当强调,式(9.1.15)的 Ω 是 $\Omega_{\text{M.B.}}$。因此,熵的表达式(9.1.13)和(9.1.15)**适用于粒子可分辨的系统(定域系统)**。对于满足经典极限条件的玻色(费米)系统,由玻耳兹曼分布直接导出的内能和广义力的统计表达式(9.1.4)、(9.1.6)和(9.1.7)固仍适用。即内能、广义力和物态方程的统计表达式仍为

$$U = -N\frac{\partial}{\partial\beta}\ln Z_1,\ Y = -\frac{N}{\beta}\frac{\partial}{\partial y}\ln Z_1,\ p = \frac{N}{\beta}\frac{\partial}{\partial V}\ln Z_1$$

由于这些系统的微观状态数 $\Omega_{\text{B.E.}} = \Omega_{\text{F.D.}} = \Omega_{\text{M.B.}}/N!$,如果要求玻耳兹曼关系仍成立,熵的表达式(9.1.13) 和(9.1.15) 应改为

$$S = Nk\left(\ln Z_1 - \beta\frac{\partial}{\partial\beta}\ln Z_1\right) - k\ln N! \tag{9.1.13'}$$

和

$$S = k\ln\frac{\Omega_{\text{M.B.}}}{N!} \tag{9.1.15'}$$

在 9.6 节将会看到,根据式(9.1.13′)和(9.1.15′)得出的熵函数才满足广延量要求。

9.1.3 特性函数自由能

综上所述可以知道,如果求得配分函数 Z_1,根据式(9.1.4)、式(9.1.6)和式(9.1.13,13′)就可以求得基本热力学函数内能、物态方程和熵,从而确定系统的全部平衡性质。因此 $\ln Z_1$ 是以 β、y(对于简单系统即 T、V)为变量的**特性函数**。在热力学部分讲过,以 T、V 为变量的特性函数是自由能 $F = U - TS$。将式(9.1.4) 和式(9.1.13) 或式(9.1.13′) 代入,可得

$$F = -N\frac{\partial}{\partial\beta}\ln Z_1 - NkT\left(\ln Z_1 - \beta\frac{\partial}{\partial\beta}\ln Z_1\right) = -NkT\ln Z_1 \tag{9.1.16}$$

或

$$F = -NkT\ln Z_1 + kT\ln N! \tag{9.1.16'}$$

两式分别适用于定域系统和满足经典极限条件的玻色(费米)系统。

要根据式(9.1.2)**求配分函数**,首先要求得粒子的能级和能级的简并度,这可以通过

量子力学的理论计算，或者分析有关的实验数据(例如光谱数据)而得到；然后再将式(9.1.2)的求和计算出来。这是玻耳兹曼理论求热力学函数的一般程序。我们将在后面讨论具体的例子。

9.1.4 经典统计的热力学函数的统计表达式

1. 配分函数

现在讨论经典统计理论中热力学函数的表达式。比较玻耳兹曼分布的量子表达式(8.4.8)：$a_l = \omega_l e^{-\alpha-\beta\varepsilon_l}$ 和经典表达式(8.4.13)：$a_l = e^{-\alpha-\beta\varepsilon_l}\dfrac{\Delta\omega_l}{h_0^r}$，并参照式(9.1.2)，可将**玻耳兹曼经典统计的配分函数**表达为

$$Z_1 = \sum_l e^{-\beta\varepsilon_l}\frac{\Delta\omega_l}{h_0^r} \tag{9.1.17}$$

式(9.1.17)中 $\Delta\omega_l$ 为相空间的小体积元，该相体元内粒子的能量相同，但运动状态不同。由于经典理论中广义坐标 q、广义动量 p 和粒子能量 $\varepsilon(p, q)$ 都是连续变量，上式的求和应是积分，应改写为

$$Z_1 = \int e^{-\beta\varepsilon}\frac{d\omega}{h_0^r} = \int\cdots\int e^{-\beta\varepsilon(p,q)}\frac{dq_1 dq_2\cdots dq_r dp_1 dp_2\cdots dp_r}{h_0^r} \tag{9.1.18}$$

2. 内能、物态方程、熵

只要将玻耳兹曼统计的配分函数(9.1.2)改为(9.1.18)，则经典统计的内能、物态方程和熵的统计表达式与式(9.1.4)、(9.1.7)和(9.1.13)一样保持不变。

3. h_0 对经典统计结果的影响

现在讨论选择不同数值的 h_0 对经典统计结果的影响。式(8.4.13)给出玻耳兹曼分布的经典表达式为

$$a_l = e^{-\alpha-\beta\varepsilon_l}\frac{\Delta\omega_l}{h_0^r} \tag{9.1.19}$$

由式(9.1.3)知 $e^{-\alpha} = N/Z_1$，因此可以将 a_l 表示为

$$a_l = \frac{N}{Z_1}e^{-\beta\varepsilon_l}\frac{\Delta\omega_l}{h_0^r} \tag{9.1.20}$$

式中的 h_0^r 与配分函数 Z_1 所含的 h_0^r 相互消去。

(1) 内能和物态方程与 h_0 的数值无关

根据式(9.1.20)，由配分函数式(9.1.18)和式(9.1.4)、式(9.1.7)二式求得的内能和物态方程也不含常数 h_0^r。因此上述结果与 h_0 数值的选择无关。

(2) 熵与 h_0 的数值有关

根据式(9.1.13)求得的**熵函数含有常数 h_0**。如果选取数值不同的 h_0，熵的数值将相差一个常数。这说明绝对熵的概念是量子理论的结果。

从以上分析可看到，统计物理**求热力学量的方法可分为二类**：一类如内能、外界作用力（压强、表面张力系数、极化强度、磁化强度等），它们有直接对应的微观量，可直接利用分布 a_l 求统计平均值就可得到。另一类如热量、熵等，它们没有明显对应的微观量，所以可通过与热力学公式类比的方法来建立。

以后我们将会看到，在微观粒子全同性的影响可以忽略（定域系统或满足经典极限条件，因而玻耳兹曼分布适用）和能量量子化的影响可以忽略（能级密集、任意两个相邻能级的能量差远小于 kT）的极限情形下，经典统计理论是适用的，如果进一步选择 $h_0 = h$，且将非定域系统的微观状态数改正为 $\Omega = \dfrac{\Omega_{\mathrm{M.B}}}{N!}$，即可得到与量子统计相同的结果。

9.2 理想气体的物态方程

在 8.6 节说过，一般气体满足经典极限条件，遵从玻耳兹曼分布。作为玻耳兹曼统计最简单的应用，本节讨论理想气体的物态方程，并进一步分析经典极限条件的意义。

9.2.1 理想气体的物态方程

1. 单原子分子理想气体的物态方程

为简单起见，考虑单原子分子理想气体。后面将说明，所得结果对双原子或多原子分子理想气体是同样适用的。在一定近似下，可以把单原子分子看作没有内部结构的质点。理想气体忽略分子间的相互作用。因此在没有外场时，可以把单原子分子理想气体中分子的运动看作粒子在容器内的自由运动。根据式(8.1.21)，其能量表达式为

$$\varepsilon = \frac{1}{2m}(p_x^2 + p_y^2 + p_z^2) \tag{9.2.1}$$

其中 p_x、p_y、p_z 的可能值由式(8.1.20)给出。不过在宏观大小的容器内，动量值和能量值是准连续的。根据式(8.1.25)，在 $\mathrm{d}x\mathrm{d}y\mathrm{d}z\mathrm{d}p_x\mathrm{d}p_y\mathrm{d}p_z$ 范围内，分子可能的微观状态数为

$$\frac{\mathrm{d}x\mathrm{d}y\mathrm{d}z\mathrm{d}p_x\mathrm{d}p_y\mathrm{d}p_z}{h^3} \tag{9.2.2}$$

将式(9.2.1)和式(9.2.2)代入式(9.1.2)，可得配分函数为

$$Z_1 = \frac{1}{h^3}\int\cdots\int e^{-\frac{\beta}{2m}(p_x^2+p_y^2+p_z^2)}\mathrm{d}x\mathrm{d}y\mathrm{d}z\mathrm{d}p_x\mathrm{d}p_y\mathrm{d}p_z \tag{9.2.3}$$

上式的积分可以分解为六个积分的乘积

$$Z_1 = \frac{1}{h^3}\iiint\mathrm{d}x\mathrm{d}y\mathrm{d}z\int_{-\infty}^{+\infty}e^{-\frac{\beta}{2m}p_x^2}\mathrm{d}p_x\cdot\int_{-\infty}^{+\infty}e^{-\frac{\beta}{2m}p_y^2}\mathrm{d}p_y\cdot\int_{-\infty}^{+\infty}e^{-\frac{\beta}{2m}p_z^2}\mathrm{d}p_z$$

利用 Γ 函数（参阅附录 A）可求得

$$\int_{-\infty}^{+\infty} e^{-\frac{\beta}{2m}p_x^2}\mathrm{d}p_x = \left(\frac{2\pi m}{\beta}\right)^{1/2}$$

因此

$$Z_1 = V\left(\frac{2\pi m}{h^2\beta}\right)^{3/2} \tag{9.2.4}$$

其中 $V=\iiint \mathrm{d}x\mathrm{d}y\mathrm{d}z$ 是气体的体积。式(9.2.4)就是**单原子分子或分子平动的配分函数**。根据式(9.1.7)

$$p = \frac{N}{\beta}\frac{\partial}{\partial V}\ln Z_1$$

而

$$\ln Z_1 = \ln V + \ln\left(\frac{2\pi m}{h^2\beta}\right)^{3/2}$$

可求得理想气体的压强 p 为

$$p = \frac{N}{\beta}\frac{\partial}{\partial V}\ln Z_1 = \frac{NkT}{V} \tag{9.2.5}$$

式(9.2.5)是**理想气体的物态方程**。玻耳兹曼常量的数值就是将式(9.2.5)与实验测得的物态方程 $pV = \nu RT$ 相比较而确定的。

2. 双原子或多原子分子的物态方程

对于双原子或多原子分子，分子的能量除式(9.2.1)给出的平动能量外，还包括转动、振动等能量(参看 9.5 节)。由于计及转动、振动能量后不改变配分函数 Z_1 对 V 的依赖关系，根据式(9.1.7)求物态方程仍将得到式(9.2.5)。

3. 经典统计理论的理想气体物态方程

如果应用经典统计理论求理想气体的物态方程，应将分子平动能量的经典表达式(8.1.3)代入配分函数式(9.1.18)，积分后得到的配分函数与式(9.2.4)相同，只有 $h_0 \leftrightarrow h$ 的差别，由此得到的物态方程与式(9.2.5)完全相同。

9.2.2 经典极限条件的讨论

1. 一般气体满足经典极限条件

最后作一简略的估计，说明一般气体满足经典极限条件 $e^{\alpha} \gg 1$。由式(9.1.3) 得 $e^{\alpha} = Z_1/N$。将式(9.2.4) 的 Z_1 代入，可将经典极限条件表示为

$$e^{\alpha} = \frac{V}{N}\left(\frac{2\pi mkT}{h^2}\right)^{3/2} \gg 1 \tag{9.2.6}$$

由上式可知，如果(1)N/V 愈小，即气体愈稀薄；(2)温度愈高；(3)分子的质量 m 愈大，经典极限条件愈易得到满足。表 9.1 列出几种气体在 1 atm 下沸点的 e^{α} 值。可以看

出，除 He 以外，其他气体都满足经典极限条件。在低温下，He 对玻耳兹曼分布的歧离应该可以观察到。但是这时气体的密度很大，原子间的相互作用已经掩盖了这个统计效应。

表 9.1

气体	1 atm 下的沸点	e^{α} 值
He	4.2	7.5
H_2	20.3	1.4×10^{2}
Ne	27.2	9.3×10^{3}
Ar	87.4	4.7×10^{5}

2. 经典极限条件 $e^{\alpha}\gg1$ 的另一表达方式

由量子力学知德布罗意波长 $\lambda=\dfrac{h}{p}=\dfrac{h}{mv}=\dfrac{h}{\sqrt{2m\varepsilon}}$。如果将 ε 理解为分子热运动的平均能量，估计为 πkT，则分子德布罗意波的平均热波长为 $\lambda=h\left(\dfrac{1}{2\pi mkT}\right)^{1/2}$。以 $n=\dfrac{N}{V}$ 表示分子的数密度，式(9.2.6) 可以表达为

$$n\lambda^{3}\ll1 \tag{9.2.7}$$

上式意味着，分子德布罗意波的平均热波长远小于分子的平均间距，或者在体积 λ^3 内平均粒子数远小于 1。

9.3 麦克斯韦速度分布律

麦克斯韦分布是气体分子质心运动的速度分布，它是满足经典极限条件的理想气体所遵从的玻耳兹曼分布的一种表现。本节根据玻耳兹曼分布，通过研究气体分子质心的平移运动，导出气体分子的速度分布律。

设气体含有 N 个分子，体积为 V。在 8.6 节已经说明，一般气体满足经典极限条件，遵从玻耳兹曼分布，而且在宏观大小的容器内，分子的平动能可以看作准连续的变量。因此在这个问题上，量子统计理论和经典统计理论给出相同的结果。

9.3.1 麦克斯韦速度分布律

1. 气体分子数按动量的分布律

根据式(8.4.8)，玻耳兹曼分布是

$$a_l=\omega_l e^{-\alpha-\beta\varepsilon_l} \tag{9.3.1}$$

式中 ω_l 为简并度，也就是能量为 ε_l 能级上的量子态数，可由相格法式(8.1.25)求出

$$\omega_l = \frac{\mathrm{d}x\mathrm{d}y\mathrm{d}z\mathrm{d}p_x\mathrm{d}p_y\mathrm{d}p_z}{h^3}$$

在没有外场时，分子质心运动的能量为

$$\varepsilon = \frac{1}{2m}(p_x^2 + p_y^2 + p_z^2)$$

在宏观大小容器内，分子的能量、动量可看作是准连续的变量。在一定体积 V 内，分子能量与位置无关，只由分子运动的速度(动量)决定，所以 μ 空间体积元取为 $V\mathrm{d}p_x\mathrm{d}p_y\mathrm{d}p_z$，这样一个相体积元的能量对应于一个能级 ε_l。所以在体积 V 内，在 $\mathrm{d}p_x\mathrm{d}p_y\mathrm{d}p_z$ 的动量范围内，分子质心平动的微观状态数为

$$\omega_l = \frac{V}{h^3}\mathrm{d}p_x\mathrm{d}p_y\mathrm{d}p_z$$

因此，在体积 V 内，质心平动动量在 $\mathrm{d}p_x\mathrm{d}p_y\mathrm{d}p_z$ 范围内的分子数为

$$a_l \sim \mathrm{d}N(\vec{p}) = \frac{V}{h^3}e^{-\alpha-\frac{1}{2mkT}(p_x^2+p_y^2+p_z^2)}\mathrm{d}p_x\mathrm{d}p_y\mathrm{d}p_z \tag{9.3.2}$$

参数 α 由总分子数 $N = \sum_l a_l$ 的条件定出

$$N = \int\mathrm{d}N = \frac{V}{h^3}\iiint e^{-\alpha-\frac{1}{2mkT}(p_x^2+p_y^2+p_z^2)}\mathrm{d}p_x\mathrm{d}p_y\mathrm{d}p_z \tag{9.3.3}$$

利用 Γ 函数可求得

$$\int_{-\infty}^{+\infty} e^{-\frac{1}{2mkT}p_x^2}\mathrm{d}p_x = (2\pi mkT)^{1/2}$$

则

$$\begin{aligned}\iiint e^{-\frac{1}{2mkT}(p_x^2+p_y^2+p_z^2)}\mathrm{d}p_x\mathrm{d}p_y\mathrm{d}p_z &= \int_{-\infty}^{+\infty} e^{-\frac{1}{2mkT}p_x^2}\mathrm{d}p_x \cdot \int_{-\infty}^{+\infty} e^{-\frac{1}{2mkT}p_y^2}\mathrm{d}p_y \cdot \int_{-\infty}^{+\infty} e^{-\frac{1}{2mkT}p_z^2}\mathrm{d}p_z \\ &= (2\pi mkT)^{3/2}\end{aligned}$$

所以

$$e^{-\alpha} = \frac{N}{V}\left(\frac{h^2}{2\pi mkT}\right)^{3/2} \tag{9.3.4}$$

将式(9.3.4)代入式(9.3.2)，即可求得质心动量在 $\mathrm{d}p_x\mathrm{d}p_y\mathrm{d}p_z$ 范围内的分子数为

$$\mathrm{d}N(\vec{p}) = N\left(\frac{1}{2\pi mkT}\right)^{3/2} e^{-\frac{1}{2mkT}(p_x^2+p_y^2+p_z^2)}\mathrm{d}p_x\mathrm{d}p_y\mathrm{d}p_z \tag{9.3.5}$$

其中 k 为玻耳兹曼常量，m、T 分别为气体分子质量及气体温度。容易验明，由玻耳兹曼经典统计的(9.1.19)式，也可得到相同的结果，结果与 h_0 的数值无关。

将式(9.3.5)写为

$$\frac{dN(\vec{p})}{N} = f(\vec{p})d\vec{p} \tag{9.3.6}$$

式(9.3.6)表示动量在 $dp_xdp_ydp_z$ 范围内的分子数占总分子数的比率，称为气体分子数按动量的分布律。则

$$f(\vec{p}) = f(p_x, p_y, p_z) = \left(\frac{1}{2\pi mkT}\right)^{3/2} e^{-\frac{1}{2mkT}(p_x^2+p_y^2+p_z^2)}$$

表示单位动量范围内的分子数占总分子数的比率。

2. 麦克斯韦速度分布律

如果用速度作变量，以 v_x、v_y、v_z 代表速度的三个分量，则有

$$p_x = mv_x, \ p_y = mv_y, \ p_z = mv_z$$

代入式(9.3.5)便可求得速度在 $v_x \sim v_x + dv_x$, $v_y \sim v_y + dv_y$, $v_z \sim v_z + dv_z$ 范围内的分子数为

$$dN(\vec{v}) = N\left(\frac{m}{2\pi kT}\right)^{3/2} e^{-\frac{m}{2kT}(v_x^2+v_y^2+v_z^2)} dv_x dv_y dv_z \tag{9.3.7}$$

显然

$$\frac{dN(\vec{v})}{N} = f(\vec{v})d\vec{v} = \left(\frac{m}{2\pi kT}\right)^{3/2} e^{-\frac{m}{2kT}(v_x^2+v_y^2+v_z^2)} dv_x dv_y dv_z \tag{9.3.8}$$

表示分子速度分布在 $v_x \sim v_x + dv_x$, $v_y \sim v_y + dv_y$, $v_z \sim v_z + dv_z$ 范围内的分子数占总分子数的比率(百分比)，称为**麦克斯韦气体分子按速度的分布律**，简称**麦克斯韦速度分布律**。式中

$$f(v_x, v_y, v_z) = \left(\frac{m}{2\pi kT}\right)^{3/2} e^{-\frac{m}{2kT}(v_x^2+v_y^2+v_z^2)} \tag{9.3.9}$$

为速度分布在 v_x, v_y, v_z 附近单位速度区间内的分子数占总分子数的比率，称为**麦克斯韦速度分布函数**。函数 $f(v_x, v_y, v_z)$满足条件

$$\iiint f(v_x, v_y, v_z) dv_x dv_y dv_z = 1 \tag{9.3.10}$$

称为**归一化条件**。

前面是根据玻耳兹曼分布导出麦氏速度分布的。在第 11 章我们将看到，在分子间存在相互作用的情形下，根据正则分布也可以导出麦氏分布，说明实际气体分子的速度分布也遵从这一规律。

9.3.2 麦克斯韦速率分布律

1. 麦克斯韦速率分布律

如图 9.1 所示，引入速度空间中的球极坐标 v、θ、φ，以速度空间中的球极坐标的体

积元 $v^2\sin\theta \mathrm{d}v\mathrm{d}\theta\mathrm{d}\varphi$ 代替直角坐标的体积元 $\mathrm{d}v_x\mathrm{d}v_y\mathrm{d}v_z$，由式(9.3.8)对 θ、φ 积分后可得，在体积 V 内，速率在 $v\sim v+\mathrm{d}v$ 范围内的分子数为

$$\frac{\mathrm{d}N(v)}{N}=f(v)\mathrm{d}v=4\pi\left(\frac{m}{2\pi kT}\right)^{3/2}e^{-\frac{m}{2kT}v^2}v^2\mathrm{d}v \tag{9.3.11}$$

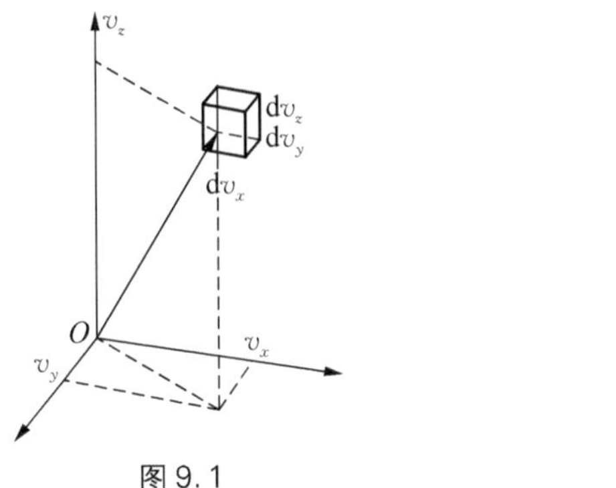

图 9.1

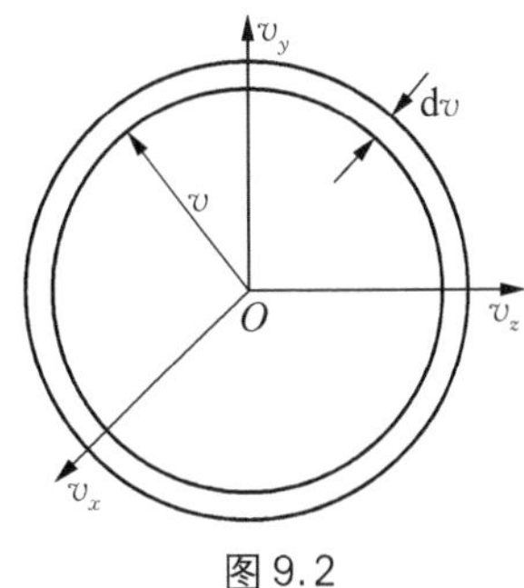

图 9.2

式(9.3.11)称为气体分子的**麦克斯韦速率分布律**，式中 $f(v)$ 称麦克斯韦速率分布函数(概率密度)。麦克斯韦速率分布律是指分子速率处于 $v\sim v+\mathrm{d}v$ 的概率，它不管速度的方向而只论速度的大小。如图 9.2 所示，在速度空间中，所有速率介于 $v\sim v+\mathrm{d}v$ 范围内的分子的速度空间代表点应该都落在以原点为球心，v 为半径，厚度为 $\mathrm{d}v$ 的一薄层球壳中，球壳的体积为 $4\pi v^2\mathrm{d}v$。将式(9.3.8)中的速度空间体积元 $\mathrm{d}v_x\mathrm{d}v_y\mathrm{d}v_z$ 以 $4\pi v^2\mathrm{d}v$ 代替，同样可得式(9.3.11)。显然，速率分布函数也满足归一化条件

$$\int_0^{+\infty}f(v)\mathrm{d}v=4\pi\left(\frac{m}{2\pi kT}\right)^{3/2}\int_0^{\infty}e^{-\frac{m}{2kT}v^2}v^2\mathrm{d}v=1 \tag{9.3.12}$$

2. 速率分布律及速率分布曲线

(1) 速率分布律

式(9.3.11)中 $f(v)$ 称麦克斯韦速率分布概率密度，其**物理意义**为：分布在速率 v 附近单位速率区间内的分子数占总分子数的百分比。即

$$f(v)=\frac{\mathrm{d}N}{N\mathrm{d}v} \tag{9.3.13}$$

式(9.3.13)称为分子的**速率分布律**。因此

$$f(v)\mathrm{d}v=\frac{\mathrm{d}N}{N} \tag{9.3.14}$$

式(9.3.14)的物理意义为：分布在 $v\sim v+\mathrm{d}v$ 速率范围内的分子数占总分子数的百分比。

(2) 速率分布曲线

麦克斯韦速率分布函数 $f(v)$ 的曲线如图 9.3 所示。从曲线看出，虽然气体分子速率可取 $0\sim\infty$ 间一

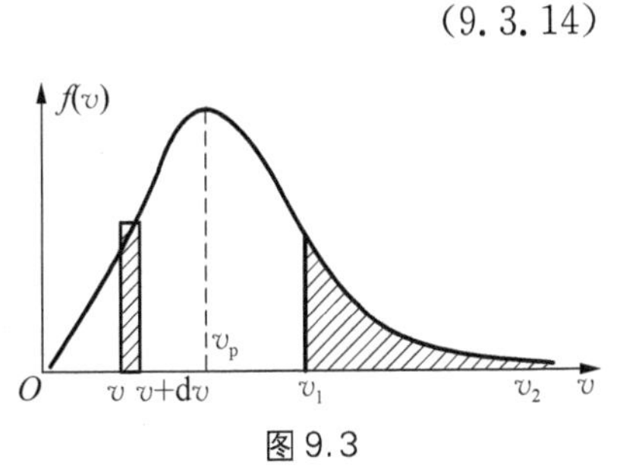

图 9.3

切可能值(实际上任何物体运动速率都不能超过真空中的光速,但在麦克斯韦分布中把速率上限延伸到无穷大不会影响计算,故以后为方便计把速率上限定为无穷大),但速率很大和很小的分子都较少。图中左边打斜条的狭长区域表示速率介于 $v \sim v+\mathrm{d}v$ 的分子数与总分子数之比 $\mathrm{d}N/N$,此即式(9.3.14)。而右边打斜条区域表示分子速率介于 $v_1 \sim v_2$ 内的分子数与总分子数之比

$$\frac{\Delta N(v_1 \sim v_2)}{N} = \int_{v_1}^{v_2} f(v)\mathrm{d}v$$

速率分布曲线下总面积由归一化条件可知为

$$\int_0^{\infty} f(v)\mathrm{d}v = 1$$

即速率分布曲线下的总面积保持不变,恒为 1。

3. 几点说明

① 麦克斯韦分布**适用于平衡态的气体**,因为这种分布是麦克斯韦在对理想气体分子在三个直角坐标方向上作独立运动的假设下导出的。在平衡态下气体分子数密度 n 及气体温度 T 都有确定均一的数值,故其速率分布也是确定的,它仅是分子质量 m 及气体温度 T 的函数。其分布曲线随分子质量 m 或温度 T 的变化趋势如图 9.4(a)所示。

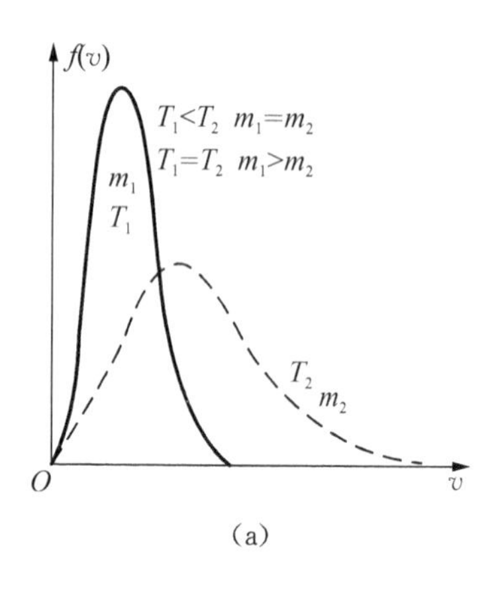

(a)

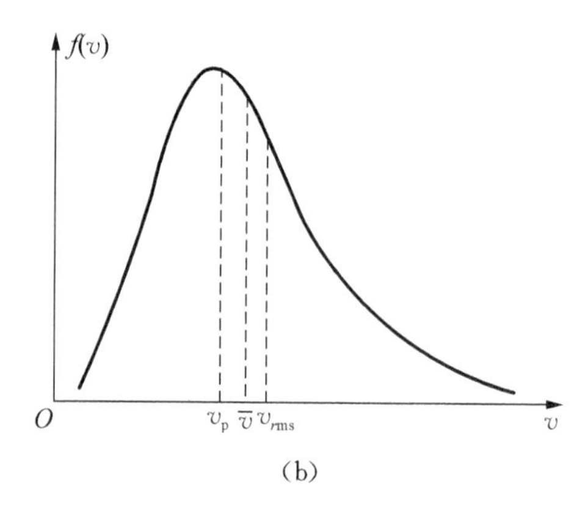

(b)

图 9.4

② 因为 v^2 是增函数,$e^{-\frac{m}{2kT}v^2}$ 是一个减函数,增函数与减函数相乘得到的函数将在某一值取极值。我们称概率密度取极大值时的速率为**最概然速率**(也称**最可几速率**),以 v_p 表示。**最概然速率的物理意义**:如果把整个速率区间分为相等的间隔,则 v_p 所在的间隔内分子数占总分子数的比率(概率)最高,即分子数最多。或者说分子的速率可取速率区间 0～∞之中的任意值,但取各速率的概率不同,显然取 v_p 所在的速率间隔内的概率最高。这就是最概然速率名称的来源。

③ 麦克斯韦分布本身是统计平均的结果,它与其他的统计平均值一样,也会有涨落,但当粒子数为大数时,其相对方均根偏差是微不足道的。即使对于压强为 $1.3 \times 10^{-11}\ \mathrm{N \cdot m^{-2}}$ 的超高真空气体(这是目前最先进的技术方能达到的超高真空压强),利用 $n = p/kT$ 可算

出在 273 K 温度下的 1 L 容积中约有 10^6 个分子，由式(2.1.1)可知其相对涨落约为千分之一。至于常压下的气体，其相对涨落更微小，所以麦克斯韦速率分布可适用于一切处于平衡态的宏观容器中的理想气体。

4. 三种速率

下面利用速率分布函数求理想气体分子平均速率、均方根速率、最概然速率。

(1) 平均速率 $\bar{v}$

平均速率定义：大量分子的速率的算术平均值，即

$$\bar{v}=\frac{\sum_i v_i \Delta N_i}{\sum_i \Delta N_i}=\frac{\sum_i v_i \Delta N_i}{N}$$

但分子的速率是连续函数，上式的求和应积分，有

$$\bar{v}=\frac{\int_0^\infty v\mathrm{d}N}{\int_0^\infty \mathrm{d}N}=\frac{\int_0^\infty vNf(v)\mathrm{d}v}{N}=\int_0^\infty vf(v)\mathrm{d}v \tag{9.3.15}$$

所以

$$\bar{v}=\int_0^\infty vf(v)\mathrm{d}v=\int_0^\infty 4\pi\left(\frac{m}{2\pi kT}\right)^{3/2} e^{-\frac{m}{2kT}v^2} v^3 \mathrm{d}v$$

利用 Γ 函数，可求得

$$\bar{v}=\sqrt{\frac{8kT}{\pi m}}=\sqrt{\frac{8RT}{\pi M_\mathrm{m}}} \tag{9.3.16}$$

(2) 方均根速率 v_rms

因

$$\overline{v^2}=\int_0^\infty v^2 f(v)\mathrm{d}v=\int_0^\infty 4\pi\left(\frac{m}{2\pi kT}\right)^{3/2} e^{-\frac{m}{2kT}v^2} v^4 \mathrm{d}v=\frac{3kT}{m}$$

故

$$v_\mathrm{rms}=\sqrt{\overline{v^2}}=\sqrt{\frac{3kT}{m}}=\sqrt{\frac{3RT}{M_\mathrm{m}}} \tag{9.3.17}$$

其结果与式(2.4.2)完全相同。

(3) 最概然速率 v_p

因为速率分布函数是一连续函数，若要求极值可从极值条件

$$\left.\frac{\mathrm{d}f(v)}{\mathrm{d}v}\right|_{v=v_p}=\frac{\mathrm{d}}{\mathrm{d}v}\left(e^{-\frac{m}{2kT}v^2}\cdot v^2\right)=0$$

得

$$v_p = \sqrt{\frac{2kT}{m}} = \sqrt{\frac{2RT}{M_m}} \tag{9.3.18}$$

可见 m 越小或 T 越大，v_p 越大。图 9.4(a)画出了两条麦克斯韦速率分布曲线，其最概然速率 $v_{p_2} > v_{p_1}$。

(4) 三种速率之比

$$v_p : \bar{v} : v_{rms} = 1 : 1.128 : 1.224 \tag{9.3.19}$$

它们三者之间相差不超过 23%，而以方均根速率为最大，如图 9.4(b)所示。这三种速率在不同的问题中各有自己的应用。在讨论速率分布，比较两种不同温度或不同分子质量的气体的分布曲线时常用到最概然速率；在计算分子平均自由程、气体分子碰壁数及气体分子之间碰撞频率时则用到平均速率；在计算分子平均动能时用到方均根速率。

在 2.2.2 节的理想气体分子碰壁数及 2.3.2 节理想气体压强公式的证明中我们曾用到 $\bar{v} \approx v_{rms}$ 的近似条件，由式(9.3.19) 知

$$\frac{v_{rms}}{\bar{v}} = 1.085$$

其偏差仅 8.5%。但采用这种近似后，第 2 章中的数学处理要简单得多。

麦克斯韦速度分布律为近代许多实验，例如热电子发射实验、分子射线实验或光谱谱线的多普勒(Doppler，1803—1853，奥地利物理学家)增宽所直接证实。

9.3.3 麦克斯韦速度分布律的应用

1. 由麦克斯韦速度分布律求碰壁数

麦克斯韦速度分布律有广泛的应用。作为一个例子，计算在单位时间内碰到单位面积器壁上的分子数，称为**碰壁数**。

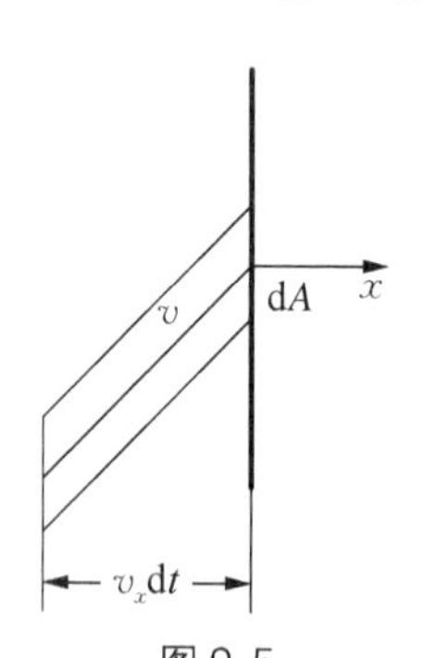

图 9.5

如图 9.5 所示，dA 是器壁上的一个面积元，其法线方向沿 x 轴。以 $d\Gamma dAdt$ 表示在 dt 时间内，碰到 dA 面积上，速度在 $dv_x dv_y dv_z$ 范围内的分子数。这分子数就是位于以 dA 为底、以 $\vec{v}(v_x, v_y, v_z)$ 为轴线、以 $v_x dt$ 为高的柱体内，速度在 $dv_x dv_y dv_z$ 范围内的分子数。柱体的体积是 $v_x dAdt$，所以

$$d\Gamma dAdt = dnv_x dAdt$$

即

$$d\Gamma = dnv_x$$

由麦氏分布式(9.3.9)可得速度在 $dv_x dv_y dv_z$ 范围内的单位体积内的分子数

$$\begin{aligned} dn(v_x, v_y, v_z) &= \frac{dN(v_x, v_y, v_z)}{V} = \frac{N}{V} f(v_x, v_y, v_z) dv_x dv_y dv_z \\ &= n\left(\frac{m}{2\pi kT}\right)^{3/2} e^{-\frac{m}{2kT}(v_x^2+v_y^2+v_z^2)} dv_x dv_y dv_z \end{aligned}$$

对速度积分，v_x 从 0 到∞，v_y 和 v_z 从$-\infty$到$+\infty$，即可求得在单位时间内碰到单位面积的器壁上的分子数 Γ 为

$$\Gamma=\int_{-\infty}^{+\infty}\mathrm{d}v_y\int_{-\infty}^{+\infty}\mathrm{d}v_z\int_{0}^{\infty}v_x f\,\mathrm{d}v_x$$

求积分得

$$\Gamma=n\left(\frac{m}{2\pi kT}\right)^{1/2}\int_{0}^{\infty}v_x e^{-\frac{m}{2kT}v_x^2}\mathrm{d}v_x=n\sqrt{\frac{kT}{2\pi m}} \tag{9.3.20}$$

上式也可表示为

$$\Gamma=\frac{1}{4}n\bar{v} \tag{9.3.21}$$

由式(9.3.21)可以求得，在 1 atm 和 0℃下氮分子的每秒碰壁数为 3×10^{23}。

2. 泻流

假设器壁有小孔，分子可以通过小孔逸出。如果小孔足够小，对容器内分子平衡分布的影响可以忽略，则单位时间内逸出的分子数就等于碰到小孔面积上的分子数。分子从小孔逸出的过程称为**泻流**。

3. 麦克斯韦速率分布的约化形式

在麦氏速率分布式(9.3.11)中令

$$x=\left(\frac{mv^2}{2kT}\right)^{1/2}=\sqrt{\frac{m}{2kT}}v=\frac{v}{v_p}$$

即 $v=v_p x$，$\mathrm{d}v=v_p\mathrm{d}x$，则式(9.3.11) 可化为

$$\frac{\mathrm{d}N(x)}{N}=\frac{4}{\sqrt{\pi}}e^{-x^2}\cdot x^2\mathrm{d}x \tag{9.3.22}$$

式(9.3.22)在计算有限速率区间内的分子速率分布时，配合误差函数

$$erf(x)=\frac{2}{\sqrt{\pi}}\int_{0}^{x}e^{-x^2}\mathrm{d}x$$

可使问题变得较为简单。

4. 外力场中自由粒子的分布和等温大气压强公式

按照分子混沌性假设，处于平衡态的气体其分子数密度 n 处处相等，但这仅在无外力场条件下才成立。若分子受到重力场、惯性力场等作用，n 将有一定的空间分布，这类分布均可看做是玻耳兹曼分布的某种特例。

我们知道，大气压强是随高度增加而减少的，这是因为大气分子受到重力作用而致。

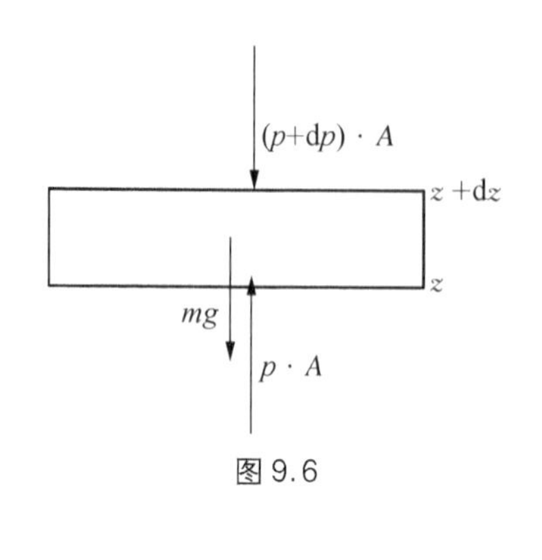

图 9.6

但由于大气温度也随高度而改变，加之大气中存在十分剧烈的气体复杂流动，因而大气的温度和压强变化十分复杂。现假设大气是等温的且处于平衡态，则大气压强随高度变化是怎样的？现考虑在大气中垂直高度为 $z \sim z+\mathrm{d}z$，面积为 A 的一薄层气体(见图 9.6)，下部大气施予它向上的作用力为 $p\cdot A$，上部气体施予向下的力为 $(p+\mathrm{d}p)\cdot A$，该薄层气体受到的重力为 $mg=\rho(z)gA\mathrm{d}z$，其 $\rho(z)$ 为在 z 处的大气密度。该系统达到平衡的条件为

$$p\cdot A=(p+\mathrm{d}p)\cdot A+\rho(z)gA\mathrm{d}z$$

$$\mathrm{d}p=-\rho(z)g\mathrm{d}z \tag{9.3.23}$$

由此得到在对流层中大气压强随高度增加而减少的关系。考虑到理想气体有 $\rho=\dfrac{pM_{\mathrm{m}}}{RT}$ 关系，并假定大气温度处处相等，并设重力加速度 g 不随高度而变，对式(9.3.23)积分，则有

$$\int_{p(0)}^{p}\frac{\mathrm{d}p}{p}=-\int_{0}^{z}\frac{M_{\mathrm{m}}g}{RT}\mathrm{d}z$$

$$p(z)=p(0)e^{-\frac{M_{\mathrm{m}}gz}{RT}}=p(0)e^{-\frac{mgz}{kT}} \tag{9.3.24}$$

式(9.3.24)称为**等温大气压强公式**，其中 $p(z)$ 及 $p(0)$ 分别是高度 z 处及海平面处的大气压强，M_{m} 为大气分子的摩尔质量，m 为每个大气分子的质量。也可把式(9.3.24)改写为气体分子数密度随高度的分布公式，则

$$n(z)=n(0)e^{-\frac{M_{\mathrm{m}}gz}{RT}}=n(0)e^{-\frac{mgz}{kT}} \tag{9.3.25}$$

9.4 能量均分定理及其应用

本节根据经典玻耳兹曼分布导出一个重要的定理——能量均分定理，并应用能量均分定理讨论一些物质系统的热容。

9.4.1 能量均分定理

1. 普遍的能量均分定理

能量均分定理：对于处在温度为 T 的平衡状态的经典系统，粒子能量中每一个平方项的平均值等于 $\frac{1}{2}kT$。

能量均分定理的证明：由经典力学知道粒子的能量是动能 ε_p 和势能 ε_q 之和。对于一个自由粒子，动能为

$$\varepsilon_p = \frac{1}{2m}(p_x^2 + p_y^2 + p_z^2) = \frac{1}{2}\sum_{i=1}^{3}\frac{1}{m}p_i^2$$

对于一个非自由粒子,动能也都可以表示为动量的平方项之和

$$\varepsilon_p = \frac{1}{2}\sum_{i=1}^{r} a_i p_i^2 = \frac{1}{2}a_1 p_1^2 + \frac{1}{2}a_2 p_2^2 + \cdots \tag{9.4.1}$$

其中系数 a_i 都是正数,a_i 有可能是 $q_1, q_2, \cdots, q_r$ 的函数,但与 $p_1, p_2, \cdots, p_r$ 无关。由经典玻耳兹曼分布 $\mathrm{d}N = a_l = e^{-\alpha-\beta\varepsilon}\frac{\mathrm{d}\omega}{h_0^r}$ 及 $e^{-\alpha} = \frac{N}{Z_1}$, $\frac{1}{2}a_1 p_1^2$ 的平均值为

$$\begin{aligned}\overline{\frac{1}{2}a_1 p_1^2} &= \frac{1}{N}\int \frac{1}{2}a_1 p_1^2 \mathrm{d}N = \frac{1}{N}\int\cdots\int \frac{1}{2}a_1 p_1^2 e^{-\alpha-\beta\varepsilon}\frac{\mathrm{d}q_1\cdots\mathrm{d}q_r\mathrm{d}p_1\cdots\mathrm{d}p_r}{h_0^r}\\ &= \frac{1}{Z_1}\int\cdots\int \frac{1}{2}a_1 p_1^2 e^{-\beta\varepsilon}\frac{\mathrm{d}q_1\cdots\mathrm{d}q_r\mathrm{d}p_1\cdots\mathrm{d}p_r}{h_0^r}\end{aligned}$$

式中

$$e^{-\beta\varepsilon} = e^{-\frac{\beta}{2}(a_1p_1^2+\cdots+a_rp_r^2)} = e^{-\frac{\beta}{2}a_1p_1^2}\cdot e^{-\frac{\beta}{2}a_2p_2^2}\cdots e^{-\frac{\beta}{2}a_rp_r^2}$$

由分部积分,得

$$\int_{-\infty}^{+\infty}\frac{1}{2}a_1p_1^2 e^{-\frac{\beta}{2}a_1p_1^2}\mathrm{d}p_1 = -\frac{1}{2\beta}\int_{-\infty}^{+\infty}p_1\mathrm{d}(e^{-\frac{\beta}{2}a_1p_1^2}) = \left(-\frac{p_1}{2\beta}e^{-\frac{\beta}{2}a_1p_1^2}\right)\Bigg|_{-\infty}^{+\infty} + \frac{1}{2\beta}\int_{-\infty}^{+\infty}e^{-\frac{\beta}{2}a_1p_1^2}\mathrm{d}p_1$$

因为 $a_1 > 0$,上式第一项为零,故得

$$\frac{1}{2}\overline{a_1p_1^2} = \frac{1}{2\beta}\cdot\frac{1}{Z_1}\int e^{-\beta\varepsilon}\frac{\mathrm{d}q_1\cdots\mathrm{d}q_r\mathrm{d}p_1\cdots\mathrm{d}p_r}{h_0^r} = \frac{1}{2}kT \tag{9.4.2}$$

动能都可以表示为动量的平方项之和,势能中有些可表示为平方项之和,如弹性势能 $E_{弹} = \frac{1}{2}kx^2$,有些不能,如万有引力势能 $E_{引} = -G\frac{m_1m_2}{r}$、静电势能 $E_e = \frac{q}{4\pi\varepsilon_0 r}$ 等。假如势能中有一部分可表示为平方项

$$\varepsilon_q = \frac{1}{2}\sum_{i=1}^{r'} b_i q_i^2 + \varepsilon'_q(q_{r'+1}, \cdots, q_r) \tag{9.4.3}$$

其中 b_i 都是正数,有可能是 $q_{r'+1}, \cdots, q_r$ 的函数($r' < r$),且式(9.4.1)中的系数 a_i 也只是 $q_{r'+1}, \cdots, q_r$ 的函数,与 $q_l, \cdots, q_{r'}$ 无关,则可同样证明(q_i 的积分限是 $-\infty$ 到 $+\infty$)

$$\frac{1}{2}\overline{b_1q_1^2} = \frac{1}{2}kT \tag{9.4.4}$$

这样就证明了,能量 ε 中每一个平方项的平均值等于 $\frac{1}{2}kT$。

2. 平衡态气体的能量按自由度均分定理

对于处于平衡态的气体,**能量按自由度均分定理**(也称为能量均分定理)可以表述为:

处于温度为 T 的平衡态的气体中,分子热运动动能平均分配到每一个分子的每一个自由度上,每一个分子的每一个自由度的平均动能都是$\frac{kT}{2}$。

9.4.2 能量均分定理的应用

应用能量均分定理,可以方便地求得一些物质系统的内能和热容。下面举几个例子。

1. 单原子分子的内能和热容

单原子分子只有平动,其能量

$$\varepsilon = \frac{1}{2m}(p_x^2 + p_y^2 + p_z^2) \tag{9.4.5}$$

有三个平方项。根据能量均分定理,在温度为 T 时,单原子分子的平均能量为

$$\bar{\varepsilon} = \frac{3}{2}kT$$

单原子分子理想气体的内能为

$$U = N\bar{\varepsilon} = \frac{3}{2}NkT$$

定体热容 C_V 为

$$C_V = \frac{3}{2}Nk$$

由热力学公式 $C_p - C_V = Nk$,可以求得定压热容 C_p 为

$$C_p = \frac{5}{2}Nk$$

因此比热容比 γ 为

$$\gamma = \frac{C_p}{C_V} = \frac{5}{3} = 1.667 \tag{9.4.6}$$

表 9.2 列举实验数据以作比较。可以看出理论结果与实验结果符合得很好。不过在上面的讨论中将原子看作一个质点,完全没有考虑原子内电子的运动。原子内的电子对热容没有贡献是经典理论所不能解释的,要用量子理论才能解释。

表 9.2

气体	温度/K	比热容比 γ
氦(He)	291	1.660
	93	1.673
氖(Ne)	292	1.642

气体	温度/K	比热容比 γ
氩(Ar)	288	1.650
	93	1.690
氪(Kr)	292	1.689
氙(Xe)	292	1.666
钠(Na)	750—926	1.680
钾(K)	660—1 000	1.640
汞(Hg)	548—629	1.666

2. 刚性双原子分子的内能和热容

刚性双原子分子的能量为

$$\varepsilon = \frac{1}{2m}(p_x^2 + p_y^2 + p_z^2) + \frac{1}{2I}\left(p_\theta^2 + \frac{1}{\sin^2\theta}p_\varphi^2\right) \tag{9.4.7}$$

上式第一项是质心的平动能量，其中 m 是分子的质量，等于两个原子的质量之和 $m = m_1 + m_2$。第二项是分子绕质心的转动能量，其中 $I = m_\mu r^2$ 是转动惯量，$m_\mu = \dfrac{m_1 m_2}{m_1 + m_2}$ 是约化质量，r 是两原子的距离。式(9.4.7)有五个平方项，根据能量均分定理，在温度为 T 时，双原子分子的平均能量为

$$\bar{\varepsilon} = \frac{5}{2}kT$$

双原子分子理想气体的内能和热容为

$$U = \frac{5}{2}NkT,\ C_V = \frac{5}{2}Nk,\ C_p = \frac{7}{2}Nk$$

因此比热容比 γ 为

$$\gamma = \frac{C_p}{C_V} = 1.40 \tag{9.4.8}$$

表9.3列举实验数据以作比较。可以看到除了在低温之下的氢气以外，实验结果与理论都符合。氢气在低温下的性质经典理论不能解释。此外不考虑两原子的相对运动也缺乏根据。更为合理的假设是两原子保持一定的平均距离相对作简谐振动。但是，如果采取这个假设，双原子分子的能量将有七个平方项，能量均分定理给出的结果将与实验结果不符。这一点也是经典理论不能解释的。

表 9.3

气体	温度/K	比热容比 γ
氢(H_2)	289	1.407
	197	1.453
	92	1.597
氮(N_2)	293	1.398
	92	1.419
氧(O_2)	293	1.398
	197	1.411
	92	1.404
CO	291	1.396
	93	1.417
NO	288	1.38
	228	1.39
	193	1.38
HCl	290—373	1.40

3. 固体热容的经典理论

固体中的原子可以在其平衡位置附近作微振动。假设各原子的振动是相互独立的简谐振动。原子在一个自由度上的能量为

$$\varepsilon = \frac{1}{2m}p^2 + \frac{1}{2}m\omega^2 q^2 \tag{9.4.9}$$

式(9.4.9)有两个平方项。由于每个原子有三个自由度，根据能量均分定理，在温度为 T 时，一个原子的平均能量为

$$\bar{\varepsilon} = 3kT$$

以 N 表示固体中的原子数，固体的内能为

$$U = 3NkT$$

定体热容为

$$C_V = 3Nk \tag{9.4.10}$$

这个结果与杜隆(Dulong，1785—1838，法国化学家)、珀蒂(Petit，1791—1820，法国化学家)在 1818 年由实验发现的结果符合。通常实验测量的固体热容是定压热容 C_p，而式(9.4.10)给出的是定体热容 C_V，这两者在固体的情形下有点差别。要使理论结果与实验结果能更好地比较，需要应用热力学公式

$$C_p - C_V = \frac{TV\alpha^2}{\kappa_T}$$

把实验测得的 C_p 换为 C_V。将理论结果式(9.4.10)与实验结果比较，在室温和高温范围符合得很好。但在低温范围，实验发现固体的热容随温度降低得很快，当温度趋近绝对零度时，热容也趋于零。这个事实经典理论不能解释。此外金属中存在自由电子，如果将能量均分定理应用于电子，自由电子的热容与离子振动的热容将具有相同的量级。实验结果是，在 3 K 以上自由电子的热容与离子振动的热容相比，可以忽略不计。这个事实经典理论也不能解释。

4. 平衡辐射的经典理论

在 6.6 节我们用热力学理论讨论过这个问题。考虑一个封闭的空窖，窖壁原子不断地向空窖发射并从空窖吸收电磁波，经过一定的时间以后，空窖内的电磁辐射与窖壁达到平衡，称为平衡辐射，二者具有共同的温度 T。

空窖内的辐射场可以分解为无穷多个单色平面波的叠加。如果采用周期性边界条件，单色平面波的电场分量可表示为

$$E = E_0 e^{i(\vec{k}\cdot\vec{r} - \omega t)} \tag{9.4.11}$$

其中 ω 是圆频率，$\vec{k}$是波矢。$\vec{k}$的三个分量 k_x、k_y、k_z 的可能值为

$$\begin{aligned} k_x &= \frac{2\pi}{L}n_x,\ n_x = 0, \pm 1, \pm 2, \cdots \\ k_y &= \frac{2\pi}{L}n_y,\ n_y = 0, \pm 1, \pm 2, \cdots \\ k_z &= \frac{2\pi}{L}n_z,\ n_z = 0, \pm 1, \pm 2, \cdots \end{aligned} \tag{9.4.12}$$

E_0 有两个偏振方向。这两个偏振方向与$\vec{k}$垂直，并且相互垂直。单色平面波的磁场分量也有相应的表达式。将式(9.4.11)代入波动方程

$$\nabla^2 E - \frac{1}{c^2}\frac{\partial^2}{\partial t^2}E = 0$$

可得，ω 与 k 之间存在关系

$$\omega = ck \tag{9.4.13}$$

其中 c 是电磁波在真空中的传播速度。

具有一定波矢$\vec{k}$和一定偏振的单色平面波可以看作辐射场的一个自由度。它以圆频率 ω 随时间作简谐变化，因此相应于一个振动自由度。应用 8.1 节中导出式(8.1.22)相类似的方法，可以由式(9.4.12)求得在体积 V 内，在 $dk_x dk_y dk_z$ 的波矢范围内，辐射场的振动自由度数为 $V dk_x dk_y dk_z / 4\pi^3$(注意计及两个偏振方向)。利用式(9.4.13)将 k 换为 ω，容易求出，在体积 V 内，在 $\omega \sim \omega + d\omega$ 的圆频率范围内，辐射场的振动自由度数为

$$D(\omega)d\omega = \frac{V}{\pi^2 c^3}\omega^2 d\omega \tag{9.4.14}$$

根据能量均分定理，温度为 T 时，每一振动自由度的平均能量为 $\bar{\varepsilon}=kT$。所以在体积 V 内，在 $d\omega$ 范围内平衡辐射的内能为

$$U_{\mathrm{m}}\mathrm{d}\omega = D(\omega)kT\mathrm{d}\omega = \frac{V}{\pi^2 c^3}\omega^2 kT\mathrm{d}\omega \tag{9.4.15}$$

这个结果是瑞利(Rayleigh，1842—1919，英国物理学家)于1900年和金斯(Jeans，1877—1946，英国天体物理学家)于1905年得到的，称为**瑞利-金斯公式**。

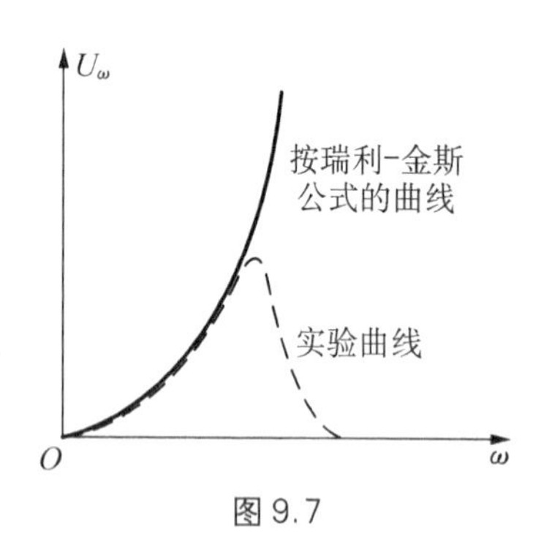

图 9.7

图9.7示意地画出瑞利-金斯公式的曲线和实验曲线以作比较。在低频范围二者符合得很好，但在高频(紫外)范围二者有尖锐的歧异，理论曲线无限地上升，而实验曲线经过极大后迅速地降到零。

根据瑞利-金斯公式，**在有限温度下平衡辐射的总能量是发散的**(史称紫外灾难)

$$U = \int_0^\infty U_\omega \mathrm{d}\omega = \frac{V}{\pi^2 c^3}\int_0^\infty \omega^2 kT\mathrm{d}\omega \to \infty \tag{9.4.16}$$

在热力学部分讲过，平衡辐射的能量与温度的四次方成正比，是一个有限值

$$U = \sigma T^4 V$$

因此式(9.4.16)与实验结果不符。由式(9.4.16)还可以得出平衡辐射的定体热容也是发散的结论。据此辐射场不可能与其他物体(例如窑壁)达到热平衡，这是与常识不符的。可以看出，导致这个荒谬结论的根本原因是，根据经典电动力学辐射场具有无穷多个振动自由度，而根据经典统计的能量均分定理每个振动自由度在温度为 T 时的平均能量为 kT。由此可以看出，经典物理存在根本性的原则困难。

综上所述，经典统计的能量均分定理既得到一些与实验相符的结果，又有许多结论与实验不符。这些问题在量子理论中得到解决。我们今后将逐个地讨论这些问题。在历史上，普朗克就是在解决平衡辐射的紫外灾难时首先提出量子概念的。

9.5 理想气体内能和热容的量子理论

上节根据经典统计的能量均分定理讨论了理想气体的内能和热容，所得结果与实验结果大体相符，但是有几个问题没有得到合理的解释。第一，原子内的电子对气体的热容为什么没有贡献；第二，双原子分子的振动在常温范围为什么对热容没有贡献；第三，低温下氢的热容所得结果与实验不符。这些问题都要用量子理论才能解释。本节以双原子分子理想气体为例讲述理想气体内能和热容的量子统计理论。

如果暂不考虑原子内电子的运动，在一定近似下双原子分子的能量可以表示为平动能 ε^t、振动能 ε^v、转动能 ε^r 之和

$$\varepsilon = \varepsilon^t + \varepsilon^v + \varepsilon^r \tag{9.5.1}$$

以 ω^t、ω^v、ω^r 分别表示平动、振动、转动能级的简并度，则配分函数 Z_1 可表示为

$$
\begin{aligned}
Z_1 &= \sum_l \omega_l e^{-\beta\varepsilon_l} = \sum_{t,\,v,\,r} \omega^t \cdot \omega^v \cdot \omega^r \cdot e^{-\beta(\varepsilon^t+\varepsilon^v+\varepsilon^r)} \\
&= \sum_t \omega^t e^{-\beta\varepsilon^t} \cdot \sum_v \omega^v e^{-\beta\varepsilon^v} \cdot \sum_r \omega^r e^{-\beta\varepsilon^r} = Z_1^t \cdot Z_1^v \cdot Z_1^r
\end{aligned} \tag{9.5.2}
$$

这就是说，总的配分函数 Z_1 可以写成平动配分函数 Z_1^t、振动配分函数 Z_1^v 和转动配分函数 Z_1^r 之积。

双原子分子理想气体的内能为

$$
U = -N\frac{\partial}{\partial\beta}\ln Z_1 = -N\frac{\partial}{\partial\beta}(\ln Z_1^t + \ln Z_1^v + \ln Z_1^r) = U^t + U^v + U^r \tag{9.5.3}
$$

定体热容为

$$
C_V = C_V^t + C_V^v + C_V^r \tag{9.5.4}
$$

即内能和热容可以表示为平动、转动和振动等项之和。

1. 平动对内能和热容的贡献

首先考虑平动对内能和热容的贡献。平动配分函数 Z_1^t 已由式(9.2.4)给出为

$$
Z_1^t = V\left(\frac{2\pi m}{h^2\beta}\right)^{3/2}
$$

因此

$$
\begin{aligned}
U^t &= -N\frac{\partial}{\partial\beta}\ln Z_1^t = \frac{3N}{2\beta} = \frac{3}{2}NkT \\
C_V^t &= \frac{3}{2}Nk
\end{aligned} \tag{9.5.5}
$$

式(9.5.5)与由经典统计的能量均分定理得到的结果一致。值得注意的是，此结果仍然没有考虑电子运动对内能和热容量的影响。

2. 振动对内能和热容的贡献

在一定的近似下双原子分子中两原子的相对振动可以看成线性谐振子。以 ω 表示振子的圆频率，振子的能级为

$$
\varepsilon_n = \left(n + \frac{1}{2}\right)\hbar\omega,\ n = 0,\ 1,\ 2,\ \cdots
$$

由于每一个振子都定域在其平衡位置附近作振动，一个能级对应一个状态，故能级的简并度 $\omega_l = 1$，因此振动配分函数为

$$
Z_1^v = \sum_{n=0}^{\infty} e^{-\beta\hbar\omega(n+1/2)} \tag{9.5.6}
$$

因能级间隔比较大，不能作连续函数处理，则利用公式

$$1 + x + x^2 + \cdots + x^n + \cdots = \frac{1}{1-x}, \ (|x| < 1)$$

将式(9.5.6)中的因子 $e^{-\beta\hbar\omega}$ 看作 x，可以将振动配分函数 Z_1^v 表达为

$$Z_1^v = \frac{e^{-\beta\hbar\omega/2}}{1 - e^{-\beta\hbar\omega}} \tag{9.5.7}$$

因此振动对内能的贡献为

$$U^v = -N\frac{\partial}{\partial\beta}\ln Z_1^v = \frac{N\hbar\omega}{2} + \frac{N\hbar\omega}{e^{\beta\hbar\omega} - 1} \tag{9.5.8}$$

当 $T \to 0$ 时，$\beta = \frac{1}{kT} \to \infty$，式(9.5.8)右边第二项为零，因此式中第一项是 N 个振子的零点能量，与温度无关；第二项是温度为 T 时 N 个振子的热激发能量。

振动对定容热容的贡献为

$$C_V^v = \left(\frac{\partial U}{\partial T}\right)_V = Nk\left(\frac{\hbar\omega}{kT}\right)^2 \cdot \frac{e^{\hbar\omega/kT}}{(e^{\hbar\omega/kT} - 1)^2} \tag{9.5.9}$$

引入振动特征温度 θ_v

$$k\theta_v = \hbar\omega \tag{9.5.10}$$

可以将式(9.5.8)和式(9.5.9)表示为

$$U^v = \frac{Nk\theta_v}{2} + \frac{Nk\theta_v}{e^{\theta_v/T} - 1}$$

$$C_V^v = Nk\left(\frac{\theta_v}{T}\right)^2 \cdot \frac{e^{\theta_v/T}}{(e^{\theta_v/T} - 1)^2}$$

式(9.5.10)引入的 θ_v 取决于分子的振动频率，可以由分子光谱的数据定出。表 9.4 列出几种气体的 θ_v 值。

表 9.4

分子	$\theta_v/(10^3)$K	分子	$\theta_v/(10^3)$K
H_2	6.10	CO	3.07
N_2	3.34	NO	2.69
O_2	2.23	HCl	4.14

由于双原子分子的振动特征温度是 10^3 K 的量级，在常温下有 $T \ll \theta_v$。因此 U^v 和 C_V^v 可近似为

$$U^v = \frac{Nk\theta_v}{2} + Nk\theta_v e^{-\theta_v/T} \tag{9.5.8$'$}$$

$$C_V^v = Nk\left(\frac{\theta_v}{T}\right)^2 e^{-\theta_v/T} \tag{9.5.9$'$}$$

式(9.5.9′)指出，在常温范围，振动自由度对热容的贡献接近于零。其原因可以这样理解，在常温范围双原子分子的振动能级间距$\hbar\omega$远大于kT。由于能级分立，振子必须取得能量$\hbar\omega$才有可能跃迁到激发态。在$T \ll \theta_v$的情形下，振子取得$\hbar\omega$的热运动能量而跃迁到激发态的概率是极小的。因此平均而言，**几乎全部振子都冻结在基态**。当气体温度升高时，它们也几乎不吸收能量。这就是在常温下振动自由度不参与能量均分的原因。

3. 转动对内能和热容的贡献

(1) 异核双原子分子情况

在讨论双原子分子的转动时，需要区分双原子分子是同核(例如H_2、O_2、N_2)还是异核(例如CO、NO、HCl等)两种不同的情况。我们首先考虑**异核的双原子分子**。转动能级为

$$\varepsilon^r = \frac{l(l+1)\hbar^2}{2I},\ l = 0,\ 1,\ 2,\ \cdots \tag{9.5.11}$$

l为转动量子数。能级的简并度为$2l+1$，因此转动配分函数为

$$Z_1^r = \sum_{l=0}^{\infty}(2l+1)e^{-\frac{l(l+1)\hbar^2}{2IkT}} \tag{9.5.12}$$

引入转动特征温度θ_r

$$\frac{\hbar^2}{2I} = k\theta_r \tag{9.5.13}$$

可以将Z_1^r表示为

$$Z_1^r = \sum_{l=0}^{\infty}(2l+1)e^{-\frac{\theta_r}{T}l(l+1)} \tag{9.5.12′}$$

由式(9.5.13)引入的转动特征温度θ_r取决于分子的转动惯量，可以由分子光谱的数据定出。表9.5列出几种气体的θ_r值。在常温范围，$\frac{\theta_r}{T} \ll 1$。在这情形下当l改变时，$\frac{\theta_r}{T}l(l+1)$可以近似看成准连续变量。因此，式(9.5.12′)的求和可以用积分代替。令$x = l(l+1)\frac{\theta_r}{T}$，$\mathrm{d}x = (2l+1)\frac{\theta_r}{T}$(注意$\mathrm{d}l = 1$)，即有

$$Z_1^r = \frac{T}{\theta_r}\int_0^{\infty}e^{-x}\mathrm{d}x = \frac{T}{\theta_r} = \frac{2I}{\beta\hbar^2} \tag{9.5.14}$$

表9.5

分子	θ_r/K	分子	θ_r/K
H_2	85.4	CO	2.77
N_2	2.86	NO	2.42
O_2	2.70	HCl	15.1

由此得

$$U^r = -N\frac{\partial}{\partial\beta}\ln Z_1^r = NkT$$

$$C_V^r = Nk \tag{9.5.15}$$

正是经典统计能量均分定理的结果。这是易于理解的，在常温范围转动能级间距远小于 kT，因此变量 $\frac{\varepsilon^r}{kT}$ 可以看成准连续的变量。在这种情形下，量子统计和经典统计得到的转动热容相同。

(2) 同核双原子分子情况

对于同核的双原子分子，必须考虑微观粒子的全同性对分子转动状态的影响。在这里只讨论氢的问题。根据微观粒子全同性原理可以证明，氢分子的转动状态与两个氢核的自旋状态有关。假如两个氢核的自旋是平行的，转动量子数 l 只能取奇数，称为正氢。假如两个氢核的自旋是反平行的，转动量子数 l 只能取偶数，称为仲氢。正氢与仲氢相互转变的概率很小。在通常的实验条件下，正氢占四分之三，仲氢占四分之一，可以认为氢气是正氢和仲氢的非平衡混合物。以 Z_{1o}^r 和 Z_{1p}^r 分别表示正氢和仲氢的转动配分函数：

$$Z_{1o}^r = \sum_{l=1、3、\cdots}(2l+1)e^{-\frac{l(l+1)\theta_r}{T}}$$

$$Z_{1p}^r = \sum_{l=0、2、4、\cdots}(2l+1)e^{-\frac{l(l+1)\theta_r}{T}} \tag{9.5.16}$$

氢的转动内能为

$$U^r = -\frac{3}{4}N\frac{\partial}{\partial\beta}\ln Z_{1o}^r - \frac{1}{4}N\frac{\partial}{\partial\beta}\ln Z_{1p}^r \tag{9.5.17}$$

由上式可求出氢的转动热容。

由于氢分子的转动惯量小，氢的转动特征温度 $\theta_r = 85.4\ \mathrm{K}$，较其他气体的 θ_r 要高些。在高温 $T \gg \theta_r$ 时，氢分子可以处在 l 大的转动状态。式(9.5.16)的求和可近似为

$$\sum_{l=0、2、\cdots}^{\infty}\cdots = \sum_{l=1、3、\cdots}^{\infty}\cdots \approx \frac{1}{2}\sum_{l=0、1、2、\cdots}^{\infty}\cdots$$

并用积分代替求和。与式(9.5.15)相似，仍然得到

$$C_V = Nk \tag{9.5.18}$$

与能量均分定理的结果是一致的。

在低温(例如 92 K)下，能量均分定理对氢就不适用了。这时需要将式(9.5.16)的级数求出，再根据式(9.5.17)求氢的转动热容。这样得到的结果与实验结果符合得很好。图 9.8 画出氢气的转动热容随温度的变化。

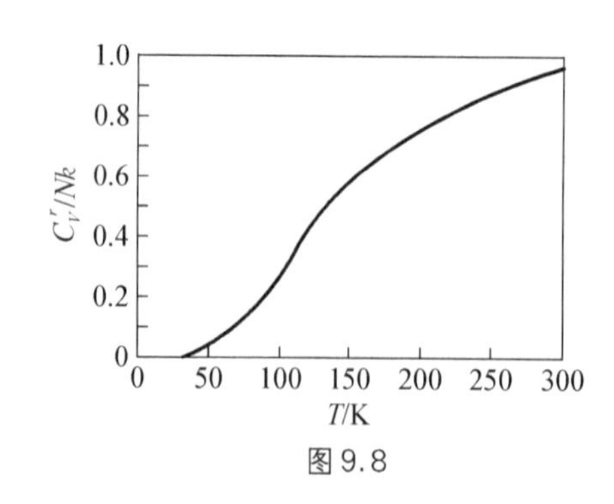

图 9.8

4. 电子运动对气体热容的贡献

对于单原子分子,在原子基项的自旋角动量或轨道角动量为零的情形下,原子的基项能级不存在精细结构。原子内电子的激发态与基态能量之差大体是 eV 的量级,相应的特征温度为 $10^4 \sim 10^5$ K,一般温度下热运动难以使电子跃迁到激发态。因此电子被冻结在基态,对热容没有贡献。如果原子基项的自旋角动量和轨道角动量都不为零,自旋—轨道耦合作用将导致基项能级的精细结构。例如氧原子基项存在特征温度为 230 K 和 320 K 的能级分裂,铁原子基项存在特征温度在 600～1 400 K 之间的能级分裂。在与特征温度可以比拟的温度范围,电子运动对热容是有贡献的。双原子分子也有类似的情形,例如一氧化氮分子存在特征温度为 178 K 的能级分裂。

前面讲述了理想气体内能和热容的量子统计理论,并将结果与根据经典统计的能量均分定理所得的结果作了比较。我们看到,在玻耳兹曼分布适用的情形下,如果任意两个相邻能级的能量差 $\Delta\varepsilon$ 远小于热运动能量 kT,变量 $\frac{\varepsilon}{kT}$ 就可以看作准连续的变量,由量子统计和由经典统计得到的内能和热容是相同的。

5. 由经典统计理论求理想气体的内能和热容

9.4 节中内能和热容的经典统计结果是从能量均分定理得到的。如前所述,通过配分函数求热力学量是经典玻耳兹曼统计的一般程序。现在以双原子分子理想气体为例加以介绍。为明确起见,我们讨论异核的双原子分子。双原子分子能量的经典表达式为

$$\varepsilon = \frac{1}{2m}(p_x^2 + p_y^2 + p_z^2) + \frac{1}{2I}\left(p_\theta^2 + \frac{1}{\sin^2\theta}p_\varphi^2\right) + \frac{1}{2m_\mu}(p_r^2 + m_\mu^2\omega^2 r^2) \qquad (9.5.19)$$

其中已将两原子的相对运动考虑为简谐振动。代入经典配分函数的表达式(9.1.18)

$$Z_1 = \int\cdots\int e^{-\beta\varepsilon(q,\,p)} \frac{\mathrm{d}q_1\cdots\mathrm{d}q_r\mathrm{d}p_1\cdots\mathrm{d}p_r}{h_0^r}$$

得

$$Z_1 = Z_1^t \cdot Z_1^v \cdot Z_1^r$$

$$Z_1^t = \int e^{-\frac{\beta}{2m}(p_x^2+p_y^2+p_z^2)} \frac{\mathrm{d}x\mathrm{d}y\mathrm{d}z\mathrm{d}p_x\mathrm{d}p_y\mathrm{d}p_z}{h_0^3}$$

$$Z_1^v = \int e^{-\frac{\beta}{2m_\mu}(p_r^2+m_\mu^2\omega^2 r^2)} \frac{\mathrm{d}p_r\mathrm{d}r}{h_0}$$

$$Z_1^r = \int e^{-\frac{\beta}{2I}(p_\theta^2+\frac{1}{\sin^2\theta}p_\varphi^2)} \frac{\mathrm{d}p_\theta\mathrm{d}p_\varphi\mathrm{d}\theta\mathrm{d}\varphi}{h_0^2} \qquad (9.5.20)$$

平动配分函数 Z_1^t 的表达式与式(9.2.3)相同,积分得

$$Z_1^t = V\left(\frac{2\pi m}{h_0^2\beta}\right)^{3/2} \qquad (9.5.21)$$

振动配分函数 Z_1^v 积分得(注意 p_r 和 r 的积分限都是 $-\infty$ 到 $+\infty$):

$$Z_1^v = \left(\frac{2\pi m_\mu}{h_0\beta}\right)^{1/2}\left(\frac{2\pi m_\mu}{h_0\beta m_\mu^2\omega^2}\right)^{1/2} = \frac{2\pi}{h_0\beta\omega} \qquad (9.5.22)$$

转动配分函数 Z_1^r 的积分为

$$
\begin{aligned}
Z_1^r &= \frac{1}{h_0^2}\int_0^{2\pi}\mathrm{d}\varphi\int_0^{\pi}\mathrm{d}\theta\int_{-\infty}^{+\infty}e^{-\frac{\beta}{2I}p_\theta^2}\,\mathrm{d}p_\theta\cdot\int_{-\infty}^{+\infty}e^{-\frac{\beta}{2I\sin^2\theta}p_\varphi^2}\,\mathrm{d}p_\varphi \\
&= \frac{1}{h_0^2}\int_0^{2\pi}\mathrm{d}\varphi\int_0^{\pi}\mathrm{d}\theta\left(\frac{2\pi I}{\beta}\right)^{1/2}\left(\frac{2\pi I\sin^2\theta}{\beta}\right)^{1/2} \\
&= \frac{1}{h_0^2}\,\frac{2\pi I}{\beta}\int_0^{2\pi}\mathrm{d}\varphi\int_0^{\pi}\sin\theta\,\mathrm{d}\theta = \frac{8\pi^2 I}{h_0^2\beta}
\end{aligned}
\tag{9.5.23}
$$

由式(9.5.21)～式(9.5.23)容易求得相应的定容热容

$$
C_V^t = \frac{3}{2}Nk,\ C_V^v = Nk,\ C_V^r = Nk \tag{9.5.24}
$$

式(9.5.24)与能量均分定理所得结果一致。这是理所当然的。值得注意，h_0 的数值对结果也没有影响。

9.6 理想气体的熵

1. 经典统计理论的结果

为简单起见，我们只讨论单原子理想气体的熵。

根据经典统计理论，由式(9.1.13)和式(9.5.21)可得单原子理想气体的熵为

$$
S = \frac{3}{2}Nk\ln T + Nk\ln V + \frac{3}{2}Nk\left[1+\ln\left(\frac{2\pi mk}{h_0^2}\right)\right] \tag{9.6.1}
$$

2. 经典统计理论的两个问题

显然上式给出的不是绝对熵，相应于 h_0 的不同选择，熵有不同的相加常数。更为严重的是，上式给出的熵不符合广延量的要求。这是经典统计理论的又一个原则性困难。将上式与式(4.4.11)对比，我们看到上式与式(4.4.11)虽然形式相同，但有不同，上式的常数项是与 N(或ν)成正比的数。为了满足熵为广延量的要求，吉布斯在量子力学建立之前就建议将式(9.6.1)减去 $k\ln N!$。当时这是一个外加的要求，缺乏理论根据。量子统计建立以后吉布斯建议的含义才得到正确的理解。如前所述，理想气体按其构成粒子的量子本性应该遵从玻色分布或费米分布。由于气体满足经典极限条件，每一量子态上的平均粒子数均远小于1，粒子间的量子统计关联可以忽略。在这种情形下与最概然分布相应的系统的微观状态数 $\Omega_{\mathrm{B.E.}}$ 和 $\Omega_{\mathrm{F.D.}}$ 均趋于 $\Omega_{\mathrm{M.B.}}/N!$。微观粒子全同性原理的影响只表现在因子$\dfrac{1}{N!}$上。根据玻耳兹曼关于熵与微观状态数的关系，即有 $S = k\ln\dfrac{\Omega_{\mathrm{M.B.}}}{N!}$。

3. 量子统计理论的结果

根据量子统计理论，单原子理想气体熵函数的统计表达式为

$$
S = Nk\left(\ln Z_1 - \beta\frac{\partial}{\partial\beta}\ln Z_1\right) - k\ln N! \tag{9.1.13'}
$$

将式(9.2.4)代入,并应用近似 $\ln N! = N(\ln N - 1)$,可得单原子理想气体的熵为

$$S = \frac{3}{2}Nk\ln T + Nk\ln\frac{V}{N} + \frac{3}{2}Nk\left[\frac{5}{3} + \ln\left(\frac{2\pi mk}{h^2}\right)\right] \tag{9.6.2}$$

上式符合熵为广延量的要求,而且是绝对熵,其中不含任意常数。为了对上式进行实验验证,将与凝聚相达到平衡的饱和蒸汽看作理想气体,并利用物态方程(9.2.5)将上式改写为

$$\ln p = \frac{5}{2}\ln T + \frac{5}{2} + \ln\left[k^{5/2}\left(\frac{2\pi m}{h^2}\right)^{3/2}\right] - \frac{S_{vap}}{Nk} \tag{9.6.3}$$

其中已将式(9.6.2)的 S 记作 S_{vap}。以 S_{con} 表示凝聚相的熵,L 表示相变潜热,根据 $L = T(S_m^\beta - S_m^\alpha)$

$$S_{vap} - S_{con} = \frac{L}{T} \tag{9.6.4}$$

在足够低的温度下,S_{con} 远小$\frac{L}{T}$,可以忽略。于是式(9.6.3)简化为

$$\ln p = -\frac{L}{RT} + \frac{5}{2}\ln T + \frac{5}{2} + \ln\left[k^{5/2}\left(\frac{2\pi m}{h^2}\right)^{3/2}\right] \tag{9.6.5}$$

由上式算得的蒸汽压与实测的蒸汽压完全符合,为式(9.6.2)提供了实验证明。式(9.6.5)称为萨库尔-铁特罗特(Sakur - Tetrode)公式。

比较式(9.6.1)和式(9.6.2)可以看出,如果选择 $h_0 = h$,并计及由于全同性原理而引入的改正项 $-k\ln N!$,两式就一致了。这是因为玻耳兹曼统计适用且在单原子理想气体中,分子只有平动能量,而平动能量是准连续的缘故。

4. 单原子理想气体的化学势

由式(7.4.9),$dF = -SdT - pdV + \mu d\nu$,则

$$\mu = \left(\frac{\partial F}{\partial \nu}\right)_{T,V}$$

表示在 T, V 不变下,增加 1 mol 物质时自由能的改变,式中 μ 为摩尔化学势。因 $N = \nu N_A$, $F = \nu F_m$,若仍以 μ 表示一个分子的化学势,则

$$\mu = \frac{1}{N_A}\left(\frac{\partial F}{\partial \nu}\right)_{T,V} = \left(\frac{\partial F}{\partial N}\right)_{T,V} \tag{9.6.6}$$

表示在 T, V 不变下,增加 1 个分子时自由能的改变。根据式(9.1.16′),有

$$\mu = -kT\ln\frac{Z_1}{N} \tag{9.6.7}$$

将式(9.2.4)的 Z_1 代入,得

$$\mu = kT\ln\left[\frac{N}{V}\left(\frac{h^2}{2\pi mkT}\right)^{3/2}\right] \tag{9.6.8}$$

根据式(9.2.6)，对于理想气体有 $\frac{N}{V}\left(\frac{h^2}{2\pi mkT}\right)^{3/2}\ll 1$，所以理想气体的化学势是负的。

9.7 固体热容的爱因斯坦理论

前面几节根据玻耳兹曼分布讨论了理想气体的热力学性质。理想气体是满足经典极限条件的非定域系，可用玻耳兹曼分布进行讨论。本节讨论的固体属于定域系统，玻耳兹曼统计理论也是适用的。

第9.4节根据能量均分定理讨论了固体的热容，所得结果在高温和室温范围与实验符合，但在低温范围与实验不符，这问题是经典理论所不能解释的。爱因斯坦首先用量子理论分析固体热容问题，成功地解释了固体热容随温度下降的实验事实。

如前所述，固体中原子的热运动可以看成 $3N$ 个振子的振动。爱因斯坦假设这 $3N$ 个振子的频率都相同。以 ω 表示振子的圆频率，振子的能级为

$$\varepsilon_n=\hbar\omega\left(n+\frac{1}{2}\right),\ n=0,\ 1,\ 2,\ \cdots \tag{9.7.1}$$

由于每一个振子都定域在其平衡位置附近作振动，振子是可以分辨的，遵从玻耳兹曼分布。由于每一个振子的量子态也由量子数 n 的数值决定，是非简并的，故 $\omega_l=1$。配分函数为

$$Z_1=\sum_{n=0}^{\infty}e^{-\beta\hbar\omega(n+1/2)}=\frac{e^{-\frac{\beta\hbar\omega}{2}}}{1-e^{-\beta\hbar\omega}} \tag{9.7.2}$$

根据式(9.1.4)，固体的内能为

$$U=-3N\frac{\partial}{\partial\beta}\ln Z_1=3N\frac{\hbar\omega}{2}+\frac{3N\hbar\omega}{e^{\beta\hbar\omega}-1} \tag{9.7.3}$$

式(9.7.3)的第一项是 $3N$ 个振子的零点能量，第二项是温度为 T 时 $3N$ 个振子的热激发能量。

定体热容 C_V 为

$$C_V=\left(\frac{\partial U}{\partial T}\right)_V=3Nk\left(\frac{\hbar\omega}{kT}\right)^2\frac{e^{\frac{\hbar\omega}{kT}}}{\left(e^{\frac{\hbar\omega}{kT}}-1\right)^2} \tag{9.7.4}$$

引入爱因斯坦特征温度 θ_E

$$k\theta_E=\hbar\omega \tag{9.7.5}$$

可将热容表示为

$$C_V=3Nk\left(\frac{\theta_E}{T}\right)^2\frac{e^{\frac{\theta_E}{T}}}{\left(e^{\frac{\theta_E}{T}}-1\right)^2} \tag{9.7.6}$$

因此根据爱因斯坦的理论，C_V 随温度降低而减少，并且 C_V 作为 θ_E/T 的函数是一个普适函数。

现在讨论式(9.7.6)在高温($T \gg \theta_E$) 和低温($T \ll \theta_E$) 范围的极限结果。

当 $T \gg \theta_E$ 时，可以近似取 $e^{\theta_E/T} - 1 \approx \theta_E/T$。由式(9.7.6) 得

$$C_V = 3Nk \tag{9.7.7}$$

式(9.7.7)和能量均分定理的结果一致。这个结果的解释是，当 $T \gg \theta_E$ 时，能级间距远小于 kT，能量量子化的效应可以忽略，因此经典统计是适用的。

当 $T \ll \theta_E$ 时，$e^{\frac{\theta_E}{T}} - 1 \approx e^{\frac{\theta_E}{T}}$，由式(9.7.6) 得

$$C_V = 3Nk\left(\frac{\theta_E}{T}\right)^2 e^{-\frac{\theta_E}{T}} \tag{9.7.8}$$

当温度趋于零时，式(9.7.8)给出的 C_V 也趋于零。这个结论与实验结果定性符合。热容随温度趋于零的原因可以这样解释，当温度趋于零时，振子能级间距$\hbar\omega$ 远大于 kT。振子由于热运动取得能量$\hbar\omega$ 而跃迁到激发态的概率是极小的。因此平均而言几乎全部振子都冻结在基态。当温度升高时，它们都几乎不吸取能量，因此对热容没有贡献。但是爱因斯坦固体比热容理论在定量上与实验符合得不好。实验测得的 C_V 趋于零较式(9.7.8)慢。这是由于在爱因斯坦理论中作了过分简化的假设，$3N$ 个振子都有相同的频率，当$\hbar\omega \gg kT$ 时 $3N$ 个振子都同时被冻结的缘故。虽然如此，这一十分简单的近似从本质上解释了固体热容随温度降低而减少的事实。在 11 章中我们将进一步讨论固体热容问题。

习　题

9.1　试根据公式 $p = -\sum_l a_l \dfrac{\partial \varepsilon_l}{\partial V}$ 证明，对于非相对论粒子

$$\varepsilon = \frac{p^2}{2m} = \frac{1}{2m}\left(\frac{2\pi\hbar}{L}\right)^2 (n_x^2 + n_y^2 + n_z^2),\ n_x、n_y、n_z = 0, \pm 1, \pm 2, \cdots$$

有

$$p = \frac{2}{3}\frac{U}{V}$$

上述结论对于玻耳兹曼分布、玻色分布和费米分布都成立。

9.2　试根据公式 $p = -\sum_l a_l \dfrac{\partial \varepsilon_l}{\partial V}$ 证明，对于极端相对论粒子，

$$\varepsilon = cp = c\,\frac{2\pi\hbar}{L}(n_x^2 + n_y^2 + n_z^2)^{1/2},\ n_x、n_y、n_z = 0, \pm 1, \pm 2, \cdots$$

有

$$p=\frac{1}{3}\frac{U}{V}$$

上述结论对于玻耳兹曼分布、玻色分布和费米分布都成立。

9.3　速率分布函数的物理意义是什么？试说明下列各量的意义：

①$f(v)\mathrm{d}v$；②$Nf(v)\mathrm{d}v$；③$\int_{v_1}^{v_2}Nf(v)\mathrm{d}v$。

9.4　试问速率从 v_1 到 v_2 之间分子的平均速率是否是 $\int_{v_1}^{v_2}vf(v)\mathrm{d}v$? 若是,其理由是什么？若不是,则正确答案是什么？

9.5　两容器分别储有气体 A 和 B,温度和体积都相同,试说明在下列各种情况下它们的分子速度分布是否相同：①A 为氮,B 为氢,而且氮和氢的质量相等,即 $m_A=m_B$；② A 和 B 均为氢,但 $m_A\neq m_B$；③ A 和 B 均为氢,而且 $m_A=m_B$ 但使 A 的体积等温地膨胀到原体积的二倍。

9.6　在图 9.9 中列出了某量 x 的值的三种不同的概率分布函数的图线。试对于每一种图线求出常数 A 的值,使在此值下函数成为归一化函数。然后计算 x 和 x^2 的平均值,在(a)情形下还求出 $|x|$ 的平均值。

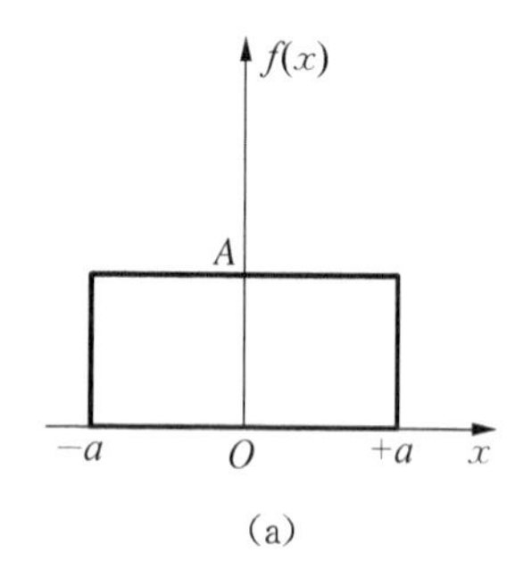

(a)

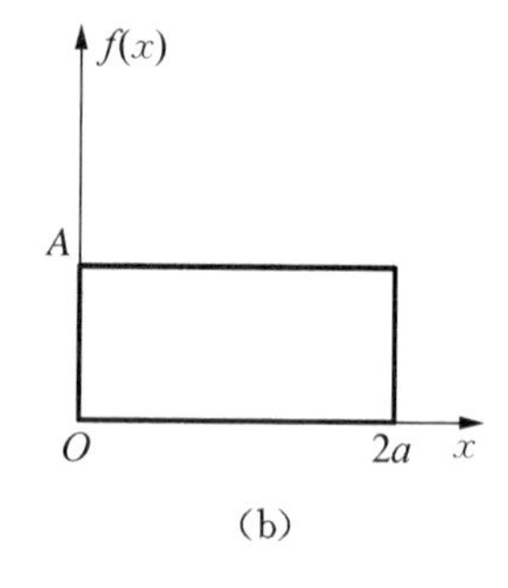

(b)

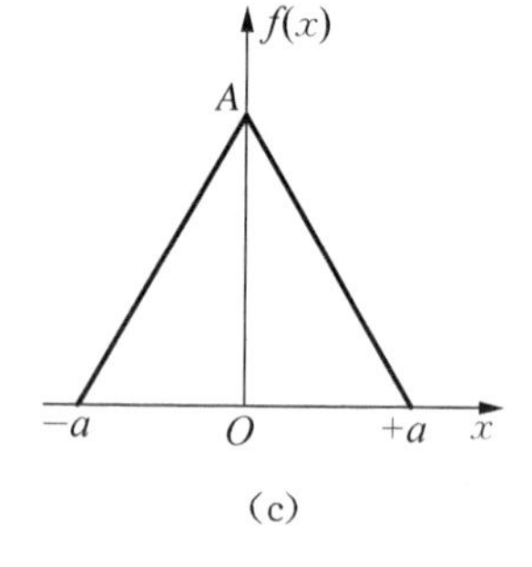

(c)

图9.9

答案：(a) $A=\frac{1}{2a}$, $\bar{x}=0$, $\overline{|x|}=\frac{a}{2}$, $\overline{x^2}=\frac{a^2}{3}$；(b) $A=\frac{1}{2a}$, $\bar{x}=a$, $\overline{x^2}=\frac{4a^2}{3}$；(c) $A=\frac{1}{a}$, $\bar{x}=0$, $\overline{x^2}=\frac{a^2}{6}$

9.7　求速率在区间 $v_p\sim1.01v_p$ 内的气体分子数占总分子数的比率。

答案：0.83％

9.8　根据麦克斯韦速率分布律,求速率倒数的平均值 $\overline{\frac{1}{v}}$。

答案：$\overline{\frac{1}{v}}=\frac{4}{\pi}\frac{1}{\bar{v}}$

9.9　试根据麦氏速度分布律导出两分子的相对速度 $\vec{v}_r=\vec{v}_2-\vec{v}_1$ 和相对速率 $v_r=|\vec{v}_r|$ 的概率分布,并求相对速率的平均值 $\bar{v}_r$。

答案：相对速率分布为

$$4\pi\left(\frac{m_\mu}{2\pi kT}\right)^{3/2}e^{-\frac{m_\mu}{2kT}v_r^2}v_r^2\mathrm{d}v_r$$

$$\bar{v}_r=\sqrt{2}\,\bar{v}$$

其中 $m_\mu=\dfrac{m}{2}$ 是约化质量，$\bar{v}$ 是平均速率。

9.10 试证明，单位时间内碰到单位面积器壁上，速率介于 v 与 $v+\mathrm{d}v$ 之间的分子数为

$$\mathrm{d}\Gamma=\pi n\left(\frac{m}{2\pi kT}\right)^{3/2}e^{-\frac{m}{2kT}v^2}v^3\mathrm{d}v$$

9.11 ①某气体在平衡温度 T_2 时的最概然速率与它在平衡温度 T_1 时的方均根速率相等，求 T_2/T_1。②已知这种气体的压强为 p、密度为 ρ，试导出其方均根速率的表达式。

9.12 在等温大气模式中，设气温为 5℃，同时测得海平面的大气压和山顶的气压分别为 1.01×10^5 Pa 和 0.78×10^5 Pa，试问山顶海拔为多少？

9.13 试证明，对于遵从玻耳兹曼分布的定域系统，熵函数可以表示为

$$S=-Nk\sum_s P_s\ln P_s$$

式中 P_s 是粒子处在量子态 s 的概率，$P_s=\dfrac{e^{-\alpha-\beta\varepsilon_s}}{N}=\dfrac{e^{-\beta\varepsilon_s}}{Z_1}$，$\sum\limits_s$ 对粒子的所有量子态求和。

对于满足经典极限条件的非定域系统，熵的表达式有何不同？

答案：$S=-Nk\sum\limits_s P_s\ln P_s+S_0$，$S_0=-Nk(\ln N-1)$

9.14 气体以恒定速度 v_0 沿 z 方向作整体运动，求分子的平均平动能量。

答案：$\bar{\varepsilon}=\dfrac{3}{2}kT+\dfrac{1}{2}mv_0^2$

9.15 已知粒子遵从经典玻耳兹曼分布，其能量表达式为

$$\varepsilon=\frac{1}{2m}(p_x^2+p_y^2+p_z^2)+ax^2+\mathrm{b}x$$

其中 a、b 是常数，求粒子的平均能量。

答案：$\bar{\varepsilon}=2kT-\dfrac{b^2}{4a}$

9.16 气柱的高度为 H，处在重力场中。试证明此气柱的内能和热容为

$$U=U_0+NkT-\frac{NmgH}{e^{\frac{mgH}{kT}}-1}$$

$$C_V=C_V^0+Nk-\frac{N(mgH)^2e^{\frac{mgH}{kT}}}{(e^{\frac{mgH}{kT}}-1)^2}\frac{1}{kT^2}$$

9.17 试求双原子分子理想气体的振动熵。

答案：$S^{v}=Nk\left(\frac{\theta_v}{T}\right)\frac{1}{e^{\theta_v/T}-1}-Nk\ln(1-e^{-\theta_v/T})$

9.18　试求爱因斯坦固体的熵。

答案：$S=3Nk\left[\frac{\beta\hbar\omega}{e^{\beta\hbar\omega}-1}-\ln(1-e^{-\beta\hbar\omega})\right]$

第 10 章　量子统计理论及应用

当经典统计理论应用到诸如像热辐射这样的场合时，会发现理论与实际不相符合。为此，必须采用以量子力学为基础而建立的新统计理论——量子统计理论。

10.1　热力学量的统计表达式

由前面章节的讨论我们得知，一般气体都满足非简并条件：$a_l/\omega_l \ll 1$，利用玻耳兹曼分布 $a_l = \omega_l e^{-\alpha-\beta\varepsilon_l}$ 可得 $a_l/\omega_l = e^{-\alpha-\beta\varepsilon_l}$。由此可以看出，若 $e^{-\alpha} \ll 1$，则在任一能级均有 $a_l/\omega_l \ll 1$。而知 $e^{-\alpha} = N/Z_1$，对于理想气体 $Z_1 = V(2\pi mkT/h^2)^{3/2}$，这样，我们可以将非简并条件写成

$$e^{-\alpha} = \frac{N}{V}\left(\frac{h^2}{2\pi mkT}\right)^{3/2} \ll 1 \tag{10.1.1}$$

或

$$e^{\alpha} = \frac{V}{N}\left(\frac{2\pi mkT}{h^2}\right)^{3/2} \gg 1 \tag{10.1.2}$$

通常把满足非简并条件的气体称为**非简并气体**。对于非简并气体，无论是由玻色子还是由费米子构成，均**可以用玻耳兹曼分布来处理**；不满足上述非简并条件的气体称为**简并气体**，则**需要分别用玻色分布或费米分布来处理**。本节将分别推导玻色系统和费米系统中热力学量的统计表达式。

10.1.1　玻色系统的巨配分函数及热力学量

1. 巨配分函数　平均总粒子数

先考虑玻色系统，其玻色分布为 $a_l = \dfrac{\omega_l}{e^{\alpha+\beta\varepsilon_l}-1}$，如果把 α、β 和 y 看作是由实验确定的参量，那么玻色系统的平均总粒子数为

$$\bar{N} = \sum_l a_l = \sum_l \frac{\omega_l}{e^{\alpha+\beta\varepsilon_l}-1} \tag{10.1.3}$$

若引入巨配分函数

$$\Xi = \prod_l \Xi_l = \prod_l \left[1 - e^{-\alpha-\beta\varepsilon_l}\right]^{-\omega_l} \tag{10.1.4}$$

取其对数,得

$$\ln \Xi = -\sum_{l} \omega_l \ln (1 - e^{-\alpha - \beta\varepsilon_l}) \tag{10.1.5}$$

利用式(10.1.5)可以将玻色系统的平均总粒子数表示为

$$\bar{N} = -\frac{\partial}{\partial \alpha} \ln \Xi \tag{10.1.6}$$

2. 内能

由于内能是系统中粒子无规则运动能量的统计平均值,对于玻色系统,其内能为

$$U = \sum_{l} \varepsilon_l a_l = \sum_{l} \frac{\varepsilon_l \omega_l}{e^{\alpha + \beta\varepsilon_l} - 1} \tag{10.1.7}$$

利用式(10.1.5)也可以将玻色系统的内能用 $\ln \Xi$ 表示为

$$U = -\frac{\partial}{\partial \beta} \ln \Xi \tag{10.1.8}$$

3. 广义力(物态方程)

按统计物理学的观点,外界对系统的**广义作用力 $\boldsymbol{Y}$** 是 $\partial \varepsilon_l / \partial y$ 的统计平均值,即

$$Y = \sum_{l} a_l \frac{\partial \varepsilon_l}{\partial y} = \sum_{l} \frac{\omega_l}{e^{\alpha + \beta\varepsilon_l} - 1} \frac{\partial \varepsilon_l}{\partial y} = -\frac{1}{\beta} \frac{\partial}{\partial y} \ln \Xi \tag{10.1.9}$$

其中利用了式(10.1.5)。上式的一个重要特例是压强

$$p = \frac{1}{\beta} \frac{\partial}{\partial V} \ln \Xi \tag{10.1.10}$$

4. 熵及 α、β 的值

为了推导出玻色系统中熵的统计表达式,设 $\ln \Xi$ 是 α、β 和 y 的函数,其全微分为

$$\mathrm{d}\ln \Xi = \frac{\partial \ln \Xi}{\partial \alpha} \mathrm{d}\alpha + \frac{\partial \ln \Xi}{\partial \beta} \mathrm{d}\beta + \frac{\partial \ln \Xi}{\partial y} \mathrm{d}y \tag{10.1.11}$$

由式(10.1.6)~(10.1.9)可得

$$\beta\left(\mathrm{d}U - Y\mathrm{d}y + \frac{\alpha}{\beta}\mathrm{d}\bar{N}\right) = -\beta \mathrm{d}\left(\frac{\partial \ln \Xi}{\partial \beta}\right) + \frac{\partial \ln \Xi}{\partial y}\mathrm{d}y - \alpha \mathrm{d}\left(\frac{\partial \ln \Xi}{\partial \alpha}\right)$$

利用式(10.1.11)可得

$$\beta\left(\mathrm{d}U - Y\mathrm{d}y + \frac{\alpha}{\beta}\mathrm{d}\bar{N}\right) = \mathrm{d}\left(\ln \Xi - \alpha \frac{\partial}{\partial \alpha} \ln \Xi - \beta \frac{\partial}{\partial \beta} \ln \Xi\right)$$

热力学中开系的基本微分方程式(7.4.7)为

$$\mathrm{d}U = T\mathrm{d}S - p\mathrm{d}V + \mu \mathrm{d}\nu$$

式中 μ 为 1 mol 物质的化学势,ν 为物质的量。上式也可写为

$$dU = TdS + Ydy + \mu d\bar{N} \tag{10.1.12}$$

此时式中的 μ 为 1 个分子的化学势，$\bar{N}$为平均总分子数。由式(10.1.12)可得

$$dS = \frac{1}{T}(dU - Ydy - \mu d\bar{N})$$

已知 $\beta = 1/kT$，将其代入上面的式子中并比较可知

$$\alpha = -\frac{\mu}{kT}, \ \beta = \frac{1}{kT} \tag{10.1.13}$$

所以有

$$dS = kd(\ln \Xi - \alpha \frac{\partial}{\partial\alpha}\ln \Xi - \beta \frac{\partial}{\partial\beta}\ln \Xi)$$

积分得

$$S = k(\ln \Xi - \alpha \frac{\partial}{\partial\alpha}\ln \Xi - \beta \frac{\partial}{\partial\beta}\ln \Xi) = k(\ln \Xi + \alpha\bar{N} + \beta U) \tag{10.1.14}$$

将式(10.1.5)代入式(10.1.14)，再与玻色系统中微观状态数的对数比较可得

$$S = k\ln \Omega \tag{10.1.15}$$

上式是非常熟悉的玻耳兹曼关系，它给出了熵与微观状态数之间的关系。

5. 巨热力势

将式(10.1.6)、(10.1.8)和(10.1.14)代入巨热力势的定义式 $J = U - TS - \mu\bar{N}$ 中，得

$$J = -kT\ln \Xi \tag{10.1.16}$$

由此可知，只要我们知道了粒子的能级和能级的简并度，运用式(10.1.5)就可以求得巨配分函数的对数，再将其代入上面各式就可求得玻色系统的热力学量。

10.1.2 费米系统的巨配分函数及热力学量

对于费米系统，只要将巨配分函数改为

$$\Xi = \prod_l \Xi_l = \prod_l [1 + e^{-\alpha-\beta\varepsilon_l}]^{\omega_l} \tag{10.1.17}$$

其对数为

$$\ln \Xi = \sum_l \omega_l \ln(1 + e^{-\alpha-\beta\varepsilon_l}) \tag{10.1.18}$$

则前面玻色系统中各热力学量的统计表达式均可运用到费米系统。

10.2 玻色—爱因斯坦凝聚

1924 年，印度科学家玻色将光子作为数量不守恒的全同粒子处理而成功地导出了普朗克黑体辐射定律。爱因斯坦随即将玻色对光子的统计方法推广到全同粒子理想气体。并从理论上预言，当玻色子气体在温度达到足够低的某一临界值时，它们将会发生相变，形成一种新的凝聚物质——玻色—爱因斯坦凝聚体，在这种凝聚体中**所有原子都处于能量最低的基态，形成一个“宏观”的量子系统**，此谓**玻色—爱因斯坦凝聚**(简称 BEC)。由于当时实验条件的局限性，致使在爱因斯坦的理论预言提出后的 70 多年里，一直没有引起人们的重视。直到 1995 年，美国科学家才首次在实验中实现了铷(Rubidium)、钠(Sodium)和锂(Lithium)等碱金属原子气体的玻色—爱因斯坦凝聚，为人们从宏观的尺度来研究量子现象提供了一个独特的环境，从而才引起世人的瞩目。

1. 临界温度

在实验上实现玻色—爱因斯坦凝聚，要求原子气体所处的环境温度必须低于某一临界值，即达到其临界温度。由于玻色—爱因斯坦凝聚体本质上属于量子统计现象，下面我们将采用量子统计的方法来导出临界温度的表达式。

设 ε 为粒子能量，体系基态 $(\varepsilon=0)$ 上的粒子数为 $N_0(T)$，玻色体系总粒子数为 N，临界温度为 T_C。当原子气体所处的温度 T 降低到 T_C 时，玻色 — 爱因斯坦凝聚开始发生，$N_0>0$，即玻色子将在基态上迅速聚集，达到可观的数量。而当 $T\to 0$ 时，粒子将全部聚集到体系的基态上。我们知道，当玻色 — 爱因斯坦凝聚开始发生($T<T_C$)时，玻色系统实际上可视为是两相的耦合，其一是凝聚相，由凝聚于基态的玻色子所组成，粒子数为 $N_0(T)$；另一是正常相，粒子分布于各激发态，服从量子统计分布，粒子数为 $N_\varepsilon(T)$。因此，体系的总粒子数 N 应该等于两相的粒子数之和

$$N=N_0(T)+N_\varepsilon(T) \tag{10.2.1}$$

其中激发态上的粒子数 $N_\varepsilon(T)$ 由玻色分布中处在能量为 ε 的每一个量子态上的粒子数

$$n(\varepsilon,\ T)=\frac{1}{e^{\frac{\varepsilon-\mu}{kT}}-1} \tag{10.2.2}$$

和体系(自由粒子系)的态密度函数

$$D(\varepsilon)=\frac{2\pi V}{h^3}(2m)^{\frac{3}{2}}\varepsilon^{\frac{1}{2}} \tag{10.2.3}$$

所确定，即

$$N_\varepsilon(T)=\int_0^\infty n(\varepsilon,\ T)D(\varepsilon)\mathrm{d}\varepsilon=\frac{2\pi V}{h^3}(2m)^{\frac{3}{2}}\int_0^\infty\frac{1}{e^{\frac{\varepsilon-\mu}{kT}}-1}\varepsilon^{\frac{1}{2}}\mathrm{d}\varepsilon \tag{10.2.4}$$

式中 k 是玻耳兹曼常数，h 是普朗克常数，m 是玻色子的静质量，μ 为体系的化学势，其值

为负，而且是温度的函数，当温度 T 降低到临界温度 T_C 时，化学势 μ 将趋于零。临界温度可以由式(10.2.4)定出：令 $x=\varepsilon/kT_C$，则式(10.2.4) 可表为

$$\frac{2\pi}{h^3}(2mkT_C)^{\frac{3}{2}}\int_0^{\infty}\frac{1}{e^x-1}x^{\frac{1}{2}}\mathrm{d}x=n \tag{10.2.5}$$

上式中 $n=N_\varepsilon(T)/V$ 为体系的粒子数密度。将式(10.2.5) 中的积分计算得

$$\int_0^{\infty}\frac{1}{e^x-1}x^{\frac{1}{2}}\mathrm{d}x=1.306\sqrt{\pi} \tag{10.2.6}$$

因此，对于给定的粒子数密度，运用式(10.2.5)和(10.2.6)可以得到体系的临界温度

$$T_C=\frac{2\pi h^2}{km}\left(\frac{n}{2.612}\right)^{\frac{2}{3}} \tag{10.2.7}$$

上面的式(10.2.7)就是**临界温度的计算公式**。由于当 $T<T_C$ 时，开始形成玻色—爱因斯坦凝聚，所以称**临界温度为凝聚温度或玻色—爱因斯坦温度**。

从式(10.2.7)可看出，凝聚温度 T_C 与粒子数密度的 2/3 次方，即与 $n^{2/3}$ 成正比。由于凝聚体中粒子数密度较小(与其他相相比)，所以凝聚温度要求很低。例如，在一个玻色—爱因斯坦凝聚原子云中心处的粒子数密度通常是 $10^{13}-10^{15}\ \mathrm{m}^{-3}$，而在标准状态(室温和一个大气压)下，空气中分子的密度大约 $10^{19}\ \mathrm{m}^{-3}$。在液体和固体中原子的数密度还要更大，达到了 $10^{22}\ \mathrm{m}^{-3}$ 数量级，而原子核中核子的数密度大约为 $10^{38}\ \mathrm{m}^{-3}$。根据式(10.2.7)，我们可以推算出在玻色—爱因斯坦凝聚原子云这样的低密度系统观察量子现象所需的温度必须在 10^{-5}K 量级或更低。例如，^{87}Rb 的玻色凝聚是在 170 nK 观测到的，其凝聚体的原子数密度为 $2.6\times10^{12}\ \mathrm{m}^{-3}$，原子数目约 10^3 个；^{23}Na 的玻色凝聚在 2 μK 观测到，其凝聚体的原子数密度为 $10^{14}\ \mathrm{m}^{-3}$，原子数目约 5×10^5 个；^{7}Li 的玻色凝聚在 400 nK观测到，其凝聚体的原子数密度为 $10^{12}\ \mathrm{m}^{-3}$，原子数目约 10^3 个。与之相对比，在固体方面，金属中电子的强量子效应发生在费米温度之下，通常在 10^4—10^5 K。而声子在德拜(Debye，1884—1966，荷兰裔美籍物理学家，化学家)温度之下，通常在 10^2 K 量级。对于液态氦这样的流体，观察其量子现象所要求的温度在 1 K 的量级。由于原子核具有非常高的粒子数密度，那么相应的裂变温度也非常高，大约为 $10^{11}K$。

必须指出的是，式(10.2.7)是由理想玻色气体所推导出来的，对于其他实际气体并不适应。此外，如果理想玻色气体被囚禁于一个随空间变化的势场中，那么对于不同的囚禁势，式(10.2.7)的形式是不相同。实验表明，利用外部囚禁阱的作用，可以使实现玻色—爱因斯坦凝聚的难度相对降低。

2. 玻色—爱因斯坦凝聚体的性质

玻色—爱因斯坦凝聚体具有**宏观相干、原子隧穿和量子超流**等奇特的性质。如果把凝聚体一分为二，然后关闭囚禁它们的势阱让两者自由扩展，在它们交叠的区域可观测到清晰的干涉条纹。凝聚体的其他很多性质也都开始得到研究，包括凝聚体的集体激发、涡旋态的形成、暗孤立子以及两元玻色—爱因斯坦凝聚体的行为等。目前实现了凝聚体中

的声波传播、物质波与激光场的相互作用、自旋畴结构及量子隧穿，在凝聚体中形成了旋涡阵列，还实现了无破坏测量以及用磁场调节原子与原子之间的相互作用等。并且，在凝聚体中实现了类似于非线性光学中的四波混频。利用玻色—爱因斯坦凝聚体还可以使光的速度变慢，甚至变为零。玻色—爱因斯坦凝聚体的研究也可以延伸到其他领域，例如，利用磁场调控原子之间的相互作用，可以在玻色—爱因斯坦凝聚体中产生类似于超新星爆发的相现象。由于费米子的特性，即使在零温度仍有压力存在，因此可将类似于实现玻色—爱因斯坦凝聚的技术用于费米气体，在实验中模拟白矮星的内部压力。理论上还提出了用玻色—爱因斯坦凝聚体来模拟黑洞的设想。玻色—爱因斯坦凝聚体所具有的奇特性质，使它不仅对基础研究有重要意义，而且在原子激光、芯片技术、精密测量和纳米技术等领域都有着广泛应用前景。

10.3 光 子 气 体

10.3.1 辐射场的量子理论　普朗克黑体辐射公式

在热力学部分讨论了平衡辐射问题，最典型的平衡热辐射是空窖辐射。根据粒子的观点，可以把空窖内的辐射场看作**光子气体**。由于空窖内的辐射场可以分解为无穷多个单色平面波的叠加，而具有一定波矢$\vec{k}$和圆频率 ω 的单色平面波与具有一定动量$\vec{p}$和能量 ε 的光子相对应，动量$\vec{p}$与波矢$\vec{k}$、能量 ε 与圆频率ω 之间遵从德布罗意关系

$$\begin{aligned}\vec{p} &= \hbar\vec{k}\\ \varepsilon &= \hbar\omega\end{aligned}\tag{10.3.1}$$

考虑到圆频率 ω 与光速 c 和波矢大小 k 之间的关系 $\omega = ck$，则光子的能量动量关系可表为

$$\varepsilon = cp\tag{10.3.2}$$

值得指出的是，式(10.3.2)也可由相对论中的质能关系 $\varepsilon^2 = p^2c^2 + m_0^2c^4$，并考虑到光子的静质量 $m_0 = 0$ 而得到。

光子是玻色子，达到平衡后遵从玻色分布。由于空窖壁不断发射和吸收光子，所以光子气体中的光子数不守恒。在给定温度和体积的条件下，平均总光子数由空窖辐射自由能最小的要求所确定，即

$$\left(\frac{\partial F}{\partial \overline{N}}\right)_{T,V} = 0\tag{10.3.3}$$

其中 $\overline{N}$ 是平均总光子数。由前面的讨论知，拉氏乘子 $\alpha = -\mu/kT$，而化学势 $\mu = -(\partial F/\partial\overline{N})_{T,V} = 0$，则 $\alpha = 0$，此意味着平衡态下光子气体的化学势为零。这样，光子气体的统计分布为

$$a_l = \frac{\omega_l}{e^{\beta\varepsilon_l} - 1}\tag{10.3.4}$$

在第 8 章我们曾得到，处在体积 V 内，动量在 p 到 $p+\mathrm{d}p$ 范围内自由粒子的可能状态数为

$$\frac{4\pi V}{h^3}p^2\,\mathrm{d}p$$

但在上式中没有考虑粒子的自旋。对于光子，其自旋量子数为 1，自旋在动量方向的投影可取 $\pm\hbar$ 两个可能值，相当于左、右圆偏振。因此，在考虑光子自旋的情况下，**处在体积为 V 的空窖内，动量在 p 到 $p+\mathrm{d}p$ 范围内的光子的量子态数**应为上式的两倍，即

$$D(p)\,\mathrm{d}p = \frac{8\pi V}{h^3}p^2\,\mathrm{d}p \tag{10.3.5}$$

将式(10.3.1)和(10.3.2)代入式(10.3.5)，就可得到在体积为 V 的空窖内，频率在 ω 到 $\omega+\mathrm{d}\omega$ 范围内光子的量子态数为

$$D(\omega)\,\mathrm{d}\omega = \frac{V}{\pi^2c^3}\omega^2\,\mathrm{d}\omega \tag{10.3.6}$$

而平均光子数由 $f_s=\frac{a_s}{\omega_s}=\frac{1}{e^{\beta\varepsilon_s}-1}$ 可得

$$\mathrm{d}\overline{N} = f_sD(\omega)\,\mathrm{d}\omega = \frac{V}{\pi^2c^3}\frac{\omega^2\,\mathrm{d}\omega}{e^{\hbar\omega/kT}-1} \tag{10.3.7}$$

则在体积为 V 的空窖内，频率在 $\omega\sim\omega+\mathrm{d}\omega$ 范围内辐射场的内能为

$$\mathrm{d}U = \varepsilon\,\mathrm{d}\overline{N} = \hbar\omega\,\mathrm{d}\overline{N}$$

即

$$U(\omega,\ T)\,\mathrm{d}\omega = \frac{V}{\pi^2c^3}\frac{\hbar\omega^3\,\mathrm{d}\omega}{e^{\hbar\omega/kT}-1} \tag{10.3.8}$$

值得指出的是，式(10.3.8)所给出的辐射场的内能按频率的分布与实验的结果完全符合，该式又称为**普朗克黑体辐射公式**，是普朗克于 1900 年得到，不过推导的方法与上述方法有所不同。在推导普朗克公式时，他第一次引入了能量量子化的概念，这是物理概念上的革命性飞跃。普朗克公式的建立，为量子力学的建立奠定了基础，成为了量子物理学的起点。

10.3.2 普朗克公式的讨论

1. 低频、高频情形下辐射场的内能

现在我们来讨论普朗克公式在低频和高频范围的极限结果。在 $\frac{\hbar\omega}{kT}\ll 1$ 的低频范围，将式(10.3.8) 中的 $e^{\hbar\omega/kT}$ 展开成级数且只保留一次项得 $e^{\hbar\omega/kT}\approx 1+\frac{\hbar\omega}{kT}$，将其代入式(10.3.8) 可得低频情形下辐射场的内能为

$$U(\omega, T)\mathrm{d}\omega = \frac{V}{\pi^2 c^3}\omega^2 kT\mathrm{d}\omega \tag{10.3.9}$$

上式称为**瑞利—金斯公式**，由瑞利(Rayleigh，1842—1919，英国物理学家)和金斯(Jeans，1877—1946，英国天文学家、数学家、物理学家)分别于 1900 年和 1905 年得到。而在 $\frac{\hbar\omega}{kT}\gg 1$ 或 $\hbar\omega \gg kT$ 的高频范围，$e^{\hbar\omega/kT}\gg 1$，则式(10.3.8)分母中的 -1 相对 $e^{\hbar\omega/kT}$ 而言可忽略不计，式(10.3.8)可变为

$$U(\omega, T)\mathrm{d}\omega = \frac{V}{\pi^2 c^3}\hbar\omega^3 e^{-\hbar\omega/kT}\mathrm{d}\omega \tag{10.3.10}$$

上式与维恩(Wien，1864—1928，德国物理学家)在 1860 年得到的公式相符合，称之为**维恩公式**。由此式看出，当 $\frac{\hbar\omega}{kT}\gg 1$ 时，$U(\omega, T)$ 随频率 ω 的增加而迅速趋于零，这意味着在温度为 T 的平衡辐射中，$\frac{\hbar\omega}{kT}\gg 1$ 的高频光子几乎不存在，也可以理解为，温度为 T 的空窖壁发射 $\hbar\omega\gg kT$ 的高频率光子的概率极小。

2. 斯特藩—玻耳兹曼定律

如果我们对普朗克公式(10.3.8)积分，可以求得窖壁辐射的内能为

$$U = \frac{V}{\pi^2 c^3}\int_0^\infty \frac{\hbar\omega^3}{e^{\hbar\omega/kT}-1}\mathrm{d}\omega = \frac{\pi^2 k^4}{15c^3\hbar^3}VT^4 = \sigma T^4 \tag{10.3.11}$$

其中 $\sigma = \frac{\pi^2 k^4}{15c^3\hbar^3}V$，上式称为**斯特藩—玻耳兹曼(Stefan-Boltzmann)定律**，此式在热力学中已得到。不同的是，热力学中比例系数 σ 要由实验确定，而统计物理中可以由理论计算出此系数。

3. 维恩位移定律

在普朗克公式(10.3.8)中，对频率 ω 微分一次且令 $\frac{\mathrm{d}U}{\mathrm{d}\omega}=0$，可以求得辐射场的内能随频率 ω 有一个极大的分布，若用 ω_m 表示其极大值，则可求得

$$\frac{\hbar\omega_m}{kT}\approx 2.822 \tag{10.3.12}$$

再将 $\lambda_m = 2\pi c/\omega_m$ 代入上式，可以得到最大辐射波长为

$$\lambda_m = \frac{hc}{2.822kT}\approx \frac{0.51\times 10^4}{T}(10^{-6}\ \mathrm{m})$$

即

$$\lambda_m T = 常量 \tag{10.3.13}$$

上式称为**维恩位移定律**，由维恩于 1893 年首次从理论上导出。

从上面的讨论中看出，普朗克公式(10.3.8)包含极其丰富的内容，利用它可以导出一

系列的物理定律和公式，而且普朗克公式无论是在低频还是在高频范围都成立。

10.3.3 辐射场的波动理论

现在再从波动观点来理解普朗克公式的物理图象。如前所述，空窨内的辐射场可以分解为无穷多个单色平面波的叠加，而具有一定波矢和偏振的单色平面波可以看作辐射场的一个振动自由度。因此，辐射场可以看成是具有无穷多个振动自由度的力学系统。根据量子理论，一个振动自由度(一个平面波)的能量可能值为

$$\varepsilon_n = \left(n+\frac{1}{2}\right)\hbar\omega,\ n=0,\ 1,\ 2,\ 3\cdots \tag{10.3.14}$$

由于具有一定圆频率、波矢和偏振的平面波与具有一定能量、动量和自旋投影的光子状态相对应，当辐射场某一平面波处在量子数为 n 的状态时，相当于存在状态相对应的 n 个光子。利用玻色分布，可以给出在温度为 T 的平衡状态下 n 的平均值 $\bar{n}=1/(e^{\hbar\omega/kT}-1)$。按照粒子观点，$\bar{n}$ 是平均光子数；而从波动观点看，$\bar{n}$ 是量子数 n 的平均值。这样，便将波动和粒子的图象统一起来了。对于满足 $\hbar\omega \ll kT$ 的低频自由度，能级间距 $\hbar\omega$ 远小于 kT，其能量可看做准连续的变量，则经典统计中关于一个振动自由度具有平均能量 kT 的结论是适应的；反之，满足 $\hbar\omega \gg kT$ 的高频自由度则被冻结在 $n=0$ 的基态。这样，经典统计研究平衡辐射问题中出现的困难便可得到解决。

由于光子是玻色子，则可运用玻色系统的巨配分函数来推求光子气体的热力学函数。对于光子气体，拉氏乘子 $\alpha=0$，而体积为 V、频率在 ω 到 $\omega+\mathrm{d}\omega$ 范围内光子的量子态数(即简并度) $\omega_l \sim \dfrac{V}{\pi^2 c^3}\omega^2\mathrm{d}\omega$，则光子气体的巨配分函数的对数为

$$\ln\Xi = -\sum_l \omega_l \ln(1-e^{-\alpha-\beta\varepsilon_l}) \sim -\frac{V}{\pi^2 c^3}\int_0^\infty \omega^2 \ln(1-e^{-\beta\hbar\omega})\mathrm{d}\omega$$

为了求出上面的积分，引入变量 $x=\hbar\omega/kT$，上式可改写为

$$\ln\Xi = -\frac{V}{\pi^2 c^3}\frac{1}{(\beta\hbar)^3}\int_0^\infty x^2\ln(1-e^{-x})\mathrm{d}x = \frac{\pi^2 V}{45c^3}\frac{1}{(\beta\hbar)^3} \tag{10.3.15}$$

上式的积分采用了分部积分方法。将式(10.3.15)代入式(10.1.8)中，便可求得光子气体的内能

$$U = -\frac{\partial}{\partial\beta}\ln\Xi = \frac{\pi^2 k^4}{15c^3\hbar^3}VT^4 \tag{10.3.16}$$

上式的结果与式(10.3.11)的结果完全一致。再将式(10.3.15)代入式(10.1.10)，可以得到**光子气体的压强**

$$p = \frac{1}{\beta}\frac{\partial}{\partial V}\ln\Xi = \frac{\pi^2 k^4}{45c^3\hbar^3}T^4 \tag{10.3.17}$$

比较式(10.3.16)和(10.3.17)，可得

$$p = \frac{1}{3}\frac{U}{V} \tag{10.3.18}$$

值得指出的是，上式在热力学中是作为实验结果引入的，而在统计物理中则可从理论上推导出此关系式。光子气体的熵可由式(10.3.15)代入式(10.1.14)中得到

$$S = k\left[\ln \Xi - \beta \frac{\partial}{\partial \beta}\ln \Xi\right] = k[\ln \Xi + \beta U] = \frac{4\pi^2 k^4}{45 c^3 \hbar^3} T^3 V \tag{10.3.19}$$

由上式看出，光子气体的熵随温度 $T \to 0$ 而趋于零，这符合热力学第三定律的要求。最后，利用前面热力学部分所导出的平衡辐射的辐射通量密度与能量密度的关系而求得光子气体的辐射通量密度为

$$J_u = \frac{c}{4}\frac{U}{V} = \frac{\pi^2 k^4}{60 c^2 \hbar^3} T^4 \tag{10.3.20}$$

*10.4 声 子 气 体

在理想固体的德拜模型中，把固体当作连续弹性介质，能够传播弹性振动波。固体中相邻原子的间距非常小(10^{-10} m量级)，因而存在很强的相互作用。在这种相互作用下，各原子都在各自平衡位置附近作微振动。原子集体微振动的结果，导致在固体中形成满足边界条件的各种频率 ω 与波矢 $\vec{k}$ 的弹性驻波，并且某一频率 ω 与波矢量 $\vec{k}$ 的弹性驻波的能量表达式与同频率的简谐振子相同。在量子力学中简谐振子的能量表达式为

$$\varepsilon_i = \left(n_i + \frac{1}{2}\right)\hbar\omega_i = n_i \hbar\omega_i + \frac{1}{2}\hbar\omega_i \tag{10.4.1}$$

其中 n_i 是决定简谐振子能级的量子数，取值 0，1，2，…，则整个固体热振动的能量为各种弹性驻波能量的总和

$$E = \sum_i n_i \hbar\omega_i + \sum_i \frac{1}{2}\hbar\omega_i \tag{10.4.2}$$

关于固体的能量公式(10.4.2)，可以运用一种准粒子——声子的概念来理解。一个能级为 n_i、频率为 ω_i 和波矢为 $\vec{k}$ 的驻波可以看成是由 n_i 个具有能量 $\hbar\omega_i$ 的声子沿着波矢 $\vec{k}$ 的方向运动而成。那么，某一频率 ω_i 的驻波由零点能激发到 n_i 能级，可看成激发了 n_i 个能量为 $\hbar\omega_i$ 的声子。这样，当驻波由原来的能级激发到高一级能级，称为激发了一个声子；由原来能级下降到低二级能级称为消失一个声子。所以，整个固体振动的能量可看成各种能量为 $\hbar\omega_i$ $(i=0, 1, 2, 3, \cdots)$ 的声子的集合，故有式(10.4.2)成立。由于在简谐近似下，各种弹性驻波是相互独立的，因此，各种能量的声子彼此是相互独立的。这样，固体的热振动问题便归结为理想声子气体的问题。与光子一样，声子的准动量和能量也可表为

$$\vec{p} = \hbar\vec{k}$$

$$\varepsilon = \hbar\omega \tag{10.4.3}$$

固体中传播的弹性波有纵波和横波两种，纵波是膨胀压缩波，而横波是扭转波。对于一定的波矢$\vec{k}$，纵波只有一种振动方式，而横波却有两种振动方式。所以，一个动量为$\vec{p}$的声子，包含有一个纵声子和两个横声子，其能量与动量的关系为

$$\varepsilon_l = c_l p,\ \varepsilon_t = c_t p \tag{10.4.4}$$

式中 c_l 和 c_t 分别表示纵波与横波的传播速度。

设固体中有 N 个原子，每个原子有 3 个自由度，则整个固体的自由度为 $3N$。这样，就可将强耦合的 N 个原子的微振动变换为 $3N$ 个近独立的简谐振动，称为简正振动。不同的简正振动，具有不同的波矢和偏振，对应于状态不同的声子。由于简正振动的量子数可取零或任意正整数，则处在某状态（一定的准动量和偏振）的声子数是任意的，因此声子遵从玻色分布。从微观的角度来看，平衡态下各简正振动的能量不断变化，这相当于各状态的声子不断地被产生与消失，因而声子数不是恒定的。声子的自旋为零，属于玻色子，遵从玻色统计理论。与光子气体一样，声子气体的化学势也为零，因此处在能量为$\hbar\omega$、温度为 T 的一个声子状态的平均声子数为

$$\bar{n} = \frac{1}{e^{\hbar\omega/kT} - 1} \tag{10.4.5}$$

由前面章节讨论已知，处在体积 V 内，动量在 p 到 $p + \mathrm{d}p$ 范围内自由粒子的可能状态数为 $4\pi V p^2 \mathrm{d}p/h^3$，对于声子而言，每一个动量$\vec{p}$确定的状态，包含有一个纵声子态和两个横声子态，考虑到声子能量与动量的关系式(10.4.4)，故可得到在体积 V 内、能量在 $\varepsilon \sim \varepsilon + \mathrm{d}\varepsilon$ 范围的声子状态数为

$$\frac{4\pi V}{h^3}\left(\frac{1}{c_l^3} + \frac{2}{c_t^3}\right)\varepsilon^2 \mathrm{d}\varepsilon \tag{10.4.6}$$

由于固体只有 $3N$ 个简正振动，因此声子气体的总状态数为

$$\int_0^{\varepsilon_m} \frac{4\pi V}{h^3}\left(\frac{1}{c_l^3} + \frac{2}{c_t^3}\right)\varepsilon^2 \mathrm{d}\varepsilon = 3N \tag{10.4.7}$$

其中积分上限 ε_m 是与最大频率 ω_m 相对应的能量。结合式(10.4.5)和(10.4.6)，并考虑到每个声子能量 $\varepsilon = \hbar\omega$，可以求得**理想声子气体的内能**为

$$U = \frac{V}{2\pi^2}\left(\frac{1}{c_l^3} + \frac{2}{c_t^3}\right)\int_0^{\omega_m} \frac{\hbar\omega^3}{e^{\hbar\omega/kT} - 1}\mathrm{d}\omega \tag{10.4.8}$$

上式中的最大频率 ω_m 可由式(10.4.7)确定。

值得指出的是声子并不是像原子、分子那样的真实粒子，但又可视其具有真实粒子的全部特性，故称它为准粒子。于是，驻波图象可转换成另一种图象，即固体的热振动可归结为一种准粒子——声子的气体。在统计物理中，要处理相互耦合着的多粒子系统一般是很复杂的，但如果能把问题归结为准粒子问题，则可大为简化，因为准粒子与原先研究的真实粒子不同，一般它们不是相互耦合着的。准粒子有确定的能量、彼此之间是近独立的，因此准粒子系统不是理想费米气体，而是理想玻色气体。目前这种准粒子的方法已成

为处理相互耦合着的多粒子系统的一种很有用的方法，如在固体中运动的电子，实际上也是一种准粒子，组成固体的原子或离子形成空间点阵，对运动的电子形成周期性势场，同时电子与电子之间也相互耦合着。现在已经很清楚，这种既相互耦合着的又与组成固体的原子或离子耦合着的复杂系统可归结为有一个“等效质量”的电子组成的理想气体。它的运动规律与真空中的自由电子是一样的，共他电子及原子、离子形成的周期性势场对它的作用都用等效质量来概括。因此，在固体中运动的电子实际上是一种准粒子。此外，在液氦、超导、铁磁及固体物理的其他领域中也可引人准粒子的概念，其内容丰富多彩，详细情况可参考有关固体物理书籍。

10.5 金属中的自由电子气体

10.5.1 自由电子气体的量子理论

原子结合成金属后，价电子脱离原子可在整个金属内运动，形成公有电子。失去价电子后的原子成为离子，在空间形成规则的点阵。在初步的近似中人们把公有电子看作是在金属内部作自由运动的近独立粒子，而金属的高导电率和高热导率说明了金属中自由电子的存在。但如果将经典统计的能量均分定理应用于自由电子，一个自由电子对金属的热容量将有$\frac{3}{2}k$的贡献，这是与实际不相符的。实验发现，除在极低温度下，金属中自由电子的热容量与离子振动的热容量相比较可以忽略，这是经典统计理论遇到的又一困难，而索末菲(Sommerfeld，1868—1951，德国物理学家)于1928年利用费米分布成功地解决了此问题。

1. 金属中的自由电子将形成强简并的费米气体

因为铜的密度为8.9 g·cm^{-3}，原子量是63，如果一个铜原子贡献一个自由电子，则电子的数密度为$n=\frac{\rho N_A}{M_m}=\frac{8.9\times10^3}{63\times10^{-3}}\times N_A=8.5\times10^{28}\ \text{m}^{-3}$，而电子的质量为$9.1\times10^{-31}$ kg，则非简并性条件

$$e^{-\alpha}=n\lambda^3=\frac{N}{V}\left(\frac{h^2}{2\pi mkT}\right)^{3/2}=\frac{3.54\times10^7}{T^{3/2}} \tag{10.5.1}$$

由上式可知，在$T=300$ K时，$n\lambda^3=6\,813\gg1$，即非简并性条件并不满足，此说明**金属中的自由电子形成强简并的费米气体**。

2. 一个量子态上的平均电子数

(1) 在体积V内、能量在$\varepsilon\sim\varepsilon+d\varepsilon$范围内的平均电子数

由于电子是费米子，满足费米分布，所以在温度为T时处在能量为ε的一个量子态上的平均电子数由

$$f=\frac{1}{e^{\alpha+\beta\varepsilon}+1}$$

且 $\alpha = -\frac{\mu}{kT}$，$\beta = \frac{1}{kT}$，有

$$f = \frac{1}{e^{\frac{\varepsilon-\mu}{kT}} + 1} \tag{10.5.2}$$

根据式(8.1.28)，再考虑到电子的自旋，则可以得到在体积为 V、能量在 $\varepsilon - \varepsilon + d\varepsilon$ 范围内电子的量子态数为

$$D(\varepsilon)d\varepsilon = \frac{4\pi V}{h^3}(2m)^{3/2}\varepsilon^{1/2}d\varepsilon \tag{10.5.3}$$

而在上述体积和能量范围内的平均电子数则可表为

$$d\overline{N} = fD(\varepsilon)d\varepsilon = \frac{4\pi V}{h^3}(2m)^{3/2}\frac{\varepsilon^{1/2}d\varepsilon}{e^{\frac{\varepsilon-\mu}{kT}} + 1} \tag{10.5.4}$$

(2) 整个能量范围内的平均总电子数及化学势

对上式积分就可以得到整个能量范围内的平均总电子数

$$N = \frac{4\pi V}{h^3}(2m)^{3/2}\int_0^{\infty}\frac{\varepsilon^{1/2}d\varepsilon}{e^{\frac{\varepsilon-\mu}{kT}} + 1} \tag{10.5.5}$$

由上式可知，化学势 μ 是温度 T 和电子数密度 N/V 的函数，对于给定的电子数 N、温度 T 和体积 V，利用式(10.5.5)就可以求得电子气体的化学势。

10.5.2 绝对零度时自由电子气体的性质

下面我们分 $T = 0\,\text{K}$ 和 $T > 0\,\text{K}$ 两种情况来讨论金属中自由电子的分布。

1. $T = 0\,\text{K}$ 时自由电子的性质

(1) $T = 0\,\text{K}$ 时自由电子的分布

以 $\mu(0)$ 表示 $T = 0\,\text{K}$ 时电子气体的化学势，由式(10.5.2)可知，在 $T = 0\,\text{K}$ 时，处在能量为 ε 的一个量子态上的平均电子数为

$$\begin{aligned} f &= 1 \quad \varepsilon < \mu(0) \\ f &= 0 \quad \varepsilon > \mu(0) \end{aligned} \tag{10.5.6}$$

其电子的分布如图 10.1 所示。式(10.5.6)所表示的物理意义是：$T = 0\,\text{K}$ 时，在 $\varepsilon < \mu(0)$ 的每一个量子态上平均电子数为1，而在 $\varepsilon > \mu(0)$ 每一个量子态上平均电子数为0。这是因为在绝对零度时电子将尽可能占据最低能态，但泡利不相容原理限制每个量子态上最多只能容纳一个电子。因此，系统中 N 个自由电子从最低能级($\varepsilon = 0$)开始填充，一直填到最大能级——**费米能级**($\varepsilon = \mu(0)$)为止。在动量空间中看，能量等于费米能级 $\mu(0)$ 的等能面是一个球面，称之为**费米面**。所以式

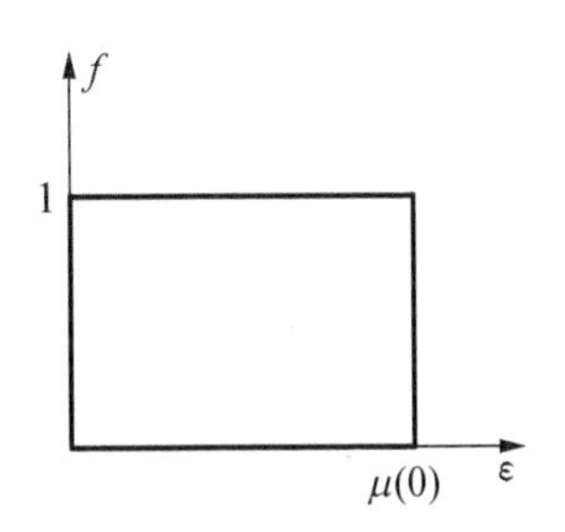

图 10.1　$T = 0\,\text{K}$ 时的电子分布

(10.5.6)所表示的是在 $T=0\,\text{K}$ 时，费米面以下的量子态均被自由电子所填充，而费米面以上的量子态均是空着的。

(2) 费米能量

将式(10.5.6)代入式(10.5.4)中，可得

$$\mathrm{d}N = fD(\varepsilon)\mathrm{d}\varepsilon = D(\varepsilon)\mathrm{d}\varepsilon = \frac{4\pi V}{h^3}(2m)^{3/2}\varepsilon^{1/2}\mathrm{d}\varepsilon$$

则

$$N = \frac{4\pi V}{h^3}(2m)^{3/2}\int_0^{\mu(0)}\varepsilon^{1/2}\mathrm{d}\varepsilon = \frac{8\pi V}{3h^3}(2m)^{3/2}\mu^{3/2}(0) \tag{10.5.7}$$

由上式便可求得费米能级为

$$\varepsilon_F = \mu(0) = \frac{h^2}{2m}\left(\frac{3N}{8\pi V}\right)^{2/3} = \frac{\hbar^2}{2m}\left(3\pi^2\frac{N}{V}\right)^{2/3} \tag{10.5.8}$$

ε_F 表示**费米能量**。

(3) 费米动量及费米速率

根据能量与动量的关系 $\varepsilon_F = \frac{p_F^2}{2m}$ 和式(10.5.8)，可以求得 $T=0\,\text{K}$ 时电子的最大动量——**费米动量**为

$$p_F = (3\pi^2 n)^{\frac{1}{3}}\,\hbar \tag{10.5.9}$$

相应的速率为

$$v_F = \frac{p_F}{m} = \frac{(3\pi^2 n)^{1/3}\,\hbar}{m} \tag{10.5.10}$$

称之为**费米速率**。

(4) $T=0\,\text{K}$ 时电子气体的能量

利用式(10.5.6)可以求得 $T=0\,\text{K}$ 时电子气体的内能为

$$U(0) = \int_0^{\infty}\varepsilon fD(\varepsilon)\mathrm{d}\varepsilon = \frac{4\pi V}{h^3}(2m)^{3/2}\int_0^{\mu(0)}\varepsilon^{3/2}\mathrm{d}\varepsilon = \frac{3N}{5}\mu(0) \tag{10.5.11}$$

由上式可知，0 K 时每个自由电子的平均能量为

$$\bar{\varepsilon}(0) = \frac{U(0)}{N} = \frac{3}{5}\mu(0) \tag{10.5.12}$$

以上表明，在 $T=0\,\text{K}$ 时，由于泡利不相容原理，使得自由电子仍然具有相当大的平均动能，因而就有相当大的平均速度。

(5) 电子气体的简并压

根据习题 9.1，可以求得 $T=0\,\text{K}$ 时电子气体的压强为

$$p(0)=\frac{2}{3}\frac{U(0)}{V}=\frac{2}{5}n\mu(0) \tag{10.5.13}$$

根据前面所得的数据，可以计算出 $T=0$ K 时金属铜中电子气体的压强为 3.8×10^{10} Pa，这是一个极大数值，也是因为泡利不相容原理以及电子气体具有高密度的结果，常称之为**电子气体的简并压**，它在金属中被电子与离子的静电吸力所补偿。

2. $T>0$ K 时自由电子的性质

(1) $T>0$ K 时自由电子的分布

当 $T>0$ K 时，由式(10.5.2)可以得到处在能量为 ε 的一个量子态上的平均电子数为

$$\begin{aligned} &f>\frac{1}{2},\ \varepsilon<\mu \\ &f=\frac{1}{2},\ \varepsilon=\mu \\ &f<\frac{1}{2},\ \varepsilon>\mu \end{aligned} \tag{10.5.14}$$

上式表明，当 $T>0$ K 时，在 $\varepsilon<\mu$ 的每一个量子态上的平均电子数大于 1/2，在 $\varepsilon=\mu$ 的每一个量子态上的平均电子数等于 1/2，而在 $\varepsilon>\mu$ 的每一个量子态上的平均电子数小于 1/2，其电子的分布如图 10.2 所示。与 $T=0$ K 时的电子分布相比较，两者之间存在一定的差异，其原因是：在 $T=0$ K 时，电子占据了从 0 到 $\mu(0)$ 的每一个量子态。当温度升高时，由于热激发电子有可能跃迁到能量较高的未被占据的状态上去，而这些处在低能态的电子要跃迁到未被占据的高能态，必须吸取很大的热运动能量，但这种可能性极小。所以，绝大多数状态的占据情况实际上并不改变，只在 μ 附近数量级为 kT 的能量范围内的占据情况发生了变化。

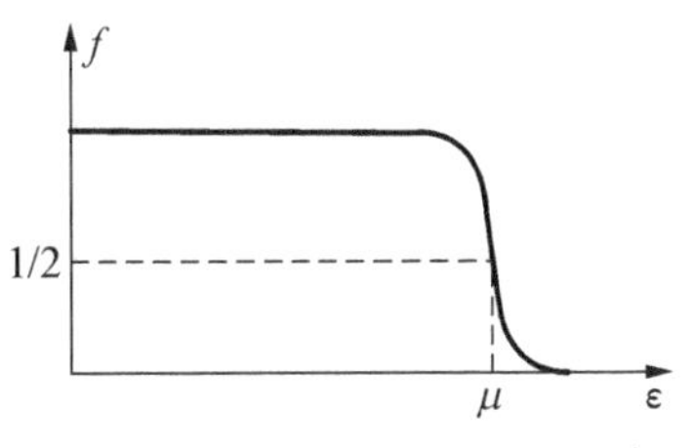

图 10.2　$T>0$ K 时的电子分布

(2) 自由电子气体热容的估算

根据上面电子的两种分布情况可知，只在 μ 附近数量级为 kT 的能量范围内的电子占据量子态的情况发生了改变，那么也就只有这一部分电子才对电子气体的热容量有贡献。根据这一情况，我们可以粗略地估算出电子气体的热容。若以 $N_{有效}$ 表示能量在 μ 附近量级为 kT 的范围内对热容量有贡献的有效电子数，其值大约为

$$N_{有效}\approx\frac{kT}{\mu}N \tag{10.5.15}$$

按照能量均分定理，每一有效电子能量的平均值为 $\frac{3}{2}kT$，则其对热容量的贡献为 $\frac{3}{2}k$，所以金属中自由电子对热容量的贡献为

$$C_V=\frac{3}{2}Nk\left(\frac{kT}{\mu}\right)=\frac{3}{2}Nk\frac{T}{T_F} \tag{10.5.16}$$

式中 $T_F=\mu/k$ 称为**费米温度**。前面对铜的估计指出，在室温范围 $T/T_F\approx 1/270$，可见室温范围金属中自由电子对热容的贡献远小于经典理论值，与离子振动的热容相比，电子的热容可以忽略不计。

(3) 自由电子气体热容的定量计算

接下来再对自由电子气体的热容进行定量计算。由式(10.5.5)知电子数 N 满足

$$N=\frac{4\pi V}{h^3}(2m)^{3/2}\int_0^\infty\frac{\varepsilon^{1/2}\mathrm{d}\varepsilon}{e^{\frac{\varepsilon-\mu}{kT}}+1}=\frac{2}{3}C\mu^{3/2}\left[1+\frac{\pi^2}{8}\left(\frac{kT}{\mu}\right)^2\right] \tag{10.5.17}$$

其中 $C=\frac{4\pi V}{h^3}(2m)^{3/2}$，其积分运算参见汪志诚《热力学·统计物理》(第五版)§8.5节。由上式可求得金属中自由电子气体的化学势为

$$\mu=\left(\frac{3N}{2C}\right)^{2/3}\left[1+\frac{\pi^2}{8}\left(\frac{kT}{\mu}\right)^2\right]^{-2/3} \tag{10.5.18}$$

而知

$$\left(\frac{3N}{2C}\right)^{2/3}=\frac{\hbar^2}{2m}\left(3\pi^2\frac{N}{V}\right)^{2/3}=\mu(0)$$

将其代入式(10.5.18)，并考虑到式(10.5.18)中第二项很小，可以将其中的 kT/μ 用 $kT/\mu(0)$ 替代，然后作级数展开只保留到一级近似，则可以将式(10.5.18)写为

$$\mu=\mu(0)\left[1+\frac{\pi^2}{8}\left(\frac{kT}{\mu(0)}\right)^2\right]^{-2/3}\approx\mu(0)\left[1-\frac{\pi^2}{12}\left(\frac{kT}{\mu(0)}\right)^2\right] \tag{10.5.19}$$

用相应的方法可以求自由电子气体的内能为

$$\begin{aligned}U=N\varepsilon&=\frac{4\pi V}{h^3}(2m)^{3/2}\int_0^\infty\frac{\varepsilon^{3/2}\mathrm{d}\varepsilon}{e^{\frac{\varepsilon-\mu}{kT}}+1}=\frac{2}{5}C\mu^{5/2}\left[1+\frac{5\pi^2}{8}\left(\frac{kT}{\mu}\right)^2\right]\\&\approx\frac{3}{5}N\mu(0)\left[1+\frac{5\pi^2}{12}\left(\frac{kT}{\mu(0)}\right)^2\right]\end{aligned} \tag{10.5.20}$$

上式中 $N=\frac{2}{3}C\mu(0)^{3/2}\left[1+\frac{\pi^2}{8}\left(\frac{kT}{\mu(0)}\right)^2\right]$，$C=\frac{4\pi V}{h^3}(2m)^{3/2}$。由此可以计算出**电子气体的定体热容**为

$$C_V=\left(\frac{\partial U}{\partial T}\right)_V=Nk\,\frac{\pi^2}{2}\left(\frac{kT}{\mu(0)}\right) \tag{10.5.21}$$

将上式与前面得到的估计式(10.5.16)比较可知，两者只有系数上的差异。

计算表明，在常温范围，电子的热容量远小于离子振动的热容量。但在低温范围，离子振动的热容量将按 T^3 随温度的降低而急剧减少，而电子的热容量因为与 T 成正比，则减少较为缓慢。所以，在足够低的温度下，电子的热容量将大于离子振动的热容量而成为对金属热容量的主要贡献。

习　题

10.1　试证明，对于理想玻色系统或费米系统，玻耳兹曼关系成立：

$$S = k\ln\Omega$$

10.2　求弱简并理想玻色(费米)气体的压强和熵。

提示：$S=\int\frac{C_V}{T}\mathrm{d}T+S_0(V)$，当 $n\lambda^3\ll1$ 时弱简并理想玻色(费米)气体趋于经典理想气体，由此可以确定出 $S_0(V)$。

答案：$p = nkT\left[1\pm\frac{1}{2^{5/2}g}\frac{N}{V}\left(\frac{h^2}{2\pi mkT}\right)^{3/2}\right]$，$S = nk\left\{\ln\left[\frac{gV}{N}\left(\frac{2\pi mkT}{h^2}\right)^{3/2}\right]+\frac{5}{2}\pm\frac{1}{2^{5/2}g}\frac{N}{V}\left(\frac{h^2}{2\pi mkT}\right)^{3/2}\right\}$

10.3　试证明，在热力学极限下均匀二维理想玻色气体不会发生玻色—爱因斯坦凝聚。

提示：热力学极限下理想玻色气体的凝聚温度 T_c 可由积分 $\int D(\varepsilon)\mathrm{d}\varepsilon/(e^{\varepsilon/kT_c}-1)=n$ 确定。对于二维理想玻色气体，上述积分是发散的，这意味着在有限温度下二维理想玻色气体的化学势不可能趋于零，因而不存在玻色—爱因斯坦凝聚现象。

10.4　试证明，对于费米系统，熵可以表为

$$S=-k\sum_s[f_s\ln f_s+(1-f_s)\ln(1-f_s)]$$

其中 f_s 为量子态 s 上的平均粒子数，$\sum_s$ 为对粒子的所有量子态求和。

提示：$f_s=1/(e^{\alpha+\beta\varepsilon_s}+1)$，$\varepsilon_s$ 为量子态 s 的能量，巨配分函数的对数为

$$\ln\Xi=\sum_l\omega_l\ln(1+e^{-\alpha-\beta\varepsilon_l})=\ln\sum_s\ln(1+e^{-\alpha-\beta\varepsilon_s})$$

10.5　试证明，对于玻色系统，熵可以表为

$$S=-k\sum_s[f_s\ln f_s-(1+f_s)\ln(1+f_s)]$$

其中 f_s 为量子态 s 上的平均粒子数，$\sum_s$ 为对粒子的所有量子态求和。

提示：与上题相同

10.6　根据公式 $p=-\sum_l a_l\frac{\partial\varepsilon_l}{\partial V}$ 证明，光子气体的压强可表为

$$p=\frac{1}{3}\frac{U}{V}$$

提示：光子的能量为 $\varepsilon_l=\hbar\omega=\hbar ck=\hbar c\frac{2\pi}{L}(n_x^2+n_y^2+n_z^2)^{1/2}$。

10.7　试由热力学公式 $S=\int\frac{C_V}{T}\mathrm{d}T$ 及光子气体的热容量公式 $C_V=\left(\frac{\partial U}{\partial T}\right)_V$ 求光子气体的熵。

答案：$S=\frac{4}{3}aVT^3$，其中 $a=\frac{\pi^2k^4}{15c^3\hbar^3}$

10.8 计算温度为 T 时，在体积 V 内光子气体的平均总光子数。

答案：$\overline{N}=2.404\frac{k^3T^3V}{\pi^2c^3\hbar^3}$

10.9 试求光子气体巨配分函数的对数，并由此求内能、压强和熵。

答案：$\ln\Xi=\frac{\pi^2V}{45c^3\hbar^3\beta^3}$，$U=aT^4V$，$S=\frac{4}{3}aT^3V$，其中 $a=\frac{\pi^2k^4}{15c^3\hbar^3}$

10.10 试证明，空窖辐射的辐射通量密度为

$$J_u=\frac{\pi^2k^4T^4}{60c^2\hbar^3}$$

10.11 按波长分布太阳辐射能的极大值在 $\lambda\approx480\text{ nm}$ 处。假设太阳是黑体，求太阳表面的温度。

答案：$T=6\,000\text{ K}$

10.12 试证明，在黑体辐射腔中每一个光子的平均能量近似为 $2.7kT$。

10.13 将固体中原子的热运动看作声子气体，试求声子气体的巨配分函数的对数在高温（$T\gg\theta_D$）和低温（$T\ll\theta_D$）下的表达式，从而求声子气体的内能和熵。

提示：其中 $\theta_D=\frac{\hbar\omega_D}{k}$ 叫德拜温度，ω_D 是声子的最大频率，满足关系式 $\omega_D^3=\frac{9N}{B}$，$B=\frac{V}{2\pi^2}\left(\frac{1}{c_l^3}+\frac{2}{c_t^3}\right)$

答案：高温时，$\ln\Xi\approx-3N\ln\left(1-e^{-\theta_D/T}\right)+N$，$U=3NT$，$S=3Nk\ln\frac{T}{\theta_D}+4Nk$；低温时，$\ln\Xi=\frac{B\pi^2}{45\hbar^3\beta^3}$，$U=3Nk\frac{\pi^4T^4}{5\theta_D^3}$，$S=\frac{4}{5}Nk\frac{\pi^4T^3}{\theta_D^3}$

10.14 固体中某种准粒子遵从玻色分布，并且具有色散关系 $\omega=Ak^2$（A 为一常数）。试证明，这种准粒子的激发所导致的热容量与 $T^{3/2}$ 成正比。

提示：在体积 V 内，准粒子的动量在 p 到 $p+\mathrm{d}p$ 范围内的量子态数为 $4\pi Vp^2\mathrm{d}p/\hbar^3$，则波矢在 k 到 $k+dk$ 范围内的量子态数为 $4\pi Vk^2dk/(2\pi)^3$。

10.15 由热力学公式 $S=\int\frac{C_V}{T}\mathrm{d}T$ 及低温下电子气体的热容量求电子气体的熵。

提示：低温下电子气体的热容量为 $C_V=Nk\frac{\pi^2}{2}\left(\frac{kT}{\mu(0)}\right)$。

答案：$S=Nk\frac{\pi^2}{2}\left(\frac{kT}{\mu(0)}\right)$

10.16 试求 $T=0\text{ K}$ 时电子气体中自由电子的平均速率 $\bar{v}$。

答案：$\bar{v}=\overline{p}/m=3p_F/4m$，其中 $p_F=[2m\mu(0)]^{1/2}$ 是 $T=0\text{ K}$ 时电子的动量称为费米动量

10.17 已知等温压缩系数为 $k_T=-\frac{1}{V}\left(\frac{\partial V}{\partial P}\right)_T$，绝热压缩系数为 $k_S=-\frac{1}{V}\left(\frac{\partial V}{\partial P}\right)_S$，试证明

$T=0\,\mathrm{K}$ 时理想费米气体的等温压缩系数和绝热压缩系数满足关系：

$$k_T(0)=k_S(0)=\frac{3}{2}\frac{1}{n\mu(0)}$$

其中 $n=N/V$ 为粒子数密度，$\mu(0)$ 为费米能量。

10.18 试证明，在 $T=0\,\mathrm{K}$ 时金属中自由电子的碰壁数为

$$\Gamma=\frac{1}{4}n\bar{v}$$

其中 $n=N/V$ 为电子的数密度，$\bar{v}$ 是自由电子的平均速率。

10.19 试求在极端相对论条件下，自由电子在 $T=0\,\mathrm{K}$ 时的费米能量、内能和简并压强。

答案：$\mu(0)=hc\left(\frac{3n}{8\pi}\right)^{1/3}$，$U=\frac{3}{4}N\mu(0)$，$p=\frac{1}{4}n\mu(0)$

10.20 试求低温下金属中自由电子气体的巨配分函数的对数，从而求出电子气体的平均总电子数、内能、压强和熵。

答案：$\ln\Xi=\frac{16\pi V}{15h^3}\left(\frac{2m}{\beta}\right)^{\frac{3}{2}}(-\alpha)^{\frac{5}{2}}\left(1+\frac{5\pi^2}{8\alpha^2}\right)$，

$$\overline{N}=-\frac{\partial}{\partial\alpha}\ln\Xi=\frac{8\pi V}{3h^3}\left(\frac{2m}{\beta}\right)^{\frac{3}{2}}(-\alpha)^{\frac{3}{2}}\left(1+\frac{\pi^2}{8\alpha^2}\right),\ U=-\frac{\partial}{\partial\beta}\ln\Xi=\frac{3}{2\beta}\ln\Xi,$$

$$S=k\left(\ln\Xi-\alpha\frac{\partial}{\partial\alpha}\ln\Xi-\beta\frac{\partial}{\partial\beta}\ln\Xi\right)=k\left(\frac{5}{2}\ln\Xi+\alpha\overline{N}\right)$$

第 11 章　系综理论及应用

前面讲述的最概然分布方法只能处理由近独立粒子组成的系统。如果在所研究的问题中必须考虑粒子之间的相互作用，则系统的能量表达式中还必须包含粒子间相互作用的势能，此时就不能用最概然分布方法进行处理，而应采用平衡态统计物理的普遍理论——系综理论，此理论可以研究相互作用粒子组成的系统。

11.1　系综理论的基本概念

11.1.1　相空间

当粒子间的相互作用不能忽略时，应把系统当作一个整体来考虑。如 8.2 节所述，设所研究的系统由 N 个相互间具有相互作用的全同粒子组成，若每个粒子的自由度为 r，则系统的自由度为 $f = Nr$。如果系统包含多种粒子，且第 i 种粒子的自由度为 r_i，粒子数为 N_i，则该系统的自由度为 $f = \sum_i N_i r_i$。根据经典力学理论，系统在任一时刻的微观运动状态可由 f 个广义坐标 $q_1, q_2, \cdots, q_f$ 及与其共扼的 f 个广义动量 $p_1, p_2, \cdots, p_f$ 在该时刻的数值所确定。为了形象地描述系统所有可能的微观运动状态以及微观态随时间的变化规律，可引用由 f 个广义坐标和 f 个广义动量共 $2f$ 个变量所构成的一个 $2f$ 维直角坐标空间，称之为**相空间或 Γ 空间**。系统在某一时刻的运动状态 $(q_1, q_2, \cdots, q_f; p_1, p_2, \cdots, p_f)$ 可用相空间中的一点表示，此点为**系统运动状态的代表点**。当系统的运动状态随时间变化时，表示系统运动状态的代表点将沿着 Γ 空间中一定的相轨道运动。Γ 空间与 8.1 节所述的 μ 空间的不同之处：Γ 空间是 μ 空间由 N 个相互间具有相互作用的全同粒子组成的系统的微观运动状态的空间，而 μ 空间则是 μ 空间单个粒子微观运动状态的空间。

11.1.2　哈密顿正则方程

按照经典力学理论，当系统的运动状态随时间而变时，应遵从哈密顿正则方程

$$\dot{q}_i = \frac{\partial H}{\partial p_i},\ \dot{p}_i = -\frac{\partial H}{\partial q_i} \quad i = 1, 2, \cdots, f \tag{11.1.1}$$

其中 H 是系统的哈密顿量。对于孤立系统，哈密顿量就是它的能量，包括粒子的动能、粒子相互作用的势能和粒子在保守力场中的势能。哈密顿量是 $q_1, \cdots, q_f; p_1, \cdots, p_f$ 的函数，当存在外场时还是外参量的函数，但不是时间 t 的显函数。当系统的运动状态随时间变化时，代表点相应地在相空间中移动，其轨道由式(11.1.1)确定。由于轨道的运动方向

完全由$\dot{q}_i$和$\dot{p}_i$确定，而哈密顿量和它的微商又是单值函数，故根据式(11.1.1)，经过相空间任何一点的轨道只能有一条。系统从某一初态出发，代表点在相空间的轨道或者是一条封闭曲线，或者是一条自身永不相交的曲线。当系统从不同的初态出发，代表点沿相空间中不同的轨道运动时，不同的轨道也互不相交。

值得指出的是，由于孤立系统的能量E不随时间改变，系统的广义坐标和广义动量必然满足条件：

$$H(q_1, \cdots, q_f; p_1, \cdots, p_f) = E \tag{11.1.2}$$

式(11.1.2)确定相空间中的一个曲面，称为能量曲面，描述孤立系统运动状态的代表点一定位于该能量曲面上。

11.1.3 刘维尔定理

设想大量结构完全相同的系统，各自从其初态出发独立地沿着正则方程(11.1.1)所规定的轨道运动，这些系统运动状态的代表点将在相空间中形成一个分布。我们在相空间中取一个体积元

$$\mathrm{d}\Omega = \mathrm{d}q_1\cdots\mathrm{d}q_f\mathrm{d}p_1\cdots\mathrm{d}p_f \tag{11.1.3}$$

则在t时刻该体积元$\mathrm{d}\Omega$内描述系统运动状态的代表点数为

$$\rho(q_1, \cdots, q_f; p_1, \cdots, p_f; t)\mathrm{d}\Omega \tag{11.1.4}$$

其中ρ是代表点的密度。将式(11.1.4)对整个相空间积分，得

$$\int\rho(q_1, \cdots, q_f; p_1, \cdots, p_f; t)\mathrm{d}\Omega = \Pi \tag{11.1.5}$$

式中Π是所设想的系统的总数，是一个不随时间改变的常量。

现在我们来讨论代表点密度ρ随时间t的变化的问题。当时间由t变到$t+\mathrm{d}t$时，代表点将从(q_i, p_i)处运动到$(q_i+\dot{q}_i\mathrm{d}t, p_i+\dot{p}_i\mathrm{d}t)$处，此时代表点的密度为

$$\rho(q_1+\dot{q}_1\mathrm{d}t, \cdots, q_f+\dot{q}_f\mathrm{d}t; p_1+\dot{p}_1\mathrm{d}t, \cdots, p_f+\dot{p}_f\mathrm{d}t; t+\mathrm{d}t) = \rho+\frac{\mathrm{d}\rho}{\mathrm{d}t}\mathrm{d}t$$

其中

$$\frac{\mathrm{d}\rho}{\mathrm{d}t} = \frac{\partial\rho}{\partial t}+\sum_i\left[\frac{\partial\rho}{\partial q_i}\dot{q}_i+\frac{\partial\rho}{\partial p_i}\dot{p}_i\right] \tag{11.1.6}$$

由式(11.1.4)知t时刻相空间中任一体积元$\mathrm{d}\Omega$内的代表点数为$\rho\mathrm{d}\Omega$，经过$\mathrm{d}t$时间后，由于该体积元$\mathrm{d}\Omega$中的代表点既有进又有出，则代表点数变为$\left(\rho+\frac{\partial\rho}{\partial t}\mathrm{d}t\right)\mathrm{d}\Omega$，将两个时刻的代表点数相减，便可得到经过$\mathrm{d}t$时间后体积元$\mathrm{d}\Omega$内代表点数的增量为

$$\frac{\partial\rho}{\partial t}\mathrm{d}t\mathrm{d}\Omega \tag{11.1.7}$$

由于体积元 $\mathrm{d}\Omega$ 是以 $2f$ 对平面

$$q_i,\ q_i+\mathrm{d}q_i;\ p_i,\ p_i+\mathrm{d}p_i(i=1,\ 2,\ \cdots,\ f)$$

为边界构成的，代表点需要通过这 $2f$ 对平面的边界才能进出体积元 $\mathrm{d}\Omega$。已知 $\mathrm{d}\Omega$ 在平面 q_i 上的边界面积为

$$\mathrm{d}A=\mathrm{d}q_1\cdots\mathrm{d}q_{i-1}\mathrm{d}q_{i+1}\cdots\mathrm{d}q_f\mathrm{d}p_1\cdots\mathrm{d}p_f$$

在 $\mathrm{d}t$ 时间内，通过 $\mathrm{d}A$ 进入 $\mathrm{d}\Omega$ 的代表点必须位于以 $\mathrm{d}A$ 为底、以 $\dot{q}$ 和 $\dot{p}$ 为轴线，以 $\dot{q}_i\mathrm{d}t$ 为高的柱体内，所以该柱体内的代表点数是

$$\rho\dot{q}_i\mathrm{d}t\mathrm{d}A$$

同样，在 $\mathrm{d}t$ 时间内通过平面 $q_i+\mathrm{d}q_i$ 走出 $\mathrm{d}\Omega$ 的代表点数为

$$(\rho\dot{q}_i)_{q_i+\mathrm{d}q_i}\mathrm{d}t\mathrm{d}A=\left[(\rho\dot{q}_i)_{q_i}+\frac{\partial(\rho\dot{q}_i)}{\partial q_i}\mathrm{d}q_i\right]\mathrm{d}t\mathrm{d}A$$

将上面两式相减，可以得到通过一对平面 q_i 与 $q_i+\mathrm{d}q_i$ 净进入 $\mathrm{d}\Omega$ 的代表点数为

$$-\frac{\partial}{\partial q_i}(\rho\dot{q}_i)\mathrm{d}q_i\mathrm{d}t\mathrm{d}A=-\frac{\partial}{\partial q_i}(\rho\dot{q}_i)\mathrm{d}t\mathrm{d}\Omega \tag{11.1.8}$$

按相同的讨论可得，在 $\mathrm{d}t$ 时间内通过一对平面 p_i 与 $p_i+\mathrm{d}p_i$ 净进入 $\mathrm{d}\Omega$ 的代表点数为

$$-\frac{\partial}{\partial p_i}(\rho\dot{p}_i)\mathrm{d}t\mathrm{d}\Omega \tag{11.1.9}$$

将上面两式相加并对 i 求和，即可得到在 $\mathrm{d}t$ 时间内由于代表点运动而穿过 $\mathrm{d}\Omega$ 的边界面进入到 $\mathrm{d}\Omega$ 内代表点的净增加数应等于式(11.1.7)，即

$$\frac{\partial\rho}{\partial t}\mathrm{d}t\mathrm{d}\Omega=-\sum_i\left[\frac{\partial(\rho\dot{q}_i)}{\partial q_i}+\frac{\partial(\rho\dot{p}_i)}{\partial p_i}\right]\mathrm{d}t\mathrm{d}\Omega$$

上式两边消去 $\mathrm{d}t\mathrm{d}\Omega$ 后，移项可得

$$\frac{\partial\rho}{\partial t}+\sum_i\left[\frac{\partial(\rho\dot{q}_i)}{\partial q_i}+\frac{\partial(\rho\dot{p}_i)}{\partial p_i}\right]=0 \tag{11.1.10}$$

由哈密顿正则方程(11.1.1)可得

$$\frac{\partial\dot{q}_i}{\partial q_i}+\frac{\partial\dot{p}_i}{\partial p_i}=0(i=1,\ 2,\ \cdots,\ f)$$

将其代入式(11.1.10)中，则可将式(11.1.10)写为

$$\frac{\partial\rho}{\partial t}+\sum_i\left[\frac{\partial\rho}{\partial q_i}\dot{q}_i+\frac{\partial\rho}{\partial p_i}\dot{p}_i\right]=0 \tag{11.1.11}$$

将其代入式(11.1.6)即可得到

$$\frac{\mathrm{d}\rho}{\mathrm{d}t}=0 \tag{11.1.12}$$

上式表明，**如果随着一个代表点沿哈密顿正则方程所确定的轨道在相空间运动，则其邻域的代表点密度是不随时间改变的常数**，此称为**刘维尔定理**(Liouville, 1809—1882，法国数学家)。

若将哈密顿正则方程(11.1.1)代入式(11.1.11)中，可得

$$\frac{\partial \rho}{\partial t} = -\sum_i \left[\frac{\partial \rho}{\partial q_i} \frac{\partial H}{\partial p_i} - \frac{\partial \rho}{\partial p_i} \frac{\partial H}{\partial q_i} \right] \tag{11.1.13}$$

由上式看出，如果代表点密度 ρ 仅是哈密顿量 H(即能量 E)函数，则上式的右边等于零，从而 $\frac{\partial \rho}{\partial t} = 0$，所以式(11.1.13)是**刘维尔定理的另一数学表达式**。

值得指出的是，刘维尔定理是可逆的，因为它对于变换 $t \to -t$ 保持不变；另外，刘维尔定理完全是力学规律的结果，其中并未引入任何统计的概念。

11.1.4 统计系综

在统计物理学中，所研究的是在给定宏观条件下的系统宏观性质。例如，如果研究的是一个孤立系统，给定的宏观条件就是具有确定的粒子数 N、体积 V 和能量 E。当系统的宏观条件给定后，由于系统通过其表面分子不可避免地与外界发生相互作用，导致系统可能的微观态多种多样。根据等概率原理，各个可能的微观态出现的概率是相等的，所以我们不能肯定地说，系统在某一时刻一定处在或者一定不处在某个运动状态，而只能确定系统在某一时刻处在各个微观状态的概率。因此，所测得宏观物理量应该是相应微观量在一切可能的满足给定宏观条件的微观状态上的平均值。例如，有一**微观量 $\boldsymbol{B}(\boldsymbol{q}, \boldsymbol{p})$，它在一切可能微观态上的平均值为**

$$\overline{B}(t) = \int B(q, p)\rho(q, p, t)\mathrm{d}q\mathrm{d}p \tag{11.1.14}$$

其中$\overline{B}(t)$就是与微观量 B 相应的宏观物理量，$\rho(q, p, t)\mathrm{d}q\mathrm{d}p$ 表示 t 时刻系统的微观态处在相空间中一个体积元 $\mathrm{d}q\mathrm{d}p$ 内的概率，$\rho(q, p, t)$称为**分布函数**，满足归一化条件

$$\int \rho(q, p, t)\mathrm{d}q\mathrm{d}p = 1 \tag{11.1.15}$$

为了形象地反映表达式(11.1.14)所给出的统计平均值，我们引进统计系综的概念。设想有**大量结构完全相同的系统，处在相同的给定的宏观条件下而形成一个集合**，我们称此集合为**统计系综**。可以想见，在统计系综所包含的大量系统中，t 时刻运动状态处在体积元 $\mathrm{d}q\mathrm{d}p$ 内的系统数将与分布函数 $\rho(q, p, t)$成正比。如果在时刻 t 从统计系综中任意选取一个系统，该系统的微观态处在 $\mathrm{d}q\mathrm{d}p$ 范围内的概率应为 $\rho(q, p, t)\mathrm{d}q\mathrm{d}p$。这样，式(11.1.14)中的$\overline{B}(t)$**就可以理解为微观量 $\boldsymbol{B}$ 在统计系综上的平均值，称为系综平均值**。同样地在量子理论中，在给定的宏观条件下，系统可能的微观状态也是大量的。若以指标 $s = 1, 2, \cdots$ 标志系统各个可能的微观状态，以 B_s 表示微观量 B 在量子态 s 上的数值，则**微观量 $\boldsymbol{B}$ 在一切可能微观态上的平均值为**

$$\overline{B}(t)=\sum_s \rho_s(t)B_s \tag{11.1.16}$$

其中$\overline{B}(t)$就是与微观量 B 相应的宏观物理量，$\rho_s(t)$**表示 t 时刻系统处在量子态 s 的概率**，称为**分布函数**，而且满足归一化条件

$$\sum_s \rho_s(t)=1 \tag{11.1.17}$$

上面的式(11.1.14)或(11.1.16)给出了宏观量与微观量的关系，它们是系综理论中求宏观物理量的基本公式，而在运用该基本公式求宏观量时，必须知道系综的分布函数 ρ，所以**确定分布函数 ρ 是系综理论的根本问题**。

11.2 微正则分布及其热力学公式

11.2.1 微正则分布

对于能量在 E 到 $E+\Delta E$ 范围内的孤立系统，当其处于统计平衡态时，描述系统的宏观量不再随时间改变。由式(11.1.14)或(11.1.16)可知，分布函数 ρ 必不显含时间 t，即 $\frac{\partial\rho}{\partial t}=0$。如果将 ρ 视为代表点的密度，$\frac{\partial\rho}{\partial t}=0$ 也代表刘维尔定理(11.1.12)，此表明系统从初态出发沿正则方程确定的轨道运动，代表点的密度 ρ(亦称概率密度) 是不随时间改变的常数。当受外界作用发生跃迁使系统沿 E 到 $E+\Delta E$ 能量范围内另一轨道运动时，其概率密度 ρ 仍然是不随时间改变的常数。至于不同轨道的概率密度常数是否相同，刘维尔定理无能为力，需要统计考虑。

如果我们假设在 E 到 $E+\Delta E$ 能量范围内一切轨道的概率密度常数相同，则系统处在 E 到 $E+\Delta E$ 能量范围内所有可能微观态上的概率相等，此称为**等概率原理**，亦称为**微正则分布**，其经典表达式为

$$\begin{aligned}\rho(q,\ p)&=\text{常数} \qquad E\leqslant H(q,\ p)\leqslant E+\Delta E\\ \rho(q,\ p)&=0 \qquad H(q,\ p)<E \text{ 或 } E+\Delta E<H(q,\ p)\end{aligned} \tag{11.2.1}$$

而其量子表达式为

$$\rho_s=\frac{1}{\Omega} \tag{11.2.2}$$

式中 Ω 表示在 E 到 $E+\Delta E$ 能量范围内系统可能的微观状态数。式(11.2.2)表明，由于 Ω 个微观态出现的概率均相等(等概率原理)，所以每个微观状态出现的概率是 $1/\Omega$。这里值得一提的是，等概率原理是平衡态统计物理的基本假设，它的正确性已由其推论与实际相符而得到了人们的肯定。

11.2.2 微正则系统的微观状态数

现在我们来计算系统的微观态数。如果把经典统计理解为量子统计的经典极限，对

于含有 N 个自由度为 r 的全同粒子系统，在能量 E 到 $E+\mathrm{d}E$ 范围内系统的微观状态数可以表为

$$\Omega = \frac{1}{N!h^{Nr}} \int_{E \leqslant H(q,\,p) \leqslant E+\Delta E} \mathrm{d}\Omega \tag{11.2.3}$$

上式的积分给出相空间中能壳 $E \leqslant H(q,\,p) \leqslant E+\Delta E$ 的体积。由于系统的一个微观状态对应于相空间中大小为 h^{Nr} 的相格(体积元)，为了得到微观状态数，应将能壳的体积除以 h^{Nr}。根据微观粒子全同性原理，粒子的交换不引起新的微观状态，在式(11.2.3)积分给出的能壳体积中，N 个粒子交换所产生的 $N!$ 个相格实际是系统的同一微观状态，所以应再除以 $N!$ 才得到在能壳 E 到 $E+\Delta E$ 中的微观状态数，故有式(11.2.3)成立。如果系统含有多种不同的微观粒子，且第 i 种粒子的自由度为 r_i，粒子数为 N_i，则可将式(11.2.3)推广为

$$\Omega = \frac{1}{\prod_i N_i!h^{N_i r_i}} \int_{E \leqslant H(q,\,p) \leqslant E+\Delta E} \mathrm{d}\Omega \tag{11.2.4}$$

例1 设有一经典理想气体，含有 N 个单原子分子，其哈密顿量为 $H = \sum_{i=1}^{3N} \frac{p_i^2}{2m}$，求系统在能壳 E 到 $E+\Delta E$ 中的微观状态数，进而利用玻耳兹曼关系求理想气体的熵。

解：因为每个单原子分子的自由度为 $r=3$，运用式(11.2.3)可得

$$\Omega(E) = \frac{1}{N!h^{3N}} \int_{E \leqslant H(q,\,p) \leqslant E+\Delta E} \mathrm{d}q_1 \cdots \mathrm{d}q_{3N} \mathrm{d}p_1 \cdots \mathrm{d}p_{3N}$$

为了求得 $\Omega(E)$，必须先计算能量 $H(q,\,p) \leqslant E$ 的微观态数 $\Sigma(E)$，即

$$\begin{aligned}\Sigma(E) &= \frac{1}{N!h^{3N}} \int_{H(q,\,p) \leqslant E} \mathrm{d}q_1 \cdots \mathrm{d}q_{3N} \mathrm{d}p_1 \cdots \mathrm{d}p_{3N} \\ &= \frac{V^N}{N!h^{3N}} \int_{H(q,\,p) \leqslant E} \mathrm{d}p_1 \cdots \mathrm{d}p_{3N}\end{aligned}$$

为了求得上式，作一变换 $p_i = \sqrt{2mE}\,x_i$，将其代入上式，可得

$$\Sigma(E) = \frac{V^N}{N!h^{3N}} (2mE)^{\frac{3N}{2}} K \tag{11.2.5}$$

其中

$$K = \int \cdots\cdots \int_{\sum_i x_i^2 \leqslant 1} \mathrm{d}x_1 \cdots \mathrm{d}x_{3N}$$

是与 E 和 V 无关的常数，等于 $3N$ 维空间中半径为 1 的球体积，可以证明其值为(证明附后)

$$K = \frac{\pi^{3N/2}}{(3N/2)!} \tag{11.2.6}$$

将其代入式(11.2.5)，则得

$$\Sigma(E)=\left(\frac{V}{h^{3}}\right)^{N}\frac{(2mE)^{\frac{3N}{2}}}{N!\left(\frac{3N}{2}\right)!} \tag{11.2.7}$$

因此，系统在能壳 E 到 $E+\Delta E$ 中微观状态数为

$$\Omega(E)=\frac{\partial\Sigma(E)}{\partial E}\Delta E=\frac{3N}{2}\frac{\Delta E}{E}\Sigma(E) \tag{11.2.8}$$

将式(11.2.7)和(11.2.8)代入玻耳兹曼关系 $S=k\ln\Omega$ 中，可求得理想气体的熵为

$$S=Nk\ln\left[\frac{V}{h^{3}N}\left(\frac{4\pi mE}{3N}\right)^{3/2}\right]+\frac{5}{2}Nk+k\left[\ln\left(\frac{3N}{2}\right)+\ln\left(\frac{\Delta E}{E}\right)\right]$$

其中使用了近似公式 $\ln m!=m\ln m-m$。如果考虑到 $\lim\limits_{N\to\infty}\frac{\ln N}{N}=0$，则在热力学极限下可以忽略上式中的最后一项可得

$$S=Nk\ln\left[\frac{V}{h^{3}N}\left(\frac{4\pi mE}{3N}\right)^{3/2}\right]+\frac{5}{2}Nk \tag{11.2.9}$$

将单原子分子理想气体的内能 $E=\frac{3}{2}NkT$ 代入上式，有

$$S=Nk\ln\left[\frac{V}{N}\left(\frac{2\pi mkT}{h^{2}}\right)^{3/2}\right]+\frac{5}{2}Nk \tag{11.2.10}$$

这正是我们熟知的结果。

附：证明式(11.2.6)。考虑积分：

$$\int e^{-\beta E}\frac{\mathrm{d}q_{1}\cdots\mathrm{d}q_{3N}\mathrm{d}p_{1}\cdots\mathrm{d}p_{3N}}{N!h^{3N}}$$

该积分有两种算法：

算法一：

$$\int e^{-\beta E}\frac{\mathrm{d}q_{1}\cdots\mathrm{d}q_{3N}\mathrm{d}p_{1}\cdots\mathrm{d}p_{3N}}{N!h^{3N}}=\frac{V^{N}}{N!h^{3N}}\prod_{i=1}^{3N}\int_{-\infty}^{\infty}e^{-\frac{\beta}{2m}p_{i}^{2}}\mathrm{d}p_{i}=\frac{V^{N}}{N!h^{3N}}\left(\frac{2\pi m}{\beta}\right)^{\frac{3N}{2}}$$

算法二：

$$\int e^{-\beta E}\frac{\mathrm{d}q_{1}\cdots\mathrm{d}q_{3N}\mathrm{d}p_{1}\cdots\mathrm{d}p_{3N}}{N!h^{3N}}=\int e^{-\beta E}\frac{\mathrm{d}\Sigma}{\mathrm{d}E}\mathrm{d}E$$

将式(11.2.5)代入上式，得

$$\int e^{-\beta E}\frac{\mathrm{d}q_{1}\cdots\mathrm{d}q_{3N}\mathrm{d}p_{1}\cdots\mathrm{d}p_{3N}}{N!h^{3N}}=\frac{V^{N}}{N!h^{3N}}(2mE)^{\frac{3N}{2}}K\frac{3N}{2}\int_{0}^{\infty}e^{-\beta E}E^{\frac{3N}{2}-1}\mathrm{d}E$$

$$=K\frac{V^{N}}{N!h^{3N}}\left(\frac{2m}{\beta}\right)^{\frac{3N}{2}}\left(\frac{3N}{2}\right)!$$

比较以上两种算法的结果即得式(11.2.6)。

11.2.3 微正则系综理论的热力学公式

上节引进了给定 N、E、V 条件下系统可能的微观状态数 $\Omega(N, E, V)$。接下来我们讨论微观状态数 $\Omega(N, E, V)$ 与热力学量之间的关系和微正则系综理论的热力学公式。

1. 微观状态数 $\Omega(N, E, V)$ 与热力学量之间的关系

考虑一孤立系 $A^{(0)}$,它由两个具有微弱相互作用的系统 A_1 和 A_2 构成。若以 $\Omega_1(N_1, E_1, V_1)$ 和 $\Omega_2(N_2, E_2, V_2)$ 分别表示 A_1 和 A_2 的微观态数,则复合系统 $A^{(0)}$ 的微观态数为

$$\Omega^{(0)}(E_1, E_2) = \Omega_1(E_1)\Omega_2(E_2) \tag{11.2.11}$$

令 A_1 和 A_2 进行热接触,且假设在接触中只交换能量,不交换粒子和改变体积,即 E_1 和 E_2 可以改变,但 N_1、V_1 和 N_2、V_2 不改变,那么 $A^{(0)}$ 的能量表为

$$E^{(0)} = E_1 + E_2 \tag{11.2.12}$$

由于系统 $A^{(0)}$ 是孤立系,则 $E^{(0)}$ 将是保持不变的常数。将式(11.2.12)代入式(11.2.11)中,可将 $A^{(0)}$ 的微观态数写为

$$\Omega^{(0)}(E_1, E^{(0)} - E_1) = \Omega_1(E_1)\Omega_2(E^{(0)} - E_1) \tag{11.2.13}$$

根据等概率原理,平衡态下孤立系每一个可能的微观态出现的概率都相等。假设当 $E_1 = \overline{E}_1$ 时,式(11.2.13)中的 $\Omega^{(0)}$ 具有极大值。这意味着 A_1 具有能量 $\overline{E}_1$,A_2 具有能量 $\overline{E}_2 = E^{(0)} - \overline{E}_1$ 是一种最概然的能量分配。对于宏观系统,$\Omega^{(0)}$ 的极大值非常陡,其他能量分配出现的概率远小于最概然能量分配出现的概率。可以认为,$\overline{E}_1$ 和 $\overline{E}_2$ 就是系统 A_1 和 A_2 在达到热平衡时分别具有的内能。

为了推求确定 $\overline{E}_1$ 和 $\overline{E}_2$ 的条件,将式(11.2.11)代入到 $\Omega^{(0)}$ 的极大值应满足的条件 $\dfrac{\partial \Omega^{(0)}}{\partial E_1} = 0$ 中,得

$$\frac{\partial \Omega_1(E_1)}{\partial E_1}\Omega_2(E_2) + \Omega_1(E_1)\frac{\partial \Omega_2(E_2)}{\partial E_2}\frac{\partial E_2}{\partial E_1} = 0$$

上式的两边同除以 $\Omega_1(E_1)\Omega_2(E_2)$,并注意 $\partial E_2/\partial E_1 = -1$,可将上式写成

$$\left(\frac{\partial \ln \Omega_1(E_1)}{\partial E_1}\right)_{N_1, V_1} = \left(\frac{\partial \ln \Omega_2(E_2)}{\partial E_2}\right)_{N_2, V_2} \tag{11.2.14}$$

上式是 A_1 和 A_2 在达到热平衡时所满足的条件,利用此条件和式(11.2.12)可以确定 $\overline{E}_1$ 和 $\overline{E}_2$。

若令

$$\beta = \left[\frac{\partial \ln \Omega(N, E, V)}{\partial E}\right]_{N, V} \tag{11.2.15}$$

则热平衡条件(11.2.14)可写为

$$\beta_1 = \beta_2 \tag{11.2.16}$$

在热力学中曾得到,两个系统达热平衡时满足的条件为

$$\left(\frac{\partial S_1}{\partial U_1}\right)_{N_1, V_1} = \left(\frac{\partial S_2}{\partial U_2}\right)_{N_2, V_2} \tag{11.2.17}$$

而

$$\left(\frac{\partial S}{\partial U}\right)_{N, V} = \frac{1}{T} \tag{11.2.18}$$

比较可知,β应与$1/T$成正比。若令比例系数为$1/k$,则有

$$\beta = \frac{1}{kT} \tag{11.2.19}$$

结合式(11.2.15)和(11.2.18),可以得到如下关系式

$$S = k\ln \Omega \tag{11.2.20}$$

上式就是我们熟知的玻耳兹曼关系。

上面只讨论了A_1和A_2交换能量的情形。如果A_1和A_2除可以交换能量外,还可以交换粒子和改变体积,按照与上面相类似的讨论,还可得到如下平衡条件

$$\left(\frac{\partial \ln \Omega_1}{\partial V_1}\right)_{N_1, E_1} = \left(\frac{\partial \ln \Omega_2}{\partial V_2}\right)_{N_2, E_2} \tag{11.2.21}$$

$$\left(\frac{\partial \ln \Omega_1}{\partial N_1}\right)_{V_1, E_1} = \left(\frac{\partial \ln \Omega_2}{\partial N_2}\right)_{V_2, E_2} \tag{11.2.22}$$

如果定义

$$\gamma = \left[\frac{\partial \ln \Omega(N, E, V)}{\partial V}\right]_{N, E}, \ \alpha = \left[\frac{\partial \ln \Omega(N, E, V)}{\partial N}\right]_{E, V} \tag{11.2.23}$$

则平衡条件可表为

$$\beta_1 = \beta_2,\ \gamma_1 = \gamma_2,\ \alpha_1 = \alpha_2 \tag{11.2.24}$$

为了确定α和γ的物理意义,将$\ln \Omega(N, E, V)$的全微分

$$\mathrm{d}\ln \Omega(N, E, V) = \beta \mathrm{d}E + \gamma \mathrm{d}V + \alpha \mathrm{d}N$$

与开系的热力学基本方程

$$\mathrm{d}S = \frac{\mathrm{d}U}{T} + \frac{p}{T}\mathrm{d}V - \frac{\mu}{T}\mathrm{d}N$$

加以比较,并结合式(11.2.19)和(11.2.20),即可得到

$$\alpha = -\frac{\mu}{kT},\ \gamma = \frac{p}{kT} \tag{11.2.25}$$

将式(11.2.19)和(11.2.25)代入式(11.2.24)中，便得到了热力学中的热动平衡条件

$$T_1 = T_2,\ p_1 = p_2,\ \mu_1 = \mu_2 \tag{11.2.26}$$

由此可见，平衡条件(11.2.24)与热动平衡条件(11.2.26)是相当的。

2. 微正则系综理论的热力学公式

值得指出的是，用微正则分布求热力学函数在数学上很复杂，不便于应用，但通过上面的讨论我们可以给出用微正则分布求热力学函数的程序：首先求出系统的微观态数 $\Omega(N, E, V)$，再由玻耳兹曼关系得到系统的熵

$$S(N, E, V) = k\ln\Omega(N, E, V) \tag{11.2.27}$$

由上式原则上可解出能量 $E(S, V, N)$。利用基本微分方程

$$\mathrm{d}E = T\mathrm{d}S - p\mathrm{d}V \tag{11.2.28}$$

可以确定出

$$T = \left(\frac{\partial E}{\partial S}\right)_{V,N},\ p = -\left(\frac{\partial E}{\partial V}\right)_{S,N} \tag{11.2.29}$$

如果已知 $E(S, V, N)$，由式(11.2.29)可求得 $S(T, V, N)$ 和 $p(T, V, N)$，再将其代入式(11.2.28)，即得 $E(T, V, N)$。这样，便可将物态方程、内能和熵都表达为 T、V、N 的函数，从而确定系统的全部平衡性质。

11.3 正则分布及其热力学公式

11.3.1 正则系综与正则分布

上一节所讨论的微正则分布的主要作用，在于它是建立各种系综的基础，但由于计算复杂，导致应用相当困难。在解决实际问题中，往往需要研究具有确定粒子数 N、体积 V 和温度 T 的系统，为此引进正则系综与分布。

所谓**正则系综**是指与恒温热源达到热平衡，以 N, V, T 描述宏观态的平衡系统的系综，其分布函数叫称为正则分布。

11.3.2 正则分布的表达式

1. 正则分布的量子表达式

设有一具有确定的 N, V, T 值的系统，与大热源(可视为恒温热源)接触而达到平衡态。由于系统与热源间存在热接触，二者可以交换能量，因此系统可能的微观状态可具有不同的能量值。由于热源很大，交换能量不会改变热源的温度。在两者建立平衡以后，系统将与热源具有相同的温度，它们合起来构成一个复合系统。这个复合系统是一个孤立

系统，具有确定的能量。假设系统和热源的作用很弱，复合系统的总能量可表为系统的能量 E 和热源的能量 E_r 之和，即

$$E^{(0)} = E + E_r \tag{11.3.1}$$

其中 $E \ll E^{(0)}$。

当系统处在能量为 E_s 的状态 s 时，热源可处在能量为 $E^{(0)} - E_s$ 的任何一个微观状态。若以 $\Omega_r(E^{(0)} - E_s)$ 表示热源的微观状态数，$\Omega(E_s)$ 为系统在 E_s 能态的微观状态数，复合系统可能的微观状态数为

$$\Omega^{(0)} = \Omega_r(E^{(0)} - E_s)\Omega(E_s) \tag{11.3.2}$$

因系统处在状态 s，$\Omega(E_s) = 1$，复合系统可能的微观状态数变为 $\Omega_r(E^{(0)} - E_s)$。由于复合系统是一个孤立系统，在平衡状态下，它的每一个可能的微观状态出现的概率是相等的。所以，系统处在状态 s 的概率 ρ_s 应与 $\Omega_r(E^{(0)} - E_s)$ 成正比，即

$$\rho_s \propto \Omega_r(E^{(0)} - E_s) \tag{11.3.3}$$

将其写成等式，则得

$$\rho_s = C\Omega_r(E^{(0)} - E_s) \tag{11.3.4}$$

其中 C 为一比例系数。取上式的对数，得

$$\ln \rho_s = \ln C + \ln \Omega_r(E^{(0)} - E_s) \tag{11.3.5}$$

由于热源的能量远大于系统的能量，将 $\ln \Omega_r(E^{(0)} - E_s)$ 在 $E^{(0)}$ 附近展开成级数，且只取前两项可得

$$\begin{aligned}\ln \Omega_r(E^{(0)} - E_s) &= \ln \Omega_r(E^{(0)}) + \left(\frac{\partial \ln \Omega_r}{\partial E_r}\right)_{E_r = E^{(0)}}(E_r - E^{(0)}) \\ &= \ln \Omega_r(E^{(0)}) - \beta E_s\end{aligned} \tag{11.3.6}$$

其中

$$\beta = \left(\frac{\partial \ln \Omega_r}{\partial E_r}\right)_{E_r = E^{(0)}} = \frac{1}{kT} \tag{11.3.7}$$

上面利用了式(11.3.1)、(11.2.15)和(11.2.19)，其中 T 是热源的温度，同时也是系统的温度，因为系统已与热源达到热平衡。将式(11.3.6)代入式(11.3.5)中，经整理后可得

$$\rho_s = \frac{1}{Z}e^{-\beta E_s} \tag{11.3.8}$$

式中 Z 称为配分函数，由归一化条件 $\sum_s \rho_s = 1$ 求得

$$Z = \sum_s e^{-\beta E_s} \tag{11.3.9}$$

式中的 $\sum_s$ 表示对具有粒子数为 N、体积为 V 的系统所有微观态求和。在式(11.3.8)中，

系统处在微观态 s 的概率只与该微观态上的能量 E_s 有关。如果以 $E_l(l=1, 2, \cdots)$ 表示系统的各个能级，ω_l 为能级 E_l 的简并度，则系统处在能级 E_l 的概率可表为

$$\rho_l = \frac{1}{Z}\omega_l e^{-\beta E_l} \tag{11.3.10}$$

相应的配分函数为

$$Z = \sum_l \omega_l e^{-\beta E_l} \tag{11.3.11}$$

式中的 $\sum_l$ 是对系统的所有能级求和。上面的式(11.3.8)和(11.3.10)称为**正则分布的量子表达式**。

2. 正则分布的经典表达式

显然，正则分布的经典表达式为

$$\rho(q, p)\mathrm{d}q\mathrm{d}p = \frac{1}{N!h^{Nr}}\frac{1}{Z}e^{-\beta E(q, p)}\mathrm{d}q\mathrm{d}p \tag{11.3.12}$$

其中的配分函数为

$$Z = \frac{1}{N!h^{Nr}}\int e^{-\beta E(q, p)}\mathrm{d}q\mathrm{d}p \tag{11.3.13}$$

11.3.3 正则分布中热力学量的统计表达式

正则分布讨论的系统具有确定的 N、V、$T(N, y, \beta)$值，相当于与大热源接触而达到平衡的系统。由于系统与热源之间可以交换能量，则系统各个可能的微观态可具有不同的能量值。在给定的宏观条件(N, V, T)下，系统的能量在一切可能微观态上的平均值就是该系统的内能，则有

$$U = \overline{E} = \frac{\sum_s E_s e^{-\beta E_s}}{\sum_s e^{-\beta E_s}} = \frac{1}{Z}\left(-\frac{\partial}{\partial\beta}\right)\sum_s e^{-\beta E_s} = -\frac{\partial}{\partial\beta}\ln Z \tag{11.3.14}$$

而广义力是

$$Y = \frac{\sum_s \frac{\partial E_s}{\partial y}e^{-\beta E_s}}{\sum_s e^{-\beta E_s}} = \frac{1}{Z}\left(-\frac{1}{\beta}\frac{\partial}{\partial y}\right)\sum_s e^{-\beta E_s} = -\frac{1}{\beta}\frac{\partial}{\partial y}\ln Z \tag{11.3.15}$$

其中一个重要的情形是压强

$$p = \frac{1}{\beta}\frac{\partial}{\partial V}\ln Z \tag{11.3.16}$$

考虑

$$\beta(\mathrm{d}U - Y\mathrm{d}y) = -\beta d\left(\frac{\partial}{\partial\beta}\ln Z\right) + \frac{\partial}{\partial y}\ln Z\mathrm{d}y$$

和 $\ln Z(\beta, y)$ 的全微分

$$\mathrm{d}\ln Z(\beta, y) = \frac{\partial}{\partial\beta}(\ln Z)\mathrm{d}\beta + \frac{\partial}{\partial y}(\ln Z)\mathrm{d}y$$

可得

$$\beta(\mathrm{d}U - Y\mathrm{d}y) = \mathrm{d}\left(\ln Z - \beta\frac{\partial}{\partial\beta}\ln Z\right)$$

再与热力学基本微分方程

$$\mathrm{d}S = \frac{1}{T}(\mathrm{d}U - Y\mathrm{d}y)$$

比较可得

$$\beta = \frac{1}{kT}$$

$$S = k\left(\ln Z - \beta\frac{\partial}{\partial\beta}\ln Z\right) \tag{11.3.17}$$

因此，对于给定(N, V, T)的系统，只要求出配分函数 Z，就可以由上面所得到的热力学公式求出基本热力学函数。

例 2 由正则分布计算单原子分子理想气体的热力学量。

设理想气体含有 N 个单原子分子，每个分子的自由度为 $r = 3$，由于单原子分子理想气体只需考虑分子的平动，且平动能量是准连续的，其值为

$$E = \sum_{i=1}^{3N}\frac{p_i^2}{2m} \tag{11.3.18}$$

根据式(11.3.13)，其配分函数为

$$\begin{aligned} Z &= \frac{1}{N!h^{3N}}\int e^{-\beta\sum\limits_{i=1}^{3N}\frac{p_i^2}{2m}}\mathrm{d}q_1\cdots\mathrm{d}q_{3N}\mathrm{d}p_1\cdots\mathrm{d}p_{3N} \\ &= \frac{V^N}{N!h^{3N}}\prod_{i=1}^{3N}\int e^{-\beta\frac{p_i^2}{2m}}\mathrm{d}p_i = \frac{V^N}{N!}\left(\frac{2\pi m}{\beta h^2}\right)^{\frac{3N}{2}} \end{aligned} \tag{11.3.19}$$

气体的压强为

$$p = \frac{1}{\beta}\frac{\partial}{\partial V}\ln Z = \frac{N}{\beta}\frac{\partial}{\partial V}\ln V = \frac{NkT}{V} \tag{11.3.20}$$

或

$$pV = NkT \tag{11.3.21}$$

上式为理想气体的物态方程。由式(11.3.14)得气体的内能为

$$U = -\frac{\partial}{\partial\beta}\ln Z = -\frac{3N}{2}\frac{\partial}{\partial\beta}\ln\frac{1}{\beta} = \frac{3}{2}NT \tag{11.3.22}$$

而气体的熵为式(11.3.17)

$$\begin{aligned} S &= k\left(\ln Z - \beta\frac{\partial}{\partial\beta}\ln Z\right) = k(\ln Z + \beta U) \\ &= \frac{3}{2}Nk\ln T + Nk\ln\frac{V}{N} + Nk\left[\ln\left(\frac{2\pi mk}{h^2}\right)^{3/2} + \frac{5}{2}\right] \end{aligned} \tag{11.3.23}$$

11.4 巨正则分布及其热力学公式

11.4.1 巨正则系综与巨正则分布

以上两节既讨论了具有确定的 N, E, V 的微正则分布，又讨论了具有确定的 N, V, T 的正则分布。但在有些实际问题中，系统的粒子数 N 不具有确定值。例如，与热源和粒子源接触而达到平衡的系统，系统与源不仅可以交换能量，而且还可以交换粒子。因此，在系统的各个可能的微观状态中，其粒子数和能量可具有不同的数值。由于源很大，交换能量和粒子不会改变源的温度 T 和化学势 μ，达到平衡后系统将与源具有相同的温度和化学势。为了研究这样的系统，需要引入巨正则系综与分布。

以 V, T, μ 描述宏观状态，同时与粒子源和热源达平衡的系统所构成的系综叫**巨正则系综**，其分布函数叫**巨正则分布**。

11.4.2 巨正则分布的表达式

1. 巨正则分布的量子表达式

设系统和源合起来构成一个复合孤立系统，具有确定的粒子数 $N^{(0)}$ 和能量 $E^{(0)}$。以 E 和 E_r 分别表示系统和源的能量，N 和 N_r 分别表示系统和源的粒子数。假设系统和源的相互作用很弱，则有

$$\begin{aligned} E + E_r &= E^{(0)} \\ N + N_r &= N^{(0)} \end{aligned} \tag{11.4.1}$$

因为源很大，则有 $E \ll E^{(0)}, N \ll N^{(0)}$。

当系统处在粒子数为 N、能量为 E_s 的微观状态 s 时，源可处在粒子数为 $N^{(0)} - N$、能量为 $E^{(0)} - E_s$ 的任何一个微观状态。若以 $\Omega_r(N^{(0)} - N, E^{(0)} - E_s)$ 表示粒子数为 $N^{(0)} - N$、能量为 $E^{(0)} - E_s$ 的源的微观状态数，则当具有粒子数 N 的系统处在微观状态 s 时，复合系统的微观状态数即为源的微观状态数 $\Omega_r(N^{(0)} - N, E^{(0)} - E_s)$(因系统处在状态 s，其微观态数 $\Omega(N, E_s) = 1$)。复合系统是孤立系统，在平衡状态下它的每一个可能的微观状态数出现的概率相等(等概率原理)，所以具有粒子数 N 的系统，处在微观状态 s 的概率 ρ_{Ns} 应与复合系统的微观状态数 $\Omega_r(N^{(0)} - N, E^{(0)} - E_s)$ 成正比，即

$$\rho_{Ns} \propto \Omega_r(N^{(0)} - N,\ E^{(0)} - E_s) \tag{11.4.2}$$

将其写成等式，有

$$\rho_{Ns} = C\Omega_r(N^{(0)} - N,\ E^{(0)} - E_s) \tag{11.4.3}$$

其中 C 为一比例系数。式(11.4.3)的对数为

$$\ln \rho_{Ns} = \ln C + \ln \Omega_r(N^{(0)} - N,\ E^{(0)} - E_s) \tag{11.4.4}$$

类似正则分布中的分析，$\ln \Omega_r$ 按 N_r 和 E_r 在 $N^{(0)}$、$E^{(0)}$ 附近展开成级数，只取前两项可得

$$\begin{aligned}\ln \Omega_r(N^{(0)} - N,\ E^{(0)} - E_s) &= \ln \Omega_r(N^{(0)},\ E^{(0)}) \\ &\quad + \left(\frac{\partial \ln \Omega_r}{\partial N_r}\right)_{N_r = N^{(0)}}(-N) + \left(\frac{\partial \ln \Omega_r}{\partial E_r}\right)_{E_r = E^{(0)}}(-E) \\ &= \ln \Omega_r(N^{(0)},\ E^{(0)}) - \alpha N - \beta E\end{aligned} \tag{11.4.5}$$

上式中利用了式(11.4.1)，且式中

$$\begin{aligned}\alpha &= \left(\frac{\partial \ln \Omega_r}{\partial N_r}\right)_{N_r = N^{(0)}} = -\frac{\mu}{kT} \\ \beta &= \left(\frac{\partial \ln \Omega_r}{\partial E_r}\right)_{E_r = E^{(0)}} = \frac{1}{kT}\end{aligned} \tag{11.4.6}$$

式(11.4.5)中运用了上面的式(11.2.15)、(11.2.19)、(11.2.23)和(11.2.25)。其中 T 和 μ 是源的温度和化学势，同时也是系统的温度和化学势，因为系统与源已达平衡。将式(11.4.5)代入式(11.4.4)中，经整理后可得

$$\rho_{Ns} = \frac{1}{\Xi} e^{-\alpha N - \beta E_s} \tag{11.4.7}$$

其中 Ξ 称为**巨配分函数**，由归一化条件 $\sum\limits_{N=0}^{\infty}\sum\limits_{s}\rho_{Ns} = 1$ 可确定为

$$\Xi = \sum_{N=0}^{\infty}\sum_{s} e^{-\alpha N - \beta E_s} \tag{11.4.8}$$

上式称为**巨正则分布的量子表达式**，它给出了具有确定的体积 V、温度 T 和化学势 μ 的系统处在粒子数为 N、能量为 E_s 的微观态 s 上的概率。

2. 巨正则分布的经典表达式

而巨正则分布的经典表达式为

$$\rho_N \mathrm{d}q\mathrm{d}p = \frac{1}{N!h^{Nr}} \frac{e^{-\alpha N - \beta E(q,\ p)}}{\Xi} \mathrm{d}q\mathrm{d}p \tag{11.4.9}$$

其中巨配分函数 Ξ 可表为

$$\Xi = \sum_{N} \frac{e^{-\alpha N}}{N!h^{Nr}} \int e^{-\beta E(q,\ p)} \mathrm{d}q\mathrm{d}p \tag{11.4.10}$$

11.4.3 巨正则分布下热力学量的统计表达式

1. 平均粒子数 $\overline{N}$ 的统计表达式

巨正则分布所讨论的系统具有确定的 μ、T、V 值(也即 α、β、V 值),相当于一个与热源和粒子源接触而达到平衡的系统。由于系统和源可以交换粒子和能量,在系统各个可能的微观状态中,其粒子数和能量是不确定的,为此必须求它们的平均值。系统的平均粒子数 $\overline{N}$ 是粒子数 N 对给定的 μ、T、V 条件下一切可能微观态上的平均值,即

$$\begin{aligned}\overline{N} &= \frac{1}{\Xi}\sum_{N}\sum_{s} N e^{-\alpha N-\beta E_s} = \frac{1}{\Xi}\left(-\frac{\partial}{\partial\alpha}\right)\sum_{N}\sum_{s} e^{-\alpha-\beta E_s} \\ &= \frac{1}{\Xi}\left(-\frac{\partial}{\partial\alpha}\right)\Xi = -\frac{\partial}{\partial\alpha}\ln\Xi\end{aligned} \tag{11.4.11}$$

2. 内能 U 的统计表达式

内能是能量 E 的统计平均值,即

$$\begin{aligned}U = \overline{E} &= \frac{1}{\Xi}\sum_{N}\sum_{s} E_s e^{-\alpha N-\beta E_s} = \frac{1}{\Xi}\left(-\frac{\partial}{\partial\beta}\right)\sum_{N}\sum_{s} e^{-\alpha-\beta E_s} \\ &= \frac{1}{\Xi}\left(-\frac{\partial}{\partial\beta}\right)\Xi = -\frac{\partial}{\partial\beta}\ln\Xi\end{aligned} \tag{11.4.12}$$

3. 广义力及物态方程的统计表达式

广义力 Y 是 $\partial E/\partial y$ 的统计平均值,即

$$\begin{aligned}Y &= \frac{1}{\Xi}\sum_{N}\sum_{s}\frac{\partial E_s}{\partial y} e^{-\alpha N-\beta E_s} = \frac{1}{\Xi}\left(-\frac{1}{\beta}\frac{\partial}{\partial y}\right)\sum_{N}\sum_{s} e^{-\alpha-\beta E_s} \\ &= \frac{1}{\Xi}\left(-\frac{1}{\beta}\frac{\partial}{\partial y}\right)\Xi = -\frac{1}{\beta}\frac{\partial}{\partial y}\ln\Xi\end{aligned} \tag{11.4.13}$$

上式的一个特例是压强,即

$$p = \frac{1}{\beta}\frac{\partial}{\partial V}\ln\Xi \tag{11.4.14}$$

4. 熵的统计表达式

接下来我们再求熵的统计表达式。考虑

$$\beta\left(dU - Ydy + \frac{\alpha}{\beta}d\overline{N}\right) = -\beta d\left(\frac{\partial\ln\Xi}{\partial\beta}\right) + \frac{\partial\ln\Xi}{\partial y}dy - \alpha d\left(\frac{\partial\ln\Xi}{\partial\alpha}\right) \tag{11.4.15}$$

和 $\ln\Xi(\alpha, \beta, y)$ 的全微分

$$d\ln\Xi = \frac{\partial\ln\Xi}{\partial\alpha}d\alpha + \frac{\partial\ln\Xi}{\partial\beta}d\beta + \frac{\partial\ln\Xi}{\partial y}dy$$

那么式(11.4.15)可以写成

$$\beta\left(dU - Ydy + \frac{\alpha}{\beta}d\overline{N}\right) = d\left(\ln\Xi - \alpha\frac{\partial\ln\Xi}{\partial\alpha} - \beta\frac{\partial\ln\Xi}{\partial\beta}\right) \tag{11.4.16}$$

将上式与开系中热力学基本微分方程

$$dS=\frac{1}{T}\left(\mathrm{d}U-Y\mathrm{d}y+\frac{\alpha}{\beta}\mathrm{d}N\right)$$

比较可以得到

$$\beta=\frac{1}{kT},\ \alpha=-\frac{\mu}{kT}$$

$$S=k\left(\ln\Xi-\alpha\frac{\partial\ln\Xi}{\partial\alpha}-\beta\frac{\partial\ln\Xi}{\partial\beta}\right) \tag{11.4.17}$$

从上面所推导出的各公式看出，对于给定 μ、T、V 值的系统，只要求出其巨配分函数 Ξ，就可以由上面所得到的热力学公式求出基本热力学函数。

11.4.4 巨正则分布的简单应用

下面，我们来讨论巨正则分布的两个简单应用。

1. 吸附现象

设吸附表面有 N_0 个吸附中心，每个吸附中心可吸附一个气体分子，若被吸附的气体分子的能量为 $-\varepsilon_0$，求达到平衡时吸附率 $\theta=N/N_0$ 与气体温度和压强的关系。

为了解决上面的问题，我们将气体看作热源和粒子源，被吸附的气体分子当作可与气体(源)交换粒子和能量的系统，遵从巨正则分布。当有 N 个分子被吸附时，系统的能量为 $-N\varepsilon_0$。由于 N 个分子在 N_0 个吸附中心上有 $N_0!\ /[N!\ (N-N_0)!]$ 种排列方式，所以系统的巨配分函数为

$$\Xi=\sum_{N=0}^{N_0}e^{\beta(\mu+\varepsilon_0)N}\frac{N_0!}{N!(N_0-N)!}=[1+e^{\beta(\mu+\varepsilon_0)}]^{N_0}$$

上式中利用了 $\alpha=-\mu/kT=-\beta\mu$ 和 $E=-N\varepsilon_0$。由式(11.4.11) 求得被吸附分子的平均值为

$$\overline{N}=-\frac{\partial}{\partial\alpha}\ln\Xi=kT\frac{\partial}{\partial\mu}\ln\Xi=\frac{N_0}{1+e^{-\beta(\mu+\varepsilon_0)}}$$

而知理想气体的化学势为

$$\mu=kT\ln\left[\frac{N}{V}\left(\frac{h^2}{2\pi mkT}\right)^{3/2}\right]$$

由此式并注意理想气体的物态方程 $pV=NkT$，可求得

$$e^{\beta\mu}=e^{\frac{\mu}{kT}}=\frac{p}{kT}\left(\frac{h^2}{2\pi mkT}\right)^{3/2}$$

所以平衡时吸附率为

$$\theta=\frac{\overline{N}}{N_0}=\frac{1}{1+\frac{kT}{p}\left(\frac{2\pi mkT}{h^2}\right)^{3/2}e^{-\frac{\varepsilon_0}{kT}}}$$

2. 近独立粒子的平均分布

前面在玻色分布与费米分布的推导中，曾使用了 $\omega_l \gg 1$ 和 $a_l \gg 1$ 等近似条件，所以其推导是不十分严密的，而利用巨正则分布来导出近独立粒子的平均分布，则可弥补这一缺陷。

设系统只含有一种近独立粒子，其能级为 $\varepsilon_l (l = 1, 2, \cdots)$，为简单起见，我们只讨论所有能级都是非简并的情况。当粒子在各能级的分布为 $\{a_l\}$ 时，则整个系统的粒子数和能量为

$$N = \sum_l a_l, \ E = \sum_l \varepsilon_l a_l$$

在巨正则分布中，对各个可能微观态上系统的总粒子数和总能量并未加任何限制，则各 a_l 可以取各种可能值。由式(11.4.8)可得系统的配分函数为

$$\begin{aligned} \Xi &= \sum_N \sum_s e^{-\alpha N - \beta E_s} = \sum_{\{a_l\}} e^{-\sum_l (\alpha + \beta \varepsilon_l) a_l} \\ &= \sum_{\{a_l\}} \prod_l e^{-\sum_l (\alpha + \beta \varepsilon_l) a_l} = \prod_l \sum_{a_l} e^{-(\alpha + \beta \varepsilon_l) a_l} = \prod_l \Xi_l \end{aligned}$$

其中

$$\Xi_l = \sum_{a_l} e^{-(\alpha + \beta \varepsilon_l) a_l}$$

而能级 ε_l 上的平均粒子数为

$$\begin{aligned} \bar{a}_l &= \frac{1}{\Xi} \sum_N \sum_l a_l e^{-\alpha N - \beta E_s} = \frac{1}{\Xi} \Big[\sum_{a_l} a_l e^{-(\alpha + \beta \varepsilon_l) a_l} \Big] \prod_{m \neq l} \sum_{a_m} e^{-(\alpha + \beta \varepsilon_m) a_m} \\ &= \frac{1}{\Xi_l} \sum_{a_l} a_l e^{-(\alpha + \beta \varepsilon_l) a_l} = \frac{1}{\Xi_l} \Big(-\frac{\partial}{\partial \alpha} \Big) \Xi_l = -\frac{\partial}{\partial \alpha} \ln \Xi_l \end{aligned}$$

对于玻色子，能级 ε_l 上的粒子数不受限制，a_l 可以取由 0 到∞的任何值，所以有

$$\Xi_l = \sum_{a_l = 0}^{\infty} e^{-(\alpha + \beta \varepsilon_l) a_l} = \frac{1}{1 - e^{-\alpha - \beta \varepsilon_l}}$$

代入上式可以求得能级为 ε_l 的每一个量子态上的平均玻色子数为

$$\bar{a}_l = -\frac{\partial}{\partial \alpha} \ln \Xi_l = \frac{1}{e^{\alpha + \beta \varepsilon_l} - 1}$$

对于费米子，由于泡利不相容原理的限制，能级 ε_l 上的粒子数只能为 0 或 1，a_l 只能取 0 或 1，所以有

$$\Xi_l = \sum_{a_l = 0}^{1} e^{-(\alpha + \beta \varepsilon_l) a_l} = 1 + e^{-(\alpha + \beta \varepsilon_l)}$$

则能级为 ε_l 的每一个量子态上的平均费米子数为

$$\bar{a}_l = -\frac{\partial}{\partial \alpha} \ln \Xi_l = \frac{1}{e^{\alpha + \beta \varepsilon_l} + 1}$$

上面只讨论了一个量子态的情形。如果能级 ε_l 有 ω_l 量子态，则能级 ε_l 上的平均粒子数应为

$$\bar{a}_l = \frac{\omega_l}{e^{\alpha+\beta\varepsilon_l} \pm 1}$$

其中"－"对应玻色分布，"＋"对应费米分布，这正是我们所熟知的结果。

*11.5 涨落的准热力学理论

在 11.1 节中指出过，宏观量是相应微观量在满足给定宏观条件下系统所有可能微观状态上的平均值，即

$$\overline{B} = \sum_s \rho_s B_s \tag{11.5.1}$$

其中 $\rho_s(t)$ 表示系统处在微观态 s 的概率，B_s 是微观量 B 在微观态 s 上的取值。利用式(11.5.1)可以求得

$$\overline{B_s - \overline{B}} = \sum_s \rho_s (B_s - \overline{B}) = \sum_s \rho_s B_s - \sum_s \rho_s \overline{B} = \overline{B} - \overline{B} = 0 \tag{11.5.2}$$

$$\begin{aligned}\overline{(B_s - \overline{B})^2} &= \sum_s \rho_s (B_s - \overline{B})^2 = \sum_s \rho_s (B_s^2 - 2B_s \overline{B} + \overline{B}^2) \\ &= \overline{B^2} - 2\,\overline{B}^2 + \overline{B}^2 = \overline{B^2} - \overline{B}^2\end{aligned} \tag{11.5.3}$$

上式称为**微观量 B 对宏观量 $\overline{B}$ 的涨落**。

现在我们利用式(11.5.3)来求正则分布中的能量涨落和巨正则分布中的粒子数涨落。由式(11.5.3)可得能量涨落为

$$\overline{(E - \overline{E})^2} = \overline{E^2} - (\overline{E})^2 \tag{11.5.4}$$

对于正则分布，由式(11.3.14)可求得

$$\frac{\partial \overline{E}}{\partial \beta} = \frac{\partial}{\partial \beta} \frac{\sum_s E_s e^{-\beta E_s}}{\sum_s e^{-\beta E_s}} = -\frac{\sum_s E_s^2 e^{-\beta E_s}}{\sum_s e^{-\beta E_s}} + \frac{(\sum_s E_s e^{-\beta E_s})^2}{(\sum_s e^{-\beta E_s})^2} = -[\overline{E^2} - (\overline{E})^2]$$

将其代入式(11.5.4)中，由式(11.3.7)可得

$$\overline{(E - \overline{E})^2} = -\frac{\partial \overline{E}}{\partial \beta} = kT^2 \frac{\partial \overline{E}}{\partial T} = kT^2 C_V \tag{11.5.5}$$

上式将能量的自发涨落与内能随温度的变化率联系起来了，由于上式左方恒正，定体热容量 C_V 也是恒正的。在热力学讲过，$C_V > 0$ 是系统的一个平衡稳定条件，而式(11.5.5)从统计物理的角度再次对此给予了证明。

能量的相对涨落可由下式给出：

$$\frac{\overline{(E-\overline{E})^2}}{(\overline{E})^2}=\frac{kT^2C_V}{(\overline{E})^2} \tag{11.5.6}$$

因为$\overline{E}$和 C_V 都是广延量，应与粒子数 N 成正比，则由式(11.5.6)知相对涨落与 N 成反比，所以宏观系统 $(N\approx 10^{23})$ 能量的相对涨落是极小的。这个事实说明，与热源接触达到平衡的系统，虽然由于它与热源交换能量而可具有不同的能量值，但其能量 E 与$\overline{E}$ 有显著偏差的概率是极小的。

根据式(11.5.3)，粒子数涨落可表为

$$\overline{(N-\overline{N})^2}=\overline{N^2}-(\overline{N})^2 \tag{11.5.7}$$

在巨正则分布中，由于

$$\frac{\partial\overline{N}}{\partial\alpha}=\frac{\partial}{\partial\alpha}\frac{\sum\limits_N\sum\limits_s Ne^{-\alpha N-\beta E_s}}{\sum\limits_N\sum\limits_s e^{-\alpha N-\beta E_s}}=-\frac{\sum\limits_N\sum\limits_s N^2e^{-\alpha N-\beta E_s}}{\sum\limits_N\sum\limits_s e^{-\alpha N-\beta E_s}}$$
$$+\left(\frac{\sum\limits_N\sum\limits_s Ne^{-\alpha N-\beta E_s}}{\sum\limits_N\sum\limits_s e^{-\alpha-\beta E_s}}\right)^2=-[\overline{N^2}-(\overline{N})^2]$$

上式中利用了式(11.4.7)和(11.4.8)，将其代入式(11.5.7)中，可得粒子数涨落为

$$\overline{(N-\overline{N})^2}=-\left(\frac{\partial\overline{N}}{\partial\alpha}\right)_{\beta,y}=kT\left(\frac{\partial\overline{N}}{\partial\mu}\right)_{T,V} \tag{11.5.8}$$

因为化学势 μ 所满足的热力学方程为

$$\mathrm{d}\mu=\frac{V}{\overline{N}}\mathrm{d}p-\frac{S}{\overline{N}}\mathrm{d}T$$

当 T 不变时可由上式得到如下关系

$$\left(\frac{\partial\mu}{\partial v}\right)_T=v\left(\frac{\partial p}{\partial v}\right)_T$$

其中 $v=V/\overline{N}$，将其代入上式可得

$$-\frac{\overline{N}^2}{V}\left(\frac{\partial\mu}{\partial\overline{N}}\right)_{V,T}=V\left(\frac{\partial p}{\partial V}\right)_{\overline{N},T}$$

将上式代入式(11.5.8)中，可将粒子数涨落表为

$$\overline{(N-\overline{N})^2}=-\frac{kT\overline{N}^2}{V^2}\left(\frac{\partial V}{\partial p}\right)_{\overline{N},T} \tag{11.5.9}$$

而粒子数的相对涨落为

$$\frac{\overline{(N-\overline{N})^2}}{\overline{N}^2}=-\frac{kT}{V^2}\left(\frac{\partial V}{\partial p}\right)_{\overline{N},T} \tag{11.5.10}$$

因为 V 是广延量，与粒子数 $\overline{N}$ 成正比，由上式可知宏观系统（$\overline{N} \approx 10^{23}$）的粒子数相对涨落也是非常小的。

涨落的准热力学理论，可以直接给出在给定宏观条件下热力学量取各种涨落值的概率分布，根据此概率分布可以方便地计算涨落以及涨落的关联。对于粒子数、内能、体积等热力学量存在相应的微观量，涨落的意义已经清楚，但对于温度和熵等热力学量的涨落，应作如下的理解：设熵是系统的平均能量和平均体积的函数 $S = S(\overline{E}, \overline{V})$，此函数关系就是热力学中熵与内能和体积的关系。熵的偏差是指当能量和体积取涨落值 E 和 V 时，熵的涨落值 $S(E, V)$ 与 $S(\overline{E}, \overline{V})$ 之差。

考虑系统与源接触达到平衡。源很大，具有确定的温度和压强，系统和源合起来构成一个复合孤立系统，且具有确定的能量和体积。如果系统的能量和体积有变化 ΔE 和 ΔV，那么源的能量和体积也必有变化 ΔE_r 和 ΔV_r，使得

$$\Delta E + \Delta E_r = 0,\ \Delta V + \Delta V_r = 0 \tag{11.5.11}$$

因为复合孤立系统的总能量和总体积不变。

如前所述，对于宏观系统，能量和体积的平均值等于其最概然值。这是因为在满足给定宏观条件的所有可能的微观状态中，能量为$\overline{E}$、体积为$\overline{V}$的微观状态出现的概率之总和远远超过能量和体积具有其他值的微观状态出现的概率之和。若以$\overline{\Omega}^{(0)}$表系统能量为$\overline{E}$、体积为$\overline{V}$时复合系统的微观状态数，其相应的熵$\overline{S}^{(0)}$所满足的玻耳兹曼关系为

$$\overline{S}^{(0)} = k\ln \overline{\Omega}^{(0)} \tag{11.5.12}$$

上式中的$\overline{S}^{(0)}$和$\overline{\Omega}^{(0)}$是极大值。当系统的能量和体积对其最概然值有偏离 ΔE 和 ΔV 时，复合系统的熵 $S^{(0)}$ 和微观状态数 $\Omega^{(0)}$ 也满足玻耳兹曼关系

$$S^{(0)} = k\ln \Omega^{(0)} \tag{11.5.13}$$

因为复合系统是孤立系统，在平衡状态下，它的每一个可能微观状态出现的概率是相等的，所以系统的能量和体积对最概然值具有偏差 ΔE 和 ΔV 的概率 W 应与 $\Omega^{(0)}$ 成正比。由式(11.5.5)和(11.5.6)可得

$$W \propto e^{\frac{\Delta S^{(0)}}{k}} \tag{11.5.14}$$

其中 $\Delta S^{(0)} = S^{(0)} - \overline{S}^{(0)}$ 是系统的能量和体积对其最概然值具有偏差 ΔE 和 ΔV 时，复合系统的熵的偏差，而由熵的广延性可知

$$\Delta S^{(0)} = \Delta S + \Delta S_r \tag{11.5.15}$$

其中 ΔS 和 ΔS_r 分别是系统和源的熵的偏差。

根据热力学基本微分方程，ΔS_r、ΔE_r 与 ΔV_r 之间满足如下关系

$$\Delta S_r = \frac{\Delta E_r + p\Delta V_r}{T} \tag{11.5.16}$$

将式(11.5.11)代入上式，又可将 ΔS_r 表为

$$\Delta S_r = -\frac{\Delta E + p\Delta V}{T} \tag{11.5.17}$$

其中 T 和 p 是源的温度和压强，同时也系统的平均温度和压强。将式(11.5.15)代入到式(11.5.14)并利用式(11.5.17)，得

$$W \propto e^{-\frac{\Delta E - T\Delta S + p\Delta V}{kT}} \tag{11.5.18}$$

若设 $E = E(S, V)$，将其在平均值附近作泰勒级数展开且只保留到二级项，得

$$\begin{aligned} E = \overline{E} &+ \left(\frac{\partial E}{\partial S}\right)_0 \Delta S + \left(\frac{\partial E}{\partial V}\right)_0 \Delta V \\ &+ \frac{1}{2}\left[\left(\frac{\partial^2 E}{\partial S^2}\right)_0 (\Delta S)^2 + 2\left(\frac{\partial^2 E}{\partial S\,\partial V}\right)_0 \Delta S\Delta V + \left(\frac{\partial^2 E}{\partial V^2}\right)_0 (\Delta V)^2\right] \end{aligned} \tag{11.5.19}$$

上式中的下标“0”表示取在 $S = \overline{S}$ 和 $V = \overline{V}$ 时的值。由于

$$\left(\frac{\partial E}{\partial S}\right)_0 = T,\ \left(\frac{\partial E}{\partial V}\right)_0 = -p \tag{11.5.20}$$

将其代入式(11.5.19)中，并注意 $\Delta E = E - \overline{E}$，可将式(11.5.19) 写为

$$\begin{aligned} \Delta E - T\Delta S + p\Delta V &= \frac{1}{2}\Delta S\left[\frac{\partial}{\partial S}\left(\frac{\partial E}{\partial S}\right)_0 \Delta S + \frac{\partial}{\partial V}\left(\frac{\partial E}{\partial S}\right)_0 \Delta V\right] \\ &\quad + \frac{1}{2}\Delta V\left[\frac{\partial}{\partial S}\left(\frac{\partial E}{\partial V}\right)_0 \Delta S + \frac{\partial}{\partial V}\left(\frac{\partial E}{\partial V}\right)_0 \Delta V\right] \\ &= \frac{1}{2}[\Delta S\Delta T - \Delta V\Delta p] \end{aligned} \tag{11.5.21}$$

将上式代入式(11.5.18)中，则得

$$W \propto e^{-\frac{\Delta S\Delta T - \Delta p\Delta V}{2kT}} \tag{11.5.22}$$

利用上式就可以计算热力学量的涨落和涨落的关联。值得注意的是在式(11.5.22)中的四个 Δ 变量中，只有两个是自变量。如果以 ΔT 和 ΔV 为自变量，则 ΔS 和 ΔV 可表为

$$\Delta S = \left(\frac{\partial S}{\partial T}\right)_V \Delta T + \left(\frac{\partial S}{\partial V}\right)_T \Delta V = \frac{C_V}{T}\Delta T + \left(\frac{\partial p}{\partial T}\right)_V \Delta V$$

$$\Delta p = \left(\frac{\partial p}{\partial T}\right)_V \Delta T + \left(\frac{\partial p}{\partial V}\right)_T \Delta V$$

将上面两式代入式(11.5.22)中，得

$$W \propto e^{-\frac{C_V}{2kT^2}(\Delta T)^2 + \frac{1}{2kT}\left(\frac{\partial p}{\partial V}\right)_T (\Delta V)^2} \tag{11.5.23}$$

上式给出了温度具有偏差 ΔT、体积具有偏差 ΔV 的概率。其概率可分解为依赖于$(\Delta T)^2$和$(\Delta V)^2$ 的两个独立高斯分布的乘积，所以有

$$\overline{\Delta T \cdot \Delta V} = \overline{\Delta T} \cdot \overline{\Delta V}$$

$$\overline{(\Delta T)^2}=\frac{kT^2}{C_V},\ \overline{(\Delta V)^2}=-kT\left(\frac{\partial V}{\partial p}\right)_T \tag{11.5.24}$$

由于涨落$\overline{(\Delta T)^2}$和$\overline{(\Delta V)^2}$恒为正，根据式(11.5.24)可知$C_V>0$和$\left(\frac{\partial V}{\partial p}\right)_T<0$，这正是系统的平衡稳定条件。值得注意的是，广延量的涨落与粒子数N成正比，而强度量的涨落则与粒子数N成反比，但二者的相对涨落都与粒子数N成反比。因此对于宏观系统，在一般情形下相对涨落都极其微小，可以忽略不计。但在某些特殊情形下(例如在临界点附近)涨落可能很大，此时不可将其忽略。

式(11.5.24)中的第二个表达式给出的体积涨落适用于系统内粒子数N具有确定值的某一子系统，将该式的两边同除以N^2，可得

$$\overline{\left(\Delta\frac{V}{N}\right)^2}=-\frac{kT}{N^2}\left(\frac{\partial V}{\partial p}\right)_T \tag{11.5.25}$$

当系统的体积不变时，有

$$\Delta\frac{V}{N}=V\Delta\frac{1}{N}=-\frac{V}{N^2}\Delta N$$

将其代入式(11.5.25)，得

$$\overline{(\Delta N)^2}=-\frac{kTN^2}{V^2}\left(\frac{\partial V}{\partial p}\right)_T \tag{11.5.26}$$

上式与由巨正则分布所导出的粒子数涨落公式(11.5.9)是相一致的。接下来我们再讨论子系统的能量涨落。设$E=E(T,V)$，则有

$$\Delta E=\left(\frac{\partial E}{\partial T}\right)_V\Delta T+\left(\frac{\partial E}{\partial V}\right)_T\Delta V$$

对上式的平方求平均值，得

$$\begin{aligned}\overline{(\Delta E)^2}&=C_V^2\,\overline{(\Delta T)^2}+2\left(\frac{\partial E}{\partial T}\right)_V\left(\frac{\partial E}{\partial V}\right)_T\overline{\Delta T\Delta V}+\left(\frac{\partial E}{\partial V}\right)_T^2\overline{(\Delta V)^2}\\&=kT^2C_V-kT\left(\frac{\partial V}{\partial P}\right)_T\left(\frac{\partial E}{\partial V}\right)_T^2\end{aligned} \tag{11.5.27}$$

上式中利用了$C_V=(\partial E/\partial T)_V$和式(11.5.24)中的第二个表达式。由关系式$nV=N$可得

$$\left(\frac{\partial E}{\partial V}\right)_T=\left(\frac{\partial E}{\partial N}\right)_T\left(\frac{\partial N}{\partial V}\right)_T=\frac{N}{V}\left(\frac{\partial E}{\partial N}\right)_T$$

将其代入式(11.5.27)中并利用式(11.5.26)，则可得到系统中体积恒定的某一子系统的能量涨落为

$$\overline{(\Delta E)^2}=kT^2C_V-\overline{(\Delta N)^2}\left(\frac{\partial E}{\partial N}\right)_T^2 \tag{11.5.28}$$

上式右方第一项表示子系统与媒质交换能量所引起的能量涨落，此与由正则导出的能量涨落(11.5.5)式完全相同；而第二项则是由于子系统与媒质交换粒子导致粒子数涨落而引起的能量涨落。

习　题

11.1　试从微正则分布中推导出玻耳兹曼关系。

11.2　证明在正则系综理论中熵可表为

$$S=-k\sum_{s}\rho_s\ln\rho_s$$

其中 $\rho_s=\frac{1}{Z}e^{-\beta E_s}$ 是系统处在能量为 E_s 的量子态 s 上的概率。

11.3　试用正则分布求单原子分子理想气体的物态方程、内能和熵。

参考答案：物态方程 $pV=NkT$，内能 $U=\frac{3}{2}NkT$

$$S=\frac{3}{2}Nk\ln T+Nk\ln\frac{V}{N}+Nk\left[\ln\left(\frac{2\pi mk}{h^2}\right)^{3/2}+\frac{5}{2}\right]$$

11.4　已知系统的熵为题 11.2 的形式，试求在给定系统的平均能量 $\overline{E}=U$ 条件下使熵 S 为极大值时的 ρ_s 值。

参考答案：$\rho_s=e^{-(1+\alpha)-\beta E_s}=\frac{1}{Z}e^{-\beta E_s}$，其中 $Z=\sum_{s}e^{-\beta E_s}$

11.5　试用巨正则分布求单原子分子理想气体的物态方程、内能、熵和化学势。

参考答案：$\ln\Xi=e^{-\alpha}\left(\frac{2\pi m}{\beta h^2}\right)^{3/2}V$, $pV=\overline{N}kT$, $U=\frac{3}{2}\overline{N}kT$,

$$S=\frac{3}{2}\overline{N}k\ln T+\overline{N}k\ln\frac{V}{N}+\overline{N}k\left[\ln\left(\frac{2\pi mk}{h^2}\right)^{3/2}+\frac{5}{2}\right],\ \mu=-k\ln\left[\frac{V}{N}\left(\frac{2\pi m}{\beta h^2}\right)^{3/2}\right]$$

11.6　体积 V 中含有 N 个单原子分子，试由巨正则分布证明：在一小体积 v 中含有 n 个单原子分子的概率为

$$f_n=\frac{1}{n!}e^{-\overline{n}}(\overline{n})^n$$

其中 $\overline{n}$ 为小体积 v 内的平均分子数。

(提示：将体积 v 内的分子视为系统，而体积 $V-v$ 内的分子看作热源与粒子源。)

11.7　试根据正则分布的能量涨落公式，求单原子分子理想气体的能量涨落与能量相对涨落。

参考答案：$\overline{(E-\overline{E})^2}=\frac{3}{2}Nk^2T^2$，$\frac{\overline{(E-\overline{E})^2}}{(\overline{E})^2}=\frac{2}{3N}$

11.8　试由正则分布的能量涨落公式，求双原子分子理想气体的能量涨落与能量相对涨落(只考虑分子的平动和振动自由度)。

参考答案：$\overline{(E-\overline{E})^2}=\frac{5}{2}Nk^2T^2$，$\frac{\overline{(E-\overline{E})^2}}{(\overline{E})^2}=\frac{2}{5N}$

11.9　试根据巨正则分布的粒子数涨落公式，求单原子分子理想气体的粒子数涨落与相对涨落。

参考答案：$\overline{(N-\overline{N})^2}=\overline{N}$，$\frac{\overline{(N-\overline{N})^2}}{(\overline{N})^2}=\frac{1}{\overline{N}}$

11.10　试根据巨正则分布的粒子数涨落公式，求双原子分子理想气体的粒子数相对涨落。

参考答案：$\overline{(N-\overline{N})^2}=\overline{N}$，$\frac{\overline{(N-\overline{N})^2}}{(\overline{N})^2}=\frac{1}{\overline{N}}$

11.11　试证明，由近独立粒子组成的玻色系统和费米系统的巨配分函数可表为

$$\Xi=\prod_l \Xi_l=\prod_l (1-e^{-\alpha-\beta\varepsilon_l})^{-\omega_l} \quad \text{（玻色系统）}$$

$$\Xi=\prod_l \Xi_l=\prod_l (1+e^{-\alpha-\beta\varepsilon_l})^{\omega_l} \quad \text{（费米系统）}$$

11.12　某正则系统由 A 和 B 两个子系统组成，它们之间仅有微弱的相互作用，则整个系统的能量可写为

$$E=E_A+E_B$$

试证明该系统的熵具有可加性，即

$$S=S_A+S_B$$

提示：利用正则分布先求系统的配分函数 $Z=Z_A\cdot Z_B$，再利用熵的计算系统的熵

11.13　设单原子分子理想气体与固体吸附面接触达到平衡，被吸附的分子可以在吸附面上作二维运动，其能量为$\frac{p^2}{2m}-\varepsilon_0$，试由巨正则分布求被吸附分子的面密度与气体温度、压强的关系。（其中 ε_0 为束缚能，是一大于零的常数）

参考答案：$\frac{\overline{N}}{A}=\frac{p}{kt}\left(\frac{h^2}{2\pi mkT}\right)^{1/2}e^{\varepsilon_0/kT}$

11.14　试由巨正则分布导出玻耳兹曼分布。

11.15　以 Δp 和 ΔS 为自变量，利用式(11.5.22)证明

$$W\propto e^{\frac{1}{2kT}\left(\frac{\partial V}{\partial p}\right)_S(\Delta P)^2-\frac{1}{2kC_p}(\Delta S)^2}$$

并由此证明：$\overline{\Delta S\Delta p}=0$，$\overline{(\Delta S)^2}=kC_p$，$\overline{(\Delta p)^2}=-kT\left(\frac{\partial p}{\partial V}\right)_S$

11.16　利用式(11.5.24)的结果证明：

$$\overline{(\Delta T\Delta S)}=kT,\ \overline{(\Delta p\Delta V)}=-kT,$$

$$\overline{(\Delta S\Delta V)} = kT\left(\frac{\partial V}{\partial T}\right)_p,\ \overline{(\Delta p\Delta T)} = \frac{kT^2}{C_V}\left(\frac{\partial p}{\partial T}\right)_V。$$

11.17　试证明开系涨落的基本公式为

$$W \propto e^{-\frac{\Delta S\Delta T - \Delta p\Delta V + \Delta\mu\Delta N}{2kT}}$$

并由此证明，当 T 和 V 恒定不变时有下式成立：

$$\overline{(\Delta N)^2} = kT\left(\frac{\partial N}{\partial \mu}\right)_{T,V},\ \overline{(\Delta\mu)^2} = kT\left(\frac{\partial \mu}{\partial N}\right)_{T,V},\ \overline{(\Delta N\Delta\mu)} = kT$$

11.18　试证明磁介质有下面的涨落公式

$$W \propto e^{-\frac{C_m}{2kT^2}(\Delta T)^2 - \frac{\mu_0}{2kT}\left(\frac{\partial H}{\partial m}\right)_T(\Delta M)^2}$$

并由此证明：$\overline{(\Delta T\Delta m)} = 0$，$\overline{(\Delta T)^2} = \dfrac{kT^2}{C_m}$，$\overline{(\Delta m)^2} = \dfrac{kT}{\mu_0}\left(\dfrac{\partial m}{\partial H}\right)_T$

附录 A

一、勒让德变换

勒让德(Legendre，1752—1833,法国数学家)变换是指恒等式

$$x\mathrm{d}y = \mathrm{d}(xy) - y\mathrm{d}x \tag{A.1}$$

它把 $x\mathrm{d}y$ 变为 $-y\mathrm{d}x$,从而将自变量 y 变换为自变量 x,另外多出的一项是全微分 $\mathrm{d}(xy)$。

例如：如果我们希望将 T 与 S 这一对共轭变量的地位交换一下,可用勒让德变换

$$T\mathrm{d}S = \mathrm{d}(TS) - S\mathrm{d}T$$

代入 $\mathrm{d}U = T\mathrm{d}S - p\mathrm{d}V$,并将多出的全微分移至方程左边,则得

$$\mathrm{d}(U - TS) = \mathrm{d}F = -S\mathrm{d}T - p\mathrm{d}V$$

这就是用自由能表达的热力学基本微分方程(6.2.3),这里我们从热力学基本微分方程最基本的形式(6.2.1)通过勒让德变换重新得到。类似地,从热力学基本微分方程(6.2.1)通过勒让德变换还可得到式(6.2.2)和式(6.2.4)。

二、偏导数和全微分

在热力学的演绎推理中,频繁地涉及多元函数的偏导数和全微分。

1. 偏导数

设 z 是独立变数 x、y 的函数 $z = z(x, y)$。z 对 x 的偏导数

$$\left(\frac{\partial z}{\partial x}\right)_y = \lim_{\Delta x \to 0} \frac{z(x + \Delta x, y) - z(x, y)}{\Delta x} \tag{A.2}$$

描述在 y 保持不变的条件下,z 随 x 的变化率。一般而言,$(\partial z/\partial x)_y$ 仍是 x、y 的函数,如果偏导数中保持不变的变量是显然的,偏导数的下标可省略,同理有

$$\left(\frac{\partial z}{\partial y}\right)_x = \lim_{\Delta y \to 0} \frac{z(x, y + \Delta y) - z(x, y)}{\Delta y}$$

z 的全微分

$$\mathrm{d}z = \left(\frac{\partial z}{\partial x}\right)_y \mathrm{d}x + \left(\frac{\partial z}{\partial y}\right)_x \mathrm{d}y \tag{A.3}$$

给出当独立变数 x、y 分别有 $\mathrm{d}x$、$\mathrm{d}y$ 的增量时,变量 z 的增量。

2. 隐函数的偏导数

函数 $z=z(x、y)$ 也可用隐函数的形式

$$F(x, y, z)=0 \tag{A.4}$$

给出。当 x、y 的数值给定后，z 的数值必须满足式(A.4)，因而是 x、y 的函数。不过在式(A.4)中，x、y、z 三个变量的地位是平等的，因此也可将 x 看作 y、z 的函数 $x=x(y、z)$，或者将 y 看作 z、x 的函数 $y=y(x、z)$。

由式(A.4)知，x、y、z 三个变量的增量 dx、dy、dz 不是任意的，必须满足条件

$$dF=\frac{\partial F}{\partial x}dx+\frac{\partial F}{\partial y}dy+\frac{\partial F}{\partial z}dz=0 \tag{A.5}$$

如果令 y 保持不变，即在式(A.5)中令 $dy=0$，得

$$\left(\frac{\partial z}{\partial x}\right)_y=-\frac{\left(\frac{\partial F}{\partial x}\right)_{y, z}}{\left(\frac{\partial F}{\partial z}\right)_{y, x}}, \quad \left(\frac{\partial x}{\partial z}\right)_y=-\frac{\left(\frac{\partial F}{\partial z}\right)_{x, y}}{\left(\frac{\partial F}{\partial x}\right)_{y, z}}$$

两式相比较，得

$$\left(\frac{\partial z}{\partial x}\right)_y=1\Big/\left(\frac{\partial x}{\partial z}\right)_y \tag{A.6}$$

式(A.6)是热力学常用的一个结果。

令式(A.5)中的 $dz=0$，得

$$\left(\frac{\partial y}{\partial x}\right)_z=-\frac{\left(\frac{\partial F}{\partial x}\right)_{y, z}}{\left(\frac{\partial F}{\partial y}\right)_{z, x}}$$

同理，分别令式(A.5)中的 $dy=0$ 和 $dx=0$，得

$$\left(\frac{\partial x}{\partial z}\right)_y=-\frac{\left(\frac{\partial F}{\partial z}\right)_{x, y}}{\left(\frac{\partial F}{\partial x}\right)_{y, z}}, \quad \left(\frac{\partial z}{\partial y}\right)_x=-\frac{\left(\frac{\partial F}{\partial y}\right)_{z, x}}{\left(\frac{\partial F}{\partial z}\right)_{x, y}}$$

三式相乘，得

$$\left(\frac{\partial y}{\partial x}\right)_z\left(\frac{\partial x}{\partial z}\right)_y\left(\frac{\partial z}{\partial y}\right)_x=-1 \tag{A.7}$$

式(A.7)给出，当 x、y、z 三个变量存在一个函数关系时其偏导数之间的关系。这也是热力学常用的一个结果。

3. 复合函数的偏导数

设 z 是 x、y 的函数 $z=z(x, y)$，而 x、y 又都是独立变数 t 的函数，则 z 实际上是独立变数 t 的函数，其导数

$$\frac{dz}{dt}=\frac{\partial z}{\partial x}\frac{dx}{dt}+\frac{\partial z}{\partial y}\frac{dy}{dt} \tag{A.8}$$

如果 z 是 u、v 的函数 $z=z(u, v)$，而 u、v 又分别是 x、y 的函数 $u=u(x, y)$, $v=v(x, y)$，则 z 是 x、y 的复合函数 $z(x, y)=z[u=u(x, y), v=v(x, y)]$，其偏导数

x、y 的函数 $z=z(x, y)$，而 x、y 又分别是 u、v 的函数 $x=x(u, v)$, $y=y(u, v)$，则 z 是 u、v 的函数，其偏导数

$$\begin{aligned}\left(\frac{\partial z}{\partial x}\right)_y&=\left(\frac{\partial z}{\partial u}\right)_v\left(\frac{\partial u}{\partial x}\right)_y+\left(\frac{\partial z}{\partial v}\right)_u\left(\frac{\partial v}{\partial x}\right)_y\\ \left(\frac{\partial z}{\partial y}\right)_x&=\left(\frac{\partial z}{\partial u}\right)_v\left(\frac{\partial u}{\partial y}\right)_x+\left(\frac{\partial z}{\partial v}\right)_u\left(\frac{\partial v}{\partial y}\right)_x\end{aligned} \tag{A.9}$$

一个特殊情形是 $u=x$，即函数关系为

$$z=z(u, v),\ u=x,\ v=v(x, y)$$

即

$$z=z[x, v=v(x, y)]$$

在这情形下

$$\begin{aligned}\left(\frac{\partial z}{\partial x}\right)_y&=\left(\frac{\partial z}{\partial x}\right)_v+\left(\frac{\partial z}{\partial v}\right)_x\left(\frac{\partial v}{\partial x}\right)_y\\ \left(\frac{\partial z}{\partial y}\right)_x&=\left(\frac{\partial z}{\partial v}\right)_x\left(\frac{\partial v}{\partial y}\right)_x\end{aligned} \tag{A.10}$$

式(A. 10)中偏导数的下标不能省略，式(A. 10)也是热力学的一个常用结果。

三、雅可比行列式

雅可比(Jacobi)行列式是热力学中进行导数变换运算的一个有用的工具，设 u、v 是独立变数 x、y 的函数：

$$u=u(x, y),\ v=v(x, y)$$

雅可比行列式的定义是

$$\frac{\partial(u, v)}{\partial(x, y)}=\begin{vmatrix}\left(\frac{\partial u}{\partial x}\right)_y & \left(\frac{\partial u}{\partial y}\right)_x\\ \left(\frac{\partial v}{\partial x}\right)_y & \left(\frac{\partial v}{\partial y}\right)_x\end{vmatrix}=\left(\frac{\partial u}{\partial x}\right)_y\left(\frac{\partial v}{\partial y}\right)_x-\left(\frac{\partial u}{\partial y}\right)_x\left(\frac{\partial v}{\partial x}\right)_y \tag{A.11}$$

雅可比行列式的性质：

① $\left(\frac{\partial u}{\partial x}\right)_y=\frac{\partial(u, y)}{\partial(x, y)}$ (A. 12)

② $\frac{\partial(u, v)}{\partial(x, y)}=-\frac{\partial(v, u)}{\partial(x, y)}$ (A. 13)

③ $\frac{\partial(u, v)}{\partial(x, y)}=\frac{\partial(v, u)}{\partial(r, s)} \frac{\partial(r, s)}{\partial(x, y)}$ (A.14)

④ $\frac{\partial(u, v)}{\partial(x, y)}=1 / \frac{\partial(x, y)}{\partial(u, v)}$ (A.15)

四、完整微分条件和积分因子

如前所述，设 z 是独立变数 x、y 的函数 $z=z(x, y)$，则函数 z 的全微分是

$$\mathrm{d} z=\frac{\partial z}{\partial x} \mathrm{d} x+\frac{\partial z}{\partial y} \mathrm{d} y \tag{A.3}$$

可以将(A.3)写作

$$\mathrm{d} z=X \mathrm{d} x+Y \mathrm{d} y \tag{A.16}$$

其中 $X=\partial z / \partial x$，$Y=\partial z / \partial y$。一般来说，$X$、$Y$ 也是 x、y 的函数，再次求导数，有

$$\frac{\partial X}{\partial y}=\frac{\partial}{\partial y} \frac{\partial z}{\partial x}=\frac{\partial^2 z}{\partial y \partial x}$$

$$\frac{\partial Y}{\partial x}=\frac{\partial}{\partial x} \frac{\partial z}{\partial y}=\frac{\partial^2 z}{\partial x \partial y}$$

对于足够规则的函数，求导次序可以交换，即 $\frac{\partial^2 z}{\partial y \partial x}=\frac{\partial^2 z}{\partial x \partial y}$，因此得

$$\frac{\partial X}{\partial y}=\frac{\partial Y}{\partial x} \tag{A.17}$$

反之，设有微分式

$$\mathrm{d} z=X(x, y) \mathrm{d} x+Y(x, y) \mathrm{d} y \tag{A.18}$$

如果其中的 X、Y 满足条件：

$$\frac{\partial X}{\partial y}=\frac{\partial Y}{\partial x} \tag{A.19}$$

则微分式(A.18)是某一函数 $z=z(x, y)$ 的全微分。满足条件(A.19)的微分式称为完整微分，条件(A.19)称为完整微分条件。

对于完整微分，存在以下结论：

1. 积分

$$\int_A^B \mathrm{d} z=\int_A^B X(x, y) \mathrm{d} x+Y(x, y) \mathrm{d} y=z(B)-z(A) \tag{A.20}$$

即积分只取决于积分的两个端点，与连结 A、B 两点的积分路径无关。

2. 沿封闭路径的线积分为 0

$$\oint \mathrm{d} z=\oint X \mathrm{d} x+Y \mathrm{d} y=0 \tag{A.21}$$

上面的讨论可以推广到多个独立变数的情形。如果有 n 个独立变数 x_1，x_2，…，x_n，则函数 $f(x_1, x_2, \cdots, x_n)$ 的全微分是

$$\mathrm{d}f = \sum_{i=1}^{n} X_i \mathrm{d}x_i \text{，其中 } X_i = \frac{\partial f}{\partial x_i} \tag{A. 22}$$

X_i 等满足

$$\frac{\partial X_i}{\partial x_j} = \frac{\partial X_j}{\partial x_i} (i, j = 1, 2, \cdots) \tag{A. 23}$$

反之，如果微分式 $\mathrm{d}f = \sum_{i=1}^{n} X_i \mathrm{d}x_i$ 满足完整微分条件(A. 23)，则微分式 $\mathrm{d}f$ 为完整微分。对于多个独立变数的情形，完整微分的积分同样有类似于式(A. 20) 和(A. 21) 的结果。

如果微分式

$$\mathrm{d}z = X(x, y)\mathrm{d}x + Y(x, y)\mathrm{d}y$$

不满足完整微分条件(A. 19)，但存在函数 $\lambda(x, y)$ 使

$$\lambda \mathrm{d}z = \lambda X \mathrm{d}x + \lambda Y \mathrm{d}y$$

满足完整微分条件，即

$$\frac{\partial}{\partial x}\lambda Y = \frac{\partial}{\partial y}\lambda X \tag{A. 24}$$

则 $\lambda \mathrm{d}z$ 是一个完整微分，$\lambda(x, y)$ 称作微分式 $\mathrm{d}z$ 的积分因子。

如果 λ 是微分式 $\mathrm{d}z$ 的积分因子，使 $\lambda \mathrm{d}z = \mathrm{d}s$，则 $\lambda\psi(s)$ 也必是 $\mathrm{d}z$ 的积分因子，其中 $\psi(s)$ 是 s 的任意函数，因为

$$\lambda\psi(s)\mathrm{d}z = \psi(s)\mathrm{d}s = d\phi$$

其中 $d\phi = \int \psi(s)\mathrm{d}s$。这就是说，当微分式有一个积分因子时，它就有无穷多个积分因子。任意两个积分因子之比是 s 的函数($\mathrm{d}s$ 是用积分因子乘微分式后所得的完整积分)。

五、排列与组合

排列与组合是统计物理的两个数学概念，这里对它们的定义和有关结果作简要回顾。

1. 乘法原理

如果要完成事件 A 必须依次完成事件 A_1 和事件 A_2 才能实现，又假定完成事件 A_1 可有 n_1 种方法，而无论用何种方法完成 A_1 后，完成事件 A_2 可有 n_2 种方法，则有如下乘法原理

完成事件 A 的方法有 $n_1 \times n_2$ 种。

此原理可以推广到完成两个以上事件的情形，它是推导排列与组合计算公式的重要

依据。

2. 排列

今有 N 个元素的集合：A_1，A_2，…，A_N，从中任意取出 n 个元素的有序序列 a_1，…，a_n 称为一个排列，通常将这些排列方式的总数记作 A_N^n。当某个元素被取出后，便从集合中除去，抽取第二个元素时将不会现抽到它，这样的抽取称为无放回抽取。此时有

$$A_N^n = \frac{N!}{(N-n)!},\ n \leqslant N \tag{A.25}$$

显然，当 $n = N$ 时，有 $A_N^n = N!$

若每一被取出的元素，在有序序列中记录下来后，再放回到原来的集合中，这样的抽取称为有放回抽取，有

$$A_N^n = \underbrace{N \cdot N \cdots\cdots N}_{n个} = N^n \tag{A.26}$$

3. 组合

从 N 个元素的集合 A_1，A_2，…，A_N 中任意取出 n 个不记顺序的元素称为一个组合，通常将这种组合的总数记作 C_N^n，其数值由下式给出

$$C_N^n = \frac{N!}{n!(N-n)!} \tag{A.27}$$

4. 几个排列组合的例子

① N 个可区分的物体，排成一列，共有多少种不同的排列方式？

因为第一位可在 N 个物体中排上任一个物体，有 N 种选择；第一位选定后，又因为对于第一位的每一种排法，第二位都有 $N-1$ 种排法，故第一、第二位共有 $N(N-1)$ 种排法；同样，第三位共有 $N(N-1)(N-2)$ 种排法，…，所以 N 个可区分的物体可排列的方式共有 $N(N-1)\cdots 2 \cdot 1 = N!$ 种。这种排列称为全排列。

② N 个可区分的物体，分成 l 组，第一组 a_1 个，…，第 l 组 a_l 个，共有多少种不同的分配方式？或：N 个人站在 l 个台阶上，第一个台阶 a_1 个人，…，第 l 个台阶 a_l 个人，共有多少种不同的排列方式？

N 个可区分的物体有 $N!$ 种排列(交换方式)，若把 N 个物体依次按 a_1，a_2，…，a_l 分成 l 组，则由于同一组的物体互换不属于新的分配方式，故还应把 $N!$ 除以 $(a_1!a_2!\cdots a_l!)$，所以共有 $\dfrac{N!}{\prod_l a_l}$ 种分配方式，其中 $N = \sum_l a_1 + a_2 + \cdots + a_l$。

③ a_l 个不可区分的物体，放进 ω_l 个盒子中($a_l < \omega_l$)，每盒不得超过一个物体，共有多少种不同的放法？或：N 个人站在 l 个台阶上，每个台阶上有 ω_l 张椅子，a_l 个人($a_l < \omega_l$)占据 ω_l 张椅子有多少种不同的座法？

显然，共有 $\dfrac{\omega!}{a_l!(\omega_l - a_l)!}$ 种不同的放法。

六、概率论的基本知识

1. 伽尔顿板实验

有关概率统计的最直观的演示是伽尔顿板实验，如图 A.1(a)所示。在一块竖直平板的上半部整齐地排列着很多钉子，板的下半部有很多宽度相同、深度相等的整齐竖直小槽，所有钉子裸出相同的长度且均与所有槽的深度相同，然后在其上覆盖一块透明玻璃板，这样就制成一块伽尔顿板。做实验时将数量很多的相同小球依次通过漏斗灌入板的入口处。每一小球与一个个钉子发生多次碰撞，改变运动方向，最后小球将依次落入一个个槽内。实验发现，由于无法使小球落入漏斗内的初始状态做到完全相同，即使尽量使小球下落点的高度、水平位置、初速度等都相同，但精确地测定，其初始条件仍会有所差异，而且这种差异是随机的，因而使小球进入何一小槽完全是随机的。只要小球总数足够多($N\to\infty$)，则每一小槽内都会有小球落入，且第 i 个槽内的小球数 N_i 与总小球数 $N(N=\sum N_i)$ 之比有一确定的分布，若板中各钉子是等距离配置的，则其分布曲线如图 A.1(b)所示。其分布曲线对称于漏斗形入口的竖直中心轴。重复做实验(甚至用同一小球投入漏斗 N 次，$N\to\infty$)，其分布曲线都相同。由此可见，虽然各小球在与任一钉子碰撞后是向左还是向右运动是随机的，是由很多偶然因素决定，但最终大量小球的总体在各槽内的分布却有一定的分布规律，这种规律由统计相关性所决定。

(a) 伽尔顿板

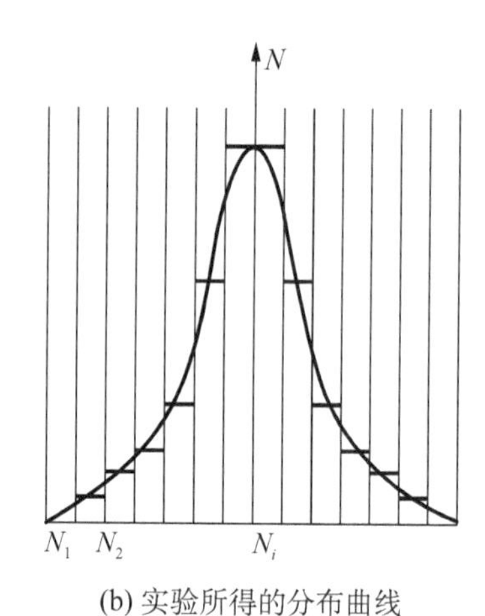

(b) 实验所得的分布曲线

图 A.1　伽尔顿板实验

2. 等概率性与概率的基本性质

(1) 概率的定义

在一定条件下，如果某一现象或某一事件可能发生也可能不发生，我们就称这样的事件为**随机事件**。例如一个刚性的正立方体的六个面上分别标上 1 到 6 个点，俗称骰子。掷一个骰子待它平衡后，哪一面朝上完全是随机的，受到许多不能确定的偶然因素的影响。但若在相同条件下重复进行同一个试验(如掷骰子)，在总次数 N 足够多的情况下(即 $N\to\infty$)，计算所出现某一事件(如某一面向上)的次数 N_i，则这一事件出现的百分比

就是该事件出现的概率

$$P_i = \lim_{N\to\infty}\left(\frac{N_i}{N}\right) \tag{A.28}$$

这就是对**概率的定义**。

(2) 等概率性

在掷骰子时,一般认为出现每一面向上的概率是相等的。因为我们假定骰子是一个规则的正立方体,它的几何中心与质量中心相重合。若在某一面上钻个小孔,在小孔中塞进些铅然后再封上,虽然骰子仍是一个规则的正立方体,但可以肯定,塞铅这一面出现向上的概率最小,而与它相对的一面出现的概率最大,因为我们已经有理由说明塞铅面向上的概率应小些,其相反面向上的概率要大些。由此可总结出一条**基本原理:等概率性——在没有理由说明哪一事件出现概率更大些(或更小些)的情况下,每一事件出现的概率都应相等。**

注意到任何一种物理理论都包含着若干基本假定,这些假定只能最后由实验检验其推论是否正确。在这种意义上,可以说统计物理学是十分简单而优美的理论,因为它实质上只包含等概率原理这一个基本假定:如果对于系统的各种可能的状态没有更多的知识,就可暂时假定一切状态出现的概率相等。统计物理学如此成功的根本原因,在于系统由大数粒子所组成,因而有更大量的微观状态。而统计的对象越多,其涨落越小,统计平均越精确。

(3) 概率的基本性质

① n 个互相排斥事件发生的总概率是每个事件发生概率之和,简称**概率相加法则**

所谓 n 个互相排斥(简称互斥)的事件是指,出现事件 1,就不可能同时出现事件 2, 3, …, n,同样对 2, 3, …, n 事件也是如此。例如骰子出现"1"面向上,就不可能同时出现"2"、"3"、…、"6"面向上,这六个面向上的事件称互斥事件。若骰子每一面出现的概率为$\frac{1}{6}$,显然六个面分别向上出现的总概率是 1,其中三个面分别向上出现的总概率是$\frac{3}{6}$。

② 同时或依次发生的,互不相关(或相互统计独立)的事件发生的概率等于各个事件概率之乘积,简称**概率相乘法则**

把一个骰子连续掷两次,问两次都出现"1"的概率是多少。若骰子是刚性的,掷第二次出现的概率与第一次掷过与否以及第一次出现的是哪一面向上都无关,我们就说连续两次掷骰子是统计独立的。但若骰子是由软的橡皮泥做的,第一次掷过后,橡皮泥的变形必然要影响第二次的结果,则连续掷两次的事件就不是统计独立的,而是相互关联的。若骰子是刚性的,且每一面向上的概率都是 1,连续掷两次出现的花样为 11、12、…、65、66 共 36 种,显然这 36 种花样也是等概率的,故连续掷两次均出现"1"面向上的概率是

$$P(11) = \frac{1}{36} = \frac{1}{6}\cdot\frac{1}{6} = P(1)\cdot P(1)$$

有些问题中概率相加法则与概率相乘法则要同时使用。例如要问连续掷两次骰子，使两次出现的数字之和为 8 的概率是多少？因为出现和数为 8 的花样有 5 种，即 26(或 62)、44、53(或 35)，出现每一种花样的概率均为$\frac{1}{6}\cdot\frac{1}{6}$，所以总的概率为$\frac{5}{36}$。

3. 随机变量的概率分布

如果一变量以一定的概率取各种可能值，这个变量称作随机变量。随机变量分为离散型和连续型两种。离散型随机变量所取的数值是可数的分立值。以 X 表示随机变量，$x_1, \cdots, x_i, \cdots, x_n$ 表示离散型随机变量的可能取值，$P_1, \cdots, P_i, \cdots, P_n$ 表示取相应值的概率

$$\begin{pmatrix} x_1, \cdots, x_i, \cdots, x_n \\ P_1, \cdots, P_i, \cdots, P_n \end{pmatrix} \tag{A.29}$$

我们称$\{P_i\}$为随机变量 X 的概率分布。显然，$\{P_i\}$应满足条件

$$P_i \geqslant 0,\ i = 1, 2, \cdots \tag{A.30}$$
$$\sum_i P_i = 1$$

连续型随机变量可取某一区间内的一切数值。以 X 表示连续型随机变量，假设它的取值 x 在 a 与 b 之间。随机变量 X 取值在 $x \sim x+\mathrm{d}x$ 内的概率 $\mathrm{d}P(x)$表示为

$$\mathrm{d}P(x) = \rho(x)\mathrm{d}x \tag{A.31}$$

$\rho(x)$称为概率密度，满足以下条件：

$$\rho(x) \geqslant 0,\ \int_a^b \rho(x)\mathrm{d}x = 1 \tag{A.32}$$

4. 平均值及其运算法则

(1) 平均值

统计分布最直接的应用是求平均值。以求平均年龄为例，N 人的年龄平均值就是 N 人的年龄之和被除以总人数 N。为此将人按年龄分组，设 u_i 为随机变量(例如年龄)，其中出现(年龄)u_1 值的次(或人)数为 N_1，u_2 值的次(或人)数为 N_2，……，则该**随机变量**(年龄)**的平均值为**

$$\bar{u} = \frac{N_1 u_1 + N_2 u_2 + \cdots}{\sum_i N_i} = \frac{\sum_i N_i u_i}{N} \tag{A.33}$$

因为$\frac{N_i}{N}$是出现 u_i 值的百分比，由式(A.28)知，当 $N\to\infty$时它就是出现 u_i 值的概率 P_i，故

$$\bar{u} = P_1 u_1 + P_2 u_2 + \cdots = \sum_i P_i u_i (N \to \infty) \tag{A.34}$$

式(A.33)与式(A.34)是从不同角度来说明平均值的概念的。式(A.33)是讲，要求得某

随机变量在某 N 个统计单位(如 N 个人)中的平均值,先求出这 N 个统计单位的随机变量(例如年龄)之和,然后再除以 N 个单位数即得该随机变量(如年龄)的平均值。例如:欲求得 N 个分子的平均动能,应先求得 N 个分子的动能之和;欲求得 N 个分子的平均速率,应先求得 N 个分子的速率之和,然后分别除以总分子数即得其平均动能或平均速率。若要利用概率分布来**求随机变量 u_i 的平均值$\bar{u}$**,则应先知道 u_i 的概率分布 $P(u_i)$(即出现 u_1 值时的概率 P_1,出现 u_2 值时的概率 P_2……),然后按照式(A. 34)即能求得$\bar{u}$。式(A. 34)是从式(A. 33)演变来的,在演变过程中还应附加上 $N\to\infty$的条件,所以式(A. 34)只适用于 N 非常大时的情况。但是运用式(A. 34)要比式(A. 33)更方便。利用式(A. 34)可把求平均值的方法推广到较为复杂的情况,从而得到如下的求平均值的运算公式。

(2) 平均值运算法则

① 设 $f(u)$是随机变量 u 的函数,则

$$\overline{f(u)} = \sum_{i=1}^{n} f(u_i)P_i \tag{A. 35}$$

② $$\overline{f(u)+g(u)} = \sum_{i=1}^{n}[f(u_i)+g(u_i)]P_i = \sum_{i=1}^{n} f(u_i)P_i + \sum_{i=1}^{n} g(u_i)P_i = \overline{f(u)}+\overline{g(u)} \tag{A. 36}$$

③ 若 C 为常数,则

$$\overline{Cf(u)} = \sum_{i=1}^{n}[Cf(u_i)]P_i = C\overline{f(u)} \tag{A. 37}$$

④ 设两个随机变量 u_i 和 v_i 可分别取值 u_1, u_2, …; v_1, v_2, …,以 P_r 表示 u 取值 u_r 时的概率,以 P_s 表示 v 取值 v_s 的概率。若 u 和 v 是统计独立的,$f(u)$是 u 的某一函数,$g(v)$是 v 的另一函数。又知 u 取值 u_r,同时 v 取值 v_s 的概率为 P_{rs},则

$$\overline{f(u)g(v)} = \sum_{r=1}^{n}\sum_{s=1}^{m} f(u_r)g(v_s)P_{rs} = \left[\sum_{r=1}^{n} f(u_r)P_r\right]\left[\sum_{s=1}^{m} g(v_i)P_s\right] = \overline{f(u)}\cdot\overline{g(v)} \tag{A. 38}$$

在运算中我们应用了两个统计独立的随机变量其概率相乘法则

$$P_{rs} = P_r \cdot P_s \tag{A. 39}$$

应该说明,以上所讨论的各种概率都应是归一化的,即

$$\sum_{r=1}^{n} P_r = 1, \sum_{s=1}^{m} P_s = 1, \sum_{r=1}^{n}\sum_{s=1}^{m} P_{rs} = 1$$

5. 均方偏差

随机变量 u 会偏离平均值$\bar{u}$,即 $\Delta u = u_i - \bar{u}$。一般其偏离值的平均值为零(即$\overline{\Delta u} = 0$),但均方偏差不为零。

$$\overline{(\Delta u)^2} = \sum_{i=1}^{n}(\Delta u)^2 P_i = \sum_{i=1}^{n}(u_i - \bar{u})^2 P_i = \overline{u^2 - 2\,\bar{u}u + (\bar{u})^2}$$
$$= \overline{u^2} - 2\,\bar{u}\cdot\bar{u} + (\bar{u})^2 = \overline{u^2} - (\bar{u})^2 \tag{A.40}$$

因为 $\overline{(\Delta u)^2} > 0$，所以

$$\overline{u^2} \geqslant (\bar{u})^2 \tag{A.41}$$

定义相对方均根偏差

$$\left[\overline{\left(\frac{\Delta u}{\bar{u}}\right)^2}\right]^{1/2} = \frac{\left[\overline{(\Delta u)^2}\right]^{1/2}}{\bar{u}} = \frac{(\Delta u)_{rms}}{\bar{u}} \tag{A.42}$$

从式(A.40)可知，当 u 的所有值都等于相同值时，$(\Delta u)_{rms} = 0$，可见**相对方均根偏差表示了随机变量在平均值附近散开分布的程度**，也称为**涨落**、散度或散差。这与在第 2 章中对涨落的定义是一致的。

七、统计物理学常用的积分公式

1. 积分

$$I = \int_{-\infty}^{\infty} e^{-x^2}\,\mathrm{d}x$$

的计算。

I^2 可表示为

$$I^2 = \int_{-\infty}^{\infty} e^{-x^2}\,\mathrm{d}x \int_{-\infty}^{\infty} e^{-y^2}\,\mathrm{d}y = \int_{-\infty}^{\infty}\int_{-\infty}^{\infty} e^{-(x^2+y^2)}\,\mathrm{d}x\mathrm{d}y$$

上式是 xy 平面上的积分，可用平面极坐标将 I^2 表示为

$$I^2 = \int_0^{2\pi}\int_0^{\infty} e^{-r^2}\,r\mathrm{d}r\mathrm{d}\theta = 2\pi\int_0^{\infty} e^{-r^2}\,r\mathrm{d}r = \pi$$

因此得

$$I = \int_{-\infty}^{\infty} e^{-x^2}\,\mathrm{d}x = \sqrt{\pi} \tag{A.43}$$

注意被积函数是偶函数，故有

$$\int_0^{\infty} e^{-x^2}\,\mathrm{d}x = \frac{\sqrt{\pi}}{2} \tag{A.44}$$

2. Γ 函数

积分 $\Gamma(\alpha) = \int_0^{\infty} e^{-x} x^{\alpha-1}\,\mathrm{d}x$ 称为 **Γ 函数**。其递推公式为

$$\Gamma(\alpha) = (\alpha - 1)\Gamma(\alpha - 1)$$

证明：分部积分给出

$$\Gamma(\alpha)=-e^{-x}x^{\alpha-1}\Big|_0^{\infty}+(\alpha-1)\int_0^{\infty}e^{-x}x^{\alpha-2}\mathrm{d}x=(\alpha-1)\Gamma(\alpha-1) \tag{A.45}$$

重复利用式(A.45)，并注意

$$\Gamma(1)=\int_0^{\infty}e^{-x}\mathrm{d}x=1 \tag{A.46}$$

$$\Gamma\left(\frac{1}{2}\right)=\int_0^{\infty}e^{-x}x^{-1/2}\mathrm{d}x=2\int_0^{\infty}e^{-y^2}\mathrm{d}y=\sqrt{\pi} \tag{A.47}$$

其中 $y^2=x$，最后一步用了式(A.44)。当 n 为正整数时有

$$\Gamma(n)=(n-1)\Gamma(n-1)=(n-1)(n-2)\cdots1\cdot\Gamma(1)=(n-1)! \tag{A.48}$$

$$\Gamma\left(n+\frac{1}{2}\right)=\left(n-\frac{1}{2}\right)\left(n-\frac{3}{2}\right)\cdots\frac{1}{2}\cdot\Gamma\left(\frac{1}{2}\right)=\left(n-\frac{1}{2}\right)\left(n-\frac{3}{2}\right)\cdots\frac{1}{2}\cdot\sqrt{\pi}$$

3. 积分

$$I(n)=\int_0^{\infty}e^{-\alpha x^2}x^n\mathrm{d}x \tag{A.49}$$

的计算(其中 n 为零或正整数)。

作变数代换 $y=\alpha^{1/2}x$，有

$$I(n)=\alpha^{-(n+1)/2}\int_0^{\infty}e^{-y^2}y^n\mathrm{d}y$$

则

$$I(0)=\alpha^{-1/2}\int_0^{\infty}e^{-y^2}\mathrm{d}y$$

由式(A.44) $\int_0^{\infty}e^{-x^2}\mathrm{d}x=\frac{\sqrt{\pi}}{2}$，有

$$I(0)=\frac{\sqrt{\pi}}{2\alpha^{1/2}} \tag{A.50}$$

$$I(1)=\alpha^{-1}\int_0^{\infty}e^{-y^2}y\mathrm{d}y=\frac{1}{2\alpha} \tag{A.51}$$

其他的 $I(n)$ 可通过求 $I(0)$ 或 $I(1)$ 对 α 的导数而得到

$$I(n)=\int_0^{\infty}e^{-\alpha x^2}x^n\mathrm{d}x=-\frac{\partial}{\partial\alpha}\int_0^{\infty}e^{-\alpha x^2}x^{n-2}\mathrm{d}x=-\frac{\partial}{\partial\alpha}I(n-2) \tag{A.52}$$

例如

$$I(2)=\int_0^{\infty}e^{-\alpha x^2}x^2\mathrm{d}x=-\frac{\partial}{\partial\alpha}I(0)=-\frac{1}{2}\sqrt{\pi}\frac{\partial}{\partial\alpha}\alpha^{-1/2}=\frac{1}{4}\sqrt{\pi}\alpha^{-3/2} \tag{A.53}$$

$$I(3)=\int_0^{\infty}e^{-\alpha x^2}x^3\mathrm{d}x=-\frac{\partial}{\partial\alpha}I(1)=-\frac{1}{2}\frac{\partial}{\partial\alpha}\alpha^{-1}=\frac{1}{2}\alpha^{-2} \tag{A. 54}$$

$$I(4)=\int_0^{\infty}e^{-\alpha x^2}x^4\mathrm{d}x=-\frac{\partial}{\partial\alpha}I(2)=\frac{3}{8}\sqrt{\pi}\alpha^{-5/2} \tag{A. 55}$$

4. 误差函数

$$\mathrm{er}f(x)=\frac{2}{\sqrt{\pi}}\cdot\int_0^{x}e^{-x^2}\mathrm{d}x \tag{A. 56}$$

称为**误差函数**。误差函数有表可查，如表 A. 1

表 A. 1　误差函数 er$f(x)$

x	er$f(x)$	x	er$f(x)$
0	0	1. 2	0. 910 3
0. 2	0. 222 7	1. 4	0. 952 3
0. 4	0. 428 4	1. 6	0. 976 3
0. 6	0. 603 9	1. 8	0. 989 1
0. 8	0. 742 1	2. 0	0. 995 3
1. 0	0. 842 7		

附录 B

物理常量表

物理量	符号	数值	单位	相对标准不确定度
光速	c	299 792 458	$m \cdot s^{-1}$	精确
真空磁导率	μ_0	$4\pi \times 10^{-7} = 12.566\ 370\ 614\cdots \times 10^{-7}$	$N \cdot A^{-2}$	精确
真空电容率	ε_0	$8.854\ 187\ 817\cdots \times 10^{-12}$	$F \cdot m^{-1}$	精确
引力常量	G	$6.673\ 84(80) \times 10^{-11}$	$\frac{N \cdot m^2}{kg^2}$	1.2×10^{-4}
普朗克常量	h	$6.626\ 069\ 57(29) \times 10^{-34}$	$J \cdot s$	4.4×10^{-8}
约化普朗克常量	$h/2\pi$	$1.054\ 571\ 726(47) \times 10^{-34}$	$J \cdot s$	4.4×10^{-8}
元电荷	e	$1.602\ 176\ 565(35) \times 10^{-19}$	C	2.2×10^{-8}
电子静质量	m_e	$9.109\ 382\ 91(40) \times 10^{-31}$	kg	4.4×10^{-8}
质子静质量	m_P	$1.672\ 621\ 777(74) \times 10^{-27}$	kg	4.4×10^{-8}
中子静质量	m_n	$1.674\ 927\ 351(74) \times 10^{-27}$	kg	4.4×10^{-8}
精细结构常数	α	$7.297\ 352\ 569\ 8(24) \times 10^{-3}$		3.2×10^{-10}
里德伯常量	R_∞	10 973 731.568 539(55)	m^{-1}	5.0×10^{-12}
阿伏伽德罗常量	N_A	$6.022\ 141\ 29(27) \times 10^{23}$	mol^{-1}	4.4×10^{-8}
法拉弟常量	F	96 485.336 5(21)	$C \cdot mol^{-1}$	2.2×10^{-8}
摩尔气体常量	R	8.314 462 1(75)	$J \cdot mol^{-1} \cdot K^{-1}$	9.1×10^{-7}
玻耳兹曼常量	k	$1.380\ 648\ 8(13)\times10^{-23}$	$J \cdot K^{-1}$	9.1×10^{-7}
斯特藩—玻耳兹曼常量	σ	$5.670\ 373(21)\times10^{-8}$	$W \cdot m^{-2} \cdot K^{-4}$	3.6×10^{-6}
电子经典半径	r_e	2.817 940 326 7(27)×10−15	m	9.7×10^{-10}

注：根据国际科技数据委员会(CODATA)2010 年正式发表的推荐值。

主要参考文献

[1] 秦允豪. 热学(第三版)[M]. 北京：高等教育出版社，2011.
[2] 李椿，章立源，钱尚武. 热学(第二版)[M]. 北京：高等教育出版社，2008.
[3] 汪志诚. 热力学・统计物理(第五版)[M]. 北京：高等教育出版社，2013.
[4] 周薇，李德华. 热物理学教程[M]. 济南：山东大学出版社，2010.
[5] 林宗涵. 热力学与统计物理学[M]. 北京：北京大学出版社，2007.
[6] 吴俊芳，张英堂，杜亚利. 热学・统计物理[M]. 西安：西北工业大学出版社，2011.
[7] 翁甲强. 热力学与统计物理学基础[M]. 桂林：广西师范大学出版社，2008.
[8] 成元发，蒋碧波，甘永超. 分子物理与热力学[M]. 北京：科学出版社，2006.
[9] 梁希侠，班士良. 统计热力学(第二版)[M]. 北京：科学出版社，2008.
[10] 欧阳容百. 热力学与统计物理[M]. 北京：科学出版社，2007.